站在巨人的肩上

Standing on Shoulders of Giants

www.turingbook.com

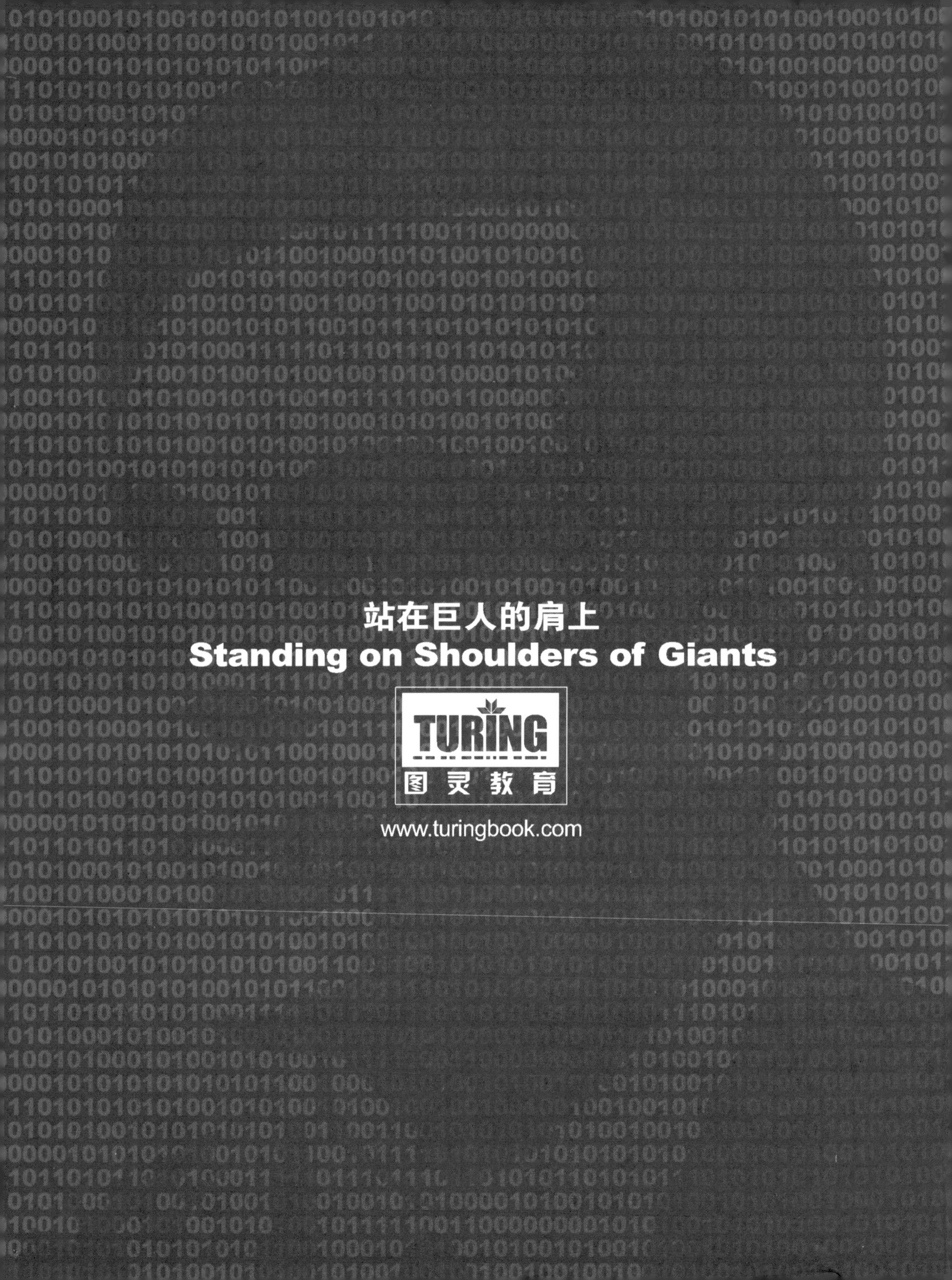
站在巨人的肩上
Standing on Shoulders of Giants
TURING
图灵教育
www.turingbook.com

TURING 图灵程序设计丛书 Java系列

Seam in Action

Seam 实战

[美] Dan Allen 著
崔毅 杨春花 俞黎敏 译

人民邮电出版社
北 京

图书在版编目（CIP）数据

Seam实战 / （美）艾伦（Allen,D.）著；崔毅，杨春花，俞黎敏译. —北京：人民邮电出版社，2010.6
（图灵程序设计丛书）
书名原文：Seam in Action
ISBN 978-7-115-22464-4

Ⅰ.①S… Ⅱ.①艾… ②崔… ③杨… ④俞… Ⅲ.①JAVA语言—程序设计 Ⅳ.①TP312

中国版本图书馆CIP数据核字（2010）第038631号

内容提要

本书深入讲解了JBoss Seam，介绍了Seam如何消除了不必要的层和配置，解决了JSF最常见的难点，建立了JSF、EJB 3和JavaBean组件间缺少的链接。书中也介绍了如何利用Seam进行技术综合，如业务过程、有状态的页面流、Ajax远程处理、PDF生成、异步任务等。

本书适用于Java程序员阅读。

图灵程序设计丛书

Seam实战

◆ 著 [美] Dan Allen
译 崔 毅 杨春花 俞黎敏
责任编辑 傅志红
执行编辑 罗 婧

◆ 人民邮电出版社出版发行 北京市崇文区夕照寺街14号
邮编 100061 电子函件 315@ptpress.com.cn
网址 http://www.ptpress.com.cn
北京艺辉印刷有限公司印刷

◆ 开本：800×1000 1/16
印张：31.75
字数：744千字 2010年6月第1版
印数：1－3 000册 2010年6月北京第1次印刷

著作权合同登记号 图字：01-2009-3808号

ISBN 978-7-115-22464-4

定价：89.00元

读者服务热线：(010)51095186 印装质量热线：(010)67129223

反盗版热线：(010)67171154

版 权 声 明

序

作为Seam项目的开发人员，我们面临的最大挑战不是编写代码，而是怎样向新用户解释并让他们了解Seam。对于初学者来说，要想真正弄明白Seam是什么，必须跨越一道很大的鸿沟。这不是因为Seam过于复杂，或者说学习Seam需要深奥的技术背景，而是因为Seam把主流Java程序员所不熟悉的许多理念综合到了一起。这其中有许多理念将对企业级Java开发常识产生冲击。

首先，Seam填补了一道许多Java程序员并没有意识到的空白。我们习惯了把几种技术组合到一个框架中，对于一套完整的应用程序集成框架却感到陌生。这种解体式的组合在持久层最令人苦不堪言。高速缓存无效和延迟加载困扰着大多数的应用程序，而Seam真正解决了这些问题。不要质疑这一点，要知道Seam的创造者们曾经是Hibernate幕后的智囊团！

现在Seam提供了动态双向注入（bijection），它与流行的依赖注入框架所提供的静态注入截然不同。我们要告诉你：当主流的技术迫使所有应用程序都进入多层次的无状态架构中，而不管该架构是否适合正在开发的应用程序时，其实还有更适合的有状态组件可用。

我们刚接触到最表面的内容，就已经可以看出Seam所带来的景象与现状之间的差距有多大，因而指导Seam的新用户就变成了一个巨大的挑战。市面上关于Seam的入门书几乎都只介绍基础知识，它们介绍了这门技术的ABC，却没有介绍如何用这些字母组词和造句。本书是第一本把握住了Seam精髓的Seam图书，它介绍了如何把这些词语和句子组合起来，这也是Seam团队期望Seam被使用的方式。

本书的独特之处在于作者Dan Allen没有局限于Seam的固有结构，而是对其进行了一番剖析，提取了它的核心概念，并以新颖独特的方式将它们重新组合在一起。本书并不是其他Seam图书内容的简单重复，而是很好的补充。它介绍了如何理解Seam，以及如何有效地将Seam应用到你自己的应用程序中去。

Seam可以帮助你编写出更好的代码、功能更加丰富的应用程序，也可以帮助你提高工作效率，用更简单、更易于管理的架构来编写应用程序。但前提是，你必须真正花时间去学习如何最好地应用这门技术。本书是最好的指导书，可以帮助你将Seam的优越功能发挥到极致。

如果你愿意接受这个挑战，希望能够对书中介绍的技术做到举一反三，就请开始行动吧。

Norman Richards
Red Hat高级工程师

致　　谢

在写这本书时，我就向自己和朋友们承诺，交稿的时候要做些什么。其中最重要的一条承诺就是感谢每一位为本书付出努力的人们。当然，我要感谢你成为我的读者。但也请你感激那些让这本书面世并传递到你手里的人们。

首先要感谢的是我的妻子Sarah。如果没有她的帮助，就没有这本书的面世。对她的感激之情，我无法用言语表达。是她激励我要自信，当我觉得终点似乎遥遥无期时，是她让我保持斗志。她满脑子都是Seam，我不停地问她全书的结构问题，但她总是不厌其烦。她帮助我编辑草稿、调整索引、提供解决办法。她让我衣食无忧，并包揽了其他一切杂事。最令我感动的是，她放下了自己的事情来支持我，现在我真希望为她做点什么。读者朋友，也请你感谢我的妻子！

写书的过程中，会疏远朋友和家人，感谢所有支持我的朋友和家人，他们坚信我最终会完成使命，会再次回到他们身旁，与他们小聚，聊些与写书无关的话题。对于我的双亲：James和Mary Allen，我永怀感恩之心，因为他们给了我人生中每一次成功的机会。人生只有一次童年，他们却让我的童年变得终生受益并且充满了美好的回忆。爸爸妈妈，感谢你们坚持不懈的支持，在我奋斗的路途中一路相随。

说起本书的由来，我要感谢Andrew Glover将我介绍给IBM developerWorks的Jennifer Aloi，他倡办Seamless JSF系列，继而鼓励我开始技术写作生涯。这个系列的成功有一部分要归功于Athen O'shea，他们的编辑工作做得很棒，并且帮我找到了合适的词汇。当时我根本没有想到，我的想法会很快成为一本书。

我要感谢Marjan Bace和Michael Stephens的信赖，允许我将交稿日期一拖再拖。我知道，他们其实有一份真正的进度规划表，原本预计这个项目可以在15个月之前完成。我还要感谢CodeRyte公司的Andy Kapit和Andrew Van Etten，他们在本书的最初阶段，就认可了它。

接下来，我得感谢Cynthia Kane，她帮助我大开眼界，在我做白日梦的时候，提醒我还有一本书正等着我去写。感谢那些雄心勃勃的天才技术审核人员，他们奉献出自己的时间和学识，使本书成为学习Seam的最佳资源，他们是：Peter Johnson、Doug Warren、Peter Pavlovich、Devon Hillard、Nikolaos Kaintantzis、Hung Tang、Michael Smolyak、Benjamin Muschko、Kevin Galligan、Judy Guglielmin、Valentin Crettaz、Carol McDonald、Ara Abrahamian、Horaci Macias、Norman Richards、Ted Goddard、Costantino Cerbo、Mark Eagle、Carlo Bottiglieri以及Jord Sonneveld。感谢Karen Tegtmeyer，他找到了这些技术审核人员，安排审核工作，并“恐吓”志愿者要反馈他们的意见。特别要感谢Benjamin Muschko、Pete Pavlovich和Ray Van Eperen，他们通读了全书，并

逐行进行了校正和点评。感谢Michael Youngstrom，他审核了第15章[①]。感谢Ted Goddard和Judy Guglielmin，他们审核了第12章，并开发了ICEfaces范例的源代码。感谢Valerie Griffin和Daniel Hinojosa，他们为本书做了最终校订和反馈。还要感谢非正式版的所有真诚的读者，以及参与论坛讨论的读者，尤其要感谢那些自始至终在耐心等待本书出版的读者。

这个项目的英雄是Mary Piergies领导下的整个制作团队，他们的诱导，让我觉得改写不是那么的可怕，使我注意力高度集中，本书才得以印刷出版。在这个过程中承受最大压力的是编审Lis Welch。我由衷地向Liz表达谢意。他帮我纠正了书中所有矛盾的地方，成就了我对完美的追求。我还要感谢技术编辑Norman Richards，他让我将我所知道的Seam和盘托出，并教导我不要给读者提供不切实际的建议。下面我要列出由制作和后期制作团队的其余成员所完成的大量工作，对他们表示感谢：Katie Tennant校对原稿，消除了所有书写方面的错误。Dottie Marsico和Gordan Salinovic在短时间内将原稿从办公文档格式转变成了你眼前所见到的专业排版格式。Leslie Haimes将本书变得能在书架上引人瞩目，吸引读者。Tiffany Taylor维护文档的模板；Gabriel Dobrescu处理本书在manning.com网站上的相关事宜。Steven Hong一直在宣传本书，并且筹备了营销材料。

请与我一起感谢Gavin King，他将自己对Seam及其上下文组件模型的见解作为开源的项目与全世界共享。也感谢那些Seam的开发人员，他们将自己成熟的见解变成了今天这个健壮的集成框架。

我要感谢马里兰州的Panera Bread，当我在家找不到写作灵感的时候，他为我提供了第二办公室。我很喜欢那些茶和免费提供的无线网络，希望越来越多的公司能够像你们一样提供先进服务。

或许我漏掉了一些名字，但也同样感谢你们，以及文中提到的人们，是你们帮助我完成了人生中最大的一个目标。再次感谢我的妻子，感谢她在此期间对我的不懈支持。

① 本书第14章和第15章是以网上发布的形式公开在原书出版商网站上的，英文原文可登录www.manning.com/dallen/下载。中文版情况详见译后序。——编者注

前　言

“要想解决问题，就先要改变思维”。

——爱因斯坦

我在写这篇前言的时候，正飞越大西洋，这是我同一个月里第二次从欧洲回到美国。这次是到托斯卡纳参加会议，讨论Seam的未来；前一次是到苏黎世，当时我在Jazoon'08年度研讨会上做了关于Seam的演讲。那次旅行的意义对我来说尤其重大，因为那是我有生以来第一次到北美之外的地方旅行。我原以为这一天永远也不会到来，但是我竟然如愿以偿了，感谢Seam。（还要感谢我的哥哥Kevin，是他帮我买了机票。）

这听起来让人觉得有些不可思议，我人生中的这一重要里程碑居然要归功于Seam。毕竟，一种框架怎么可能激发一个人去做一次空前的旅行呢？你肯定认为我疯了，但请先听我解释我是如何与Seam结缘，以及它是如何影响着我，让我大开眼界的。

Seam还处在开发阶段的时候，我正被一个利用Spring和JSF构建的项目搞得焦头烂额。有一年多的时间，我一直在一成不变地努力管理应用程序的状态，和一些无关紧要的决策较劲，例如，要把业务对象命名为Manager还是Service，合理使用几个层，以及哪个层应该负责某项指定的任务。所有这些使人分心的事情阻碍了项目的进展，也阻碍了我的成长。我决心要找到一条出路。

Seam吸引我的亮点在于，它提供了通过页面描述符控制JSF请求的细粒度控制。我之所以迷上Seam（并且最终决定撰写此书），远远不只是因为它为我解决了当时的燃眉之急。

Seam有影响力，是因为它遵循一致的方法，而不强加任意的限制。它利用注解、拦截器、基于XHTML的模板以及JSF组件，尽量提高你的编码效率。当你需要对象时，或者在你需要对象的地方，Seam都提供了访问对象的权限，并替你管理对象。它还帮助你建立从一个页面请求到下一个页面请求的连续性。Seam给了你极大的自由，你可以根据自己的需要组织应用程序，选择构建应用程序的工具，比如用Java还是用Groovy，用XML还是用注解，用JavaScript还是用多功能的小部件，用内建组件还是用定制组件，等等。

但是我们往往会受到“框架”（framework）的束缚，忘记了编写软件的初衷是满足用户或者客户端用户的需要。这是开始学习这些工具时应该持有的观点。

用户并不想没日没夜地把结果集一页页地从头翻到尾，也不太关心视图中是否出现了延迟初始化异常的问题。他们只想要成熟的软件。他们要高级搜索，要用PDF或者Excel生成的报表，要图表、电子邮件、文件上传、动态图片、向导、工作空间，等等。用户要的一般都是真正难以开发的东西，至少比单纯只通过CRUD生成工具来操作数据库更难。Seam也提供了CRUD生成工具，让你可以立即投入开发，但它的功能远不止这些。

Seam值得你去学习，是因为它几乎触及了Java EE的每一个方面。要学习的东西固然很多，但是有了Seam，Java平台的每个层面都变得非常容易使用，并让你能够在项目开发早期就处理应用程序的高级部分。你不必再担心用户提出天马行空般的疯狂需求了，反而觉得自己有能力编写应用程序，甚至会列出期待的特性清单。

作为一个集成框架，Seam网罗了众多随手可用的技术。因此，你会发现自己正在尝试一些前所未有的技术，并相信自己的应用程序和自身能力都会很快成熟起来。你还会开始在应用程序中引入新的交互风格，如事件观察者（event-observer）模式，或者像Ajax Push这类具有革命性的东西。你会习惯于探索新的领域，同时又不必放弃熟悉的东西。Seam影响了你对生活的整体态度。

回到我一开始提到的话题。Seam是激发我最终飞越北美的动力。它还促使我开始了我的写作和顾问生涯，让我置身于这个成功的开源项目中，让我有幸能与众多才华横溢的人们相识。Seam将如何改变你的职业生涯？它又将如何改变你的人生呢？

2008年7月写于大西洋上空的某个地方

关于本书

如果你准备成为一名Seam方面的专家，我保证这本书可以让你如愿以偿。我不会为了显示我的聪明，故意用一些让你费解的术语。我不会说："相信我，它可以解决所有问题。"当你正在努力钻研眼前的内容时，我不会用下一章的概要来转移你的注意力。我不会在类上放很多@In和@Out注解，希望你能自己领悟到它们的功能。我讲述事实。我给出了步骤，揭示了逻辑，还画了流程图。我最喜欢编程的原因是，每件事情的发生都是有原因的。目前最大的挑战在于，要了解是什么原因，然后回头考虑如何将它付诸实践。我承认，Seam的有些领域比较难以理解。但是相信通过引导，你会理解的。天无绝人之路，千万不要放弃！

我不仅教你Seam是如何工作的，还会告诉你原理和原因，这样你以后才能把Seam教给别人。我已经探索了Seam的每一个角落，并且愿意将我的经验与大家分享，激励大家自己去达到这种境界。我想将Seam教给我的东西教给你，即将程序员的潜能充分发挥出来的能力。这正是有助于你准确理解Seam的最好资源。

导读

本书的目的是让你快速掌握Seam。本书共分成四部分。第一部分对Seam进行综述，让你为学习Seam做好准备。第二部分关注核心概念，直到你能看出点名堂来。第三部分学习Seam的状态管理解决方案以及Java持久化支持。最后一部分教你如何使应用程序更加安全，并在竞争中独领风骚。最重要的是你能从中得到乐趣。

第1章回答了3个问题：Seam是什么？为什么要创造Seam？Seam应用程序是什么样的？这一章解释了Seam怎样适应Java EE，并列举了它扩展Java平台的方式，来使这个平台变得更易用，更恰到好处。本章呈现了一个基础的Seam应用程序，并给出了下文概要。

第2章并没有直接一头扎进Seam的基础知识，而是先引导你建立一个Seam项目。这不仅可以让你试验书中其余篇幅所阐述的Seam概念，还给你留下了一个完整的CRUD应用程序，它支持变动的递增热部署（hot deployment）。

由于JSF是Seam的主要视图框架，因此第3章对它进行了简要介绍，指出了它的弱点，并说明了Seam对它做了哪些改进。通过学习Seam对JSF提供的面向页面的强化功能，你对Seam如何参与到JSF生命周期便会有较为深刻的理解。学完本章，你应该能体会到"用JSF进行合理开发的唯一方式就是用Seam"。

第4章探讨了Seam的核心：上下文容器。你会知道Seam组件是什么，它与组件实例有什么区别，可以在哪些范围中保存实例和其他上下文变量，并知道Seam如何管理整个生命周期。你会觉得像是在用注解控制应用程序一样。你还会学到访问组件的方式，以及组件什么时候被实例化。

在第5章介绍Seam的中央枢纽（组件描述符）。你会学到它的两项主要功能：用XML和注解来定义组件，并为属性赋初始值，以此控制某个组件的行为，或者构建对象原型。虽然这个文件中的元数据是XML，Seam却利用命名空间使配置变成是类型安全的（type-safe）。你还将学会开发自己的命名空间。该章最后介绍了Seam简单但却强大的消息管理法。

第6章极为重要，因为它介绍了Seam最引人注目、最先进的特性：双向注入（bijection）。使用双向注入的最大好处是使处于不同作用域中的组件实例能够安全地合作，而不会存在范围受阻或者并发干扰的风险。本章的另一个主题是：Seam如何按需初始化对象。

第7章介绍了Seam的另一项重要特性：对话（conversation）。基于Java的Web应用程序一直缺少一个与用户行为相关联的作用域。你会发现Seam的对话正好符合这一需要，它克服了HTTP会话（session）的缺点，并为用户提供了一种管理并行活动的方法。对话最重要的用处是管理持久化上下文。

要体会到Seam对Java持久化的改进之处，必须先了解什么是Java持久化。第8章的介绍会让你对Java持久化有大概的了解，它还指出了关于这一主题的有用资源；同时阐明了在纯Java EE环境中是如何管理Java持久化的，并帮助你了解Hibernate和JPA的区别。

第9章介绍服务于Seam的Java持久化，并示范了Seam如何正确地持久化，这也是Java EE的不足之处。你会了解到，对话作用域的持久化上下文让你避免了延迟初始化错误和脏合并操作。你还会知道，Seam将请求放在一系列事务中，进一步确保了对某个请求中的全部操作提供保障。本章通过检验多用户Web应用程序中最重要的特性而得出结论：应用程序事务（application transaction）在原子对话中进行了持久化操作。

第10章围绕着开发CRUD应用程序的两个例子展开——只有这一次，你是自己完成所有工作。当然，并不是真的“所有”。你将学到如何利用Seam应用程序框架中的类来处理大多数样板代码，因此你所要做的就是设计和定制用户接口。读完第2章和第10章，闭着眼睛都应该能完成CRUD了。

应用程序如果不具备安全性，它也就没多大用处了。第3部分的第11章教你怎样验证用户，然后接着教你如何实现基于角色的基本验证和基于规则的上下文验证，以强有力的方式保护应用程序。

Seam还有一个优点，就是它使其他技术看起来很棒。在第12章，你会学到如何利用RichFaces或者ICEfaces组件将Ajax交互添加到应用程序中，而不必触及一行JavaScript代码。Seam管理状态可以确保这些Ajax交互不会使服务器资源变慢。你还会学到扩展JavaScript功能的方法，即让它直接访问服务器端的组件，并学会将Seam与像GWT这样有着丰富用户界面的技术整合起来。

第13章教你创建各种各样的内容类型，如PDF、电子邮件、图表、图片和二进制文档，从而摆脱单调的HTML。你还会学到如何为应用程序设定样式，并通过用户界面进行控制。

关于这最后两章，我有太多与本书无关的东西想谈。本书的配套网站为www.manning.com/SeaminAction，你可以从中查阅到第14章介绍的Seam业务流程管理方案以及第15章介绍的Seam的Spring整合。

附录A介绍了如何构建Seam和支持环境，并为你准备了与本书范例配套的源代码。

目标读者

有一位评论员说本书是“专家为专家写的”，所以如果你选择这本书是希望它的知识面足够宽，那你的选择是正确的。还有人说：“有经验的Seam开发人员也能从本书中有所收获。”还有一位说：“即便你已经是这方面技术的专家了，本书也不会让你感到失望的。”因此如果你想要掌握Seam，本书是必不可少的。

对于Seam的初学者来说，本书也不会令你失望。如果你是一位Seam新手，或者是管理者，那么前两章就可以让你受益良多。如果你想要进一步，就得问问自己：是否愿意学习这门技术，是否愿意为此付出努力。你准备好成为这方面的专家了吗？如果答案是否定的，你最好从Seam的参考文档或者入门书学起。当你想要更加细致地了解Seam，而那些资料已经满足不了你的需求时，我相信你会回头再来阅读本书。

如果你明白我的意思，记得要在开始阅读本书之前，先具备一些这方面的经验。我能够在书中深入细节，是因为已经省略了那些随处可见的基础知识。我希望你们至少具有Java开发经验，用过Java的Servlet API，并且部署到了应用服务器或者Servlet容器中。我假设你们至少了解JSF和ORM技术，因此会将这些内容一笔带过。你还应该了解方法拦截器及其工作原理，虽然这可以从文中推断出来。最后，如果你对书中的EJB 3集成或者Spring集成部分感兴趣，事先还需要具备这些技术的经验。这样听起来似乎需要具备很多前提条件，但是如果专注于此，也可以在阅读本书的过程中，从书中推荐的书籍和资源中学到这方面的知识。

不必担心你不懂JSF，下面会简单地做个介绍。如果你认为需要更多的解释，我还可以推荐一些其他的资料。不过，基础的JSF是很简单的，Seam中的JSF要比这复杂得多。

需要了解 JSF 的哪些方面才能使用 Seam

JSF是个面向组件的用户界面（UI）框架，与Struts这种基于动作的框架相反。Struts需要你编写一个定制的动作处理器来处理请求，然后将控制权转发到JSP页面，来渲染HTML响应。相反，JSF则自动地根据请求解析一个视图模板（通常是个JSP页面），并自动地让其与请求交互。没有前端控制器好像是一种倒退，但视图模板改进了这一问题。

JSF读取视图模板，包含定制的JSP或者Facelets标签，并构造一个UI组件树，有效地推迟了渲染过程。UI组件树是个层次状的Java对象图，代表页面的结构。渲染只是个次要的关注点，只有当组件树被“编码”到客户端（浏览器）时才会发生渲染。每个组件附带的渲染器会生成标记。

UI组件树的主要关注点是充当服务器端的视图表示法，并监听UI中发生的事件。组件树中的元素和页面中的元素之间是一对一的映射关系（文字型的HTML除外）。例如，如果页面包含带有输入域和按钮的表单，UI组件树中就会有相应的表单和嵌入它的输入组件和按钮组件。由于视图模板的处理与UI组件树的编码是分开的，你可以利用其他的视图技术构建组件树，例如Facelets或者纯Java。除了HTML之外，组件树也可以生成其他标记。

JSF的设计不仅仅是通过中间对象图将视图定义和视图渲染分开，它还利用组件树捕捉事件，并允许通过编程在服务器端操作视图。这与Swing很相似，但它是在Web环境的上下文中运作。用户执行的任何事件都会产生一条HTTP请求。在这个请求期间，或者回传（postback）期间，组件树会从它的前一种状态中“恢复”过来。事件得到了处理，组件树再一次被编码到客户端（HTML响应）。

下面介绍一个事件机制的简单示例。用户点击JSF表单中的某一个按钮（比如`UICommand`组件）的时候，与该按钮动作绑定的方法就会得到执行。你不必担心如何处理请求或者如何准备映射关系。如果表单有输入（如`UIInput`组件），那些输入值就会被赋给与它们绑定的JavaBean属性。这样，当动作方法执行时，它就可以使用这些属性。与UI组件绑定的对象被称作managed bean。你在后面会知道，JSF在负责管理它们。

那么，managed bean又是如何与UI组件绑定的呢？这种绑定是利用EL（Expression Language，表达式语言）符号来完成的，JSP中也有EL符号。既有值绑定表达式，也有方法绑定表达式，但是后者是JSF所特有的。与JSP不同的是，JSF除了用值表达式输出属性值之外，还可以用它捕捉属性值。方法表达式被用来将方法绑定到UI组件上，因此当组件被激活时，就会调用该绑定方法。

在这个按钮范例中，managed bean中的方法通过表达式`#{beanName.methodName}`与按钮动作绑定起来。这个表达式解析成名为`beanName`的JSF managed bean的实例上的`methodName()`方法。managed bean在JSF描述符faces-config.xml中利用`<managed-bean>`元素进行定义。JSF会按需自动创建这些managed bean的实例。

虽然它们的作用截然不同，但值表达式与方法表达式类似。输入组件的值可以利用表达式`#{beanName.propertyName}`绑定到managed bean的一个属性上。点击按钮之后，当页面被渲染并把从输入组件中捕捉到的新值写到设值方法`setPropertyName()`中时，JSF从JavaBean取值方法`getPropertyName()`中读取该值。你仍然不必担心如何从`HttpServletRequest`对象中读取请求值。这项工作会自动完成，你只需去关心业务逻辑。

EL是JSF和Seam的一个重要部分，你一定要弄明白它。我推荐两个参考资料，一个是发表在java.net①上的文章*Unified Expression Language for JSP and JSF*，另一个是seamframework.org②上有关EL的常见问题解答（FAQ）。

刚才介绍的范例看起来简单到不能再简单了，但在每个JSF请求期间，尤其是在回传期间所发生的事情，会更复杂一些。每个请求都激活了JSF生命周期，这个生命周期包含了6个阶段：

(1) Restore View（恢复视图）；

(2) Apply Request Values（应用请求值）；

(3) Process Validations（and conversions）[处理验证（和对话）]；

(4) Update Model Values（更新模型值）；

(5) Invoke Application（调用应用程序）；

(6) Render Response（渲染响应）。

如果该请求是回传，UI组件树就会在恢复视图（Restore View）阶段恢复。如果这是一个初始请求，即URL是在浏览器的地址栏或者常规链接请求中得来的，生命周期就会直接跳到渲染响应（Render Response）阶段。

---

① http://today.java.net/pub/a/today/2006/03/07/unified-jsp-jsf-expression-language.html

② http://seamframework.org/Documentation/WhatIsAnExpressionLanguageEL

回传则贯穿于整个生命周期。在恢复视图之后的3个阶段中，表单值会被捕捉、转换和验证，并赋给managed bean上与这些值绑定的JavaBean属性。作为嵌套标签，或者与JSF描述符中的属性类型有关的输入组件会得到验证和对话。

调用应用程序（Invoke Application）阶段是执行动作方法的地方。最多可以有一个主动作和任意数量的次动作监听器。这两种类型的区别在于，只有主动作可以触发导航规则。导航规则也是在JSF描述符中定义，它规定了要渲染的下一个视图，并且调用应用程序阶段一完成，就会引用这些规则。

最后，在渲染响应（Render Response）阶段，UI组件树是用视图模板构建而成的，随后被顺序地编码到HTML（或其他输出），并且被发送到浏览器（或者客户端）。

JSF就是这么回事。如果你对这个框架还不熟悉，这个简单的解释也许还不足以满足你的好奇心。我推荐几个关于JSF的优秀资源，可以帮助你快速掌握它。如果你没有读过其他书籍，可以看看IBM developerWorks上的*JSF for nonbelievers*系列[①]。同时，建议你也看看*Facelets fits JSF like a glove*[②]这篇文章，了解一下Facelets，这是Seam应用程序使用的另一种视图技术。如果你愿意在JSF学习上做点投入，那就买本*JavaServer Faces in Action*（Manning，2004）或者*Pro JSF and Ajax*（Apress，2006）。在读这些资料的时候，记住你是通过学习JSF来了解如何使用Seam，因此不必深陷于JSF本身。在第3章，你会学到Seam为JSF带来的许多强化功能，那一定不会让你失望。

由于本书不少地方都引用了高尔夫球方面的知识，因此为了帮助你更好地理解相关内容，下面先介绍一些高尔夫球的背景知识。

高尔夫球游戏

高尔夫球的目标很简单，用最少的杆数将你的球入洞。一个标准的高尔夫球场，从发球区（称作tee box或简称tee）开始，会有18个这样的洞。每个洞都有一个标准杆数（par），规定了应用几杆让球进洞，这个数字在计算得分时非常重要。

“洞”（hole）既指地上的洞，又指发球区中配的洞。每个洞有固定数量的发球区，每个发球区用一种颜色标识。从洞到发球区之间设定了不同的距离，表示不同的经验等级，使得这种游戏对于那些高手来说更具挑战性。你选择一种颜色，并从每个洞中该颜色的指定区域开始。这些起始点就是你的tee set。在一轮高尔夫球比赛中，要按顺序击打你tee set中的每一个洞。

要让球前进，得使用一套高尔夫球杆。每支高尔夫球杆由一个球杆和一个杆头组成。杆头的角度决定了你击球时球的杆面角。一般来说，杆面角越小，球走得越远（注意这是需要技巧的）。为了击中球，你得将球杆像挥棒球棒一样挥起，千万别告诉职业高尔夫球手这是我说的。你用一种称作推杆（putter）的特殊球杆推动球穴区（洞周围的区域）的球。在使用推杆的时候，得轻轻地敲球，而不是朝着它挥杆。每次接触球时，无论你使用了哪种球杆，都计为一次击打。

在击球前，允许用高尔夫球座将球垫高，但是，只有在一个洞的第一次击球时才允许使用这

① http://www.ibm.com/developerworks/views/java/libraryview.jsp?sort_order=asc&sort_by=Date&search_by=nonbelievers%3A&search_flag=true

② http://www-128.ibm.com/developerworks/java/library/j-facelets/

种帮助。球座用于调节木杆的挥打角度，木杆是球袋中杆面角最小的球杆。一旦你在指定的洞上进行了第一次击打，就要用球杆让球前进，直到球入洞为止。然后捡起球走（或骑车）到下一个发球区。在一轮结束时，你把所有击球次数相加，计算出基本得分（此处不深入讲解“差点”（handicap）的概念，你只要知道它是用来计算得分的即可）。这个数字越小，表示打得越好。

我之所以在此选择高尔夫球作为范例，是因为它就像编程，极具挑战。在高尔夫球游戏中，只有更好。这听起来很像编程，不是吗？一旦我们掌握了某一种技术，其背后一定会有一些规则要学。幸运的是，有很多书籍可以助我们成为行业之中的佼佼者。

代码约定

本书提供了丰富的范例，包括Seam应用程序中需要创建的所有东西：Java代码、基于XML的描述符、Facelets模板和Java属性文件。代码清单或者文中的源代码会与普通的文字分开，以代码体显示。我会用粗体来强调范例中的重点。此外，Java的方法名称、Java类名、Seam组件名和上下文变量名、事件名、请求参数名、Java关键字、对象属性、EL表达式、Java 5注解和枚举常量、XML元素和属性以及文中的命令，也都将以固定宽度的字体显示。当注解出现在文中的时候，默认用@符号。

Java、XHTML和XML都可能很冗长。许多时候，初始源代码（可在线下载）都重定了格式。我添加了换行符，并重新进行了缩排，以适应书中可用的页面空间。在有些情况下，这么做还不够，如代码清单中还包括了“接上行”（➥）的符号。

我还应用了几种其他的空间优化方法。代码清单中已经省略了源代码中的注解，代码是在文中进行说明的。Java类中的类导入往往也要占用许多空间，因此当代码编辑器可以很容易地替你解析时，我就会将它们省略。源代码中可以看到完整的导入语句。当方法的实现不太重要，或者与之前的代码清单相比没有变动时，你就会看到{ ... }，这是个代码折叠。通常，为了节省空间，我会将Java 5注解与它们所应用到的属性或者方法放在同一行上。我个人更喜欢在自己的代码中在每个Java 5注释之后换行。

一些源代码清单会提供代码说明，强调一些重要的概念。有时候，有序项目符号会链接到代码清单后面的一些说明。

每个应用程序的位置会用一个变量符号在全书中进行引用。例如，JBoss应用服务器的路径就用${jboss.home}表示。

源代码下载

Seam是在LGPL许可下发布的一个开源项目。Seam发行版本的下载说明（包括源代码和二进制代码），可以在Seam的社区网站上找到：http://seamframework.org/Download/SeamDownloads。

本书中Open 18范例的源代码可以从这个网站（http://code.google.com/p/seaminaction）下载到，并且是在LGPL许可下发布的。由于Seam正在不断发展之中，我决定将这些源代码做成一个开源项目，以便根据需要实时更新代码。你也可以从出版社的网站（http://www.manning.com/SeaminAction）上下载书中范例的代码。关于如何使用源代码的详情请见源代码根目录下的

README.txt文件。

软件的组织结构

为了帮助你让软件保持有序，以便可以与源代码范例同步，我建议大家采用本书的目录结构。这只是我的个人建议，你有权决定最终要把文件放在哪里，这些惯例绝不是使用Seam的前提条件。

主目录

主目录（home directory）是放置个人文件的地方。该目录结尾部分的路径通常与你的用户名相同。本书假设主目录的用户名为twoputt，无论什么时候都必须引用绝对路径。表1展示了twoputt在几个不同操作系统中的主目录。每当你看到书中使用了twoputt的主目录时，用你自己的主目录将其替换掉即可。

表1 在几个不同操作系统上的主目录

操作系统	主 目 录
Linux	/home/twoputt
Mac OSX	/Users/twoputt
Windows	C:\Documents and Settings\twoputt

列表中包含的终端输出是在Linux系统中产生的，但你可以看得更远一点，因为你用哪种操作系统来开发Seam应用程序并没有什么差别。

主目录的结构

表2列出了我在开发时会建立的几个文件夹及其用途。你会在本书的源代码中见到这些路径。

表2 开发目录下的文件夹

文 件 夹	包含哪些内容
databases	基于文件的数据库和数据库Schema
lib	Seam中没有包含的JAR文件，如H2驱动程序
opt	Java应用程序，如JBoss AS和Seam
projects	开发项目

附录A介绍了如何安装在使用Seam及本书的范例时需要用到的软件，并且引用了这一结构。

作者在线

凡购买本书的读者，均可访问由Manning出版社维护的内部网上论坛，发表对本书的评论，询问技术问题，还可以得到作者及其他读者的帮助。要访问并订阅该论坛，请登录http://www.manning.com/SeaminAction。这个页面会告诉你注册后如何登录论坛、能够获得哪些帮助，以及论坛的相关行为准则。

Manning向读者保证，这个是读者之间、读者与作者之间进行有意义交流的平台。但并不承诺作者的参与程度，作者对“作者在线”的贡献是完全出于自愿（且不计报酬）的。我们建议你多向作者提一些具有挑战性的问题，以免作者对论坛失去兴趣！因为技术领域中的人都很忙碌，因此你的问题或许不能很快得到解答。建议你在Seam社区网站http://seamframework.org上发问，那里会有大量的人在阅读和回答与Seam相关的帖子。

只要本书仍在发行，读者就可以访问出版社网站上的作者在线论坛，也可以了解以前的讨论内容。

关于封面插图

本书封面上的插图名为La Béarnaise，她是一位来自法国西南部一个山区（即前Béarne省）的妇女。该图摘自1805年版各地服饰习俗的Sylvain Maréchal四卷大纲。每幅画都由手工精心绘制、着色而成。

Maréchal专辑的丰富色彩使我们想起了200年前世界上的各城镇与地区之间存在着多大的文化差异。人们彼此隔绝，操着不同的方言和语言。相隔几十公里的两个地区的人们，通过服装风格就能辨认出对方来自哪个地区。

从那以后，服饰风格已经发生了变化，那个时期富有浓郁地方特色的服饰文化也逐渐消逝了。现在已经很难通过服饰来区分不同地区的居民了。也许我们用文化多样性换来了更加多样化的个人生活——当然是更加多样化和更快节奏的科技生活。

当所有的计算机书籍都变得千篇一律的时候，Manning出版社则通过体现两个世纪以前丰富多彩的各地生活的Maréchal的图片作为封面插图，以这样的方式来赞美计算机行业中的独创性和主动性。

目　录

第一部分　了解 Seam

第二部分　Seam 基础知识

Part 1 第一部分

了 解 Seam

当前，有许多优秀的框架可用来开发基于Web的Java应用程序。本书的第1章将介绍Seam，并解释它能够在众多框架中脱颖而出的原因：它是一个包含了现有Java企业级应用最佳实践的创新性的现代化Java EE平台。Seam通过注解、拦截器以及由异常进行配置，终结了已经持续了10多年的复杂底层，向你展示了Java EE平台的巨大威力。EJB 3组件、Groovy脚本等都可以参与这个基于POJO的轻量级编程模型。第1章还将展示一个Seam示例，着重强调Seam如何消除基础结构代码，使组件能够专注于纯粹的业务逻辑。另外还将重点介绍Seam对开发流程的改进方式，从而让你更快地达到预期的目标。

在如今这个快节奏的时代，我们经常还不完全清楚自己的目标就得向人们展示成果。因此为了帮助你更好地起步，第2章重点阐述了Seam工程生成工具及其用法，使用该工具可以在不编写任何代码的情况下，创建出基于数据库并具有一定功能的应用程序。我们将快速浏览一下Seam的项目结构，并通过实现一些定制来感受一下开发周期。虽然在第一部分没有太多机会编写代码，不过这足以调动你的积极性，让你下决心学习这种新的框架。最棒的是，你会得到更多的时间来学习，因为你在第2章创建的应用程序一定会深深地触动你的老板，他也会意识到Seam的巨大优势。这个应用程序也是研究Seam的工作模型。

本部分内容

第 1 章

Seam使Java EE一体化

本章概要

- ❑ 轻量级的企业Java
- ❑ 用Seam作为应用程序栈
- ❑ 用注解简化配置
- ❑ 促进敏捷开发的工具

JSF还值得再考虑吗？EJB真的合适吗？面对Ruby on Rails的诱惑，紧紧抓住Java不放是否仍值得？

随着Seam 2.0版本的发布，你现在可以信心十足地对以上所有的问题做出肯定的回答了。Seam是一个蓬勃发展的Java EE应用程序框架，它最终以统一的组件架构形式简化了基于Web的应用程序开发。EJB 3规范为Java EE 5带来了革新，而Seam正是构建在这些革新之上的。这些变革包括侧重注解而非容器接口，侧重由异常进行配置而非用冗长费神的 XML描述符。Seam将EJB 3的核心变革推广至整个平台，从而瓦解了Java EE 旧有的重量级结构。同时，它还扩展了这个开发平台，包括向JSF生命周期中植入附加功能，并且凭借着统一EL（Expression Language，表达式语言），促进了多种技术间的通信。有了Seam，使用Java EE所带来的诸多不便都将不复存在，尤其是JSF，看起来焕然一新，的确值得关注。

在本章中，你会明白Seam为什么会成为当下最激动人心的Java技术，以及你为什么应该选择Seam作为框架。我将阐述Seam如何将革新与各种现有标准相结合，解决使用Java EE平台时所遇到的问题。在框架泛滥的今天，Seam还算不上框架。它没有强制你使用一个新的编程模型，而仅仅是将标准的Java EE API（主要包括EJB3、JSF、JPA/Hibernate以及JAAS）整合到一起，使得它们更易用、更有用、更好用而已。而这些改进是通过如下先进技术的升级来实现的，包括对话（conversation）、页面流、业务流程、基于规则的安全、JavaScript（Ajax）远程处理、PDF显示、电子邮件合成、图表、文件上传及Groovy整合等先进技术的升级。Seam就好像一款经典车，车子里面Java EE已在飞速运转，车子外面看上去却优雅到了极致。

暂且不谈Seam有多好，事实上现在一定有许多优良的框架摆在你面前供你选择。在1.1节，我将给出一些建议，希望你能够选到中意的框架，从而可以停下搜寻框架的脚步，转而潜心开发应用程序。尽管你很清楚没有人能告诉你究竟该选用哪一种框架，可无论如何你仍然会问，不是吗？别担心——我来帮你，要知道，我是有备而来的。

1.1 我该选用哪种框架

置身于充斥着众多框架方案的世界当中，你该何去何从？适合Java平台的框架是如此之多，有些已被证实是可靠的，而另一些则还只是美好的愿景。要从这么多Java框架中选择其一，真是让人头疼！图1-1中的情景是否就是你现在的处境呢？

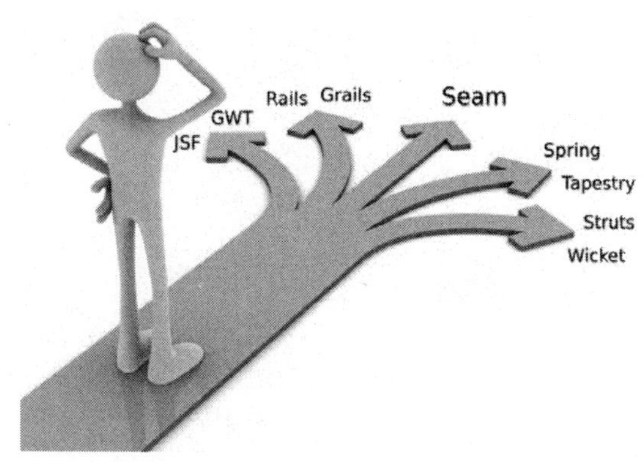

图1-1 框架的选择

在开发者大会中，大家相互问候时聊得最多的就是关于框架的选择。虽然我们通常会用“你是做什么工作的”这种问题来衡量一个人的能力，但如今，一个开发者的能力体现于他在软件开发中使用哪种框架，或者他对自己使用的框架如何评价。但常常有这样的情况：当你刚刚做出一个选择后，紧接着就有一种新的框架闪亮登场，并宣称自己是前无古人的。

这种抉择未必正确，甚至可能影响编程效率。Barry Schwartz在*The Paradox of Choice*（Ecco，2003）一书中写道：“这些令人头疼的选择方案如洪水般涌至我们早已疲惫不堪的大脑，结果导致我们无法写出高质量的程序。”如果你始终相信没用过的才是最好的，那么摸索框架的时间就会比设计有用的应用程序的时间多得多。不断地摸索框架耗尽了你的精力，还让你误以为自己很忙。

假使已有一种框架让你感到非常满意，那么你也就不会在读这本书了。你应该早已有了一套熟悉的工具，毫无疑问它们会带来高效的生产力。但是你还没有找到这样的框架，不是吗？所以你仍旧在四处搜寻着一种新型但又熟悉、轻量级但又强大的框架。你需要一种开发平台，它可以将大量的Java技术集成到统一的应用程序栈中。Seam可能正是你要找的框架。

1.2 选择 Seam

你可能会不自觉地认为Seam只不过是又一种Web框架罢了，充其量是在已经泛滥的框架市场中搏杀的又一介武夫而已。实际上，称Seam为Web框架是很不恰当的，因为它的范围比起像Struts这样的传统Web框架可要宽广多了，所以更应该称之为*应用程序栈*（application stack）。

1.2.1　完整的应用程序栈

我们来看一下应用程序栈和Web框架之间的区别。Web框架就如同一位客人，观宴伊始不虞而至，幕落之时翩然而去，其间自娱娱人，出尽风头，成为全场最耀眼的明星。但是他们多半指望不上。他们怎么来的，还怎么离开，空有满腹才华。相比之下，应用程序栈可不一样，他们会协助规划晚宴、帮忙采购、烹调、布置、服务、煮咖啡，最终席散之后清理场地。他们对友情忠贞不渝，热情能干，令人遗憾的是，几乎没有人意识到他们的工作。

在人人都想成为摇滚明星（即Web框架）的时代，Seam无疑是你最实用能干的死党，最忠诚的副手。Seam应用程序栈包括框架、类库、构建脚本、项目生成器、IDE集成、测试基类、嵌入式JBoss容器以及众多技术的集成。看，Seam就是一个劳模。图1-2给出了一个样例，展现了在一个典型的应用程序中Seam所能囊括的技术。

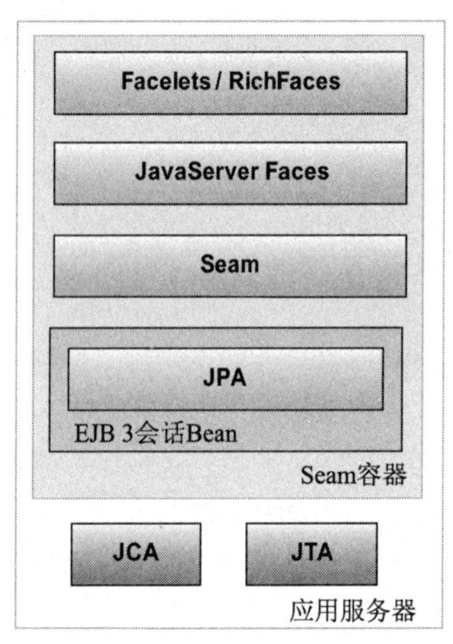

图1-2　Seam栈中所融合技术的剖面图

尽管这个栈表明了Seam应用程序中会用到的多种技术，但你还是不清楚Seam的用途和其存在的原因。要想弄清Seam存在的缘由，必须先认请它所面临的挑战。尽管Java EE 5已经朝着为企业级Java开发建立一种敏捷平台的道路迈出了相当大的一步，但是，它却在JSF管理的基于组件的Web层与EJB3管理的基于组件的业务层之间留下了一道相当明显的鸿沟。而我们此时正需要一座将Web层与业务层连接起来的桥梁。

1.2.2　开发 Seam 的原因

Java EE 5规范中包含两个关键性的组件架构（创建可重用对象的规范），分别是JSF 1.2和EJB 3，它们主要用于创建基于Web的业务程序。JSF是一个标准的Web层展示框架，提供了UI组件模型与服务器端事件模型。EJB 3则是一个标准的编程模型，用于创建访问事务资源的安全且可扩展的业务组件。JPA也在包含在EJB3当中，它为关系数据库和Java实体类之间的数据转换定义了一个标准的持久化模型。

上述这两个关键性组件结构，除了共存于Java EE 5规范中之外，它们之间的合作其实极少，相互间背对着背，恰像一枚硬币的两面，这种交流障碍对于发挥每种技术的巨大潜力极为不利。虽然开发者们可以同时使用这两种Java EE层，但需要许多“胶合”代码。Seam挑起了这个连接重任，它将JSF与EJB 3衔接到一起，从而解决了Java EE 5规范中存在的最棘手的难题，并且完善了Java EE平台在演变过程中遗漏的环节。由此而论，Seam成了未来Java EE规范的创作原型。至此，JSR 299（Web Beans）、JSR 314（JavaSever Faces 2.0）和JSR 303（Bean Validation）这3项JSR都已经被Seam接受了。不过，Seam并不像图1-2所描述的那样一定要使用JSF或者EJB 3，你也可以用Wicket、Tapestry、GWT或者Flex这些视图技术来替换JSF，只是不像图1-2那么容易理解罢了。在业务层中，Seam可以将JavaBeans用作事务组件，还可以与Spring容器连用。事实证明，这两种其实都是比EJB 3更好的选择。

因此，Seam的光芒，不是因为它成为Java EE未来的一个重要组成部分，也不是因为它为众多开源技术提供集成点，这些都只是它的本职工作而已，并非其开发初衷。其实，同绝大多数软件项目一样，起初，开发Seam无非是为了解决一位开发者的棘手问题而已。

一个真实的故事

这是一个真实的故事，当时Gavin King发现开发人员将Hibernate用于由Spring框架大量生成的无状态设计中，而这样使用Hibernate并不恰当。他意识到JSF与EJB 3之间缺少集成，这样只会使作为JPA提供者的Hibernate更加被滥用。因此，对此日益生厌的Gavin King决定要赶紧创建一个基座，在这个基座上，持久化上下文（Hibernate的`Session`或是JPA的`EntityManager`）可以穿越层，这样一来，有状态会话Bean便可以对JSF UI组件直接做出响应。根据这个设想，Seam支持采用有状态且高效的架构。因此，基于Seam创建的程序可以毫不费力地从一个用户交互（或事件）接续到下一个，这项特性便是Web对话。其中，变量作用域是使Seam具有上下文特性的关键所在。

之所以用Seam（原意为接缝）作为这个项目的名称，是因为它实现了JSF和EJB 3之间的无缝连接，使它们在同一个环境下（Seam内部）配合默契。在匹配JSF与EJB 3的过程中，Seam的架构师扩展了其解决方案，允许用任何POJO（Plain Old Java Object，简单的旧Java对象）作为业务组件，而不是只允许EJB 3这类对象。Seam全局组件模型为非EJB组件（如JavaBean与Spring Bean）带来了由EJB 3编程模型提供的隐式、声明式的服务，例如事务、拦截器、线程和安全服务。对于非EJB组件，Seam会处理Java EE 5注解或者类似于Seam API中的那些注解，然后将结果植入托管服务中。也就是说，你大可不必为了EJB 3容器所带来的好处而依赖于它。你可能需要重新考虑是否使用EJB 3，如果没有特殊需要，还是选择用JavaBean代替吧。无论你做何选择，也不管你听到了什么样的说法，都不需要将Seam应用程序部署到JBoss应用程序服务器上。

1.2.3 “厂商垄断”传闻真相

Seam是一项定位于JBoss 的技术，或者说，用了Seam你就被JBoss绑定了——这种荒诞的传闻比比皆是，提这个我不会难为情。老实说，Seam的开发团队并不避讳针对JBoss提出建议。Seam应用程序栈集合了公认的最佳技术，并让这些技术一起合作得很好。但是，正如Struts技术出自Apache，Spring技术出自SpringSource一样，Seam也仅仅是起源于JBoss而已。除JBoss之外，企业版Java中还有一些非常成功的复杂项目，像Spring、Hibernate、Eclipse 以及Java EE平台本身，调查发现，这些项目都是由相应的组织花钱请人开发的。Seam是开源的，任何个人或者社区①都可以随意使用。虽然Seam名义上属于JBoss/Red Hat旗下的JBoss Labs所有，但你可以随心所欲地复制、分享和修改它的源代码。需要特别指出的是，JBoss Seam是通过LGPL许可进行分发的，这种许可比较灵活。

设计者们通过不断的努力确保了Seam兼容于所有主流应用服务器，包括BEA WebLogic、IBM WebSphere、OC4J（Oracle Containers for Java EE）、Apache Tomcat和GlassFish，从而使Seam成了一种魔力容器，但是部署要远重于兼容性。Seam对Java EE所做的改进，通过借助JCP（Java Community Process）以及被纳入到前面所提到的JSR 299（Web Beans）中，进而使之成为一个Java EE平台标准。这个JSR的目的是统一JSF的managed bean组件模型和EJB组件模型，以显著简化基于Web的应用开发的编程模型。这个JSR将促进Seam不断地创造出其他可选实现。

现在，你知道了开发Seam的意图，也知道了选择Seam并不会绑定于JBoss。接下来，就该结合你自己的技术功底，认真地考虑一下Seam是否是适合你的框架。毕竟，Seam可能拯救了Java EE，但是如果选择Seam作为开发框架，它是否满足你的需要呢？

1.2.4　Seam 用例

真的还需要另外一种应用框架吗？难道Spring不是所有框架之尊吗？但是Ruby on Rails的成功以及Java开发者如潮水般涌向它的事实一再证明：的确还需要一种适当的Java应用框架，也许在某些开发者看来，是指整个编程环境。那么，你会随波逐流吗？我希望你能三思而后行。

承诺“某个框架可以简化开发程序的工作”只是空口说白话而已，仅仅是因为能够用某个框架创建一个可随手抛弃的博客程序还不足以证明它的能力。要成为一套名副其实的企业级软件，这个框架必须经受真实世界的全面考验，并且帮助开发者开发出设计良好、稳健、可读性强的程序。这恰是Seam的目标。Seam，使一切简单化，让可用类库更易于使用。Seam，没有对深得人心的Java EE平台弃之不顾，相反，还为它提供无缝连接，让它真正一体化。Seam，不是鼓励你忘记从前知道的东西，而是让你能够以更敏捷的方式使用Java EE，还以扩展和第三方集成的方式增加了许多有趣的工具，使开发工作变得趣味盎然。

下面几点是Seam对Java EE平台进行诸多改进的其中一小部分，这些改进极大地简化了Java EE平台。

- ❑ 消除了JSF中骂名累累的缺陷。
- ❑ 修复了JSF与事务性业务组件之间的通信。
- ❑ 拆除了不必要的层及被动的中间件。

① Seam的主要社区网站是http://www.seamframework.org。

- 反对使用无状态的架构（即过程业务逻辑），提供了上下文状态管理的解决方案。
- 管理持久化上下文（Hibernate的`Session`或JPA的`EntityManager`），避免了视图及后续请求中的延迟初始化异常。
- 提供了一种用于在用例期间扩展持久化上下文的方式。
- 连通了视图与有状态页面流。
- 将业务处理引到了Web应用程序中。
- 插入了JAAS支持的基于POJO的验证及授权机制（在JSF视图ID级别实施），可以通过EL进行访问，并且可以利用声明式的规则和ACL进行扩展。
- 为在非Java EE的环境下进行测试提供了嵌入式容器。
- 发行包中提供了30多个参考范例。

可见，Seam并不掩饰自身平台中出现的问题，尤其是JSF方面的问题。对于目前的JSF开发人员而言，上述第一点就足以让他们判断是否需要这个框架了。他们最清楚JSF有时候会令人多么地痛苦。有了Seam的帮助，这些问题便迎刃而解。第二点则证明了Seam在基于标准的环境中的作用，它天生就适用于这些环境。但是Seam的作用还远不止于此。它还鼓励开发人员去掉不必要的层，以实现更简单的架构，并提倡使用长时间运行的上下文，来解除状态管理的负担。除了改进编程模型之外，Seam还提供了一种工具，为基于Seam的项目准备脚手架（scaffolding）。它还可以从现有的数据库Schema生成一个创建、读取、更新和删除（CRUD）应用程序。它也使得集成测试变得很容易，同时它还能以多种方式提供Ajax服务。

1.3 Seam 的统一方法

Seam让标准的Java EE平台获得了新生：结束了它的分歧，统一了它的组件，修正了经常遭到批评的那些缺点，使它更易于使用，同时Seam还涵盖了第三方框架和类库，将它们全部统一起来，成为一个集成好的、一致的应用程序栈。虽然Seam的特性十分巨大，但其核心使命则是让JSF、JPA和POJO组件能够共同合作，以便开发人员能够集中精力构建应用程序，而不是把精力浪费在集成不相干的技术上。

1.3.1 Seam 整合了 JSF、JPA 和 POJO 组件

让各种技术能协同工作远比只让它们相互传递信息要困难得多。因为这需要创建一个交互性操作来模糊它们之间的界限，使它们浑然一体。Seam让EJB 3适应Web层，为JPA找到了适当的位置，并且放弃了无效的JSF Managed Bean容器，从而实现了这种整合。通过回顾Seam如何攻克这些挑战，你就可以确定哪种Seam栈最适合你。

1. 解决了EJB 3不适应Web层的问题

根据设计，EJB组件原本是不能直接与JSF视图绑定的。EJB组件具有很好的可扩展性、事务的、线程安全性以及保密性。这些都是很好的特性，但是如果它们与Web层完全隔离，只能通过一个充当媒介的JSF Backing Bean才能访问到的话，则这些优点就起不到多大作用，这种隔离使得EJB组件在Web应用程序中的使用受到了限制，因为将它们整合起来很困难。这些EJB组件不能

够访问保存在任意Web作用域（请求、会话和应用程序）或者JSF组件树中的数据，从而削弱了它们对于应用程序本质部分的认知（此处的真正目的只是为了让EJB 3组件能够访问Seam的有状态作用域）。而且，从Web层中使用EJB组件时，很容易引起并发性的问题。例如，事实上并没有规定Java EE容器要按顺序访问同一个有状态会话Bean，而是让开发人员考虑并处理并发，或者捕捉并发导致的异常。而且，在处理像JPA的`EntityManager`这样非线程安全的资源时，情况会变得很复杂。要在Web层中安全地使用EJB组件的唯一方法是要求开发人员添加一个适配器层作为接口进行连接。

Seam允许EJB 3组件访问Web层作用域，并管理EJB 3组件状态，从而使并发问题成为基础架构的责任，而不是开发人员的责任，因此它们可以在Web层中被安全地使用，甚至能够按顺序访问有状态的组件。而且，自从Seam正确地处理Web作用域以来，再也没有出现非线程安全资源的访问问题。

说到表格，JSF也遇到了与访问业务层组件相同的问题。

2. 让JSF拥有更好的后端

JSF有自己的Managed Bean容器，这是利用冗长的XML描述符进行配置的，与EJB 3中基于注解的配置相反，JSF具备一定的依赖注入设施。虽然JSF的Managed Bean可以保存在Web层上下文中，但它们是无益的对象，缺乏可伸缩性、事务原子性和安全性（或许这就是它们之所以被称作“Bean”而非“组件”的原因）。它们必须求助于EJB 3组件才能获得这些业务服务。你会痛苦地发现只有创建一个Facade层（façade layer），才能将EJB 3组件与展现这些组件的UI连接起来。

为了纠正这种不匹配，Seam允许EJB 3组件代替JSF的Backing Bean和动作监听器，使JSF的UI组件能够直接利用EJB层。现在再也不需要Managed Bean的Facade层及其冗长的XML描述符了。通过消除这种不匹配所造成的复杂性，Seam鼓励开发人员不要拘泥于过度架构设计所带来的严格要求。

3. 你是哪一种Seam

Seam不只是集中了那些“需要组装”的类和工件。Seam最大的成功之处在于它提供了丰富的经充分测试且运行流畅的bundle。这些bundle包含了许多第三方类库的兼容版本。打个比方，与购买一台Dell机器相比，购买一台Mac机器要简单得多。购买Dell机器时，所有器件直到最后一条内存都可以定制。产品将严格按照你的需要而定制，但是你要为此付出许多心思和精力。相比之下，购买一台Mac机器则要简单的多。你只要选择要膝上型还是要普通型手提电脑，然后选择屏幕的尺寸即可。其他所有细节苹果公司会全部替你完成。Seam就是如此，你只要选择状态提供者和持久化提供者（接下来，就会是Web框架）即可。剩下的一切细节都由Seam开发人员替你完成（这里是说Seam的实现）。去除了过多的选择之后，Seam使开发人员的工作变得更加简单了。

如图1-3所示，Seam应用程序中有两个主要的技术选择：状态提供者和持久化提供者。状态提供者是处理应用程序逻辑，并对UI中的事件做出响应的技术。持久化提供者则负责将数据传入/传出持久化仓库。Seam对持久化提供者进行管理，允许持久化上下文延伸到一系列页面，并在多个组件之间共享。

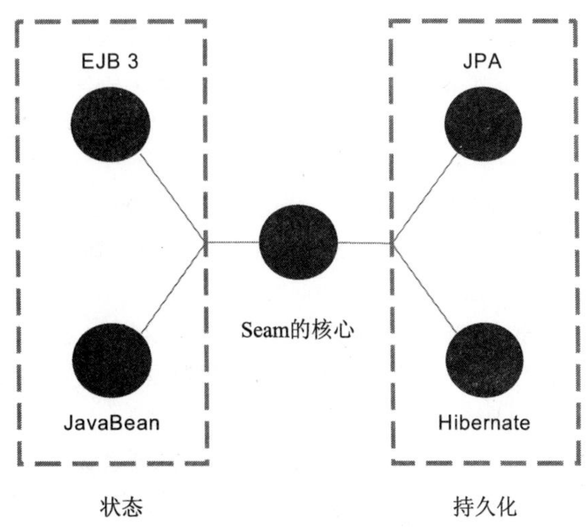

图1-3 Seam的栈矩阵，可以选择状态提供者和持久化提供者

如前所述，Seam并不要求一定使用EJB 3。你也可以选择使用Hibernate中基本的JavaBean，不必担心会丢失功能性。JavaBean一词囊括了所有非EJB的组件，因此Spring的Bean在这里也同样适用。另一种盛行的做法是部分采用EJB 3（将JPA和JavaBean结合起来），这正是本书范例应用程序中所用的混合模式。

在Seam之前，要同时使用这些技术就意味着要整合那些用于管理它们的容器。EJB 3有自己的容器，JSF也有一个，Spring还有一个。编写这个胶合代码的任务再次落到了开发人员的身上。对于中央集成点的需求，促成了Seam的上下文组件模型。

1.3.2 上下文组件模型

Seam的核心是上下文组件模型（contextual component model）。在你往下看之前，先用3个简短的句子概括一下这个术语的含义。（1）Seam是一个根据组件定义来构造对象的工厂。（2）创建之后，每个对象都保存在具有不同生命周期的某个上下文（如变量作用域）下面的容器中，使对象变成是上下文的，并且能够保存状态（如有状态）。（3）Seam促进了这些有状态对象在上下文之间的交互，根据与各自的类相关的元数据而将这些对象集中在一起。第4章将深入探讨组件和上下文，并让你有机会学习它们在应用程序中的用法。

在本节中，你将了解这个模型怎样为上述提到的技术的一体化奠定基础。它通过结合组件注册表（component registry）、注解、由异常进行配置、方法拦截器以及统一表达式语言EL，为这种统一提供了便利。

1. 中央组件注册表

Seam将所有的Java EE组件都收集到了一个中央注册表中，无论这些组件是EJB会话Bean、JavaBean、Spring Bean还是JPA实体。任何集成到Seam栈中的技术都可以依赖于Seam容器，按名称获取组件实例，并共同使用容器来交换彼此的状态。能够访问该容器的技术包括Seam组件、JSF

视图模板、jBPM（Java Business Process Management）流程定义、jPDL（Java Process Definition Language）页面流定义、Drools规则、Spring Bean、JavaScript，等等。Seam的容器在统一了Servlet API的变量作用域的同时也引入了两个它自身的有状态作用域：对话和业务流程，它俩更加适合于支持用户交互。

当然，组件不会就这么进入这个注册表，还必须对它们进行注册。Seam搜索整个classpath，列出任何包含了表明它是Seam组件的标记注解（接下来会讨论到）的类。

2. 注解优于XML

Seam减少Java EE配置开销的一种方法是去除不必要的XML。虽然出于灵活性的考虑应该需要XML，但XML是外部配置，并且很快变得与应用程序逻辑不同步（失去了联系）。Seam重新将配置与代码放在一起，这样比较容易查找，并且可以进行重构。

当有人想要在XML中定义JSF的Managed Bean时，Seam就会说“不”，图1-4体现了这种原则。Seam将组件的声明缩减为一个注解：`@Name`，放在类定义的上方。Seam组件可以代替JSF的Managed Bean。

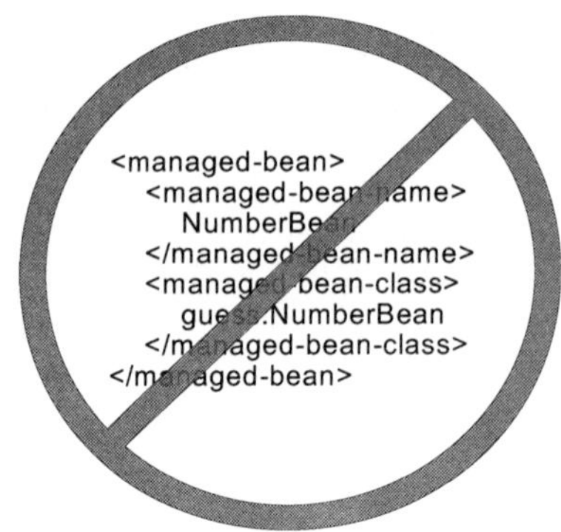

图1-4　Seam去除了难以与源代码保持同步的多余XML配置

通过充分的努力，你可以完全避免在Seam中使用XML，可是令人惊讶的是，有几个地方却一定要使用XML。只有当注解无法满足，或者为了隔离部署覆盖时，Seam才会求助于XML。如果你对注解并不痴迷，就不要去凑这个热闹。Seam仍然允许你利用XML定义组件，这就是第5章的主题。只是在我看来，注解更加简洁，也更容易维护。

使用注解远远不只是提高了键击的效率。注解是Seam中“由异常进行配置”策略的关键，它可以将键入的内容保存到真正需要的时候。

3. 由异常进行配置

描述“由异常进行配置”（configuration by exception）的一种好办法是说该软件“固执己见”。大意是，该框架更乐于按计划行事。采用越多的默认选项，你要做的工作就越少。只有当软件需要完成一些不同寻常的事情时才需要你出手。

在Seam中，由异常进行配置是配合注解一起使用的。注解给了Seam一个应用行为的提示，Seam依赖于有意义的默认配置和标准的命名惯例，尽可能地猜测声明，以减轻开发人员的负担。

通过这种方式，Seam在显式声明和猜测功能之间提供了很好的平衡。

虽然注解减少了键击量，但注解的意义远远不只是消除了XML。注解还在类定义中提供额外的元注解，比起保存在外部描述符中的元数据，前者更易于查找和重构。

4. 用服务来美化组件

由于对组件的请求是经过Seam容器的，因此Seam有机会在实例的整个生命周期中对它们进行管理。Seam会通过拦截器链传递对象，在将新创建的实例传下去之前，Seam会先将它包装在一个称作“对象代理”的shell中。这样就允许Seam充当对象的操纵者，在每个方法调用期间为该对象添加行为，如图1-5所示。拦截器解释了Seam中让对象“正常运作”的部分隐式逻辑。这样的情形包括启动和提交事务、实施安全以及让对象与其他对象进行交互。如果因为某种原因，类定义无法暗示或者需要不同于默认的行为，这时，类定义中的注解就会给拦截器一个提示，告诉它如何应用这项额外的功能。

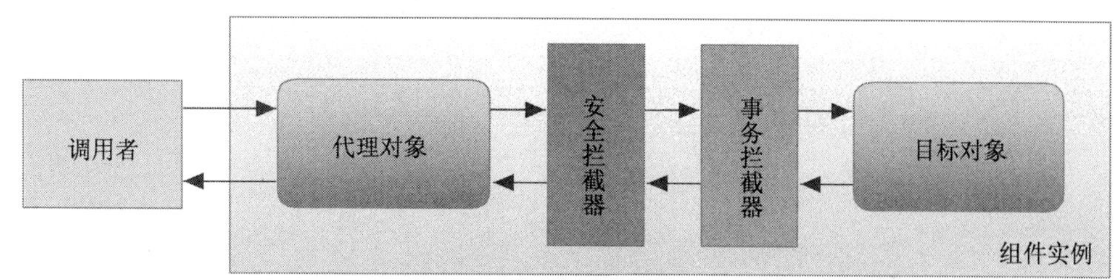

图1-5 拦截器捕捉方法调用并执行围绕方法调用的横切逻辑

一体化的最后一道难题是为应用程序提供一种方法，让它可以利用通用的语法访问容器中的组件。这就是统一表达式语言（EL）的任务。

5. 扩展统一EL的作用范围

统一EL是一种表达式语法，用来解析变量，并将组件绑定到JavaBean中的属性和方法上。最初引入EL是为了让JSF更好地与JSP（JavaServer Page）进行整合，来查找Managed Bean和保存在Web层作用域中的其他对象，并作为JSF绑定机制的基础。然而，它的影响远不止于此，这得归功于它可插拨式的设计。

EL是开放的API，允许注册定制的解析器，从而使EL变成了一个变量枢纽（variable hub）。因此，任何代码层都可以利用公共API来使用EL统一变量上下文。因而，EL使你不必再为应用程序中不同技术使用的不同上下文开发定制的桥接（bridge）了。虽然你习惯于只在视图中见到EL，但它却没有任何特定于Web的东西。

Seam以两种方式使用EL。首先，它注册一个支持Seam容器的可定制的EL解析器。这样在应用程序中可以用EL的任何地方（几乎就是任何地方），就允许用EL符号来访问Seam组件。其次，Seam会在私底下大量使用EL，允许在注解、配置描述符、日志和消息字符串、JPQL（Java Persistence Query Language）查询、页面流定义甚至业务流程中使用EL符号。有了Seam，EL真正得到了统一。

不管上面讲述了多少有关Seam的内容，对于程序员来说，没有什么比代码量更令他们感兴趣的了。为了证明Seam是一种不错的选择，说明它如何为你节省宝贵的开发时间，我将用一个简单的范例来满足你的欲望。在第2章，你将有机会只用几个命令来构建完整的应用程序，从而更深入地了解Seam。

1.4　牛刀小试

为了说明Seam的一些核心原理，我要带你完成一个基础的应用程序，它管理着一些打高尔夫球的技巧。你不必试图全部理解这里讲解的内容，而是要把注意力放在“Seam如何依赖于注解来定义组件，如何通过统一的组件模型将应用程序的层拉到一起，以及由配置异常所造成的业务逻辑中出现的高信噪比”上。我在这个范例中密密麻麻地说明了许多特性，因此你千万不要以为要使用Seam非得用上所有这些技巧。

我们都想成为更优秀的高尔夫球手（至少对于那些钟爱这项运动的人们来说确是如此）。记住简单的高尔夫球技巧，有助于减少你在比赛中的击打次数。为了记录从职业球手、朋友及相关文章中收集到的技巧，你想设计一个Seam应用程序，将这些技巧读取并写到数据库中去。除了部署工件（这些不在本例考虑之列）之外，要产生一个实用的应用程序就只需要几个文件。

1.4.1　充当 Backing Bean 的实体类

我将从讨论`GolfTip`这个JPA实体类（如代码清单1-1所示）开始。在Seam应用程序中，实体类有两个作用。它们的主要任务是将数据传进/传出数据库。顾名思义，ORM（对象关系映射）机制并不是Seam本身的一部分。这项工作是由JPA（标准的Java持久化框架）或者Hibernate来处理的，不过你会在第8章学到Seam是如何启动ORM运行时的，以及如何控制ORM持久化管理器的生命周期的。

Seam应用程序中实体类的第二项任务是充当表单Backing Bean（类似于Struts的`ActionForm`），捕捉用户的输入，从而取代简单的Backing Bean类。如果实体类在其类定义中有`@Name`注解，它就成了JSF视图的备用对象，代码清单1-1中的`GolfTip`类满足这个条件。然后你将表单输入直接绑定到实体类中的属性上，由JSF处理必要的转换和验证。

代码清单1-1　表示某一条高尔夫球技巧的JPA实体类

```
@Entity          ❷
@Name("tip")        ❶
public class GolfTip implements Serializable {
   @Id @GeneratedValue       ❸
   protected Long id;

   protected String author;

   protected String category;

   protected String content;

   // getters/setters for author, category and content not shown
}
```

用@符号作为前缀的关键字就是Java 5注解。而像上述粗体所示的@Name注解❶则是Seam注解，它将GolfTip类注册成名为tip的Seam组件。每当从Seam容器中请求上下文变量tip时，Seam就会创建GolfTip类的一个新实例，将该实例绑定到对话上下文中的tip上下文变量（实体类的默认作用域）上，并将实例返回给请求者。

这个类中的其余注解属于JPA。@Entity注解❷将GolfTip类与同名的数据库表关联起来。@Id注解❸告诉JPA要用哪个属性作为主键。@GeneratedValue注解❸启用了数据库中的自动代理键生成。类中的所有其他属性（author、category和content）都被自动映射到GolfTip表中与各属性同名的列，接在“由异常进行配置”语义之后。

如你所见，使用@Name注解让你少操心了一个配置文件（JSF的Managed Bean设施及其冗长的XML方言的那个配置文件）。避开Managed Bean的配置，是使用Seam组件的好处之一。使用Seam的另一个无与伦比的好处是，它能够将UI命令组件的动作绑定到事务性业务对象的某个方法上。

1.4.2 全能的组件

在Seam中，因为有了实体类，就不再需要创建专门的Managed Bean在JSF页面和服务对象之间充当媒介，服务对象就可以对UI中调用的动作直接做出响应。不过乍听起来这可不像是个好主意，因为它似乎造成了UI和应用程序逻辑之间的紧耦合。其实Seam通过充当媒介避免了这种紧耦合。因此，动作组件并不一定要包含对JSF资源的引用。事实上，你会从第3章发现，方法的返回值并不需要充当导航规则的逻辑输出（这是JSF的Managed Bean的典型要求），因为Seam可以为此对任意的EL值表达式进行求值。这个范例缓和了对JSF的隔离，保持最少数量的类。

在这个范例程序中，如代码清单1-2所示，TipAction类用@Name注解声明成为Seam组件，从而能够将它的方法绑定到UI控件上。它处理在高尔夫球技巧接口上出现的添加和删除操作。

代码清单1-2 JSF视图的动作监听器

```
@Name("tipAction")                                   ❶
public class TipAction {
   @In
   private EntityManager entityManager;              ❷

   @In
   private FacesMessages facesMessages;

   @DataModel(scope = ScopeType.PAGE)
   private List<GolfTip> tips;

   @DataModelSelection
   @Out(required = false)                        ❹    ❸
   private GolfTip activeTip;

   @Factory("tips")
   public void retrieveAllTips() {
      tips = entityManager.createQuery("select t from GolfTip t")
        .getResultList();
```

```
    }

    public void add(GolfTip tip) {
        entityManager.persist(tip);
        activeTip = tip;
        facesMessages.add(
          "Thanks for the tip, #{activeTip.author}!");
        retrieveAllTips();
    }

    public void delete() {
        activeTip = entityManager.find(
            GolfTip.class, activeTip.getId());
        entityManager.remove(activeTip);
        facesMessages.add("The tip contributed by " +
          "#{activeTip.author} has been deleted.");
        retrieveAllTips();
    }
}
```

❺

像GolfTip实体类一样，@Name注解❶将TipAction类标注成一个Seam组件，这一次的作用域是事件上下文（JavaBean组件的默认作用域）。使这个组件与GolfTip实体类区别开来的是，它能够让其他组件“植入”其中，因为@In注解标注在该类的某些域之上❷，这种机制被称作双向注入（bijection）。在本例中，这两个依赖的组件分别是为JPA的EntityManager和Seam内建的JSF消息管理器。这个组件也准备了一个要在JSF视图中使用的GolfTip对象集❸，捕捉用户从该集合中选出的GolfTip，使它对于处理事件的方法和后续的视图均可用❹，并在JSF的状态消息中插入活动的GolfTip❺。

TipAction组件在有限的空间中包装了许多功能。我想让你了解的是，除了注解之外，这个类中几乎没有任何基础结构代码。你除了创建状态消息之外，只需编写代码以使用JPA的EntityManager实例从数据库中读取、持久化及删除技巧即可。或许将这部分代码放到DAO（数据访问对象）中是最好的，因为DAO也是个Seam组件，但Seam并不强制你采用这种架构。Seam的重点在于节约，如这个范例所示。这个范例中没有任何关于读取诸如请求参数值或者设置请求或会话属性的Servlet API，组件完全由业务逻辑组成。

1.4.3　将组件绑定到视图上

Seam将实体类的属性和动作组件的方法都绑定到JSF视图中的元素上，将这个高尔夫球技巧应用程序中的各个层都桥接起来了。图1-6展示了高尔夫球技巧应用程序的用户界面。在这个页面的背后是Facelets模板：golftips.xhtml，它将值绑定表达式和方法绑定表达式与这个页面中的元素关联起来，以输出数据，捕捉表单输入，并对用户动作做出响应。我们也利用这幅图展开对“JSF视图如何在服务器中与Seam组件进行交互”的讨论。

说明　文件扩展名.xhtml表示这个文件是个Facelets模板。Facelets是JSF的另一种视图处理器，用于避免JSF和JSF生命周期之间的不匹配。Facelets是Seam应用程序首选的视图技术，本书自始至终使用这种技术。

图1-6 高尔夫球技巧页面，在顶部显示收集到的技巧，在底部显示处理新技巧的表单

我们先把注意力放在表单上，页面底部的按钮用来提交新技巧。每个输入元素都利用EL符号（如#{tip.author}）绑定到GolfTip实体类的属性上。当EL符号用在输入元素的value属性中时，它便充当值绑定表达式。它捕捉表单值，并将它传到GolfTip实体类的一个实例上，成为JSF生命周期的一部分。下面就是渲染表单的JSF模板的代码片段（稍微做了精简）：

```
<h:form>
  <h3>Do you have golf wisdom to add?</h3>
  <div class="field">
    <h:outputLabel for="author">Author:</h:outputLabel>
    <h:inputText value="#{tip.author}"/>
  </div>
  <div class="field">
    <h:outputLabel for="category">Category:</h:outputLabel>
    <h:selectOneMenu value="#{tip.category}">
      <f:selectItem itemValue="The Swing"/>
      <f:selectItem itemValue="Putting"/>
      <f:selectItem itemValue="Attitude"/>
    </h:selectOneMenu>
  </div>
  <div class="field">
    <h:outputLabel for="content">Advice:</h:outputLabel>
    <h:inputTextarea value="#{tip.content}"/>
  </div>
  <div class="actions">
    <h:commandButton action="#{tipAction.add(tip)}"
      value="Submit Tip"/>
  </div>
</h:form>
```

Seam通过上下文变量tip，让输入域使用的值绑定表达式与GolfTip实体类关联起来。GolfTip类上的@Name注解将类绑定到上下文变量tip上。当上下文变量tip被JSF模板中的值表达式引用时（#{tip.*}），Seam会将GolfTip类实例化，并将实例以tip为变量名保存在Seam容器中。使用上下文变量tip的所有值表达式都绑定到GolfTip类的同一个实例上。当表单被提交时，输入值就被传给尚未被保存的实体类实例的属性。

我们来看看提交表单时发生了哪些事情。当Seam与JSF一起工作时，与Servlet API的任何交互都被抽象出来了。你是通过声明式的绑定进行工作的。在提交按钮的action属性中所指定的方法绑定表达式为：#{tipAction.add(tip)}，它的意思是TipAction组件充当这个表单的动作组件，当该按钮被激活时，就会调用add()方法。请注意，这个方法表达式实际上把与上下文变量tip关联的GolfTip实例作为它的唯一参数直接传进了动作方法中，这实际上使表单数据变得对该方法可用了。Seam提供了参数化的方法绑定表达式作为JSF的强化功能。当该方法完成时，tips列表变量会被刷新，这个页面被再次渲染。

1.4.4　按需获取数据

让Seam如此强大的是它包含了一种按需初始化变量的机制。图1-6中的上半图利用以下标记代码（markup）渲染数据库中的tips集合：

```
<rich:dataGrid var="_tip" value="#{tips}" columns="1">
 <rich:panel>
  <f:facet name="header">
   <h:outputText value="#{_tip.author} on #{_tip.category}"/>
  </f:facet>
  <h:outputText value="#{_tip.content}"/>
  <h:commandLink action="#{tipAction.delete}">
   <h:graphicImage value="/images/delete.png" style="border: 0;"/>
  </h:commandLink>
 </rich:panel>
</rich:dataGrid>
```

这段标记代码的焦点在于#{tips}值表达式。注意，tips不是高尔夫球技巧应用程序中某个Seam组件的名称。但是让我们看看代码清单1-2：在TipAction类的retrieveAllTips()方法上方@Factory注解的value属性中有对此名称的引用。这个方法的作用是在它被请求时对上下文变量tips的值进行初始化。对这个变量的后续请求会返回之前获取到的值，而不是再次执行该方法。

但是等等！retrieveAllTips()方法并没有返回值，这个值是怎么传回到视图渲染器的呢？这就是要运用技巧的地方。执行完这个方法之后，Seam将标有@Out或者@DataModel的组件中的属性输出到视图中。当Seam发现@DataModel注解被赋给了TipAction组件中的tips属性时，这等于告诉Seam不仅要将值导到上下文变量tips，还要将该值封装在一个JSF的DataModel实例中，以便视图通过迭代这个被封装的集合来渲染数据格（data grid）。之所以要将该集合包装在DataModel中，是因为要让可点击列表（clickable list）支持删除功能。

1.4.5　可点击列表

变量tips的注解中指定的作用域是ScopeType.PAGE，它通知Seam要将tips集合保存在JSF组件树中。由于数据模型也保存在JSF组件树中，这使得任何从该页面上调用的JSF动作都可使用它（导致一个“回传”）。

由于tips数据模型在JSF组件树中的传播，因此每条高尔夫球技巧的删除链接上都绑定了#{tipAction.delete}方法表达式。当用户点击其中一个删除按钮时，数据模型就会与JSF组件树一起改变。当JSF处理这个事件时，数据模型的内部指针就会指向活动行的索引。这里使用了@DataModel注解的补充（@DataModelSelection注解）。这个注解从数据模型中读取当前的行数据（GolfTip的实例），并将它注入到该注解所标注的属性（activeTip）中。动作方法只需要将所选择中的GolfTip实例传递给JPA EntityManger，以用来从底层的数据库中将它删除。动作组件仍然保留着无效的基础结构代码，可以将它与JSF蓝图（blueprint）做个对比[①]。

剩下来要做的就是编写一个快速的端到端测试，确保我们可以保存新技巧，并且以后可以获取到这些新技巧。

1.4.6 为 JSF 设计的集成测试

减缓Java EE开发人员开发进程的往往是测试。即使你从未编写过测试，也仍然是在测试。每当你部署应用程序或者重启应用服务器来查看最新的修改结果时，就是在测试代码。这样做只会减慢开发速度，并且非常繁琐。如今，测试已经成了任何应用程序开发中不可或缺的一部分，如果没有可以“在容器外部”测试的环境，任何框架都是不完整的。对Seam而言，只需要暴露一个测试类就可以处理Seam应用程序需要的所有集成测试，这再一次证明了Seam的简易性。

为了让JSF动作的集成测试成为一件轻而易举的事，Seam提供了一个测试基类，它构建一个独立的Java EE环境，并在测试用例中执行JSF生命周期。测试基础架构是由TestNG[②]驱动的，这是一种先进的单元测试框架，它能利用注解进行配置。虽然TestNG不需要你从测试基类中继承，但Seam的测试框架会利用这种方法来构建启动嵌入式Java EE环境和JSF上下文所需的测试设备（fixture）。

代码清单1-3中的测试类GolfTipsTest模拟了高尔夫球技巧页面的初始请求以及后续的表单提交，来添加新技巧。测试类中的代码和用于部署的类中的代码很相似。

代码清单1-3 用Seam测试框架对高尔夫球技巧应用程序进行端到端的测试

```
public class GolfTipsTest extends SeamTest {

  @Test                                              <-- 指定一个TestNG测试方法
  public void testAddTip() throws Exception {
    new NonFacesRequest("/golftips.xhtml") {
      protected void renderResponse() throws Exception {
        assert (Boolean) getValue("#{tips.rowCount eq 0}");   <-- 断言匹配技巧的数量
      }
    }.run();
```

① https://bpcatalog.dev.java.net/nonav/Webtier/index.html

② http://www.testng.org

```
        new FacesRequest("/golftips.xhtml") {
            protected void updateModelValues() throws Exception {
                setValue("#{tip.author}", "Ben Hogan");          <─┐ 模仿用户
                setValue("#{tip.category}", "The Swing");           │ 填写表单
                setValue("#{tip.content}",
                  "Good golf begins with a good grip.");
            }

            protected void invokeApplication() throws Exception {
                invokeMethod("#{tipAction.add(tip)}");   <─┐ 模仿用户点
            }                                               │ 击提交按钮

            protected void renderResponse() throws Exception {
               assert (Boolean) getValue("#{tips.rowCount eq==1}");  <─┐
               List<FacesMessage> messages =                            │ 断言匹配
                 FacesMessages.instance().getCurrentMessages();         │ 技巧的数量
               assert messages.size() == 1;
               assert messages.get(0).getSummary()
                 .equals("Thanks for the tip, Ben Hogan!");
            }
        }.run();
    }
}
```

代码清单1-3测试了JSF视图的初始渲染，以及后续从显示页面触发的JSF动作。第一个请求是个HTTP GET请求，它模仿了用户在浏览器中对高尔夫球技巧页面的请求。它用来验证在Render Response阶段获取技巧时，Seam是否正确地解析了`DataModel`，此时该模型底层的集合是空的。测试的第二部分模仿用户提交表单来创建新的技巧。Update Model Values阶段执行JSF的工作，将输入值绑定到值表达式上。然后，绑定到提交按钮上的方法表达式被显式调用。由于Seam自动地将Invoke Application阶段封装在一个事务中，因此不必操心事务的启动和提交。而在最后的Render Response阶段，测试将验证本次获取技巧时，是否正好能找到一条技巧，并且作者的名字是否也能正确地被插入到了显示给用户的信息中。这个测试有意做得很简洁。当然，还有许多其他的场景可以进行验证。现在重点先了解用这个简单的测试框架来验证Seam应用程序是多么容易，并了解如何利用EL符号来执行断言。

希望这个关于高尔夫球技巧应用程序已经让你基本理解了“Seam如何通过中央容器、注解、由异常进行配置及统一EL来简化应用程序并为你节省时间”。这就是Seam的本质。在你开始踏上成为Seam高手的旅程之前，我们再来了解一下Seam还提供了其他哪些功能。

1.5 Seam的核心竞争力

通观本章，有许多关于Seam如何解决Java EE中的问题的讨论，因为我想让你了解“Seam对开发过程会有怎样的帮助”。鉴于Seam提供了许多功能，要逐项详述可是一个挑战，但我可以将Seam的优势归结为3项核心竞争力。Seam提供了更好的JSF，让你快速构建“富”应用，并且构建了一个敏捷的开发环境。

1.5.1 让JSF变成能手

虽然JSF有很多缺点，但是凭借它可扩展的请求生命周期和健壮的UI组件模型，它还是被选为Seam的主要表现框架。Seam认识到了JSF的潜能，它利用这种设计来强化JSF，使它成为一种创建Web接口的具有竞争力的先进技术。虽然Seam实际上也支持其他视图技术，但本书主要专注于利用JSF来使用Seam，这部分内容主要在第3章，届时也会谈到Seam对JSF生命周期的扩展。

1. 强化JSF

Seam对JSF最显著的改进是不必在JSF描述符中声明Managed Bean。此外，Seam还增加了一组丰富的面向页面功能（请见第3章），这样JSF描述符中的导航规则便变得毫无用处了。这些特性包括：

- 预渲染页面动作；
- 受控的请求参数（对于指定页面）；
- 智能的无状态和有状态导航；
- 透明的JSF数据模型和数据模型选择处理；
- 细粒度的异常处理；
- 页面级的安全（根据每个视图ID来区分）；
- 基于注解的表单验证；
- 可制作书签的命令链接（解决了“什么都用POST”的问题）；
- 选择列表的实体转换器；
- 对话控制；
- 支持防止视图中的延迟初始化异常和非事务的数据访问。

还去掉了JSF中的连接器Bean，它们只是使UI事件适应后端业务组件，仅此而已。

2. 消除连接器Bean

任何Seam组件都可以利用EL绑定连接到JSF视图。图1-7展示了UI表单和EJB 3.0会话Bean（或者常规的JavaBean）之间相交互的设计方案，它完全不需要遗留的连接器Bean。表单输入直接绑定到实体类上，而会话Bean绑定到Save按钮上，以处理持久化数据的动作。

取消了媒介之后，Seam不仅可使你不用再编写和维护不必要的类，而且可使你削减层的数量，从而让应用程序变得更轻量级。

除了提供对组件的一致访问之外，Seam容器还增扩了Java Servlet规范中粗粒度作用域，即在原有的请求、会话和应用程序的基础上，新增了些对应用程序用户更有意义的作用域。Seam提供了两个“有状态的”上下文，用来支持应用程序中单用户和多用户的页面流。

3. 引入有状态的变量作用域

开发那些要在Web上运行的应用程序的一大挑战在于，要清楚如何有效地将数据从一个页面传播到下一个页面——所谓的状态管理（state management）。这里有两种选择，即隐藏的表单域和HTTP会话。前者对于开发人员来说是件麻烦事，后者则最终吞噬了宝贵的服务器资源，并且损害了应用程序的伸缩能力。

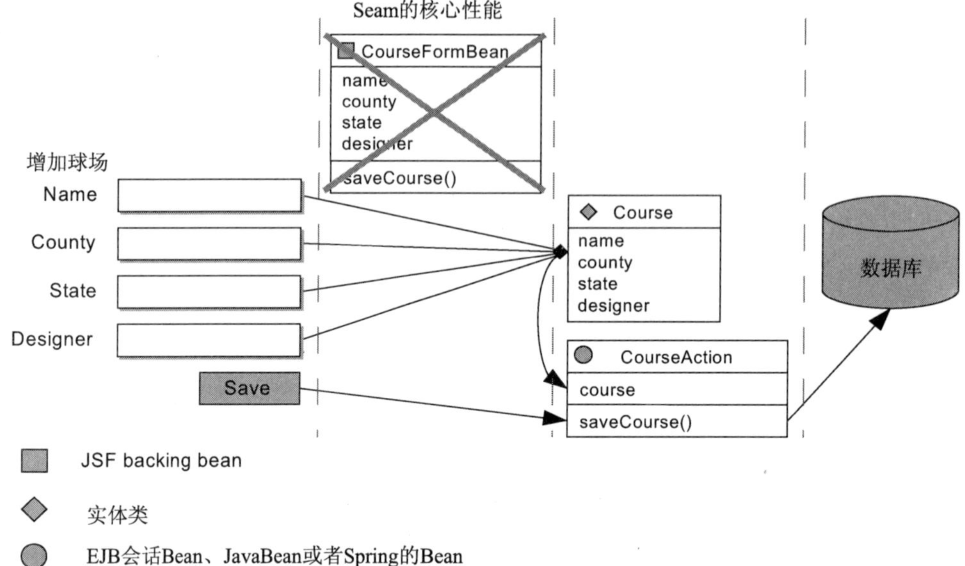

图1-7　Seam因不需要JSF的Backing Bean而取消了媒介，让实体类和EJB 3.0会话合作从UI中捕捉数据，并处理该事件来将数据持久化

Seam指出有状态变量作用域的必要性，因为这种变量的生命周期和用户交互一致，因此在标准的Web作用域之外又添加了对话上下文和业务流程上下文。对话作用域（见第7章）为单用户维护一系列预先定义好的页面的数据。业务流程作用域用来管理需要等待交互才能完成的多用户流数据。Seam容器管理的各作用域的生命周期之间的关系如图1-8所示。

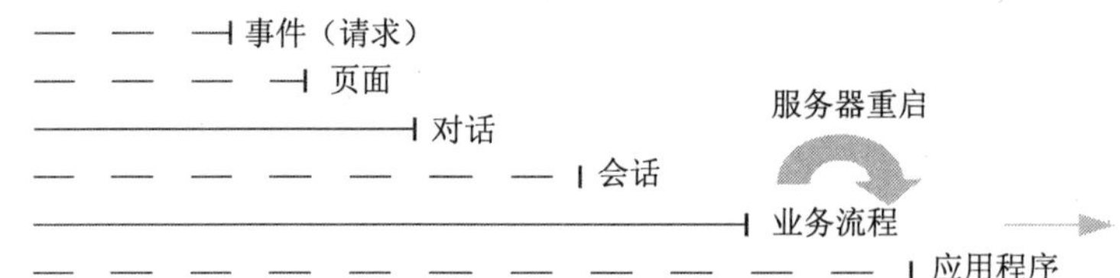

图1-8　Seam应用程序中6种作用域的生命周期。标准作用域用虚线表示。Seam提供的作用域用实线表示。业务流程作用域被持久化到数据库中，因而使应用程序作用域可以在服务器重启之后延续

对话上下文在Seam中非常重要，不仅因为它是如此独特，并给了用户更好的体验，而且因为它让开发人员更易于使用ORM工具。

4. 扩展持久化上下文

在用ORM与数据库对话时，要使用一个持久化管理器（如JPA的`EntityManager`或者Hibernate的`Session`）。持久化管理器的每个实例都维护一个内部的持久化上下文，后者是已经从数据库中反解码的实体实例的一个内存缓存。鉴于数据库是服务器中最昂贵、最常用的资源，因此要尽可能多地利用这个内存缓存以避免不必要的查询。将持久化上下文扩展到整个请求，是

朝着正确方向迈出的一步（即所谓的Open Session in View Pattern），但是如果能将它扩展到多个页面请求就更好了。在Seam之前，没能做到这一点，因此，每个请求都将持久化上下文重置到了初始状态。

Seam对持久化管理器进行控制，并将它保存在对话上下文中。因此，Seam能够将它与其持久化上下文一起作用于整个用例的生命周期，并很可能像图1-9那样跨越了不止一个请求。图中将持久化上下文延伸到了三个操作，这样实体实例一直由持久化上下文进行管理，并且需要写到数据库中的变更都将受到监控。这样确保了对象同一性，并且保证了操作的原子性。

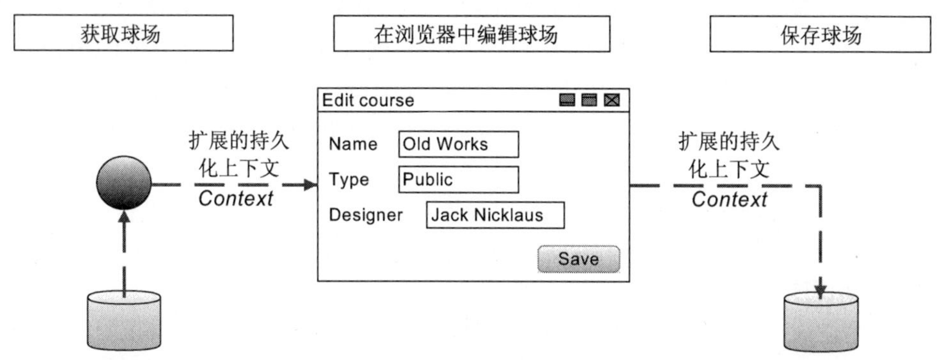

图1-9 用扩展的持久化上下文保持某个对象处于整个用例的作用域中，甚至跨越多个页面视图。扩展的持久化上下文不需要合并被分离的实体实例

通过Seam对持久化管理器的控制，延迟初始化异常（LIE）也将成为历史，因为持久化管理器在整个用例中自始至终保持打开状态，从而可以按需要上传额外的记录。对话和持久化上下文配合得如此默契，使对话已经被冠以“Seam的工作单元”的称号。你会在第3部分学到有关这两者之间交互的详细内容。

1.5.2 让你快速构建“富”应用

Seam为你提供了构建富Web 2.0应用程序的工具，你也可以用这些工具将这种丰富性逐渐植入到现有的面向页面的应用程序中去。近来，“富”（rich）一词已经成了Ajax驱动下的Web浏览器中桌面式体验的同义词。有两种方法可以将Ajax纳入到Seam应用程序中。你可以使用Ajax的JSF组件，如RichFaces或者ICEfaces，也可以利用JavaScript远程通信从浏览器直接调用服务器端的组件。Seam拓展了“Rich”的含义，吸纳了PDF、图表、图片等媒介。

1. 利用JSF体系

Web用户界面变得越来越复杂，想要能够从头编写XHTML和JavaScript并且尽量减少成本是不切实际的。你需要在别人已经完成的东西上进行构建。这是JSF的主要目标之一，也是Seam之所以用JSF作为主要UI框架的原因。

JSF所做的全部工作就是将Widget搬到屏幕上。它将UI组件的设计与其用途分离开来。与Swing中的Widget类似，JSF组件是公用控件的通用解决方案。这回供应商真的解脱了。JSF有许多组件类库，从基础的数据表到树结构到乃至可拖放目标，应有尽有。

长期以来，企业级应用程序中最为混乱的部分就是UI（例如，可怕的JSP文件）。使用JSF之后，UI就变得比较简单了。你甚至不需要WYSIWYG IDE，因为这些组件所渲染的东西一旦可视化后就已经很好了。它们对人类友好，而不是对工具友好。使用JSF之后，UI终于也有了一个API。

虽然JSF属于服务端组件技术，但是如果你想寻求一种与服务器通信的更轻量级的方法，那么Seam的JavaScript远程通信类库就是一种不错的替代物。

2. JavaScript远程处理

在Seam中，通过JavaScript调用服务器端的组件再简单不过了，这在第12章中会讲到。你只要将`@WebRemote`注解添加到要通过JavaScript调用的Seam组件方法中，将JavaScript远程通信类库导入到Web页面中，然后利用该组件的JavaScript客户存根（stub）调用组件方法即可。剩下的工作由Seam处理。这项特性的关键在于，它开创了用Seam创建只有一个页面的应用程序的先例。

虽然近来在谈到Web应用程序的时候，Ajax出尽了风头，但还是有许多其他方法可以让应用程序变得更加丰富起来。这些内容详见标题为“富媒体”（rich media）的部分。

3. 创建富媒体

Seam善于生成各种各样的富媒体，你将在第13章中学习如何将它纳入应用程序。Seam利用Facelets视图库来支持其他基于XHTML模板的输出，包括PDF文档、RTF文档、图表，以及带有含上述内容的附件、并由多部分组成的邮件。再加上两个JSF组件标签，Seam不用任何定制、底层的编码，就可以接受文件上传和渲染动态图片了。所有这些任务通常由Web框架传递给第三方类库来完成。（虽然Seam确实利用了像iText和JFreeChart这些类库所提供的功能，并将其抽象成代理。）你可以在Facelets合成模板的基础上，利用前后一致的方法，让这些特性成为Seam应用程序固有的一部分。

1.5.3　构建敏捷的开发环境

除了作为框架，Seam还提供了许多工具来帮助你构建项目、生成代码，以及以递增方式进行开发。

1. 项目生成器

Seam的精华之一在于它的项目生成器：seam-gen。这个工具有两个主要功能。它构建基于Seam的项目结构，包括构建脚本（build script）、环境概要（environment profile）、可兼容的类库，以及开始开发应用程序所需的配置。如果你还不熟悉框架，最好从Seam开始。seam-gen工具也可以对一个数据库Schema实行反向工程，并生成在该数据库中创建、读取、更新和删除（CRUD）数据时需要的所有部件，从而创建应用程序原型。在第2章，你会学到所有关于seam-gen的内容，并用它创建一个完整的高尔夫球场目录的Web应用程序。

2. 热部署

Seam准备启用开发周期中的“即时变更”，你会在第2章中学习如何使用它。Seam的策略是初始化一个热部署类加载器，它能够侦测并自动重新加载改变的Java类文件，仿佛这些文件是JSP

页面一样[①]。项目构建脚本编译任何改变了的源文件，并将它们送到服务器热部署目录下的一个特殊路径中，Seam在这里将它们收集起来，并纳入到它的运行时中去。由于修改过的文件保持隔离，它们不会导致应用服务器重启，也不会导致应用程序重新加载。这意味着你可以改变某个Java文件，并立即在应用程序中看到效果。这一特性应用到Seam的页面描述符以及未编译的Groovy脚本中。你终于可以拥有之前只有像PHP和Ruby这类脚本语言才能提供的change-view-change-view周期了！

3. Seam的调试页面

如果在开发应用程序时发生错误，就会得到异常。有了Seam，你就不需要总是跑到日志文件中查看原因。当调试模式运行Seam时，发生的任何异常都可以捕捉到，并且总结在一个特殊的调试页面上，通过Servlet路径/debug.seam就可以访问到。除了异常之外，这个页面还提供了关于JSF组件树以及发生异常时任何相关Seam组件实例的快照。

你不必等到发生异常时才使用这个页面。当直接访问调试页面时，它会显示出当前活动着的所有对话和会话。从这里，你可以深入研究任何一个活动的上下文，以检验保存在这些上下文中的组件实例。

4. 无需部署的测试

开发人员对标准Java EE平台心有余悸的主要原因在于它无法单独运作。测试某个应用程序就意味着要将它打包起来，送到一个与Java EE兼容的应用服务器中，这是一个很耗费成本的过程。

为了解决这个问题，开发人员采用了POJO编程模型，它能支持你设计出可以独立于容器及其服务而进行测试的代码。虽然POJO的确是件好东西，它也支持适当的单元测试，但它还是无法替你将组件整合到真实的环境中来确定它们能够正常工作。在以前，这意味着要再次部署到应用服务器中去。现在，Seam则提供了更好的解决方案。

为了支持集成测试环境（以及部署到像Tomcat这样的非Java EE容器中），Seam提供了嵌入式的（Embedded）JBoss容器。这个轻便的容器启动Java EE环境，可以在独立的环境中支持像JNDI、JTA、JCA和JMS这样的服务。运行这些服务之后，不必部署到容器中就可以就地测试应用程序了。Seam启动嵌入式的JBoss容器作为其只有一个类的集成测试框架的一部分，来支持这种测试场景，如前面1.4.6节中所述。这个测试基础架构可以避免你一次又一次地进行部署，才能验证动作组件是否与持久层等能够进行良好的通信。

在处理Seam应用程序时，递增热部署和就地测试基础架构的支持，能为你节省大量的宝贵时间。但如果是你的业务逻辑出问题，对不起，Seam可就帮不上什么忙了。所有责任由你自负。

1.6 小结

人们对Ruby on Rails的狂热的确为Java EE平台敲响了警钟。它向开发人员表明，牺牲并不是

① Java EE容器支持当JSP页面被移到应用程序或者Web模块部署目录中的时候，动态地重载JSP页面。

创建成功应用程序的前提条件。开发人员不想再忍受“XML的奴役”[1]和过于矫作的灵活性。Seam的开发者对此做出了回应，他们用Java EE技术中的最佳组合组装了一个敏捷的平台，大胆反对Java EE规范的繁文缛节，遏制了XML描述符的过度发展，着重强调了该平台最新采纳的注解和由异常进行配置，并允许EL、Facelets和Groovy中嵌入表达式语法。有了Seam，利用Java创建应用程序又再次变得令人激动不已，无论你是一线的设计师，还是后方的开发人员，还是万事通，都会一样感到兴奋。最好的是，你可以确信用Seam构建的应用程序是可伸缩的，因为Java EE平台本身已经证明了这一点，它帮你提高了生产力，却又不会损害性能。

首先也是最重要的是，Seam使得定义和访问有状态业务逻辑组件变得简单起来，无论是EJB组件还是非EJB组件。在类上方的@Name注解使它获准进入Seam的上下文容器。该容器将这些组件封装在方法拦截器中，使得声明性企业级服务（如事务、安全和组件装配）就像在类、方法或者域级别上应用注解一样容易。Seam准予它所集成的技术访问这个容器中的组件，方式自然是使用统一EL。这种安排促进了用JPA实体类作为JSF表单中的Backing Bean，用EJB 会话Bean或者事务性JavaBean作为JSF UI组件中的动作监听器，并利用Seam的工厂或者管理器机制按需要解析变量。

Seam容器的一个重要之处在于它的状态管理能力。它将JSF中的变量作用域与它自身的两个面向业务的作用域合并起来。Seam理解变量作用域，并且帮助不同作用域中的组件与其他组件合作，而不违背线程安全性。特别值得注意的是，Seam可以将持久化管理器的生命周期延伸到多个页面请求，以减少数据库上的负载，这样在Web应用程序中使用ORM就变得更加简单。

如果你因为相信会有更好的框架可选择而选择了本书（并且你还尚未用过Seam），我保证，Seam绝对值得你去验证，你阅读本书所花的时间也会非常值得。但是，仅仅知道有人推荐某个框架是不足以决定使用这个框架的。你必须了解他为什么喜欢某种特殊的框架[2]。在本书中，我会与你分享我对Seam的广泛了解，解释我为什么认为它是一种无与伦比的技术选择。在你阅读的同时，我会鼓励你去摸索自己选择Seam的理由。

用Seam进行敏捷开发的关键从项目生成器seam-gen开始。在第2章，我将介绍如何利用这个工具从头开发一个完整的应用程序，如何在IDE中构建应用程序，以及如何利用递增热部署。虽然当你决定使用seam-gen时必须放弃某些控制权，但你很快会发现自己并没有耽误工作。

---

① 该词出自Ruby on Rails派，意思是XML造成了高强度的工作量。

② Scott Davis的原话，出自No Fluff，Just Stuff 2007巡回演讲中题为“No, I Won't Tell You Which Framework to Use: or The Truth (With Jokes)”一文中提出的观点。

第2章

seam-gen实践

2

本章概要

- 用seam-gen构建项目
- 对数据库Schema进行反向工程
- 增量变化的热部署
- IDE的选择

学习一种新的框架可能有困难、有风险，并且耗费时间。你必须放弃现有工具组合所带来的舒适感，去探索未知的领域。为了印证自己所学内容的正确性，你会从“Hello World”范例开始寻求成功所带来的满足感，之后你会庆祝每一个成就。遗憾的是，你的成功不会给他人留下什么深刻的印象。

有了seam-gen这个快速的Seam开发工具，你可以跳过前期繁琐的过程，直接开始使用Seam。seam-gen能为你创建实用的、面向数据库的应用程序，并且能直接展现效果，这个过程不需要你编写任何代码。seam-gen工具首先收集应用程序的相关信息，如项目名称和数据库连接属性。然后，它将这些信息放到Seam项目的框架中。最后，你只需要将seam-gen指向数据库，然后它将对数据库进行反向工程，最终生成动态Web页面，能对数据库表中的记录进行创建、检索、更新和删除（CRUD）。对于这样的结果，我想就连那种对什么都很苛刻的人也会感到印象深刻。那么seam-gen的实际应用效果又如何呢？

在本章中，我将阐述seam-gen如何利用Seam框架达到快速开发的目标。学完本章，你将会得到一个可运行的高尔夫球场目录应用程序，它可以部署到不同版本的JBoss应用服务器环境中去。在有些情况下，千篇一律的处理方式会显得差强人意，因此我还介绍了一些seam-gen之外的方法来定制应用程序，这个过程贯穿了全书。你将得到一个比传统“Hello World”范例更具功能性、更具有价值的应用程序。难道你会不知道验证面向Web框架的“Hello World”就是CRUD吗？

2.1 Open 18 原型

在本书中，你将开发一个名为Open 18的应用程序，这是一个面向高尔夫球场的社区网站。高尔夫球是个充血领域模型[①]（rich domain model），它能很好地展示Seam的特性。首先，你将对

① 这里是将高尔夫球进行了对象抽象。——译者注

一个已有数据库的Schema进行反向工程，来创建应用程序的原型。我选择这个场景，是因为它可以示范如何用seam-gen避开新项目启动时那个可怕的没有收益的阶段。你还会发现，它还能为数据库生成只充当CRUD的前端应用程序。在本书剩下的篇幅中，你将发现添加一项新的功能竟然可以如此轻松。稍后你还会看到一些强化功能，包括数据实体向导、球场的并排对比、得分追踪器、最受欢迎的球场、注册电子邮件以及PDF记分榜。

如果你想跟随本书来开发这个应用程序，就要下载Seam及其必备的文件，并把它们解压到硬盘上。附录A中有关于如何安装这个软件的说明。我建议你在继续阅读之前，先浏览一下这份补充资料，以便能够顺利地实践下去。

让我们先了解一下这个原型应用程序的需求，并看看seam-gen如何帮助我们实现。

2.1.1　整装待发

时间是周三下午1点30分，离你的暑假还有两天时间。你刚刚预订完在“高尔夫天堂”举办的年度高尔夫球大赛的开球时间，这时老板拍了拍你的肩膀。而此时你毫无察觉，因为你对那场球赛简直迫不及待了。你已经在练习场上训练了整个夏天，因此你坚信自己一定能够超越去年的成绩。老实说，你的挥杆动作变得成熟了，所以在你的粉丝（朋友们）面前看起来俨然是一个专业球手。

你抬起头，发现老板仍然站在那，等着你回过神来，回到现实世界呢。他看起来很严肃。很显然，这次谈话绝不是用来回忆高尔夫球的。他用严厉的语气提醒你，在刚参加完的一个管理层会议上他被点名了，因为他负责的一个Web应用程序原本几个月前就应该完成，但现在还没完成。听完之后，你也开始感到焦虑不安了。

原来，销售团队希望可以在今年最大的贸易展销会上，通过一个能访问公司庞大数据库的应用程序来展示公司庞大的高尔夫球场，而这个展销会即将在本周末举行。如果没有这个应用程序，他们将没有任何新的内容可以展示。两手空空地去参展可是会损害公司形象并且危及公司信誉的。事实上，如果事情真到了这种地步，你的经理将会被炒鱿鱼。这种悲哀的事情决不能发生，否则，再好的业绩也于事无补。事到如今，军令状也下了，因而必须有人挺身而出来解决这场危机，而这个人选非你莫属。

如果这是在其他周，你也不会为此焦虑和烦恼了。但是这周不同，如果搞不定，你梦寐以求的假期也许就会泡汤。想到破晓时分不能站在第一个发球区上，不能置身于青翠欲滴的高尔夫球场上，这简直要了你的命。但你还是享受做英雄的快乐，因此决定在这周末之前赶制出一个原型来，在享受你的休闲时光之前挽救公司于危难之中。

问题是，你手上有工具可以帮助你赶上这个时间点吗？当你发现不行想要回头的时候，是否有补救的解决办法？你已经学过如何利用seam-gen来快速创建基于Java EE 5的功能性应用程序，因此决定一试。为此，你需要了解需求，这些可以从老板的邮件中找到：

> 你必须为公司庞大的高尔夫球设施和球场数据库构建一个基于Web的目录。应用程序的用户要能够浏览、编页、排序和过滤Schema中的所有实体。用户选择某种工具时，

应该就能看到该工具的详细资料，及其球场列表。用户通过这个应用程序要能够再次深入查看每个球场的洞数和发球台。管理员用户应该能够修改数据库记录。市场部还有一些宣传口号需要放在首页上。

这样你就清楚了：所有要做的事情都和18个洞有关。构建原型的第一步是着手构建数据库。你和数据库管理员（DBA）需要坐下来好好谈谈，这是一场应用程序开发人员和DBA之间的古老辩论：谁先来，是实体还是Schema？

2.1.2 将实体映射到数据库 Schema

本书中的范例应用程序将用到两种开发场景：自下而上（bottom-up）和自上而下（top-down）。它们的区别在于从哪个先着手：数据库Schema，还是Java实体类。

如果先设计数据库Schema，就属于自下而上的开发方式。Schema在很大程度上表明了Java实体类是如何形成的。另一方面，如果先设计Java实体类，就属于自上而下的开发方式。类可以自由控制数据库Schema的设计。在将Java实体类映射到数据库时，Hibernate之类的ORM（对象/关系映射）工具为你提供了一些选择的余地。例如，可以改变映射到Java实体类的属性上的列名称，而不必改变属性的名称。然而，Schema和实体类之间的偏差程度是有限制的。以先出现的为主，后出现者必须服从前者。作为开发人员，你必须对这两种情况下的工作方式了如指掌。

说明 从技术上讲，还有第三种场景：中间会合（meet-in-the-middle）。如果Java实体类和现成的数据库已经同时存在，就要使用这种方法。在这种情况下，你将受制于映射工具的能力。如果你已经将它的能力发挥到了极限，却仍然无法解决不匹配问题，就必须重构Java类或者数据库表，回到“自下而上”或者“自上而下”的语义上。

---

seam-gen既支持自下而上，又支持自上而下的开发方式。在本章中，我们要采用自下而上的方式，利用seam-gen对数据库Schema进行反向工程。在第4章中，我们会反过来，采用自上而下的方法扩展Schema，来收录高尔夫球员的个人资料。

1. 自下向上

你将采用自下而上的开发方法来创建前面提到的高尔夫球场目录。利用自下而上的开发方法，如图2-1所示，你将把高尔夫球场目录Schema中的5个表格（FACILITY、COURSE、HOLE、THE_SET和TEE）转换成对应的5个Java实体类（`Facility`、`Course`、`Hole`、`TeeSet`和`Tee`）[①]。将表映射到Java类听起来似乎需要费不少力气。别担心，利用现有的数据库表正是seam-gen真正令人折服的地方。但在运行seam-gen之前，要先着手处理Schema，并让数据库到位。

你要求DBA（或许DBA就是你的另一个角色）替你准备好一个装载有高尔夫球场目录Schema和一些样例数据的H2（Hypersonic 2）数据库。H2从文件系统的目录中启动，因此整个H2数据库都可以被压缩成一个文档传给你。你要以嵌入模式使用H2，这样就可以允许数据库通过应用程序启动，与应用程序的运行时联系在一起。H2的嵌入模式十分适合于快速建模，因为它不需要安

---

① 有关高尔夫球游戏以及这些实体在其中所扮演角色的说明，请见本书开头部分。

装，也不需要单独运行在一台服务器上。减少一台服务器的维护工作总是件好事，对于销售团队尤其如此。

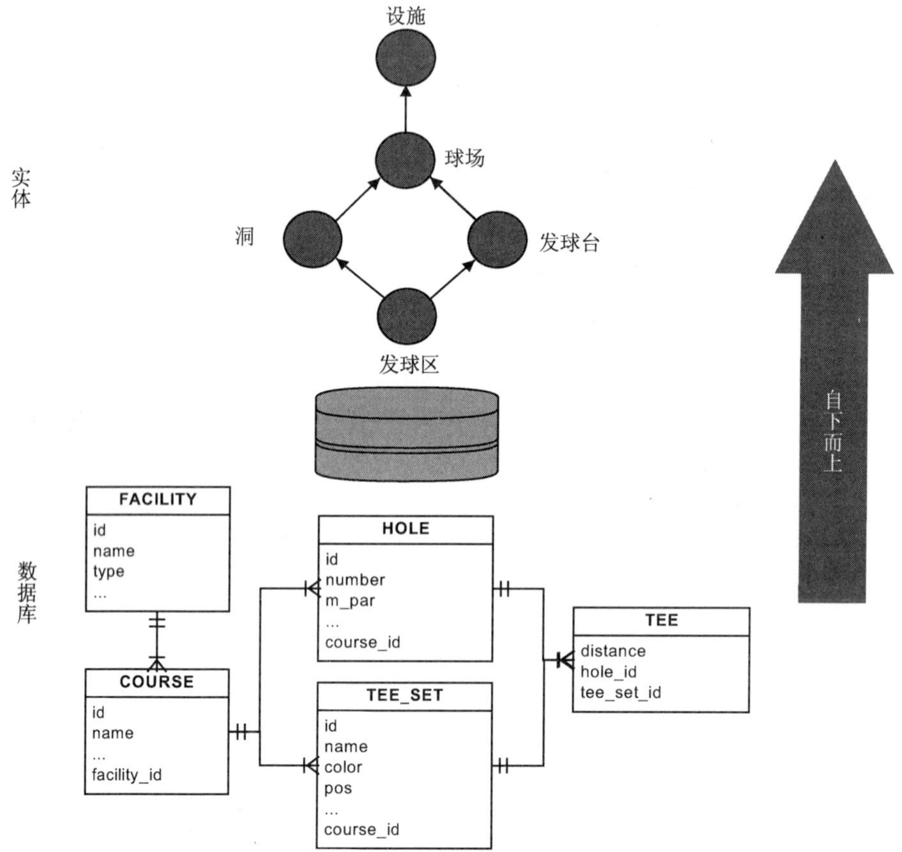

图2-1　对现有的数据库Schema反向工程实体类，称作自下而上开发

附录A的A.3节会进一步介绍H2数据库，并告诉你为原型创建的数据库档案存放的位置。一旦数据库就位，便可以利用H2的管理控制台查看Schema了。这个步骤并不是用seam-gen生成CRUD应用程序的必要条件，但是对于理解构建中的应用程序来说却很重要。

2. 检验Schema

你可以利用H2 JDBC驱动文件（JAR格式）自带的H2管理控制台连接所提供的数据库。启动管理控制台的方式是从H2 JAR文件中执行`Console`类：

```
java -cp /home/twoputt/lib/h2.jar org.h2.tools.Console
```

这个命令使得你可以在浏览器中登录H2控制台，对应的URL是：**`http://localhost:8082`**。访问这个URL就会出现图2-2中所示的数据库连接屏幕。输入这幅图中所示的连接URL和用户验证信息，点击“连接”（Connect）。

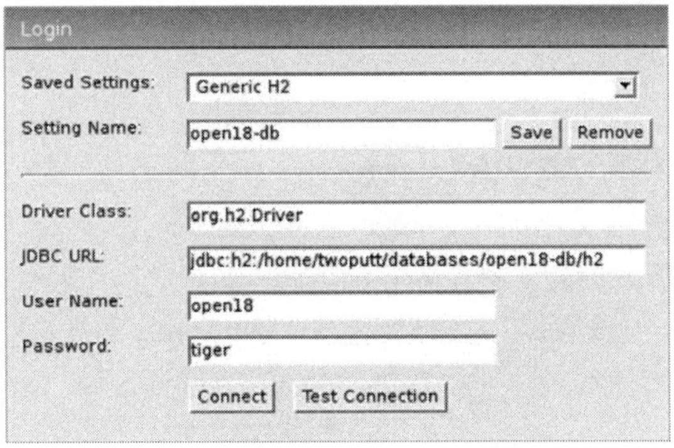

图2-2 H2管理控制台的数据库连接屏幕

小贴士 数据库连接的那个屏幕允许你保存连接配置，这在你需要管理多个数据库的时候很有用。创建新的配置时，得用你填写的连接名称代替“设置名称”处的“Generic H2”，并点击“保存”(Save)。H2管理控制台能够连接到支持JDBC的任何数据库。为了使用其他数据库，必须在启动控制台的Java命令的classpath参数中添加适当的JDBC驱动程序（JAR文件）。更多信息请参阅H2用户手册。

一旦建立了连接，Schema浏览器/查询控制台就出现了，如图2-3所示。这个数据库控制台应该能够解释我为什么选择H2做为这个范例应用程序的数据库了，因为它将许多功能包含在了一个极其小的JAR文件中。

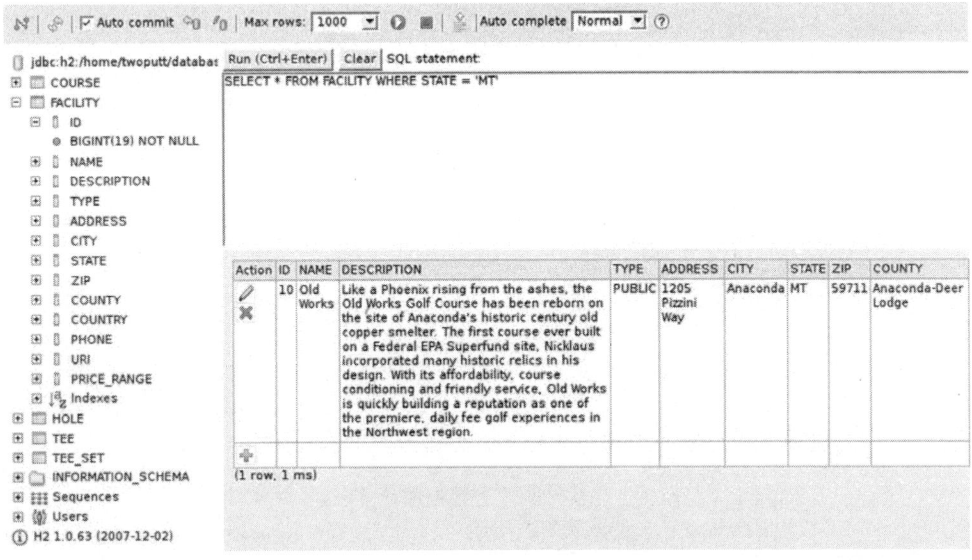

图2-3 H2管理控制台，左侧为数据库Schema，右侧为查询控制台。结果集视图器可以用来修改记录

现在，你知道数据库已经被正确地构建了，该把工作交给seam-gen处理了。先来看看我为什么推荐使用seam-gen。

2.2 让 seam-gen 完成初始工作

seam-gen让你有机会了解Seam的创造者在组织基于Seam项目时的倾向性。这也是逐渐熟悉Seam精彩部分的一种好办法，你在学习使用Seam的过程中就会明白自己在做什么。如果你是个万事不求人的人，可能会对让seam-gen代替你工作而感到不安。我建议你把预定的工作先放一放，必要的时候远离你的工作环境，至少在“自然”[①]的环境中观察Seam一次。用Seam的创始人Gavin King的原话说：

> 从seam-gen结构入手真的有太多好处了。我在这方面下了很多工夫，如果你试图全部从头做起的话，将要花上不少时间（也许是几周）。但是那些东西并没什么稀奇的，其他结构也能起作用。
>
> ——Gavin King，JBoss Seam论坛[②]

我一开始也犹豫是否要使用seam-gen。我曾把这个工具看成是初级开发人员的好帮手。当我花了许多时间使用Seam之后（有几个月），发现seam-gen大大节省了我的时间。因此我强烈推荐你试一试。

2.2.1 seam-gen 的特点

seam-gen是个应用程序工厂，如图2-4所示。它创建工程骨架几乎没有什么要求，使你不用把精力花在构建上，而是把精力集中在应用程序的开发上。之后，它利用其代码生成任务，帮助你构建一个具有一定功能的应用程序。它生成了代码，同时也是“如何使用Seam的几项特性”的示范。

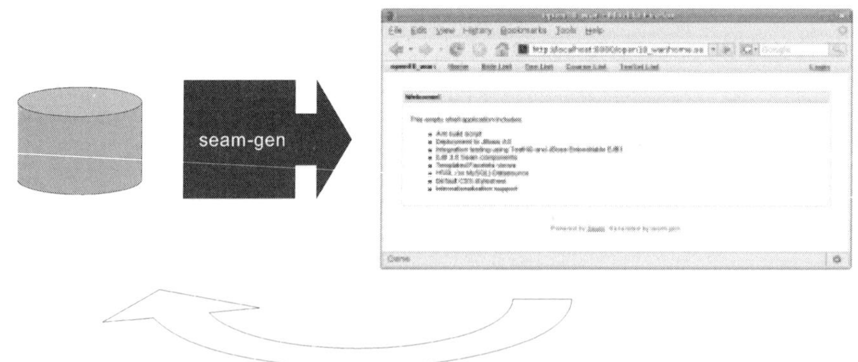

图2-4　seam-gen应用程序生成器检验现有数据库，并创建一个CRUD应用程序，用来管理保存在数据库表中的实体

---

① 双关语。——译者注

② 该论坛发布的内容可以通过http://www.jboss.com/index.html?module=bb&op=viewtopic&p=4030018查看。

我承认，过去我一向不推崇代码生成，这主要是因为它产生了许多令人生畏的代码。有了seam-gen后，我却希望将创建初始ORM映射和CRUD界面的工作委托给它，这正是seam-gen处理的工作。同时我发现，seam-gen生成的代码用起来十分可靠，就像我自已写的一样。但是，别以为seam-gen只能用于全新的项目。你也可以为sandbox工程生成代码，然后将代码挪用到其他应用程序中去。从这一点来看，可以将seam-gen看作是可依赖的工具。如果你不喜欢seam-gen生成的输出，可以通过修改它的模板来进行定制。

小贴士 seam-gen从FreeMarker模板生成Java类和Facelets视图模板，这些模板都可以在Seam发行包的seam-gen文件夹中找到。如果你计划定制生成的应用程序，可以通过改变这些模板来实现。这种方法在允许你定制代码的同时，又不失反向工程的能力。

事实证明，seam-gen还能为已有数据库的Schema计算出该怎样定义JPA映射。建立实体之间的关联可能是件非常麻烦的事。没过几天你就可能忘记当初是如何映射某个复杂表关系的，该是一对多还是多对一呢？需要复合键吗？为了避免浪费时间，我将seam-gen指向了数据库并检验结果。seam-gen帮我解决了这些问题，并生成了正确的页面。如果你正在花费大量时间从JPA或者Hibernate的参考文档里寻找这些问题的解决方案，seam-gen确实值得考虑，它真的能够助你一臂之力。

以上仅仅是seam-gen特性的冰山一角，我们再来看看它为你提供的其他特性吧。

2.2.2 seam-gen 提供的特性

除了从已有数据库的Schema生成CRUD应用程序，seam-gen还可以从一组现成的实体类入手。在这种情况下，数据库Schema可以在应用程序启动时逆向地由Hibernate创建，从而使seam-gen即使在没有预先建立数据库的时候也同样魅力四射。

seam-gen远远不止于创建CRUD原型应用程序。它还创建了大量的配置和资源，它们在你定制应用程序时十分重要。以下列出了seam-gen的所有特性，其中有不少特性会在本章中谈到。

- 静态资源、视图模板和页面描述符的增量热部署。
- JavaBean和Groovy组件（不包含实体类和EJB组件）的增量热部署（即动态重载）。
- 使现成的项目文件能够快速导入到Eclipse、NetBeans和IntelliJ IDEA中。
- Facelets视图模板（以JSF为中心的视图技术，代替JSP）。
- RichFaces或者ICEfaces UI组件（面板、表格和菜单）。
- 可定制样式表，用以改善富UI组件的外观和体验。
- 列表页面具备对书签的友好搜索和对记录的编页功能。
- RESTful风格的实体细目信息界面，包括体现父子实体的标签。
- 在实体编辑器中查看已建立的到这个实体的连接。
- 在UI中利用Ajax（Ajax4jsf）的即时反馈强制对实体模型进行验证。
- 基础的页面级授权，用户在执行写操作之前会进行权限验证（默认验证存根可接受任何证书）。

- 组件调试页面，对开发人员友好的错误页面，以及对用户友好的错误页面。
- JCA数据源、JPA持久化单元，以及为目标数据库配置的JPA实体管理器（默认JPA提供者为Hibernate 3.2）。
- 在classpath中通过`import.sql`脚本创建数据库（Hibernate的特性）。

尽管seam-gen确实很快地完成了一个可运行的应用程序，但这并不意味着你什么事都不用做了。它创建的CRUD应用程序确实非常实用，但你稍后就会领悟到，这样仍然替代不了你的手工工作。你只能把它看作是原型（prototype）。原型不具有对实体进行合理分类所需的业务知识，它对每个实体都一视同仁。如果你有一个包含大量查询表的大型Schema，这种局限性就体现得尤为明显。seam-gen也无法在用户界面中正确地渲染二进制数据，因为seam-gen无法知道该数据表示的是图片、档案文件还是加密的数据流。但是，这些不足之处正好为你提供了大展身手的机会，你有事要做了。

本节旨在告诉你：seam-gen替你挡掉了所有你不愿意做的繁琐工作。它为你打好了基础，然后将项目交给你，让你能够在必要的时候快速地开发和定制应用程序。现在让我们参照Gavin的建议，用seam-gen作为范例应用程序的起点吧。我们终于要让seam-gen接受检验了。

2.3　用 seam-gen 启动项目

seam-gen有两种版本：命令行脚本和IDE插件。命令行版本是Ant的一个包装，这样有个好处，即它和它生成的项目都可以通过命令行或者IDE启动。seam-gen比较流行的IDE版本是一个Eclipse插件，而且是JBossTools套件的一部分。JBossTools项目中有许多支持Java EE开发的独立的Eclipse插件。这些插件是一组为JBoss Enterprise Middleware Platform和Red Hat Enterprise Linux预配置的、基于Eclipse的开发工具，并都植入在JBoss Developer Studio（JBDS）①中。本节主要关注seam-gen的命令行版本，并简要介绍了一下Eclipse插件。由于用户界面很容易过时，因此我不想过多地讨论IDE版本。你可以在本书在线配套资源中找到使用Eclipse插件的教程档案文件。

我们先来浏览一下seam-gen的命令行脚本，然后着手执行seam-gen命令。

2.3.1　seam-gen 命令一览

你应该已经下载好Seam的发行版本了吧。如果还没有，请参考附录A中的A.2节。你还应该已经准备好2.1.2节中讲到的H2数据库范例。一旦这些全都准备完毕，就要切换到Seam解压目录下。在这个目录下，你会看到两个脚本：`seam`和`seam.bat`。前者用于Linux/Unix平台，后者用于Windows平台。要执行seam-gen操作，需要输入seam，再加上Seam发行包根目录下的命令的名称②。

① 见http://www.jboss.com/products/devstudio。

② 如果你使用的是Unix平台（Linux、Unix和Mac OSX），就要确保seam脚本是可执行的。你还需要在seam命令前加前缀./。更多详情请见附录A。

我们先来看看seam脚本能够做什么，你可以通过help命令来了解seam脚本的功能。在命令行控制台中，输入seam help并敲击回车键。这个命令的输出简要地描述了seam-gen，并列出它所支持的所有命令。该描述如下：

```
seam (aka seam-gen) - Execute seam code generation.

The seam.bat (Windows) and seam (Linux/Unix) scripts support
commands that use Ant build targets to set up a Seam project and
generate source code. Ant is not required to be on your path to
use this script.

JBoss AS must be installed to deploy the project. If you use EJB3
components, the JBoss server must have EJB 3 capabilities.
(JBoss AS 4.2 is strongly recommended)
```

help命令输出的命令列表可以分两类。第一类命令如表2-1所示，用来构建、管理和部署seam-gen项目。

表2-1　能够提供给seam-gen脚本的构建、创建和部署命令

命　令	描　述
setup	生成用来创建项目的seam-gen/build.properties。键值对来自这个命令所提供问题的回复信息。收集的信息包括项目目录、Java包名、数据库连接信息及JBoss应用服务器安装的位置。你可以在填完这些信息之后，手工编辑seam-gen/build.properties
create-project	创建带有构建脚本、依赖类库及基本Seam组件配置的Seam项目。用seam-gen/build.properties中的值定制项目
update-project	用最新的类库依赖更新生成的项目
delete-project	取消部署并删除生成的项目
deploy	将项目包（压缩的Web Archive[WAR]或者Enterprise Archive[EAR]）及数据源部署到JBoss应用服务器
undeploy	取消部署项目文档和数据源
explode	将项目文档（展开的Web Archive[WAR]或者Enterprise Archive[EAR]）及数据源部署到JBoss应用服务器。并执行Web相关文件和Java类（不包含EJB 3组件和JPA实体类）的增量热部署
restart	重启之前作为展开文档部署的项目。不重启JBoss应用服务器
unexplode	取消部署展开的文档和数据源
archive	创建项目文档（压缩的Web Archive[WAR]或者Enterprise Archive[EAR]），并将它放到项目根目录的dist文件夹中
clean	清除生成项目中所有编译过的文件和暂存目录
test	运行生成项目中的测试
settings	显示seam-gen/build.properties中定义的当前设置
reset	删除seam-gen/build.properties，重新启动整个过程

第二类命令如表2-2所示，用来为seam-gen正管理着的项目生成代码。

表2-2 可以提供给seam-gen脚本的代码生成命令

命　令	描　述
`new-action`	创建带有seam/EJB3核心注解的Java接口和无状态会话Bean。还创建了测试用例和TestNG启动配置，模拟JSF的请求/响应
`new-form`	创建带有seam/EJB3核心注解的Java接口和有状态会话Bean。还创建了测试用例和TestNG启动配置，模拟JSF的请求/响应
`new-conversation`	创建带有seam/EJB3核心注解的Java接口和有状态会话Bean。为@Begin和@End添加注解和stub方法
`new-entity`	创建带有seam/EJB3核心注解的实体Bean
`new-query`	创建一个扩展EntityQuery的新类来管理定制的JPA查询，并创建一个视图模板来显示查询结果
`generate`	从已有数据库的Schema中生成JPA实体类，并生成一个CRUD用户接口来查看和管理这些实体
`generate-ui`	生成CRUD用户接口来查看和管理现有的JPA实体类
`generate-model`	从已有数据库的Schema中生成JPA实体类

现在不用急着逐个理解这些命令。在本书的教程中，你会有机会学习其中的大多数命令。这两张表应该能够让你在进入实战之前先感受一下seam-gen的能力。

小贴士 如果你超级精通shell，可以在Unix下运行source seam-completion来加载seam-gen/contrib/seam-completion文件，之后键入seam-gen命令：`./seam`，再按一次tab键，就能自动补齐命令。

表2-3列出了创建Open 18原型应用程序要经过的步骤。

表2-3 创建和部署原型应用程序的步骤

命　令	目　的
1. `seam setup`	输入Open 18原型和H2数据库的信息
2. `seam create-project`	命令seam-gen创建Open 18项目
3. `seam generate`	反向工程Open 18数据库，创建一个管理数据库表的CRUD应用程序
4. `seam explode`	将应用程序作为一个展开的Java EE文档部署到JBoss应用服务器

一旦完成了表2-3中的步骤并启动了JBoss应用服务器，就可以准备将这个Open 18原型展示给你的老板看了。如果他要求修改，你也不会手足无措。定制seam-gen应用程序是非常简单的。在本章后面的篇幅中你会学到如何检验seam-gen构建的“即时改变”开发环境，以及部署到多个环境中的能力。在此之前，你必须先将有关项目的信息告知seam-gen，以便它知道该为你创建些什么。

2.3.2 与seam-gen的针锋对话

够酷的对话。我们开始吧！首先运行`seam setup`命令。当你运行这个命令时，它会发出一系列的问题，让seam-gen去收集它需要的信息，才能创建项目。每一行都由3部分组成：问题、当前值和一个有效回复列表（若有的话）。对于每个问题，都需要输入一个回复并按回车键，继续下一个问题。为了创建一个可运行的应用程序，这些就是你真正要做的唯一事情：一旦seam-gen有了需要的信息，就会接手工作。

代码清单2-1展示了seam-gen用来以WAR文档格式创建Open 18原型的所有配置问题及回复。每当你在回复中看到/home/twoputt时，用你的开发文件夹将它替换即可（根据本书源代码的README.txt文件中阐述的布局）。

说明 如果你使用的是Windows OS，那么在seam-gen对话中输入文件路径（如C: /twoputt）时，尤其输入H2数据库的路径时，一定要使用正斜线（/）。Windows中默认的文件分隔符是反斜线（\），而这在Java中是个逃逸（Escape）符。要让Java接受反斜线符，必须再加一条反斜线（\\）。因此无论在什么操作系统的文件路径中始终使用正斜线，就可以避免这个问题。Java很聪明，能够将正斜线转化成宿主平台的相应的文件分隔符。

我们输入下面的命令开始对话吧：

```
seam setup
```

代码清单2-1 对seam-gen配置问题做出回应

```
  [echo] Welcome to seam-gen :-)
  [input] Enter your Java project workspace (the directory that contains
  ➥your Seam projects) [C:/Projects] [C:/Projects]
/home/twoputt/projects
  [input] Enter your JBoss home directory [C:/Program Files/jboss-4.2.2.GA]
  ➥[C:/Program Files/jboss-4.2.2.GA]
/home/twoputt/opt/jboss-as-4.2.2.GA
  [input] Enter the project name [myproject] [myproject]
open18
  [echo] Accepted project name as: open18
  [input] Do you want to use ICEfaces instead of RichFaces [n] (y, [n])
n
  [input] Select a RichFaces skin [blueSky] ([blueSky],
  ➥classic, ruby, wine, deepMarine, emeraldTown, japanCherry, DEFAULT)
emeraldTown
  [input] Is this project deployed as an EAR (with EJB
  ➥components) or a WAR (with no EJB support) [ear] ([ear], war)
war
  [input] Enter the Java package name for your session
  ➥beans [com.mydomain.open18] [com.mydomain.open18]
org.open18.action
  [input] Enter the Java package name for your entity beans
  ➥[org.open18.action] [org.open18.action]
org.open18.model
  [input] Enter the Java package name for your test cases
  ➥[org.open18.action.test] [org.open18.action.test]
org.open18.test
  [input] What kind of database are you using? [hsql] ([hsql], mysql,
  ➥oracle, postgres, mssql, db2, sybase, enterprisedb, h2)
```

只适用于RichFaces

选择Java EE文档类型

设置热部署类的包

```
h2
  [input] Enter the Hibernate dialect for your database
  ➥[org.hibernate.dialect.H2Dialect] [org.hibernate.dialect.H2Dialect]
Hit Enter key
  [input] Enter the filesystem path to the JDBC driver jar [lib/h2.jar]
  ➥[lib/h2.jar]
/home/twoputt/lib/h2.jar
  [input] Enter JDBC driver class for your database [org.h2.Driver]
  ➥[org.h2.Driver]
Hit Enter key
  [input] Enter the JDBC URL for your database [jdbc:h2:.] [jdbc:h2:.]
jdbc:h2:file:/home/twoputt/databases/open18-db/h2      <-- 指定H2数据库的文件位置
  [input] Enter database username [sa] [sa]
open18                                                  <-- 提供自定义的H2验证
  [input] Enter database password [] []
tiger
  [input] Enter the database schema name (it's OK to leave it blank) [] []
PUBLIC                                                  <-- 将值置于@Table注解之外
  [input] Enter the database catalog name (it's OK to leave it blank) [] []
H2
  [input] Are you working with tables that already exist in the database?
  ➥[n] (y, [n])
y
  [input] Do you want to drop and re-create the database tables and data in
  ➥import.sql each time you deploy? [n] (y, [n])
n
[propertyfile] Creating new property file:
  ➥/home/twoputt/opt/jboss-seam-2.0.3.GA/seam-gen/build.properties
   [echo] Installing JDBC driver jar to JBoss server
   [copy] Copying 1 file to
  ➥/home/twoputt/opt/jboss-as-4.2.2.GA/server/default/lib

  [echo] Type 'seam create-project' to create the new project

BUILD SUCCESSFUL
```

seam setup命令的目标是创建并填充seam-gen/build.properties文件，如果已经存在就重写，下一步就是用它创建seam-gen项目。build.properties文件利用以等号（=）分隔的键值对（即传统Java属性文件）的格式将你的回复保存起来。如果你把某些问题搞乱了，也大可不必担心，因为随时可以再配置一次。Seam会记住你前面做过的回复，直到你全部完成。按下回车键表示接受前一个回复。如果你不想使用配置向导，完全可以手工编辑seam-gen/build.properties文件。向导只是使用户更易于完成这项工作而已。

代码清单2-1中的回复，为seam-gen创建WAR项目做好了准备。如果你计划开发JavaBean组件而非EJB 3组件，并且想要利用增量热部署，就选择WAR格式吧。如果想要创建EJB 3组件，则应该选择EAR格式。本章稍后会介绍这两种包格式，包括增量热部署。

ICEfaces优于RichFaces

ICEfaces和RichFaces是基于Ajax构建富Web 2.0用户界面的JSF组件类库。Seam发行包的seam-gen文件夹中有两组相应的视图模板，使得seam-gen能够生成使用ICEfaces或者RichFaces

的项目。seam-gen根据你在配置问题中的回复选择适当的模板文件夹，使应用程序基于该JSF组件类库。

如果选择了ICEfaces，seam-gen会自动地使用绑定的版本，因此不需要进行配置。如果想让seam-gen使用你选择的版本，可以在得到的询问中指定ICEfaces二进制发行版本的根文件夹。

由于RichFaces是个JBoss项目，你就可以理解为什么RichFaces是seam-gen中的默认选项了吧，但是ICEfaces的贡献者确保了生成的应用程序在ICEfaces中一样可以正常运行。我建议你这两种都试试，然后自己决定要使用哪一种。

除了创建和填充seam-gen/build.properties文件，`setup`命令还将JDBC驱动文件复制到JBoss应用服务器中，以允许数据库连接被定义成一个JCA数据源。就我们的例子而言，H2 JDBC驱动文件h2.jar被复制到了${jboss.home}/server/default/lib中。通过项目的部署，JCA数据源在JNDI中进行了注册，JPA持久化单元可以通过JNDI访问它。数据源的配置和持久化单元是`create-project`命令要处理的任务，我们接下来就讨论。

2.3.3 创建基础项目结构

`setup`命令只是为seam-gen做好创建项目的准备。要真正让Seam将其模板转变成一个全新的项目，必须执行以下命令：

```
seam create-project
```

当你执行这个命令时，Seam会在Java工作空间目录下创建一个新的项目，并为你配置好了开始开发一个基于Seam的项目所需要的一切，还配有一个基于Ant的构建，用于编译、测试、打包和部署应用程序。代码清单2-2展示了`create-project`命令的输出。你将会看到许多稍纵即逝的输出，那些可以忽略。

代码清单2-2 用seam-gen创建新项目

```
create-project:
  [echo] A new Seam project named 'open18' was created in the
  ➥/home/twoputt/projects directory
  [echo] Type 'seam explode' and go to http://localhost:8080/open18
  [echo] Eclipse Users: Add the project into Eclipse using File >
  ➥New > Project and select General > Project (not Java Project)
  [echo] NetBeans Users: Open the project in NetBeans

BUILD SUCCESSFUL
```

现在这个项目已经准备就绪。你从这个输出结果中可以看到，seam-gen为了使你按正确的步骤操作，提供了说明。它告诉你在运行`setup`命令之后运行`create-project`，在运行`create-project`命令之后运行`seam explode`。但你可能会认为，构建一个项目，尤其是填写seam `setup`所示的问卷，最好还是使用视窗。对于不喜欢命令行界面的用户，我有个好消息要告诉你：Eclipse的JBossTools插件将这些步骤打包放在了Seam项目的创建向导中，它允许你像创建任何其他Eclipse项目一样地创建seam-gen项目。这个向导中有一个屏幕如图2-5所示。这个向导带来了更具交互性的体验，让你能利用在Eclipse中配置好的应用服务器、运行时环境和数据库连接配置。

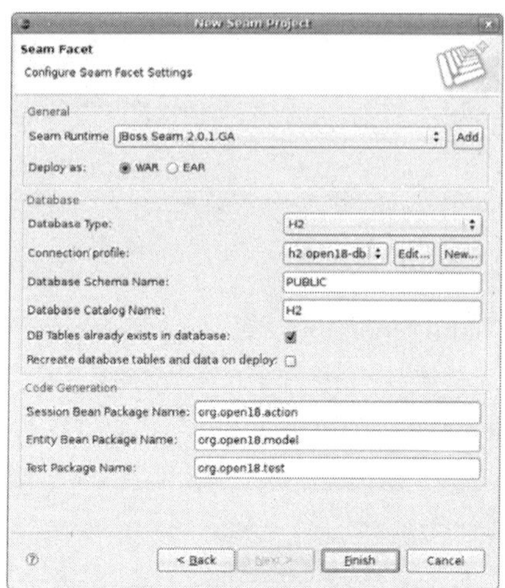

图2-5　包含Eclipse的JBossTools插件的Seam项目创建向导。这个向导的作用与seam-gen命令行工具的相同，却带来了更具交互性的体验

这里不提供关于JBossTools插件的进阶教程。如果你有意使用它，应该能够将在本章中已学到的基础知识应用到该向导上。请注意，JBossTools向导创建的项目并非与命令行脚本创建的项目完全相同。它是为某一款IDE（如Eclipse），并且只为这款IDE而设计，因此它并不是通用的构建脚本。我更喜欢坚持使用命令行脚本（此处是指seam-gen），因为它允许我通过命令行或者在我选择的IDE（任何可以驱动Ant构建的IDE）中使用生成的项目。本章剩下的篇幅中还会多次陈述这种灵活性。

2.3.4　生成 CRUD

现在你有了基础的项目骨架，就可以进行部署了。但我们还是先进行一些反向工程，好让代码生成进行下去。这是`seam generate`命令①实现的功能。这个命令从一个已有数据库的Schema生成JPA实体类，并生成用来管理这些实体的CRUD用户接口。这些实体在Facelets视图模板中渲染，并且为JavaBean动作类所支持。

说明　虽然我们在`seam setup`中为Schema和目录指定了值，但是我们确保每个JPA实体类上的`@Table`注解根本不知道这些特定于数据的指定值。比起表名称和列名称，Schema和目录更有可能发生变化，因此最好不要将实体类与这些值联系在一起。如有必要，可以利用属性`hibernate.default_Schema`和`hibernate.default_catalog`在Hibernate或者JPA配置中设置默认的Schema和目录。

---

① 在Seam 2.0.1.GA之前，这个命令被命名为`generate-entities`。这两种名称在2.0.1.GA中都得到支持。

接下来，开始反向工程：

```
seam generate
```

generate命令的输出内容很多，因为Hibernate觉得有必要让你了解它反向工程进度的每一步。截取其输出的部分内容，如代码清单2-3所示。

代码清单2-3　反向工程数据库来创建实体和会话Bean

```
...
generate-model:

  [echo] Reverse engineering database using JDBC driver
  ➥/home/twoputt/lib/h2.jar
  [echo] project=/home/twoputt/projects/open18
  [echo] model=org.open18.model
[hibernate] Executing Hibernate Tool with a JDBC Configuration (for reverse
  ➥engineering)
[hibernate] 1. task: hbm2java (Generates a set of .java files)
...
[hibernate] INFO: Hibernate Tools 3.2.0.CR1
[javaformatter] Java formatting of 8 files completed. Skipped 0 files(s).

generate-ui:
  [echo] Building project 'open18' to generate views and controllers

...
[hibernate] Executing Hibernate Tool with a JPA Configuration
[hibernate] 1. task: generic exporter... view/list.xhtml.ftl
...
[hibernate] 2. task: generic exporter... view/view.xhtml.ftl
[hibernate] 3. task: generic exporter... view/view.page.xml.ftl
[hibernate] 4. task: generic exporter... view/edit.xhtml.ftl
[hibernate] 5. task: generic exporter... view/edit.page.xml.ftl
[hibernate] 6. task: generic exporter... src/EntityList.java.ftl
[hibernate] 7. task: generic exporter... view/list.page.xml.ftl
[hibernate] 8. task: generic exporter... src/EntityHome.java.ftl
[hibernate] 9. task: generic exporter... view/layout/menu.xhtml.ftl
[javaformatter] Java formatting of 15 files completed. Skipped 0 files(s).
  [echo] Type 'seam restart' and go to http://localhost:8080/open18

generate:

BUILD SUCCESSFUL
```

信不信由你，原型应用程序就这样构建好了！啊哈，但我们还没有为部署做好准备。如果你想现在运行seam restart，如generate命令指示的那样，你就会发现，除非JBoss应用服务器已经运行起来了，否则请求URL http://localhost:8080/open18时只会出现一个404错误页面。因此，要让这个应用程序启动，需要先启动JBoss应用服务器。在2.4节，你会学到部署应用程序的两种方法，它们各自对开发有什么样的影响，最后你将学到如何启动JBoss应用服务器，才能看到seam-gen为你准备的应用程序。

2.4 将项目部署到 JBoss 应用服务器

如前所述，seam-gen生成的项目可以直接部署到JBoss应用服务器，并且可以正常工作。现在，我们依然坚持“为应用程序的运行付出最小的努力”之惯例。一旦你适应了，就可以探索替代的方式。

在将应用程序部署到JBoss应用服务器时，可以采用以下任何一种方式。你可以将它作为一个压缩文档进行部署：

```
seam deploy
```

也可以将它作为一个展开文档进行部署：

```
seam explode
```

这两种方法的抉择如图2-6所示。

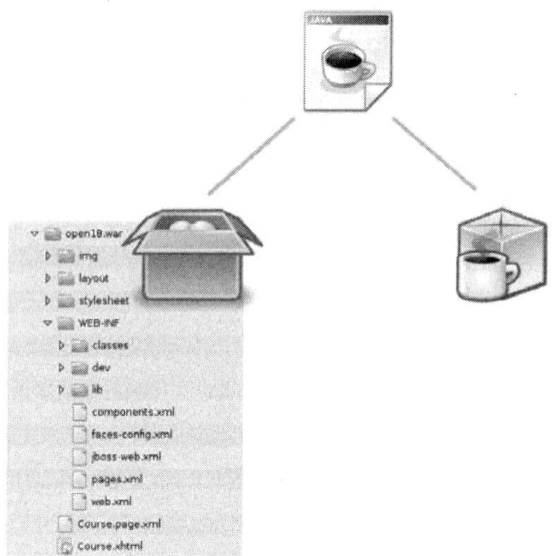

图2-6 seam-gen提供的两种部署场景。左侧是展开的WAR（或者EAR）目录。右侧是进行了压缩的WAR（或者EAR）文件。使用压缩文档时不能使用增量热部署

说明 尽管explode这个名字有点耸人听闻（原意为“爆炸”），但explode命令并不会对项目进行破坏性的处理。它只是将可部署的文件复制到应用服务器中，而不进行压缩。这个名称意在表明，该文档是打开着的，就像爆炸开来一样。这个命令更为贴切的名称也许是叫“展开”（unfurl）。但是explode更有特色。

接下来，我们权衡一下每个命令的属性，再决定最好使用哪一个吧。

2.4.1 部署

如果你使用deploy命令，构建就会创建一个使用了两种标准Java EE包格式之一的文档

（WAR或者EAR），具体视你在seam-gen的seam setup命令中选择了哪种格式而定。如果你只准备使用JavaBean组件，像本章介绍的范例应用程序，那么最好选择WAR格式。就本例而言，`deploy`命令将应用程序打包成WAR文件：open18.war。如果你想在应用程序中使用EJB组件，就必须使用EAR格式。在那种情况下，部署命令就会为名为open18ee的应用程序创建EAR文件：open18ee.ear。本书配套的范例代码包含了这两种文档格式的项目。但是请注意，一旦你在WAR和EAR之间做出了选择，就要坚持使用，因为seam-gen没有内建的命令可以让一个项目在两种文档格式之间进行转换。

压缩Java EE应用程序

有3种著名的文档类型可以用于将组件部署到与Java EE兼容的应用服务器中。WAR（Web Archive）是为大多数人熟悉的格式。WAR绑定了Servlet、JSP，这种文档属于静态资源，支持提供动态Web页面的类。EJB以普遍的JAR（Java Archive）格式进行部署，但这种文档增加了一个特殊的XML部署描述符，标志着它是个EJB JAR。WAR和JAR格式都是可以绑定在EAR（Enterprise Archive）里面的Java EE模块，它将包含模块部署到同一个类加载器下，使它们看起来就像一个应用程序。EAR是Java EE应用程序的标准压缩单元。基本的Servlet容器（如Tomcat）只能处理WAR包。

一旦文档进行了压缩，seam-gen就会将它移到JBoss服务器默认域的部署目录下，位置是在${jboss.home}/server/default/deploy。JBoss服务器会监控这个变更的目录。当发现新文档或文件有变化时，应用程序就会“重新加载”。这项特性被称作“热部署”，但是并不仅仅是部署。当某个文档从这个目录中被移除时，服务器也会有所发觉，随后就会卸载该应用程序。你可以通过运行`seam undeploy`来删除部署好的文档。

使用压缩文档的不足之处在于，要应用的每一处变更都需要完整的构建、打包和部署周期。这个周期结束时，变更后的文档版本就会被送到服务器中，旧版应用程序被卸载，最终加载新版的应用程序。就本例而言，我们所说的“部署应用程序”是指一个整体，而非仅指增量变更（稍后会讲到）。要么全部部署，要么都不部署。在重新加载期间，JBoss服务器会关闭应用程序启动的所有服务。这些服务包括数据库连接、JPA的`EntityManagerFactory`（或者Hibernate的`SessionFactory`）、Seam容器，或许还有其他服务。在重新部署应用程序时，所有这些服务都会在新部署下重新启动。这个过程可能非常费时——并且随着项目的发展，花费的时间会越来越多，必须停止和启动的服务也越来越多。

更糟糕的是，重新加载应用程序时会终止它所有活动的HTTP会话。如果正在测试的页面需要进行权限验证，或者它具备别的状态，你就只能重新做这个测试。可以肯定地说，在开发时我不建议使用压缩部署，因为还有更好的办法。

2.4.2　展开

压缩部署的替代方法是展开文档部署。展开文档是指已解压文档的WAR或者EAR文档，它是文件夹形式且与压缩档案文件同名。你可以利用seam explode命令将应用程序部署成一个展开文档。

explode命令是从deploy命令变化而来的。像deploy命令一样，explode命令也将可部署的文件按一定结构组装到构建目录下的文档。但explode命令跳过了打包步骤，只是原样地将构建目录复制到服务器中。后续对seam explode的调用只会使变更文件与服务器中的展开文档目录同步，从而支持增量更新。应用程序如何处理它的变更是由它的热部署能力决定的。2.5.1节验证了增量热部署及其在开发进程中的价值。

使用展开文档部署时强制重新加载应用程序的过程，就像将一个打包好的文档放入JBoss应用服务器的热部署目录，然后用restart命令来启动JBoss应用服务器一样。顾名思义，这个命令不需要重启JBoss应用服务器，只是重新加载应用程序而已。

restart命令开始是监控explode命令所完成的工作，最后它更新了应用程序部署描述文件的时间戳，就EAR部署而言是指application.xml，如果是WAR部署，则是web.xml。当应用服务器发现应用程序部署描述符的时间戳发生变化时，它就触发一次重新加载。为了删除展开文档，并取消它的部署，你要执行seam unexplode。explode命令最适用于开发。它支持增量更新，给予你“即时改变”的能力，如果你用脚本语言（如PHP）做过开发，肯定不会对这个词感到陌生。稍后我们会对Seam应用程序对即时改变的支持程度进行试验。

总结一下几种选择方案：可以用deploy命令部署压缩文档，也可以用explode部署展开文档。undeploy和unexplode命令是它们的补充，可以从服务器中删除该文档。这时的部署只能应用于某一个环境。但seam-gen用额外的部署配置构建项目，允许你根据环境调整文档，甚至可以将它部署到不同的服务器实例中。在我们启动JBoss应用服务器之前，先进一步了解一下部署配置吧。

2.4.3　切换环境

seam-gen为项目创建的构建支持部署配置的概念。这些配置可以用来为不同的环境定制部署描述符和配置设置。一种常见的情况是：需要在产品中使用一个与开发时不同的数据库。你肯定不希望在每次发布产品时都要去切换数据库连接设置，而是希望可以为这种环境搭建一种配置，在进行产品构建时，只需要设置一个标记就能激活你想用的环境。这样，相应的数据库设置以及任何特定于该环境的其他设置就被应用到产品中了。

Seam配置了3个可直接使用的配置：dev、prod和test。test配置是个特例，我们接下来会看到。在默认情况下，Seam在执行命令时使用的是dev配置。你可以改变Ant的profile属性值，来启用不同的配置。在项目根部的build.properties文件中添加下列键值对可以激活prod配置，实际上相当于取消了dev配置：

```
profile=prod
```

如果你觉得变更build.properties文件太费力，那还有一种选择，即通过seam命令设置profile属性：

```
seam clean deploy -Dprofile=prod
```

小贴士 切换配置时，在运行deploy或者explode之前先运行clean（甚至undeploy或者unexplode）都是种好办法，这样可以确保完全清除前一个配置的设置。

如前所述，test配置是作为特例处理的。它不是利用配置属性激活，而是有专门的Ant target来运行这些测试，并使用特定环境下对应的测试文件。第4章会讲到如何编写和执行这些测试。

表2-4详细列出了各种活动配置使用的文件，并指明了该文件是否用在test配置中。这些文件包含的设置和配置让你能控制各种环境。你可以通过创建表2-4中列出的所有文件，引入自己的配置，例如qa。在命名文件时，要用配置的名称将标记%PROFILE%替换掉。例如，qa配置的构建属性文件应为build-qa.properties。

表2-4 根据配置属性值选择的文件

根据配置值选择的文件	文件的目的	是否用在test配置中
build-%PROFILE%.properties	用来设置Ant构建属性，如JBoss应用服务器部署目录的位置和调试模式标记	否
resources/META-INF/persistence-%PROFILE%-war.xml	JPA持久化单元配置文件	是
resources/import-%PROFILE%.sql	如果每次都要重新创建数据库，就用这个SQL脚本在应用程序启动时将种子数据写入到数据库中	是
resources/open18-%PROFILE%-ds.xml[a]	JBoss应用服务器的数据源配置文件	否

a 根据应用程序来命名，在这个例子中是指open18。

如果想要改变构建某个产品时的JBoss应用服务器部署路径，可以在build-prod.properties中设置jboss.home属性。你或许还想同时关闭调试模式，因为它只有在开发时才要用到：

```
jboss.home=/opt/jboss-production
debug=false
```

现在你知道如何将应用程序部署或者取消部署到JBoss应用服务器部署目录中，包括以压缩文档以及展开目录结构的形式。你还可以更换配置属性的值，来控制目标环境的设置和配置，例如开发、QA或者产品。我不再赘言，启动JBoss应用服务器，来看看应用程序的样子吧。

2.4.4 启动 JBoss 应用服务器

你不需要做任何定制，JBoss应用服务器就能在端口8080上运行，但是首先要确保这个端口没有被占用（注意，Apache Tomcat也是默认在端口8080上运行的）。在控制台中，导航到JBoss应用服务器安装路径${jboss.home}，然后下到bin目录。如果使用的是Unix平台，就执行命令：

```
/run.sh
```

如果是在Windows操作系统上，则执行命令：

```
run
```

这些脚本启动了JBoss应用服务器的默认领域。如果不使用控制台，也可以选择通过IDE启动JBoss应用服务器。Eclipse、NetBeans和IntelliJ IDEA全都支持启动JBoss Application Server。

在服务器启动的时候，要留意控制台，观察可能出现的任何异常。当控制台输出完成时，最后一行输出的日志可以确认JBoss应用服务器正在运行：

```
00:00:00,426 INFO [Server] JBoss (MX MicroKernel) [4.2.2.GA (build:
 [CA]SVNTag=JBoss_4_2_2_GA date=200710221139)] Started in 17s:14ms
```

如果你使用的是Sun的JVM，我几乎可以保证，当你开始将应用程序热部署到JBoss应用服务器中时，使用默认的JVM选项将会导致“内存不足”的错误。我强烈建议你遵循随附的框注中的建议。将这些设置添加到${jboss.home}/bin/run.conf中，或者在IDE中使用配置页，都能将它们应用到JBoss应用服务器的运行时配置中。

运行JBoss应用服务器时的Sun JVM选项

你在设置JBoss应用服务器运行时参数的时候，我推荐一组JVM选项，在用Sun的JVM运行JBoss应用服务器的时候使用。Java中默认的内存分配设置是极为保守的。除此之外，Sun的JVM还有一个PermGen空间的概念，这是heap中单独分配的内存空间[①]。即便JVM垃圾收集器自动释放了内存，也会有某些对象（如类和方法对象）可以免被删除，因为它们处在这个孤立的内存空间中。你必须提供一个标记，为PermGen空间启用垃圾收集功能。此外，垃圾收集器在内存不够用的时候无法进行及时回收。当运行一个像JBoss应用服务器这种需要很多内存的大型应用程序时，有限的资源很快就会成为问题。

为了避免JVM过早出现问题继而JBoss应用服务器出现问题，应该在IDE中JBoss应用服务器运行时配置的VM选项（或者JBoss应用服务器根目录下的bin/run.conf）中提供以下参数。我在使用这些设置[②]的时候，从未遇到过“内存不足”的错误。

```
-Xms128m -Xmx512m -Dsun.rmi.dgc.client.gcInterval=3600000
  ➥-Dsun.rmi.dgc.server.gcInterval=3600000
  ➥-XX:+UseConcMarkSweepGC -XX:+CMSPermGenSweepingEnabled
  ➥-XX:+CMSClassUnloadingEnabled -XX:MaxPermSize=512m
  ➥-Xverify:none
```

使用CMS（Concurrent Mark Sweep）垃圾收集器有一些细节问题需要注意，例如启动时间较长。因此，我不会盲目地将这些设置应用到产品中。但我发现将它们用于开发则绰绰有余。

如果JBoss应用服务器正常启动，你可以打开浏览器并登录`http://localhost:8080/open18`，看看自己的成果。在2.5节，我会带你继续完成这个应用程序，并指出seam-gen为你完成了哪些工作。之后，我会示范如何不断地改变应用程序，无需等待重启应用程序或者重

① 关于Sun的JVM中垃圾收集机制设计的更多信息，请参见http://java.sun.com/javase/technologies/hotspot/gc/gc_tuning_6.html，或者http://performance.netbeans.org/howto/jvmswitches/index.html中更为精简的列表。

② 如果你想了解更多关于这些配置的信息，想知道为什么选择它们，请参见http://my.opera.com/karmazilla/blog/2007/03/13/good-riddance-permgen-outofmemoryerror。

启服务器。

2.5 展示与讲述、改变和重复

你可能还记得校园时代的“展示与讲述”行为。在今天的展示与讲述中，我将为你示范已经创建好的Open 18原型应用程序，进而示范如何从外部和内部使用seam-gen。这个练习很重要，因为必须了解seam-gen是如何装配应用程序的，以便知道如何对它进行修改。在本节，你将学到如何通过控制反向工程过程来改变应用程序。在2.6节，你会学到如何在事后进行改变。在此之前，要先来个揭幕活动。

Open 18应用程序的开始页面如图2-7所示。

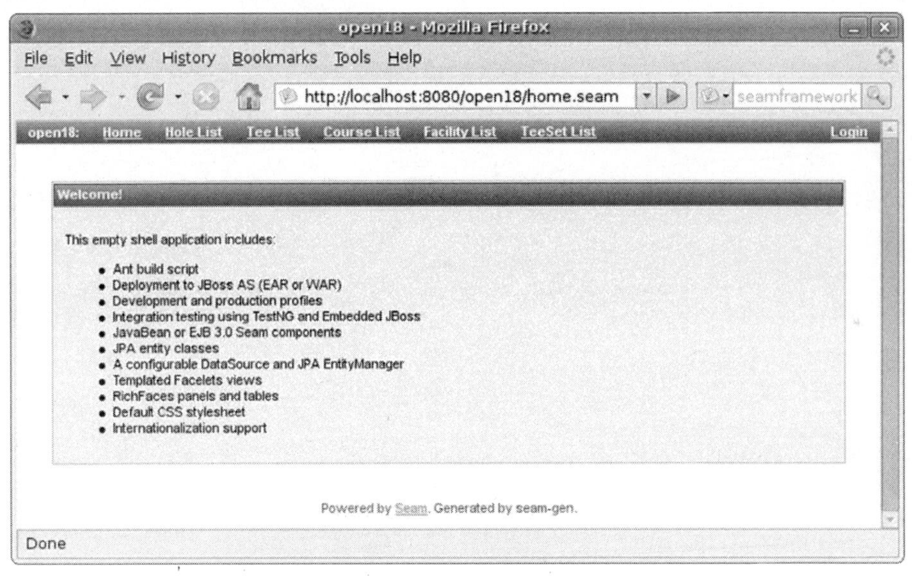

图2-7 seam-gen创建的应用程序的首页。上方菜单栏中的链接表示seam-gen从数据库Schema中提取的每个实体

我承认，这个首页一点也不吸引人。但是，至少这个应用程序显然有着不错的外观，RichFaces式的彬彬有礼的感觉，这是一般的应用程序启动时所少有的。可是，来到展销会展台前的顾客可能并不喜欢了解seam-gen的好处。幸运的是，你的收件箱里有个来自销售团队的E-mail，它为这个页面提供了华丽的装饰。你很快就会知道，如何在开发期间实时地部署这些变更，就像在实时地编辑页面一样。

注意，在这个页面的上方，有着数据模型中每个实体的链接，还有一个链接鼓励你进行验证。很显然，幕后还有一些东西。让我们深入探讨一下里面究竟有些什么。

2.5.1 球场漫步

从图2-7中的一级菜单中，可以证实seam-gen共产生了5个实体：Facility、Course、Hole、TeeSet

和Tee。每个链接的后缀List，表示这些页面都属于列表。我们先关注这些页面，然后再看看它们会将我们带到哪里去。

1. 实体列表

点击页面上方的其中一个实体链接，会出现该实体的列表。在这个练习中，我们要关注球场列表，如图2-8所示。但是这个过程也适合于其他实体。

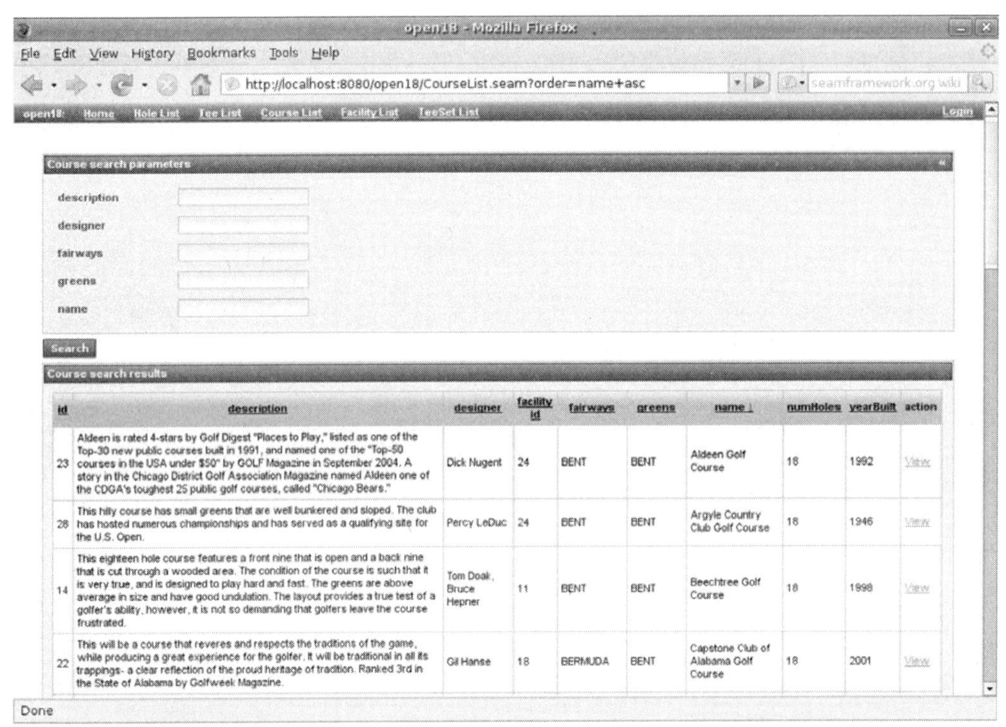

图2-8　seam-gen创建的Course列表屏幕。这个页面包括上半部分中可折叠的搜索表单，和下半部分中可编页、可排序的球场结果集

列表屏幕有两个部分。主要内容是一个表格，包含了数据库中的所有球场，在屏幕的下半部分可以看到。这个表中有两个关键特性。它可以进行排序和编页。结果集分成了好多页，在默认情况下每个页面的记录数是25个。屏幕底部的链接允许你翻阅结果集中的不同页面。表中的列也是可排序的。每个列的标题被渲染成一个链接，允许你按列排列表格。现在，告诉我，在你的职业生涯中，为了在应用程序中实现可排序和可编页的表格，你曾经耗费了多少时间？如果这个问题令你感到后怕，那么当你看到seam-gen替你打理好这一切时应该会感到很庆幸。因此，继续点击几个列标题，翻动页面，看看其中的奥妙。你可能注意到了，在你编页的时候，顺序并没有错乱，而在排序的时候每页的数据量也没有乱掉，每个页面仍然都可以制作书签。这就是seam-gen的另一个特长。

这个页面还包含搜索功能。如图2-8上半图所示，搜索表单包括Course实体类的每个字符串属性的输入域。你可以在表格上方显示的任何域中输入文字，Seam会用该文字执行搜索，过滤表中显示的行。最棒的部分是，当你进行排序和编页时，搜索过滤器并没有重置。在第3章，你会学到能使这一功能更具威力的技术。

从course列表页面中，既可以创建球场，也可以查看某个特殊球场的细节。我们深入研究一下其中一个球场的细节。

2

2. 究根探底

course列表的最后一列是个查看球场的链接。当你点击这个链接时，会出现一个页面，显示出该球场的细节，如图2-9所示。

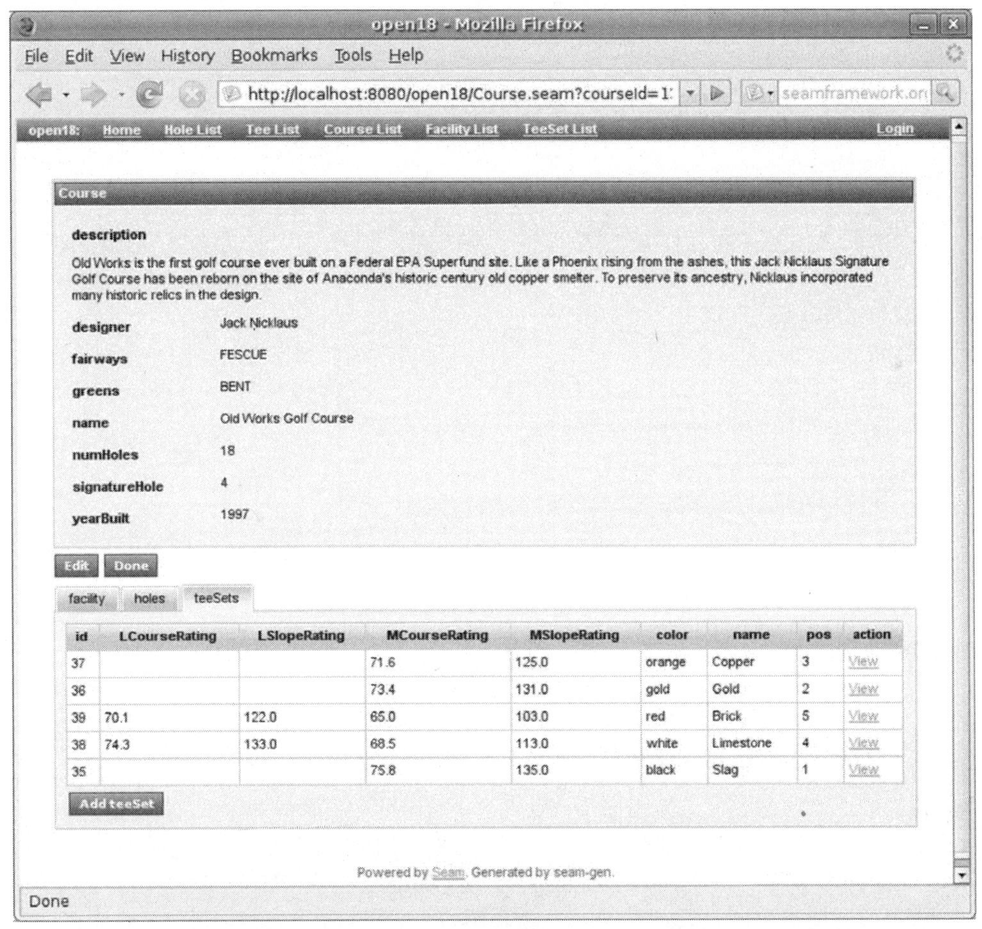

图2-9 seam-gen生成的球场细节屏。这个页面显示了指定球场的所有数据，并用一个标签面板显示了相关的设施、tee set和洞

球场细节屏在屏幕上方展示了该球场的一些属性，屏幕下方则是该球场的每个相关实体。由于每个球场都有18个洞，在holes标签面板的表中有18行。teeSet标签面板展示了一个表，每组发

球区（在每个洞开始处的有色标记）一行。每个球场也都与一种高尔夫球设施相关联，其细节显示在facility标签面板中。你可以在任何相关实体的行中点击View链接，继续进一步探个究竟。但是当你添加新记录或者编辑现有记录时，这个应用程序就真正变得趣味盎然了。

3. 实体编辑器

编辑实体和添加实体都有按钮。但是，改变数据库状态的页面会要求你登录。当你点击这其中一个按钮时，会进入登录页面，如图2-10所示。登录条件是在符合JSF页面的页面描述符中强制的。对于`Course`实体，编辑页面是CourseEdit.xhtml，它的页面描述符是CourseEdit.page.xml。你会在第3章学到页面描述符。

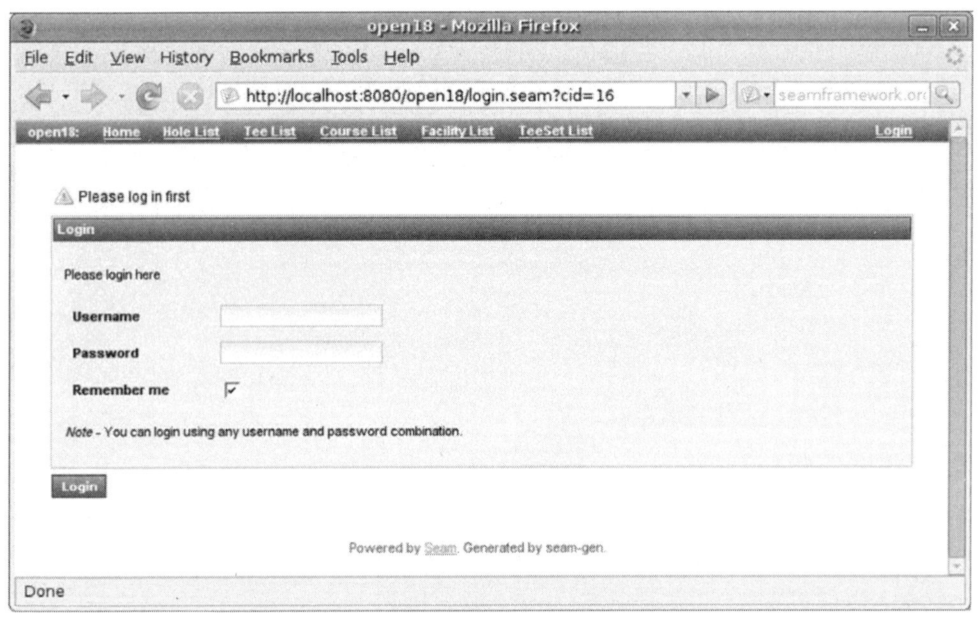

图2-10　seam-gen创建的应用程序的登录页面。验证提供者只是一个存根，因此在默认配置中，任何用户名/密码组合都可以接受

任何证书都有效，因为验证模块只是一个存根。你会在第11章学习如何将验证与数据库联系在一起，以及如何进一步锁定页面。

通过验证后，你被带到球场编辑器中，如图2-11所示。如果你正在更新现有的记录，当你点击Save（保存）时Seam就会对它应用变更。否则，就会在数据库中插入一条新记录。

乍看之下，编辑实体的表单看起来挺简单的，你可能还会觉得它有点无趣。再详细了解之后，你会发现它们拥有很多微妙的特性，准备起来会非常地耗费时间。图2-11中的*表示的是必填的域或者关系。在页面的下半部分是一个按钮，让你选择符合外键关系的设施。如果删除某条记录，它会级联，同时也删除子记录。所有这些特性都是数据库约束的直接反射。我们近一步看看列约束如何在seam-gen反向工程数据库Schema时转变成表单条件。

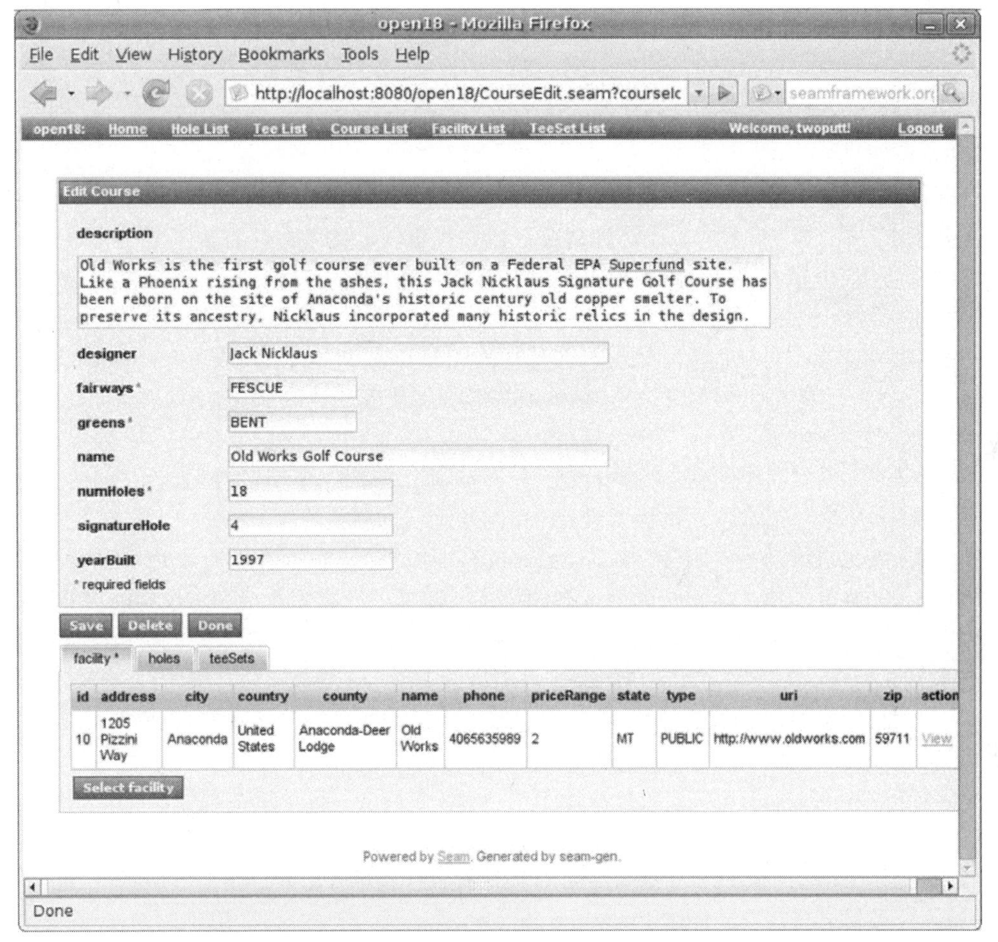

图2-11 seam-gen生成的球场编辑页面。这个表单不仅允许你编辑球场的基本属性，而且还允许你将它与某种设施关联起来

4. 从数据库列到表单域

Seam的generate命令将它的大部分工作委托给了Hibernate的反向工程工具。在这个步骤中，数据库表转变成了实体类，表格的列变成了各个类中的属性。在CRUD屏的创建期间，作为实体编辑器中的表单域，实体类中的属性会显现出来。为了从数据库获取到UI中，数据库列的名称也要转换成实体属性名称，它们成了UI中的表单域标签。

seam-gen在创建表单域方面非常智能，这些表单域可以适应相应数据库列所接受的类型。首先，根据相应列的SQL类型为每个属性选择Java类型。如果列类型为数字，编辑器在输入域中就只会接受数字。更好的是，验证是利用Ajax实时进行的。如果试图在球场编辑器的yearBuilt域中输入字母，然后点击页面中的其他任何地方，你就会看到一条验证错误，如图2-12所示。在第3章，你会学到如何配置表单域来实施验证。第15章将介绍如何在Seam中定制消息，因为这条错误消息显然还可以改进。

yearBuilt　a long time ago　value must be an integer number between -2147483648 and 2147483647

图2-12　强制yearBuilt域为数值的球场编辑器。利用Ajax进行实时验证

seam-gen还挑选了数据库中不可为空的列约束，并作为编辑器中的必填域来执行，如图2-11中域标签后面的星（*）号所示。在这种情况下，如有必要，实体类中的属性可以利用基本类型定义。如果无法使用基本类型，例如列类型为字符串的情况下，那么，Hibernate Validator库中的@NotNull注解就会添加到实体类中的属性中。如果列接受空值，就会对该属性使用可为空的Java类型，且该域在UI中不是必需的。还有许多其他的Hibernate Validate注解，seam-gen可以将它们应用到实体类中，进而在UI中实时地实施。这样的例子如字符长度最大化，用@Length注解定义，反映了数据库列中的约束。

seam-gen也可以识别表与表之间的外键关系，并利用这些关系创建对应实体之间的关联。一方面，这些关系用来在详情屏上显示子集合，如与某个球场相关的那一组洞。实体编辑器也支持在添加或者更新记录时选择父实体。例如，Course实体对Facility实体有一个外键关系。在编辑屏的底部是个标签面板，显示了当前选择的设施（如果已经选择了某一种设施的话），并提供一个按钮，让你能够选择不同的设施。点击这个按钮，会将你带到设施列表页面。在设施表中，最后一列中的动作已经从View变成了Select。点击这其中的一个链接，会将你带回到球场编辑器，现在编辑器上反映出了你的选择。能够满足编辑器中的实体关系是很重要的。如果没有这项特性，编辑功能就会大打折扣。

我不知道你对此有何感想，但它给我留下了很深刻的印象。这个应用程序满足了高尔夫球场目录的每一个要求，你却连一行代码都还没有碰到。用这剩下来的时间，可以试着重新开始设想一下可以打高尔夫球的美好周末，或者到练习场地再去挥挥球杆。好了，别只是做白日梦了。我们还有些工作要做，得整理一下这个应用程序才能交差。反向工程完成得非常漂亮，但它并非总是那么完美。为了最后完善一下这个原型，你将定制seam-gen，让它能够生成让销售团队欣喜若狂的应用程序来。

2.5.2　反向工程的过程

Hibernate的反向工程工具非常善于解读数据库Schema对于实体关系所做的描述。但是它无法读取不在那里的东西，对于命名不规范的列也是无能为力。例如，Hole实体中的男子标准杆的属性为mPar，这就是个相当含糊的名称。一个tee set的相对位置用TeeSet实体中的pos属性表示，这也是一个不够清楚的名称。这些名称都是缩写列名称的反映。有句话说，输入的是无用（错误）的信息，出来的也会是无用（错误）的信息。更糟糕的是，信息根本不在数据库中。如果表中漏了某个外键，seam-gen将无法让该表与另一个表关联起来。因而，相应的实体就无法关联起来，这意味着这个原型应用程序到目前为止，其UI还是无法得到实体足够的支撑。

上述这两个缺点都可以通过调整Hibernate反向工程的配置进行纠正。尽管它的名称很长，并且有不祥的征兆，其配置却相当简单。它的目的是在生成实体类时，调整seam-gen所做的决定。

随后这些调整会影响到下游的所有UI代码生成。利用反向工程配置，可以进行以下调整：

- 定制实体类中的属性名称；
- 定制实体类中属性的Java类型；
- 全局范围内改变SQL列类型与Java属性类型之间的映射；
- 排除参与代码生成的表；
- 创建不是通过外键表示的实体关系；
- 排除实体关系的反向映射；
- 启用`toString()`和`hashCode()`方法的生成；
- 添加额外的代码，并导入到生成类中。

我们通过`<table>`元素来整理一下这个原型应用程序。这个元素可以用来修正有问题的属性名称，以及给实体类添加一些便利的方法以便将来使用。seam-gen使用的反向工程配置文件是生成项目中的resources/seamgen.reveng.xml。代码清单2-4展示了这个文件的内容，该文件用刚刚提到的定制进行了填充。

代码清单2-4　定制实体类的属性名称，并添加额外的方法

```
<?xml version="1.0" encoding="UTF-8"?>
<!DOCTYPE hibernate-reverse-engineering SYSTEM
  "http://hibernate.sourceforge.net/hibernate-reverse-engineering-3.0.dtd">
<hibernate-reverse-engineering>
  <table name="HOLE">                          <— 定制HOLE表映射
    <column name="M_PAR" property="mensPar"/>
    <column name="L_PAR" property="ladiesPar"/>
    <column name="M_HANDICAP" property="mensHandicap"/>
    <column name="L_HANDICAP" property="ladiesHandicap"/>
                                               映射非缩写的属性名称
  </table>
  <table name="TEE_SET">
    <meta attribute="extra-import">
      javax.persistence.Transient              添加导入来支持定制代码
    </meta>
    <meta attribute="class-code">
@Transient                                     将定制代码添加到生成类中
public int getFrontNineDistance() {
    int distance = 0;
    for (Tee tee : tees) {
        if (tee.getHole().getNumber() &lt;= 9) {
            distance += tee.getDistance();
        }
    }
    return distance;
}

@Transient
public int getBackNineDistance() {
    int distance = 0;
    for ( Tee tee : tees ) {
        if ( tee.getHole().getNumber() > 9 ) {
            distance += tee.getDistance();
```

```
        }
    }
    return distance;
}
    </meta>
    <column name="POS" property="position"/>
    <column name="M_SLOPE_RATING" property="mensSlopeRating"/>
    <column name="M_COURSE_RATING" property="mensCourseRating"/>
    <column name="L_SLOPE_RATING" property="ladiesSlopeRating"/>
    <column name="L_COURSE_RATING" property="ladiesCourseRating"/>
  </table>
</hibernate-reverse-engineering>
```

当你完成定制时，可以运行seam generate restart来运用这些变更。请注意，运行generate会破坏你之前对生成文件所做的所有变更。因而，如果你计划再次执行反向工程来强化应用程序时就需要特别谨慎。避免丢失对实体类的定制的一种方法是，在反向工程配置文件中定义额外的类代码，如代码清单2-4所示。你也可以选择调整seam-gen模板来获得你所希望的输出。

不必生成所有的运行代码，可以将代码生成分成两步进行。自从Seam 2.0.1.GA开始，generate 命令就结合了 generate-model 和 generate-ui 命令的功能。你可以运行generate-model来逐步开发JPA实体类，然后一旦你根据自己的偏好调整好领域模型，就可以运行generate-ui了。你甚至可以完全跳过generate-model，只用generate-ui从src/model树下的一组现有的JPA实体类[①]中构建CRUD用户接口。

处理遗留数据库

当你发现需要反向工程一个比Open 18原型应用程序的数据库更加大型、或许定义得还更松散的数据库时，代码生成定制就很有用。遇到这种任务时，可能只需要用到一部分schema，或者完全排除临时的表。反向工程工具提供了<table-filter>元素来满足这一需求。<table-filter>接受一个schema名称和一个表名称，用在LIKE子句中，让它查找这些表在数据库中的位置。你可以在名称中使用字符串.*，当执行的查找允许模糊查找时，可以用%替换它。如果你在<table-filter>中将exclude属性设置为false，那么过滤器就不会从空集中排除掉任何表。否则，表过滤器会将列出来的表都排除掉。

遗留数据库往往缺乏一致的命名。例如，如果表名称为缩写形式，或者包含不必要的前缀，你就需要为生成的实体类指定一个名称。数据库也有可能遗漏外键，在这种情况下，你必须显式地指定实体关系。这两种变更可以在<table>节点中利用额外的元素完成。

代码清单2-5中的配置，展示了对于一个假想的高尔夫设备数据库而言，要如何克服这些困难。

代码清单2-5　过滤表格并建立遗漏的关系

```
<?xml version="1.0" encoding="UTF-8"?>
<!DOCTYPE hibernate-reverse-engineering SYSTEM
```

① 如果没有现成的数据库Schema，可以将Hibernate标记hibernate.hbm2ddl.auto设置成create-drop、create或者update，让数据库Schema在应用程序启动的时候自动生成。前两种选项也是在import.sql文件中执行定制的SQL。

```
  "http://hibernate.sourceforge.net/hibernate-reverse-engineering-3.0.dtd">
<hibernate-reverse-engineering>

  <table-filter
    match-schema="EQUIPMENT" match-name="PRDCT" exclude="false"/>
  <table-filter
    match-schema="EQUIPMENT" match-name="MFR" exclude="false"/>
  <table-filter
    match-schema="EQUIPMENT" match-name="EQ_TYP" exclude="false"/>

  <table name="EQ_TYP" class="org.open18.model.EquipmentType"/>

  <table name="PRDCT" class="org.open18.model.Product">
    <foreign-key foreign-table="MFR">
      <column-ref local-column="MFR_ID" foreign-column="ID"/>
    </foreign-key>
    <foreign-key foreign-table="EQ_TYP">
      <column-ref local-column="EQ_TYP_ID" foreign-column="ID"/>
    </foreign-key>
  </table>

  <table name="MFR" class="org.open18.model.Manufacturer"/>

</hibernate-reverse-engineering>
```

本节并不打算过多地讨论反向工程，只是想让你简单地了解一下，并让你知道它，告诉你它可以帮助你调优应用程序。还有许多特性没有在这里提及，因此我建议你多做些深入的学习，从Hibernate工具参考文档[①]开始。尽管如此，在处理高级的映射（如嵌入式实体、枚举和实体继承）时，反向工程仍然存在着不足。

如果你对反向工程工具创建的那些类还是不满意，可以修改用来构造那些类的FreeMarker模板，进行进一步的定制。Hibernate包含了一个完整的反向工程API，在这个过程中可以用上。它所用到的模板在seam-gen/pojo目录下。你可以在那里找到一些支持seam-gen任务的定制。如果Hibernate要用的模板没有在这个目录下，它就会回过头采用自己的默认模板。Java Persistence with Hibernate的第2章中有个小节，精彩地阐述了反向工程的定制。

一旦你对seam-gen创建的实体模型感到满意，就可以准备进入开发阶段了。由于你对seam-gen创建的项目结构一无所知，因此可能会觉得这项工作不简单。其实大可放心，seam-gen已经替你准备了一个架构良好的资源树。我现在就来帮助你掌握这个结构。

2.5.3 探讨生成项目的结构

开始学习一种项目生成工具的难点之一在于熟悉它内部的结构。这通常要有个磨合的过程，与继承别人的代码相类似。在本节，我们要探讨seam-gen为你留下的代码，看看生成项目在没有seam-gen的情况下如何独立存在。

1. 项目结构

seam-gen项目的结构并不像你想象得那么标准，也没有Maven 2流行的结构。但其结构的确在它所服务的多个“主人”之间实现了很好的平衡。它能够做到以下几点：

---

① 见http://www.hibernate.org/hib_docs/tools/reference/en/html/reverseengineering.html。

- ❑ 从命令行进行构建；
- ❑ 钩进IDE构建生命周期；
- ❑ 在嵌入式Java EE环境中运行集成测试；
- ❑ 执行对应用服务器的增量热部署。

seam-gen的WAR项目中供选择的文件和目录如表2-5所示。此表可以帮助你更好地熟悉seam-gen为你创建的项目结构，但仍然有许多东西需要学习，因此不必急着试图马上理解这其中的每一个文件和每一个目录。请注意，有几个路径使用了通配符（*），表示这种类型有多个文件。

表2-5　seam-gen的WAR项目供选择的文件和目录

项目中的文件或者路径	用　　途
bootstrap/	用于测试的嵌入式JBoss配置
deployed-jars.list	指定将哪些JAR文件压缩在该文档中
exploded-archives/	展开的Java EE文档装配区
lib/	用于构建和部署的类库依赖
lib/test	用于测试的嵌入式JBoss类库
nbproject/	NetBeans项目文件
resources/META-INF/persistence-*-war.xml	JPA持久化单元描述符
resources/WEB-INF/components.xml	Seam组件描述符
resources/WEB-INF/pages.xml	Seam页面描述符
resources/components.properties	替代Ant式标记的属性
resources/import-*.sql	数据库构建脚本和种子数据
resources/messages_*.properties	国际化信息
resources/open18-*-ds.xml	JBoss数据源描述符（数据库连接)
resources/seam-gen.reveng.xml	Hibernate的反向工程配置
resources/seam.properties	组件配置属性
resources/security.drl	Drools安全规则
src/hot/	可以在运行时被热部署的类
src/main/	不能在运行时被热部署的类
src/test/	测试类和测试套件配置
view/*.page.xml	细粒度的Seam页面描述符
view/*.xhtml	Facelets复合模板（JSF视图）
.classpath | explode.launch | .project | .settings/	Eclipse项目文件
build.properties, build-*.properties	Ant构建属性和针对不同配置的替代
build.xml	Ant构建文件
hibernate-console.properties | open18.launch	JBossTools Hibernate Console配置

我想提醒你注意persistence-*-war.xml和open18-*-ds.xml文件集，因为它们在开发项目的早期是最相关的。每个部署配置都有与之对应的文件。在构建时，persistence-*-war.xml文件集里与当前部署配置相符的文件被重新命名为persistence.xml，并被移到展开文档的classpath目录下。这个文件是个JPA持久化单元描述文件，而且还宿主了不同的Hibernate设置，因为Hibernate是seam-gen

项目中所用的默认JPA提供者。你会在第8章学到Java持久化。相应地，open18-*-ds.xml中与当前部署配置相符的文件则被重命名为open 18-ds.xml，并被移到JBoss应用服务器部署文件夹中。这个文件是个JCA DataSource描述符，是为不同部署环境指定数据库连接配置的地方。

EAR项目与WAR结构相比，只有几个文件的差别。最值得注意的差别是打包文档时，展开文档的目录，单独看项目结构时这一点并不明显。为了有助于打包EAR文档，EAR项目中会出现下列4个额外的文件：

- resources/META-INF/application.xml；
- resources/META-INF/ejb-jar.xml；
- deployed-jars-war.list（用来代替deployed-jars.list）；
- deployed-jars-ear.list（用来代替deployed-jars.list）。

第2个文件对于Seam来说很重要，因为它在EJB 3组件上注册Seam拦截器。你可能也注意到了，Web应用程序的JBoss应用服务器描述符：resources/WEB-INF/jboss-web.xml，被企业级应用程序的对应描述符resources/WEB-INF/jboss-app.xml代替了。

虽然WAR和EAR项目的结构几乎相同，但构建脚本中打包文档的逻辑却大相径庭。因此，一旦为seam-gen项目选择了一种Java EE文档类型，就不能自动切换了。如果有必要进行这种切换，就必须用其他项目类型的build.xml替换这个build.xml，并添加或者删除刚刚提到的额外文件。

2. 启动数据库

在继续探讨之前，我想先讲一个重要的Hibernate配置设置`hibernate.hbm2ddl.auto`，它控制着Hibernate在初始化时是要创建还是要修改数据库Schema。默认值为`validate`。表2-6展示了这个属性所有可能的值。如果确定在Hibernate初始化时要创建数据库，classpath根部的import.sql中的种子数据就会自动被加载到数据库中。import.sql文件是根据构建配置从import-<profile>.sql文件中得到的。Open 18应用程序使用的是现成的数据库，因此我们要确保不破坏它。就我们的例子而言，最好选择`update`，因为它允许数据库随着我们给应用程序添加实体而不断演化。

表2-6 **`hibernate.hbm2ddl.auto`**的可能值，在persistence-*.xml文件中设置

值	启动时的影响	关闭时的影响	是否从import.sql导入种子数据
`create`	创建数据库（如果存在数据库就将其销毁）	无	是
`create-drop`	创建数据库（如果存在数据库就将其销毁）	销毁数据库	是
`update`	更新数据库以反映出映射的变更	无	否
`validate`	通过映射验证数据库	无	否
`none`	无	无	否

熟悉项目结构需要花点时间，但是不必担心。你拥有了一本可以帮助你熟练掌握如何使用和增强seam-gen项目的书。无论你使用EAR项目还是WAR项目，项目的构建和部署方式都是一样的。这样就将我们带入了下一个话题：如何构建seam-gen项目。

3. Ant构建target

本章提到了Ant，但我还没有明确介绍如何使用Ant。seam命令是利用Ant运行的。seam-gen

创建的项目也是利用Ant构建的。一旦生成了项目，seam-gen就可以远程控制项目的构建脚本，来编译、测试和部署应用程序。此处有两个Ant脚本在工作：一个是seam-gen脚本所用的，一个是在项目的根部。

特定于项目的seam-gen命令传到项目的Ant中，它们在这里执行，如图2-13左侧所示。只要seam-gen仍然与项目“连通”（这意味着自从生成项目以来，seam-gen/build.properties中的设置都没有修改过），那么就会按照这个流程。一旦你用seam-gen创建不同的项目，它立即就与原来的项目“断开连接”。此时，它将其控制权切换给新的项目。一旦改变seam-gen的设置，左侧的路径就不能再使用了。

结果表明，项目根部的Ant构建脚本可以独立存在。它支持所有与seam-gen相同的特定于项目的命令。因此，你可以直接调用构建脚本，如图2-13右侧所示。

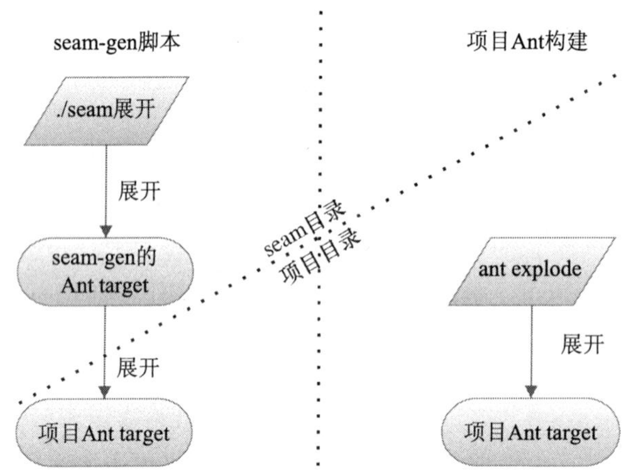

图2-13　seam-gen脚本在项目的构建中调用Ant target。这幅图展示了通过seam-gen执行explode命令和直接通过项目执行展开target之间的区别

为了不需要seam脚本的协助就能执行项目的Ant target，你的路径中必须有Ant变量。附录A中提供了如何安装Ant的信息。进入项目的构建后，就可以执行所有seam脚本可用的、且与构建相关的target。这些target包括test、deploy、undeploy、explode、restart、unexplode、clean和archive。在运行这些target的方式上，唯一的变化是在命令前用了ant作为前缀，而不是用seam。例如，为了以展开文档的形式部署应用程序，要运行ant explode。但你不能运行任何代码生成命令。你必须在将它对项目的控制权完全清除之前，利用seam脚本完成所有那些工作。记住，在Seam发行包的目录中时要使用seam，在项目目录中时则要使用ant。

2.6　快速开发 seam-gen 项目

seam-gen一个最大的特性就是建立支持持续开发周期的构建。意思是，你可以修改应用程序，并立即将变更刷新到服务器中去。如果选择展开文档格式，可以对JBoss应用服务器使用seam-gen的增量热部署。这项特性发布了对项目源文件所做的变更，因此它们可以在应用程序中立即生效，这就是本节的焦点话题。

其他应用服务器又如何呢？

seam-gen可以直接增量部署到JBoss应用服务器中去。其他应用服务器特性也可以增量热部署到展开文档中，没有任何东西能够阻止你修改构建脚本来支持那些服务器。事实上，相关部门正在努力改进seam-gen的应用服务器支持。你可以在Seam参考文档和Seam的社区网站上找到有关seam-gen如何与其他应用服务器一起使用的说明。

本节要阐明“什么是增量热部署”，“它如何加快开发速度”，以及“如何让IDE来处理剩下的那点儿手工工作，以使开发工作真正持续”。

2.6.1 增量热部署

增量热部署（incremental hot deployment）的意思是，可以在运行时利用开发中的最新变更来更新部署好的应用程序。然而，这个词并没有告诉你哪些类型的文件可以重新部署，以及它们会对应用程序产生什么样的影响——怎样才称得上“即时变化”（instant change）？

不同应用服务器支持增量热部署的理由之所以千差万别，是因为Java EE规范没有提出这项特性，没有产生真正的标准。本质上，它是Java EE的一个扩展，即便它只适用于开发。遗憾的是，对于我们开发人员而言，这一点恰恰是最重要的。我认为最令人沮丧的是，因为对于“怎样可以被称作增量热部署”没有明确的界定，这个术语经常被当作市场行话用来用去，实际上只是为了吸引你去注意某个供应商而已。让我们揭穿这些骗局，闭幕式看看seam-gen 对JBoss应用服务器的部署是否能够满足敏捷开发的要求。

本节阐明了哪些文件参与了seam-gen项目中的增量热部署，何时且在何种条件下部署，以及在部署文件时会发生什么事情。我们在寻找两个问题的答案：多热算是“热”？Seam兑现了“即时改变”的承诺吗？

1. 与静态资源同步

每当使用展开文档时，无论是使用EAR还是WAR包格式，都可以运行`seam explode`，发布对静态资源（样式表、图片和JavaScript）所做的变更。Ant构建正确地侦测出自动上一次运行以来，哪些文件是新增或者修改的，并将它们复制到服务器中的展开文档目录下。

在使用静态资源时，应用服务器仅充当Web服务器。它从文件系统中读取静态资源的内容，将它提供给浏览器，作为对进来的资源请求做出的响应。不必重新加载应用程序就能更新静态资源。如果服务器支持运行时JSP编译（JBoss应用服务器默认启用），服务器也将重新编译发生了变更的JSP文件，而不会导致重新加载应用程序。

使静态资源与JSP文件同步固然是件好事，但我认为它并不足以保证“增量热部署”就是某些应用服务器供应商所认为的那样。对我而言，它只是一个基准。如果某个构建连这种最起码的情况也无法处理，那它就算不上真正的构建。如果没有这项特性，展开文档与压缩文档就没有多大区别了。

我们进一步探讨另两个可以热部署在seam-gen项目中的Web资源。

2. 即时的JSF

你在视图上的大部分时间将花在开发JSF页面上。你一定也想看到这些变更的效果。如果你的JSF页面是JSP文件，这些变更就已经得到体现了。然而，seam-gen创建的项目是用Facelets作为JSF视图技术的。Facelets只会读取视图模板一次，除非它是以开发模式运行。这种模式是运行时JSP编译的补充。要启用开发模式，只需确保将你配置的build-<profile>.properties文件中的debug属性设置为true：

```
debug=true
```

当构建运行时，这个属性会被应用到web.xml描述符，将web.xml描述符中的facelets.DEVELOPMENT servlet上下文参数设置为true：

```
<context-param>
  <param-name>facelets.DEVELOPMENT</param-name>
  <param-value>true</param-value>
</context-param>
```

为了测试这样是否有效，可以用文件浏览器来查找项目目录。在文本编辑器中打开view/home.xhtml页面。打开这个文件之后，用Open 18应用程序的描述（你可以对它进行补充）替换Seam的优势列表。完成这些时，运行seam explode，然后刷新页面，确认主页中的变化。你还可以确认，服务器日志没有任何反应，它没有报告应用程序的重新加载。放心地试试其他变更吧。

debug属性还有一个作用：控制Seam是否以调试模式运行。当激活调试模式时，Seam会侦测到页面描述符文件（pages.xml和*.page.xml）的变化，并于应用程序仍在运行时重新加载它们的定义。页面描述符是大多数facesconfig.xml的替代物。它们为JSF请求提供导航、面向页面的动作、异常处理、安全和对话控制。由于它们能够热部署，上述所有特性都可以修改，而不必重启应用程序。你会在第3章学到页面描述符。

即便能够增量热部署静态资源、Facelets视图模板和页面描述符，还是漏掉了很重要的一项：Java类。

3. Java类的热部署

Seam并没有在Web资源上止步不前。Seam的开发人员认识到，如果不改变页面中用到的Java类或者类，几乎不可能改变JSP页面。这两者之间息息相关。因此，“仅仅能够部署Web资源”并不能保证“即时改变”。

Seam利用一个独立的开发类加载器来支持JavaBean组件的增量热部署，从而促成实时开发。如果满足下列条件，就会使用这个类加载器。

- ❑ Seam以调试模式运行。
- ❑ jboss-sean-debug.jar在运行时classpath中。
- ❑ SeamFilter是在web.xml中注册的。
- ❑ 应用程序在使用WAR文档格式。

前两个条件由刚刚提到过的调试标记进行控制。你会在第3章学习如何注册SeamFilter。能够热部署的Java类必须是在项目的src/action目录下。src/model目录中的类并不参与这个类加载器，从而无法被热部署。Seam同时支持Java类和Groovy类的热部署，不过采用了略微不同的方法。

seam explode命令编译项目的src/action目录中的Java类，并将它们移到展开WAR文档中的WEB-INF/dev中，这是开发类加载器的根部。Seam利用Groovy类加载器能动态地加载Groovy脚本，因此explode命令将src/action中的Groovy脚本直接复制到开发classpath中，而不用对它们进行编译。当Seam发现某个文件发生了变化，或者发现WEB-INF/dev中增加了文件时，就会对这个目录进行一次新的组件扫描。在扫描的过程中，之前从这个目录加载的组件会被删除，并将新组件实例化。此后，components.xml或者seam.properties中定义的任何组件属性都被应用到新组件中，这些你在第5章会学到。

俗话说眼见为实，我们来试试这个特性吧。回到前面的球场列表屏幕，请注意球场是按照从数据库中获取的顺序进行排列的，不是凭直觉随意排列的。如果我们改变默认的排序属性，又会如何呢？为验证这一点，需要给这个表的查询语句添加一个排序子句。

还是使用文件浏览器来导航项目目录。在编辑器中打开src/action/org/open18/action/CourseList.java，并添加代码清单2-6中所示的getOrder()方法。这个方法将排序子句增加到通过这个类构造的JPQL（Java Persistence Query Language）查询中。如果没有显式地指定一种顺序，我们就会让查询按名称以升序排列球场。CourseList从EntityQuery继承而来，是Seam Application Framework中充当数据提供者的父类。你在第10章会了解到更多关于Seam Application Framework的信息。

代码清单2-6　为球场列表设置排列顺序的方法

```
public String getOrder() {
    if (super.getOrder() == null) {
        setOrder("name asc");
    }
    return super.getOrder();
}
```

保存CourseList类文件，并运行seam explode，将你所做的变更移入JBoss应用服务器中。在浏览器中重新刷新页面，应该会发现列表是按照球场的名称进行排列的。如果查看一下JBoss应用服务器的服务器日志，应该会发现里面的消息看起来与代码清单2-7的相类似。请注意，JBoss应用服务器并不重新加载应用程序。你在这里见到的，是Seam正在丢弃开发类加载器中的类，并将这些组件重新读取到内存中。

代码清单2-7　开发类加载器所报告的增量重新部署

```
00:00:00,385 INFO  [Initialization] redeploying
00:00:00,395 INFO  [Scanner] scanning:
/home/twoputt/opt/jboss-as-4.2.2.GA/server/default/deploy
  ➥/open18.war/WEB-INF/dev
00:00:00,424 INFO  [Initialization] Installing components...
...
00:00:00,720 INFO  [Component] Component: courseList, scope: EVENT,
type: JAVA_BEAN, class: org.open18.action.CourseList
...
00:00:00,491 INFO  [Initialization] done redeploying
```

很酷吧，嗯？最棒的是应用程序得到了最大限度的保护。你的HTTP会话仍然保持完整无损，因此你应该能够继续测试该界面，而不必从头开始。

如果你从保存文件时开始计时，那我得承认我们仍然没有真正实现“即时改变”，因为还是需要运行`seam explode`命令。你很快会学到如何让IDE替你处理这项工作。假设我们配置了IDE集成，开发类加载器将兑现对Java文件的即时改变，以配合非Java资源的即时改变。几乎还没有Java Web框架提供如此全面的增量热部署功能，这是Seam迄今为止最酷、最具竞争力的特性之一。（Grails是另一种提供增量热部署的框架。）

热部署特性有一些局限性，Seam就无法热部署以下组件：

- src/action目录之外的类；
- JPA实体类；
- EJB会话Bean组件；
- components.xml中定义的Seam组件。

对上述任何文件进行修改之后，都必须运行以下命令来查看修改的效果：

```
seam restart
```

此外，可热部署的组件不能由开发类加载器之外的类使用，也不能在components.xml描述符中引用。

本节中讨论的增量热部署特性如表2-7所述。此表列出了能够重新部署的资源所必须具备的条件。

表2-7　使用展开文档时的增量热部署资源

资　源	适用于WAR文档吗	适用于EAR文档吗	必须是调试模式吗
图片、CSS、JavaScript、静态HTML、JSP	是	是	否
Facelets视图模板、页面描述符（pages.xml或者*.page.xml）	是	是	是
src/action中的Java类	是		是
src/action中的Groovy脚本	是		是
src/model中的Java类或者Groovy脚本，或者组件描述符中定义的组件（components.xml或者*.component.xml）	否	否	N/A

Seam开发人员正在努力提升开发类加载器的性能，以便它能够处理所有的Java类型。让Java代码中的所有变更都可以立即在运行着的应用程序中显现出来，这只是个时间问题。但是即便没有这些改进，增量热部署特性也已经使Seam开发的生产力能够与PHP及Ruby开发相提并论了。

你要执行的大多数命令行任务可能花费了你不少时间。为了编辑项目文件而导航文件系统，也不是什么有趣的事。2.6.2节的目标是介绍如何将项目引入到IDE中，使你能够利用IDE来定制应用程序，不会有手工执行seam-gen命令的压力。

2.6.2　用 IDE 加速开发

将现有的项目导入到IDE中，可能就像将一个方形的钉子硬塞进一个圆形的孔里一样。让IDE

了解项目结构需要一定的时间。seam-gen为两种最流行的开源Java IDE（Eclipse和NetBeans）生成现成的项目文件，因而解除了这一障碍。现在导入项目变成了一件毫不费力的工作。

虽然seam-gen自动生成了IDE项目文件，Ant构建仍然是解决IDE间可移植性的关键。seam-gen让Ant target钩进IDE的构建生命周期中，利用自动构建特性使Seam的即时改变特性变得更加即时。我们先将项目导入到Eclipse中，并探讨Ant target如何钩进Eclipse的构建中。

1. 将项目导入Eclipse中

seam-gen创建的项目文件以及其他配置，与Eclipse的New Project向导所生成的几乎完全相同，例如：

❶ .project；

❷ .classpath；

❸ explode.launch；

❹ debug-jboss.launch；

❺ open18.launch。

当你将Eclipse指向项目文件夹时，Eclipse立即就将它当成是自己创建的项目，却根本不知道实际并非如此。

如果你研究过Eclipse管理的项目内容，应该可以认出主要的Eclipse项目文件❶和classpath定义文件❷。展开启动配置❸让Ant target的执行钩进Eclipse构建周期中，从而允许Eclipse假设执行Ant target的所有责任都是其自动、持续编译周期的一部分。你将项目拖到Eclipse的工作空间之后，立即就可以看到这种集成效果。给JBoss应用服务器的外部实例添加调试器的启动配置❹，和通过JBossTools Eclipse插件使用Hibernate Console的启动配置❺，也都创建好了。在这里，我不想过多讨论最后这两种配置，你可以在Hibernate Tools参考文档[①]中找到更多的信息。

为了执行导入，要启动Eclipse，选择File > Import。当出现Import对话框时，选择Existing Projects into Workspace选项，这里有个小小的技巧：只要在Select an Import Source域中输入Existing Projects into Workspace的前几个字母，就能过滤掉很多选项，这样就很容易找到它了。点击Next，在所出现的对话框中，点击Select Root Directory后面的Browse按钮。出现项目文件选择窗口时，选定项目的路径。如果你一直严格按照范例的过程，项目的位置应该是/home/twoputt/projects。图2-14展示了Import对话框，说明open18是个符合Eclipse格式的项目。如果要对这个工程进行修改，那么就要确保Copy Projects into Workspace复选框保持不选。如果你启用了这个选项，Eclipse会将该项目复制一份，放到Eclipse的工作空间目录中——通常是${user.home}/.eclipse/workspace。

当你点击Finish时，Eclipse将项目并到了Eclipse的工作空间中，并在Project Navigator视图中列出来。在控制台中，当项目第一次构建时，应该可以看到一系列的行为。如果看不到，可能是因为关闭了自动构建特性，你需要手工运行构建。

就这样，你让这个项目在Eclipse中运行起来了。现在你可以认真地开发源代码了。为了协助

① 见http://www.hibernate.org/hib_docs/tools/reference/en/html_single/。

开发，给Eclipse项目的Seam类库添加了源代码。这意味着对于Seam API中的任何类，你都能在代码的上下文中获得相应的JavaDoc，你可以查看类的源代码，可以在调试会话期间进入该类。把项目放在Eclipse中的另一个好处是Ant构建脚本和Eclipse构建生命周期之间的整合。我们来探讨一下这种融合是如何进行的，以及它对于开发来说意味着什么。

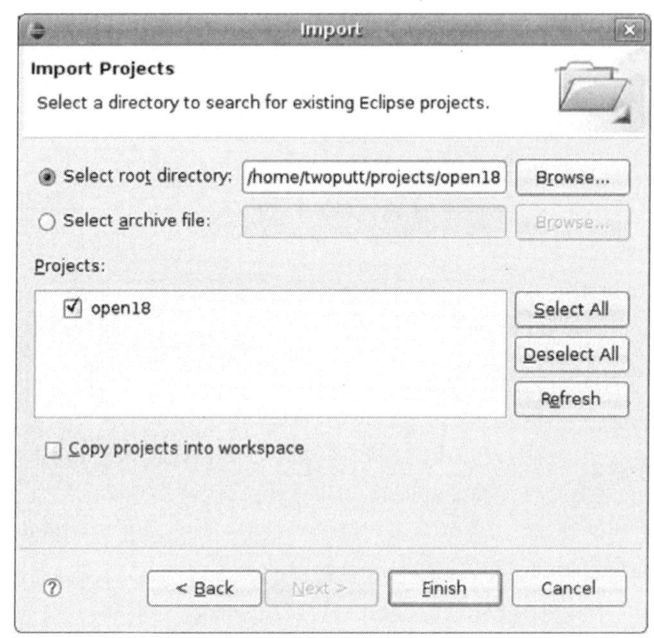

图2-14　将seam-gen项目视同现有Eclipse项目的Eclipse导入向导，和一个准备导入的项目

2. 钩进Eclipse的自动构建

在进行技术讨论之前，我想先让你体验一下Eclipse是如何启动项目的增量热部署设施来减轻开发工作量的。在这个过程中，我们要给应用程序添加一些颜色。

高尔夫球记分卡是用颜色填写的。尤其是每个tee set都有一种相关的颜色。但是我们的高尔夫球场目录看起来还是十分单调，该给它润润色了。在球场细节页面（请参阅前面的图2-9）的tee set表中，color栏中只列出了该颜色的名称。如果让这个栏显示成一个色块，那将是个很好的改进。

在Eclipse中，导航到view/Course.xhtml文件并打开。你也可以利用Ctrl+Shift+R组合键，并在输入框中键入文件名来完成。当文件打开时，找到组件标签<rich:tab label="teeSets">。接下来，找到使用#{teeSet.color}表达式的<h:outputText>组件标签。你应该会在teeSets标签中包含的<rich:dataTable>的第3个<h:column>中看到这个标签。你将把这个列改为显示一个色块，而不是颜色名称，但是为了遵循Section 508规则（使标题和内容得到清晰的分隔），标题属性中仍然使用颜色：

```
<rich:tab label="teeSets">
...
  <rich:dataTable id="teeSetsTable" var="teeSet"
  value="#{courseHome.teeSets}"
  rendered="#{not empty courseHome.teeSets}"
  rowClasses="rvgRowOne,rvgRowTwo">
    ...
    <h:column>
      <f:facet name="header">color</f:facet>
      <div title="#{teeSet.color}"
        style="background-color: #{teeSet.color}; height: 1em;
  ➥width: 1em; outline: 1px solid black; margin: 0 auto;"/>
    </h:column>
    ...
  </rich:dataTable>
...
</rich:tab>
```

说明 更好的方法是为色块创建CSS，然后在模板中引用类，但是这超出了本次练习的范畴。

当你保存了文件时，就可以立即在浏览器中进行检查了，这得益于增量热部署。你甚至不必刷新页面就可以让所做的变更生效。只要点击facility标签，然后再点teeSets标签即可。标签的内容是利用Ajax请求从服务器中取得。朋友们，我们有颜色了！有色的发球区如图2-15所示。

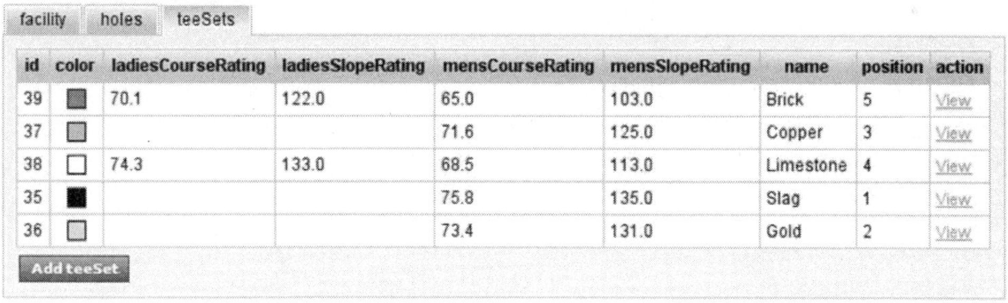

facility holes teeSets

id	color	ladiesCourseRating	ladiesSlopeRating	mensCourseRating	mensSlopeRating	name	position	action
39		70.1	122.0	65.0	103.0	Brick	5	View
37				71.6	125.0	Copper	3	View
38		74.3	133.0	68.5	113.0	Limestone	4	View
35				75.8	135.0	Slag	1	View
36				73.4	131.0	Gold	2	View

Add teeSet

图2-15 一个球场的tee set列表。color属性的值用来显示色块

请注意，你并不需要执行`ant explode`来让所做的变更生效。Eclipse怎么知道要运行这个Ant target呢？如前所述，seam-gen对Eclipse进行了配置，要在Eclipse构建生命周期的各个阶段都启动Ant target。Eclipse的构建配置如图2-16所示。

Ant启动配置的左侧屏幕，显示了`explode`（其图标为Ant图标）是在Eclipse的原生Java Builder之后激活的。右侧屏幕显示了Ant启动配置的细节。Targets标签展示了在Eclipse构建生命周期的每个阶段所执行的Ant target。你可以利用这个屏幕按自己的需要进行修改。

请注意，每当Eclipse发出一个自动构建时（也称增量构建），都会合并执行`explode`和`buildtest`。当Eclipse的自动构建运行时，它会在项目目录中通过命令行执行相当于运行`ant explode buildtest`的工作。每当保存编辑器中的文件时，就会运行自动构建。你所要做的只是保存文件，从而将变更传到JBoss服务器中的展开文档。你在编辑的时候，Eclipse也没闲着。

在实践中，你可以使Eclipse保持在一个持续的构建循环中。我相信你也认同“让Eclipse忙着总比自己切换到命令行重复输入`ant explode`要好得多”。

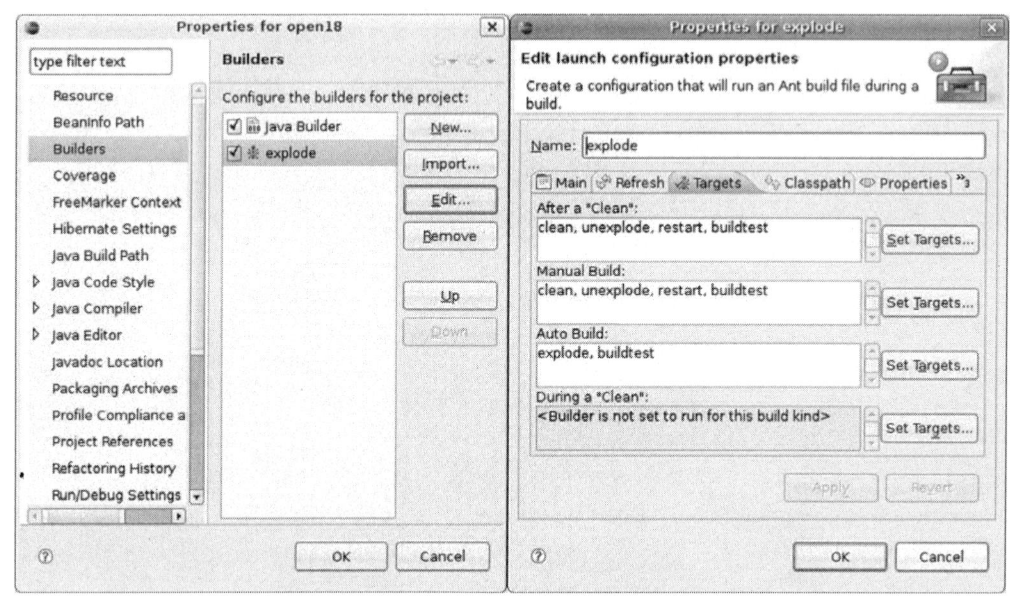

图2-16　seam-gen为Eclipse安装的外部工具构建配置，以便在Eclipse构建过程中执行Ant target。左侧是Eclipse构建器列表，右侧展示了Ant构建器的细节

我在前面曾经承诺过要帮你卸下命令行任务的包袱，并全面兑现即时改变的诺言。现在你明白了吧！Eclipse替你完成了那些低级别的工作，包括修改、保存、在浏览器中查看以及重复。对于Web资源和JavaBean组件也一样。这里可不是指销售行话。你现在唯一需要的就是让Eclipse和seam-gen替你编写业务逻辑。当然，如果这些成为现实的话，我们可就解脱了。

Eclipse并不是实现即时构建的唯一方法。NetBeans不说更好，至少也一样好用。我们试着将NetBeans与Eclipse做个对比，帮助你决定要使用哪一种环境。

3. 将项目导到NetBeans中

seam-gen也为NetBeans生成项目文件。将项目导到NetBeans中的步骤与导到Eclipse的并没有太大的区别，可是集成项目构建的方式却大相径庭。NetBeans具有原生的Ant集成，意味着Ant构建也是NetBeans构建。你在学习本节的过程中会见证到这样做的好处。本节中的屏幕截图是利用NetBeans 6提取的，但是NetBeans 5.5也同样可以。

放在项目的nbfolder中的NetBeans项目文件如下：

❶ project.xml；

❷ ide-file-targets.xml；

❸ debug-jboss.properties。

project.xml文件❶是NetBeans项目的主要文件。它管理classpath和NetBeans构建 target与项目

构建中Ant target之间的映射。其他两件文件❷和❸，为构建增加了一个target，将调试会话与在运行的JBoss服务器连接起来。

为了启动导入，要启动NetBeans，并选择File > Open Project。当文件浏览器出现时，导航到/home/twoputt/projects目录。你会看到一个符号或者一个不同颜色的图标（具体取决于NetBeans的版本），表示NetBeans认同这个文件为有效的NetBeans项目。选择文件夹并点击Open Project，如图2-17所示。如果你将它作为主项目，还会有其他好处，因此继续选中Open as Main Project选项。

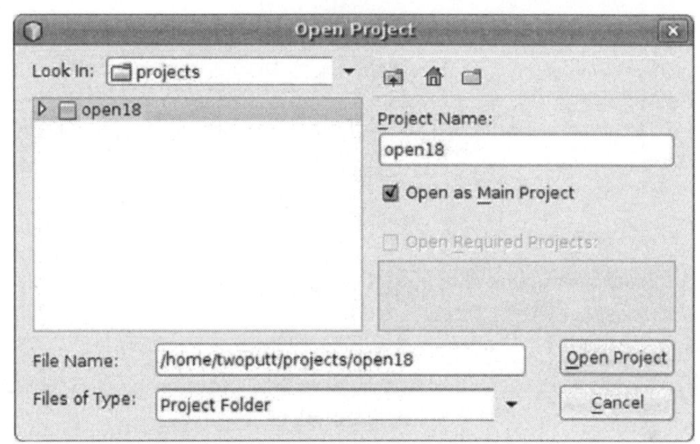

图2-17 打开一个NetBeans中的Sean-gen项目。图标颜色表示NetBeans认同这个文件为有效的项目

请注意，我在描述如何将项目引入到NetBeans中时，并没有使用“导入”（import）一词。与Eclipse不同，NetBeans并不维持项目的“工作空间”。因此，打开项目就像在文字处理器中打开文档一样。

作者提示 NetBeans打开项目的策略对我而言更为有用。Eclipse的工作空间很快变成了项目的障碍，当我不得不将它们踢除的时候，觉得自己像个坏主人。在NetBeans中关闭项目文件夹似乎更为仁慈一些，让我对于使项目导航器保持井然有序感到比较放心。

现在你可以在NetBeans中处理项目了。

4. 利用NetBeans的原生Ant集成

如前所述，NetBeans用Ant构建脚本作为它的构建生命周期。NetBeans只是一个UI包装，可以执行构建target。因此，seam-gen创建的项目在NetBeans环境中算得上是“到家”了。

为了领略这种整合的范围之广，先在Project视图中右键点击open18节点，并选择Properties。Java Source面板中的Build Script属性（如图2-18所示），体现了Ant构建脚本是NetBeans项目中的一类公民。Build and Run面板（也如图2-18所示），揭示了Ant target如何被映射到NetBeans中构建周期的每个阶段。将这种方法与“将Ant与Eclipse构建周期关联起来所需要的定制构建器”做个对比。我认为，NetBeans整合使管理seam-gen项目变得更简单了。

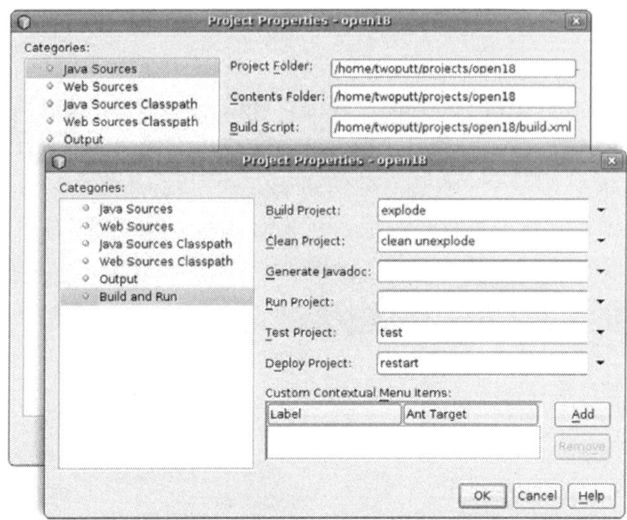

图2-18　NetBeans的Project属性，展示了seam-gen项目构建中Ant target的直接整合

这种整合又更深了一个层次。在图2-18 Build and Run面板中配置的Ant target直接包含在上下文菜单中，如图2-19所示。也是在这幅图中，你可以看到，build.xml文件的target成了文件节点的子元素。虽然build.xml不是一个目录，但是NetBeans却能够理解Ant脚本与其target之间的父子关系。

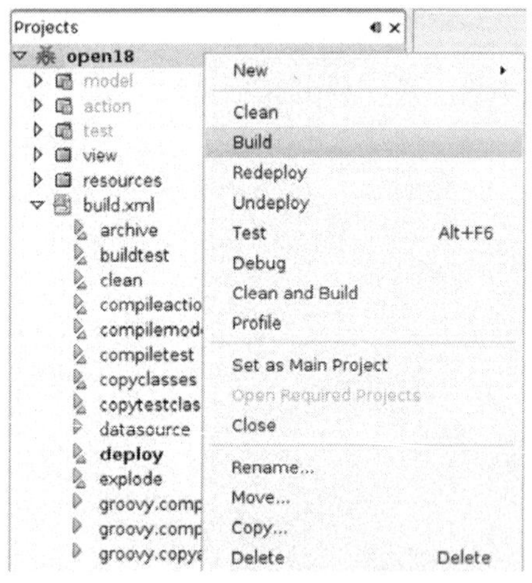

图2-19　NetBeans项目的上下文菜单，包括直接映射到seam-gen创建的构建文件中Ant target的项目。build.xml节点也可以展开，使Ant target中的全部内容一览无遗

请注意上下文菜单中的Debug项。如果你让JBoss服务器以调试模式运行，这个target就允许你在它上面添加NetBeans调试器。这样很有意思，因为NetBeans利用它调试从NetBeans内部启动的JBoss服务器时所用的同一个target去调试远程的JBoss服务器。Eclipse在这种情况下则需要两种不同的配置。

在如何与Ant整合方面，Eclipse和NetBeans之间有着重大的区别。Eclipse将Ant与它的自动构建生命周期关联起来，因此你每次保存任何文件时，它都会启动Ant构建（假设你启用了自动构建）。如果你有闲置的计算机，Eclipse以这种模式运作时可以让这种构建行为反复进行。另一方面，NetBeans则是等待你的指令才运行Ant target。我更喜欢NetBeans的方法。Eclipse（在其自动构建配置中）的持续构建行为只是在浪费处理器。当你启动Eclipse时还要当心，因为它会立即将你所有的seam-gen项目一股脑儿地部署到JBoss应用服务器。你可以取消自动构建来修正Eclipse中的这些问题，但是那样又太过了，因为它取消了所有的自动构建任务，包括递增的Java编译。

在NetBeans中，如果项目被设置为主项目，你就可以利用主构建工具栏中的构建按钮或者构建快捷键进行构建和重构建。你可能会觉得快捷键应该是最快的，因为它不需要使用鼠标。然后，当你准备将变更发送到应用服务器时，所要做的就只是点击构建键而已了。

小贴士 构建主项目的默认快捷键是F11。在Linux中，GNOME桌面用这个快捷键来切换全屏模式。因此，你需要将Build Main Project动作重新映射到另一个键上，比如：F10。

让我们对应用程序做些变更，看看它会有哪些相应的变化。回头看看图2-15。请注意，球场细节屏下方的洞列表和tee set列表有个很大的缺点：它们的顺序很乱。对于洞来说，`number`属性就表示顺序，tee set则用`position`属性来维持顺序。我们在渲染各自的表时得依赖于这些值。

你可以追踪view/Course.xhtml中支持这两个表的值表达式。洞列表由`#{courseHome.teeSet}`提供，tee set列表由`#{courseHome.holes}`提供。`CourseHome`类中的这两个集合都从`java.util.Set`转换成了`java.util.List`，然后返回。这种转换是必需的，因为UIData组件（如`<h:dataTable>`）无法迭代`java.util.Set`。这些方法提供了一个在集合被返回之前用`Comparator`为它们排序的好机会。

幸运的是，`CourseHome`是src/action目录中的一个Seam组件，这意味着它可以被热部署。代码清单2-8展示了修改过的属性获取方法，它可以在返回集合之前对它进行排序。

代码清单2-8 根据高尔夫球规则排序的TeeSet和Hole集合

```
public List<Hole> getHoles() {
    if (getInstance() == null) {
        return null;
    }

    List<Hole> holes =
        new ArrayList<Hole>(getInstance().getHoles());
    Collections.sort(holes, new Comparator<Hole>() {
            public int compare(Hole a, Hole b) {
                return Integer.valueOf(a.getNumber())
                    .compareTo(Integer.valueOf(b.getNumber()));
        }
    });

    return holes;
```

```
}
public List<TeeSet> getTeeSets() {
    if (getInstance() == null) {
        return null;
    }

    List<TeeSet> teeSets =
        new ArrayList<TeeSet>(getInstance().getTeeSets());
    Collections.sort(teeSets, new Comparator<TeeSet>() {

        public int compare(TeeSet a, TeeSet b) {
            return a.getPosition() == null ||
                b.getPosition() == null ? 0 :
                a.getPosition().compareTo(b.getPosition());
        }

    });

    return teeSets;
}
```

说明　更好的解决方案是，在父实体Course的集合属性中添加JPA注解@OrderBy，在全局范围内指定排列顺序。@OrderBy注解使排序成了查询的组成部分，因此从数据库中取得集合时，它就已经排好序了。CourseHome的修改只是为了示范重新热部署特性。变更实体类时需要重启应用程序。

变更完成之后，点击构建快捷键或者右键点击项目的根节点并选择Build。NetBeans会在后台运行Ant target explode。为了让你欣赏一下自己的劳动成果，请看图2-20，它展示了选中teeSet标签时的球场细节页面。

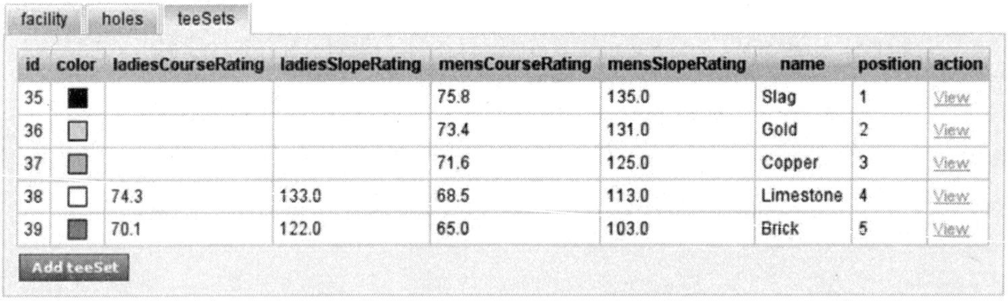

facility　holes　teeSets

id	color	ladiesCourseRating	ladiesSlopeRating	mensCourseRating	mensSlopeRating	name	position	action
35	■			75.8	135.0	Slag	1	View
36	□			73.4	131.0	Gold	2	View
37	□			71.6	125.0	Copper	3	View
38	□	74.3	133.0	68.5	113.0	Limestone	4	View
39	■	70.1	122.0	65.0	103.0	Brick	5	View

Add teeSet

图2-20　根据position属性值排列的球场tee set列表

用Eclipse和NetBeans构建的项目，都可以独立存在，这使你更加清楚要从哪里开始为应用程序开发重要的强化功能，以及哪里需要对代码进行重构。我之所以选择这两个IDE，是因为seam-gen生成了它们各自的项目文件，你将项目导入到哪个IDE中都行，不必有任何勉强。真要说到不同，Eclipse的JBossTools插件可以从IDE内部创建seam-gen项目。遗憾的是，对于NetBeans用户来说，NetBeans中对等的插件有点过时了，缺乏JBossTools应有的深度。这样一来，你可能很想知道到底哪种IDE最适合你吧。

5. 选择IDE

了解我所推荐的IDE会让你受益匪浅。如你在本节中所见，利用任何一种IDE都可以非常迅速地开始工作。但是，如果你还没有做出决定，而且又是一位新用户，那么我认为NetBeans会比较容易上手。因为它没那么混乱，特别适合于开箱即用的Jave EE开发。然而，如果你是个行家，想要利用JBossTools插件，不怕花大半天时间去安装各种其他插件，并且想要所有特性，那么Eclipse将最适合你。Eclipse曾经有过比NetBeans更好的重构支持，但是这一差距从NetBeans 6开始就不复存在了。

没有什么可以限制你使用另一种IDE来开发seam-gen项目，例如IntelliJ IDEA。你可以用IDEA的Eclipse项目导入器开始工作。你在本章学到的基于Ant构建的知识，将有助于你决定要用的IDE环境，同时又会适应其他环境。

如果你是从头开始，可能要花上一周或者更长时间才能使应用程序达到目前的程度。现在你却可以在下半周就开始建立原型，并且准时完成任务，踏上了周末出行的征程！

2.7 小结

本章开发的Open 18原型是全书所用范例应用程序的起点。在本章开始的时候，你在假期来临之前接手了一个逾期的项目。你决定将压力转移给seam-gen，因为它有能力迅速生成Seam项目，帮助你及时出门去度假。这个明智之举得到了回报，因为seam-gen可以从现有的数据库Schema中构建有效的原型，并配有JPA实体，以及能够列表、排序、编页、过滤、持久化、更新和删除这些实体的UI，这一切仅仅需要几个小时。界面的外观和给人的感觉也都不错。更妙的是，你发现项目骨架和构建脚本非常适合于长期用作项目的基础，最主要是因为即时改变特性，及其为多种环境准备应用程序的能力。在第4章，你会继续用seam-gen从头构建新的模块，从高尔夫球员的注册开始。

本章还让你概览了标准的Java EE文档格式，以及seam-gen提供的两种文档选项对开发有什么样的影响。生成的项目中最无与伦比的特性是增量热部署静态Web资源、JSF视图（JSP或者Facelets）和页面描述符以及JavaBean组件。Java开发的效率可以与任何脚本环境相提并论。在环视Open 18原型的时候，你会发现它不仅能够读和写数据库记录，还能显示实体关系。你还知道了验证就是翻译数据库Schema并实时强制执行的。

摸索出了原型之后，我们还探讨了项目的内部结构。我们让seam脚本不再神秘，它实际上是个有名的Ant构建。你知道了Ant构建是IDE可移植性的关键。你还趁机将项目导到Eclipse和NetBeans中，将其各自用来管理项目的方法进行对比。

目前为止，seam-gen最精彩的部分不是它创建了什么，而是它使你能够创建什么：一个可以用来在实践中学习Seam的项目。虽然seam-gen为你开始在Seam中开发做好了准备，但它无法亲自教你如何使用Seam，只能通过提供一些范例。现在你将开始学习Seam的核心功能，包括它的组件、上下文、声明式服务和生命周期。

Part 2 第二部分

Seam 基础知识

打高尔夫球对于拥有各种技能水平的选手来说都具有挑战性，初学者尤其难以应对。如果你以为在体育用品商店选购一套球杆、一个球袋和一件T恤，然后来到高尔夫训练场的第一个发球台上，就可以开始你的高尔夫职业生涯，那你就大错特错了。如果你想在第一杆就克服“蠕虫”，同样也是异想天开。［球被击中后沿着地面滚了一定的距离，却没有进洞，这种击球在高尔夫球的术语中被称为“蠕虫燃烧者”（worm burner）。］

为了通过艰苦的努力实现目标，首要任务就是学习打高尔夫球的基础知识。学习一种新框架（如Seam）也是同样的道理。第2章构建的原型应用程序看起来不错，但其实是seam-gen帮了你的大忙。如果不更深入地了解Seam的功能，你就无法从这个起点走得更远，你的应用程序也将无法实施。因此，是时候学点东西了。

这部分内容将帮助你深刻理解Seam的基础知识。第3章将深刻阐述“Seam如何参与每一个请求”以及“Seam如何增强JSF的生命周期”。第4章将介绍Seam的精华部分，即它的上下文组件模型。在这一章你将会知道组件是如何产生的，上下文组件意味着什么，以及如何实例化和访问组件实例。第5章将介绍如何定义组件，Seam鼓励使用注解来定义组件，而且允许在XML中定义组件。在这一章你将了解组件被实例化之后，将如何初始化它的属性。介绍完组件和上下文之后，第6章将介绍组件如何通过Seam的两种控制反转机制（称为bijection的双向注入和事件）进行交互和通信。阅读完这部分，再来扩展Seam应用程序，你一定会觉得轻松自如。你可以轻易地用Seam快速地定义组件、组装组件、将它们绑定到JSF视图上，并且完全控制页面请求。

本部分内容

第 3 章

Seam的生命周期

本章概要

- 用Seam改善JSF
- JSF视图间的导航
- 将请求映射到页面动作上
- 处理异常

在练习场上击球与在真正的高尔夫球场上击球全然不同。练习场的地面十分平整，可以与球进行完美的接触。高尔夫球场的地面很少会有这么理想的状况。地面的变化包括发球区、球道、粗草区、沙土障碍、树后、小溪里（如果是我兄弟，甚至会在仓库的屋顶上）。总之，在现实的场地上打高尔夫球并不像在训练场那么容易操控。

JSF（JavaServer Faces）规范就像处在训练场的理想世界里，那里的一切都是有意为之的。只要应用程序不需要在重定向期间传递数据，不从JSF页面中调用EJB 3会话bean，不在初始请求上执行动作，或者不执行上下文导航——这些都是使用JSF会出问题的情况——JSF就会显得挺专业。JSF组件模型和事件驱动设计方便地模拟了浏览器和服务器端逻辑之间的底层HTTP通信。JSF的不足之处在于无法满足上述用例的需要。遗憾的是，现实世界里充满了这种不符合规则的用例。为了使JSF适应这些不够理想的情况，Seam在JSF生命周期中引入扩展点，形成了一个更加成熟的请求处理设施，称作Seam生命周期。Seam提供了前端控制器、高级页面导航、对RESTful URL的支持和异常处理，这些都与JSF融为一体，因此很难区分JSF在什么地方结束，Seam从什么地方开始。

本章列出了Seam沿用了JSF的哪些方面，以及摒弃了哪些方面。读完本章，你将会了解初始JSF请求和后续返回之间的区别，以及Seam如何将它的强化功能织入到两种风格的请求中，从而形成Seam的生命周期。随后你将学习Seam组件——相当于Spring的bean——它们用于控制用户界面，以及对通过它触发的动作做出响应。

说明 如果你不熟悉JSF，可能会担心自己因为没有JSF方面的经验而无法使用Seam。其实Seam并不依赖于JSF，但是如果对于JSF的工作原理缺乏基本的了解，你就体会不到Seam的JSF强化功能，这可是本章的核心。开发Seam终究是为了将JSF和EJB 3整合起来，并且它正好弥补了JSF一直以来存在的不足。如果你不熟悉JSF或者不了解它所存在的问题，建议你在继续阅读本书之前，先通读本书前面提供的JSF简介。如果你是个学习能力很强的人，或者已经在Java企业领域花了足够多的时间，那你应该很快就能理解JSF。Seam的用途并不仅仅是在用户界面这部分，如果你关注的不是界面，那么可以跳过本章，转而学习第4章中的Seam组件和上下文。

本章专注于Seam的生命周期，我们就从探讨“Seam如何注册自己来参与JSF请求和基本的servlet请求”开始吧。

3.1 Seam如何参与请求

如果要在应用服务器环境中使用Seam，必须将它“钩进”servlet容器的生命周期。当应用程序启动时，Servlet容器启动Seam，与此同时，Seam加载它的上下文容器、扫描组件，并开始创建组件实例。一旦运行，Servlet容器也会通知Seam“HTTP会话什么时候打开和关闭”。通过注册Servlet过滤器、Servlet和JSF阶段监听器的方式，Seam让自己参与到Servlet的请求中。正是通过这些Servlet和JSF阶段事件，Seam管理它的容器并增强了默认的JSF生命周期。

在深入学习配置之前，我先说明一下“**生命周期**”（life cycle）这个短语的背景信息，因为这个词随处可见。我提到过的就有：Servlet上下文生命周期、请求生命周期、JSF生命周期以及Seam生命周期。下面我来分别解释一下。

Servlet上下文生命周期（Servlet context life cycle）表示Web应用程序的整个生命周期，用来启动服务，如Seam容器。*请求生命周期*（request life cycle）则是指单个请求的生命周期。它包括JSF生命周期和Seam生命周期，始于浏览器请求一个由应用程序处理的URL，终于服务器将请求结果发送到浏览器的整个过程。*JSF生命周期*（JSF life cycle）的作用域相当有限，只限于JSF Servlet的`service()`方法，不关心非JSF的请求。*Seam生命周期*（Seam life cycle）更宽泛一些。一方面，它扩展了JSF生命周期，在扩展点上织入额外的服务。另一方面，除了JSF生命周期，它还进行了别的扩展，从而在横向上能参与非JSF请求，纵向上能捕捉发生在JSF Servlet作用域之外的事件。你可以将Seam生命周期当作是JSF生命周期的演变。

在本节中，你学习了如何注册Seam使其参与到Servlet请求。这里讲到的配置只是让你回顾一下seam-gen已经准备好的内容。然而，如果是在不使用seam-gen的情况下从头开始开发应用程序，那么要使用Seam还必须执行以下这些步骤。让我们从如何开启Seam学起吧。

3.1.1 Seam的开关

只要是注册的应用程序一被初始化，Servlet监听器立即就会被通知。Seam利用这个生命周期事件启动自己。在应用程序位于WEB-INF目录下的描述符web.xml中添加下面的XML代码片段来注册`SeamListener`：

```
<listener>
  <listener-class>org.jboss.seam.servlet.SeamListener</listener-class>
</listener>
```

Seam启动后，它会立刻扫描类路径查找组件。这个组件扫描器将它找到的组件定义放到Seam容器中。在这个阶段，任何注解为应用程序作用域的启动组件都自动地被Seam实例化（如标注了@Startup和@Scope（ScopeType.APPLICATION）这两个注解的组件）。用启动组件执行“启动”逻辑是最理想的，如更新数据库或者注册模块。

当一个新的HTTP会话启动时，SeamListener能自动捕获到通知并将会话作用域中的启动组件实例化（如标注了@Startup和@Scope（ScopeType.APPLICATION）这两个注解的组件）。所有其他组件则在HTTP请求的处理过程中按需进行实例化。你会在第4章中了解到关于“组件以及Seam如何查找、启动和管理组件”的所有内容。

Seam运行后，就准备着手处理进来的请求了。这项工作大多在JSF的Servlet中完成，因此我们来看看Seam是如何与JSF配合的。

3.1.2 JSF Servlet：Seam的动力

由于Seam如此大力地投资于JSF（尽管它并不依赖于JSF），因此Seam将JSF Servle做为应用程序中的主Servlet也就容易理解了。有许多与Seam有关的行为都是在这里面发生的，因此这个Servlet更常被看作为Seam Servlet。如果项目中使用的是JSF，或者是用seam-gen开始的，那么你的web.xml描述符就已经具备必要的Servlet配置了。如果不是，就要在应用程序的web.xml描述符中添加下面两段XML代码，以启用这个Servlet：

```
<servlet>
  <servlet-name>Faces Servlet</servlet-name>
  <servlet-class>javax.faces.webapp.FacesServlet</servlet-class>
</servlet>
<servlet-mapping>
  <servlet-name>Faces Servlet</servlet-name>
  <url-pattern>*.seam</url-pattern>
</servlet-mapping>
```

请注意，映射模式定义为*.seam，而不是JSF请求默认的*.jsf。seam-gen创建的应用程序会将这个JSF Servlet映射配置成.seam扩展。你可以随意改变它并使用自己选择的扩展。Servlet映射扩展的变化只是形式问题，而选择哪种视图技术与JSF共用就比它重要多了。

1. Facelets的贡献

Seam的开发人员强烈建议用Facelets取代JavaServer Page（JSP）作为JSF的视图处理器。如果你还没有对自己的JSF技术栈做出这个改变，那么就应该予以考虑。JSF和JSP之间并不匹配，这会给开发人员带来极大的痛苦。因为JSP的目的是生成动态的输出，而JSF组件标签则想生成一个能够渲染自身的UI组件模型。这两个截然不同的目的在运行时会发生冲突。

Facelets是一种轻量化的、基于XML的视图技术，它负责解析专为生成JSF UI组件树而定义的有效XML文档。它提供了直接转变成UI组件的组件标签，并将非JSF的标记（包括嵌入式EL）再次包装在JSF的文本组件中（意味着你不需要再用<f:verbatim>①来输出HTML，也不需要再

① 这个标签在JSP中是必需的，用它将普通的HTML标记包装成JSF的UI组件，否则忽略它。

用<h:outputText>来输出值表达式了）。因此，不再需要JSP标签层，同时也消除了JSP编译的所有开销。

Facelets的XML标签与JSP类似，因此使用起来非常容易，同时又解决了JSP带来的复杂问题。例如它的伪、非有效的XML语法，以及使用的Java Scriptlet。Facelets从一开始就很吸引人，因为它在JSF 1.2实现全部就绪之前就提供了JSF 1.2的特性，并且能够在像Tomcat这样的Servlet容器上运行。Facelets的价值超越了它早期的效用，因为它解除了JSF和JSP之间的耦合，更重要的是，它消除了容器中JSP版本的差异。

Facelets绝不仅仅是个视图解析器。它还提供了类似于Struts Tiles的可扩展模板系统。你通过创建模板（在Facelets中称作复合）来定义页面布局。页面对模板进行扩展，并为特别标记的区域提供独特的内容，从而继承了模板的布局。复合也可以当作可重用的页面片段。事实上，复合本身也可以充当UI组件。在利用这项特性时，不必编写任何Java代码就可以构建新的JSF组件了。

为了使用Facelets，必须在faces-config.xml描述符中注册Facelets视图处理器，它被放在WEB-INF目录下：

```
<faces-config>
  <application>
      <view-handler>com.sun.facelets.FaceletViewHandler</view-handler>
  </application>
</faces-config>
```

接下来，需要让JSF查找Facelets模板而不是默认的JSP。

Facelets和Ajax4jsf/RichFaces结合使用

曾经有一段时期，在Facelets与Ajax4jsf/RichFaces结合起来使用的时候，Facelets视图处理器必须利用web.xml上下文参数org.ajax4jsf.VIEW_HANDLERS进行注册。现在不再需要了。如果你使用了不止一个视图处理器，并且想要设置它们的调用顺序，才需要这个上下文参数。否则，你只能在faces-config.xml描述符中注册Facelets视图处理器。

如果你查看一下seam-gen创建的项目树，就应该在视图目录下看到许多以.xhtml结尾的文件。.xhtml这个扩展名是Facelets视图模板的默认后缀。但是，JSF的默认行为是将JSF视图标识符（或者简称视图ID）进来的请求映射到扩展名为.jsp的JSP文件上。为了让JSF查找Facelets模板，必须利用Servlet上下文参数在web.xml描述符中将.xhtml扩展名注册为JSF视图的默认后缀：

```
<context-param>
  <param-name>javax.faces.DEFAULT_SUFFIX</param-name>
  <param-value>.xhtml</param-value>
</context-param>
```

图3-1示范了一个进来的JSF请求是如何进行处理，并被转变成UI组件树的。JSF Servlet映射扩展名（如.seam）告诉Servlet容器将该请求定向到JSF的FacesServlet Servlet中。截去Servlet映射扩展名，并用javax.faces.DEFAULT_SUFFIX值代替，从而构建视图ID。然后JSF的Servlet将视图ID传给注册过的视图处理器：FaceletViewHandler。Facelets利用这个视图ID查找模板。

它随后解析文档并构建UI组件树。

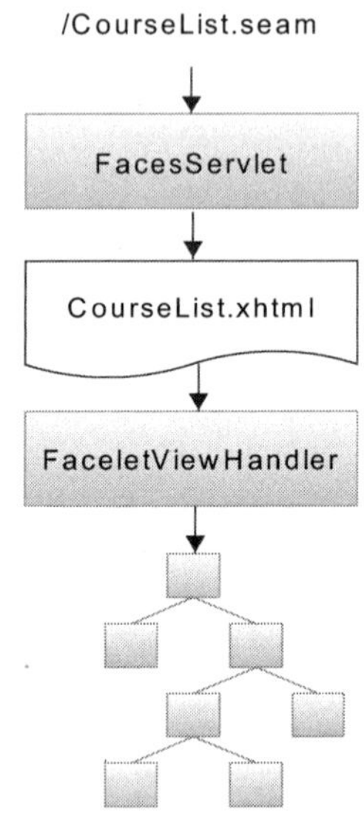

图3-1　将Servlet路径转变成由Facelets构建的UI组件树

说明　JSF的缺点之一在于，视图模板的文件扩展名被硬编码成视图ID的一部分。视图ID不仅决定了要处理哪个模板，还被用于根据导航规则进行匹配。因此，改变javax.faces.DEFAULT_SUFFIX会影响到引用了这个视图ID的所有地方。

Seam远远不止于换入了Facelets视图处理器，它还利用Facelets复合组件使JSF视图不破坏DRY（Don't Repeat Yourself）原则。

2. Facelets复合

当页面中包含动态的标记时，JSF会很笨拙，这正是Facelets的其中一项基本特性所要解决的问题。Facelets是在复合组件的思想上建立的。复合是UI组件树的一个分支，利用<ui:composition>标签定义。与JSF子视图不同，复合将该分支融合到了组件树中，让自身无迹可遁。复合标签也具备模板能力，这意味着它可以接受标记作为参数，并且可以将该标记合并到融合分支中。

Seam的UI组件库（请见随附的框注）包括<s:decorate>标签，用以扩展<ui:composition>功能，为渲染表单输入域增加了预置的模板facets和特性。让我们举个例子，示范一下<s:decorate>标签如何将基于表单的JSF视图中不必要的标记减至最少。

Seam为JSF提供的UI组件库

Seam为JSF打包了一个UI组件库（在jboss-seam-ui.jar文件中）。组件标签列在`http://jboss.com/products/seam/taglib`命名空间中，并且通常写有前缀“s”。这个组件集的目的是对JSF能力不足的区域进一步进行扩展，充当控件而不是rich widget。有几个标签可以用来创建RESTful命令链接和按钮、模板、定制校验器和转化器以及页面片段缓存，等等。请注意，这些标签中有一些只能与Facelets（而不是JSP）结合使用。

可想而知，每个表单都有域，并且那些域必须有标签。但是为了确保无误，还必须用一个标记表示哪些域是必须的（通常是用“*”表示），并且要有一个地方放置校验失败时的错误消息。最后，你还想统一管理域显示名称的风格和输入框格式，从而使外观一致，修改起来更加容易。代码清单3-1展示了每个域都需要的典型标记。当然，这需要打很多字（或者很多“复制+粘贴”）。

代码清单3-1　JSF表单中使用标准标记的域

```
<div class="prop">
  <h:outputLabel for="name" styleClass="name">          ❶
    Name: <span class="required">*</span>          ❷
  </h:outputLabel>
  <span class="value">
    <h:inputText id="name" required="true"          ❸
      value="#{courseHome.instance.name}">
      <f:validateLength minimum="3" maximum="40"/>          ❹
    </h:inputText>
  </span>
  <span class="error">
    <h:message for="name" styleClass="errors"/>          ❺
  </span>
</div>
```

这段标记的主要问题并不在于它冗长无比，而是存在太多的重复。这才只是一个域，域的标识符（id）就出现了3次：在❶、❸和❺处。表示“必要”的符号❷必须与该域中的必要属性一致❸。很难添加只当某个域中出错时才渲染的错误图标❺，因为JSF没有提供将这个标记应用到指定域上的功能。每个域都必须利用嵌入式的校验标签进行显式的校验❹。最后，布局和相关的CSS类都被硬编码到每个域中，这使得它们以后很难在全页范围或者全站点范围内进行修改或者增加。

相比之下，你会发现代码清单3-2中的表单域声明要合理得多。这个更换后的标记使用<s:decorate>将上述工作都推给了Facelets的复合模板view/layout/edit.xhtml，如代码清单3-3所示。现在，不再需要指定每个域的布局和格式，标记反而是提供完成这项工作所需要的模板。输入的每个字符都用最低限度的重复元素提供最重要的信息。此外，模板的变化也被传播到了所有的域中。

代码清单3-2　用layout/edit.xhtml复合模板装饰的JSF表单域

```
<ui:composition xmlns="http://www.w3.org/1999/xhtml"
  xmlns:ui="http://java.sun.com/jsf/facelets"
  xmlns:h="http://java.sun.com/jsf/html"
  xmlns:s="http://jboss.com/products/seam/taglib"     <-- 导入Seam UI组件集
  xmlns:a="http://richfaces.org/a4j">
  ...
  <s:decorate id="nameField" template="layout/edit.xhtml">
    <ui:define name="label">Name:</ui:define>     <-- 定义具名的模板参数
```

```
    <h:inputText id="name" size="50" required="true"
      value="#{courseHome.instance.name}">
      <a:support event="onblur" reRender="nameField"
        ajaxSingle="true" bypassUpdates="true"/>
    </h:inputText>
  </s:decorate>
  ...
</ui:composition>
```

定义不具名的模板参数

尽管不是模板提供的特性，但是输入域可以利用Ajax4jsf的<a:support>标签，根据失去的焦点执行即时校验。那么<f:validateLength>标签怎么办？没有用它并不意味着降低了校验要求，而是因为这项常用功能已经被添加到了输入域模板中，如代码清单3-3所示。在下面这段代码中，利用另一个定制的Seam UI组件（<s:validateAll>）自动地对输入组件进行校验，从而实施了在相应的实体类属性中利用Hibernate Validator注解进行声明的校验规则。

代码清单3-3　输入域的layout/edit.xhtml复合模板

```
<ui:composition xmlns="http://www.w3.org/1999/xhtml"        ❶
  xmlns:ui="http://java.sun.com/jsf/facelets"
  xmlns:h="http://java.sun.com/jsf/html"
  xmlns:f="http://java.sun.com/jsf/core"
  xmlns:s="http://jboss.com/products/seam/taglib">

  <div class="prop">
    <s:label styleClass="name #{invalid ? 'errors' : ''}">
      <ui:insert name="label"/>      ❷
      <s:span styleClass="required" rendered="#{required}">*</s:span>
    </s:label>
    <span class="value #{invalid ? 'errors' : ''}">
      <s:validateAll>      ❸
        <ui:insert/>      ❹
      </s:validateAll>
    </span>
    <span class="error">
      <h:graphicImage value="/img/error.gif"
        rendered="#{invalid}" styleClass="errors"/>
      <s:message styleClass="errors"/>
    </span>
  </div>

</ui:composition>
```

尽管这个模板看起来有点复杂，但它将复杂的部分全部放到了单个文档中。这个模板的根部是<ui:composition>❶，表示该标记应该融合到父JSF树中。标签库被声明成根部元素中的XML命名空间，类似于基于XML的JSP语法。复合组件接受两种插入。第一种是提供标签的具名插入❷，第二种是提供任意数量的输入域的不具名插入❹。<s:decorate>标签设置了两个隐式变量：required和invalid，分别表示该输入域是否是必要的，以及它是否提示校验错误。

你可能注意到了，这个模板并没有给域标签和错误消息使用标准的JSF组件标签，而是用了相应的Seam组件标签：<s:label>和<s:message>。使用Seam标签的好处是，它们会自动地与邻近的输入组件关联起来，这是<s:decorate>的一项特性。

封装不具名插入的<s:validateAll>标签❸为它传入的所有输入组件激活Hibernate Validator。也可以将<s:validate>嵌套在组件标签中注册Hibernate Validator。对于代码清单3-2中的域而言，Course实体name属性中的以下注释将确保输入的字符数多于3个但不会超过40个：

```
@Length(min = 3, max = 40)
public String getName() { return this.name; }
```

Hibernate Validator校验应用了两次，一次是在UI中，用来提供用户反馈，这得归功于<s:validateAll>组件标签注册了Hibernate Validator和JSF校验器；另一次是在实体被持久化之前，以确保数据库中不会有不良数据。模型校验与输入组件中注册的其他校验器结合使用。

3

seam-gen包括了一个类似的模板（view/layout/display.xhtml）来显示域值，还有一个主复合模板（view/layout/template.xhtml），它为每个页面提供布局。主模板接受单个具名插入（名为body），它将主页面内容注入到模板中。<ui:define>标签之外的任何标记都被忽略。这个范例页面使用了主模板：

```
<ui:composition xmlns="http://www.w3.org/1999/xhtml"
  xmlns:ui="http://java.sun.com/jsf/facelets"
  xmlns:f="http://java.sun.com/jsf/core"
  xmlns:h="http://java.sun.com/jsf/html"
  template="layout/template.xhtml">
  {this text is ignored}
  <ui:define name="body">
    main context goes here
  </ui:define>
  {this text is ignored}
</ui:composition>
```

Facelets还提供了有助于定义JSF视图的其他特性。最引人注目的特性之一是纯粹利用XHTML标记（不用Java代码）创建JSF组件的能力。由于以标准的方式创建JSF组件涉及面很广，因此这项特性可以为你节省许多时间。在创建之前先为JSF组件构建原型，这也是一种好办法。要了解Facelets提供的更多特性，请参阅Facelets的参考文档①。

JSF应用程序中的大多数调用都要经过JSF Servlet。然而，在某些情况下，你还需要将其他不是由JSF生命周期管理的资源发送到浏览器中。Seam用了一个定制的Servlet来处理这项工作。

3.1.3 通过Seam的资源Servlet访问资源

JSF规范并没有指示如何将支持的资源类型（如图片、CSS和JavaScript文件）送到浏览器中。最常见的解决方案是通过定制的JSF 阶段监听器来完成，它会捕捉与指定的路径名称匹配的请求。不像JSF生命周期中那么繁杂，Seam用一个定制的Servlet来提供这些资源，避开了生命周期，从而避免了不必要的系统开销。单独使用一个Servlet是正确的，因为提供一个资源所涉及的步骤与处理应用程序页面的那些步骤有着本质上的不同，因此不再需要全面的生命周期。

为了配置这个资源Servlet，要将以下Servlet片段放到之前配置好的JSF Servlet的上方或者下方。这个Servlet的URL模式必须与JSF Servlet所用的模式不同：

① 见https://facelets.dev.java.net/nonav/docs/dev/docbook.html。

```
<servlet>
  <servlet-name>Seam Resource Servlet</servlet-name>
  <servlet-class>
    org.jboss.seam.servlet.SeamResourceServlet
  </servlet-class>
</servlet>
<servlet-mapping>
  <servlet-name>Seam Resource Servlet</servlet-name>
  <url-pattern>/seam/resource/*</url-pattern>
</servlet-mapping>
```

SeamResourceServlet使用一个链模型，将web.xml描述符中的配置减至最少。Seam利用这个Servlet来做以下5件事情。

- 为Ajax Remoting类库提供JavaScript文件。
- 处理Ajax Remoting请求。
- 提供CAPTCHA图片（避开加载页面时的视觉挑战）。
- 提供动态的图片。
- 与Google Web Toolkit（GWT）（及其他RPC视图技术）的整合。

请记住，Seam没有这个Servlet也可以正常运作，但是上述这些额外的特性将不能被使用。未来Seam将可以把这个Servelt用于其他目的。如果你已经安装了，大可不必担心为了利用依赖于它的新特性而不得不修改配置。

除了资源Servlet之外，它还允许Seam处理非JSF的请求。Seam提供了一个Servlet过滤器，它能在JSF Servlet和自定义的资源Servlet之外进行运作。让我们来看看如何注册这个Servlet过滤器，以及它可以为你做些什么。

3.1.4　Seam的Servlet过滤器链

Servlet过滤器将整个请求包起来，在Servlet处理该请求之前和之后执行逻辑。为了捕捉JSF生命周期之外的情景（或者JSF不能捕捉的情景），Seam用了单个过滤器来包装JSF的Servlet。但是Seam的过滤器并不仅限于处理JSF请求，它可以处理所有请求，并且允许非JSF的请求访问Seam容器。Seam不依赖于过滤器也能正常运行，但是过滤器所添加的服务值得大家花一点点时间把它们安装起来。

Seam过滤器必须作为web.xml描述符中的第一个过滤器。如果没有将这个过滤器放在最前面，某些特性就有可能不能正常运行。注册时，只需将下面这两段代码放到web.xml描述符中的所有过滤器之上即可：

```
<filter>
  <filter-name>Seam Filter</filter-name>
  <filter-class>org.jboss.seam.servlet.SeamFilter</filter-class>
</filter>
<filter-mapping>
  <filter-name>Seam Filter</filter-name>
  <url-pattern>/*</url-pattern>
</filter-mapping>
```

尽管这里只显示了一个过滤器定义，但我已暗示过有不止一个过滤器。Seam使用了一种链模型来捕捉所有的请求，并委托给在Seam容器中注册的任何过滤器。这种委托模型[①]使web.xml描述符中所需的配置减至最少。一旦安装了`SeamFilter`，Seam的组件描述符中就会出现受Seam控制的过滤器的其余配置。

Seam的内建过滤器

在Seam组件描述符（如/WEB-INF/components.xml）中注册的过滤器由主`SeamFilter`利用一个链委托模型进行管理。每个过滤器都支持两个属性：`url-pattern`和`disabled`，用它们控制要捕捉哪些进来的请求。在默认情况下，Seam会将链中的所有过滤器都应用到过滤器捕捉的所有请求上。你可以在Servlet配置的`url-pattern`属性中提供一种覆盖模式，减少匹配的请求集。如果将`disabled`属性设置为true，也可以立刻关闭某个过滤器。第5章的5.3.3节讲述了用来配置这些过滤器的组件配置语法。

表3-1概括了Seam中包含的过滤器。这张表解释了每个过滤器的用途，列出了其他的配置属性，并指明了它们的安装条件。

表3-1 Seam的内建过滤器

组件/用途	额外配置	是否已安装
`ExceptionFilter` 处理JSF生命周期中产生的异常；执行事务回滚	无	是
`RedirectFilter` 在重定向期间为faces-config.xml里定义的导航传播对话和页面参数	无	是

`MultipartFilter`
处理从Seam上载UI组件中文件上传操作
	`create-temp-files`
	控制是否使用临时文件，而不是将文件保存在内存中
	`max-request-size`
	如果正在下载的文件超过了这个边界值（以字节为单位），则放弃请求
		是

`LoggingFilter` 利用文字模式%X{username}引用，将被验证用户的用户名绑定到Log4j的MDC（Mapped Diagnostic Context）[a]上	无	是，如果Log4j在classpath中的话，使用Seam识别组件

`CharacterEncodingFilter`
为被提交的表单数据设置字符编码
	`encoding`
	输出编码（如UTF-8）
	`override-client`
	忽略客户偏好
		否

`Ajax4jsfFilter`
配置Ajax4jsf库配套的Ajax4jsf过滤器。消除了非得在web.xml描述符中单独设置这个过滤器的必要性
	`force-parser`
	对所有请求应用XML语法检验器，而非只对Ajax请求
	`enable-cache`
	缓存生成的资源
		是，如果Ajax4jsf在classpath中的话

① “Follow the chain of Responsibility”（请参见（http://www.javaworld.com/javaworld/jw-08-2003/jw-0829-designpatterns.html），本文精辟地阐述了SeamFilter所采用的责任模式链。

（续）

组件/用途	额外配置	是否已安装
ContextFilter 为非JSF的请求开启Seam容器和上下文。不应该应用于JSF请求，因为它会导致执行重复的逻辑，造成不明确的结果	无	否
AuthenticationFilter 提供HTTP基本验证（Basic Authentication）和摘要验证（Digest Authentication）	realm 验证领域 auth-type 基本验证还是摘要验证 key 用作摘要验证的催化剂（salt） nonce-validity-seconds 安全标记的有效期，防止重放攻击	否

a MDC是一个线程绑定的Map，允许第三方类库提供日志消息。在这个wiki页面中有对MDC的描述：http://wiki.apache.org/logging-log4j/NDCvsMDC。

上述每一个过滤器都各有各的特性，用来强化作用域狭窄的JSF生命周期。例如，ExceptionFilter允许Seam捕捉在请求处理期间抛出的所有异常，这是单靠Servlet所无法解决的事情。我将在本章末尾处阐述Seam中的异常处理。像JSF生命周期的细粒度一样，其作用域也仅限于JSF的Servlet。ContextFilter向非JSF的Servlet提供了对Seam容器及其上下文变量的访问能力，如Struts、Spring MVC和DWR（Direct Web Remoting）。尽管Seam的大部分工作都是在JSF的Servlet中完成的，但这些额外的过滤器则允许Seam将其生命周期的边界扩展到JSF Servlet之外。

以上介绍了Seam钩进Servlet生命周期所需要的配置。但是等等，我们是否遗漏了JSF 阶段监听器配置？毕竟，那才是Seam之所以能够利用JSF生命周期的关键。

3.1.5　Seam 的阶段监听器

例如，Seam的许多JSF强化功能都是在JSF的阶段监听器SeamPhaseListener中执行的，显得就像另外有一个配置在起作用一样。但是实际上并没有，至少没必要。Seam利用了JSF的一项设计特性，考虑到了自动加载classpath中提供的任何faces-config.xml描述符。在Seam 2.0中，Seam的阶段监听器是在faces-config.xml描述符中声明的，该描述符包含在Seam的核心JAR文件（jboss-seam.jar）中。因此，一旦将这个JAR文件放在应用程序中，立即就可以使用阶段监听器了。注册Seam阶段监听器的代码片段如下所示：

```
<lifecycle>
  <phase-listener>
    org.jboss.seam.jsf.SeamPhaseListener
  </phase-listener>
</lifecycle>
```

尽管不要求你将这个声明添加到faces-config.xml描述符中，但这并不意味着你不能调整它的运作方式。影响这个阶段监听器的配置设置是在Seam组件描述符中（利用<core:init>）进行调整的。你可以控制像事务管理、调试模式及用来查找EJB组件的JNDI模式这类事情。我会在第5章阐释组件配置。

如果classpath中包含Seam的调试JAR文件jboss-seam-debug.jar，并且Seam正在调试模式下运行，Seam就会注册另一个JSF的阶段监听器：SeamDebugPhaseListener。这个阶段监听器的唯一目的就是为Servlet的path/debug.seam（假设JSF的Servlet扩展映射为.seam）捕捉请求，并渲染一个开发者调试页面。这个调试页面自省了各种Seam上下文（对话、会话、应用程序和业务流程），并让你浏览其中所保存的对象。关于当前会话中长期运行的对话信息得到了显示，并且可以选择对话来揭示其中所保存的对象。调试页面也用于在应用程序出错时显示异常概述。

3

这就是允许Seam参与请求所需要的所有配置。从现在开始，我所说的Seam生命周期，就是指Seam Servlet过滤器和（目前Seam已经参与其中的）JSF生命周期的组合。图3-2展示了当请求进入Seam生命周期时可以走的两条路径。SeamFilter也可以包装其他的Servlet，如Struts、Spring MVC或者DWR，允许你在必要的时候通过这些第三方框架来使用Seam容器。

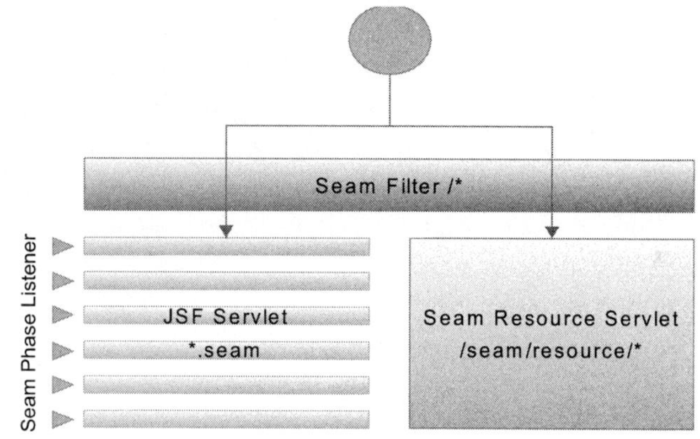

图3-2 由Seam过滤器预处理的请求，再进入JSF的Servlet或者Seam的资源Servlet

完成了Seam的配置之后，让我们回退一步，考虑如果没有Seam，JSF生命周期会是什么样。这个练习的目的在于体会JSF规范所做假设的价值，以及这些假设存在哪些不足。将原生的JSF生命周期与通过Seam增强过的生命周期进行对比，这将有助于你了解为什么JSF生命周期与Seam有关，并阐明了什么时候应该选择Seam设施，而不是选择被它们取代的JSF对等设施。首先回顾一下JSF的通用原则，然后再来了解JSF的整个生命周期。

3.2 没有 Seam 的 JSF 生命周期

如果你天真地以为在基本生命真有一个生命周期在处理每个请求，当然也可以学会如何开发JSF应用程序。图3-3展示了JSF中命令按钮（如<h:commandButton>）的点击，命令按钮上注册的EL方法绑定表达式，以及服务器端组件的方法调用之间的联系。

这种事件驱动的关系是JSF使Web开发变得很容易的基本方法之一。命令按钮和服务器端组件之间的直接绑定，清除了原本必须处理的HTTP请求的大部分（即使不是全部）低级细节，因而你可以马上着手编写业务逻辑。使用Struts的开发人员不必操心任何HttpServletRequest、

HttpServletResponse或者ActionForm。这太好了，真是太完美了！

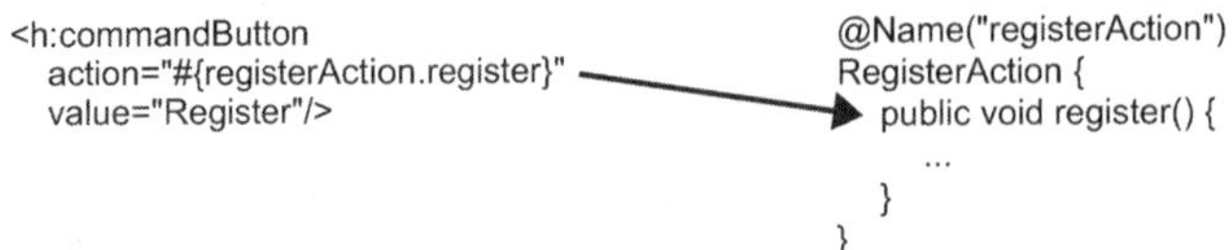

图3-3 JSF中基本的事件驱动行为。命令按钮中的方法绑定表达式激活时，触发了服务器端组件（在本例中是个Seam组件）上的方法

JSF的开发人员经常会沦为泄漏抽象（leaky abstraction）①的受害者。当用例很适合使用JSF时，你不需要了解JSF如何处理请求，只要知道点击了某个按钮时，动作方法会被执行。然而，当事情一团糟的时候，像应用程序在现实世界中经常会遇到的情况一样，你就需要清楚内部发生了什么事情。因此，是时候该翻出书本学习JSF生命周期的阶段了。由于本书主要关注Seam，我们倾向于将生命周期阶段的介绍作为更好地理解Seam如何改进JSF的一种方式。如果想更深入地学习JSF生命周期，请参阅在本书简介中推荐的JSF类资源［由IBM developerWorks出版的*JSF for Nonbelievers*系列，*JavaServer Faces in Action*（Manning，2005）以及*Pro JSF and Ajax*（Apress，2006)］。

3.2.1 JSF 生命周期阶段

JSF生命周期将单个Servlet请求（一般通过HTTP发送）分解成6个截然不同的阶段。每个阶段都专注于进程链中的某一项任务，进程链最终将响应送回到浏览器中。通过逐步地执行这些步骤，谁给了框架（如Seam）密切参与生命周期的能力（与之对照的是Servlet过滤器，它只是获得处理前和处理后的图片）。每个阶段在执行之前和之后都会产生一个事件。如果一个类要获得这些阶段转换事件的通知，以执行一些逻辑或织入其他的服务，那么这样的类就被称作阶段监听器(phase listener)。阶段监听器必须实现PhaseListener接口，并像SeamPhaseListener一样在JSF应用程序中注册。阶段监听器是Seam生命周期的支柱。

图3-4显示了JSF生命周期的6个阶段，沿顺时针方向执行。我们还没有激活生命周期，这正是这幅初始图中之所以没有箭头的原因。在接下来的两节中，当我们将它运行起来时，你就看到请求在这个生命周期中所经过的路径。

JSF生命周期阶段在组件层次结构上执行它们的工作。这个组件树与为HTML页面（一般通过JavaScript暴露）构建的DOM（Document Object Model）相类似。组件树的每个节点负责渲染页面中的一个元素。JSF利用这个树记录从那些组件触发的事件。有了渲染视图的对象表示法，这使得利用Ajax应用部分页面更新变得更加容易（Ajax4jsf就是提供这项特性的其中一个类库)。

JSF可以处理两种请求：*初始请求*（initial request）和*回传*（postback）。让我们首先探讨“如何处理初始请求”。

① http://www.joelonsoftware.com/articles/LeakyAbstractions.html：根据Joel Spolsky的说法，从某种程度上来说，所有重要的抽象都是泄漏的。

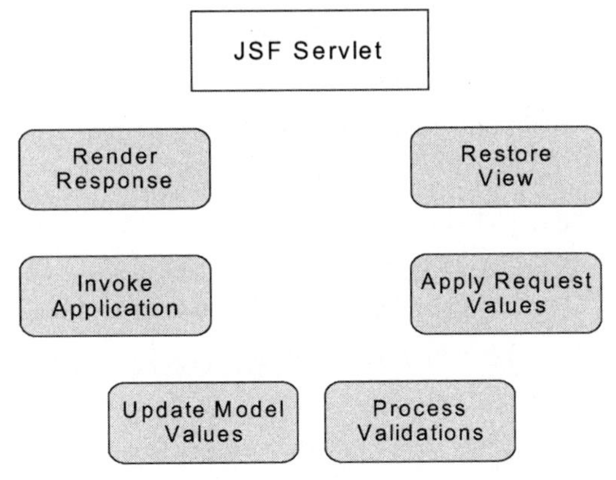

图3-4 朝顺时针方向执行的JSF生命周期的6个阶段

3.2.2 初始请求

Web应用程序中的每个用户交互都是从URL的初始请求开始，来源可以是书签、E-mail或另一个网页中的链接，再或者是用户在URL中直接输入的结果。但是发生交互时并没有预存的状态。因此，没有动作，也就没有要处理的表单数据。JSF Servlet的初始请求使用了一个只有2个阶段的简化生命周期，如图3-5所示。

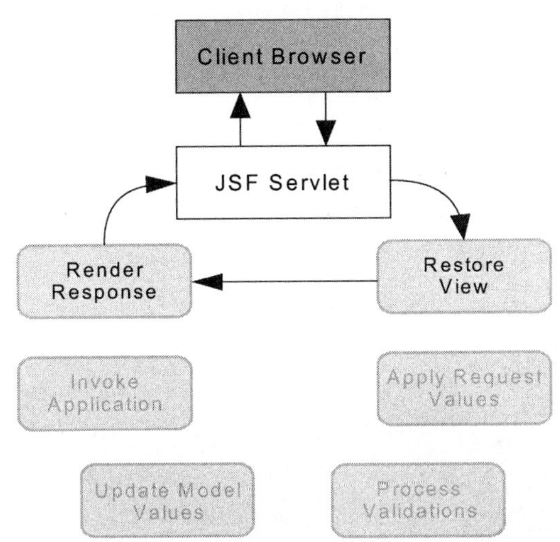

图3-5 JSF页面的初始请求中用到的生命周期阶段

在第一个阶段Restore View中，发生的唯一行为是创建一个空的组件树。然后该请求立即进入Render Response阶段，跳过了大部分的生命周期。它没有任何行动，也没有收集传说中的$200[①]。

① 引自Parker Brothers的Monopoly游戏。当你被送进看守所时，要从木板中的方形通过。

设计初始请求不是为了让它处理任何事件或者处理表单数据[1]。

初始请求的主要行为发生在Render Response阶段。在这个阶段中，会检验请求URL来确定视图ID的值。接下来，与这个视图ID相关的模板被传到视图处理器中，进行解析，并转换成一个UI组件树，如图3-1所示。

在读取模板的时候，发生了两件事情。构建了组件层次结构，并为每个组件进行“编码”，准备好对客户端做出响应。编码是组件输出生成标记的一种说法，一般是XHTML，不过JSF可以适应任何类型的输出。生成的响应包括“绑定”到服务器端组件上的元素。输入和输出元素绑定到backing bean组件的元素上，而链接和按钮则绑定到action bean组件的方法上。单个组件可以扮演两种角色。在没有Seam的情况下，组件必须在faces-config.xml描述符中定义成受管bean。当页面中触发事件时，它会为JSF启动一个回传，这个我们接下来就会谈到。

一旦渲染了整个响应，UI组件树就被序列化了，然后被放入到发送到客户端的响应中，或者用一个唯一键保存在HTTP会话中。UI组件树的状态得到了保存，因此在后续的回传中，表单输入值的变化可以应用到与其绑定的属性中，并且任何事件都可以加入队列且随后被调用。

JSF中服务器端状态保存与客户端状态保存

如果没有争论，任何技术平台都不会是完整的。对于JSF而言，这种争论是指将UI组件树保存在服务器上还是保存在客户端。我们来考虑两种方案。

如果将状态保存在服务器端，那么UI组件树是保存在用户的HTTP会话中。标记随同响应一起发出，并保存在隐藏的表单域中。标记值用于在回传中从会话里获取组件树。服务器端状态保存法对于客户端是好的，但是对于服务器端则是不好的（因为它扩大了HTTP会话的作用域）。

如果将状态保存在客户端，那么UI组件树会被序列化（利用标准的Java序列化机制）、压缩、编码，并与响应一起发送。这整个过程都保存在回传中，用来恢复组件树。客户端状态保存对于客户端是不好的（因为它增加了交换数据的数量），但是对于服务器端则是好的。

那么应该选择哪一种方案呢？依我之见，答案很明显。永远不要让你的客户或者Web服务器受罪。如果你有机会减少带宽的用量，就这么做吧。对客户端的连接经常是无法预知的。虽然有些客户也许能够正确地看到大型的页面，而有些客户则可能会遇到明显的滞后。使用服务器端状态保存法还有一个更加重要的原因：基于JSF的Ajax请求必须恢复组件树，因此如果你使用客户端状态保存，一旦Ajax请求的一连串信息从浏览器传到服务器，此时可就是一种巨大的信息交换了。服务器端状态保存法将额外开销限制为标记的值。客户端状态保存法的其中一个好处是它不受会话期限的影响。然而，如果会话过期，可能会有更严重的影响。

state-saving方法是利用名为javax.faces.STATE_SAVING_METHOD的顶级上下文参数在web.xml描述符中设置的。由seam-gen安装的web.xml描述符并不包括这个上下文参数，因此该设置会使用JSF的默认设置，即服务器端状态保存法。

```
<context-param>
  <param-name>javax.faces.STATE_SAVING_METHOD</param-name>
```

[1] 可以实现一个阶段监听器来执行这项工作，但如你所见，Seam不用你做任何工作就可以处理好这些任务。

```
    <param-value>server</param-value>
  </context-param>
```

每个JSF实现都提供了为状态保存调整内存设置的方法。seam-gen项目使用Sun公司的JSF实现（名为Mojarra），因此要了解有哪些设置可用，请参阅Mojarra FAQ[①]。

在继续讨论回传之前，让我们先思考一下这个简短的生命周期所做的3条假设。初始请求假设：

- 在生成响应之前不需要发生任何逻辑；
- 准许用户查看这个页面；
- 被请求的页面处在应用程序流程中适当的地方。

我肯定你会想到如果将这些假设放到你开发过的应用程序中，在许多情况下都不会成立。初始请求是JSF的致命弱点。你很快就会发现，是Seam让我们有了更好的方法。

与JSF在处理初始请求时的糟糕表现不同，Seam在处理回传方面却完成得相当漂亮。毕竟那才是设计JSF的主要目的。我们来看看吧！

3.2.3 回传

除非出现过程短路的情况，否则回传就会完成整个JSF生命周期，如图3-6所示。回传的最终目的是要在Invoke Application阶段调用一个动作方法，可是这项主要行为可能伴有各种辅助逻辑。回传期间，发生短路的原因可能是校验出错或者转换出错、"immediate"的事件，或者`FacesContext`中的`renderResponse()`方法调用。在短路事件中，控制权被传到了Render Response阶段中，准备要发送到浏览器的输出。如果在生命周期期间的某个点调用`FacesContext`中的`responseComplete()`方法，甚至可以跳过Render Response阶段。

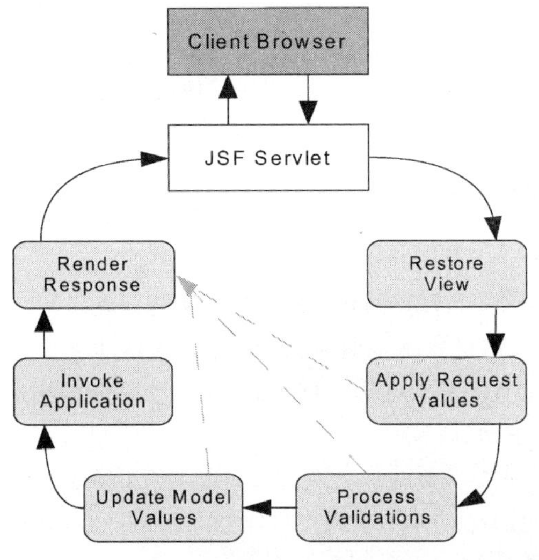

图3-6 回传期间，没有被错误短路时用到的整个JSF生命周期

---

① http://wiki.glassfish.java.net/Wiki.jsp?page=JavaServerFacesRI

回传的Restore View阶段从保存在客户端或者服务器端的状态信息中恢复组件层次结构，而不只是创建一个空壳。在Apply Request Values阶段中，每个输入组件都从提交的表单数据中获取它的值，并且任何事件（如按钮点击或者对被修改值的通知）都加入队列。接下来的两个阶段处理提交的值，如果所有校验和对话都成功，还会将值赋给该对象（或那些对象）中与表单输入绑定的某个（或某些）属性（Update Model Values阶段）。

生命周期在Invoke Application阶段将控制权交回给应用程序，这样触发了启动回传的命令组件动作绑定的方法。如果命令组件中已经注册有任何动作监听器，它们就会先被执行。然而，只有动作方法会影响导航。

动作方法执行之后，引用faces-config.xml中定义的导航规则来确定下一步要往哪里走。如果动作方法的返回值为null或者方法返回类型为void，并且没有任何规则与该方法的EL签名（方法绑定表达式）匹配，那么就会将同一个视图再渲染一次。如果动作方法的返回值为非null的字符串值，或者有一个规则与方法的EL签名相匹配，那么该规则就会指明要渲染的下一个视图。规则中的`<redirect/>`元素指明，在渲染下一个视图之前应先发出一个重定向，而不是立即在同一个请求中渲染视图，后者是默认设置。重定向会产生一个新的初始请求。导航规则的范例如下所示：

```
<navigation-rule>
  <from-view-id>/register.xhtml</from-view-id>
  <navigation-case>
    <from-action>#{registerAction.register}</from-action>
    <from-outcome>success</from-outcome>
    <to-view-id>/welcome.xhtml</to-view-id>
    <redirect/>
  </navigation-case>
</navigation-rule>
```

这就是JSF的速成示例。让我们来总结一下刚刚学过的内容，并指出上述生命周期中的几处缺陷。这一讨论将我们带到了Seam对JSF进行的最具针对性的一项改进：高级页面调整。

3.2.4 JSF 生命周期的缺点

我在本章多次说过JSF设计得很好，但是不可否认它仍然存在一些缺点。在本节中，我想将这些缺点一一列出，这样会更加清楚Seam在努力解决哪些问题。我会毫不留情地指出JSF的不足之处，也许并没有必要如此，但是我想强调Seam解决了人们对JSF寄托的一些期望，因此Seam/JSF组合成了一种很有吸引力的Web框架选择。JSF的弱点始于初始请求，我们就从这开始吧。

1. 第一个动作之前的生命

JSF中的两类请求是非常不平衡的。一方面，你有一个虚弱的初始请求，除了提供页面之外几乎帮不上任何忙。另一方面，你有一个健壮且成熟的回传，历经整个生命周期，并且触发各种行为。有时候，你会在初始请求中需要回传的服务。

像Struts这样的框架允许你在页面一被请求时立即调用一个动作。相反，JSF则假设第一个行为会在页面被渲染之后才出现。没有前端控制器，这样它就难以实现像RESTful URL、安全性检查和预渲染导航路由这样的功能（除非你希望将这一逻辑放在阶段监听器中，或者放在视图模板的顶部）。这也使得其他框架难以与JSF应用程序交互，因为JSF不暴露从一般链接调用动作方法的机制。你会在3.3节中看到Seam允许在初始请求中发生页面动作及其引发的导航事件。

说明 精通JSF的读者可能会说，可以在Render Response阶段之前用自定义的PhaseListener执行代码。但是这么做需要你付出大量的工作，才能实现Seam为你提供的这些开箱即用的功能。你不仅必须配备许多样板代码，最终还得将视图ID硬编码到编译过的Java代码中。这对于应用程序中的大多数组件来说挺容易。Seam允许你在配置文件中将这些映射外部化。

3

JSF的延迟设计将我们引入了下一个话题：回传变成了JSF中的主要导航方式。

2. 什么都用POST

JSF的批评家常说，JSF过度依赖于POST请求（如提交表单）是它最大的缺点。表面上看，这可能只是一个修饰上的问题，但事实上却要严重得多。浏览器在处理POST请求时是非常粗野的。如果用户在调用某个JSF动作之后点击浏览器的Refresh（刷新）按钮，浏览器就可能提示他们要决定是否允许重新提交表单。这对你我来说倒没什么可怕的，但它却可能给顾客造成很大的压力和恐惧感。假设顾客刚提交了一笔大订单，浏览器现在在问他们是否要重新提交该表单。如果我是一位偏执的顾客，此时我会强制退出浏览器，以防止造成任何损失。我怎么知道开发人员这样做是为了检验重复响应（并且经质保部门确认过该逻辑正常）呢？

下面就是个导航规则的例子，如faces-config.xml描述符中定义的那样，一旦用户在球场编辑页面中点击保存按钮，它就会把用户带回到球场细节页面：

```
<navigation-rule>
  <from-view-id>/CourseEdit.xhtml</from-view-id>
  <navigation-case>
    <from-action>#{courseHome.update}</from-action>
    <to-view-id>/Course.xhtml</to-view-id>
  </navigation-case>
</navigation-rule>
```

提交编辑表单发出了一条POST请求。当浏览器在渲染完Course.xhtml之后停下来时，地址栏仍然处在/CourseEdit.seam，似乎它是藏在某个页面后面一样。之所以发生这种情况是因为JSF传回了渲染表单的同一个URL，然后又选择了不同的模板来渲染。如果给<navigation-case>元素添加一个嵌套的<redirect/>标签，这个导航规则就会改成执行重定向，而不是执行渲染，URL栏就会反映出新的页面。然而，在这个过程中，所有请求参数和属性都会被中止。

如果必须保持浏览器地址栏的状态与当前页面同步，那么JSF的行为就给开发人员出了道难题。一种解决办法是大量使用会话，以避免数据丢失，并在每个导航事件中执行重定向，以保持地址栏得到更新，并且有可能制作书签。然而，不安全地使用会话是很危险的，因为它可能导致内存泄漏、并发问题、多窗口复杂化及过度状态转换等问题。

3. 初步的导航规则

JSF生命周期的另一个问题在于，该导航模型只是初步的。faces-config.xml描述符中定义的导航规则假设使用了其方法能够返回声明式导航结果的控制器层。这些规则根据原始的视图ID、动作方法的结果（例如，它的返回值）以及动作方法的EL签名进行匹配。规则指明了应该发生的导航事件，但是规则本身不能访问一般的上下文，如其他作用域变量的值。你最终不得不在组件中将应用程序逻辑与UI逻辑混合起来。你会发现许多应用程序都与这个模型格格不入。

4. 过度复杂的生命周期

有些人认为JSF生命周期过于复杂了。对于这个问题，我实际上是要为JSF辩护的。我不认为这个问题的表述是准确的。JSF生命周期很好地分解了几乎在任何Web请求中发生的所有逻辑阶段，以任何编程语言编写，并在任何平台上运行。问题在于该生命周期漏了某些领域没有涵盖到。缺乏基于动作的前端控制器（如Struts）就是个很好的例子。由于这种遗漏，开发人员被迫以不合理的方式使用框架，或者被迫改造那些试图填补这些空白的盲目解决方案（haphazard solution）[①]。必须要持续地弥补这些问题，这正是它复杂性的体现。

JSF的绝大多数局限性都归咎于JSF没能提供面向页面的强有力支持，在像页面级安全性、预渲染动作、智能导航和RESTful URL这类特性方面存在不足。Seam在JSF生命周期中添加高级的页面控件，修正了刚刚提到的缺点，并将JSF的功能延伸到超出了这些预期，重点克服了这些薄弱的领域。让我们来探讨一下这些面向页面的增强。

3.3 Seam面向页面生命周期的附加功能

在本节中，你会看到Seam织入到JSF生命周期中的页面编排，它使你不必自己动手补充JSF遗漏的与页面有关的功能。本节介绍Seam的页面描述符：pages.xml，它为你提供了一种配置Seam面向页面强化功能的途径，即更高级的导航和页面动作。学习完本节内容，你就可以把faces-config.xml及其曾给你带来的痛苦抛诸脑后了。

3.3.1 pages.xml的高级编排

尽管JSF生命周期提供给Seam许多控件，但JSF的描述符faces-config.xml却不支持扩展的元素。为此，Seam引入了一个新的配置描述符，以支持它的高级页面编排。

Seam的页面描述符提供了比faces-config.xml描述符所能支持的作用域更广的导航控件。可是将页面描述符描述成导航配置并不正确，它其实是有关于页面以及围绕页面发生的一切事情——因此得名“页面编排”（page orchestration）。页面描述符也可以用来：

- 定义上下文导航规则；
- 生成消息并在重定向期间传递参数；
- 在渲染视图之前调用动作；

① Jsf-comp项目的On-Load模块（http://jsf-comp.sourceforge.net/components/onload/index.html）是针对JSF缺乏前端控制器的盲目解决方案的最好例子。

- 实施安全限制和其他必要条件；
- 控制对话边界；
- 控制页面流边界；
- 控制业务流程和任务边界；
- 将请求参数映射到EL值绑定；
- 将上下文变量绑定到EL值绑定上，或者相反；
- 引发事件；
- 处理异常。

默认的全局页面描述符是/WEB-INF/pages.xml，但它的位置可以改变，如第5章5.3.3节所示。这个描述符用来配置一个无限制的页面集合，每个页面都由一个<page>元素以及许多非特定于页面的配置表示。面向页面的配置也可以被分成细粒度的配置文件，每个文件服务于某一个JSF页面。它们通过用.page.xml替换JSF视图ID的后缀而得名。例如，Facility.xhtml的细粒度配置文件是Facility.page.xml。

警告 同一个页面不能同时在全局的页面描述符和细粒度的描述符中配置。事实上，每个视图ID只能有一个页面配置。

在seam-gen项目中，由`seam generate`命令生成的每个页面都配有一个细粒度的页面描述符。既然Seam以不用XML为豪，那么seam-gen的CRUD应用程序中大量的页面描述符文件似乎与这个目标背道而驰了。我们原本可以利用多个<page>元素将细粒度的配置放进一个文件中。此时你可能会想：为什么需要XML呢？原因在于seam-gen项目是要支持RESTful行为的，而这种行为最好通过利用页面描述符来实现。如果没有这些面向页面的特性，当然也有可能设计出可行的Seam应用程序。但是你会发现，页面描述符让你能够最大限度地控制进来的请求，并且值得用XML来维持这种控制权。

换成Seam的导航规则

Seam的页面描述符是faces-config.xml文件中定义的导航规则的替代物。两者之间的主要区别在于：faces-config.xml中的<navigation-rule>节点变成了Seam页面描述符中的<navigation>，内嵌的<navigation-case>节点变成了<rule>节点。页面描述符也支持超出faces-config.xml提供范围的其他导航条件。Seam还使用它自己的导航处理器，将特定于Seam的功能混合到导航规则的执行中。例如，它将对话id添加到重定向URL中，以确保对话能够传过重定向。

Seam的页面描述符提供了远远超出faces-config.xml描述符所能提供的额外特性。虽然添加的XML标签很重要，真正的好处却是在于它理解上下文，这在上述功能列表的第一条就加以强调。上下文（系统的当前状态）是Seam中的公共线程。通过利用上下文，Seam页面描述符中定义的导航规则就能纵观全局。换句话说，它们是智能的。

3.3.2 智能导航

Seam提供了一种编排页面之间转换的智能机制，比faces-config.xml提供的要强大得多。在定义导航规则时，可以利用以下这些额外的页面描述符控件。

- 用任意的值绑定来确定动作的结果，而不是利用动作方法的返回值。
- 用值绑定表达式将导航用例做成是有条件的。
- 指明对话应该如何通过转换进行传播。
- 通过转换控制页面流和业务流程。
- 在渲染或者重定向之前添加JSF消息。
- 将参数添加到一个重定向中。
- 在转换时引发一个事件。

Seam的页面描述符中定义的规则不仅仅是根据请求的来源或者执行了哪个动作来做决定，而是看上下文（或者作用域）中的对象要告诉我们什么。

1. 对下一步往哪走进行协商

我们来考虑一个假想的对话。当用户通过基础向导往目录中添加一种新的高尔夫设备时，在导航处理器和导航规则之间可能发生这个假想的对话（要是代码会说话就好了）。

- 导航处理器：这个用户想要注册一种新的设备。
- 导航规则：将用户带到/FacilityEdit.xhtml页面吧。
- 导航处理器：从/FacilityEdit.xhtml页面调用`#{facilityHome.persist}`方法，它会返回一个“持久化”的结果。
- 导航规则：用户想要进入某个球场吗？
- 上下文变量`#{facilityHome.enterCourse}`：是的。
- 导航规则：将用户带到/CourseEdit.xhtml页面吧。
- 导航处理器：从/CourseEdit.xhtml页面调用`#{courseHome.persist}`方法，它会返回一个“持久化”的结果。
- 导航规则：用户想要进入某个tee set吗？
- 上下文变量`#{courseHome.enterTeeSet}`：不。
- 导航规则：我们需要将用户返回到某个地方吗？
- 上下文变量`#{courseFrom}`：Facility页面。
- 导航规则：将用户带到/Facility.xhtml页面，并显示一条消息，意思是用户已经注册完该设备了。

这次“谈判”中最重要的部分是上下文变量。用上下文变量来使导航规则变成是有条件的。你会在第4章中学习上下文变量。至于现在，你可以将它们归结于你所熟悉的请求作用域或者会话作用域的属性，虽然它们远远超出了这两种作用域的限制。结合上下文变量和pages.xml描述符中丰富的控件来使用，你就能够细粒度地控制特定于页面的处理以及页面之间的转换。

2. 付诸行动

让我们试着将上述例子中的部分内容转换成JSF的导航规则。遗憾的是，利用faces-config.xml

中定义的规则，我们只能根据动作方法的EL签名及该方法的结果来决定：

```
<navigation-rule>
  <from-view-id>/FacilityEdit.xhtml</from-view-id>
  <navigation-case>
    <from-action>#{facilityHome.persist}</from-action>
    <from-outcome>persisted</from-outcome>
    <to-view-id>/Facility.xhtml</to-view-id>
    <redirect/>
  </navigation-case>
</navigation-rule>
```

将动作方法和返回值进行匹配

在渲染之前发出重定向

这条规则的问题在于，它无法做出像“下一步往哪走”这样的决定。例如，它不能决定要返回到Facility.xhtml，还是继续前进到CourseEdit.xhtml页面。因为它看不到更大的上下文。你可以让动作方法返回细粒度的结果，但是这样会迫使它更专注于适应导航。这些规则还要求动作方法返回字符串结果，使它们比较没那么商业化（它们与框架的需求息息相关）。

Seam的页面描述符使用了一种与faces-config.xml描述符类似的、但更简短的语法来定义导航规则。Seam页面描述符中的<rule>节点，相当于faces-config.xml中的<navigation-case>节点，可以利用更大的上下文。在代码清单3-4中，前面介绍过的关于导航处理器的协商已经被转换成了页面描述符配置。引用`#{facilityHome.enterCourse}`表达式的值来确定下一个页面，假设这个值由facility编辑器中的复选框进行捕捉。用户也会通过使用JSF消息而得知为什么会发生重定向。

代码清单3-4　持久化某项设备之后引用的上下文导航规则

```
<page view-id="/FacilityEdit.xhtml">
  <navigation from-action="#{facilityHome.persist}">
    <rule if-outcome="persisted"
      if="#{facilityHome.enterCourse}">
      <redirect view-id="/CourseEdit.xhtml"/>
        <param name="courseFrom" value="Facility"/>
        <message severity="INFO">
          Enter course information for #{facilityHome.instance.name}.
        </message>
      </redirect>
    </rule>
    <rule if-outcome="persisted" if="#{!facilityHome.enterCourse}">
      <redirect view-id="/Facility.xhtml"/>
    </rule>
  </navigation>
</page>
```

对添加球场的请求进行匹配

追踪用户来自哪里

在重定向期间，Seam既可以添加请求参数，也可以添加JSF消息。为了追踪我们如何抵达course编辑器，得显式地添加`courseFrom`参数。Seam根据页面参数配置添加额外的请求参数，其中一个是`facilityId`，添加这个参数是为了使刚刚输入的设备与即将输入的新球场关联起来。你将在3.4节学到页面参数。在添加的JSF消息中，你会看到也可以使用EL值表达式。在本例中，消息中包含了设备的名称，从名为`facilityHome`的组件中读取。EL常用于引用Seam组件，你会在第4章中学到这一内容。

为/CourseEdit.xhtml页面添加一组类似的导航规则使进程继续。导航规则根据`#{courseFrom}`上下文变量决定保存完球场之后是将用户返回到course编辑器，还是返回到设备细节页面。请注意，`view-id`属性中使用了EL符号：

```
<page view-id="/CourseEdit.xhtml">
  <navigation from-action="#{courseHome.persist}">
    <rule if-outcome="persisted" if="#{courseFrom != null}">
      <redirect view-id="/#{courseFrom}.xhtml">
        <message severity="INFO">
          The data entry for #{courseFrom} is complete.
        </message>
      </redirect>
    </rule>
    <rule if-outcome="persisted" if="#{courseFrom == null}">
      <redirect view-id="/Course.xhtml"/>
    </rule>
  </navigation>
</page>
```

如果你觉得这个例子中的导航规则写成页面流可能会更好些，那你就对了。除了此处介绍的声明式导航规则之外，Seam还支持有状态的页面流。页面流与对话密切相关，这两者你都将在第7章学到。本例的目的在于介绍如何引用EL值表达式来决定要应用哪种导航规则。如果用户输入了一种私有的和一种公有的高尔夫设备，你可能会想将用户定向到某个特殊的页面。实际的用例将主要取决于应用程序的需求。

3. 查看输出结果的另一种方法

目前为止，你还是依赖动作方法来返回逻辑的结果值。这种方法会引起两个问题，具体取决于你如何看待它。从快速建立原型的角度来说，这类间接法是很不方便的，因为它迫使你定义良好的导航规则，即便你根本不需要这种灵活性。为了简化事情，Seam允许你在动作方法的返回值中指定目标视图ID。如果返回值以正斜线（/）开头，Seam就会假设它是一个有效的视图ID，并立即发出一个指向该视图ID的重定向：

```
public String goToCourse() {
    return "/Course.xhtml";
}
```

这种方法的一个极端结果是，用动作方法返回值作为导航结果，会迫使业务方法也参与导航决策。声明式返回值在业务逻辑中可能不太合理。当你开始将EJB添加到JSF页面中时，这种耦合关系变得尤其突出。EJB组件应该是业务组件。为了驱动导航而使用返回值，这种做法是完全错误的。更好的方法是让业务对象维持状态，导航规则可以引用该状态来确定相应的动作。

页面描述符中的各种导航规则

如果不根据某个特定的结果（动作方法返回值）进行匹配，也可以定义一种通用的导航规则，让它根据非null或者null的结果进行匹配。没有任何属性的`<rule>`节点可以与任何非null

的结果（包括空返回值）相匹配。如果用一个<redirect>或者<render>节点作为<navigation>节点的直接子节点，也可以匹配null结果。在Seam中，null经常被当作是一种“异常的”结果，取消了正常的行为，如启动对话。

我们先忽略persist()方法的返回值，假设它没有特别告诉我们任何有关导航的信息，而是通过lastStateChange属性暴露实体状态（持久化的、删除、更新）。<navigation>元素中的evaluate属性是个EL值表达式，引用它来获得结果值，而不是获得动作方法的返回值。解析过的表达式与<rule>节点中的if-outcome属性相匹配，以选择要执行的导航规则：

```
<page view-id="/FacilityEdit.xhtml">
  <navigation from-action="#{facilityHome.persist}"
    evaluate="#{facilityHome.lastStateChange}">
    <rule if-outcome="persisted" if="#{facilityHome.enterCourse}">
      ...
    </rule>
    <rule if-outcome="persisted" if="#{!facilityHome.enterCourse}>
      ...
    </rule>
  </navigation>
</page>
```

简单地说，pages.xml使JSF的导航能力一步步地增强了。在我们继续探讨页面描述符的其他特性之前，我想先简单介绍两个UI组件，Seam引入它们来更全面地讲解面向页面的控件。

3.3.3 Seam UI 命令组件

我在前面说过，JSF的主要缺点之一是“什么都用POST”。这意味着当动作方法被激活时，预定执行动作方法的任何链接或者按钮都是通过提交POST请求（如表单post）来完成。虽然这种设计适合于接受表单数据，但用来创建书签链接则不是那么理想。Seam提供了两个UI命令组件：<s:link>用来创建链接，<s:button>用来创建按钮，它们分别代替了标准JSF组件集中相应的命令组件：<h:commandLink>和<h:commandButton>。Seam UI命令组件可以执行与标准命令组件相同的所有功能，但有一个例外：它们无法提交表单数据。但是话说回来，如果你正在提交表单数据，可能也不会在意是否发出POST请求。事实上，那正是你想要的结果。

你会在本书中看到大量使用<s:link>和<s:button>。在这两者中，<s:link>或许更最具吸引力，因为它允许用户右键点击，并在新标签或者新窗口中打开链接，这是JSF命令链接不可能做到的事情。除了能够执行动作方法之外，Seam UI命令组件还可以直接导航到特定的视图ID，从而不再需要导航规则：

```
<s:link view="/CourseList.xhtml" value="Course List"/>
```

view属性的值可以使用Servlet的扩展名（.seam）或者视图ID后缀（.xhtml）来引用视图ID（其实扩展名是什么一点都不重要）。在这种情况下，<s:link>优于<h:outputLink>的地方在于，Seam会准备与目标视图ID关联的页面参数作为URL的一部分，这些你接下来会学到。当你进入3.4节的学习时，要注意Seam如何使JSF摆脱回传，又是如何使它表现得更像个基于动作的框架。

3.3.4 页面参数

在原生的JSF生命周期中，值绑定表达式只在JSF回传的Update Model Values阶段传给底层的模型。Seam引入一项称作“页面参数”的特性，从而将这一特性带给了初始请求。

页面参数是Seam中真正唯一的特性。它们通过使用值表达式将请求参数绑定到模型属性上。请求参数既可以是表单POST数据，也可以是查询字符串参数。“模型”可以是任何Seam组件（或者JSF的managed bean），无论它是表现模型，还是业务领域模型。Seam仍然不会勉强你一定要使用哪一种模型。当收到对视图ID所示的JSF视图请求时，在进入该页面时——（在Render Response阶段之前）与该视图ID关联的每个页面参数都要执行求值。然后利用值表达式所映射的其JavaBean设值方法，将这个值赋给模型属性。

我们来看看第2章中产生的Open 18目录应用程序中的球场细节页面Course.xhtml。假设标识符为1的Course实体有一个进来的请求：

```
http://localhost:8080/open18/Course.seam?courseId=1
```

负责为course页面提供数据的组件名为courseHome。（Seam的组件对应于JSF 的managed bean。）在渲染Course.xhtml页面之前，courseId查询字符串参数的值必须被赋给courseHome组件上的courseId属性。这一赋值是pages.xml中以下页面参数赋值的结果：

```
<page view-id="/Course.xhtml">
  <param name="courseId" value="#{courseHome.courseId}"/>
</page>
```

name属性指定请求参数的名称，value属性指定与请求参数值绑定的值表达式。然后courseHome组件从数据库中获取要渲染的实例。另一种方法是，在细粒度的配置文件Course.page.xml（与Course.xhtml视图模板相邻）中指定这个映射。细粒度的配置文件只打算提供一个视图ID。因此，声明中可以没有view-id属性：

```
<page>
  <param name="courseId" value="#{courseHome.courseId}"/>
</page>
```

为了清楚起见，在本章剩下的篇幅中我会始终包含view-id属性。

<page>节点用来指定这些配置要应用到哪些页面。在全局的页面描述符中，view-id属性既可以与某一个视图ID完全匹配，也可以使用通配符（*）与多个视图ID匹配。

Home和Query组件

在本章中，你已经见过了许多以Home（如courseHome）或者List（如facilityList）结尾的组件。以Home结尾的组件是从EntityHome类扩展而来的，以List结尾的组件则是从Entity-Query类扩展而来的，这两者都属于Seam Application Framework的一部分。EntityHome类用于管理单个实体实例的持久化状态，而EntityQuery组件则管理JPQL查询结果集。第10章将介绍完整的Seam Application Framework，并解释如何利用这两个组件。

页面参数并不仅限于接受值——它们是双向的。除了接受请求参数之外，页面参数还用来读取被映射值绑定的值，并给查询字符串添加“名称/值”对，从而改写链接。这样一来，页面参数便自动地将服务器端的对象分解成字符串值，将它们与请求一起传递，然后通过将参数映射到值绑定表达式，在另一端重构对象。如果用course编辑器页面修改当前course，就应该为用户设计一个按钮，以便用户取消更改并返回到course细节页面，如下面的元件标签所示：

```
<s:link view="/CourseList.xhtml" value="Cancel"/>
```

假设当前编辑的course ID为1，那么跳转到目标URL的/Course.xhtml ID的参数配置就是，参数声明颠倒过来，courseId参数就被自动地添加到页面中了：

```
/Course.seam?courseId=1
```

此例中生成了一个s:button，但s:link也同样起作用（只是看起来不同而已）。在Seam 2.0中，生成这一按钮时用的是Done而不是Cancel。从技术上说，这里应该用Cancel，因为在这种语境下Done没意义。这已在Seam 2.1中更正过来了。

这种重写包含以下情况。

- 通过Seam命令组件（<s:link>和<s:button>）生成URL。
- 从UICommand组件（如<h:commandLink>）中回传JSF。
- 在页面描述符（pages.xml或者*.page.xml）中定义导航重定向。

对于链接和重定向，应用到URL的参数是从目标视图ID的配置中读取的。JSF表单传回到同一个页面，因此目标视图ID与渲染表单的页面相同。使用<s:link>和<s:button>则更有技巧一些，因为目标页面可能与当前页面不同。例如，考虑下面的链接：

```
<s:link view="/Course.xhtml" value="View course"/>
```

页面参数将从Course.page.xml页面描述符中读取，即便这个链接已经包含在CourseList.xhtml页面中也一样。

下面我们探讨一下页面参数如何与Seam UI组件交换请求参数。

1. 搜索表单的矛盾

你什么时候需要利用页面参数传递值呢？考虑既提供搜索功能又为数据集进行排序的矛盾。我几乎可以保证你以前一定遇到过这种情况。当用户进行搜索时，你需要保持排序和编页。当用户进行排序或者翻页时，你必须保持搜索。这将导致在包装整个页面的表单内部大量使用隐藏的表单元素，或者滥用JavaScript将值在表单之间移来移去。不管怎样，它都变得纵横交错，造成了许多令人头痛的问题。

Seam的页面参数使这种情况迎刃而解。还是考虑同一个应用程序中的高尔夫球场设备列表页面。facilityList组件是管理球场集合的动作类。页面参数定义如下：

```
<page view-id="/FacilityList.xhtml">
  <param name="firstResult" value="#{facilityList.firstResult}"/>
  <param name="order" value="#{facilityList.order}"/>
  <param name="from"/>
  <param name="name" value="#{facilityList.facility.name}"/>
  <param name="type" value="#{facilityList.facility.type}"/>
  <param name="address" value="#{facilityList.facility.address}"/>
  <param name="city" value="#{facilityList.facility.city}"/>
```

```
    <param name="state" value="#{facilityList.facility.state}"/>
    <param name="zip" value="#{facilityList.facility.zip}"/>
</page>
```

对于页面中的任何Seam命令组件（<s:link>或者<s:button>），这些表达式都是在页面渲染期间执行求值的，解析值和相应的参数名称合并，并且被添加到链接的查询字符串中。如果你搜索PUBLIC设备，然后按照设备名称排序，URL看起来会像这样：

```
/FacilityList.seam?zip=&phone=&state=&type=PUBLIC&uri=&cid=25&country=
  ➥&city=&order=name+asc&county=&address=&description=&name=
```

排序链接是利用Seam UI组件集中的链接组件标签进行构建的（为了清楚起见，对以下代码进行了精简）：

```
<s:link value="name">
  <f:param name="order"
    value="#{facilityList.order=='name asc' ? 'name desc' : 'name asc'}"/>
</s:link>
```

请注意，如果没有显式地提供视图ID，<s:link>标签会自动指向当前的视图ID。这个链接生成的URL保持着type和order这两个请求参数。order子句被分成属性名称和排序方向，这两个子句都由FacilityList组件进行“净化”，以防止SQL查询注入的攻击。当你提交搜索表单时，不会在浏览器的地址栏中看到这些参数，因为它们是通过UI组件树进行传递的。由于页面参数超越了表单——与指定视图ID的关联而得到传播——因此使用页面参数的链接在什么位置并不重要。执行搜索时，始终保持排列顺序；进行排序时，始终保持搜索参数。这一切不需要你改写任何自定义的URL就能发生。体现页面参数重要价值的另一个地方是在导航重定向中。

2. 逃过重定向

如前所述，JSF通常会在发出重定向时中止请求作用域的数据。页面参数提供了一种在重定向期间保留这些值的途径。准备好重定向时，利用页面参数映射到视图ID的数据自动被添加到重定向URL中。你也会在第7章中学到Seam如何自动地将对话作用域的数据带出重定向，即使没有长时间运行的对话也可以。

3. 令人放心的参数

你可能到现在都还在为这些页面参数感到兴奋不已。但是这里还要介绍更加令人惊喜的功能：页面参数还可以注册转换器和校验器。这意味着你再也不会盲目地将请求参数塞到模型的属性中了。你对JSF转换和校验过程大可像对回传那么放心了。

在JSF中，校验器和转换器是在域级别中运行的。校验器是一个实现javax.faces.validator.Validator接口的类，转换器则是一个实现javax.faces.convert.Converter接口的类。校验器和转换器可以定义为managed bean（或者Seam组件），也可以用一个查找id在faces-config.xml中注册。如果定义为managed bean，类实例是利用值表达式进行引用。如果用查找id注册，则由JSF负责将该类实例化。

假设我们为了让用户有更好的机会查找某种设备，而不会被错误的符号误导，或者不会在因参数值无效而没有查找到结果时感到困惑，我们需要对设备搜索执行一些转换和校验。在下面摘录的代码片段中，利用以org.open18.PhoneConverter这个id注册的自定义转换器，将电话号码参数转换成了数据库中采用的保存格式。状态参数的值利用以org.open18.StateValidator这个id注册的自定义校验器进行检验。（你可以在faces-config.xml中声明校验器和转换器，也可以分别往Seam组件中添加@Validator和@Converter注解完成声明。）设备类型的校验器从值表达式#{facilityTypeValidator}中获取，它解析成一个JSF的managed bean或者实现javax.faces.Validator接口的Seam组件：

```
<page view-id="/FacilityList.xhtml">
  <param name="phone" value="#{facilityList.facility.phone}"
    converterId="org.open18.PhoneConverter"/>
  <param name="state" value="#{facilityList.facility.state}"
    validatorId="org.open18.StateValidator"/>
  <param name="type" value="#{facilityList.facility.type}"
    validator="#{facilityTypeValidator}"/>
</page>
```

利用Hibernate Validator定义的模型校验怎么办呢？好消息。只要页面参数值为非null，Seam在其引用的任何属性上都实施了模型校验。说到null值，必要时也可以声明页面参数。虽说不是一种很友好的方法，但是用这种特性强制某个请求参数存在则很方便。例如，如果用户试图在没有facilityId参数时请求设备细节页面，就可能抛出错误：

```
<page view-id="/Facility.xhtml">
  <param name="facilityId" value="#{facilityHome.facilityId}"
    required="true"/>
</page>
```

添加必要标记的缺点在于，当找不到参数，或者参数为空时，Seam就会抛出ValidatorException异常，而不是将用户定向到正确的页面。还有其他一些方法可以处理这个问题，这些会在稍后讲解。

页面参数在本质上是仿效初始请求中的表单提交。但是使它们身价倍增的是，它们还通过JSF回传被透明地传播，使它们变成是双向的。

4. 从查询字符串到页面作用域再返回

当你第一次遇到页面参数时，会很容易忽略这一点：它们根本不需要引用值绑定表达式。当声明中没有该值时，请求参数只会被放到同名的页面作用域中。当你只需要传递值，却不想将值映射到模型对象中，或者不想使用隐藏的表单域时，无值的页面参数很有好处。你可以将它们当作是JSF的隐藏域。例如，你可以利用下面的无值页面参数，追踪用户来自哪里：

```
<page>
  <param name="returnTo"/>
</page>
```

然后在创建导航按钮时，就可以根据这个值做出决定：

```
<s:button value="Cancel"
  view="/#{empty returnTo ? 'FacilityList' : returnTo}.xhtml"/>
```

请注意，这个示例只是概念上的。你或许想要通过预处理器过滤returnTo变量，以确保它的值得到了合法的上下文。

当你需要在初始请求上执行某个动作，而不只是将请求参数应用到模型中时，又该怎么办呢？在渲染页面之前执行代码是Seam页面动作的强项。

3.3.5 页面动作：先执行我

页面动作正是将我吸引到Seam的身边并且鼓励我坚持使用JSF的因素。我认为它们是JSF的优点。在很多情况下，信息往往是通过在浏览器中拉出某个URL或者链接到另一个网站来获取，而不是在应用程序中点击某个按钮来获取。但是JSF规范则主要关注后一种用例。Seam为JSF增加了适应RESTful URL（如“bookmarkable”链接）的能力。

1. RESTful URL

如果没有页面动作，你必须根据表单提交来思考问题。这与现实的思考方向形成了鲜明的对比，因为它依赖于REST架构类型——或者更准确的术语叫RESTful URL[①]。一旦拥有了页面动作的功能，就可以让任何请求执行预渲染逻辑，以便在构建并最终渲染下一个视图的组件树之前获取和准备数据。你甚至可以提供一个与浏览器请求不同的视图。在这种情况下，被请求的URL和要被渲染的页面模板之间并没有自动的映射，就像JSF的默认行为一样。

什么是RESTful URL

RESTful URL是指永久代表某个资源的URL，当客户端（通常是浏览器）请求该URL时由服务器返回。资源是指任何相关的项目，如有关高尔夫球场或者高尔夫球员个人资料的信息。URL包含了拉出某个唯一资源所需的所有信息（如读操作）。REST是Representational State Transfer几个单词的首字母缩写。状态是指存在于服务器中的资源（高尔夫球场信息或者高尔夫球员的个人资料），通常保存在数据库中。状态用返回的文档表示。当该URL被请求时，状态就会从服务器端被传到客户端[②]。

从本质上讲，页面动作会给JSF生命周期附加一个前端控制器。页面动作的行为与Struts动作相类似。在这两种框架中，动作都由控制器根据URL-to-action映射进行选择，随后在任何视图处理或者页面渲染之前被调用。前端控制器是基于动作的框架所用的设计模式，包括Struts、WebWork（Struts 2）以及Spring MVC。在Seam的控制之下，实际上你完全可以放心，不必放弃基于动作的思维方式，也不会在使用JSF时丧失提供RESTful URL的能力。

页面动作利用方法绑定表达式来指定。有两种方法可以将页面动作与某个视图ID关联起来。动作可以在Seam页面编排描述符pages.xml的页面节点中定义，也可以在<page>节点的action属性中或者内嵌的<execute>节点中定义。动作也可以在Seam UI命令组件（<s:button>或者<s:link>）的action属性中指定。你可能想知道后者怎么会被当作是页面动作呢，因为它是通过用户动作触发的，就像UICommand组件那样。这是因为，Seam命令组件构造了发出初始请求（而不是回传）的URL，所以它包含了触发某个动作方法所需的所有信息。如果这其中一个组件创建的URL被设置了书签，该动作就只在用户激活该组件时才会执行。

页面动作最常见的用例之一是在渲染视图之前预先加载数据。为了符合这个用例，最好使用

① 不可否认，我在本节中使用起术语RESTful URL来非常随意。我不能说GET请求就是合格的RESTful URL。但是此处的关键在于，预渲染页面动作是实现一个完整的REST解决方案的前提条件。

② http://www.xfront.com/REST-Web-Services.html

pages.xml描述符，将动作方法与视图ID关联起来，因为基本思想是为资源处理所有的请求，甚至包括无效的请求。

2. 预先加载数据

假设你想在渲染目录列表之前预先加载一个高尔夫球场的列表。这么做的话，你将能够捕捉到在页面开始渲染之前从数据库中获取结果时可能出现的错误。

为了在渲染之前执行某个动作，要在任何页面描述符中<page>节点的action属性里指定方法绑定表达式。页面参数在页面动作执行之前被应用到模型中。因此，就像用表单元素绑定为在JSF回传的Invoke Application阶段中执行的动作填充模型一样，页面参数也用于为页面动作填充模型。在这里，Facility结果列表是在页面动作中获取的，多半是及时获取Facility实体（查询的一部分）中的延迟关联：

```
<page view-id="/FacilityList.xhtml"
  action="#{facilityList.preloadFacilities}">
  ...
</page>
```

现在，我们假设你想调出用户所在地的设备列表（如果该用户经过了校验的话）。你会在第11章学到如何用Seam实现校验。假设有一种机制可以用来访问当前用户的信息，#{facilityList.applyRegionalFilter}方法将把它应用到搜索参数上，但是只在没有发现活动搜索的情况下才行（避免妨碍正在进行的搜索）。然后这些设备就会像以前一样被预先加载，因为动作是按照它们在页面节点中出现的顺序执行的。为了将多个页面动作应用到单个页面节点中，要使用嵌入式的<action>节点：

```
<page view-id="/FacilityList.xhtml">
  <action execute="#{facilityList.applyRegionalFilter}"
    if="#{identity.loggedIn and !facilityList.searchActive}"/>
  <action execute="#{facilityList.preloadFacilities}"/>
  ...
</page>
```

能够在渲染之前执行方法，还只是它的其中一个好处。页面动作的真正价值在于，它们能够触发声明式的导航。这是你无法在JSF PhaseListener的beforePhase()方法中放置预渲染逻辑所能得到的一项特性。

3.4 页面动作与导航的结合

紧随页面动作的导航，其功能就像JSF回传的Invoke Application阶段之后所用的导航一样。因此，为了决定如何在页面动作的事件中导航用户,以便将用户从被请求的页面中转移，可以将Seam的页面动作与它的智能导航功能结合起来。如果在导航规则中执行重定向（而不是<render>)，那么后续的页面也都可以使用页面动作。因此，在渲染页面之前链接动作是有可能的。参与这种链接的视图ID并不需要与视图模板相对应（它可以是个伪页面)。

页面动作与导航结合的最明显用处是校验被请求的URL是否是合法的，以及该页面是否可以被成功渲染。

3.4.1　对请求进行完整性检查

考虑当用户直接（或许是通过一个书签）请求球场细节屏时会发生什么事情。球场是利用courseId请求参数中提供的值按id查找的。当被请求的courseId为空，或者球场表中不存在这个id时，会发生什么情况呢？JSF处理这种情形的能力极为糟糕。因为JSF控制器是被动工作的，它不会发现请求遗漏了信息，直到渲染过程进行到一半时才会知道。可是一旦页面开始渲染，你就无法将用户重定向到更适当的页面中去，即便目标数据明显不存在时也一样，除非你抛出异常。在最终显示的页面中，值是空的，并且还存在一些其他潜在的渲染错误。

页面动作伸出援手了！我们来实现一个validateEntityFound()方法，校验能否在渲染开始之前找到某个球场：

```
public String validateEntityFound() {
    try {
        this.getInstance();
    }
    catch (EntityNotFoundException e) {
        return "invalid";
    }

    return this.isManaged() ? "valid" : "invalid";
}
```

在后台，getInstance()方法正利用由页面参数赋给courseHome组件的courseId值在数据库中查找相应的实体实例。isManaged()方法告诉我们是不是在数据库中找到该实体的，与创建一个新的瞬时实例相反。

当然，如果事情进展不顺，结果值“无效”，那么我们就需要执行导航。导航规则在执行页面动作之后被调用，就像动作在JSF回传中被调用一样。此时，如果无法成功地加载该球场，我们会将用户重定向到JSF的视图/CourseList.xhtml，让他们看到一条警告消息，知道自己为什么被重定向：

```
<page view-id="/Course.xhtml" action="#{courseHome.validateEntityFound}">
  <navigation from-action="#{courseHome.validateEntityFound}">
    <rule if-outcome="invalid">
      <redirect view-id="/CourseList.xhtml">
        <message severity="WARN">
          The course you requested does not exist.
        </message>
      </redirect>
    </rule>
  </navigation>
</page>
```

Course.xhtml页面现在可以阻止假请求了。你可能会觉得CourseEdit.xhtml页面也需要受到保护。你也可以在/CourseEdit.xhtml视图ID中注册相应的配置，将同样的逻辑应用到这个页面中。然而，为了示范<page>节点的其他功能，我们要将这两个视图ID合并起来，并使用一个复杂的条件表达式来决定什么时候应该应用该校验。首先，定义与/Course开头的所有视图ID相匹配的<page>节点。然后，引用隐式的JSF表达式#{view.viewId}，它会解析成当前的视图ID，就可以校验该细节页面。如果courseHome中的courseId属性是非null的，则编辑页面如下：

```
<page view-id="/Course*">
  <action execute="#{courseHome.validateEntityFound}"
    if="#{view.viewId == '/Course.xhtml' or
      (view.viewId == '/CourseEdit.xhtml' and
      courseHome.courseId != null)}"/>
  <navigation from-action="#{courseHome.validateEntityFound}">
    <rule if-outcome="invalid">
      <redirect view-id="/CourseList.xhtml">
        <message severity="WARN">
          The course you requested does not exist.
        </message>
      </redirect>
    </rule>
  </navigation>
</page>
```

请注意，执行完每个动作之后都要引用该导航规则。如果页面动作的结果与某个导航规则相匹配，其余页面动作就会短路。因此，如果执行所有的页面动作，只有最后一个会触发导航。

如你所见，也可以创建像“什么时候调用页面动作”这样十分复杂的规则。但是它们需要进行一些设置。为了处理更常见的预渲染功能，Seam提供了一些内建的页面动作来保护视图。

3.4.2 内建的页面视图

每个应用程序都需要某些面向页面的特性，例如限制未经校验或者未经授权的用户访问受保护页面的能力。Seam并不强迫你花时间为每个应用程序寻求解决方案，而是提供了许多内建的页面动作来处理这项工作。

如果你试用过Servlet基于过滤器的安全机制（例如，Spring Security）来保护JSF页面，可能曾由于它不能很好地完成保护JSF页面的任务而感到沮丧，这是因为它的粒度不够细。如果在适当的阶段（即在Render Response阶段之前）上进行，保护JSF页面是很容易的。页面动作最合适不过了。为了限制未经校验的用户访问，只要在页面定义中添加login-required属性：

```
<page view-id="/CourseEdit.xhtml" login-required="true"/>
```

你也可以利用嵌入式的<restrict>元素实施自定义的安全规则。如果你是使用JAAS（Java Authentication and Authorization Service，Java验证和授权服务）原则（我们会在第11章讲解它的配置），并且想要根据isUserInRole()方法的返回值来实施基于角色的安全规则，就可以在<restrict>元素中利用内建的EL函数s:hasRole来完成。我们假设有一个名为“edit”的角色被用来授予修改记录的特权。你可以利用下面的页面声明，避免任何没有被赋予编辑角色的人修改球场：

```
<page view-id="/CourseEdit.xhtml" login-required="true">
  <restrict>#{s:hasRole('edit')}</restrict>
</page>
```

像要求用户进行校验一样，在页面声明中添加conversation-required属性，可以使一个已经存在的对话生效。如果想要将这两个标签中的任何一个应用到所有页面中，也可以将这两个标签都添加到<pages>根节点中。如果这两个条件中任何一个条件失败，Seam就会提供login-view-id和no-conversation-view-id属性，指明要将用户定向到哪里去。在本书稍后的篇幅中，我们会更加深入地探讨安全性和对话，现在只要知道这些Seam特性是可以利用

pages.xml进行配置的。

还有一种内建的页面动作能够为一组页面加载消息包。将键添加到Seam准备好的统一消息包中。你会在第5章的5.5.2节学到如何配置和使用Seam消息包。以下声明为网站的管理区加载了在classpath的admin.properties文件中定义的消息包：

```
<page view-id="/admin/*" bundle="admin"/>
```

也可以利用内建的动作强制某个页面通过HTTPS请求进行请求。页面声明中的scheme属性检验当前的方案，如果当前方案不正确，将用户重定向到适当的方案中：

```
<page view-id="/secure/*" scheme="https"/>
```

如果详细介绍Seam面向页面功能的每个细枝末节，我可以用一整本书的篇幅来讲解它。由于Seam中有太多内容要介绍，因此我得继续往下讲，而不是详细说明整个页面描述符方案。如果你有兴趣了解此处没有提及的某个不常用的页面描述符配置元素，建议你参阅Seam的参考文档。

目前为止讨论的预渲染逻辑对于用户都是透明的。然而，对开发人员有意义的URL对于最终用户或者搜索引擎来说并不总是有意义。包含许多查询字符串参数的URL显得尤其神秘。3.5节要介绍如何在Seam中创建外观更好看的URL。

3.4.3　对搜索引擎友好的 URL

在URL和被渲染的视图之间使用一个抽象层可以适应更富有逻辑、更优美的RESTful URL策略。目的在于将看起来像/Course.seam?courseId=15这样的URL转变成/course/view/15。JSF没有利用REST概念进行设计，因此我们必须在别处寻找答案。尽管可以利用页面动作对请求进行预处理，就像前面的例子那样，但是利用一个第三方重写过滤器来完成这项工作要轻松得多，这个过滤器恰如其名：UrlRewriteFilter。如果你熟悉Apache的mod_rewrite过滤器，其前提是一样的。

为何渴望对搜索引擎友好的URL

为了帮助人们找到你网站的信息，你得确保搜索引擎能够理解网站或者应用程序。为搜索引擎优化网站的一种方法是制作链接，让它指向网站自我描述的其他页面。URL应该包含那些能够提示“当请求这个URL时会显示哪些资源”的词语和字符。随后搜索引擎就可以知道这种模式，并提供与符合搜索条件的资源链接相关的搜索结果。

所有相关的信息也都应该出现在URL路径中。将信息放在查询字符串中，会使搜索引擎难以区分重要的信息和不重要的信息，甚至可能导致有关资源的重要信息被删除。统计引擎会丢弃这些不符合其规则的URL。因此有了对搜索引擎友好的URL也意味着有了对统计引擎友好的URL。生成的统计结果也会更加精确，因为你得到的是展示资源请求的粒度，而不只是得到提供这些资源的Servlet路径。

搜索引擎友好的URL，是因为它们很简单，并且与技术无关。假设你在Struts中实现应用程序，并传播以.do结尾的链接。那么，如果你将来切换到JSF，现有的所有链接立即就会变成无效，很可能给用户造成404错误。你现在使用以.jsf（或者.seam）结尾的新链接。但你要做的是制作与资源有关的URL，而不是与服务它的框架有关的URL。

在编写本书之时，Seam的过滤器链中尚未包含启用和配置`UrlRewriteFilter`的过滤器，但有望在Seam 2.1的发行版本中实现。那时候，就需要在web.xml描述符中配置它了。将下面的XML代码片段添加到该文件的`SeamFilter`之下的任何地方：

```
<filter>
  <filter-name>UrlRewriteFilter</filter-name>
  <filter-class>
    org.tuckey.web.filters.urlrewrite.UrlRewriteFilter
  </filter-class>
</filter>
<filter-mapping>
  <filter-name>UrlRewriteFilter</filter-name>
  <url-pattern>/*</url-pattern>
</filter-mapping>
```

你还需要修改构建，将urlrewritefilter.jar文件包含在部署文档中。关于如何将类库添加到部署文档的更多细节请参阅附录A。

重写规则在/WEB-INF/urlrewrite.xml描述符中定义。这些规则是利用Perl 5正则表达式或者通配符定义的。它可以捕捉匹配的引用，并将它们传给构造好的新URL。代码清单3-5展示了友好的球场URL的配置。

代码清单3-5　友好URL的URL重写配置

```
<?xml version="1.0" encoding="UTF-8"?>
<!DOCTYPE urlrewrite PUBLIC
  "-//tuckey.org//DTD UrlRewrite 3.0//EN"
  "http://tuckey.org/res/dtds/urlrewrite3.0.dtd">
<urlrewrite>
  <rule>
    <from>^/course/view/([0-9]+)$</from>        ← 与/course/view/15这样的URL匹配
    <to last="true">/Course.seam?courseId=$1</to>
  </rule>
  <rule>
    <from>^/course/edit/([0-9]+)$</from>        ← 与/course/edit/15这样的URL匹配
    <to last="true">/CourseEdit.seam?courseId=$1</to>
  </rule>
  <rule>
    <from>^/$</from>        ← 与根URL匹配
    <to>/home.seam</to>
  </rule>
</urlrewrite>
```

友好的URL会导致相对路径被中断，因为Servlet路径不再表示被渲染的视图。对样式表的引用不再有效，因为浏览器认为友好的URL是该资源的基准URL。为了解决这个问题，应该对这类资源使用绝对引用，例如：

```
#{facesContext.externalContext.request.contextPath}/stylesheet/theme.css
```

也可以利用反向机制创建友好的URL。如果使用的是常规的HTML链接、用`<h:outputLink>`创建的链接或者视图中的Seam UI命令组件，就可以定义“在将链接目标与响应一起发送之前将它转换成友好的URL”的出站规则。下面是一个出站重写规则的例子，它为球场细节页面生成友好的球场URL：

```
<outbound-rule>
  <from>^(/.+)?/Course.seam\?courseId=(\d+)$</from>
  <to>$1/course/view/$2</to>
</outbound-rule>
```

在用严格匹配（主要是插入符号“^”）定义出站规则时，必须在<from>表达式中捕捉上下文路径（在本例中是指/open18），并传给目标URL。你还必须为要匹配的规则考虑URL中会出现的所有可能的查询参数。通常要当心的参数是对话id参数，因此需要更复杂的表达式。

UrlRewriteFilter完全能够按照你所能想到的任何富有创意的方式对URL进行限制，以编写正则表达式。它不仅对于创建友好的URL有用，而且当你想要将网站迁移到一种新的结构中时也很有帮助，它可以根据用户代理（浏览器）提供自定义的资源，或者精简过长或者过于复杂的URL。你可以在Seam发行包配套的范例项目（在examples目录下）中看到更多UrlRewriteFilter实战的例子。

既然你已经精通Seam的pages.xml配置，接下为该学习Seam如何将这项功能与JSF生命周期联系起来，并看看它还在流程中增加了其他哪些内容。

3.5 Seam的JSF生命周期

Seam掌控下的JSF生命周期比它固有的生命周期要均衡得多。我这么说是指在Seam版的JSF生命周期中，初始请求处理就像回传处理一样功能完备。你已经见过Seam运用面向页面特性在初始请求中扩展行为的多种方式。这些新特性包括参数映射、前端控制器和请求路由。在本节中，我们将（快速地）再次过一遍JSF生命周期，这次观察的重点是“Seam在哪些地方增加了强化功能”。

3.5.1 阶段监听器和Servlet过滤器

Seam能够与JSF紧密合作，这得归功于阶段监听器所提供的粒度。其他框架几乎无法提供这种深入查看执行过程的功能。你会经常看到一些框架在用Servlet过滤器执行这种任务，例如Spring Security。过滤器的问题在于它们在过高的级别上工作了，因此无法密切关注在请求内部发生的情况。没有了这个上下文，它就很难做出正确的决定。在某些情况下，过滤器是不可能影响执行路径的。Seam的阶段监听器SeamPhaseListener，其级别够低，可以改变面向页面的功能所指示的生命周期的执行流程，或者可以让它参与附加业务。我们来看看什么时候会发生这些行为。

3.5.2 概览增强的生命周期

在我们开始学习改进后的JSF生命周期之前，我得先提醒你，在Seam生命周期中发生的行为数量是十分惊人的，我们很难一次就将所有内容都介绍清楚。因此，我会让你先整体了解发生了哪些行为，并重点介绍关键点。我们可以将这次概览当作是一幅藏宝卷轴：它就整个生命周期进行综述，并且有许多令人激动不已的看点。你准备好了吗？

1. Seam式的初始请求

我们再次查看一下生命周期处理初始请求时的整个过程。我保证这次的内容定会更加精彩。表3-2概括了在初始请求中，Seam伴随着JSF阶段所安排的任务。

表3-2 概览Seam并入到初始请求的JSF生命周期的任务（JSF阶段以粗体显示，横线表示从Restore View到Render Response的过渡）

步骤	任　务	描　述
1	初始请求	生命周期从JSF Servlet捕捉到的GET请求开始
2	启动JTA事务	如果启用了事务管理，并且正在使用JTA事务，那么JTA事务就已经打开了
3	**Restore View（恢复视图）**	在初始请求中，Restore View阶段只创建一个空的组件层次结构
4	恢复或者初始化对话	如被请求，则恢复长时间运行的对话。如果由于超时或者并发访问以及不需要使得无法恢复，则转到非对话视图。如果长时间运行的对话不存在，就将一个临时对话初始化
5	处理对话传播	根据请求参数决定长时间运行的对话是要启动、终止、连接还是保持不变
6	校证页面流	如果有状态的页面流正在使用中，就会对它进行校验，以确保用户按顺序请求页面。如果请求不符合要求，则采取相应的措施
7	处理页面参数	与这个视图ID相关的参数从请求中读取，然后转换、校验，并保存并在视图根部
8	实施登录、长时间运行的对话和许可	如果用户必须通过校验才能查看这个页面，那么未经校验的用户就会被重定向到登录页面。一旦通过校验，则将继续渲染该页面。如果需要长时间运行的对话来查看这个页面，并且该对话不存在，用户就被转到非对话的视图中。如果用户不具备查看该页面的相应许可，就会引发安全性错误
9	应用页面参数	如果校验和对话全部通过了，页面参数就会通过值绑定应用到模型中，或者保存在页面上下文中（没有值绑定）
10	启动非JTA的事务	如果启用了事务管理，并且正在使用本地资源（非JTA）事务，其余响应就会被包装在本地资源事务中（通过与持久化管理器进行交互）
11	模拟Invoke Application阶段	生命周期暂时采用Invoke Application阶段的签名，在初始请求中提供回传特性
12	实施登录、长时间运行的对话和许可	这个步骤之所以发生了两次，是因为在导航事件之后渲染指定视图ID时，有些执行路径跳过了第1~9步
13	选择数据模型行	如果请求由`UIData`组件中的Seam UI命令组件发出，就将`DataModel`的索引转到相应的行上
14	执行页面动作	执行与视图ID关联的每一个页面动作。这包括通过Seam UI命令组件的动作。每次执行之后都应用导航规则。如果有不止一个导航规则适用，则使用优先级最高的那个规则
15	提交事务	如果启动了事务管理，并且某个事务是活动的，就提交该事务。打开一个新的事务准备渲染响应
16	转移JSF消息	并将存储在对话中受Seam管理的`FacesMessages`置换并转移到`FacesContext`中，这样就不会被重定向了
17	准备对话转换	可以通过UI组件来选择对话。这个步骤记录了当前页面的描述和视图ID。必须在Render Response阶段之前，在生命周期被短路的事件中准备堆栈
18	保存对话	将对话保存在会话中，直到出现下一个请求
19	**Render Response（渲染响应）**	读取JSF视图模板，并将它编码到生成的标记中（通常是XHTML），用它渲染响应。UI组件层次结构保存在客户端或者要在回传中恢复的服务器端

（续）

步骤	任　务	描　述
20	提交事务	如果启用了事务管理，就提交渲染响应期间处于活动状态的事务
21	准备对话转换	对话可以通过UI组件进行选择。这个步骤会记住当前页面的描述和视图ID，并更新Render Response阶段之前准备的堆栈
22	清除对话	终止临时对话，或者更新长时间运行对话的最新请求时间

现在你可以松一口气了。谢天谢地，这个过程终于结束了。表3-2虽然没有涵盖Seam在JSF生命周期中增加的每个步骤的所有细节，但是已经十分详细了。如果你必须精简这份列表，请注意初始请求最值得关注的改进之处为：

- 事务会自动启动和中止（如果启用了事务的话）；
- 应用了页面描述符中定义的页面参数、动作和约束条件。

Seam包装每个请求的全局事务，是使Seam应用程序如此实用的最重要因素。你可以放心地在页面动作和动作方法中执行持久化操作，而不必操心启动和提交事务，因为Seam会替你完成这些工作。如果你宁可将持久化逻辑推给其他层，也仍然能够利用全局的事务，因为它跨越了整个动作方法调用栈。全局事务会在第8章、第9章和第10章讲到，到时会深入阐述事务和持久化。

视图中的延迟关联

Seam主要好处之一在于它能够正确地设置持久化管理器（JPA的`EntityManager`或者Hibernate的`Session`）的作用域，允许在视图中遍历未被初始化的代理和实体关联，不必担心会遇到`LazyInitializationException`（LIE）。简而言之，它们一切正常。过去，开发人员总是依赖OSIV（Open Session in View）模式，将持久化管理器的生命周期延伸到单个请求。Seam采用了一种更明智的方法，将持久化管理器绑定到对话作用域上，用事务将请求双重包围起来。在第9章，你将会学到Seam对话作用域的持久化管理器，并将它与OSIV模式进行对比。

看完初始请求的这一连串步骤，你可能会对回传感到恐惧。其实不必担心，因为剩下的事情不多。Seam已经完成了它在Restore View和Render Response阶段的大部分工作。

2. 回传的修补较少

本节的篇幅相当短，是因为Seam生命周期中的回传只是Seam面向页面的附加功能与标准的JSF回传机制的一种结合。最显著的强化功能在于，Seam用一个事务将Invoke Application阶段包装起来了，该阶段一完成就提交这个事务。这与页面动作的管理方式相类似。在我们完全准备好开始对事务进行微调之前，Seam依然暂时先替你解决乏味的事务处理工作。要注意的一点是，页面动作在回传中得到执行，这可能是你事先没有想到的。为了确保页面动作只在初始请求期间才执行，可以在页面动作声明中应用以下条件逻辑：[①]

```
<page>
  <action execute="#{actionBean.executeOnInitialRequestOnly}"
    if="#{empty param['javax.faces.ViewState']}"/>
</page>
```

① 在JSF 1.2中，这一个检查是由ResponseStateManager#isPostback(FacesContext)方法执行的。

除了JSF生命周期中已经具备的特性之外，Seam生命周期还“钩进”阶段监听器的架构，从而引入了大量新特性。JSF最明显的不足在于初始请求的处理能力和导航能力，这两点在Seam中都得到了改进，使得创建更复杂的JSF应用程序成为可能。但是应用程序难免会出错，只是在出错时，它应该保持如往常般正常处理程序的能力。在3.6节，你会学到Seam如何在JSF中增加一种异常处理机制来解决这个问题。

3.6 用 try-catch 块包围生命周期

Seam处理异常的能力就像其所实现的其他绝妙功能一样重要。遗憾的是，异常处理能力经常被忽略了。JSF就是这样。Faces-config.xml描述符不允许定义异常处理器。幸运的是，Seam利用JSF生命周期从容地捕捉和处理了异常。

3.6.1 以优雅的方式处理失败

Seam能够通过捕捉处理请求期间抛出的异常来处理失败，这为你提供了在生命周期的同一个执行内部处理异常的机会。通过捕捉作为其生命周期的一部分的异常，Seam可以保留页面参数、临时的或者长时间运行的对话，以及在发生异常之前可能已经添加的任何JSF消息。必要的时候，Seam还能回滚即将委托给异常处理器的所有事务。

在处理异常的时候，可以采取以下任何一种措施：

- 重定向（redirect）；
- 发送HTTP错误码。

在处理异常的过程中，你还可以：

- 添加JSF消息；
- 终止对话；
- 给重定向添加参数。

有两种方法可以定义异常的处理方式。要么在页面描述符中定义“监视异常并在抛出异常时采取措施”的异常匹配规则，要么直接到异常类中配置“出现异常时应该采取的处理方式”。

3.6.2 注册异常处理器

要配置异常处理器，还是要利用页面描述符。利用代码清单3-6中的代码，我们以优雅的方式捕捉Seam的授权异常。当Seam捕捉到该异常时，先将原始异常保存在名为`org.jboss.seam.caughtException`的对话作用域的变量中[①]。然后，它在异常层次结构中查找异常处理器。如果找到，它就将要处理的异常保存在名为`org.jboss.seam.handledException`的对话作用域的变量中。然后这个异常处理器就可以在请求中添加一条消息，并发出对某个错误页面的导航。该消息是个标准的JSF `FacesMessage`，因此可以利用<h:messages>组件标签将其显示在用户接口中。

① Seam 2.1之前，原始异常是保存在名为org.jboss.seam.exception的变量中。

代码清单3-6　捕捉授权异常的配置

```
<exception class="org.jboss.seam.security.AuthorizationException">
  <redirect view-id="/error.xhtml">
    <message severity="WARN">
      Sorry, you do not have access to the requested resource.
      This message may explain why:
      #{org.jboss.seam.handledException.message}      <—— 内部异常
      or
      #{org.jboss.seam.caughtException.message}       <—— 外部异常
    </message>
  </redirect>
</exception>
```

说明　如果你使用的是Facelets，为了让异常处理器能够处理所有的情况，必须确保Facelets开发模式和Seam调试模式这两者都是关闭的。否则，你可能会看到一个显示该异常的特殊调试页面。有关Seam调试模式和Faceslets开发模式的说明可以在第2章2.6.1节找到。

3.6.3　将异常扼杀在萌芽中

你也可以通过注解来配置异常处理，即在异常类中添加@HttpError注解或者@Redirect注解（但是这两个注解不能同时添加）。你可以用@ApplicationException注解对上述注解进行补充，让它控制活动事务或长时间运行对话的处理方式。

如表3-3所示，@Redirect注解能够帮助你渲染一个漂亮的错误页面，并且友好地通知用户发生了什么错误。

表3-3　@Redirect注解

名称：Redirect
目的：表示出现这个异常时应该发出一个HTTP重定向
目标：TYPE（异常类）

属　性	类　型	作　用
message	String (EL)	用来注册一条info级FacesMessage的消息 默认：异常消息
viewId	String (EL)	抛出这个异常时重定向到这个JSF视图ID 默认：当前视图ID

另一方面，@HttpError注解通常用来为客户端产生一个极度不礼貌的响应。我当它是在对不受欢迎的客人尖叫。当标注有@HttpError的异常类被抛出时，Seam会连同异常消息一起向浏览器发送一条指定的HTTP状态码。@HttpError注解概括如下（表3-4）。

如表3-5所述，@ApplicationException注解用来终止一个长时间运行的对话，或者立即回滚活动的事务。当标注有@ApplicationException的异常类被抛出时，Seam会根据这条注解决定如何处理对话和事务。请注意，未处理的异常始终强制回滚。@ApplicationException正是强制回滚立即发生。

表3-4 **@HttpError注解**

名称： HttpError
目的： 表示出现这个异常时应该发送一个 HTTP 错误响应
目标： TYPE（异常类）

属　性	类　型	作　用
message	String (EL)	用来注册一条info级FacesMessage的消息 默认：异常消息
errorCode	int	Java Servlet API中的HTTP错误码常量之一 默认：500，这是一个内部服务器错误

表3-5 **@ApplicationException注解**

名称： ApplicationException
目的： 控制出现这个异常时应该如何处理长时间运行的对话和事务。类似于非 EJB 环境中使用的 javax.ejb.ApplicationException
目标： TYPE（异常类）

属　性	类　型	作　用
rollback	boolean	如果为true，这个标记表示该事务应该立即回滚。如果为false，表示该事务要在请求结束时回滚。默认：false
end	boolean	如果为true，这个标记表示应该终止长时间运行的对话。如果为false，表示该对话应该保持不变。默认：false

举个例子，假设你实现了一个特定于应用程序的异常：

```
@Redirect(viewId = "/penaltyStrokeWarning.xhtml"
    message = "You're ball is out of play. That will cost you one stroke.")
public class OutOfBoundsException extends Exception {}
```

随着异常得到正确的处理，用户也因为违反规则而受到了小小的惩罚，Seam的生命周期也宣告结束了。Seam是一个非常棒的面向Web的框架，因为它吸纳了JSF，并对它进行了扩展，让你能够在应用程序中全面地控制页面。

3.7 小结

在本章中，你知道了Seam如何"钩进"Java Servlet和JSF生命周期，来为JSF和非JSF请求两者都提供服务。你见证了这种整合的多元特性，它利用Servlet监听器启动Seam并监听HTTP会话事件，用JSF阶段监听器了解JSF生命周期，用Servlet生成并提供支持的资源，并用Servlet过滤器提供超出JSF Servlet的服务。了解了这种整合之后，便将焦点转向Seam对JSF的强化功能。

本章用了一节专注于回顾JSF生命周期，展现了初始请求和回调之间的鲜明对比，阐明了JSF的6个生命周期阶段中各阶段所扮演的角色。你会发现每个阶段转变的通知（利用JSF阶段监听器进行捕捉），正是Seam织入许多JSF强化功能的方式，同时产生了Seam的生命周期。文中也解释了Seam生命周期的步骤。

Seam的大多数强化功能都以面向页面控件的方式对初始请求产生影响，这部分在文中做了深入的讨论。Seam页面描述符中配置的控件，可以代替JSF配置文件中定义的导航规则。我鼓励你继续研究Seam的导航规则，以获得更智能的导航。你还了解了Seam的页面描述符，你就可以完成那些JSF过去没能完成的任务，如前端控制器、高级页面导航、RESTful URL以及异常处理。简而言之，通过对JSF进行扩展，Seam提供了像Struts这种基于动作的框架所提供的那些特性，同时又不会丧失基于组件的模型的诸多好处。

全面地了解了Seam请求之后，现在可以准备学习Seam的另一个本质方面：组件和上下文。在下一章，你将学习Seam组件，即seam-gen项目中标有`@Name`注解的那些类。你会发现Seam组件实际上可以代替JSF中的managed bean设施。但是让Seam与众不同的是，Seam组件可以扮演多种角色，从表现到业务再到持久化。事实上，一个组件可以扮演这所有三种角色。继续往下读，看看如何用Seam的上下文容器来支持Seam的生命周期，以及Seam的自由架构又是如何让Seam组件发挥巨大效用的。

第4章

组件及其上下文

4

本章概要

- ❑ 利用注解定义Seam组件
- ❑“钩进”组件生命周期事件
- ❑ 用EJB会话Bean作为Seam组件
- ❑ 访问Seam组件的实例

本章介绍Seam管理的组件及其上下文。如果你用过Spring Framework，对声明受管对象的思想一定不陌生。Seam也一样，它只是用“组件”（component）一词代替“bean”而已。与Spring相似，Seam也具有定义、配置和实例化组件（component）的功能。一方面，你可以认为Seam是一种轻量型的容器。它不强迫将代码绑定于某个容器，也不要求你改用特殊的编辑模型或是要求组件一定要在容器中。相反，它的组件只是POJO（简单Java对象）。Seam的独到之处在于，它利用现有的容器及其上下文来“宿主”它所实例化的对象，因此，将它归类为元容器则更准确一些。Seam获得组件的实例之后，会通过方法拦截器透明地对它进行“装饰”，从而应用于企业服务。与Spring等其他受管容器相比，Seam的主要优势在于，它将组件的上下文与组件本身视为同等重要。因此，本章的重点不仅仅是组件，而且还包括上下文组件（contextual component）。

第2章已经构建了一个应用程序，让它运行并在实践中观察了Seam。我相信那些练习，包括第3章中提及的知识点，已经让你对组件产生了满腹疑问。我保证，你的问题在本章里会得到解决。为了学习Seam组件，我们将采用自上而下的开发方式，在Open 18应用程序中添加会员注册。先用seam-gen创建一个新的实体、视图和动作Bean组件。当应用程序启动时，Hibernate负责根据实体类的JPA注解中的信息，往数据库中添加相应的表。之后就可以观察视图、动作Bean组件和实体是如何交互的。但在做所有这些事之前，你必须先理解Seam的精髓：上下文容器。

4.1 Seam 的上下文命名容器

从根本上说，Seam是一个存放名称或者变量名的容器。但是Seam并非只是让所有这些变量名都一股脑儿地挤在底部，而是将容器分成许多隔间，并将这些变量相应地分散到每个隔间中去。每个隔间表示一个范围，在Seam术语中称为上下文（context）。上下文定义了可以在哪里找到某个变量名，以及它要在那里停留多久。

准确地说，Seam容器存放的是上下文变量（context variable）。上下文变量可以存放任何类型对象的引用。但是，你很快将会发现Seam容器的真正主角是组件。当应用程序与持有组件实例引用的上下文变量进行交互时，会发生许多令人激动不已的事情。从现在开始，当我讲到术语“上下文变量”时，指的就是Seam容器中将值保存在某个上下文中的变量。

说明　作用域（scope）和上下文（context）这两个术语在文中会交替出现。你不要对这个问题感到困扰，这两个术语是可互换的。从技术上讲，上下文是个“桶”，而作用域则是个用来识别这个“桶”的标记，但它们之间的差别甚微，因此这两个词实际上只是在咬文嚼字而已。

在继续学习Seam组件并探究其内部环境之前，我得先向你简单地介绍一下Seam的上下文，告诉你它们与Java Servlet API中的传统上下文的区别所在。

4.1.1　Seam的上下文模型

就像球袋中有很多支高尔夫球杆一样，你也有多个上下文可以用来保存变量。在高尔夫球运动中，你可以根据想让球走多远来选择球杆。在Web应用程序中，则是根据你想让一个变量停留多久来选择上下文。你对Java Servlet API中定义的三种作用域可能已经很熟悉了，它们是：应用程序、会话和请求。问题是这组经过精简的作用域数量太少了，就像试图用一支一号木杆、一支五号铁杆[①]和一支推杆来打完一轮高尔夫球一样。你可以完成，但是有的时候，你不得不让每支球杆去做一些它力所不能及的事情。

粗粒度的Servlet作用域之间存在的巨大鸿沟为许多应用程序增添了障碍。此外，每个Servlet作用域还要求你使用不同的API来访问它的变量，这使得代码平添了不必要的复杂因素。Seam的开发人员引入上下文命名容器，让容器提供单一接口来访问所有变量，而不管变量是保存在哪个上下文中，并引入了几个弥补现有上下文之间差距的新上下文，从而消除了这两大障碍。

4.1.2　统一了Java的Servlet上下文

Seam建立了统一的上下文模型，为Java的Web环境带来了十分必要的技术革新。Seam将所有上下文都放在它的容器下，让现有的上下文能够自然地适应它所提供的新上下文。通过控制上下文，Seam为上下文变量提供了一站式查找使用，并对现有的Servlet上下文添加了有用的强化功能。

Seam给现有上下文添加的是无状态上下文、页面上下文、对话上下文及业务流程上下文。Seam支持的所有上下文都用Java 5枚举`ScopeType`中的名称表示，你会在本章稍后介绍的一些Seam容器中看到这种用法。表4-1列出了这些上下文、枚举类型中的关联名称，并简要地描述了上下文生命的期限。请注意，Stateless作用域和Unspecified作用域并不是真正的上下文，而是指示Seam如何处理变量查找的指令。

---

① 一种用于145~180码之间距离的铁球棒，适于做男子球棒。也称作“5号铁头球棒”。——译者注

表4-1　Seam的上下文，按生命周期从短到长进行排序

上下文名称	org.jboss.seam.ScopeType 中的枚举名称	描　述
Stateless	STATELESS	一个非存储的上下文。每次解析组件名称时，都强行实例化一个组件。相当于Spring的原型作用域
Event	EVENT	类似于Servlet中的request作用域。从JSF生命周期中的Restore View阶段开始，到Render Response阶段结束，或者直到发生重定向
Page	PAGE	从JSF的Render Response阶段的起点开始，并在每个相邻的JSF回调中持续，直到重定向或者导航到另一个页面。这个上下文的存储机制是JSF组件树
Conversation	CONVERSATION	至少从Restore View阶段持续到Render Response阶段结束，即使是在重定向的事件中。如果转换到长时间运行的对话，它会跨越单个用户的多个请求，直到终止。对话的传播，在非JSF的回传中是利用特殊的请求参数，在JSF回传中则是通过JSF组件树
Session	SESSION	类似于Servlet会话作用域。可逐一访问会话作用域的组件实例
Application	APPLICATION	类似于Servlet应用程序作用域
Business process	BUSINESS_PROCESS	在业务流程定义文件中用起始状态和终止状态进行声明式控制，能跨越多用户的多个对话
Unspecified	UNSPECIFIED	该指示表示作用域是隐式的。它会根据情况，告诉Seam或者使用当前组件的作用域，或者对所有作用域执行层次状的搜索

让我们从Seam提供的有状态上下文开始，来简单地探讨一下存储上下文，以及每个上下文之间的关联性吧。

4.1.3　Seam 中新的有状态上下文

Seam在提供有状态（stateful）上下文方面可是下了大工夫。当用户与应用程序交互时，状态会积聚，并且该状态需要进行追踪。在传统的Web应用程序中，长状态会保存在HTTP会话中，事实上这就是有状态上下文。然而，Seam鼓励你将长状态保存在这样的上下文中，即上下文生命周期比用户交互时间长。Seam的有状态上下文堆栈包括两个上下文：对话和业务流程，它们建立的是用例模型，而不是局限于预定的范围（如HTTP会话作用域）中。这种做法正好印证了上面的建议。Seam还暴露JSF的视图根属性作为页面上下文，让它成为合法的有状态上下文。拥有这些新的有状态上下文很重要，因为它们有助于减少服务器的负载，同时也避免了状态共享时由于考虑不周密而导致的bug。最重要的是，Seam提供的有状态上下文避免了HTTP会话的不恰当使用。我们来看看每个上下文的用途和持续时间。

JSF支持页面作用域，这是一个非官方的属性类别，它保存在JSF的UI组件树的根部。Seam将这些属性当作是一级上下文变量，并通过Seam页面上下文将它们暴露出来。页面上下文能够将数据从JSF生命周期的Render Response阶段至少传播到接下来的回传中的Invoke Application阶段，如果随后是渲染同一个视图而不是重定向，就会继续进入Render Response阶段。随着同一个UI组件树的恢复（回传的结果），这个周期会持续进行几次，只有Render Response阶段之前的导航事件会使其终止。如果你的应用程序中使用了MyFaces Tomahawk组件集里的<t:saveState>

组件标签[1]，那么可能已经间接地使用过这个作用域了。使用Seam页面上下文的好处在于，你不需要将状态逻辑与视图关联起来。

对话和业务流程作用域是用来管理长时间运行的流程的。它们的作用范围通过注解或者页面描述符标签进行声明式的控制。会话作用域大多可以用对话代替。业务流程是对话作用域的一种变体，但它可以在应用程序的多个用户之间传递状态，这是借助于持久化存储实现的。你会在第7章和第14章（在线）分别学到更多有关对话和业务流程的内容。

4.1.4　Seam 中增强的 Servlet 上下文

Seam并没有对传统的Java Servlet上下文弃之不理，而是对它们进行修正。Seam不是盲目地使用Java的Servlet API，而是将它们作为这些特殊上下文的底层存储机制。Seam通过控制这些作用域，从而将概括它们的用途，并弥补了由原生容器处理这些范围所存在的一些缺陷。

例如，事件上下文包装了Servlet请求作用域。这个抽象将Web请求概括成了一个事件，以便从Seam的核心抽象出Java的Servlet API。这种概括为Seam开启了一扇支持“在其他交替环境中的事件构造”之门。对于传统的Web开发而言，事件上下文和请求上下文是一回事。

有时候，需要在整个逻辑请求中保留变量，即请求和渲染一个页面之间的这段时间。当涉及一个或者多个临时重定向时，逻辑请求与Servlet请求是有区别的，例如Redirect-After-Post模式[2]。遗憾的是，在这种情况下，请求上下文毫无用处，因为它并不能在重定向中“幸存”下来。在JSF回传中使用过Redirect-After-Post模式的开发人员都知道，它会导致在Invoke Application阶段中准备好的所有请求作用域的数据都被丢弃。最经常丢失的数据是JSF状态消息。Seam能帮上什么忙呢？在没有长时间运行的对话（第7章介绍）时，Seam的对话作用域会将上下文变量通过逻辑请求进行传播——这就是Seam的“临时对话”。临时对话涵盖了Ruby on Rails flash hash的功能。例如，Seam对话作用域的`FacesMessages`组件可以用来确保JSF状态消息可以在重定向中“幸存”下来。这样，问题就解决了。

保持组件同步

Seam还改进了会话上下文，从而防止了会话作用域组件受到并发访问。由同一个Servlet（如`FacesServlet`）处理的多个请求有可能同时到达服务器，这些请求虽然在不同的线程中运行，但却由相同的Servlet实例提供服务。如果两种请求执行的应用程序都逻辑访问同一个会话作用域的变量，就可能导致该变量所引用的对象以冲突的方式遭到修改。这种情况就是我们常说的“违背了线程安全性”。为了避免发生这种情况，你得在访问该变量的代码区域中添加关键字`synchronized`。这样，Seam就会自动替你同步会话作用域的变量，并以最高效的方式来完成这一切，这也弥补了Web应用程序长期以来一直存在的缺陷。在类定义中添加`@Synchronized`注解（如表4-2所述），可以对其他作用域中的组件应用这个同步逻辑。这个注解可以利用`timeout`属性

① 见http://myfaces.apache.org/tomahawk/uiSaveState.html。

② Redirect-After-Post是一种权宜之计，防止用户在提交表单之后再点击刷新，造成两次提交。在ServerSide.com中的Redirect After Post一文中可以看到详细的阐述，访问http://www.theserverside.com/tt/articles/article.tss?l=RedirectAfterPost。

调整同步的超时期限。

表4-2 @Synchronized注解

名称：Synchronized
目的：保护组件不被并发访问
目标：TYPE（类）

属性	类型	作 用
timeout	long	在抛出IllegalStateException之前线程应该等待的时限（以毫秒为单位）。默认值：1 000

关于上下文容器，最重要的是要记住：它提供了通过一致的接口访问所有上下文变量的权限，而不管底层采用哪种存储机制。你会在4.7节学习如何使用上下文API。了解了上下文之后，我们要把讨论的焦点转向与之相关的组件。

4.2 组件的分类

组件（component）一词可以用来表示很多东西。当我试图向你解释这个词的时候，发现很难找到一个广泛适用的定义，也许压根就不存在这样的定义。从理论上讲，组件是一个可以插入到应用程序中的模块，就像拼装玩具一样，一块块垒起来，形成某种大型的结构。作为专业开发软件的人员，我相信你也清楚软件组件要比Lego玩具更复杂一些。

不管怎么说，定义和含义是什么都不太重要。重要的是这个词对你这位软件开发者来说意味着什么。到目前为止，我们都假设组件就像JSF的受管bean一样。虽然Seam组件可以表示JSF的受管bean，但组件的定义要更广一些。组件是一组保存在容器中的指令，用来创建由容器管理生命周期的对象。当你稍微进一步深入探究这个有点抽象的词语之后，相信你会觉得用“组件”这一行话还是有道理的。一切尽在此命名当中了。

4.2.1 组件与组件实例

组件是用来创建对象的一组指令或者一个蓝图，它补充了Java的类定义。每个组件都有一个名称，用来寻址该组件。表4-3列出了几个容器，并说明了它们所管理的组件是如何进行声明的。

表4-3 组件容器以及如何在每种容器中定义组件的示例

容 器	类如何变成组件
Seam	用@Name进行标注，或者在components.xml中进行声明
EJB	用@Stateful、@Stateless、@MessageDriven进行标注，或者在ejb-jar.xml（只与EJB 3有关的注解）中进行声明
JSF	在faces-config.xml中声明为受管bean
Spring	在applicationContext.xml中声明为Spring Bean
Servlet容器	在web.xml中声明的Servlet、过滤器和监听器

当一个类变成一个组件时，它就获得了访问该容器所提供的任何服务的权限。例如，EJB会话Bean中的方法自动地包装进事务中；Servlet组件和JSF的受管bean访问Web层的资源注入；Spring的Bean在实例化的时候通过其他的Spring Bean注入。你可以看到，组件给类赋予了特权。

很好，现在你知道什么是组件了。但是本书是讲Seam的，我们还是把焦点放在Seam组件上吧。Seam组件中有：

- 与实例创建有关的元数据；
- 生命周期方法；
- 初始属性值或者对象引用。

Seam从组件定义中创建组件实例，如图4-1所示。当应用程序与组件交互时，它真正调用的是该组件的一个实例（instance）。

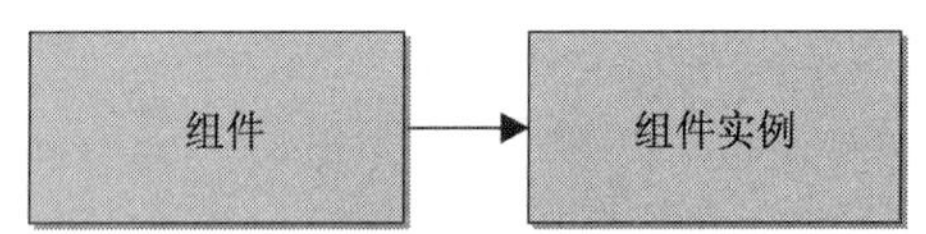

图4-1　由Seam容器从组件中创建组件实例

组件与组件实例的区别

"组件和组件实例之间的关系"就像"Java类和Java对象之间的关系"一样。Seam甚至用Component类型来描述组件定义，就像Java用Class类型来描述类定义一样。

一旦创建了组件的实例，它就以组件名为名称保存在指定的上下文中，形成了所谓的上下文变量。组件的实例就是Java对象，但有一点不同。组件的实例中布满了拦截器，帮助Seam对它进行监视，并管理它的生命周期。一旦得到控制，Seam就能够在调用对话的时候透明地将行为植入到对象中。你可以把这种技术当作是AOP（Aspect Oriented Programming，面向方面编程）。AOP的理念是处理原本以样板代码出现的横切关注点，或者将代码与特殊环境关联起来。采用了AOP，方法调用就不仅仅是方法调用了。围绕着每个调用还发生了更多的事情，这意味着可以达到事半功倍的效果。

Seam根据注解中提供的指示决定如何处理对象。Seam所运用的行为包括注入依赖、管理事务、实施安全约束、调用生命周期方法以及处理由组件触发的事件等。这听起来应该类似于EJB的工作方式，其实正是EJB的工作方式启发了这种设计。

4.2.2　Seam 管理组件

组件还有一个重要的特征：它是由Seam容器管理的。当通过名称请求对应的组件时，容器就会提供该组件的一个实例，如图4-2所示。当这个请求进来时，Seam先查找现有的实例，如果找不到，它就会创建一个（如果要求这么做的话）。然后这个实例返回给请求者。

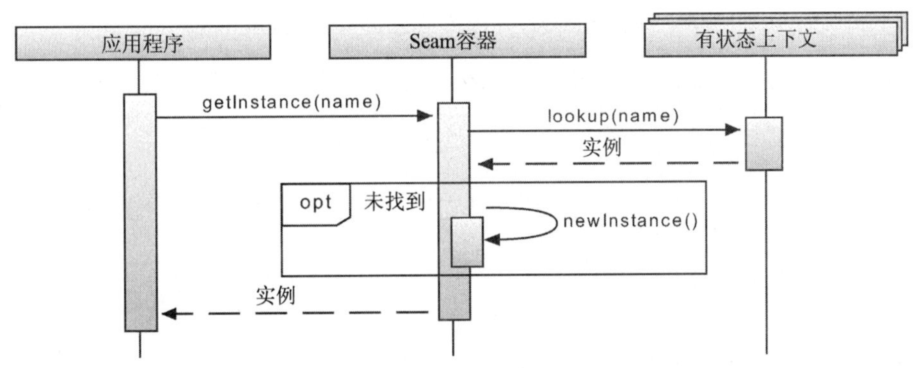

图4-2 从Seam容器中请求组件实例时的顺序图

有Seam在掌控，你就不再需要通过用Java的new操作符来实例化Java类以创建实例了。这不等于说你不可以创建，而是要通过AOP来获得Seam加到对象上的所有强化功能（这体现在图4-2中的`newInstance()`子程序中），你必须允许Seam替你创建实例。从这方面来说，Seam容器是个组件实例的工厂，它用组件定义来创建实例。

将组件转化为组件实例，这在Seam应用程序中要比在其他轻量型的容器（如Spring）中发生得更加频繁。这是因为上下文在Seam中非常重要。在Seam中，组件实例出现后，便一直存活于其上下文的生命周期中。如前所述，Seam的上下文有着不同的生命期限（有一种上下文压根就没有寿命）。Seam中的组件常常与有状态的上下文关联，这意味着它们并不总是停留在应用程序的生命周期之中。

在Spring容器中创建实例与在Seam中差不多，只是你一般不会对此多想罢了。这是因为Spring主要使用singleton bean，它的生命周期与应用程序的生命周期息息相关。Seam之所以如此引人瞩目，原因就在于它能够十分自然地在任意时间点上及时地创建对象并对它注入依赖，而不是在应用程序启动的时候就完成这些工作。

说明 Spring的确在每次引用原型Bean的时候都重新创建，但是它们实际上比Seam的上下文组件更难用。

我们还没有说明Seam组件是如何定义的。或者更准确地说，我们还不知道组件是如何进入Seam容器的？往下读就可以找到答案。

4.3 用注解定义组件

在Seam中，你可以通过两种方式来定义组件：要么用注解，要么用XML。Seam的目标是尽可能减少XML编码。因此，注解成了定义Seam组件的首选机制。还有另外两种常见的机制分别是基于XML的Seam组件描述符（第5章会讲到）和Seam的可插拔容器机制——允许Spring Bean充当Seam组件的那种整合（在线第15章）。本章重点关注注解方法。指示如何定义组件的注解如表4-4所示。我会在后文中更详细地介绍每一种注解。

表4-4　定义组件及声明如何实例化组件的Seam注解

注　解	作　用
@Name	将类声明为Seam组件，并赋予它一个名称。当请求该组件名称时，Seam会实例化该组件的一个新实例，并将它绑定到同名的上下文变量上
@Scope	指定当组件的实例被实例化时保存上下文变量的默认作用域
@Role（@Roles）	实例化同一个组件以获得不同的实例，从而为不同目的定义其他的名称及其作用域。@Roles注解中包含了多个@Role声明
@Startup	通知Seam在指定的上下文启动时，要自动实例化该组件（仅适用于应用程序作用域和会话作用域的组件）
@Namespace	将URI绑定到Java包，并且用于在Seam组件描述符中定义定制的XML命名空间
@Install	表明该组件的安装是有条件的，或者表明具有覆盖另一个组件定义的优先权。条件包括类路径中具有某个类、另一个组件或者调试模式的设定
@AutoCreate	告诉Seam当第一次请求一个组件的名称时，要创建该组件的一个实例,即使调用代码不要求创建

本节主要关注@Name和@Scope，它们共同形成了完整的组件定义。其余的注解是辅助的，影响着组件的处理方式，或者运行时的行为方式。

4.3.1　给组件取个名称

组件全部以@Name开头。创建Seam组件最基本的方法就是在类声明中添加@Name注解。这个注解如表4-5所示。鉴于每个Seam组件都要赋予一个名称，因此你必须利用@Name注解的value属性提供一个。

表4-5　**@Name**注解

名称：Name

目的：将Java类标注为Seam组件，并为该组件赋予一个唯一的名称

目标：TYPE（类）

属性	类型	作　用
value	String	该组件的名称。这个值被用作上下文变量的名称，它在组件的作用域中与实例绑定在一起。默认值：none（必需）

如果你想让某个类成为Seam组件，就可以将@Name注解放在这个类上。但是要记住，这个注解显然只对那些你可以修改的类有用。如果你还不熟悉它们的用法，请参考以下补充内容，它描述了注解的语法。

注解的语法

注解就是标记。它们由一个Java类型（以@为前缀的一个名称）和一组与该类型相关的属性组成。注解可以放在接口、类定义（类型）、方法、域、参数及包中。可接受的位置由该注解定义。

注解的属性赋值以一个“名/值”对列表的形式显示，这个名/值对用一对圆括号“()”括起来，并用逗号分隔。但是这种语法规则也有个例外。如果你只定义一种属性，并且该属性的名称为value，那么该属性名称和等号（=）就会被省略。如果属性名称不是value，或者你在

一个注解中定义了多个属性，那么每个属性将都需要属性名称和值。如果你没有声明任何属性，就可以省略圆括号。

属性值可以是基本类型、Java类型、注解或者上述这些类型的数组。在定义数组值时，项目是放在一对花括号“{}”之间，并用逗号分隔。这一请求规则也有个例外：如果多个属性只有一个项目，那么就可以省略花括号。

Seam最酷的一点是它能消除组件原生类型之间的语义区别。Seam组件的备选对象包括以下几种。

- JavaBean（POJO）
  ——JavaBean
  ——Groovy类（Groovy Bean）
  ——Spring Bean[①]
- EJB组件
  ——无状态会话Bean
  ——有状态会话Bean
  ——消息驱动Bean
- JPA实体类（要与JavaBean组件区别对待）

Seam用相当于EJB容器所提供的功能来“装饰”JavaBean组件，如受容器管理的事务管理和安全，使应用程序的其余部分不受底层类型的影响。Seam中的组件与其他容器中的组件的区别在于，它关注组件实例的上下文（它的存在范围）。

4.3.2 给组件一个作用域

@Name注解只是Seam中组件精髓的一部分。组件实例一旦创建就必须放在某个地方，因此@Scope注解应运而生。@Scope注解指明了组件的实例在受到Seam容器实例化之后应该保存在哪个上下文作用域中。当然，你也可以手动分配，将组件实例放在你想放的任何地方。@Scope注解只是决定Seam保存实例的默认作用域。表4-6列出了当组件定义中没有指定作用域时默认分配的作用域。

表4-6 Seam组件的分类和默认作用域

组件类型	默认的作用域分配
EJB有状态会话Bean	对话
JPA实体类	对话
EJB无状态会话Bean	无状态
EJB消息驱动Bean	无状态
JavaBean（POJO）	事件

① Spring Bean是由Spring容器管理的类。Seam可以从Spring容器中“借用”Bean，并用Seam服务对它进行“装饰”，就像用EJB组件进行“装饰”一样。

你可以在类声明中添加@Scope注解来覆盖表4-7中这些默认的作用域分配。

下面我们将结合@Name和@Scope注解，来为Open 18应用程序开发一个新的模块。

表4-7　@Scope注解

名称：Scope
目的：覆盖Seam组件的默认作用域
目标：TYPE（类）

属　性	类　型	作　用
value	ScopeType	保存这个组件的实例的Seam上下文。表4-6根据组件类型列出了默认值。默认值：none（必需）

4.4　完整的组件范例

为了在Open 18应用程序中增加会员注册，首先我们需要创建一个保存会员资料的实体。因此，我们要让一个JPA实体类变成我们的第一个Seam组件。由于在Open 18应用程序中注册的会员都是高尔夫球员，因此我们将该实体相应地命名为Golfer。

4.4.1　创建实体组件

要创建Golfer实体，得导航到Seam发行包的目录，并利用下面的响应运行seam new-entity命令：

```
Entity class name: Golfer
Master page name: golferList
Detail page name: golfer
```

new-entity命令产生了JPA实体类Golfer，它包含一组基本属性、一个罗列高尔夫球员的页面（golferList.xhtml）及相应的页面控制器（GolferList）、一个显示高尔夫球员个人资料的页面（golfer.xhtml）及相应的页面控制器（GolferHome）。我们将在第10章深入讨论支持CRUD操作的动作Bean组件。至于现在，我们先关注对注册页面使用Golfer实体类吧。

在类声明中增加的@Entity注解，标志着这个类是一个JPA实体，@Table注解则是自定义数据库表映射的。每当你往应用程序中添加一个新的实体时，还需要往数据库中添加相应的表。只要Hibernate的hibernate.hbm2ddl.auto属性在resources/META-INF/persistence-dev-war.xml描述符中的值为update，当部署应用程序时，Hibernate就会替你完成这项工作。Hibernate还为它发现的所有新实体属性添加额外的表列。

我决定增强代码清单4-1中所示的Golfer类，使它成为Member的一个子类，如代码清单4-2所示。实体继承的使用，为更加灵活和现实的应用程序提供了一个良好的舞台。然而，如果你对这些JPA注解（如@PrimaryKeyJoinColumn）还不够熟悉，就不要过多考虑，因为此处的关键点在于用这个类作为JSF页面中的表单“backing”Bean。为了实现这一点，它得声明成为一个Seam组件。

为了使Golfer成为一个Seam组件，只要在JPA注解旁边添加@Name和@Scope注解，如代码清单4-1中的粗体字部分所示。在注册表单中，使用名为newGolfer的组件，就会实例化golfer并获得一个新实例。@Scope注解在这里显式地将组件绑定到事件作用域，覆盖了实体类默认分配的对话作用域。为了支持这个用例，已经添加了几个bean属性，它们映射到GOLFER表中的列。还要注意Hibernate Validator注解的使用，如前所述，该注解有助于在UI中实施校验。

代码清单4-1 作为Seam组件的Golfer实体类

```
package org.open18.model;

import java.util.Date;
import javax.persistence.*;
import org.hibernate.validator.*;
import org.jboss.seam.annotations.*;
import org.jboss.seam.ScopeType;

@Entity
@PrimaryKeyJoinColumn(name = "MEMBER_ID")
@Table(name = "GOLFER")
@Name("newGolfer")
@Scope(ScopeType.EVENT)
public class Golfer extends Member {
    private String firstName;
    private String lastName;
    private Gender gender;
    private Date dateJoined;
    private Date dateOfBirth;
    private String location;

    @Column(name = "last_name", nullable = false)
    @NotNull @Length(max = 40)
    public String getLastName() { return lastName; }
    public void setLastName(String lastName) {
        this.lastName = lastName;
    }

    @Column(name = "first_name", nullable = false)
    @NotNull @Length(max = 40)
    public String getFirstName() { return firstName; }
    public void setFirstName(String firstName) {
        this.firstName = firstName;
    }

    @Transient
    public String getName() { return firstName + ' ' + lastName; }

    @Enumerated(EnumType.STRING)
    public Gender getGender() { return gender; }
    public void setGender(Gender gender) {
        this.gender = gender;
    }

    @Temporal(TemporalType.TIMESTAMP)
    @Column(name = "joined", nullable = false, updatable = false)
    @NotNull
```

```
    public Date getDateJoined() { return dateJoined; }
    public void setDateJoined(Date dateJoined) {
        this.dateJoined = dateJoined;
    }

    @Temporal(TemporalType.DATE)
    @Column(name = "dob")
    public Date getDateOfBirth() { return dateOfBirth; }
    public void setDateOfBirth(Date dateOfBirth) {
        this.dateOfBirth = dateOfBirth;
    }

    public String getLocation() { return this.location; }
    public void setLocation(String location) {
        this.location = location;
    }
}
```

作者提示 给JPA实体类添加@Name和@Scope注解的替代做法是，利用XML在Seam组件描述符中声明组件，这你在第5章中会了解到。至于现在，最好还是用注解，因为去除了XML配置，从而使事情变得简单一些。由于注解只是类元数据，因此它们不影响代码的执行（除非利用反射进行引用）。我本人更喜欢只在动作Bean和业务组件中使用@Name注解。因为实体类组件常常是共用的，因此开发团队经常在定义实体类的Seam注解上意见不一。此外，由持久化管理器实例化的实体类并没有配上Seam拦截器。Seam实体组件的主要用途是充当原型——这是一种新的transient（瞬态的，或非持久化的）实例。原型通常需要额外的配置，并且只能配置在组件描述符中。

Member是个抽象实体类，它存放Golfer实体继承得来的username、passwordHash和emailAddress。如代码清单4-2所示，Member实体使用了一种joined继承策略。这种设计可以用不同的表来表示不同类型的会员。为了便于示范这个注册范例，我们假设golfer（高尔夫球员）是唯一的会员类型。如果你不熟悉JPA的话，依然不必拘泥于这种设计。此处的目的在于建立一个可以用来从注册表单中捕捉数据的JavaBean。

代码清单4-2　Member实体类——应用程序用户类型的一个超类

```
package org.open18.model;

import java.io.Serializable;
import javax.persistence.*;
import org.hibernate.validator.*;

@Entity
@Inheritance(strategy = InheritanceType.JOINED)
@Table(name = "MEMBER", uniqueConstraints = {
    @UniqueConstraint(columnNames = "username"),
    @UniqueConstraint(columnNames = "email_address")
})
public abstract class Member implements Serializable {
```

```
    private Long id;
    private String username;
    private String passwordHash;
    private String emailAddress;

    @Id @GeneratedValue
    public Long getId() { return id; }
    public void setId(Long id) {
        this.id = id;
    }

    @Column(name = "username", nullable = false)
    @NotNull @Length(min = 6)
    public String getUsername() { return username; }
    public void setUsername(String username) {
        this.username = username;
    }

    @Column(name = "password_hash", nullable = false)
    @NotNull
    public String getPasswordHash() { return passwordHash; }
    public void setPasswordHash(String passwordHash) {
        this.passwordHash = passwordHash;
    }

    @Column(name = "email_address", nullable = false)
    @NotNull @Email
    public String getEmailAddress() { return emailAddress; }
    public void setEmailAddress(String emailAddress) {
        this.emailAddress = emailAddress;
    }
}
```

注册表单需要捕捉来自用户的纯文本密码以及密码确认。在Golfer或者Member实体中均找不到相应的属性，因为这些域没有被持久化。为了保持实体类的清晰，我们将不使用非持久域，而是将这些域放在可重用的JavaBean（如代码清单4-3所示的PasswordBean）中。PasswordBean还包含了验证所输入的这两个密码是否一致的业务方法。这个类是在seam-gen项目以及实体类的src/model目录下创建的。

代码清单4-3　存放及验证新密码的Seam JavaBean组件

```
package org.open18.auth;

import org.jboss.seam.annotations.Name;

@Name("passwordBean")
public class PasswordBean {
    private String password;
    private String confirm;

    public String getPassword() { return password; }
    public void setPassword(String password) { this.password = password; }

    public String getConfirm() { return confirm; }
    public void setConfirm(String confirm) { this.confirm = confirm; }
```

```
    public boolean verify() {
        return confirm != null && confirm.equals(password);
    }
}
```

Seam能使你的工作变得十分轻松，为了让你对这种说法心悦诚服，让我们来看看@Name和@Scope是如何提供设计JSF表单所需的一切，又是如何提供处理表单提交所需的动作Bean组件，而这一切完全不需要XML。

4.4.2　准备动作Bean组件

再次回到Seam发行包的目录。执行命令seam new-action，利用下面的响应创建RegisterAction组件：

```
Seam component name: registerAction
Bean class name: RegisterAction
Action method name: register
Page name: register
```

这个命令产生了如代码清单4-4所示的JavaBean类RegisterAction。这个类上方的@Name注解使它成了一个Seam组件。由于没用@Scope注解，并且又是一个JavaBean，因此它的实例就绑定到了事件上下文。（Seam的@In和@Logger注解将在本章稍后讲解。）这个组件将充当动作Bean组件，即UI命令组件所用的动作方法所在的组件。用于此目的的Seam组件完全取代了以往所要使用的JSF-受管Bean。

RegisterAction组件包含一个方法：register()，它将用作register.xhtml页面中表单的target，也是通过new-action命令产生。虽然register()方法只是一个存根，但目前有它就足够了。随着本章的深入，你将进一步开发RegisterAction组件和register.xhtml页面。

代码清单4-4　处理会员注册的Seam组件

```
package org.open18.action;

import org.jboss.seam.annotations.*;
import org.jboss.seam.log.Log;
import org.jboss.seam.faces.FacesMessages;

@Name("registerAction")
public class RegisterAction {

    @Logger private Log log;

    @In private FacesMessages facesMessages;

    public void register() {
        log.info("registerAction.register() action called");
        facesMessages.add("register");
    }
}
```

在继续下一步的开发之前，我们需要先创建测试。幸运的是，seam-gen已经替我们完成了“跑腿的工作”。

4.4.3　集成测试组件

为了实现好的敏捷开发技巧，你总会想在开发一个新组件之前或者正在开发之时创建一个测试。很方便的是，new-action命令在src/test目录下同时也生成了一个集成测试类：RegisterActionTest。如代码清单4-5所示，为了更好地体现它将用于集成测试，这个测试类已经被重命名为RegisterGolferIntegrationTest。

代码清单4-5　基于TestNG的Seam集成测试

```
package org.open18.test;

import org.jboss.seam.mock.SeamTest;
import org.testng.annotations.Test;

public class RegisterGolferIntegrationTest extends SeamTest {

    @Test
    public void test_register() throws Exception {
        new FacesRequest() {
            @Override                                  <—— 表示方法覆盖 (Java 5)
            protected void invokeApplication() {
                invokeMethod("#{registerAction.register}");
            }
        }.run();
    }
}
```

代码清单4-5中的测试类扩展了SeamTest，它启动Embedded JBoss来提供一个与Java EE兼容的环境，让你在其中测试组件。FacesRequest匿名类用来模仿JSF生命周期，这里显示的是正在通过Invoke Application阶段。seam-gen项目使用的测试框架是TestNG。TestNG配置文件RegisterActionTest.xml是与这个类一起创建的，用来配置测试运行程序。修改后的版本中考虑到了重命名的测试类，如下所示：

```
<!DOCTYPE suite SYSTEM "http://beust.com/testng/testng-1.0.dtd">
<suite name="RegisterAction Tests" verbose="2" parallel="false">
  <test name="RegisterAction Test">
      <class name="org.open18.test.RegisterGolferIntegrationTest"/>
    </classes>
  </test>
</suite>
```

项目的build.xml文件中名为test的Ant target在查找以Test.xml结尾的文件，并将它们放到TestNG测试程序中执行。你可以从项目的根部运行ant test，来验证测试是否通过，产生的输出如下所示：

```
test:
  [testng] [Parser] Running:
  [testng]   /home/twoputt/projects/open18/test-build/
➥RegisterAction.xml
  [testng]
  [testng] INFO  [org.open18.action.RegisterAction] registerAction.
➥register() action called
```

```
    [testng] PASSED: test_register
    [testng]
    [testng] ===============================================
    [testng]     RegisterAction Test
    [testng]     Tests run: 1, Failures: 0, Skips: 0
    [testng] ===============================================
    [testng]
    [testng]
    [testng] ===============================================
    [testng] RegisterAction Tests
    [testng] Total tests run: 1, Failures: 0, Skips: 0
    [testng] ===============================================
    [testng]

BUILD SUCCESSFUL
Total time: 12 seconds
```

你可以编辑Log4j的配置文件bootstrap/log4j.xml，来调整测试运行期间的日志级别。src/test/readme.txt文件包含了如何通过Eclipse运行Seam集成测试的指令（它要求在测试classpath中要有Embedded JBoss)。

说明 Seam 2.0中绑定的Embedded JBoss只在Java 5运行环境下有效（在Java 6或者7运行环境下都无效）。在Seam发布具有可与Java 6兼容的Embedded JBoss容器之前，你必须在Java 5运行环境下测试。

什么是单元测试

Seam支持用集成测试验证动作Bean组件的行为，而不是用单元测试。这种方法与Seam“消除不必要的层”的目标不谋而合。如果动作Bean组件直接与ORM或者JSF一起工作，这些集成测试就是必要的。你可以用Seam创建层次清晰的应用程序，从而允许你在每个层的作用域内创建单元测试。要让应用程序迅速运转起来，集成测试非常重要。

如果你坚信自己的单元测试应该不需要任何外部依赖（如Embedded JBoss运行时）就可以运行，并且你的动作Bean组件依赖于Seam容器所提供的功能，那么就有可能启动一个模拟的Seam容器。请参考Seam的测试套件范例来了解其中的工作原理。如果你顺着那条路探索下去，我建议你用一个像EasyMock这样的简便框架来模拟较难以单独工作的Seam内建组件。

动作Bean组件`RegisterAction`此时还只是一个存根，但是足以完成创建渲染注册表单的JSF模板的任务了。利用TDD（测试驱动的开发）原则，我们将在必要的时候较快地完成`register()`方法的实现。

4.4.4 让组件“钩进”JSF

现在我们需要配置JSF，以便它能够访问Seam组件。猜猜该怎么做？什么也不用做！真的，所有Seam组件本身就可以被JSF访问（请见随附的框注）。`@Name`注解好比是在faces-config.xml描述符中定义JSF的受管Bean，只是它最终的组件功能更加强大。当你回过头去看看自己输入的代码时，发现连一行XML代码也没写，而且还不必让胶合代码搞得一团糟。Golfer和PasswordBean可以充当backing Bean，RegisterAction可以为注册页面提供动作方法。你所需要做的只是编写一个JSF视图来使用它们。我们强化一下seam-gen所生成的注册视图，来捕获注册新会员所需的输入吧。

从JSF解析Seam组件

Seam在JSF 1.2应用程序运行时注册一个自定义的EL（表达式语言）解析器，从而在JSF及其自己的容器之间搭起了一座桥梁。这个解析器的配置在Seam核心JAR文件的faces-config.xml描述符中定义：

```
<faces-config>
  <application>
   <el-resolver>org.jboss.seam.el.SeamELResolver</el-resolver>
  </application>
</faces-config>
```

当某个Seam组件名称被用作EL表达式的根（第一部分）时，Seam就会查找或者创建一个组件实例，这样变量解析器就可以使用它。例如，EL解析器将表达式#{PasswordBean.Password}分解成Seam组件passwordBean中的getPassword()方法。如果自定义的解析器无法找到匹配的Seam组件，它就会将这项任务交回给默认的JSF变量解析器。

Seam式的JSF视图

带基本JSF表单的register.xhtml页面是在运行new-action命令时创建的，但是我们需要给它添加输入域。增加的表单如代码清单4-6所示。RegisterAction组件中的register()方法充当表单的动作，在UI命令按钮的action属性中的方法绑定表达式#{registerAction.register}中定义。这个方法绑定表达式是用动作Bean组件的名称registerAction，与动作方法的名称register（去掉圆括号）组合而成的。Seam还准备了Golfer实体类的一个实例，将它绑定到上下文变量newGolfer，和PasswordBean这个JavaBean类的一个实例，将它绑定到上下文变量passwordBean，这两者都用来从输入域中捕捉数据。

代码清单4-6 golfer注册表单

```
<h:form id="registerActionForm">
  <rich:panel>
    <f:facet name="header">Open 18 Member Registration</f:facet>
    <s:decorate id="firstNameField" template="layout/edit.xhtml">
      <ui:define name="label">First name</ui:define>
      <h:inputText id="firstName"
        value="#{newGolfer.firstName}" required="true"/>
    </s:decorate>
    <s:decorate id="lastNameField" template="layout/edit.xhtml">
      <ui:define name="label">Last name</ui:define>
      <h:inputText id="lastName"
        value="#{newGolfer.lastName}" required="true"/>
```

```
      </s:decorate>
      <s:decorate id="emailField" template="layout/edit.xhtml">
        <ui:define name="label">Email address</ui:define>
        <h:inputText id="emailAddress"
          value="#{newGolfer.emailAddress}" required="true"/>
      </s:decorate>
      <s:decorate id="usernameField" template="layout/edit.xhtml">
        <ui:define name="label">Username</ui:define>
        <h:inputText id="username"
          value="#{newGolfer.username}" required="true"/>
      </s:decorate>
      <s:decorate id="passwordField" template="layout/edit.xhtml">
        <ui:define name="label">Password</ui:define>
        <h:inputSecret id="password"
          value="#{passwordBean.password}" required="true"/>
      </s:decorate>
      <s:decorate id="confirmField" template="layout/edit.xhtml">
        <ui:define name="label">Confirm password</ui:define>
        <h:inputSecret id="confirm"
          value="#{passwordBean.confirm}" required="true"/>
      </s:decorate>
      <s:decorate id="dateOfBirthField" template="layout/edit.xhtml">
        <ui:define name="label">Date of birth</ui:define>
        <rich:calendar id="dateOfBirth"
          value="#{newGolfer.dateOfBirth}"/>
      </s:decorate>
      <s:decorate id="genderField" template="layout/edit.xhtml">
        <ui:define name="label">Gender</ui:define>
        <h:selectOneRadio id="gender" value="#{newGolfer.gender}">
          <s:convertEnum/>
          <s:enumItem enumValue="MALE" label="Male"/>
          <s:enumItem enumValue="FEMALE" label="Female"/>
        </h:selectOneRadio>
      </s:decorate>
      <s:decorate id="locationField" template="layout/edit.xhtml">
        <ui:define name="label">Location</ui:define>
        <h:inputText id="location" value="#{newGolfer.location}"/>
      </s:decorate>
      <div style="clear:both">
        <span class="required">*</span> required fields
      </div>
    </rich:panel>
    <div class="actionButtons">
      <h:commandButton id="cancel" value="Cancel"
        action="home" immediate="true"/>
      <h:commandButton id="register" value="Register"
        action="#{registerAction.register}">
        <s:defaultAction/>
      </h:commandButton>
    </div>
  </h:form>
```

这个表单你应该看起来很熟悉了，因为其中的标记（特别是<s:decorate>）在第3章已经出现过。我们来看看表单数据是如何与组件进行交换的。带有表单#{newGolfer.username}的值绑定表达式是个“双行道”，一方面在提交表单的时候捕捉要赋给该属性的值，另一方面用它将组件属性输出到屏幕中。这个表单捕捉来自用户的数据，并将值赋给绑定到newGolfer和passwordBean上下文变量的Seam组件属性。

这个JSF模板利用了几个我们还没有讲到的UI组件。Seam的UI组件标签<s:convertEnum>和<s:enumItem>将Java 5枚举类型属性与字符串值相互转换。来自RichFaces的<rich:calendar>组件标签让用户能够利用一个弹出式日历来选择日期。Seam的UI组件标签<s:defaultAction>设定当用户按下回车键（Enter）时要激活哪个按钮。这样可以覆盖浏览器的默认行为，即回车键默认关联到表单中的第一个提交按钮，如本例中的取消按钮（Cancel）。关于Seam在JSF中增加的完整的组件标签列表，请参阅Seam的参考文档。

如你所见，注解和Seam UI组件标签奇迹般地大幅降低了JSF应用程序所需的工作量。尽管我们仍然需要为register()动作方法提供一个实现，但是JSF与Seam组件要一起工作所需要的仅仅是@Name注解而已。

在组件的这些令人炫目的精彩背后，它们其实很繁忙。在4.5节，你会粗略了解到一个组件幕后的运作情况：Seam容器如何发现、选择、装饰及管理它们。

4.5　组件的一生

在用组件定义生成组件实例之前，（组件的定义必须先被Seam容器发现。）即使发现之后，如果组件的先决条件不满足，也不一定会被加载到Seam容器中。一旦加载之后，如果它是个启动组件，Seam会立即用该定义创建一个实例；如果不是，Seam会等待直到它被请求。无论实例什么时候创建，它的生命周期回调方法都是在实例被返回给请求者之前被调用。最后，当组件被销毁或不在作用域之内时，在废弃之前它还会履行最后一次工作。这就是组件的一生，我们就从它的诞生说起吧。

4.5.1　加载组件定义

为了让组件进入容器，Seam必须查找它们。这是在Seam初始化过程中发生的。Seam的启动方式在第3章中已经讲过了。初始化期间，部署扫描器会在classpath中查找带有@Name注解的类。除了Java类之外，Seam还接受编译过和未编译过的Groovy类。Seam还查找在XML组件描述符中定义那些组件类，并将它们加载到容器中。第5章将深入探讨组件描述符。

对于声明为组件的每个类，Seam都将为它创建一个组件定义，并将它存放在应用程序作用域中。在这个作用域中用一个属性名称来保存组件的定义，这个属性名称是在组件名称后面添加.component而得到的（如registerAction.component）。为此，应该始终用组件名称来称呼该组件（如registerAction）。

之所以设计许多XML配置，是因为Java语言缺乏“添加可被类加载器侦测到的类元数据”的通用语法。引入了注解之后，这种局面得到了改变。组件扫描器使你不必在XML描述符中声明每个Seam组件，因为它能够找出带有`@Name`注解的类。结果就是你可以少应付一个XML文件了（并且去除了不必要的抽象层）。

但是需要注意一点，Seam只考虑完全匹配的classpath项（类目录和JAR文件）。在classpath根部含有的seam.properties文件，或者META-INF目录下含有一个组件描述符（如components.xml），会被认为是完全匹配的。在第5章，你会发现seam.properties文件还有另一种用途，即用来初始化Seam组件的属性。图4-3展示了open18.jar在classpath根部的seam.properties文件。如果你已经部署了Seam组件，但却找不到它们，那么首先要检查的就是Seam组件所在的classpath中是否有seam.properties文件。

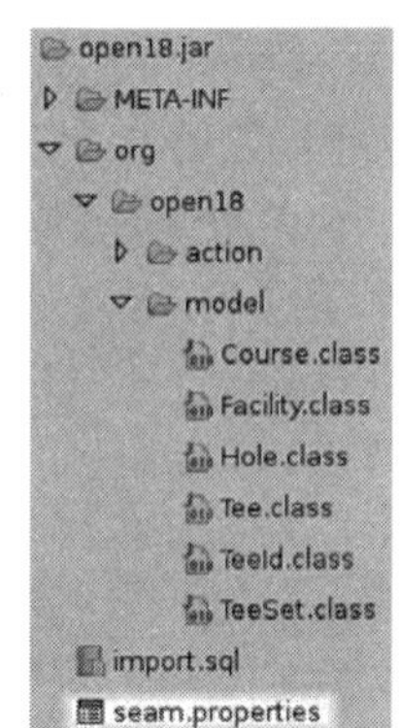

图4-3　Seam将扫描这个classpath项，因为它包含seam.properties标记文件

根据JVM类加载器的优化原则，指定一个标记文件可以减少查找组件时必须扫描的classpath项的数量。必须指定这个标记文件虽然有点麻烦，但是这种麻烦是值得的，因为它帮助Seam找出哪些classpath项是应用程序相关的。如果没有这项优化，Seam查找组件时就得搜遍整个classpath，甚至要搜到应用服务器的classpath，这可是一项既昂贵又极可能出错的操作。通过使用classpath标记，Seam可以准确地知道要到哪个位置去找。

即使某个类是在完全匹配的classpath中，并且具有`@Name`注解，或者它在组件描述符中被声明成了一个组件，它也仍可能不被当作是Seam组件。4.6节将详细阐述类定义被安装为Seam组件的前提条件。

4.5.2　何时安装组件

当组件扫描器发现标注有`@Name`的类时，默认的行为是使它成为一个组件。虽然能自动发现组件是一种强大的机制，但是你在一定程度上丧失了将哪些类转变成组件的控制力。因此`@Install`注解应运而生。如表4-8所示，这个`@Install`注解告诉Seam在哪些情况下要尊重组件声明。它也可以被用来允许同一个组件的第二个定义覆盖第一个定义。这两种情况稍后都会详细讨论到。

要控制在哪些情况下安装组件，有许多前提条件。最明显的是`@Install`注解中的`value`属性，这是一个可以用来打开或者关闭组件的`boolean`。

通过执行以下任何一个先决条件，你还可以进一步控制是否安装该组件：

- 其他组件定义的存在，按组件名称查找；
- 其他组件定义的存在，按类名称查找；
- classpath中具有的类；
- 权重优先级的值（组件名称且优先级组合相同时选择优先级较高的定义）；
- Seam调试模式设定。

表4-8 @Install注解

名称：Install

目的：用来定义一组接受某个组件声明所必备的条件以及要在Seam容器中注册的组件（如已安装的）

目标：TYPE（类）

属　性	类　型	作　用
value	boolean	表示是否安装该组件的一个标记。后面的条件仍然可能阻止安装该组件。默认：true
dependencies	String[]	必须为要安装的这个组件安装的其他组件的名称。默认：无
classDependencies	String[]	为了安装这个组件，classpath中必须具备的类。类以字符串形式提供，避免不必要的编译条件。默认：无
genericDependencies	Class[]	为了安装这个组件，必须充当组件的类。默认：无
precedence	int	用来与同名的其他组件进行比较的权重值。优先级更高的组件得到安装。默认：20
debug	boolean	表示这个组件应该只在Seam以调试模式运行的时候才得以安装。默认：false

如果不满足这些先决条件，也不是意味着它以后就永远成不了组件。你仍然可以在组件描述符中声明它，将它放回到其他组件级别中。有几个内建的Seam组件是利用@Install（false）进行声明的，允许用户在需要的时候才启用它们。样例组件包括：

- Seam的受管持久化上下文；
- jBPM会话工厂；
- POJO缓存；
- 异步分发器（Quartz、EJB 3和Spring）；
- 非JTA的事务管理器；
- JMS主题发布器；
- Spring上下文加载器。

除了限制组件定义，在选择组件的其他替代实现时，有条件的安装也很有用处。

1. 其他替代实现

有时候，需要执行不同的逻辑来支持同一个API的不同实现，如JSF规范或者应用服务器环境。为了使组件保持清晰，我们不使用条件逻辑来查找实现类，而是将每个实现放到不同的组件中，并由Seam根据@Install注解中定义的条件来选择相应的组件。

本例为了使用@Install注解，因而创建两个实现类和一个接口。然后给这两个实现相同的组件名，让@Install注解根据特殊JSF实现类的存在来处理要配置哪个实现。

你可以为Sun的JSF实现创建一个组件：

```
@Name("jsfAdapter")
@Install(classDependencies = "com.sun.faces.context.FacesContextImpl")
public class SunJsfAdapter implements JsfAdapter {...}
```

并为MyFaces JSF实现创建另一个组件：

```
@Name("jsfAdapter")
@Install(classDependencies =
  "org.apache.myfaces.context.servlet.ServletFacesContextImpl")
public class MyFacesJsfAdapter implements JsfAdapter {...}
```

然后你可以向Seam容器请求名为jsfAdapter的组件，Seam根据classpath中存在哪个FacesContext实现类为你返回相应的实现。

几乎所有框架都忽略了这类功能，从而迫使你设计自己的解决方案。实际上有条件的安装是定义组件的基本内容。

说明　Seam不允许在@Install注解的value属性中使用EL值表达式。然而，你可以将一个替代标记（用一对@符号包围起来的一个名称）放在<component>元素的installed属性中，然后让构建在components.properties文件中为该标记提供特定于环境的值。你会在第5章学习如何使用替代标记。

另一方面，你可以定义只有在开发模式期间有效的组件，或者是覆盖同名产品组件的组件。

2. 调试模式组件

控制组件安装的另一种方式是将它与Seam的调试模式标记关联起来。你可以通过将@Install注解中的debug属性设置为true来实现这一点。Seam的调试模式是由org.jboss.seam.core.init组件中的debug属性控制的。在组件描述符中添加以下声明，可以开启调试模式：

```
<core:init debug="true"/>
```

你将在第5章学习如何利用XML配置内建的Seam组件。至于现在，我们还是先关注这个设定的作用吧。当它被设置为true时，Seam会激活标注有@Install（debug=true）的组件。你可以用这个标记交换返回封装数据的组件，或者关闭后端逻辑。在调试模式下，调试组件具有更高的优先级。当它要部署到产品环境中时，调试组件将被关闭，并且将激活同组件名的非调试组件。

说到优先性，可以根据优先级选择级别较高的组件定义。当你有两个组件赋予了相同组件名时，此时需要优先级的值来解决问题。我们来看看Seam是如何解决组件定义冲突这一棘手问题的。

3. 安装的优先级

当两个组件试图占领同一个空间时——换句话说，它们具有相同的组件名称时，优先级将决定哪个组件定义胜出。优先级是一个整数值，利用@Install注解中的优先级属性赋给组件。这个值越大，其胜算就越大。所有内建的Seam组件都有一个Install.BULLT_IN（0）的优先级，因此它们很容易就会被覆盖。如果没有定义优先级，就默认为Install.APPLICATION（20）。有了优先级之后，原则上两个组件就不能用相同的名称和优先级值进行定义。如果出现这种情况，当组件扫描器发现时，就会在启动时抛出异常。

如果所有条件都满足，组件就被选上了，它进入了容器。单个类也可以产生不同组件名称的多个组件定义，并且很可能是不同的作用域。这些备用的定义就是组件角色。

4.5.3　给一个组件多个角色

组件必须有名称，它甚至能有多个名称。利用@Role注解可以将备用的名称和作用域组合赋给某个组件，如表4-9所示。为了给一个组件定义多个@Role注解，得将它们嵌套在@Roles注解当中。

表4-9 **@Role**注解

名称：Role

目的：将该组件与另一个备用名称及作用域关联起来。多个角色被嵌套在这个@Role注解当中

目标：TYPE（类）

属　性	类　型	作　用
name	String	这个组件的备用名称。当这个备用名称被请求时，就会创建这个组件的一个新实例，这个新实例独立于与其主名称绑定的任何实例。默认：无（必需）
scope	ScopeType	为这个角色将这个组件的一个实例保存在这个Seam上下文中。表4-6根据组件类型列出了默认值

4

角色背后的思想是，允许Seam为了不同的目的而实例化并管理同一个组件。而这个新实例的保存，并不需要在带有Role注解的类的代码中指定，而是通过给角色分配一个作用域来达到这个目的。在第6章讲到的*注出*（outjection）中，你会经常看到这种技巧的用法。

多角色也允许你在同一个作用域中同时使用同一个组件类的多个实例。我们举一个简单的例子。注册表单在用Golfer组件的一个名为newGolfer的实例捕捉新会员的信息。假设我们想要使用一个示例查询，为它提供Golfer类的另一个实例，它允许在注册的会员中查找推荐他们到该网站的会员。为了实现这个特性，Golfer组件需要用两个不同的名称进行访问：newGolfer和golferExample。当用户点击查找按钮时，搜索条件会运用到与golferExample上下文变量绑定的辅助Golfer实例，并传到后端以执行示例查询。利用@Rold注解为Golfer类分配一个备用名称，如以下粗体部分所示：

```
@Name("newGolfer")
@Scope(ScopeType.EVENT)
@Role(name = "golferExample", scope = ScopeType.EVENT)
public class Golfer extends Member { ... }
```

Hibernate天生就支持示例查询，但JPA不行。以下就是如何利用Hibernate执行示例查询的例子：

```
List<Golfer> existingGolfers = (List<Golfer>) session
    .createCriteria(Golfer.class)
    .add(Example.create(golferExample)).list();
```

本章稍后，你会学到如何在动作Bean组件中访问从UI表单填入的组件实例。至于现在，先记住这个角色让你能够将示例查询所用的Golfer的实例与用来返回到注册表单的实例分开即可。

回到组件扫描器，一旦它命名完所有的组件定义和角色分配，Seam容器就会留下一大堆组件定义，但是还没有任何组件实例。一般来说，组件定义必须等到其组件名称被请求时才会被实例化。不过，若某个组件是个启动组件，那么即使没有显式请求该组件也会创建其实例。

4.5.4 在启动时实例化组件

如表4-10所述，@Startup注解指示Seam在该组件的作用域被初始化时要主动创建该组件的

一个实例。在编写本书之时，只有应用程序作用域和会话作用域的组件可以被标注为启动组件，可是将来也可能添加其他的作用域。

表4-10　`@Startup`注解

名称： Startup

目的： 指示容器在为应用程序作用域的组件进行系统初始化时，或者在为会话作用域的组件启动会话时，要主动将某个组件实例化

目标： `TYPE`（类）

属　性	类　型	作　用
`depends`	`String[]`	应该在该组件之前先启动的其他组件的名称（若有的话）。依赖关系必须与组件本身处在同一个作用域中。默认值：none

如果你在组件的类定义中添加了`@Startup`注解，并且组件的作用域是应用程序上下文，那么，当应用程序启动时，Seam就会自动创建该组件的一个实例。这个热心的实例化与Spring-单例Bean的默认行为一致。在容器的生命期间，可以用实例作为上下文变量，因此它被请求的时候不一定要被实例化。`@Startup`注解非常适合于使用singleton设计模式的组件。

警告　应用程序作用域的组件不太适合作为业务对象。因为它们被所有线程共享，并且同步它们的开销会十分昂贵，将特定于客户端的信息保存在它们中更是不可能。因为没有状态，它们在长时间运行的业务用例中的使用就受到了限制。即便如此，`@Startup`钩子对于线程安全的资源还是很有用的，如Hibernate的`SessionFactory`或者JPA的`EntityManager-Factory`，这些你在应用程序作用域中一定需要的，即使初始化它们的代价很昂贵。

如果标注有`@Startup`注解的组件的作用域为会话上下文，那么，当HTTP会话启动时，Seam就会自动创建该组件的一个实例。这种功能是Seam特有的，它使你能够让组件根据个别用户的需要自动被实例化。

`@Startup`注解中的`depends`属性可以用来控制实例化其他启动组件的顺序。（不过有个副作用：即使它们没有被定义为启动组件，也可能导致组件被启动。）依赖组件以组件名称列表的形式提供，按照你想要启动它们的顺序。

无论组件是由容器主动实例化，还是等待应用程序来请求该组件名称，Seam都会处理实例的创建。虽然让Seam替你处理这些细节的确不错，但是有时候需要你帮忙创建实例，或者在销毁实例的时候执行自定义的清理工作。组件生命周期回调方法给了你这个机会。

4.5.5　组件生命周期回调

我在本章一开始就说过，利用Seam容器来实例化类的好处之一在于，它会管理实例的生命周期。你可以注册两个特殊的生命周期方法，从而添加参与生命周期的代码。创建组件实例的时候，某一个方法会被调用，另一个方法则被销毁。这些方法通过使用注解进行识别（因此与方法名称无关）。请注意，每个组件只能有一个创建方法和一个销毁方法。

标有@PostConstuct的组件中的方法，是在实例被创建和初始化之后才被调用（意思是应用了初始属性值之后）。@PreDestroy方法是在组件实例从它所在的上下文中被删除之前调用。这两个注解都是Java EE 5 API的组成部分。在使用非EJB的组件时，可以利用标准的Java EE注解，也可以利用它们在Seam API中的同义词。在非Java EE 5的环境下，@Create注解代表@PostConstruct注解，@Destroy注解代表@PreDestroy注解，如表4-11所述。

表4-11 不同环境下的组件生命周期方法

何时调用	Java EE环境	非Java EE环境
在组件实例被初始化之后	@PostConstruct	@Create
在组件实例从Seam上下文中被删除之前	@PreDestroy	@Destroy

4

请注意，对于EJB，是由EJB容器为EJB 3组件处理这项工作，对于Seam JavaBean组件，则是由Seam负责调用JavaBean组件中的创建方法和销毁方法。但是对Seam JavaBean组件而言，你还有机会设置要使用哪个注解。

说明 Seam调用的任何生命周期方法都可以是无参的方法，或者接受Seam组件——org.jboss.seam.Component的一个实例——作为它的唯一参数。组件定义中的getName()方法提供了访问组件名称的能力，这在初始化子程序时会很有用处。

我们举个用到创建和销毁生命周期方法的简单示例。在以下代码中，每当RegisterAction组件被创建和销毁的时候，都要写到日志文件中：

```
@Name("registerAction")
public class RegisterAction {
    ...
    @PostConstruct                                  <-- 此处用@Create也一样
    public void onCreate(Component self) {
        log.debug("Created " + self.getName() + " component");
    }
    @PreDestroy
    public void onDestroy() {                       <-- 此处用@Destroy也一样
        log.debug("Destroyed registerAction component");
    }
}
```

你也可以让组件的交互者监控它在创建和销毁实例时引发的事件。当实例被绑定到上下文变量，或者从上下文变量中解除绑定时，也都会产生事件。你将在第5章学习组件事件。

创建方法就是组件概念下的构造器方法。它在组件中执行后初始化逻辑时尤其好用，例如验证其状态，或者加载它所需要的辅助资源。如果你给组件添加了@Startup注解，当应用程序启动时，或者当用户的会话启动时，创建方法就会根据组件是应用程序作用域的还是会话作用域的，执行不同的逻辑。启动逻辑对于执行以下任务很有用处。

- ❑ 启动内存数据库并为它加载种子数据。
- ❑ 应用数据库升级脚本。
- ❑ 运行索引服务（如Lucene）。

- 启动第三方容器、类库或者服务（如Spring、JMS、jBPM）。

`@Install`（`debug=true`）与`@Startup`相结合，可以代替Hibernate的import.sql，在测试环境中提供数据库。你也可以让非启动组件，通过观察Seam容器的postInitialization事件（`org.jboss.seam.postInitialization`），在应用程序启动的时候执行逻辑。

JavaBean组件也支持Java EE标准的`@PrePassivate`和`@PostActivate`注解。当HTTP会话在一个集群的节点之间移动时，Seam就会调用JavaBean中标有这些注解的方法[①]。如果这些注解用在EJB组件中，Seam对此就没有决定权了，EJB容器会接手调用这些方法的工作。

虽然组件是Seam容器中的主角，但就算是摇滚明星也需要经理人呢。我们来看看组件是如何与其他组件产生关联的。

4.5.6　将组件组装起来

由于Seam是个轻量型依赖注入推动者，你肯定想知道它是如何组装组件的。我真不想让你失望，但是本节的内容将会十分简短。依赖注入是Seam最大的特性之一，现在有太多内容需要介绍。这个简短的介绍会让你先了解自己需要知道哪些内容。

Seam组装组件的主要方式是一种称作bijection的机制，这会在第6章做详细的解释。bijection是利用注解进行控制的。在域或者组件的JavaBean属性中放置一个`@In`注解，告诉Seam要将“名称与该接收属性名称相符”的组件实例的值赋给该属性，通常称作注入（injection）。bijection这个名称中用了“bi”做前缀，是因为除了注入组件之外，它还可以进行相反的过程。在域或者组件的JavaBean属性中放置一个`@Out`注解，表示该属性的值要被绑定到同名的上下文变量。

bijection是一种新的控制反转（inversion of control）法。Seam也支持传统的依赖注入机制，即“静态依赖注入”（static dependency injection），这是利用组件描述符进行控制的。你会在第5章学到静态依赖注入。举一个Seam利用注解来执行静态依赖注入的例子：`@Logger`注解在组件创建时注入一个logger实例。

注入logger

Seam可以自动创建专门为某个组件配置的logger。对于厌倦了摆弄那些平淡无奇的logger声明的人来说，这项特性应该会令他喜出望外。但是Seam还提供了其他一些很好的强化功能。像Apache的commons-logging一样，Seam的logger实现也支持不同的日志提供者。使Seam的logger变得独一无二的是，它允许你使用日志消息中内联的值表达式。这些智能的日志消息减少了在消息中提供相关信息（被验证的用户名、账户名、序号ID等）的沉闷工作。

为了让Seam将一个Log实例注入到组件的属性中，只要将`@Logger`注解放在类型为`org.jboss.seam.log.Log`的属性之上即可：

```
@Name("registerAction")
public class RegisterAction() {
    @Logger private Log log;
    ...
}
```

① 见http://wiki.jboss.org/wiki/HttpSessionReplication。

Log实例是在该组件被实例化之后，但在@PostConstruct方法被调用之前被注入的。表4-12概括了@Logger注解的详情。

表4-12 **@Logger注解**

名称：Logger
目的：当该组件被实例化时将一个Seam Log实例注入到这个域中
目标：FIELD（org.jboss.seam.log.Log类型）

属 性	类 型	作 用
category	String	为这个实例自定义的日志类别。默认：用到这个注解的完全匹配类名

小贴士 如何配置日志呢？如果你使用的是Log4j或者标准的JDK日志，那么配置方面就没有什么变化。如果classpath中有Log4j，Seam就会使用Log4j；如果没有Log4j，则使用标准的JDK日志。Seam的Log实现不过是现有日志框架的一个包装，同时增添了通过依赖注入来注入Log实例以及在消息中使用EL符号的便利。

下面是一个使用了EL符号的日志消息示例：

```
log.debug("Registering golfer #{newGolfer.username}");
```

这些消息被当作是上下文的（contextual），因为在报告日志消息的时候，它们可以访问“上下文中的”任何Seam组件。这与利用FacesMessage组件添加消息时在JSF消息中使用EL一样。

在4.7节中，你会学到某个组件被加载并准备执行后该如何访问组件。至于现在，我们还是先跳到组件的生命后期看看。

4.5.7 所有组件在哪里结束生命周期

像其他任何Java对象一样，当组件实例不在作用域之内时，它们的生命周期也就结束了。当发生以下任何一种情况时，组件实例就会被销毁。

- 它所在的上下文结束了。
- 与它绑定的上下文变量被赋了一个null值。
- 利用Seam API将实例显式地删除了。

当Seam容器调用实例的销毁方法时，这是该实例在离开作用域之前的最后一次调用。销毁方法在4.5.5节已经讲过。

这其中包含了JavaBean组件及其所产生实例的生命周期。Seam也能够参与EJB会话Bean组件的生命周期。不过在这种情况下，Seam只是扮演了EJB容器合作者的角色而已。我们来看看Seam是如何与EJB容器合作，将EJB会话Bean转变成Seam组件的。

4.6 在 Seam 中使用 EJB 3 会话 Bean

见到我在第1章想方设法让Seam与EJB 3及JSF整合之后，你可能会感到奇怪，我为什么不在注册范例中使用EJB 3会话Bean呢？如果你正在期待我有什么重大的新闻要公布，对不起，要让你失望了。其实没有什么可解释的。从JavaBean转换到EJB 3会话Bean，只是增加几个注解和一个接口的事情，看，你就有了一个EJB组件。当然，这种移植可不像在EJB 2中那么简单。虽然Seam也可以与EJB 2组件合作，但是本书中提到的EJB都是指使用EJB 3。

说明　为了使用EJB会话Bean，项目必须作为一个EAR文档进行部署。EJB会话Bean被压缩成一个EJB JAR，Web应用程序被单独压缩成一个WAR。然后这两个文档被压缩在一起，构成了EAR。为了创建EAR项目，得再次运行`seam setup`，这一次是选择EAR项目选项。遗憾的是，使用EAR格式会使你丧失JavaBean组件的递增热部署。

到目前为止，我介绍了Seam用它自己的解决方案代替的几个Java EE领域。例如，页面描述符代替了声明式的JSF导航，并增加了面向页面的特性；`@Name`注解代替了JSF的受管Bean机制，并且由Seam容器管理所有的变量上下文。除了这些改进，Seam还利用大量的Java EE标准，这在EJB领域中是最明显的。

在本节中，你会知道Seam可以从EJB 3会话Bean中产生组件，即指Seam会话Bean组件。EJB 3容器完成了管理这类组件的大部分工作。Seam只负责将该组件绑定到上下文变量，并应用一组Seam自己的方法拦截器。在我们说到所有权这个话题的时候，想想看是谁拥有Seam会话Bean组件呢？是EJB容器，还是Seam？

4.6.1　到底是谁的组件

一开始，你可能并没有多思考"谁拥有Seam会话Bean组件"这个问题。组件扫描器在带有seam.properties文件的EAR JAR中发现标有`@Name`注解的类，就为它创建一个组件。但是EJB容器已经看中了这个类，因为它具有`@Stateless`或`@Stateful`注解，或者因为它在XML描述符中被声明成EJB组件。那么，谁拥有这个组件？是EJB容器，还是Seam呢？

答案是：EJB容器。被指定为Seam组件的会话Bean仍然具有某种双重个性。它们的行为既像Seam组件，又像EJB 3组件，提供这两种容器的服务。EJB容器管理着这个会话Bean，Seam却利用拦截器织入额外的服务，控制这个会话Bean的生命周期。

Seam会话Bean组件与其他的Seam组件类型有着根本的不同：Seam没有利用类的默认构造器创建会话Bean组件的实例，而是将实例化该类的工作委托给EJB容器。EJB容器负责管理会话Bean组件，其方式与Seam管理JavaBean组件一样。

当Seam容器确定需要创建该组件的一个实例时，它就会利用JNDI查找向EJB容器请求一个指向该会话Bean实例的引用。一旦Seam有了指向该会话Bean实例的引用，Seam就会给它添加额外的服务，然后将它与某个上下文变量绑定在一起，就像Seam对待JavaBean组件实例一样。这两个容器通力合作，来创建并初始化会话Bean组件的实例。

说明　消息驱动Bean又是怎么回事呢？我有意不在本节讨论消息驱动Bean（message-driven bean，MDB）。虽然MDB可以充当Seam组件，但其机制却截然不同。消息驱动Bean不可以被应用程序实例化，这意味着它们永远不会与上下文关联，而是监听关于JMS主题方面的消息，或者加入队列，并在有消息到达时由EJB容器实例化，来处理消息。不管怎样，它们还是可以利用bijection。

让我们进一步看看会话Bean是如何变成Seam组件的，这对于组件的功能又意味着什么呢。

4.6.2 Seam 会话 Bean 组件的生成

JavaBean组件和Seam会话Bean组件之间存在着千差万别。有些差别与创建EJB 3组件的条件有关。其他差别则与Seam在将这些组件与其他Seam组件比较时对待这些组件的方式有关。

4

EJB 3.0规范要求会话Bean要实现一个本地接口或者远程接口（不过这项要求在EJB 3.1中被废除了）。这个接口必须用`@Local`或者`@Remote`注解进行标注，或者必须在XML描述符中声明成EJB组件。为了让会话Bean组件中的方法可以被客户端（如Seam应用程序）访问到，它必须在EJB 3容器中定义，只是在实现类中将该方法声明成public还不够。

还有最后一个条件与有状态会话Bean组件有关。所有充当Seam组件的有状态会话Bean都必须定义一个标有EJB 3的`@Remove`注解的无参方法。当包含会话Bean引用的上下文被销毁时，`@Remove`方法被调用。Seam利用这个方法命令EJB销毁这个会话Bean。如果`@Remove`方法被直接调用，除非抛出标有`@ApplicationException`注解的运行时异常或者远程通信异常（这是系统异常），或者抛出不是运行时异常也不是远程通信异常的异常，但`@Remove`注解上的`retainIfException`属性要设置为`true`，否则会导致立即删除这个会话Bean引用。

说明 请注意，`@Remove`和`@PreDestroy`注解之间有个显著的差别。标有`@Remove`注解的方法是在Seam删除该实例的引用时被调用，而标有`@PreDestroy`注解的方法则是在EJB 3容器亲自销毁该实例时被调用。

注册页面的动作Bean组件可以被改写为Seam的有状态会话Bean组件。先将实现类重命名为`RegisterActionBean`，再用`@Stateful`进行注解，然后实现`RegisterAction`接口：

```
package org.open18.action;

import ...;
import javax.ejb.Stateful;

@Stateful
@Name("registerAction")
@Scope(ScopeType.EVENT)
public class RegisterActionBean implements RegisterAction {
    ...
    @Remove public void destroy() {}
}
```

类体的其他部分与以前一样，因为Seam会话Bean组件仍然可以使用由Seam处理的注解，如`@Logger`和`@In`。

下一步，也是最后一步，要将RegisterAction类型定义成EJB 3接口，并声明需要被客户端（如JSF）访问到的方法。标有@Remove的方法也必须在该接口上定义。结果如下：

```
package org.open18.action;

import ...;
import javax.ejb.Local;

@Local
public interface RegisterAction {
    public void register();
    public void destroy();
}
```

EJB引用

当部署到可兼容的Java EE服务器时，为了通过JNDI访问EJB组件，必须在web.xml描述符中注册一个EJB引用。这个引用是利用<ejb-ref>为远程通信组件声明的，或者利用<ejb-local-ref>为本地组件声明的。<ejb-ref-name>的值(这个值是任意的)被绑定到JNDI中的java:comp/env。以下是RegisterActionBean的一个本地引用示例：

```
<ejb-local-ref>
  <ejb-ref-name>open18ee/RegisterActionBean/local</ejb-ref-name>
  <ejb-ref-type>Session</ejb-ref-type>
  <local>org.open18.action.RegisterAction</local>
</ejb-local-ref>
```

这个步骤在JBoss AS 4中不是必需的，因为该组件利用pattern: application name/component name/client视图类型在JNDI中自动注册。

与JavaBean组件不同的是，除非特别指定之外，EJB组件的方法自动被包在一个事务中。到现在为止，你还不必为事务操心，因为Seam自动将每个请求都包装在一个全局的JTA事务中。然而，如果关闭Seam的事务管理，EJB 3组件的事务行为就会失效。

除了在“默认作用域”及“由哪个容器处理事务”方面的差别之外，在持久化上下文、并发性和安全性方面，会话Bean组件与它们的JavaBean对等物是一样的。Seam确实是优先使用EJB，而非设计决策优先。如果你认为需要某项EJB特性，例如Web Service，那么在必要的时候就可以进行这种转换。关于EJB及其所提供特性的详情，请参阅*EJB 3 in Action*（Manning，2007）。本章的重点是Seam与EJB 3组件之间的整合。

4.6.3 整合机制

我们先进一步看看Seam如何从EJB容器中获得会话Bean引用，以及它又是如何参与服务器端组件的生命周期。本节提到了几项将在第6章讨论的Seam特性，如bijection和拦截器。当你学完那部分内容之后，可以随时回顾本节。如果你目前只对Seam EJB组件的高级视图感兴趣，也大可跳过本节的内容。

1. 对会话Bean组件生命周期的影响

自从Seam组件扫描器发现Seam会话Bean组件的那一刻起，Seam就开始参与它的生命周期了。Seam利用EJB组件的postConstruct逻辑额外注册一些服务器端的方法拦截器，这些方法拦截器为该组件提供服务，如bijection、对话控制及事件处理。Seam在EJB部署描述符即META-INF/ejb-jar.xml中用以下拦截器映射注册一个EJB拦截器，从而将这些特性带到了Seam会话Bean中：

```
<ejb-jar xmlns="http://java.sun.com/xml/ns/javaee"
  xmlns:xsi="http://www.w3.org/2001/XMLSchema-instance"
  xsi:schemaLocation="http://java.sun.com/xml/ns/javaee
    http://java.sun.com/xml/ns/javaee/ejb-jar_3_0.xsd"
  version="3.0">
  <interceptors>
    <interceptor>
      <interceptor-class>
        org.jboss.seam.ejb.SeamInterceptor
      </interceptor-class>
    </interceptor>
  </interceptors>
  <assembly-descriptor>
    <interceptor-binding>
      <ejb-name>*</ejb-name>
      <interceptor-class>
        org.jboss.seam.ejb.SeamInterceptor
      </interceptor-class>
    </interceptor-binding>
  </assembly-descriptor>
</ejb-jar>
```

你显然希望这类配置能够自动完成，幸运的是，seam-gen真的替你处理这项工作了。你也可以跳过XML描述符，利用EJB 3的`@Interceptors`注解在每个会话Bean组件中分别安装该拦截器，像下面这样：

```
@Stateful
@Name("registerAction")
@Interceptors(SeamInterceptor.class)
public class RegisterActionBean implements RegisterAction { ... }
```

拦截会话Bean调用只是Seam为了暴露会话Bean作为Seam组件而必须做的其中一部分工作。下一步发生在Seam组件扫描器经过标有`@Name`（或者在组件描述符中声明）的会话Bean实现类的时候。组件扫描器只在类定义的信息中查找，就像通常在任何其他组件中查找Seam注解一样，然后将组件定义存放在Seam容器中。此时与EJB容器没有发生交互。

2. 获取会话Bean引用

与EJB容器的交互发生在Seam容器接收到对“与会话Bean组件相关联的未分配上下文变量”的请求时。为了解析某一个值，Seam执行一个JNDI查找来获取一个指向EJB容器中相应会话Bean的引用。这个查找是标准EJB机制的一部分。

警告　为了将EJB会话Bean作为Seam组件，必须让Seam通过JNDI来获取它。应用程序本身不应该执行JNDI查找。

有两种方法可以用来声明Seam查找会话Bean的JNDI名称。你可以在组件类中显式地指定一个名称，也可以定义一个供Seam为个别组件计算JNDI名称的模板。在这里，我们是利用@JndiName注解显式地在会话Bean组件中提供一个JNDI名称：

```
@Stateful
@Name("registerAction")
@JndiName("open18ee/RegisterAction/local")
public class RegisterActionBean implements RegisterAction { ... }
```

对于@JndiName注解的概述如表4-13所示。

表4-13　@JndiName注解

名称：JndiName

目的：提供一个JNDI名称，供Seam用来获取一个指向EJB组件的引用

目标：TYPE（类）

属　性	类　型	作　用
value	String	EJB组件的JNDI名称。默认：无（必需）

3. JNDI模式调优

也可以让Seam隐式地解析JNDI名称，而不是在每个会话Bean组件中声明@JndiName注解。然而，Seam在处理不同应用服务器中截然不同的JNDI命名惯例时，仍然需要帮助。你得为Seam提供一个模板，并将它赋给内建init组件中的jndiPattern属性。你将在第5章学习如何给Seam组件的属性赋值。至于现在，只需要知道init组件是利用<core:init>元素在组件描述符中配置即可。以下是在部署到JBoss AS 4时所用的模板，此处应用程序的名称为open18ee：

```
<core:init jndiPattern="open18ee/#{ejbName}/local"/>
```

Seam用这个模板为EJB组件构造JNDI名称。#{ejbName}不是一个EL表达式，而是表示以下列表中的第一个非空的值。

- @Stateful或@Stateless注解中name属性的值。
- 组件的不完全匹配类名。
- EJB部署描述符或web.xml中<ejb-name>节点的值。

将这些原则运用到这个例子上，用RegisterAction代替#{ejbName}，便得到了完整的模式：open18ee/RegisterAction/local。如果服务器使用的是JNDI命名空间，如GlassFish，模式中就必须将它包含在内：

```
<core:init jndiPattern="java:comp/env/open18ee/#{ejbName}/local"/>
```

在与Java EE兼容的环境中，EJB引用是在web.xml描述符中声明的。jndiPattern只不过反映了你对那些引用名称所采用的命名惯例。

seam-gen创建的项目利用属性替换符@jndiPattern@来为测试环境中的jndiPattern属性

指定一个值。该符号的值是在components.properties文件中定义的。在该文件中见到的模式是特定于Embedded JBoss容器的：

```
jndiPattern=\#{ejbName}/local
```

查找会话Bean引用之后，直到新实例的引用被返回到Seam中，这期间发生的一切都由EJB 3容器控制。我们来看看这期间都发生了些什么事情。

4. 会话Bean组件与Seam功能的融合

一旦Seam获得了对某个会话Bean的客户端引用，它就会将这个代理包装在另一个客户端的拦截器中，并将它像任何其他Seam组件一样，作为上下文变量保存起来。除非另外指定，否则无状态会话Bean的默认作用域就是无状态上下文，而有状态会话Bean的默认作用域则是对话上下文。

Seam会话Bean组件的独特之处在于，它们具有EJB容器与Seam容器的合成功能。例如，默认情况下，所有方法都被自动包装在一个受容器管理的事务中，这得归功于Java EE容器。但是组件也可以利用bijection，这是由Seam容器提供的一项服务。bijection允许将其他Seam组件实例注入到会话Bean中，这事如果单独用EJB 3来完成会比较麻烦（你必须利用Java EE的@Resource注解通过JNDI注入对象）。你在第15章（在线）中会看到Spring-Seam组件的这类交融。表4-14列出了Seam-EJB 3合成组件能够使用的所有核心服务（不含Seam扩展）。

表4-14 Seam-EJB 3合成组件能够使用的所有服务

注　解	由谁提供	何时应用及条件
@Resource	Java EE（Web层，EJB 3层）	后构造，静态
@EJB	Java EE（EJB 3层）	后构造，静态
@PersistenceContext	Seam代理的Java EE（Web层，EJB 3层）	后构造，静态
@Interceptors	Java EE（EJB 3层）	环绕调用，无状态
(@interface中的) @Interceptors	Seam	环绕调用，无状态或有状态
@AroundInvoke	Java EE（EJB层）	环绕调用
@PreDestroy	Java EE（EJB层）	销毁
@PrePassivate	Java EE（EJB层）	钝化
@PostConstruct	Seam增强的Java EE（EJB层）	后构造
@In, @RequestParameter, @DataModelSelection, @DataModelSelectionIndex	Seam	环绕调用，动态
@Out, @DataModel	Seam	环绕调用，动态
@Logger	Seam	后构造，静态

唯一令人头疼的是，混合了服务之后，你的会话Bean将会丧失Seam在纯EJB 3环境中所提供的特性。你可以坚持用@EJB资源注入注解而不是用bijection来获取对另一个EJB组件的引用。但这又何苦呢？因为“升级”版的EJB 3环境只不过是将Seam添加到classpath中，并对它进行配置而已，因此我鼓励你在所有可能的情况下，尽量将Seam与Java EE服务结合起来使用。

你现在已经目睹了JavaBean组件和会话Bean组件的生命周期中的“一天”，是时候学习如何让组件参与应用程序了。

4.7 访问组件

Seam组件是在Seam应用程序中整合各种技术的“功臣”。因而，Seam的长处是全面提供对那些组件的统一访问。有3种方法可以从Seam容器中请求Seam组件的实例。

- 组件名称。
- 引用该组件名称的EL符号（绑定表达式）。
- 组件的Java类。

表4-15预览了可以在哪里访问组件实例。

表4-15　能够访问Seam组件的地方

从哪里访问	如何访问
JSF视图	EL符号
Seam注解（如`@In`，`@Out`）	组件名称或者EL符号
Java代码：`Component.getInstance()`	组件名称或者组件类
Java代码：`Expressions.instance()`	EL符号
JPQL或者HQL查询	EL符号
JSF消息（如`FacesMessage`）	EL符号
Java属性（i18n包或者组件属性）	EL符号
利用Seam远程通信的JavaScript	组件名称、stub实例或者EL符号
Seam组件描述符（如components.xml）	组件名称、组件类或者EL符号
Seam页面描述符（如pages.xml）	EL符号
jPDL页面流描述符	EL符号
jBPM业务流程描述符	EL符号
Spring配置文件	组件名称或者EL符号

在第3章中，你见过一些在页面编排逻辑中使用Seam组件的例子。那只是一个开始。EL还可以用在JSF视图、页面流、业务流程定义、注解和Java代码中。你将在本节中开始学到这些选项。我们从考虑“当某个组件实例被请求时会发生什么事情”开始吧。

4.7.1 访问模式

现在你的脑中或许会有这个一种根深蒂固的印象：组件就像一张处方，它描述了“如何创建由Seam容器（一个组件实例）管理的Java对象”。当你请求一个组件时，实际上是请求容器将该组件的一个实例还给你。这种请求以下列两种模式进行。

- 只查找（lookup only）——在这种模式下，Seam会搜索一个与被请求的上下文变量绑定的组件实例。它要么在指定的作用域中查找实例，要么（如果没有指定作用域）就对所有上下文使用层次搜索。如果没有找到实例，就返回一个null值——图4-2中的无条件路径。这种模式是`@In`注解（第6章）的默认模式。

- 查找并创建（lookup with option to create）——在这种模式下，Seam会执行“只查找”模式下的那种搜索，但是这一次，如果没有找到实例，Seam会根据组件定义实例化一个实例，并将它保存在该定义指定的上下文中。实例创建如图4-2中的可选子句所示。当通过某个值表达式引用组件时，总是用这种模式来查找某个实例。

有一种情况，会使Seam在“只查找”模式下运行却会创建一个组件实例：被请求的组件是一个自动创建（autocreate）的组件，并且它还没有产生过实例。在这种情况下，Seam就会创建该组件的一个新实例，而不管处在什么模式下。自动创建的组件是将`@AutoCreate`注解放在组件类中（或者把组件描述符中声明的组件定义的`auto-create`属性设置为`true`）而形成的。工厂组件（第6章）也可以声明自动创建的行为。

自动创建功能避免了访问之时在上下文变量中指定创建选项，而将这一责任转给了组件定义。`@AutoCreate`注解如表4-16所述。

表4-16 `@AutoCreate`注解

名称：AutoCreate
目的：表示当一个组件名称被请求时，如果该组件尚未有实例，Seam应该自动地实例化该组件
目标：TYPE（类），PACKAGE

访问Seam组件的几个方法如表4-17所示。最后三个例子涉及了`@In`注解，它允许bijection机制为Seam组件的属性提供组件实例。至于现在，你可以把`@In`注解当作是利用`Component.getInstance()`方法显式查找该组件名称的一种快捷方式，然后将它赋给该组件类的一个属性。这个表也说明了在哪些情况下，若容器中不存在该实例就要创建一个。

表4-17 访问Seam组件的方式

示例用法	如果不存在是否创建
`Component.getInstance("componentName")`	是
`#{componentName}`	是
`Component.getInstance(ComponentClass.class)`	是
`@In("componentName")`	否，除非是个自动创建的组件
`@In(value="componentName", create = true)`	是
`@In("#{componentName}")`	是

上表涵盖了Seam要创建组件实例的条件。我们更进一步看看可以用来访问这些组件实例的策略。

4.7.2 访问策略

在Seam应用程序中，你可以在注解、EL符号以及Seam API中看到对组件的引用。无论使用哪种访问策略访问，查找始终都会减慢Seam API调用的速度。因此，我们来研究一下这种交互。

1. Seam API

Seam在`Component`类中提供了几个能够查找和创建组件实例的静态`getInstance()`方法。但是理解这种访问方式很重要，因为这就是如何向Seam容器请求实例的方法。

将组件名称（如passwordManager）或者Java类对象（如PasswordManager.class）传到Component.getInstance()方法，利用Seam API访问该组件。（在第5章的代码清单5-3中要介绍的PasswordManager组件负责将新球员的密码散列化。）当你提供一个Java类时，Seam会自动地从组件定义中解析出组件名称，并根据解析出来的值继续查找。下面就是一个通过组件名称查找的例子：

```
PasswordManager passwordManager =
  (PasswordManager) Component.getInstance("passwordManager");
```

你也可以直接通过保存某个上下文变量的上下文来访问它。要这么做，得用Context.get*Context()来获取这个上下文——这里的*是上下文名称的一个占位符——然后用get()方法根据上下文变量名称从上下文中取出组件实例：

```
PasswordManager passwordManager =
  (PasswordManager) Context.getEventContext().get("passwordManager");
```

Component.getInstance()和通过保存该实例的上下文访问它，这两者之间的主要区别在于：如果实例不存在，Component.getInstance()方法会创建一个实例（除非你设置了第二个参数值为false），而利用Context API访问该实例则永远不会创建新的实例。上下文API只是让你直接访问保存上下文变量的位置。

你还可以利用org.jboss.seam.contexts.Context.lookupInStatefulContexts()方法搜遍所有上下文：

```
PasswordManager passwordManager = (PasswordManager)
    Contexts.lookupInStatefulContexts("passwordManager");
```

lookupInStatefulContexts()方法被Seam用于在万一没有显式提供作用域的情况下来查找某个组件实例。

组件名称和上下文变量

本章中术语“上下文变量”（context variable）的用法与组件名称有关。虽然组件实例的确是根据其组件名称而保存在上下文变量中的，但上下文变量也可以是指一个不是从Seam组件产生的对象。事实上，本节中所论及的任何基于名称的访问策略，都会恰当地将非Seam的对象与由Seam管理的那些对象一起返回。组件名称与普通的上下文变量名称之间的明显区别在于，当按组件名称搜索的结果为空时，Seam知道应该如何将一个Seam组件初始化，而如果该名称与某个组件没有关联，（在这种情况下）Seam则会返回null。

我们利用Seam API来查找为完成RegisterAction组件的register()方法中的注册逻辑所需要的依赖组件。这个实现如代码清单4-7所示。它需要与“在注册完成时将用户定向到一个成功页面”的导航规则配对，这部分没有在此处展示出来。

代码清单4-7　用Seam API访问依赖组件实例

```
package org.open18.action;
```

```
import ...;
import org.jboss.seam.context.Contexts;

@Name("registerAction")
public class RegisterAction {
    @Logger private Log log;

    public String register() {
        log.debug(
            "Registering golfer #{newGolfer.username}");      <-- 立即对EL求值
        Context eventContext = Contexts.getEventContext();
        PasswordBean passwordBean = (PasswordBean)
            eventContext.get("passwordBean");
        if (!passwordBean.verify()) {
            FacesMessages.instance()
                .addToControl("confirm", "value does not match password");
            return null;      <-- 强制重新渲染页面
        }
        Golfer newGolfer =
            (Golfer) Contexts.lookupInStatefulContexts("newGolfer");
        PasswordManager passwordManager = (PasswordManager)
            Component.getInstance(PasswordManager.class);
        newGolfer.setPasswordHash(
            passwordManager.hash(passwordBean.getPassword()));
        EntityManager entityManager = (EntityManager)
            Component.getInstance("entityManager");
        newGolfer.setDateJoined(new Date());
        entityManager.persist(newGolfer);
        FacesMessages.instance().add(
            "Welcome to the club, #{newGolfer.name}!");      <-- 当阶段结束时对EL求值
        return "success";
    }
}
```

这个方法出奇复杂，因为它没有利用bijection。当你在第6章见到这个组件重构后的代码版本时，一定能体会到bijection所引入的简单性。然而，正如本例所示，直接使用Seam API也有一些十分正当的理由，例如减少方法拦截器的开销、为了在测试条件下获取组件实例，或者无法使用bijection的情况下。

我们要强化前面用到的集成测试，让它验证刚刚实现的注册逻辑。代码清单4-8中是更新过的测试用例，它混合使用了Seam API和EL。表单Backing Bean是在Update Model Values阶段中填入的，它模拟了一个表单提交，同时`register()`方法在Invoke Application阶段中被调用。

代码清单4-8 在集成测试中使用Seam API和EL

```
package org.open18.action;

import ...;
public class RegisterActionIntegrationTest extends SeamTest {

    @Test public void registerValidGolfer() throws Exception {
        new FacesRequest("/register.xhtml") {
            @Override protected void updateModelValues() {
```

```
                Golfer g = (Golfer) Component.getInstance("newGolfer");
                g.setFirstName("Tommy");
                g.setLastName("Twoputt");
                g.setUsername("twoputt");
                g.setEmailAddress("twoputt@open18.org");
                setValue("#{passwordBean.password}","ilovegolf");
                setValue("#{passwordBean.confirm}","ilovegolf");
            }

            @Override protected void invokeApplication() {
                String result = invokeMethod("#{registerAction.register}");
                assert result != null && result.equals("success");
            }
        }.run();
    }
}
```

这个测试应该还会成功，这一次伴随着的是日志中的SQL语句。

你经常会看到组件自身通过调用静态的instance()方法，用Seam API来查找组件实例。这样做代替了用静态的或者线程局部变量来维持对象的实例，而是让Seam容器在它其中一个作用域中管理该实例。我喜欢称之为有范围的单例（scoped singleton），因为它除了作用域不是应用程序之外，你可以像访问一个单例对象一样地访问它。例如，可以用以下方法来获取事件作用域的PasswordManager：

```
public static PasswordManager instance() {
    return (PasswordManager)
        Component.getInstance(PasswordManager.class, ScopeType.EVENT);
}
```

这种技巧用于通过组件名称获取某个接口的实现类很有好处。这类查找的例子在Seam事务组件中可以见到。org.jboss.seam.transaction.Transaction类中的instance()方法，利用前面讲过的Seam的另一种实现选择逻辑（它安装有其中一个备用组件），返回一个JTA的UserTransaction子类实例：

```
public static UserTransaction instance() {
    return (UserTransaction)
        Component.getInstance(Transaction.class, ScopeType.EVENT);
}
```

你将在第9章学到在Seam中配置事务的方法。如果你有兴趣研究这个查找的工作原理，建议你到Seam的源代码中去寻找答案。

你必须自己决定你的业务逻辑中是否可以接受与Seam API直接交互。那固然是访问Seam组件的最有效方法，但是如果POJO开发对你来说很重要，你可能会更喜欢bijection所提供的抽象级别。不过Seam依然不会强迫你一定要这么做。

一种更普遍且更灵活的组件访问方法是通过EL符号。我们接下来就要讨论这个话题。你在本章的范例中已经见过这种语法的几个示例。让我们更进一步展开讨论吧。

2. EL符号

值绑定表达式和方法绑定表达式是Seam的通用语。EL符号如此吸引人的原因在于，它将组件访问彻底地与负责提供组件实例的容器分隔开来。由于它是动态的且非类型的，这一点也很有吸引力。EL符号就像在你的代码中贴上一个标签，告诉人们：请在此处插入组件（Insert Component Here）。剩下的就看EL解析器的了，并且又是由容器管理该实例。EL是从任何地方都能够解析组件的关键，并且使得引用可以移植到任何EL解析器，而不仅仅是Seam的EL解析器。

用值表达式解析组件实例，并绑定到它的属性。如果值表达式分别利用Seam的FacesMassages和Log组件注册过，那么它也可以用在JSF消息和日志消息中。除了将值表达式和方法表达式用在平常的地方之外，还可以利用Seam API在EL中进行调用。让我们将register()方法部分改写一下，改为使用值表达式和方法表达式，而不是查找组件实例并直接对它采取动作。以下片段展示了两种通过EL与PasswordBean组件交互的方法：

```
Boolean valid = (Boolean)
    Expressions.instance()
        .createMethodExpression("#{passwordBean.verify}")
        .invoke();
...
String password = (String)
    Expressions.instance()
        .createValueExpression("#{passwordBean.password}")
        .getValue();
```

你也可以用值表达式来赋值。例如，你想在确认密码出错的时候将它清除。你依然可以使用值绑定表达式：

```
Expressions.instance()
    .createValueExpression("#{passwordBean.confirm}")
    .setValue(null);
```

以上还只是涉及了老式EL，而Seam提供的更多。我们来看看Seam作为一个集成工具，它是如何使EL变得更强大的。

3. Seam强化过的EL

用EL来整合各种技术是十分理想的，因为它使用了一种简单的技术无关的语法。它为值表达式标准化了JavaBean属性符号，并为方法表达式标准化了无参的方法。遗憾的是，它的简单也正是它的弱点。因为它处在众多技术的交汇处，你会经常发现如果EL再多支持一项特性的话，你就能够使这种整合再上一个级别。当你试图实现需要更复杂逻辑的高级结构时，这种渴望尤其强烈，这你在本书后面的范例中会遇到。

幸运的是，Seam支持几项对EL的强化功能，其中部分由JBoss EL库提供，并且由Seam EL解析器进行补充。

- 参数化的方法绑定表达式。
- 参数化的值绑定表达式。
- 无参的事件监听器方法。
- “神奇的” Bean属性（类中没有出现的属性）。
- 投影。

前两项强化功能允许你在EL表达式中使用方法参数。这些参数用一对圆括号（()）括起来，并用逗号分隔，像在Java中一样。每个参数都被当作是个上下文变量，除非它用引号括起来，或者是个数字。在看到参数化的表达式范例之前，我想强调这样一个事实：如果将JSF事件监听器方法上的FacesEvent参数做成可选的（如ActionEvent、ValueChangeEvent等），Seam还可以朝着另一个方向进行。这项特性将使你不用将UI逻辑直接与JSF API关联起来，就可以实现某个动作或者事件监听器。

你可以用参数化的方法绑定将数据传递给Seam组件中的方法。利用本章前面的范例，可以将register()动作方法改为将newGolfer和passwordBean上下文变量作为参数传递：

```
<h:commandButton id="register" value="Register"
  action="#{registerAction.register(newGolfer, passwordBean)}"/>
```

请注意，上下文变量是在动作方法被调用的时候被解析的，而不是在用到它的按钮被渲染的时候。因此，这些参数应该是下一个请求能够利用的正确的Seam组件名称。

你也可以将参数传递给值绑定表达式。然而，请注意当你这么做的时候，必须使用属性的完整方法名称（如getName()），而不是快捷的语法（如name）。假设你正在创建一个要显示高尔夫球场中某个特殊洞的发球台集合的页面。下面的值表达式给了你访问被计算数据的权限，这些数据对于标准的EL原本是不可到达的：

```
#{teeSet.getTeesByHoleNumber(10)}
```

参数化的方法/值绑定表达式允许Seam组件充当JSF视图使用的函数库，满足了必须完成注册EL函数的正式流程的需要。主要例子有自定义的字符串操作，可能是截短字符串，超过最大长度的部分用尾随省略号（…）代替：

```
#{stringUtils.truncate(facility.name, 10)}
```

你还可以在模型中调用方法来执行特定于领域的Boolean逻辑：

```
<h:graphicImage value="/img/signature.gif"
  rendered="#{course.isSignatureHole(hole)}"/>
```

参数化的语法还提供了对不遵循JavaBean属性语法的方法的访问权限。例如，集合中麻烦的size()方法，以及字符串中同样避之唯恐不及的length()方法，利用标准的值表达式都是不可到达的。但是你可以利用参数化的方法语法到达：

```
#{course.holes.size()}
#{course.name.length()}
```

意识到有许多集合方法非常有用但碰巧又不遵循JavaBean命名惯例，因此Seam开发人员将它们织入到Seam EL解析器中，成为“神奇的”方法。这些属性如表4-18所述，它们与Java类型中同名的无参方法相对应。

表4-18　Seam EL解析器支持的神奇的Bean属性

java.util.Collection	java.util.Map	javax.faces.DataModel
size	entrySet keySet size values	empty size

Seam EL解析器提供了对Seam上下文Map的直接访问权限，这些上下文Map作为EL表达式的根。每个上下文的Map名称都由小写的上下文名称加上Context构成。例如，eventContext是事件上下文中的变量的Map。你可以利用#{eventContext.passwordBean}或者#{event-Context["passwordBean"]}通过EL访问PasswordBean实例。

只有当你在使用JSP 2.1（或更新的版本）或者Facelets（使用Facelets的另一个重要原因）的时候，才可以对值/方法表达式使用参数化的语法。动作和事件监听器以及“神奇”方法中可选的FacesEvent参数全都可以使用。由于JSP容器的局限性，最后一项强化功能——投影（projection），只能用于在Java代码中的字符串内部、Facelets视图模板中的组件标签属性内部或者Seam描述符中出现的表达式。

4

投影允许你在集合中查找值。例如，假设你想获得某个球场的tee set所用的所有颜色：

```
#{course.teeSets.{ts|ts.color}}
```

ts充当teeSets集合的迭代器变量，竖线（|）将迭代器变量与嵌套的表达式隔开，相当于以下伪代码：

```
List result = new ArrayList()
for (ts : course.teeSets) {
    result.add(ts.color)
}
return result;
```

投影适用于任何集合类型（列表或集）、Map（项）或者数组。得到的类型始终是java.util.List（提供了一种方便地将Set转换成List的途径）。尽管在本例中没有示范到，但投影中所用的值表达式其实还可以利用前面讲过的参数化的语法。

投影还可以嵌套。这样就允许你下入到集合所返回的集合中，嵌套中的每一级都使用同一模式的迭代器变量，且被嵌套的表达式都用竖线（|）进行分隔。假设你想收集球场中所有发球区的各种距离：

```
#{course.teeSets.{ts|ts.tees.{t|t.distance}}}
```

为了访问所有发球区而不是访问发球区距离，你必须在表达式片段中引用迭代器变量，如以下粗体部分所示：

```
#{course.teeSets.{ts|ts.tees.{t|t}}}
```

如果你想少打点字，并且希望能像在Ruby和Groovy这些语言中那样快速地开个小玩笑，那么用投影会很方便。投影示范了Seam是如何突破Java EE的限制来提升效率的。即使你没有利用投影，也可能经常用到其他的EL强化功能。

你可能访问Seam组件的最后一个地方是注解，这部分详情请见第6章。为了获取组件实例，可以采用哪些方式与Seam的上下文容器交互，现在你对这一点应该深有体会。如果你跟随着本书的进度前进，相信你会获得更多的实践机会。

4.8 小结

本章介绍了Seam的两大重要概念：组件和上下文。本章从介绍Seam的富上下文开始，这些上下文为对象提供了集中存储的机制。你知道了对象是保存在这个“桶”里，称作上下文变量。Seam的上下文构建在Java Servlet API中具备的那些上下文之上，鼓励你保持长时间运行的状态以支持用例，而不必担心内存泄漏、昂贵的复制或者并发问题。

“组件”一词的含义是基于Seam上下文的，它被定义成是“创建一个生命周期交由Seam管理的对象的蓝图”。你也知道了创建是发生在赋给组件的那个名称被请求、并且该组件尚不存在实例的时候。从这个意义上说，Seam容器是个简单的对象工厂。但你发现了Seam并不只是用（允许Seam将功能织入实例的）方法拦截器将组件包装起来将它实例化，因为这些方法拦截器还提供了生命周期回调，并且最终在组件的整个生命周期中对其进行管理。许多核心拦截器会在第6章讨论，与对话持久化有关的其他拦截器以及安全性将分别在第7章、第9章和第11章中展开讨论。

本章所有范例都示范了如何利用Seam API和EL符号来访问组件。这些例子仅仅是为后面的练习做了个热身而已。实际上，本书剩下部分的每一章都会用到组件。如果你觉得还不适应这种访问组件的方式，就要多加练习，尤其是第6章关于它们如何利用注解通过声明进行交换的部分，要特别留意。

为了与本章中对注解的关注相呼应，下一章将介绍一种基于XML来定义组件的方法。你会发现这种替代方法并不只是用尖括号（<>）代替@符号。你会知道XML给了你一种通过赋初始值来配置组件的途径。顾名思义，组件配置是以你在本章中学过的基础组件知识为基础的。目前你窥探到的组件功能才仅仅算是冰山一角。

第5章

Seam组件描述符

5

本章概要

- 在XML中创建组件定义
- 定义组件XML命名空间
- 配置组件的属性
- 使用Seam的资源包

Seam中包含了注解，这样你就可以免受XML的困扰。你是一名Java（或者Groovy）开发者，更应该关注用来编写应用程序的语言（而不是XML）！尽管这种实用主义的言论，但会让人误解，以为Seam完全抛弃了XML呢，其实不是。如果你是个热衷于使用XML的人，在知道转到Seam时不必放弃你喜爱的尖括号时一定会很高兴吧。事实上，XML配置在Seam中的某些地方还是最佳选择——甚至非它莫属！其中一个例子就是Seam的页面描述符，这在第3章讲过，它管理着Seam面向页面的功能。[1]由于视图是在XML中定义的，页面控制自然也要在XML中定义。使用XML时，因为避免了编译的步骤，结果体验比较迅速，鉴于视图经常需要修修补补的，因此这一点很重要。

组件定义是证明XML大有用处的另一个例子。像@Name这样的注解很容易就能够添加到类中。但是，如果要声明成Seam组件的类是来自第三方的JAR文件，或者是由另一个团队维护的，那么注解对你就没有什么好处了。在有些情况下，你需要修改现有的组件或者给这个组件的属性赋值——可能是你自己的组件，也可能是Seam的内建组件。在这种情况下，你必须求助于外部配置，这会在本章中讲到。

在第4章中，你已经了解到是注解简化了Seam组件的开发。如果你喜欢使用注解，建议你跳到第6章去学习用来组装组件、并且初始化上下文变量的另一种注解方式。但是如果你有兴趣学习如何在XML中定义和配置组件，本章会告诉你如何利用Seam组件描述符来完成这项工作。组件描述符包含基于XML的元数据，以实现组件定义与类的分隔。你还可以利用组件描述符为组件实例赋初始属性值，将组件组装在一起，覆盖现有组件的设置，以及控制Seam内建的功能。可是Seam中的XML并不全部都是旧式的。有了XML命名空间，你几乎会把XML当作是一种真正

① 基于Java的页面配置还在开发中，因此这一需求可能要很久之后才能实现。

的语言。除了XML之外，你还会知道Java属性文件可以用在Seam中以完成某些类型的配置。我们将通过内建Seam组件的配置来学习Seam的国际化（i18n）支持，及消息键如何为Seam组件的属性提供本地值。在本章的最后，你会感慨XML和Java属性文件都是对Seam中基于注解的方式的重要补充。

5.1 利用 XML 定义组件

这世界完全不需要再有XML配置文件了，果真如此吗？自从EJB 2退出历史舞台之后，EJB 3的主要重建主题就是废除之前必需的XML描述符。Seam中也延续了这一主题。如第4章所述，Seam组件可以利用注解直接编写。因此，虽然Seam有一个基于XML的组件描述符，但它的使用不是强制性的。Seam会在必要的时候恰当地启用它。

但是，让我们来讨论那些不适合用注解且一定要用XML的场合。在下列情况下，组件描述符弥补了注解的不足。

- 声明一个既不能修改也没有`@Name`注解的类作为Seam组件（当然你可以通过继承的方式来使用注解）。
- 安装了一个默认情况下没有安装的类（这个类有个`@Install`注解，表示不应该安装该组件）。
- 覆盖组件定义中的设置，如声明周期范围和某些指定的值（描述符的值始终优先于注解）。
- 配置组件的bean属性以应用于组件实例（或者是将特定于部署的信息外部化）。

也有可能你只喜欢XML，而不喜欢注解。在这种情况下，你可以用组件描述符来定义所有的Seam组件。Seam提供了这种灵活性，但我不推荐用这种方法。不管怎样，Seam还是具有丰富的内建功能。同样，一旦组件已经确定（如已编译），你也可以用组件描述符来“装饰”自己的组件。

我将从概览组件描述符开始，包括什么是组件描述符，它存在于什么地方，以及它使用什么语法。然后我会解释如何用它来定义和配置组件。

5.1.1 描述符的选择策略

Seam中组件的XML配置常常分为多个文件。我们说的组件描述符只是个统称，它是指classpath中所有组件描述符中的配置总和。注意，“描述符”（descriptor）是XML文件的常用语。

Seam既支持通用描述符，也支持细粒度描述符。通用描述符可以包含任意数量的组件定义，而细粒度描述符则只能包含单个类对应的组件。通用描述符的名称为components.xml，而细粒度描述符则是利用文件扩展名.component.xml来命名的。

通用描述符经常放在Web应用程序的WEB-INF目录下，这是seam-gen存放它的地方。但这个文件不是非得放在WEB-INF目录下，它可以放在classpath的任何位置，这将使你能够以最喜欢的方式来组织配置，而不必将每一个组件定义都单独塞在一个文件中。推荐的做法是将组件描述符按模块进行分割，这样每个描述符和类都在同一对应的模块中。你还可以进一步缩小，将通用描述符放在每个Java包中。另外，还可以将每个组件分别定义在与它相关的类毗邻的细粒度描述符中，当然这是一种很极端的做法。具体采用哪种形式则取决于你自己。

关于“将组件描述符放在哪个地方”的规则是十分宽松的。Seam组件扫描器将访问如表5-1所示的位置，它们是按扫描的优先顺序排列的。无论你决定如何分割基于XML的组件配置，Seam都会对它们进行收集，并将它们与注解中定义的设置合并起来，在内存中组装成一组统一的组件定义。如第4章所述，实例就是在统一的组件定义中诞生的。

表5-1 Seam查找基于XML的组件描述符的资源位置

资　源	具体位置
WEB-INF/components.xml	在Web应用程序文档（WAR）中
META-INF/components.xml	在任何classpath项中（JAR的根部或者WAR中WEB-INF/classes目录下）
components.xml或*.component.xml	在被扫描的classpath项中的任何地方（有标记文件的classpath项会被扫描，如第4章4.5.1节所述）

小贴士 虽然seam-gen将components.xml文件放在WEB-INF目录下，但我们还是考虑将它保存在META-INF目录下，这样就便于在单元测试和集成测试环境下对其进行访问，因为单元测试和集成测试的classpath并不包含WEB-INF目录。

本部分概述了组件描述符可以存放的位置。现在让我们打开这个文件，看看它的结构，并学习如何用它创建组件定义吧。

5.1.2 组件描述符的结构

Seam组件描述符由一个或者多个组件定义组成，利用`<component>`元素进行声明，并嵌套在根`<components>`元素里面。（在细粒度组件描述符中，`<component>`可以作为根元素。）除了一般的`<component>`元素，Seam还借助XML命名空间提供的“类型安全的”XML组件声明来支持扩展元素。组件描述符还提供了一些非组件的元素，如`<import>`和`<factory>`，这些会在本章稍后及第6章讨论。

说明 如果你用过Spring配置文件，应该会觉得使用Seam组件描述符真是太舒适了。主要区别在于，Seam组件描述不再用根`<beans>`元素和子`<bean>`元素，而是用根`<components>`元素和子`<component>`元素。Seam和Spring都利用XML命名空间支持扩展元素。

代码清单5-1展示了一个包含两个组件定义的简单的组件描述符。对于以下所示的组件，是假设类定义中没有`@Name`和`@Scope`注解，而是利用XML将这些类声明为组件。如果类具有相当于这些定义的`@Name`注解，就会因5.4节所述的原因而出现异常（包括组件定义覆盖）。

代码清单5-1 包含两个组件定义的组件描述符

```
<components xmlns="http://jboss.com/products/seam/components"
 xmlns:xsi="http://www.w3.org/2001/XMLSchema-instance"
```

```
  xsi:schemaLocation="
   http://jboss.com/products/seam/components
   http://jboss.com/products/seam/components-2.0.xsd">

  <component name="newGolfer"
   class="org.open18.model.Golfer" scope="event"/>
  <component name="passwordBean"
   class="org.open18.auth.PasswordBean" scope="event" auto-create="true"/>

</components>
```

如果Spring都还没有让你被XML弄得疲惫不堪，那么这些定义看起来也不算太糟糕。<component>元素为class属性中指定的类定义了一个新的Seam组件。name属性相当于@Name注解，scope属性则相当于@Scope注解。组件定义注解和XML的<component>元素属性之间的对应关系如表5-2所示。

表5-2　Seam注解和组件描述符之间的关系

类级别的注解或者注解属性	<component>中的XML属性
Java类名称	class
@Name	name
@Scope	scope
@AutoCreate	auto-create
@Install（value）	installed
@Install（precedence）	precedence
@Startup	startup
@Startup（depends）	startupDepends（Seam 2.1或更高的版本）
@JndiName[a]	jndi-name[a]

a. @JndiName注解和jndi-name属性只与EJB会话bean组件有关。

你可能注意到，这个列表中漏掉了与@Role注解相应对的XML属性。实际上并没有遗漏，这个属性就是<component>元素本身。在组件描述符中，可以将一个类用于定义任意数量的组件，唯一的限制是必须使用name属性为每个定义分配一个不同的组件名称。实际上，name属性就是角色名称。我觉得<component>声明比@Role注解更适合于定义角色，我想你也会有这种感觉。

在第4章用@Role注解为Golfer实体分配的角色，在这里改用<component>元素来定义：

```
<component name="golferExample"
 class="org.open18.model.Golfer" scope="event"/>
```

从应用程序的角度来看，组件无论是利用注解还是XML定义，对组件的构造几乎没有区别。Seam在这两种情况下都构建相同的组件定义表示法，并用它提供组件实例。但XML版本会允许你给bean属性赋初始值，这在5.3节讲过。现在，XML部分的内容显得再基础不过了，因为它所做的一切只是声明组件。

警告　当类是出现在热部署classpath中的时候（由seam-gen创建的WAR项目中的src/action文件夹），不允许为它创建基于XML的组件定义，因为处理组件描述符的组件扫描器"看不见"热部署类加载器（hot-deploy classloader）中的类。这个缺点可能会在未来推出的版本中得以解决。不管怎样，它还破坏了使用热部署加载器的目的，因为组件描述符中定义的组件是不能热部署的（可热部署的组件必须且只能通过@Name定义）。但组件描述符仍然可以用来为可热部署的组件注册初始属性值。

通用组件描述符里往往只包含几个组件的定义，因而管理起来比较简单，但是当你开始依赖它的时候，通用组件的规模就会迅速膨胀，直至无法控制，在一个简单的配置中控制这个庞大的文件也就变得像大海捞针一般困难。为了防止出现这种情况，我们应该结合细粒度组件描述符并按组件类来分割声明。

5.1.3　细粒度组件描述符

细粒度组件描述符使开发人员能够更加直观地定位类的配置，因为它紧邻着要配置的类，并且使得该描述符的内容更加"面向任务"了，因为它只关注某个类。它还为Seam组件注解提供了一种好的替代方法——尤其是当你一想到类中含有大量注解就感到不寒而栗的时候——同时又不会丧失与类紧邻着的好处。

细粒度描述符是通过文件扩展名.component.xml进行识别的，并用于将紧邻着的Java（或者Groovy）类配置成Seam组件。与细粒度描述符对应的类名称，是从该描述符的源路径中截去扩展名.component.xml，然后将正斜线（/）转换成点（.），由此得来。例如，资源路径为org/open18/auth/PasswordBean.component.xml的细粒度组件描述符是用来配置org.open18.auth.PasswordBean类的。反过来也可以根据类的名称得出细粒度描述符的资源路径。Seam在准备组件定义的时候会进行双向搜索。

在第3章介绍细粒度的页面描述符时，你已经见过基于XML的细粒度配置方法。它们之间的区别在于，细粒度的页面描述符只处理单个<page>元素，而细粒度的组件描述符则能够根据根标签是<component>还是<components>，相应地接受一个或多个<component>元素。如果只声明一个组件定义，可以用<component>作为根元素。只有单个组件定义的细粒度描述符不需要声明class属性，因为类名称就是根据刚才讲过的转换逻辑得来的。细粒度描述符的内容如下所示，其中包含了可选的XML命名空间声明：

```
<component xmlns="http://jboss.com/products/seam/components"
 xmlns:xsi="http://www.w3.org/2001/XMLSchema-instance"
 xsi:schemaLocation="
  http://jboss.com/products/seam/components
  http://jboss.com/products/seam/components-2.0.xsd"
 name="passwordBean" scope="event"/>
```

如果你打算在细粒度描述符中使用多个声明，就要用<components>作为根元素。如果不用<component>作为根元素，就会丧失class属性隐含值的优势，而这个值现在是必需的，它提供了配置对应的类的可能。你可以利用多个<component>元素分配一个或多个角色，也可以用辅助元素如<factory>和<event>，这些将在第6章讨论。

警告 没有什么能够阻止你将任意的组件定义——这个定义没有与邻近的类相关——放进根元素为<components>的细粒度描述符中。但是我不鼓励这么做，因为它使得组件定义的位置难以查找。

细粒度描述符的缺点在于，你又要多管理一个XML文件，并且失去了注解为你提供的类型安全性。幸运的是，有一种折中的办法。Seam使用XML命名空间和XML Schema，提供了“类型安全的”XML元素，从而减轻了使用XML时带来的烦恼。

5.2 组件描述符中的 XML 命名空间

到目前为止，你无法忽视出现在组件描述符顶部的XML命名空间声明。事实上，它们在文件中占据了一半以上的内容！我们来看看这个不必要的元数据到底是什么东西，它又能为你带来什么好处。

5.2.1 XML 命名空间声明的作用

在组件描述符的根元素中添加的命名空间声明导入了一个在W3C XML Schema中定义的、用来创建和配置组件的XML元素和属性的词汇表。采用XML Schema的原因在于，它提供了丰富的类型系统，并允许这个词汇表通过自定义的命名空间（类似于Java包）进行扩充。这意味着命名、类和组件的bean属性可以在XML元素和属性的名称中被体现出来，并且可以对标记实施严格的校验。因此，XML被当成是“类型安全型”的语言。

1. 别太泛型化

命名空间http://jboss.com/products/seam/components代表一般的Seam组件词汇表，它提供前面讲过的<component>元素。除了根元素<components>之外，这个命名空间中还有其他元素：<property>（用来设置属性值）、<import>（这个会在本章稍后部分进行探讨），以及<factory>和<event>，这些都将在第6章讲到。单独使用这个命名空间时，你看不出使用XML Schema与使用较简洁的替代物（如DTD）相比有什么优势，因为泛型化的<component>定义中的属性名称无法得到校验。它的优势来自于Seam提供了一套广泛的特定于组件的命名空间，它拓宽了这个词汇表，并使它变成是类型安全的。你也可以定义自己的XML命名空间，在本节稍后部分你会学到这种方法。

说明 你所引入的每个命名空间都提供一个XML词汇表，与组件类及其bean属性的名称一一对应。因此，从现在开始，我所说的命名空间就是指组件XML命名空间。

我们来看一下用组件XML命名空间中的元素来代替泛型化元素的例子。Seam的嵌入式组件

org.jboss.seam.core.init中有一个名为debug的属性，它控制Seam的调试模式。声明了泛型化的组件命名空间之后，利用以下代码片段将调试模式属性设置为true，它根据组件名称（而不是类）引用这个组件：

```
<component name="org.jboss.seam.core.init">
  <property name="debug">true</property>
</component>
```

除了使用泛型化元素来定义或者配置组件，你也可以使用从组件XML命名空间导入的自定义元素及属性。与嵌入式命名空间http://jboss.com/products/seam/core关联的这个词汇表包含了XML元素<init>（它映射到Seam组件类org.jboss.seam.core.Init）和一组XML属性（符合类的属性）。将这个命名空间导入到组件描述符中，并将它绑定到命名空间别名core，也可以利用完全匹配的<core:init>元素将相应组件的debug属性设置为true，如以下粗体部分所示：

```
<components xmlns="http://jboss.com/products/seam/components"
  xmlns:core="http://jboss.com/products/seam/core"
  xmlns:xsi="http://www.w3.org/2001/XMLSchema-instance"
  xsi:schemaLocation="
    http://jboss.com/products/seam/components
    http://jboss.com/products/seam/components-2.0.xsd
    http://jboss.com/products/seam/core
    http://jboss.com/products/seam/core-2.0.xsd">
  <core:init debug="true"/>
</components>
```

这个声明为内建组件的属性赋了初始值，你在5.3节会学到更多的细节。关键是属性名称和值这两者都由Schema进行激活。虽然这些命名空间声明十分冗长，但是它们帮助你削减了该组件描述符的其余部分所需的字符数。

提示 如果你不熟悉基于XML Schema的配置，可能会对它们给根元素带来的混乱产生恐惧。但是，这些“繁文缛节”正是你通向友好开发体验的入场券。xsi:schemaLocation属性将XML命名空间映射到Schema Documents（XSD），IDE检索到之后进行转译，为你提供“XML标签自动完成”功能，类似于你从Java语法中得到的那种。如果你不需要IDE的支持，可以不理睬这个命名空间的声明。

通过我们接下来的讨论，你会了解到大多数内建的Seam组件都与命名空间关联。在探讨完内建的命名空间之后，我们来总结一下组件命名空间中的XML元素与Java类之间的映射。

2. Seam的内建组件

逐条地列举Seam中所有的内建组件是徒劳的，因为它们一直在改变。但我还是希望至少让你快速了解一下Seam命名空间的功能。表5-3列出了Seam的内建命名空间，以及它们所包含的组件描述。

说明 .xsd文件名中的版本必须与Seam的主要版本相符。因此，如果你正在使用Seam 2.1.0.GA，版本就应该是2.1。表5-3列出了2.0的版本。

表5-3　内建的组件XML命名空间

命名空间URI/schema位置	作　用
`http://jboss.com/products/seam/async` `http://jboss.com/products/seam/async-2.0.xsd`	异步分发器
`http://jboss.com/products/seam/bpm` `http://jboss.com/products/seam/bpm-2.0.xsd`	jBPM集成
`http://jboss.com/products/seam/components` `http://jboss.com/products/seam/components-2.0.xsd`	泛型化的组件定义、工厂、事件观察者及上下文变量前缀导入
`http://jboss.com/products/seam/core` `http://jboss.com/products/seam/core-2.0.xsd`	核心Seam设置（调试模式、事务管理开关，等等）
`http://jboss.com/products/seam/drools` `http://jboss.com/products/seam/drools-2.0.xsd`	drools配置和安全性规则
`http://jboss.com/products/seam/framework` `http://jboss.com/products/seam/framework-2.0.xsd`	Seam应用（CRUD）框架
`http://jboss.com/products/seam/international` `http://jboss.com/products/seam/international-2.0.xsd`	地域和时区选择器组件
`http://jboss.com/products/seam/jms` `http://jboss.com/products/seam/jms-2.0.xsd`	JMS集成
`http://jboss.com/products/seam/mail` `http://jboss.com/products/seam/mail-2.0.xsd`	电子邮件集成和连接设置
`http://jboss.com/products/seam/navigation` `http://jboss.com/products/seam/navigation-2.0.xsd`	全局导航规则和全局页面描述符的资源位置
`http://jboss.com/products/seam/pdf` `http://jboss.com/products/seam/pdf-2.0.xsd`	有符号PDF的PDF文件存储和密钥存储配置（需要jboss-seam-pdf.jar）
`http://jboss.com/products/seam/persistence` `http://jboss.com/products/seam/persistence-2.0.xsd`	持久化单元和管理器配置
`http://jboss.com/products/seam/remoting` `http://jboss.com/products/seam/remoting-2.0.xsd`	JavaScript远程通信设置
`http://jboss.com/products/seam/security` `http://jboss.com/products/seam/security-2.0.xsd`	身份（验证和授权）配置
`http://jboss.com/products/seam/spring` `http://jboss.com/products/seam/spring-2.0.xsd`	Spring集成（需要jboss-seam-spring.jar）
`http://jboss.com/products/seam/theme` `http://jboss.com/products/seam/theme-2.0.xsd`	UI主题选择器和可用的主题
`http://jboss.com/products/seam/transaction` `http://jboss.com/products/seam/transaction-2.0.xsd`	事务提供者
`http://jboss.com/products/seam/web` `http://jboss.com/products/seam/web-2.0.xsd`	Servlet过滤器配置

要在组件描述符中注册组件命名空间，首先就要从表5-3中选择一个注册组件，并为它设置一个别名，从而将它声明为一个XML命名空间。接下来，将命名空间URI和Schema的位置添加到根节点上的`xsi:schemaLocation`属性。由于XML Schema词汇表支持Seam的所有内建命名空间，因而你就能够利用IDE中的标签自动完成功能来发现可用组件。如果你勇于尝试，建议你添加这个表中的所有命名空间，看看你的XML编辑器会给你什么样的结果。

虽然标签自动完成功能和通过XML探索Seam为你提供的内建组件很有趣，但你可能还想知道这些元素与Java类以及组件定义有什么关系。理解这层关系的第一步是了解命名空间是如何与Java包关联起来的。

3. 命名空间和Java包

XML命名空间是个URI——这是表达唯一名称的一种常用方式。命名空间看起像URL一样，但是它不一定要解析成公用文件。命名空间映射到一个别名上，如前一个例子中的core。别名的名称是任意的，它作为元素名称的前缀，如<core:init>，使这些元素与特殊的命名空间关联起来。对于默认命名空间中的元素，这个前缀不是必需的，它可以利用xmlns属性进行设定。一般来说，组件描述符会声明http://jboss.com/products/seam/components为默认的命名空间。因此，<component>元素不需要前缀。

命名空间与Java包类似，事实上，Seam中组件描述符中的命名空间与Java包是一一对应的。你很快就会知道元素就是Java类名称和bean属性的变体。在组件描述符中使用XML命名空间，就相当于你编写Java，只是没有用到Java语法一样。

让我们先为Open 18应用程序草拟一个XML命名空间，用它代替泛型化<component>元素。本节还应该帮助你理解组件XML命名空间中的元素被如何转译，以便你能理解配置某个Seam内建组件所用的语法。

5

5.2.2 为包中的组件定义 XML 命名空间

利用表5-4中所述的@Namespace注解，可以让XML命名空间URI与Java包关联起来。@Namespace是个包级别的注解，这意味着它在package-info.java文件中是放在包声明之上。[①]当Seam遇到不是处在泛型化组件命名空间中的XML元素时，它会查找@Namespace注解，在该元素的命名空间URI和Java包之间建立起关联。Seam 2.1支持命名空间URI和Java包之间的隐式映射，进行@Namespace注解不过是走走形式。这种映射机制会在5.3节阐述。

表5-4 **@Namespace**注解

名称：Namespace

作用：将URI映射到Java包。URI可以用作组件描述符中的XML命名空间。这种映射告诉Seam在处理该命名空间中的XML元素时要进入哪个Java包查找组件

目标：PACKAGE

属性	类型	作　用
value	String	这个包的XML命名空间（URI）。默认：无（必需）
prefix	String	用来从XML元素的本地名称中得出组件名称的限定符，类似于Java包使类名称完全匹配一样。如果这个值为空，就不用前缀。默认：空字符串

我们要为Open 18应用程序中的校验包创建一个命名空间。org.open18.auth包中的package-info.java文件内容如下所示：

```
@Namespace(value="http://open18.org/components/auth")
@AutoCreate
package org.open18.auth;
import org.jboss.seam.annotations.AutoCreate;
import org.jboss.seam.annotations.Namespace;
```

① package-info.java是在Java 5中引入的，用来声明包级别的注解和JavaDoc注释。

注意，除了@Namespace声明之外，也可以添加其他Seam组件注解到package-info.java文件中，从而达到为该包中组件设置默认值的目的。在这个例子中，org.open18.auth包中的所有组件都支持自动创建功能。

警告　到Seam 2.0为止，组件扫描器还扫描不到热部署classpath（由seam-gen生成的WAR项目下的src/action目录）中的@Namespace注解。它们必须放在主classpath（如src/model目录）中。

在定义表5-3中所示命名空间的Seam代码中到处可以见到类似的声明。创建了我们自己的组件命名空间之后，接下来看看如何使用组件描述符中的标记。

5.2.3　如何转译 XML 命名空间

@Namespace声明在XML命名空间和Java包之间建立了一种关联。（Seam 2.1中这种映射关系是隐式的。）这层关系是用可扩展的XML定义组件的关键。换句话说，你可以利用自定义的XML元素定义组件命名你的组件，就像Seam定义它的内建组件一样。

和Seam的内建命名空间一样，首先也是将@Namespace注解中的命名空间添加到组件描述符中。然后选择一个命名空间别名，将XML元素与这个URI关联起来。代码清单5-2展示了绑定到别名为auth的命名空间http://open18.org/components/auth的声明，以及被关联的Java包中某个组件的定义。

代码清单5-2　用组件命名空间定义的PasswordBean

```
<components xmlns="http://jboss.com/products/seam/components"
 xmlns:auth="http://open18.org/components/auth"
 xmlns:xsi="http://www.w3.org/2001/XMLSchema-instance"
 xsi:schemaLocation="
  http://jboss.com/products/seam/components
  http://jboss.com/products/seam/components-2.0.xsd">
 <auth:password-bean scope="event"/>
</components>
```

<auth:password-bean>元素是将PasswordBean类声明成组件的一种类型安全的方式。你实际上不必在根元素中声明XML命名空间，而是可以选择直接在元素的前缀中使用这个命名空间：

```
<http://open18.org/components/auth:password-bean scope="event"/>
```

命名空间别名只是一种快捷的语法。不管怎样，其结果都与用以下泛型化的组件定义所实现的一样：

```
<component name="passwordBean"
 class="org.open18.auth.PasswordBean" scope="event"/>
```

我们来探讨一下Seam如何转译类型安全的声明，来获得由泛型化组件定义所提供的相同信息。

1. 将XML转译成Java

图5-1展示了从<auth:password-bean>元素到完全匹配Java类之间的转译。

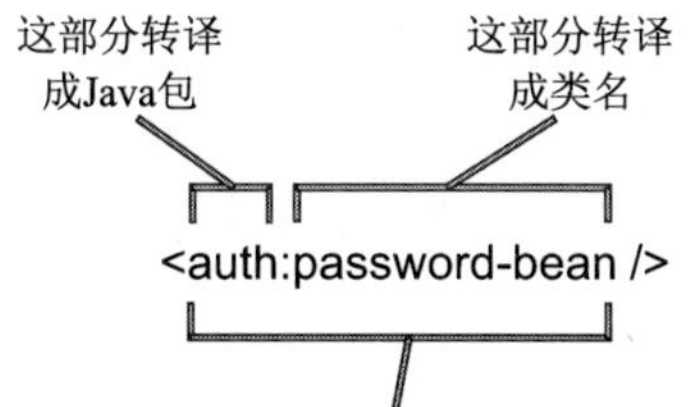

图5-1 Seam如何转译组件命名空间中的XML元素

当Seam遇到auth命名空间中的XML元素时，它会看看是否有@Namespace注解带有符合XML命名空间URI的值。实际上，命名空间与Java包之间的映射如下：

```
http://open18.org/components/auth -> org.open18.auth
```

到Seam 2.1为止，在没有定义匹配的@Namespace注解的情况下，有两种方法可以根据XML命名空间URI得出Java包。当URI的格式为http://时，Seam会去掉www的前缀（如果有的话），并将域名颠倒过来，再添加尾随路径表示子包（将正斜线转换成点）：

```
http://www.open18.org/auth -> org.open18.auth
```

当命名空间的格式为java:而不是http://时，就用该格式后面的URI部分作为包名：

```
java:org.open18.auth -> org.open18.auth
```

此时，命名空间URI已经完成了它的任务，Seam不再用它去做任何其他的事情。它只能为Seam做好转译映射工作。接下来，就可以从XML元素的本地名称中得出这个短类名（不含Java包的类名称）在本例中为password-bean。这种转换是将首字母以及连字号之后的字母变成大写，并去掉连字号：

```
password-bean -> PasswordBean
```

将包org.open18.auth和短类名PasswordBean合起来即形成了完全匹配的Java类。上述完整的转换结果如下：

```
<auth:password-bean> -> org.open18.auth.PasswordBean
```

说明 使用自定义XML元素的好处在于，它消除了在组件定义中指定class属性的必要性，而是在相应的Java包与XML元素的本地名称之间建立起关联，从而达到同样的目的。如果java包不能通过XML命名空间URI获得解析，就会出现异常，从而阻止应用程序的加载。

这样就把组件类搞定了，但是你知道，每个Seam组件都必须与一个名称和范围相关联。我们来看看如何指定它们。

2. 解析组件名和范围

组件命名空间中的XML元素被视同<component>元素的扩展。这意味着它们继承了表5-2中用来定义组件的所有标准属性。由于继承了标准组件，因此组件名称和范围可以指定为自定义元素中的属性：

```
<auth:password-bean name="passwordBean" scope="event"/>
```

但是并不一定要在自定义的元素中指定组件名称。Seam还可以利用以下搜索顺序来查找某一个名称，并将它赋给用组件描述符中的命名空间元素定义的某个组件。

- 自定义XML元素中的name属性。
- 关联Java类中的@Name注解。
- 根据XML元素的本地名称得出的数值。

如果没有在XML元素的name属性或者@Name注解中指定组件名称，Seam就会介入，并从Java类中得出一个名称。Seam先将短类名的首字母变成小写，得到不完全匹配的组件名称：

```
PasswordBean -> passwordBean
```

@Namespace注解在这里开始发挥作用了。@Namespace注解有个prefix属性，该属性值用来使组件名称变成完全匹配，就像Java包名使一个类名称变成完全匹配一样。如果@Namespace注解中的prefix属性为空，那么不完全匹配的组件名称就相当于完全匹配的组件名称了。在这个例子中，prefix属性为空，因此组件名称仍然是passwordBean。

如果prefix属性不为空，完全匹配的组件名称的构造方式即为：将prefix属性的值与不完全匹配的组件名称合在一起，并用点号（.）分隔。假设命名空间已经做如下定义：

```
@Namespace(value = "http://open18.org/components/auth",
   prefix = "org.open18.auth")
```

从<auth:password-bean>声明得出的组件名称变成了org.open18.auth.passwordBean。*千万不要将这个名称与完全匹配的类名称混淆起来！*

为了确定作用域，Seam要参考自定义的XML元素中的scope属性，然后检查该类中的@Scope注解。如果这两者都不存在，就自动根据第4章的表4-6自动选择一个作用域。

现在你应该理解，在前面那个例子中，Seam如何从<core:init>得出Seam的内建组件名称org.jboss.seam.core.init，还应该知道在org.jboss.seam.core包中有声明一个@Namespace注解，它包含同名前缀和命名空间URI http://jboss.com/products/seam/core。我们看看如何让IDE来为我们的组件命名空间完成这种关联。

3. 启用校验和IDE标签自动完成功能

在组件描述符中声明auth命名空间别名还不足以让XML得到校验，也不足以为IDE提供它在提供标签自动完成功能时所需要的信息。你仍然需要为所声明的每个组件命名空间提供一个XML Schema Document（XSD）。auth命名空间的XML Schema是auth-1.0.xsd，我们没有在这里展现它，但是你可以从本章的源代码中找到。一旦编写了这个文件，就要将它添加到组件描述符中的xsi:schemaLocation属性，如以下粗体部分所示：

```
<components xmlns="http://jboss.com/products/seam/components"
  xmlns:auth="http://open18.org/components/auth"
  xmlns:xsi="http://www.w3.org/2001/XMLSchema-instance"
  xsi:schemaLocation="
    http://open18.org/components/auth
    http://open18.org/components/auth-1.0.xsd
    http://jboss.com/products/seam/components
```

```
    http://jboss.com/products/seam/components-2.0.xsd">
  ...
</components>
```

如果所提供的URL中没有XSD，就需要在XML编辑器中为auth-1.0.xsd文件和它的命名空间建立这种关联，以实现XML标签自动完成和校验。对于Seam的内建命名空间而言，这些会自动生效，因为XSD文件在公共Web服务器上进行了发布。

创建组件的XML命名空间比较困难，但是更多的时候我们只是消费者，而不需要做创造者。大多数时候，你会发现自己是在用Seam提供的命名空间来配置Seam的内建组件。说到Seam的内建组件，你可能注意到了，Seam的所有组件都具有完全匹配的组件名称，以避免命名上的冲突。但这些冗长的组件名称在输入的时候可能会比较麻烦。我们来看看如何引入上下文变量前缀，以便可以用基本名称来称呼组件实例。

5.2.4 引入上下文变量前缀

就像Java中用包名称来避免类之间的命名冲突一样，Seam也用前缀名称来避免组件名称之间的命名冲突。上下文变量前缀甚至与Java包一样使用你所熟悉的点号（.）。为了使这些名称引用起来更加方便，Seam提供了一种方法，使导入一组完全匹配的上下文变量前缀与Java中import语句的效果一样。

上下文变量前缀是利用组件描述符中的<import>元素导入的，因此你可以根据上下文变量的最后部分（它的不完全匹配名称）对它进行引用。现在我们假定auth这个XML命名空间的前缀是org.open18.auth。上下文变量前缀可以通过组件描述符中的以下声明来导入：

```
<import>org.open18.auth</import>
```

这个导入语句在整个应用程序中都适用。它允许你引用PasswordBean组件的上下文变量时用passwordBean，而不是用org.open18.auth.passwordBean。

小贴士 我建议你给应用程序的组件使用完全匹配的上下文变量名称，然后在需要的时候，利用<import>标签导入上下文变量前缀。如果你是在构建可重用的Seam类库，那么这种方法就尤为重要。

所有内建的Seam组件都使用完全匹配的组件名，这样显得较为文雅，同时避免“盗用”你可能要用的上下文变量名。在Seam的参考文档中可以找到完整的Seam内建组件列表。鉴于这些组件大多十分常用，因此Seam自动地导入了它们的上下文变量前缀。在编写本书之时，自动导入的上下文变量前缀如下所示：

- org.jboss.seam.bpm
- org.jboss.seam.captcha
- org.jboss.seam.core
- org.jboss.seam.faces
- org.jboss.seam.framework

- ❑ org.jboss.seam.international
- ❑ org.jboss.seam.jms
- ❑ org.jboss.seam.mail
- ❑ org.jboss.seam.pageflow
- ❑ org.jboss.seam.security
- ❑ org.jboss.seam.security.management (Seam 2.1或更高的版本)
- ❑ org.jboss.seam.security.permission (Seam 2.1或更高的版本)
- ❑ org.jboss.seam.theme
- ❑ org.jboss.seam.transaction
- ❑ org.jboss.seam.web

这组导入前缀对于常用的Seam组件尤其方便。UI中常用的一个组件是FacesMessages类，它绑定到org.jboss.seam.faces.facesMessages上下文变量。你可以看到，这个上下文变量所用的命名空间就出现在默认的导入之中，因此你可以用它缩写的上下文变量名facesMessages来引用它。例如，你可以用这个组件来迭代全局的JSF消息，而不必通过globalOnly标记来使用<h:messages>:

```
<rich:dataList var="msg" value="#{facesMessages.currentGlobalMessages}">
  #{msg.summary}
</rich:dataList>
```

用组件名称作为上下文变量来访问Seam组件，这种方法你在第4章已经学过。它们还提供了为组件配置初始属性值的方法，（由Seam或者合作容器）创建实例之后，这些值就被应用到该实例上。在5.3节，你将学习如何通过属性值来补充组件定义，以设置实例的初始状态。

5.3　配置组件属性

在第4章，你知道了类如何通过注解的方式进入组件的内部，而在本章，则是通过基于XML的声明来实现这一目的。这些定义只是将类实例化并将服务织入其中的一种常用方式，通常，只有在组件实例化之后，它才会变得有用，因此必须为它的属性赋初始值。这种初始化是以一种简单的属性值的形式出现的，例如连接字符串，或者对另一个组件的引用，其实质是将组件组装在一起。赋属性值是在该实例被当作上下文变量之前发生的。

说明　@Create和@PostConstruct生命周期回调方法是在为该组件实例被赋完初始属性值之后执行的。

在本节，你会学到这些初始属性值是如何声明的，以及可以提供哪些类型的值。在我们深入学习之前，先来看看建立组件的初始状态有哪些好处，并了解一下何谓“组件属性”。

5.3.1　将组件定义成对象原型

组件定义的价值是体现在生成对象原型时。作为组件定义的一部分，你可以将一组属性名称和关联值保存起来，Seam在启动时获取关联，随后当组件实例被实例化之后，再将属性名称和关联值传给该实例。原型可以预先填好某个表单，或者填写一些不可被用户修改的固定值，如某个记录的创建日期。我们来看看这些属性如何映射到对应的类。

属性可以被映射到JavaBean的set方法上，也可以直接映射到目标对象上的相应字段，即通常所说的bean属性。字段名称与属性名称相同，而设值方法则是将属性名称的首字母变成大写，并加上set作为前缀（如`createDate`属性映射为`setCreatedDate()`方法）。如果一个属性名称同时与某个字段和某个设值方法都匹配，则设值方法优先。然后利用反射将属性值注入到方法或字段中。当被注入的依赖是个指向另一个组件实例的引用时，这种机制就被称作依赖注入（DI），或者类比Spring的“bean组装”说法，称这种机制为“组件组装”（component wiring）。

说明 target对象中方法或者字段的访问级别并不重要。Seam能够为任何访问级别的方法或者字段赋值，无论其是否是私有的——这是反射授予的特权。

与组件定义的其他部分不同，组件属性必须在外部配置中定义，而不是在注解中定义。[①]虽然Seam努力避免不必要的外部配置（即XML），但可配置属性是合理利用这种解耦关系的一种情形。在Java源代码之外设置属性值，让你可以完成以下工作。

- 调整应用程序的运行时行为，而不必重新编译（如超时期限、调试模式和查询结果的最大数量）。
- 为不同的组件角色定义不同的属性值。
- 声明指向其他组件实例的引用，即组件组装。

要何时及在应用程序中的何处使用组件属性，这个决定权在你自己的手中。下一个要做的决定是要在何处定义初始属性值。

5.3.2 在何处定义组件属性

通过在以下3个地方中的任何一处声明初始属性值，你可以将它赋给组件定义，以下这3个地方是按照优先级递增的顺序排列的。

- 组件描述符。
- Servlet上下文参数。
- seam.properties。

很可能发生的情况是，在绝大多数时间里，你可能会使用组件描述符，因为它最灵活，也最方便。前面你已经学过在组件描述符中通过`<component>`元素或者绑定到组件XML命名空间的元素来定义Seam组件。同样，你还可以用这些元素来分配属性元数据、增加组件定义，或者配置现有的组件。5.4节将阐述这一特性。

如果不使用组件描述符，也可以利用标准的Java属性语法来配置组件属性，称作外部属性设置（external property setting）。外部属性设置可以在seam.properties文件中定义，也可以作为Servlet

① 这条规则有个例外。`@Logger`注解指示Seam在组件被实例化时将一个日志实例注入到被注解的方法或者域中。

上下文参数定义。Seam采用了一种简单的命名惯例，来决定属性键如何被映射到Seam组件的Bean属性，以后我们看到这种技巧时会再进行回顾。

本节剩下的内容将采用让你动手实践的方法来阐述如何使用前面刚刚提及的知识点，当然还是以Open 18这个应用程序为例。假设你已经打开了组件描述符，我们就从基于XML的组件配置开始吧。

1. 在组件描述符中定义属性

属性可以与组件描述符中声明的任何组件定义产生关联。如果你使用泛型化的<component>元素，就利用嵌套的<property>元素配置这些属性。被配置属性的名称在<property>元素的name属性中指定，要赋的值在元素体中指定（或者在嵌套的<value>元素中指定）。

为了将配置属性与现有的组件定义关联起来，得在<component>元素的name属性中指定组件的名称。如果你希望<component>声明也充当组件定义，还必须提供class属性。为了解这两者之间的区别，请参阅5.4节。

我们假设想要配置PasswordManager组件中用到的散列算法和字符集，如代码清单5-3所示。digestAlgorithm属性决定根据纯文档密码计算出来的散列类型，charset属性决定在hashing密码之前要对其应用的编码方案。

代码清单5-3　用来hash纯文本密码的可配置组件

```
package org.open18.auth;

import java.security.MessageDigest;
import org.jboss.seam.annotations.Name;
import org.jboss.seam.util.Hex;

@Name("passwordManager")
public class PasswordManager {
   private String digestAlgorithm;
   private String charset;

   public void setDigestAlgorithm(String algorithm) {
      this.digestAlgorithm = algorithm;
   }

   public void setCharset(String charset) {
      this.charset = charset;
   }

   public String hash(String plainTextPassword) {
      try {
         MessageDigest digest =
            MessageDigest.getInstance(digestAlgorithm);
         digest.update(plainTextPassword.getBytes(charset));
         byte[] rawHash = digest.digest();
         return new String(Hex.encodeHex(rawHash));
      }
      catch (Exception e) {
         throw new RuntimeException(e);
      }
```

```
    }
}
```

必须赋初始属性值，才能为当前的应用程序定制hash()方法的行为（并且防止NullPointerException异常）。下列声明利用<property>元素为passwordManager组件配置digestAlgorithm和charset值：

```
<component name="passwordManager">
  <property name="digestAlgorithm">SHA-1</property>
  <property name="charset">UTF-8</property>
</component>
```

如果Seam容器中没有名为passwordManager的组件，这个配置就不起任何作用。当请求passwordManager这个组件名称时，Seam会实例化相应类的一个新实例，然后利用反射应用属性值。最终的结果相当于下面的Java代码：

```
PasswordManager passwordManager = new PasswordManager();
passwordManager.setDigestAlgorithm("SHA-1");
passwordManager.setCharset("UTF-8");
Contexts.getEventContext().set("passwordManager", passwordManager);
```

这个代码片段让我们大概了解了属性值是如何影响实例的。当然，这只是组件实例化时所发生的最基本的事情。事实上，在执行生命周期方法之后，有大量方法拦截器都拦截并包装了该实例。

为了使声明更加简洁，可以把属性定义成<component>元素的属性。那么PasswordManager组件配置将如下：

```
<component name="passwordManager" digestAlgorithm="SHA-1" charset="UTF-8"/>
```

然而，属性语法在简洁的同时也放弃了一些特性，它要求不可以在属性中配置以<component>元素保留的关键字为名的属性。这些属性名会被解读成组件定义的组成部分。关键字如下所示：

- name
- class
- scope
- auto-create
- installed
- startupDepends（Seam 2.1或更高版本）
- startup
- precedence
- jndi-name

记住这个列表，或者将它放在手边。否则，当你试图在<component>元素的属性中为以这个列表中的某个名称为名的bean属性赋值时，就会搞不清楚为什么会报错（或者悄无声息地失败）。处理这种情况的一种方法是使用嵌入式的<property>（或者命名空间元素）。另一种选择是利用前面讲过的外部属性设置。

5

在组件描述符中注册初始属性值的第三种语法是利用与所配置的属性同名的嵌套元素。PasswordManager的组件配置再次进行了改写，以反映出这种语法：

```
<component name="passwordManager">
  <digestAlgorithm>SHA-1</digestAlgorithm>
  <charset>UTF-8</charset>
</component>
```

如果你对XML编辑器很熟悉，就会知道XML Schema校验器并不欢迎最后这两种语法——在<component>元素中使用属性和与属性同名的嵌套元素。这是因为组件的XML词汇表并没有声明任何名为digestAlgorithm或者charset的属性或者元素。

如果这种语法不校验，那么它有什么好处呢？其实，它只是还没有校验罢了。你只需要让XML校验器知道。正如我们所知，组件XML命名空间中的元素是从泛型化的<component>元素扩展得来的。你必须扩展泛型化命名空间的XML Schema，并添加组件命名空间所用的任何自定义属性或者嵌入式元素名称。这就需要你创建一个XSD，如5.2.3节所述。然后你可以用基于元素的语法来配置组件的属性，并且仍然让该文档进行校验。

当然，如果你不在意校验文档，只想让XML更加整洁又不想创建XSD，那你就不要考虑这个XSD，因为Seam并不强制为Schema校验文档，而使用XSD只是开发过程中获得类型安全性的最佳方法。但要注意，XML编辑器可不会那么仁慈，它对无效的自定义属性和元素名称会报错。幸运的是，所有内建的Seam组件已经具备相应的XSD，因此你可以用自定义的属性和元素名称来为这些组件定义属性，并且校验文档。

假设你已经引入了相应的XML词汇，那么PasswordManager组件的配置就可以利用简洁的语法（如代码清单5-4所示），并且仍然要进行校验。

代码清单5-4　利用自定义的XML属性和元素名称配置组件

```
<components xmlns="http://jboss.com/products/seam/components"
  xmlns:auth="http://open18.org/components/auth"
  xmlns:xsi="http://www.w3.org/2001/XMLSchema-instance"
  xsi:schemaLocation="
    http://jboss.com/products/seam/components
    http://jboss.com/products/seam/components-2.0.xsd
    http://open18.org/components/auth
    http://open18.org/components/auth-1.0.xsd">
  <auth:password-manager>
    <auth:digest-algorithm>SHA-1</auth:digest-algorithm>
    <auth:charset>UTF-8</auth:charset>
  </auth:password-manager>
</components>
```

我在最后那段代码中对你开了个小小的玩笑，你能告诉我是什么吗？我将<digestAlgorithm>元素的名称改成了digest-algorithm。Seam始终将带有连字符号的元素名称、属性名称及<property>元素中的name属性值转换成它们驼峰形（camelCase）的名称。这种转换与从元素名称中得出短类名的做法相同，如5.2.3节所述。

因此，你可以用连字符号的形式为digestAlgorithm编写<property>元素：

```
<property name="digest-algorithm">SHA-1</property>
```

如果命名空间词汇支持，还可以将属性名称写成：

```
<auth:password-manager digest-algorithm="SHA-1"/>
```

说明 XML命名空间别名（如auth）对于处理映射到属性的元素没有起到什么作用，不像它在转译映射到组件类的顶级元素时那么有效（在后一种情况下，是用别名来解析Java包，如5.2.3节所述）。在前一个例子中，你本来也可以对XML编辑器的报错置之不理，因为使用不完全匹配的元素<digestalgorithm>应该也能正确地赋属性值。

总而言之，你可以利用嵌入式的<property>元素、与组件元素中的属性同名的属性或者与属性同名的嵌入式元素来配置组件属性。重要的问题是："它进行校验了吗？"在任何情况下，嵌入式的<property>元素都进行校验，可是不保证任何类型安全性。组件XML命名空间词汇表示可以用来配置组件属性的自定义属性和嵌套元素。Seam的内建组件命名空间主要依赖带有连字符号形式的属性名称的语法。关于这种语法的更多示例请见5.5节。如果你正在定义自己的XML Schema，可以选择采用Seam式作为标准。

以上介绍了可以在XML中定义组件属性的各种语法。我们要继续学习利用"外部属性设置"进行的属性配置。

2. 外部属性设置

组件描述符允许你声明组件，并为其配置属性。外部属性设置只允许你配置现有Seam组件的属性。这意味着这个类必须具有@Name注解，或者必须在组件描述符中声明为组件（同时它还必须满足安装条件）。

为了利用外部属性定义组件的属性，要将组件名称与组件中的bean属性名称连起来，并用点号（.）分隔，构成属性键。用与该键关联的值为bean属性赋值。注意，在这种情况下不接受带有连字符号的形式，因此这个键必须一字不差地引用属性名称。

我们回头看看PasswordManager组件。为了示范这个例子，我们假设PasswordManager已经被定义成名为passwordManager的Seam组件。为了利用外部属性设置给digestAlgorithm和charset属性赋值，得在seam.properties文件中添加以下两行代码：

```
passwordManager.digestAlgorithm=SHA-1
passwordManager.charset=UTF-8
```

如果为PasswordManager组件分配了完全匹配的名称org.open18.auth.passwordManager，那么结果应该是：

```
org.open18.auth.passwordManager.digestAlgorithm=SHA-1
org.open18.auth.passwordManager.charset=UTF-8
```

seam.properties文件的位置如4.5.1节所述。当你在seam.properties文件中定义属性设置时，要在标准的java.util.Properties语法中指定一个数值，并用一个等号（=）或者空格将配置属性的名称与这个值隔开。对于比这更复杂的字符串值，可以参阅JavaDoc中的java.util.Properties，那里更加完整地阐述了这些标准的规则。

警告 在seam-gen项目中，你必须使用资源文件夹中的seam.properties文件，而不是用src/action或者src/model中的seam.properties文件。构建时将会忽略后两个位置。

除了在seam.properties文件中注册初始属性值，也可以在Web应用程序的WEB-INF/web.xml文件中将它们作为Servlet上下文参数进行设置，`java.util.Properties`语法同样适用。注意，这些参数都不是在JSF Servlet定义中定义，而是作为利用顶级<context-param>元素的、适用于整个上下文的初始化参数：

```
<context-param>
  <param-name>passwordManager.digestAlgorithm</param-name>
  <param-value>SHA-1</param-value>
</context-param>
<context-param>
  <param-name>passwordManager.charset</param-name>
  <param-value>UTF-8</param-value>
</context-param>
```

使用Servlet上下文参数可能不够灵活，因为它需要让属性生效的Servlet环境。这种局限性使得基本的单元测试变得很困难，因为它迫使你启用Servlet环境。

警告 记住，是用组件名称（上下文变量名称）而不是用组件的类名称作为属性键的前半部分。许多内建的Seam组件都有着与它们所表示的类大体相当的名称，因此不要把这两个名称搞混了。此外，不要将组件名称中的点号与用来分隔bean属性名称的点号混淆起来。

为了体验更高级的属性键，我们来考虑一下如何设置Seam内建组件中的属性。图5-2展示了如何将内建组件`org.jboss.seam.init`中的`transactionManagementEnabled`设置为`false`，来关闭Seam中的事务管理功能。事务管理将在第9章讨论。至于现在，我们只要尝试一下设置，起到示范的目的即可。

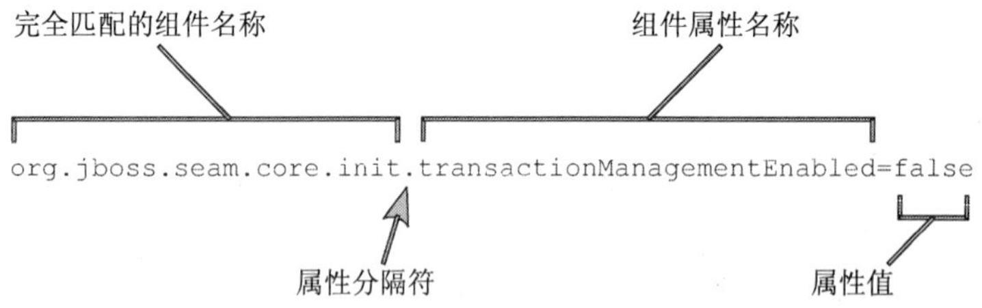

图5-2 Seam为了给组件的属性赋初始值，是如何转译外部属性设置的

利用外部属性设置为组件的bean属性赋值，比用XML更简单，也更简洁。此外，如果你利用外部属性设置为某个组件属性定义了一个值，它就会优先于该属性在组件描述符中的配置。这种覆盖对于为不同的部署环境调整属性值很有用。

以上都是配置组件的基础，但还仅局限于基础的字符串属性。让我们进一步探讨更复杂的属性类型吧，Seam通过它们教给了你如何去配置。

5.3.3 属性值类型

赋给组件属性的值可以是以下任何一种类型。

- 基本类型（字符串、数字、布尔、枚举、字符及类名）。
- EL（值和方法表达式）。
- 集合（这里的每个值都可以是这个列表中的任何项目）。
- 替换标记（用@符号包围起来的名称）。

在我们进一步探讨这个列表之前，先再了解一些基础类型。

1. 基本值类型

基本类型很简单。自从配置文件中读取值时开始，这个值便开始成为字符串。然后Seam根据目标属性的类型为这个值决定正确的类型，并在进行赋值之前将它转换。如果没有注册转换器，启动时将抛出异常。如果值无法转换，在实例化组件的时候将抛出异常。

5

> **小贴士** 你可以在org.jboss.seam.util.Conversions中实现Converter接口，并利用静态的putConverter()方法在该类中注册这个接口，来创建自己的属性转换器。然而，为了安装这个转换器，你必须在Seam初始化之前将SeamListener子类化。

对于PasswordManager组件，它不发生任何转换，因为digestAlgorithm和charset这两个属性都是字符串。但是Seam可以处理你希望得到支持的绝大多数常用的转换。我们再来看一些例子。

大多数高尔夫球场都有18个洞（不是只有9个洞的那些球场）。我们要用组件配置Course实例的numHoles属性，设置一个有意义的默认值：

```
<component name="newCourse" class="org.open18.model.Course">
  <property name="numHoles">18</property>
</component>
```

属性numHoles是个基本整数型。在这种情况下，Seam利用Integer.valueOf（String）执行基础转换。可能正如你期盼的，基本包装类所表示的所有类型都进行这样的转换（因而有了valueOf（String）方法）。Seam还支持另外两种类型：java.lang.Class和java.lang.Enum。类是利用Class.forName（String）从字符串中得出的，枚举则是根据字符串与字面常量值的匹配进行选择的。

我们假设Facility实体中的type属性已经从字符串变成了如下所示的FacilityType枚举：

```
public enum FacilityType {
   PUBLIC, PRIVATE, SEMI_PRIVATE, RESORT, MILITARY;
}
```

你可以在Facility原型中将默认的type设置为PUBLIC：

```
<component name="newFacility" class="org.open18.model.Facility">
  <property name="type">PUBLIC</property>
</component>
```

警告　Boolean的转换很有技巧，Seam利用Boolean.valueOf（String）从字符串中进行转换。只有当它的值与该字符串匹配时，这个方法才会为true。所有其他值都被当作是false。

当初始值是个EL表达式时，组件的配置变得很有趣，因为它能够注入动态的上下文值。这个值甚至可以是另一个Seam组件的实例。如果Spring-Seam桥接配置好了（参见第15章），甚至可以利用EL将Spring Bean注入到Seam组件中。让我们深入探讨一下EL属性值，并看些示例。

2. 表达式语言值

Seam十分依赖于EL来控制组件实例或者其他上下文变量，这一点一定在你的脑海里留下了十分深刻的印象。EL语法与API不相关，这正是Seam能够以简单的方式将如此广泛的技术统一起来的原因。因此，Seam依然借助于EL来赋予动态的属性值，这也就不足为奇了。用EL定义属性值是个功能强大的概念，原因有二：

- 你可以利用现有的EL知识；
- 可以赋予任何可通过EL访问的值（而不只是组件实例）。

的确如此。Seam没有发明另一种XML词汇来将Java对象组装在一起，而是利用EL来建立组件之间的引用。你会在5.4节学到组件组装。EL也可以用来计算值及注入结果。实际上这里面没有什么新的知识点，这是好事。我们来探讨一下“EL如何被处理成初始属性值，以及何时执行求值”的机制。

提示　在Spring中，你必须根据所注入的东西来选择相应的XML元素。例如，为了注入指向另一个Bean的引用，要使用<ref>或者<bean>；要赋null值，则用<null>，等等。在Seam中，所有这些细节都在EL下进行处理。指向另一个组件的引用被写成#{componentName}，要赋null值则用#{null}。

当你利用值表达式声明属性值时，Seam不会立即对该表达式执行求值，而是将它以原生态形式保存在组件定义中。当新组件实例的属性被初始化时，Seam就对这个值表达式执行求值，对被解析的值进行所有必要的转换（如前所述），然后将值赋给属性。

考虑这样做可能引入的东西。理论上来说，你会有一个组件用来提供预填充的上下文实例。例如，当出现会员注册页面时，Golfer实例会用赋给dateJoined属性的当前日期和时间进行初始化，使register()方法不必去做这项工作：

```
<component name="newGolfer" class="org.open18.model.Golfer" scope="event">
  <property name="dateJoined">#{currentDatetime}</property>
</component>
```

为了设置dateJoined属性的值，可以提供任何产生java.util.Date的EL表达式。Seam提供了一个名为currentDatetime的内建组件，在查找当前日期和时间时提供——就像通过new java.sql.Timestamp()产生的一样——让你少打一些字。这个组件是Seam Application Framework中几个与日期有关的组件之一（另外还有currentDate和currentTime）。你将在第10章学习Seam Application Framework。

我们来看点更精彩的内容吧。许多高尔夫球设施都只有一个与该设施同名的球场。我们在创建Course实例时把新球场的名称设置为该设施的名称：

```
<component name="newCourse" class="org.open18.model.Course" scope="event">
  <property name="name">#{facilityHome.instance.name}</property>
</component>
```

对于用值表达式定义的属性，有几个重点需要你注意。

- 组件实例永远见不到值表达式，只会见到解析值。
- 值表达式是在组件实例创建的时候被解析的。
- 如果组件实例创建之后，值表达式底层的值发生了变化，组件实例就不会被发现。

如果你用过JSF的受管Bean机制，应该了解这正是JSF处理值表达式注入的方式。虽然组件配置保存了该表达式，但只有解析值会被传给属性。

这些规则有两个例外。如果目标属性的类型为ValueExpression或者MethodExpression，Seam就不会对表达式执行求值，甚至在组件实例的属性被初始化时也不会执行，而是将表达式字符串转换成表达式对象（ValueExpression或者MethodExpression），并赋予属性。对表达式的求值留给组件去完成。你可以在Seam的内建组件org.jboss.seam.security.Identity中看到这种例子。authenticateMethod属性的类型为MethodExpression。在应用程序逻辑中对这个方法表达式执行求值，对登录表单中提供的凭证进行验证。假设你用authenticate()方法定义了一个名为authenticator的Seam组件来处理验证，并利用下面的声明将验证方法放到内建组件中：

```
<security:identity authenticate-method="#{authenticator.authenticate}"/>
```

另一个特例有点异常（甚至可能是个Bug）。如果EL不是作为首字符，属性值中的EL符号不会被翻译。另外，Seam会将这个值当成一个普通的字符串，将它赋给未执行求值的属性。此后，为任何嵌入式EL表达式插入字符串，便是应用程序逻辑的责任了。例如，你可能想定义一个上下文消息字符串：

```
<framework:created-message>
  You have successfully added #{course.name}.
<framework:created-message>
```

使用EL的主要好处之一在于它是通用的。你会在5.4节学到如何利用这个语法来实现组件的静态组装。我在这里要强调的一点是，你只需要用一致的方法来赋值即可，无论它是个简单的类型、基础对象（如日期），还是EL表达式。事实上，你接下来就会发现，为集合和Map赋值也是同样的道理。虽然Seam引入了一些元素用来构建值的集合，但你也可以选择用EL来处理这种赋值。

3. 集合和Map

除了使用EL值表达式之外，还有两种方法可以为集合类型的属性赋值。要么利用含分隔符的字符串，Seam会自动地拆分它以取得值；要么利用嵌入式的XML元素显式地指定每个项目。第二种方法显然只在使用组件描述符的时候才有效。XML是为Map赋值的唯一方法。每个项目的值可以是基本类型值，也可以是EL值表达式。

警告　为了对集合属性使用组件配置，该属性必须是个参数化的集合或者数组。Seam依赖于参数化集合中的泛型信息或者数组类型来转换每个值。

我们先从集合说起吧。Seam去掉以下这些字符，将含分隔符的字符串转换成集合。

- 逗号。
- 空格或者跳格（\t）。
- 行终止符（\n，\f，\r）。

如果属性类型为集合（包括数组和`java.util.Collection`类型），Seam就使用处理分隔符的转换器。但是当这个值被置于嵌套在`<property>`里的`<value>`元素中时，或者置于自定义的命名空间元素中时，Seam则不执行这种转换。我们举些例子，先看看什么时候使用这种转换，以及如何用`<value>`元素避免转换。

假设属性`proStatus`已经被添加到`Golfer`实体中，用来捕捉高尔夫球员的技能级别——业余、专业还是半专业。可选项保存在`RegisterAction`组件的`proStatusTypes`属性中：

```
@Name("registerAction")
public class RegisterAction {
   ...
   private String[] proStatusTypes;

   public String[] getProStatusTypes() { return this.proStatusTypes; }
   public void setProStatusTypes(String[] types) {
      this.proStatusTypes = types;
   }
}
```

这些选项可以像以前一样利用XML进行注册。然而，现在赋给集合属性的值是以可识别的分隔符来分隔的。下面就是一个基于XML的例子：

```
<component name="registerAction">
  <property name="pro-status-types">amateur pro semi-pro</property>
</component>
```

也可以利用外部属性设置为这个属性赋值：

```
registerAction.proStatusTypes=amateur pro semi-pro
```

利用Seam的`<s:selectItems>`组件标签，将这些选项转换成了注册表单中一个JSF `SelectItem`对象的列表：

```
<h:selectOneMenu value="#{newGolfer.proStatus}">
  <s:selectItems var="_status" label="#{_status}" noSelectionLabel=""
    value="#{registerAction.proStatusTypes}"/>
</h:selectOneMenu>
```

当值不包含任何分隔符时，字符串-集合转换器工作得非常好。但是如果其中某个值包含分隔符时，会发生什么情况呢？我们来看一个有关这个问题的示例，学习如何避开这个问题。

假设属性`specialty`也被添加到`Golfer`实体中，用来捕捉高尔夫球员的特长。`RegisterAction`中添加了一个名为`specialtyTypes`的数组属性，用来保存可选项。如果有任何选项包含分隔符，我们在使用含分隔符的属性值时就会有问题。为了避开这种情况，我们必须在XML中利用子<value>元素声明每个值：

```
<component name="registerAction" class="org.open18.action.RegisterAction">
  <property name="pro-status-types">amateur pro semi-pro</property>
  <property name="specialtyTypes">
    <value>Driving</value>
    <value>Chipping</value>
    <value>Putting</value>
    <value>Iron play</value>
    <value>Lookin' good</value>
  </property>
</component>
```

我们来看一个有多个值属性的Seam内建组件的例子。下面的代码片段注册了另一个页面描述符：

```
<components xmlns="http://jboss.com/products/seam/components"
  xmlns:navigation="http://jboss.com/products/seam/navigation"
  xmlns:xsi="http://www.w3.org/2001/XMLSchema-instance"
  xsi:schemaLocation="
    http://jboss.com/products/seam/navigation
    http://jboss.com/products/seam/navigation-2.0.xsd
    http://jboss.com/products/seam/components
    http://jboss.com/products/seam/components-2.0.xsd">
  <navigation:pages>
    <navigation:resources>
      <value>/WEB-INF/pages.xml</value>
      <value>/META-INF/pages.xml</value>
    </navigation:resources>
  </navigation:pages>
</components>
```

这里嵌入了<value>元素，因为这是XML Schema强制的。我举这个例子是为了让你了解，Seam内建命名空间的XML Schema通常都要求这种形式的语法。也可以像下面这样在seam.properties文件中指定这个配置：

```
org.jboss.seam.navigation.pages.resources=/WEB-INF/pages.xml \
/META-INF/pages.xml
```

我真正喜欢Seam对多值类型的处理方式的地方在于，它不强迫你为不同类型的集合（如<set>和<list>）使用一种特殊的语法。集合就是集合。不过Map出于多维的缘故，倒是需要一个特殊的配置元素。

Seam支持关联类型的配置——或者用更加熟悉的术语：Map。为此，你必须在<property>元素中使用<key>和<value>这两个元素。遗憾的是，Map只能利用XML进行配置。我们假设要将代码与上面列出的每种特长都关联起来。首先，我们必须将specialtyTypes属性改成java.util.Map。然后就可以利用下面的代码定义键/值对：

```
<component name="registerAction"
  class="org.open18.action.RegisterAction">
  <property name="pro-status-types">amateur pro semi-pro</property>
```

```
  <property name="specialtyTypes">
    <key>DRIVE</key> <value>Driving</value>
    <key>CHIP</key>  <value>Chipping</value>
    <key>PUTT</key>  <value>Putting</value>
    <key>IRON</key>  <value>Iron play</value>
    <key>LOOKS</key> <value>Lookin' good</value>
  </property>
</component>
```

你也可以将specialtyTypes做成java.util.Properties类型，这个声明也同样有效。Seam不会强迫你为关联类型的不同类型使用唯一的元素。

4. 替换标记

在提供属性值的时候，还有一种抽象级别可以使用。除了在属性声明中使用值或者值表达式外，还可以使用一个替换标记。标记是指用@符号包围起来的名称[①]。标记的值是从classpath根目录下的components.properties文件中读取的，并应用到组件定义中。标记的值甚至可以是EL表达式。标记使得为不同环境定制值变得更加容易了，因为不必修改描述符本身。请注意，标记必须表示整个属性。如果你试图将标记内联在字符串属性中，它就不会起作用。

我要举一个在Seam应用程序中最常用到的例子：切换调试模式。假设你在components.properties文件中设置了以下属性：

```
debug=true
```

然后你可以用这个键作为组件描述符中的标记值：

```
<core:init debug="@debug@"/>
```

标记的值可以是值表达式，但这要以进一步的求值计算为准：

```
debug=#{facesContext.externalContext.request.serverName eq 'localhost'}
```

虽然出现几率不高，但标记还是有可能表示指向另一个组件的引用。这样就把我们带到了组件组装的话题。前面介绍了EL作为一种赋属性值的方式，现在来看看解析成Seam组件实例的那些值的实现。

5.3.4　组装组件

POJO开发背后的哲学思想是，组件自身不负责在业务方法调用中查找对其他组件的引用，那些引用是在组件的初始化期间通过一种称作“依赖注入”的技巧而提供的，Seam完全支持。如果你想在Seam之外使用组件，可以选择采用这种方法，比如在单元测试中，或者因为那些组件是某个共享模型的一部分。此外，它也会带来性能优化，因为这类配置是预先完成的，不是在组件的生命周期期间发生的。

在依赖注入中，组件以Bean属性的方式来暴露依赖关系。Bean属性提供类型、名称及引用被接受的方式。依赖可以是另外的组件实例，也可以是一般的Java对象。然后你声明找到该引用

---

① 在Seam 2.0中，在组件描述符中使用标记化的值会导致它无法验证。在Seam 2.1中，已经针对这个问题对常用的标记化属性进行了修正。

的机制。随后该引用在运行时被解析并注入到Bean属性中。Seam支持两种风格的组件组装方式，一种是静态的，另一种是动态的。这两种风格都利用反射来为域或者Bean的属性（设值方法）赋值。区别在于赋值的时机不同。根据注入的方式，值是在创建组件实例，或者组件中的方法被执行的时候注入的。我们分别来看看这两种情况。

1. 静态依赖和动态依赖

当你使用组件配置时，就是在执行静态的依赖注入。通过静态注入，Seam在创建组件实例时为它的域或者属性赋值。这个值是利用组件配置的EL变量指定的。这种注入与其他轻量型容器所用的注入（如Spring和JSF受管bean设施）类似。这种赋值只进行一次，那么组件在被实例化的时候就能从可用资源中提取它需要的。此后，组件实例的域和属性值就不受这种依赖机制影响了，木已成舟。当有新实例被创建的时候，属性又会再次赋值。

Seam还支持一种动态的依赖注入。将注解@In放在域或者JavaBean式的属性设值方法之上，激活这个钩子。每当某个方法在组件中被调用时，基于注解的注入就会被解析。这种机制是Seam控制反转的关键，你将在第6章深入地学习它。

5

2. 静态组件组装示例

seam-gen应用程序包含了一个静态依赖注入，来组装可生成EntityManager实例的组件。你将在第9章学习Seam的持久化配置。现在我们先关注组装机制。Open 18应用程序中的组件描述符包含了以下来自持久化命名空间的两个代码片段：

```
<persistence:entity-manager-factory name="open18EntityManagerFactory"      ❶
  persistence-unit-name="open18"/>
<persistence:managed-persistence-context name="entityManager"      ❷
  entity-manager-factory="#{open18EntityManagerFactory}"
  auto-create="true"/>
```

管理器组件EntityManagerFactory❶是个应用程序作用域的启动组件，负责启动JPA的EntityManagerFactory，它维持着一个对它的引用，并在应用程序关闭的时候关闭引用。受控的持久化上下文组件❷为对话的生命周期管理对话作用域的扩展持久化上下文（EntityManagerinstance实例）。这就是它的组装方式。当entityManager上下文变量第一次在对话中被解析时，就会创建受控持久化上下文组件的实例，并将EntityManagerFactory组件装到它里面，然后用它创建一个新的EntityManager实例。这种组装只出现一次，它在这个例子中有效，是因为只有在持久化管理器上下文（一个更小作用域的组件）被初始化的时候它才需要该引用（一个更大作用域的组件）。静态注入在这里扮演了配置的角色。

现在，我们要利用静态注入将依赖的组件实例组装到RegisterAction组件中，为它解除必须亲自查找这些引用的负担（和耦合）。逻辑的重点转向了注册用户。它还使得组件更加易于测试了。在代码清单5-5中，RegisterAction的依赖组件被暴露作为私有域。我们利用Seam的能力将引用注入到私有域中，消除了不必要的取值方法（getter）和设值方法（setter）。

代码清单5-5 静态注入依赖的组件

```
package org.open18.action;
```

```
import javax.persistence.EntityManager;
import org.open18.auth.*;
import org.open18.model.Golfer;
@Name("registerAction")
public class RegisterAction {
   private EntityManager entityManager;
   private FacesMessages facesMessages;
   private PasswordManager passwordManager;
   private Golfer newGolfer;
   private PasswordBean passwordBean;

   public String register() {
      if (!passwordBean.verify()) {
         facesMessages.addToControl("confirm",
            "value does not match password");
         return "failed";
      }
      newGolfer.setPasswordHash(
         passwordManager.hash(passwordBean.getPassword()));
      entityManager.persist(newGolfer);
      facesMessages.add("Welcome to the club, #{newGolfer.name}!");
      return "success";
   }
}
```

下一步就是将依赖组件组装到这个组件在组件描述符中的属性：

```
<component name="registerAction">
  <property name="entity-manager">#{entityManager}</property>
  <property name="faces-messages">#{facesMessages}</property>
  <property name="password-manager">#{passwordManager}</property>
  <property name="new-golfer">#{newGolfer}</property>
  <property name="password-bean">#{passwordBean}</property>
</component>
```

虽然这种重构极大地简化了组件，但仍然还有改进的空间，在第6章中将学习用注解来替代XML配置。

小贴士 如果你熟悉Spring，也许会用静态注入作为你组装组件的主要方式。但我不建议你将这种方法作为你的标准。第一，因为它需要大量的XML。一般来说，XML是为基础设施配置保留的。虽然不适用于本例，你还是必须确保没有将作用域比较短的组件注入到作用域比较长的组件中，因为这样会造成作用域阻抗。而利用以@In注解声明的动态注入来组装组件会更清晰、更安全，也更像Seam的风格，我们会在第6章学习如何实现。

具备了如何配置组件属性的这些知识之后，你就可以用初始状态来配置组件原型，使它们逐渐完善。但是，你仍然需要了解一条关于配置组件的信息，否则你创建的组件定义就会有冲突的危险。

5.4 组件定义和组件配置

组件描述符可以用来定义新组件、配置现有组件的属性，或者定义新组件同时配置它的属性。

你必须知道是哪些东西组成了组件定义，以及什么时候<component>元素只被当作是为之前定义的组件赋初始值的一种方式。本节将阐述这项特性，并给了你将这两者分开进行的策略。

5.4.1 避免与现有定义相冲突

不允许用相同的名称和相同的优先级来定义两个不同的组件，这在第4章中曾经简单地提到过。现在，我们假设还没有调整优先级的值。当然你可以用组件描述符来定义和配置组件，不过有时候你本意是想为现有组件赋初始属性值，但是Seam却当成是创建一个新的组件定义，那就会遇到问题。下面就是Seam在进行声明处理的过程。如果<component>元素既定义了class属性，又定义了name属性，它就会被当成一个新的组件定义。如果此时类中还出现@Name注解，或者在另一个描述符中有一个与之相当的组件定义，那么应用程序启动时就会抛出下面的异常：

```
java.lang.IllegalStateException:
Two components with the same name and precedence
```


如果<component>元素中没有class属性或者name属性，Seam就会将该声明当作是追加的组件配置（例如，为了启用自动创建），或者是把它当成是用来初始化属性值的。

如果你正在配置的类不是一个Seam组件（它没有@Name注解，或者@Install注解值为false），那就不必担心。你可以利用<component>元素定义组件，指定name和class。但是，如果你想要配置的类已经是一个Seam组件（它有@Name注解，或者@Install注解值为true），那么你必须确保配置不会与现有的定义相冲突。

另一方面，如果组件的定义声明使用了命名空间，那么它就满足了不同规则，这些规则将防止它与现有的定义发生冲突。这种特殊处理背后隐藏了推导，这也是使用组件命名空间的动机。当Seam处理命名空间元素时，class属性隐式地从XML元素中获得。同理，如果类中没有@Name注解，name属性也将隐式地从XML元素中获得。由于开发人员已不能控制不与类的唯一性和名称约束相违背，Seam必须聪明地确定声明的目的。如果组件定义已经存在，Seam就认为是为了给组件属性赋值，从而不定义新组件。这也解释了你为什么能够利用自定义的命名空间元素来安全地配置内建的Seam组件，而不必担心会与Seam利用注解声明的现有组件定义发生冲突的原因。在尚未有组件定义的情况下，命名空间元素就被当作是一个完整的组件定义。

我们举一个解决组件定义冲突的例子。假设PasswordManager有一个@Name("password-Manager")注解，下面的XML片段定义的组件就是一个有冲突的Seam组件：

```
<component name="passwordManager" class="org.open18.auth.PasswordManager">
  <property name="digestAlgorithm">SHA-1</property>
  <property name="charset">UTF-8</property>
</component>
```

你可以用下列任何一种方式来修改这个XML的根标签，从而使它不与现有的定义发生冲突。

(1) 使用auth组件命名空间的自定义的元素：

```
<auth:password-manager>
```

(2) 删除class属性：

```
<component name="passwordManager">
```

(3) 删除name属性：

```
<component class="org.open18.auth.PasswordManager">
```

(4) 设置一个更高的优先级：

```
<component name="passwordManager" class="org.open18.auth.PasswordManager"
 precedence="25">
```

最后这种方式因为优先级（25）比默认优先级（20）高，所以它覆盖了现有的定义。优先级在第4章的4.5.2节中已经讲过。

当然，如果你将@Name注解放在类中，并且在组件描述符中利用不同的组件名称为该类定义了新的组件，那么这是两个独立的组件定义。不过你也不是在配置现有的组件了。总之，你所要注意的是不要定义两个使用相同名称和相同优先级的组件。

5.4.2 混和使用注解和 XML

如果表5-2中的属性在XML中被覆盖了，那么只从类中的对等注解中继承没有被覆盖的。例如，组件作用域可以用类的@Scope注解来定义，而不必在XML中定义。也就是说，类中定义的@Scope(ScopeType.APPLICATION)注解，会被XML定义继承，像在<component>元素中定义了scope属性一样。总之，属性不需要在同一个地方定义，如果在注解和XML都对组件的某一个属性做了定义，那么会优先使用XML定义的值。当类中有无法修改的组件定义时，这种混合法就是非常好的方式了。

既然你已经深入地学习了定义和配置组件，并且知道了在使用组件描述符时要如何避免组件定义时的冲突，现在应该认识到配置内建的Seam组件实际上很轻松。

5.5 配置和启用内建组件

组件描述符是配置Seam的主要方式。尽管我是非常不想说组件描述符允许你在XML中编程，但它确实允许你这么做。为了解决常见的Web应用程序问题和整合各种不同的技术，Seam提供了大量的胶合代码。为了利用这些特性，你必须进一步配置这些代码。本节探讨可以控制Seam的哪些领域，重点以Seam的语言支持为例。

5.5.1 用组件描述符控制 Seam

组件描述符帮助你控制Seam完成下列目标。

- 配置Seam的运行时设置——Seam中有许多可以用来控制其功能的开关。例如，你可以打开调试模式、关闭事务管理、定义验证方法、定制用来管理对话和对话超时时间的参数名称、指定资源包的名称，或者配置可用的主题。这些组件是Seam的中央枢纽。
- 激活默认关闭的特性——有些内建组件并不是对所有的应用程序都有用（或者可能要依赖于一个并非总是可用的环境）。Seam默认关闭这些组件。组件描述符给了你启用这些组件的可能。例如，你可以启用jBPM，“钩进”E-mail服务，或者启动Spring的容器适配器。

- 定制组件模板——Seam提供了一些组件模板。这些组件千篇一律，你可以对自己的应用程序领域进行定制。这样的例子有`EntityManagerFactory`和受管持久化上下文（及Hibernate中的对等物）、Seam Application Framework对象（Query、Home和Controller）、JMS主题发布器或者消息发送器，或者Drools规则管理器。这些类默认不是组件，因为它们都没有`@Name`注解。只有在组件描述符中进行配置，以使它们生效，这时就成为了组件。

大多时候这些条目之间的区别并不明显，因为你可能同时激活并配置了某个组件或某项服务。实际上，你只需要知道的是：Seam是高度可配置的，组件描述符是你控制这种配置的方式。当你看完本书时，应该回过头来看看这种配置方式，尤其是配置Seam的内建组件。

接下来将以Seam的资源包管理作为组件配置的示例。你将发现Seam把消息键都集中在一个内建组件中。你还将学会如何用组件配置注册自己的包，以及如何用消息键为组件属性赋予指定的值。

5.5.2　配置 Seam 的国际化支持

当应用程序需要输出消息时，正确的方式是使用消息键，而不是使用硬编码的消息字符串。然后应用程序会在运行时从资源包中查找该消息键对应的值。键一般用来选择指定地域下的消息字符串，例如标签、日期和时间模式以及货币单位。资源包也可以超出地域范畴，如主题参数和部署环境设置。

遗憾的是，资源包是Web应用程序中最冗长乏味且最不成比例的配置机制之一。这是因为如果一个Java框架不提供国际化（i18n）支持，那它就不完整，这也导致了各个框架为了提供i18n消息支持都使用了自己的资源包和配置。Seam则解决了问题，它将整合的各种框架所带来的消息全部放进同一个Map，从而使你的应用程序轻松地使用上i18n消息。在本节中，我将阐述资源包的工作原理，并说明Seam如何使它们变得更易于使用。

1. Seam的资源包管理

资源包是Java属性元数据格式的一种应用（如`java.util.Properties`），它以键/值对的形式保存元数据。这些键/值对按照一定规则进行分组，并绑定到某个bundle名称下。Java将根据指定的地域和bundle名，来查找属性文件。文件名由bundle名组成，接着是以一条以下划线（_）作为前缀的当前地域，最后是.properties的扩展名。如果找不到当前地域的文件，就会采用以“bundle名加.properties扩展名”为名的文件。[①]

例如，如果bundle名是`messages`，且当前地域为US English，Java就会用下列搜索顺序来查找键：

- messages_en_US.properties
- messages_en.properties
- messages.properties

Seam在此处并没有重新发明轮子，而只是将来自多个属性文件的内容统一在一起。Seam用

---

① 关于这部分的工作原理，请参考JavaDoc中的`java.util.ResourceBundle`——`getBundle()`方法。

内建组件名messages将下列资源包都打包在一起。

- messages——默认的消息包。
- ValidatorMessages——Hibernate Validator消息（包含默认消息）。
- javax.faces.Messages——JSF消息键。
- 在Seam页面描述中定义的特定于页面的包。

请注意，faces-config.xml描述符中的<message-bundle>元素所声明的消息包并不包含在上述这个包中。要添加这个内建的列表，就需要在Seam组件描述中声明自定义的包。我们假设你有一个名为application的资源包，并且你想将那些消息键与Seam的包联系起来。你这样为它注册：

```
<core:resource-loader bundle-names="messages application"/>
```

请注意，这里包含了bundle名messages。如果你覆盖了bundleNames属性，又想将bundle名包括在内，就必须恢复默认的bundle名，即messages。另一种方法，你也可以利用嵌入式的集合语法声明每个bundle名：

```
<core:resource-loader>
  <core:bundle-names>
    <value>messages</value>
    <value>application</value>
  </core:bundle-names>
</core:resource-loader>
```

此时，来自各个bundle的键都合并到了Seam统一资源包中的键集合中，你可以利用上下文变量名messages进行访问。第13章的13.6节将介绍如何在应用程序中启用多种语言、如何选择默认地域，以及如何让用户控制会话使用的地域。本节的最后，我想解释一下如何从这个统一的bundle中使用消息键。

2. 在应用程序逻辑中使用消息键

messages组件也能使用EL值表达式。例如，为了不在注册表单中硬编码标签，就可以使用资源键。首先，在messages.properties（或者特定于地域的）文件中定义一个键/值对：

```
registration.firstName=First name
```

然后UI中的引用如下：

```
#{messages['registration.firstName']}
```

你也可以使用名为facesMessages的内建Seam组件的创建指定地域的JSF消息。之前我们曾用下面的逻辑来欢迎高尔夫球俱乐部的新会员：

```
FacesMessages().instance().add("Welcome to the club, #{newGolfer.name}!");
```

让我们改为使用消息键。在message.properties（或者特定于地域的）文件中定义一个键/值对：

```
registration.welcome=Welcome to the club, {0}!
```

然后通过这个键创建一条JSF消息，并填充被索引的占位符：

```
facesMessages.addFromResourceBundle("registration.welcome",
  newGolfer.getName());
```

你还可以选择将EL符号直接放到消息包中：

```
registration.welcome=Welcome to the club, #{newGolfer.name}!
```

在第6章中，你将学习如何利用注解将Seam组件实例的引用注入到类的属性中。你可以通过下面这样的注入，使Seam的ResourceBundle组件在你的类中可用：

```
@In ResourceBundle resourceBundle;
```

你还可以直接注入消息包键的java.util.Map：

```
@In Map<String, String> messages;
```

除了在应用程序中使用消息键之外，还可以在配置组件属性时使用它们。

3. 在组件配置中使用消息键

如前所述，你可以利用EL指定初始属性值，因此你可以引用messages上下文变量，为组件属性赋予特定于地域的值。例如，你可以注册当前地域下的专用类型名称：

```
<component name="registerAction">
 <property name="specialtyTypes">
  <key>DRIVE</key> <value>#{messages['specialty.drive']}</value>
  <key>CHIP</key>  <value>#{messages['specialty.chip']}</value>
  <key>PUTT</key>  <value>#{messages['specialty.putt']}</value>
  <key>IRON</key>  <value>#{messages['specialty.iron']}</value>
  <key>LOOKS</key> <value>#{messages['specialty.looks']}</value>
 </property>
</component>
```

这些专用键会在ResourceBundle加载的属性文件中定义：

```
specialty.drive=Driving
specialty.chip=Chipping
specialty.putt=Putting
specialty.iron=Iron play
specialty.looks=Lookin' good
```

至此，你可以松一口气了，因为你已经掌握了用组件描述符来定义和配置组件。

5.6 小结

Seam将对XML的需求减到了最少，但并没有完全消除。通过本章，你了解了XML有价值的一面，在某些情况下还必须用XML来定义和配置Seam组件。你还知道了基于XML的组件定义其实就是利用<component>元素在Seam组件描述符中进行定义，并且它用命名空间来定位组件，这相当于前一章用注解来定义组件。

你会为Seam对XML Schema的贡献怀有感激之情，使得配置内建组件变成是类型安全的了，并且让你能够定义自己的组件元素。通过组件XML命名空间，可以用XML Schema校验你的声明，并且IDE可以读取XML Schema来提供标签自动完成功能。你还见到了使用这种自定义元素的例子，包括定义组件和配置组件属性。

除了定义组件之外，你还学习了在对象被Seam容器实例化之后，如何用XML和Java属性来创建对象的初始状态。你现在能够区分用XML进行组件定义和用XML配置现有组件了。如果你不了解这些区别，就可能遇到出错的情况，例如定义了两个具有相同组件名和相同优先级的组件。

当你在配置组件时，不仅可以提供属性值作为基本类型值、基本Java对象、集合和Map，还可以作为对其他组件的引用，这就是组件组装的过程。本章阐述的组件组装是一种静态依赖注入的形式，这里的引用是在组件被实例化的时候建立的，与Spring中使用的依赖注入相一致。在下一章中，你将学习bijection提供的动态依赖注入，当组件被调用的时候，才注入属性值。你还将学习其他类型的控制反转，例如注出（bijection的另半部分）、just-in-time上下文变量创建、组件事件及拦截器，这些完美地构成了Seam可伸缩地控制反转的基础。你还会发现本章中没有阐述的两个属于控制反转的组件描述符元素：<factory>和<event>。

第6章 IoC

本章概要

- 动态组装组件
- 使用方法拦截器
- 触发和观察组件事件
- 按需解析上下文变量

IoC（Inversion of control，控制反转）是AOP（Aspect-Oriented Programming，面向方面编程）中的一种模式，它带来了松耦合，同时使得应用程序专注于使用服务而不是找到服务。Seam中的IoC不仅可以组装组件，还能生成上下文变量，从而使组件间可以通过事件通知进行通信。我们平时所说的IoC，通常是指DI（Dependency Injection，依赖注入），这是IoC的用途之一，也是本章的重点。

DI是基于POJO开发中的一个重要概念，它使组件保持松耦合。第5章已经介绍了在实例化期间静态DI怎样建立起组件实例到其依赖对象的关联。本章将介绍Seam的另一种组装机制，在组件实例被调用时建立组件实例及其依赖之间的关联，这种策略就是注入（injection）。为了更加完善注入，Seam还使用了注出（outjection），这样“调用组件之后从组件实例中导出状态”就变得更方便，有效地生成了可以在应用程序中的任何地方使用的上下文变量。

本章首先介绍bijection的四步曲：注入（injection）、方法调用（method invocation）、注出（outjection）及断开注入（disinjection）。然后我们将探讨几种bijection的变体形式。其中一种注入变体以一种对业务组件完全透明的方式管理“可点击列表”（clickable list）。bijection的关键在于它是动态的，意味着每次实例被调用的时候，都会发生bijection，而不是只在创建时发生。接下来将介绍“事件”（event），它使执行逻辑可以从通知器直接跳转到观察者，而不需要组件之间的明确的引用，这就向解耦组件又前进了一步。事件允许你不破坏已精心测试过的代码就可以添加特性，或者将那些处理过多关注点的方法解放出来。在了解Seam将组件交织在一起的内建行为之后，你将学习如何创建自定义的拦截器来处理自己的横切逻辑。回过头去看上下文变量的主题时，你定会明白如何用工厂和管理器组件生成那些需要更复杂实例化的变量，这往往离不开bijection。我们首先探讨bijection为什么如此独一无二。

6.1 bijection：依赖注入的演变

像如雷灌耳的MySpace和iPod一样，依赖注入也同样是主流。尽管它不可能成为家庭聚会中的热门话题（至少在我家不是），但它却是基于POJO开发的基石。在DI中，容器先将目标对象实例化，然后将其依赖的对象“注入”到目标对象的相应属性中，从而建立对象到其依赖之间的引用（这个过程通常称作bean组装）。这种方式消除了依赖于特定环境的查找逻辑，此时，这个对象与应用程序的其余部分已经松耦合了。但是，这种松耦合还不够松。

尽管人们对DI已经研究、讨论了很多，但它自从出现以来并没有改变多少，始终受到几个局限性的困扰。首先，注入是静态的，意味着它们只应用一次，就在对象实例化之后。只要对象存在，就会一直用这些初始引用，无法反映出应用程序随着时间而发生变化的状态。DI的另一个局限性在于它只关注对象的组装。这只对能“通过将状态传递给一个或多个作用域变量从而对容器做出反馈”的对象有用。

这些局限性突显了设计中对上下文的忽视。受控对象也应该了解应用程序的状态，变成积极的参与者。

6.1.1 引入 bijection

面对这种要求变革的呼声，Seam引入了bijection。在bijection中，依赖的组装是在组件实例的整个生命周期中持续完成的，而不是只在创建实例的时候进行。除了注入值之外，bijection还支持注出值。注出（outjection）是个新术语，用笔把它记到你的词典中吧。注出是一种动作，它将组件属性的值提升到某个上下文变量中，使这个属性值可以被其他组件访问到，或者可以在JSF视图、页面描述符甚至是jBPM业务流程定义中引用。

注入和注出结合起来就是bijection。bijection由方法拦截器管理。注入是在调用方法之前发生的，注出则是在调用完成的时候发生。你可以认为上下文变量参与了组件调用后的整个交互过程。注入从Seam容器中取得上下文变量，并将它们赋给目标实例中的属性，注出则是把实例的属性值提升到上下文变量中。图6-1展示了一幅这种机制的高级示意图。

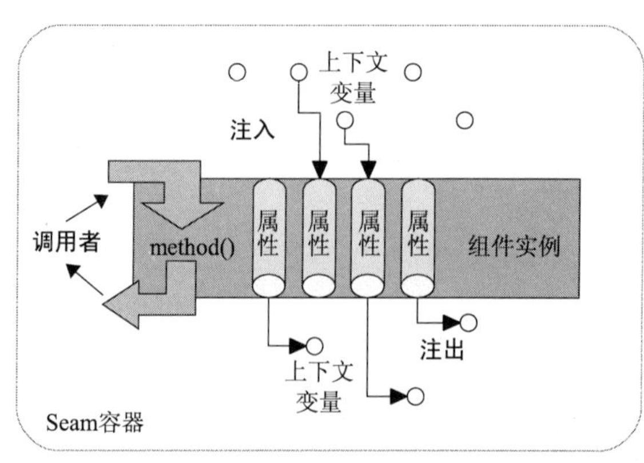

图6-1 bijection包装了一个方法调用，在调用之前执行注入，然后注出

在你将词典收起来之前，我还要告诉你，Seam还会从组件中断开注入（disinject）值。在断开注入的逻辑中，任何接收注入的属性都会被赋一个null值。断开注入是一种松散结尾的方式。Seam无法在组件实例闲置的时候使引用保持最新状态，因此必须清除值以避免使用之前的状态。注入会在下一次调用该组件时恢复。

说明 bijection修改了组件实例的状态，因此调用的被拦截的方法必须是同步的。幸运的是，Seam实际上同步了除应用程序作用域中的组件之外的所有组件。

虽然bijection可能与传统的DI有不少相似之处，但它实际上是一种使上下文变成主要关注点的新方法。在你阅读本节的过程中，将会更详细地了解到bijection过程的工作原理，它如何影响组件之间的关系，以及如何使用bijection。

6.1.2 高尔夫球场上的 bijection

在深入学习bijection的技术方面之前，我想先打个比方。当你在高尔夫球比赛中打球时，你肯定想把所有注意力都放在比赛上。为了避免你分心，我会为你配一个球童充当你的助手。球童在球的每一次击打之间所扮演的角色就像bijection一样。在这个比喻中，你就是组件，高尔夫球杆是依赖对象，挥杆就相当于方法调用。

6

当你接近高尔夫球时，无论它处在什么样的环境中（草地、球道、沙坑、仓库顶上还是森林中），你手上并没有击球所需要的高尔夫球杆。高尔夫球杆就是你的依赖。为了满足这个依赖，球童会把适合于该环境的高尔夫球杆（木杆、铁杆、沙杆或者推杆）递到你的手里。现在你准备挥杆了。击球是一个动作，或者对于bijection来说，就是方法调用。你挥杆之后，球被注出，并到达了球场中的另一个环境中——最好不是积水区和沙坑。注出是方法调用的结果。一旦击完球，球童就会收回球杆，即收回之前给你的依赖，并将它存放在你的球袋中供后续使用。你就像来的时候一样，空着手离开最初的球区。（你仍然可以保持状态，犹如你的记分卡，但是不能保持依赖。）

球童让你能够专注于比赛，不必像平常那样自己带球杆、清理球杆，还要记得别落下了。这就是控制反转。同样地，bijection也使你能够专注于业务逻辑，而不必收集执行逻辑所需要的依赖对象，以及后来还要分发结果。像DI一样，bijection使得组件更易于单独测试或者重用，因为它们与特定于容器的查找机制并没有密切的联系。

对bijection的工作原理有了基本的了解之后，让我们深入探讨如何为组件添加这种功能的技术细节吧。

6.1.3 激活 bijection

当Seam实例化一个组件的时候，它会在实例中注册许多方法拦截器，这是应用横切关注点的一种AOP技术。其中一个拦截器管理bijection。像所有方法拦截器一样，每当某个方法（此处是指目标方法）在实例中被调用时，就会触发bijection拦截器。bijection拦截器包装了对目标方法的调用，在目标方法继续进行之前执行注入，目标方法执行之后，断开注入，然后注出——所有这一切都发生在方法返回给调用者之前。

参与bijection的属性是利用注解指定的。最常用的bijection注解是@In和@Out，它们分别定义注入点和注出点。这些注解也有派生注解，但是它们都以基本相同的方式进行处理。至于现在，我们要先关注@In和@Out。下面是ProfileAction组件的第一种版本，使用了@In和@Out。它按球员ID从注入的EntityManager中选择Golfer实例，然后将实例提升到可以被视图访问到的上下文变量中。现在假设球员ID被传到了view()方法，这个方法由绑定到某个UI命令按钮的参数化的表达式所定义。

```
@Name("profileAction")
public class ProfileAction {
    @In protected EntityManager entityManager;
    @Out protected Golfer selectedGolfer;

    public String view(Long golferId) {
        selectedGolfer = entityManager.find(Golfer.class, golferId);
        return "/profile.xhtml";
    }
}
```

虽然这个组件乍看之下显得挺简单，但再认真查看之后，你可能会问："注解只是元数据，那么@In和@Out属性是如何工作的？"实际情况是这样的：当组件被注册的时候，Seam扫描@In和@Out注解，并将元数据缓存起来。然后，当方法在实例中被调用时，bijection拦截器会转译这个元数据，并对它的属性应用bijection。

当bijection拦截器捕捉到对某个组件方法的调用时，它首先遍历标有@In注解的组件中的Bean属性，并帮助那些属性找到它们在寻找的值。当所有必要的@In注解都得到了满足时，就会允许该方法调用继续进行。从该方法的内部，可以访问通过注入进行初始化的属性值，仿佛它们一直都在那里一样。

如果方法抛出异常，bijection会被中断，控制权移交给Seam的异常处理器。如果方法顺利完成没有出现异常，bijection拦截器会在该方法调用后继续处理。这一次，它会遍历标有@Out注解的bean属性，并将这些属性值提升到Seam容器里的上下文变量中。最后，清理接收注入的属性，下一次调用时这一切再重新来过。上述的bijection流程如图6-2中的顺序图所示。

关于技术细节我们已经讲得够多了，你的老板相信你已经真正理解了bijection是什么东西，但是要想很熟练地使用它，可能还需要学习更多的示例。你还需要知道Seam如何查找要注入的值，以及在注出某个属性时要使用哪个上下文变量。如果不了解这些关键的细节，就无法透彻理解bijection。

大多数时候，你是在使用bijection的注入部分。我们来解读一下这句大家所熟悉的短语"没有哪个组件是孤立的"，并探讨如何利用注解将组件组装在一起。

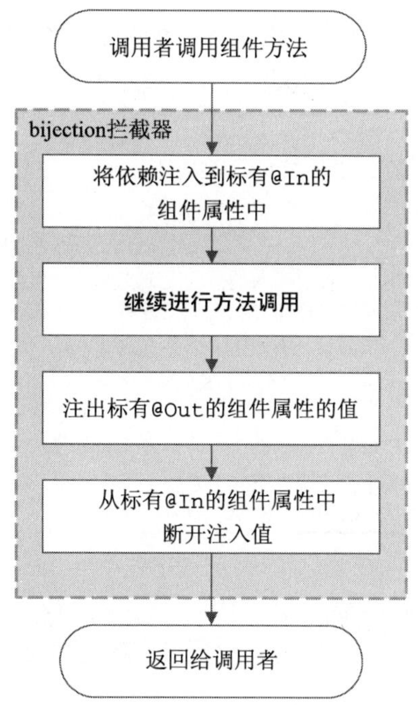

图6-2 bijection拦截器捕捉组件实例中的方法调用，并执行bijection的四个步骤：注入、方法调用、注出和断开注入

6.2 动态的依赖注入

实现业务逻辑通常包括将工作委托给其他组件代理。持久化代理（如JPA的`EntityManager`或者Hibernate的`Session`）是一种大家所熟悉的代理，几乎在每一个面向数据库的应用程序中都会出现，它用来持久化实体，或者从数据库中读取它们的状态。在第5章中，你用了组件配置来执行这种注入——一种静态的依赖注入形式。如果你是将有状态的组件注入到短期的组件中，或者是注入无状态的组件，那么这样做是可以的。但是，只要你一开始使用与其他有状态组件交互的有状态组件，你就需要维系引用更新的机制。如果不想费神去区分这两种情形，建议用bijection的方式在Seam应用程序中“钩进”组件。这样，你就可以始终确保组件会适应于应用程序状态中的变化。

6.2.1 声明注入点

注解在配置bijection时所起的作用与在定义Seam组件时的一样。如表6-1所示，`@In`注解是放在组件的Bean属性之上——一个域或者JavaBean式的属性“设值”方法。Seam利用反射在bijection的第一个阶段中为标有`@In`的属性赋值。

`@In`注解中的`value`属性可以是上下文变量的名称或者EL值表达式，或者干脆省略。如果省略`value`属性，在大多数情况下，要搜索的上下文变量名就隐含为属性名称（根据JavaBean命名惯例）。在`value`属性中提供上下文变量名，要搜索的上下文变量名就可以与它注入到的属性的名称不同。如果value属性使用EL符号，就会执行求值，并且解析值被注入到属性中。

表6-1 @In注解

名称：In

作用：表示上下文变量中的一个依赖，应该通过注入得到满足

目标：METHOD（设值方法），FIELD

属 性	类 型	作 用
value	String（EL）	用来查找要注入的值的上下文变量名称或者值表达式。如果没有提供这个属性，就用属性名称作为上下文变量名称。默认：属性名称
create	boolean	表示如果没有上下文变量或者为null，Seam应该努力创建一个值。如果值属性使用EL符号，或者使用自动创建组件的名称，创建标签便隐含为true。如果指定了作用域，就不能使用这个创建标签。默认：false
required	boolean	指定是否强制被注入的值为非null。默认：true
scope	ScopeType	表示在这个上下文中查找上下文变量。如果值使用EL符号，则忽略该作用域。默认：UNSPECIFIED（层次结构状的上下文搜索）

@In注解的常见用例包括注入持久化管理器、JSF表单backing bean或者内建的JSF组件。所有这3种类型RegisterAction组件都需要，这个组件是在第4章中创建的。代码清单6-1展示了RegisterAction组件用@In提供完成注册所需要的所有依赖组件。@Logger和@In注解被内联放置以节省空间。

代码清单6-1 将注册组件重构为使用动态注入

```
package org.open18.action;

import org.jboss.seam.annotations.*;
import org.jboss.seam.faces.FacesMessages;
import org.jboss.seam.log.Log;
import org.open18.auth.*;
import org.open18.model.Golfer;
import javax.persistence.EntityManager;

@Name("registerAction")
public class RegisterAction {
    @Logger private Log log;                    <-- 在创建组件时注入日志

    @In protected FacesMessages facesMessages;
    @In protected EntityManager entityManager;
    @In protected PasswordManager passwordManager;     在调用时注入代理
    @In protected Golfer newGolfer;
    @In protected PasswordBean passwordBean;

    public String register() {
        ...
        entityManager.persist(newGolfer);
        facesMessages.add("Welcome to the community, #{newGolfer.name}!");
        return "success";                       <-- 激活导航规则
    }
    ...
}
```

完成了这些变更之后，应该能够运行RegisterGolferIntegrationTest，验证这些测试是否能像之前一样通过。测试的设施仍然一样——只是现在Seam利用bijection将上下文变量动态地组装到了在测试的组件中。

对于Seam如何解析要注入的上下文变量，这还有几种可能的情况。让我们来分析一下发生在bijection第一阶段中的决策流程吧。

6.2.2 注入流程

执行注入的决策流程如图6-3所示。你可以看到，这个流程有两个主要分支：在其中一个分支中，是用EL符号表述@In注解的value属性，在另一个分支中，value属性即为上下文变量名或者隐含了上下文变量名。我们就用这幅图展开讨论。

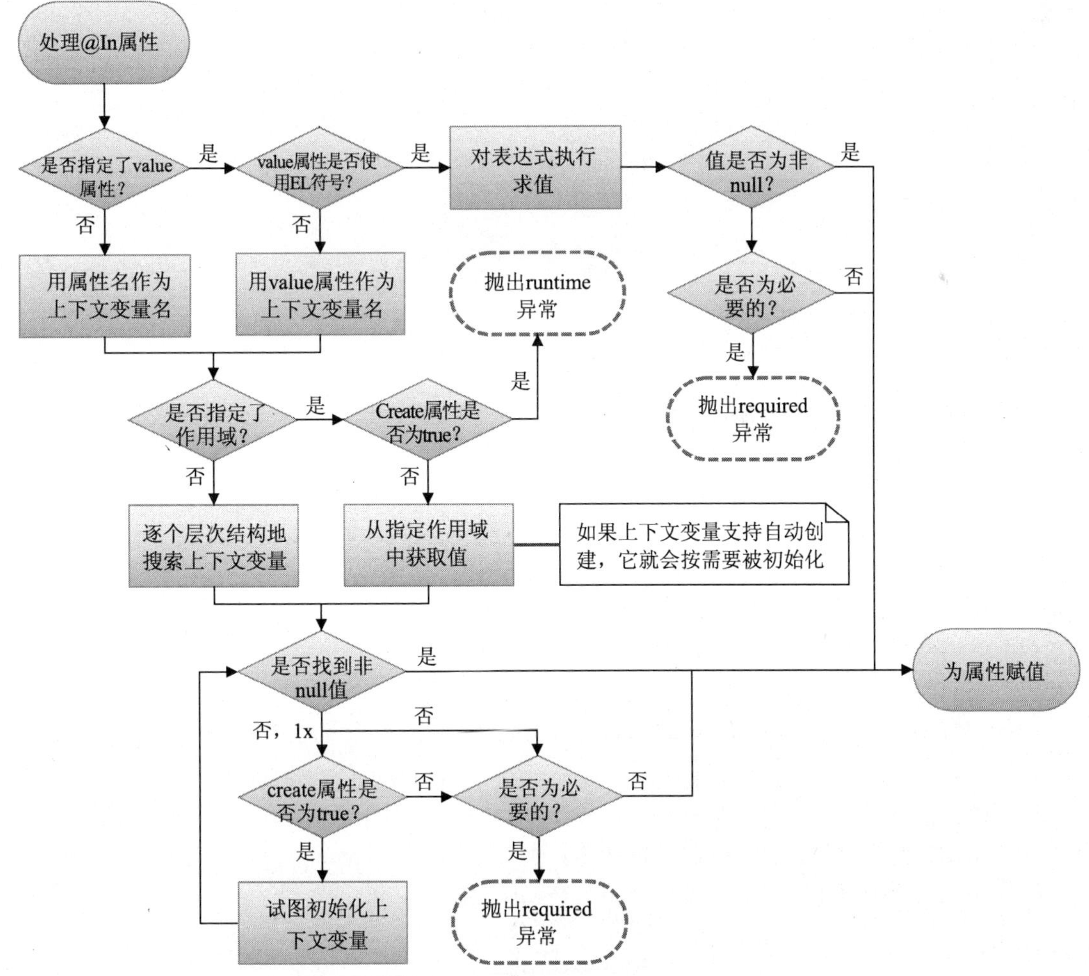

图6-3 Seam在为@In属性赋值时所遵循的决策流程

我们就从“@In注解的value属性即为上下文变量名”这种情形开始讲起吧。这与注解的value属性使用EL符号的情形之间存在着一些微妙的差别。

Seam首先确认注解中是否指定作用域。如果有，Seam就会在这个作用域中查找上下文变量。如果没有，Seam就会执行一个层次结构状的搜索，从最小作用域ScopeType.EVENT[①]一直搜到最大作用域ScopeType.APPLICATION，查找有状态的上下文，如图6-4所示。当发现第一个非null值时停止搜索，并将这个值赋给组件的属性。请记住，上下文变量可以存放任何值，并非只接受组件实例。

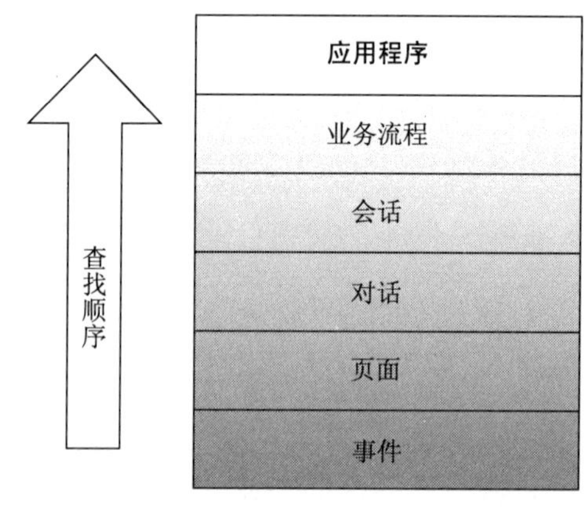

图6-4　Seam在查找上下文变量时对上下文所采取的扫描顺序

如果层次结构状的上下文搜索无法为上下文变量找到非null值，Seam就会试图初始化一个值，但是必须满足以下条件之一。

- 上下文变量名与组件名称相匹配。
- @In注解中的create标签为true，或者被匹配的组件支持自动创建。

如果满足这两个条件中的任意一个，Seam就会将组件实例化，并将实例绑定到某个上下文变量。然后，将它注入到标有@In注解的属性中。请注意，该实例也可以来自某个工厂组件，如稍后的6.7.1节所述。如果上下文变量名与组件名称不匹配，Seam就没有东西可创建，因此该属性值保持为null。

Seam在结束工作之前，会对@In中的required标签进行验证。要求有个值可以防止NullPointerException异常。如果required标签为true，并且Seam无法查找到某个值，就会抛出RequiredException异常。这个规则有个例外，required标签对于生命周期方法不会生效（对注入和注出均是如此），可是仍然会发生bijection。不管怎样，如果required标签为false或者没有生效，并且Seam无法查找到值时，该属性就不会被初始化。

① 从技术上讲，最小的作用域应该是指METHOD上下文，如6.4节所述。

小贴士 如果你发现自己大量使用required标签来关闭必要的注入（以及随后的注出），就表示你正试图让该组件超负荷工作。请将你的整合式组件重构成更小的、目的更明确的组件，并用bijection或者静态注入帮助它们协同合作。

`value`属性使用EL符号时，语义比较简单。查找值的工作委托给EL变量解析器来完成。像没有使用EL符号的情形一样，也要对required标签执行同样的验证。

如果组件的这些注入全都成功，方法调用就会继续进行。在你回顾所掌握的Seam概念并搜寻有关`@In`注解的记忆之前，我们先来考虑一个问题：动态的注入如何帮助你混合作用域并正确处理不可序列化的数据。

6.2.3 混合作用域和可序列化的能力

你知道，每当组件中的方法被调用时，Seam都会执行查找，根据`@In`注解中提供的信息来解析相应的值。这种动态查找使你能够将较小作用域中的组件实例注入到更大作用域中的组件实例中。图6-5说明，每次调用时，一个较小作用域的组件实例都会被注入到较大作用域的组件实例中。如果只在创建较大作用域的组件实例时才发生注入，那么当它的作用域的生命周期结束时，被注入的实例依然会保留着。

6

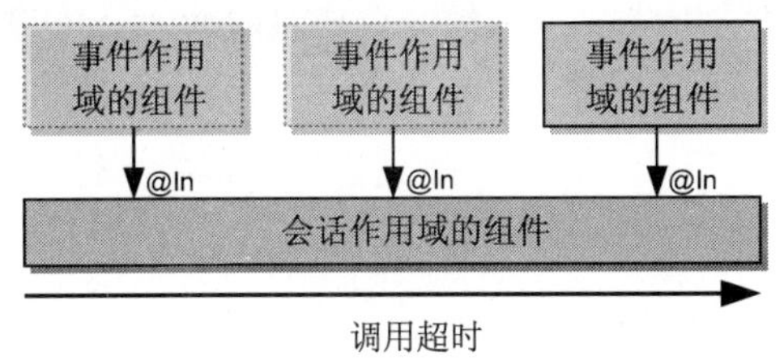

图6-5 较小作用域的组件被注入到较大作用域的组件中

让我们以此为例，插入实际的作用域名称。如果通过静态的DI将请求作用域的变量注入到会话作用域的对象中，会发生什么事情呢？还记得吧？静态的DI只发生一次，即创建对象的时候。在这种情况下，尽管请求作用域的变量会随着HTTP请求而发生变化，会话作用域的对象却始终保持请求作用域变量的原始值，永不更新。这正是当今大多数其他IoC容器的行为写照。使用Seam的动态DI时，会话作用域组件中的相同属性会始终反映出当前请求的请求作用域变量值，因为每当调用组件时，就会重新注入。此外，一旦方法调用完成，由于Seam断开注入值而破坏了引用，当请求结束时，值也就不再保留。

我们再来考虑一种更复杂的情形，要利用Seam依赖注入的动态本质来解决：将不可序列化对象与可序列化对象混合起来（可序列化对象是指任何实现了`java.io.Serializable`接口的类的实例）。如果不可序列化的对象被注入到会话作用域的可序列化对象中，并且在会话钝化之前该属性没有被清除，不可序列化的数据就会导致会话存储机制出错。当然，你可以将这个域标为transient，以便这个值会被自动清除，从而使会话得以正确地终止。但是真正的问题在于，一旦会话被恢复，而transient域仍然为空，就相当于埋下了一个地雷，毫无戒备的代码块就很可能触发NullPointerException异常。

将@In注解应用到这个域，可以同时解决上述两个问题。首先，通过@In注解赋的值在bijection的最后一个阶段中被清除，即在组件中的方法被调用之后。不需要你在所有标注了@In的域中添加transient关键字，注入立即就可以变成transient的。但是注入的真正威力在于，被注入的值会在下一次方法调用之前被恢复。这种持续的注入机制允许钝化后的对象被恢复。重启服务器之后，要进行会话复制和会话恢复都是很痛苦的事情，断开注入和后续的注入配合使用，应该能够减轻这种痛苦。

但@In注解并不是Seam唯一支持的注入类型。接下来，我们要谈及几种特定于领域的注入变体。

6.2.4　注入变体

Seam还支持另外几种标注动态注入点的注解。你在本节中就要学到的两种注解是@RequestParameter和@PersistenceContext。第一个注解用来注入HTTP请求参数，第二个注解用来注入EntityManager（JPA）。从技术上讲，Java EE容器处理的是将EntityManager注入到标有@PersistenceContext的属性中，但Seam在此之后又进行了第二次注入。在本节稍后部分讲到JSF数据模型时，你还会再学到两种注入注解。在所有的bijection注解中，@RequestParameter可能是最容易理解的一个，因此我们就从这开始吧。

1. 注入请求参数

@RequestParameter注解被用于将HTTP请求参数注入到（从查询字符串或者表单数据中获取到的）组件的属性中。你可以在value属性中显式地指定一个参数名称，也可以让Seam将参数名称隐含为属性名称。但与@In不同，这个注解从来不需要值。

当然，你可以将请求参数注入到字符串或者字符串数组属性中，因为请求参数从根本上说就是字符串。再进一步，如果属性的类型不是字符串或者字符串数组，Seam就会在注入它之前用为该类型注册的JSF转换器对该值进行转换。如果没有与该属性类型相关的转换器，Seam就会抛出运行时异常。提醒一下，JSF转换器实现了javax.faces.convert.Converter接口，是在faces-config.xml中注册，或者在Seam组件类中添加@Converter注解进行注册的。

在创建RESTful URL时，@RequestParameter注解很方便地代替了页面参数。事实上，这种方法更具Seam风格，因为它使用了注解，而不是用XML。但你失去了页面参数的其中一个好处：Seam重写链接，将页面参数传播到下一个请求。

在Open 18应用程序中，我们想要创建一个显示高尔夫球员个人资料的页面，这些资料由ProfileAction组件准备。我们设计成让要显示的球员ID用请求参数golferId传给URL：

```
http://localhost:8080/open18/profile.seam?golferId=1
```

将@RequestParameter注解放在同名属性之上，可以将golferId请求参数注入到这个组件中。每当ProfileAction组件中的方法被调用时都会发生这种注入。因此，golferId属性可以用在load()方法中，用它查找使用了JPA EntityManager的相应Golfer实体：

```
@Name("profileAction")
public class ProfileAction {
    @In protected EntityManager entityManager;
    @RequestParameter protected Long golferId;

    protected Golfer selectedGolfer;

    public void load() {
        if (golferId != null && golferId > 0) {
            selectedGolfer = entityManager.find(Golfer.class, golferId);
        }

        if (selectedGolfer == null) {
            throw new ProfileNotFoundException(golferId);
        }
    }
}
```

我们让`load()`方法在/profile.seam路径被请求的时候调用，让该方法为页面描述符中相应的视图ID采取一个页面动作：

```
<page view-id="/profile.xhtml">
  <action execute="#{profileAction.load}"/>
</page>
```

6

使用页面动作的目的在于，确保可以在提交个人资料以渲染页面之前将它获取。如果找到`Golfer`的一个实例，就将它保存在`selectedGolfer`属性中。但是，如果`golferId`请求参数没有生成`Golfer`实例，就会抛出名为`ProfileNotFoundException`的自定义运行时异常。这个异常导致Seam产生一个404错误页面，并用一条消息说明无法找到个人资料，这是因为异常类中标注了`@HttpError`而造成的：

```
@HttpError(errorCode = HttpServletResponse.SC_NOT_FOUND)
public class ProfileNotFoundException extends RuntimeException {
    public ProfileNotFoundException(Long id) {
        super(id == null ? "No profile was requested" :
            "The requested profile does not exist: " + id);
    }
}
```

这就是目前为止我们在这个例子中的进展。但你仍需要进一步学习如何将`selectedGolfer`属性的值提升到可以被视图访问到的上下文变量中，这是6.3节的内容。

Seam并不是唯一支持将值动态地注入到注解属性的。Java EE也有自己的一组注解，用来声明符合什么样的标准才能称之为“资源注入”。大多数时候，Seam会放手让容器来处理工作。但是Seam一定会亲自掌控`@PersistenceContext`注解。

2. 增扩持久化上下文

`@PersistenceContext`注解是个Java EE注解，标注Java EE组件上的某个属性，这个组件应该接收受容器管理的`EntityManager`资源注入。在Java EE容器注入`EntityManager`之后，但在方法调用继续进行之前，Seam会将`EntityManager`包装在一个代理对象中，并将它再次注入。这个代理为JPQL（Java Persistence Query Language）查询增加了对EL值表达式的支持。如若不然，`EntityManager`的生命周期就由Java EE容器控制。`@PersistenceContext`注解和

EntityManager代理分别将在第8章和第9章进行深入的阐述。请记住，这个注解只与受Java EE管理的组件有关（如JSF的managed bean或者EJB的会话bean）。

我们暂停一下，因为现在你正处在DI即将结束而bijection即将延续的交汇点上。看看身后，会看到bijection将注入变成是动态的，推动了DI向前发展。看看前面，会看到这种模式全新的另一面，这是之前从未见过的。与注入相反的就是注出，我们接下来进行探讨。

6.3 注出上下文变量

注出是将组件持有的状态推给Seam容器的一种方式。你可以把组件当作“父母”，把属性当作“孩子”。注出就像把孩子送出去（或许是抛弃），让他自力更生。父母（指组件）将孩子（属性）送到一个新的地方（上下文变量）。其他人（组件）可以在这个新地方拜访这个孩子，无需再和父母商量。现在属性值与它自己的上下文变量有关，这个上下文变量让它与Seam容器中的其他组件享有同等待遇。

注出点是通过在Bean属性（一个域或者JavaBean式的“取值”方法）中添加@Out注解（如表6-2所述）进行声明的。调用组件方法之后，用属性值创建上下文变量或者绑定到已经存在的上下文变量上。如果value属性中没有提供名称，就使用属性名称。像@In注解一样，也可以用@Out注解中的value属性使上下文变量的名称与属性名称不同。请注意，@Out注解并不像@In一样支持EL符号。注出的流程也不像注入流程那么复杂。但是，Seam在将属性值赋给上下文变量之前，仍然要做一些决策。

表6-2　@out注解

名称：Out
作用：指示Seam在组件中的方法被调用之后将属性值赋给目标上下文变量
目标：METHOD（取值），FIELD

属　性	类　型	作　用
value	String	要与属性名称绑定的上下文变量的名称。默认：属性名称
required	boolean	这个标签指定是否强制被注出的值为非null。默认：true
scope	ScopeType	保存上下文变量的上下文。默认：如果上下文变量名称不是组件名称，就用目标组件的作用域，或者用宿主组件的作用域

6.3.1 注出流程

图6-6展示了注出流程。如你所见，在这个流程中要做出3个主要决策：要使用的上下文变量名、要保存上下文变量的作用域以及是否允许值为null。让我们逐步分析一下这个流程。

最难理解的部分是，如果没有显式指定一个作用域，那么Seam如何推断呢？如果在@Out注解中指定一个作用域，Seam就会将属性值赋给该作用域中的上下文变量。这个上下文变量的名称可以是属性名称，也可以是@out注解的value属性中指定的覆盖名称。上下文变量不能绑定到无状态的上下文变量上，因此@Out不允许使用这种作用域。

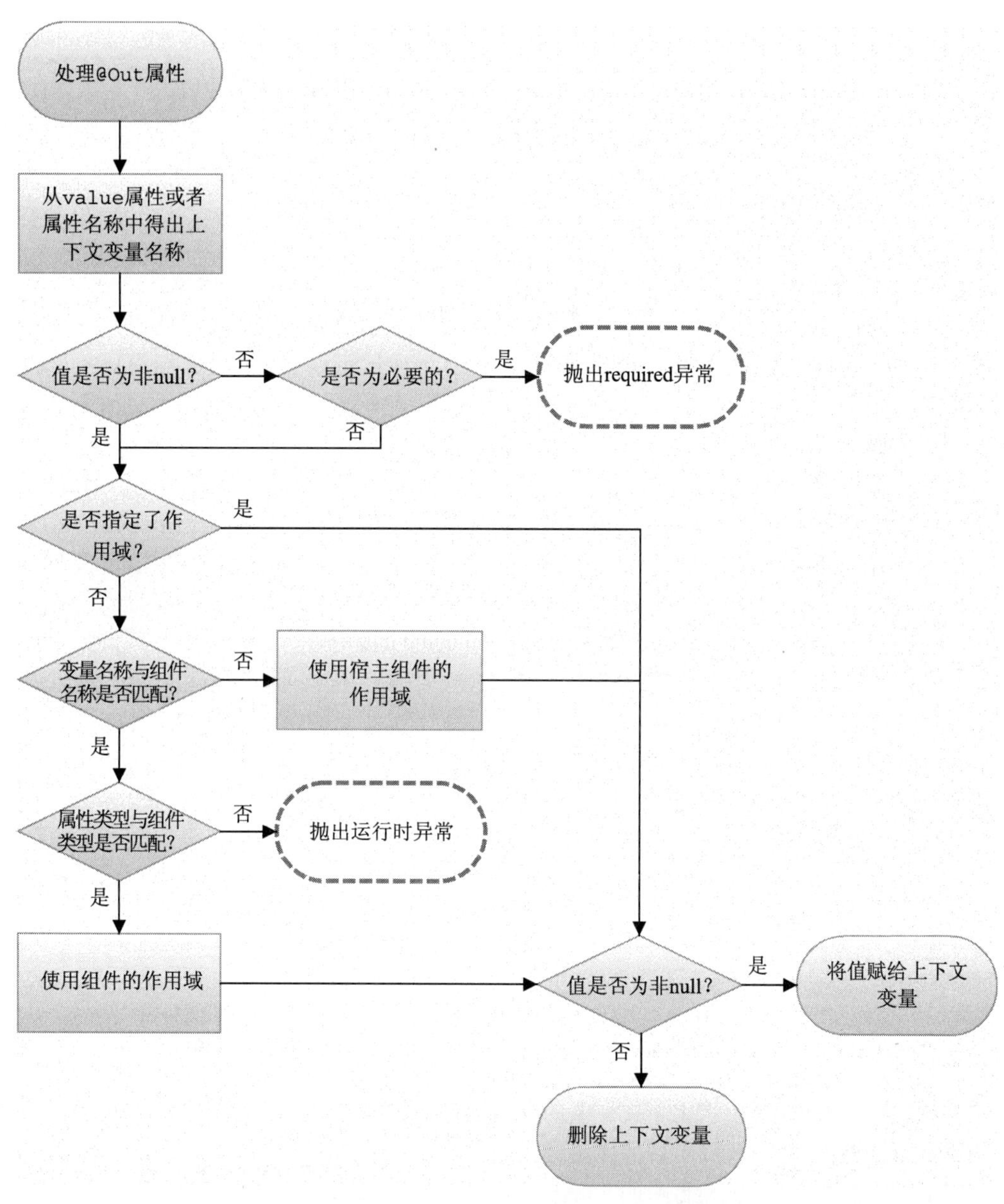

图6-6 Seam在从@Out属性注出值时所经过的决策流程

如果没有指定作用域，Seam首先试着查找一个与目标上下文变量同名的组件。如果存在这样的组件，并且其类型与属性的类型一样，属性值就会被注出到该组件的作用域中。请注意，该匹配组件可能已经用@Role注解定义过。角色实际上是将注出的目标作用域集中起来，而不是在注出点进行定义。如果上下文变量与组件名称（或者组件角色）不匹配，Seam就会用宿主组件（如这个属性所在的组件）的作用域。如果宿主组件的作用域是无状态的，Seam就会选择用事件作用域代替。

在最后一步中，Seam处理required标签。如果required标签为真（默认值），并且正被注出的值为null，Seam就会抛出运行时异常RequiredException。前面讲过，required标签在生命周期方法中隐含为false。

下面我们来看几个说明注出很有好处的用例。

6.3.2 注出用例

用注出实现这两个目的会很有好处。首先，用它将模型暴露给视图，作为动作方法的执行结果；其次，用它将数据推到更长期的作用域中，后来的请求就可以利用。让我们依次看看这两个用例。

1. 为视图准备模型

如果没有数据可显示，视图就没有什么用处了。准备这些数据，一般是页面动作或者是由前一个页面触发的动作方法的责任。在Struts中，通常是通过动作将值赋给HttpServletRequest属性。以这种方式管理变量可能会很烦琐，并且使得代码与Java Servlet API产生了紧耦合。

在放弃Servlet API之前，让我们寻找一种折衷的办法，既可以松开这种耦合关系，又可以使代码不那么繁琐。在第4章中，你知道了Seam用单个API将Servlet上下文标准化了。你可以利用bijection将这其中的任何一个上下文直接注入到Seam组件中。上下文的行为与Map类似，此时的键为上下文变量名称。你可以通过以下设置为事件作用域添加一个上下文变量：

```
@In protected Context eventContext;

public void actionMethod() {
    eventContext.set("message", "Hello World!");
}
```

虽然这种方法有效，但是完成这项工作还有一种更清晰、更声明式的方法。你只要用@Out注解标注想要放到目标上下文中的属性，你的任务就完成了。以下就是采用声明式方法时的代码：

```
@Out(scope = ScopeType.EVENT) protected String message;

public void actionMethod() {
    message = "Hello World!";
}
```

你在这里可以看出，注出将上下文变量的赋值从动作的业务逻辑中脱离出来了。（仅当目标作用域与宿主组件的作用域不同时，才需要@Out注解中的scope属性。）就视图而言，它并不关心上下文变量是如何准备的。

我们要让被选中的高尔夫球员可以被/profile.xhtml视图访问到，从而为之前开始的这个高尔夫球员个人资料的示例划上句号。我们的目标是产生如图6-7所示的结果。

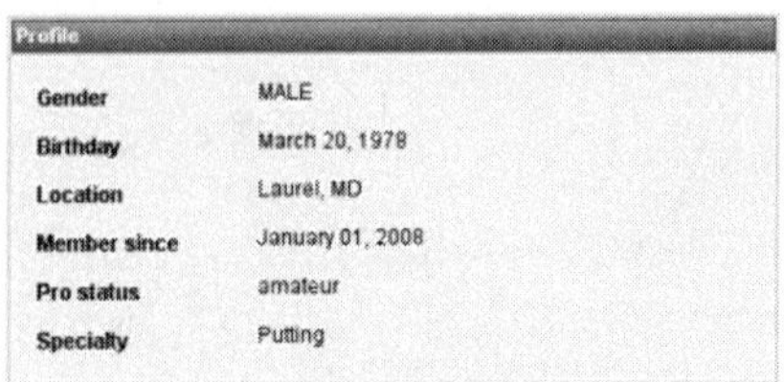

图6-7　高尔夫球员的个人资料页面，该数据由被注出的上下文变量提供

为了在调用load()方法时从ProfileAction组件中提取selectedGolfer域的值，我们在这个域上增加了

@Out注解。然后这个域的值被赋给事件上下文中同名的上下文变量：

```
@Name("profileAction")
public class ProfileAction {
    @Out protected Golfer selectedGolfer;
    ...
    public void load() { ... }
}
```

然后，就可以在/profile.xhtml页面的值表达式中引用selectedGolfer上下文变量，像下面这样：

```
<h1>#{selectedGolfer.name}</h1>
<rich:panel>
  <f:facet name="header">Profile</f:facet>
  <s:decorate template="layout/display.xhtml">
    <ui:define name="label">Gender</ui:define>
    #{selectedGolfer.gender}
  </s:decorate>
  <s:decorate template="layout/display.xhtml">
    <ui:define name="label">Birthday</ui:define>
    <h:outputText value="#{selectedGolfer.dateOfBirth}">
      <s:convertDateTime pattern="MMMM dd, yyyy"/>
    </h:outputText>
  </s:decorate>
  ...
</rich:panel>
```

注出的另一个应用场景是传播状态。

2. 将数据放在作用域中

被注出的域并不一定要用在视图中。将值注出是很有道理的，这样就可以在后来的请求中将它再注入到组件中。再也不需要借助于表单的隐藏域，也不再需要人为地将变量从一个请求传播到下一个请求了。现在你只要利用注出将某一个上下文变量放在一个“架子”上（指长期的作用域，如页面、对话或者会话作用域），下一次需要的时候再把它放下来即可。这样一来，注出就将保存状态的机制从业务逻辑中脱离出来了。这种技巧在第7章要讲到的对话中特别有用。

应将组件实例保存在Seam管不着的地方

你不应该将组件实例的引用保存在Seam管不着的地方，例如集合里面，而只应该将它保存在上下文变量中。

如果你自己管理对象，它就不再是Seam组件的实例了。虽然将它保存在Seam所不能企及的地方也不会报错，但是Seam将不再拦截它的方法，因而也无法再对它应用像bijection这样的服务和事件了。

如果你实在需要集合语义，就应该保存组件的名称，然后在需要的时候利用Component.getInstance()查找每个实例。

你刚开始阅读本章时，可能觉得bijection有点神秘。学到现在，我怀疑你是否还记得bijection

的工作原理。如果你出于某些原因真的忘了，就请记住：注入是发生在调用组件方法之前，注出则是发生在方法调用完成之后。最后，注入在方法返回之前被清除。请你自己把以上内容重复几遍。这样一来，当你看到"@In attribute requires non-null value"（@In属性需要非null值）或者"@Out attribute requires non-null value"（@Out属性需要非null值）这样的错误消息时，就知道Seam在试图告诉你什么。如果这些对你都没有用，只好去问你的球童了。现在我们要利用bijection制作JSF的"可点击"列表。

6.3.3 内建的数据模型支持

在JSF中，UIData组件（如<h:dataTable>）由一个称作数据模型的特殊的集合包装提供支持。数据模型使JSF能够以一致的方式让各种类型的集合适应UI组件模型，它也支持JSF捕捉用户所做的行选择。集合包装源于抽象类javax.faces.DataModel，支持主要的集合类型。Seam增加了对Seam Application Framework里Query组件的支持，在此基础上构建了这个集合。Query组件管理JPQL/HQL的查询结果，Seam获取到这些结果并包装在ListDataModel中。你将在第10章学到Query组件。集合类型及其包装之间的对应关系如表6-3所示。

表6-3　每种集合所对应的JSF数据模型包装

原生的集合	JSF数据模型包装javax.faces.model.*
java.util.List	ListDataModel
Array	ArrayDataModel
java.util.Map	MapDataModel
java.util.Set	SetDataModel
org.jboss.seam.framework.Query	ListDataModelwraps Query#getResultList()

这些包装与bijection有什么关系呢？为了正确地准备要在UIData组件中使用的集合数据，你应该将它包装在一个JSF数据模型中。为什么你要处理业务逻辑中的这份苦差事呢？这项工作听起来像是应该由框架来处理的呀。Seam的开发人员也有同感。因此，他们就创造了@DataModel注解，对于注出表6-4中所列的某种集合类型。@DataModel用来代替@Out注解。注出期间在将@DataModel属性值赋给上下文变量之前，要先将它包装在正确的JSF DataModel实现中。

表6-4　@DataModel注解

名称： DataModel
作用： 将一个集合包装在一个JSF的DataModel中，并注出结果值
目标： METHOD（取值），FIELD，必须是表6-3中的集合类型

属　性	类　型	作　用
value	String	表示这个上下文变量要保存被包装集合的值。默认：属性名称
scope	ScopeType	表示这个上下文存放被包装的集合。唯一的允许值为ScopeType.PAGE。默认：如果组件是无状态的，就从组件或者ScopeType.EVENT中继承作用域

让我们利用Seam的数据模型支持在主页上显示最近注册的高尔夫球员，这个列表会被做成

可点击的，以便用户可以浏览球员的个人资料。本节的目标就是产生如图6-8所示的结果。

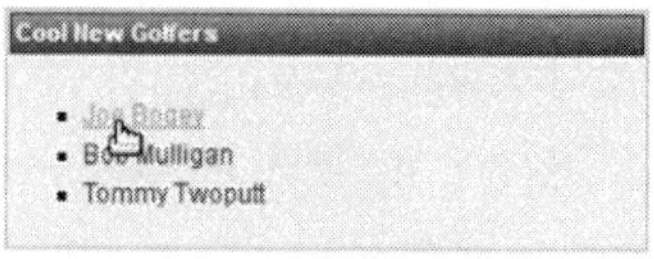

图6-8 注出结果是JSF数据模型准备的新球员列表

业务逻辑负责获取新球员的列表。我们让Seam处理以下细节：将集合包装在JSF的DataModel中，并在newGolfers域中添加@DataModel注解（@Out注解的一种变体），从而将它暴露给视图：

```
@Name("profileAction")
public class ProfileAction {
    @DataModel protected List<Golfer> newGolfers;
    ...
}
```

当然，注出newGolfers域还不够——哎呀，还没有填充呢。首先，我们需要一个填充这个集合的方法。其次，我们需要想办法激活注出。我们还是用ProfileAction组件吧。我们添加了findNewGolfers()方法，从数据库中加载新球员的列表。为了让这个例子更有趣些，我们还对列表执行了一个小小的快速随机选择：

```
@Name("profileAction")
public class ProfileAction {
    protected int newGolferPoolSize = 25;
    protected int newGolferDisplaySize = 5;

    @Out(required = false) protected Golfer selectedGolfer;
    @DataModel protected List<Golfer> newGolfers;
    ...
    public void findNewGolfers() {
        newGolfers = entityManager
            .createQuery(
                "select g from Golfer g order by g.dateJoined desc")
            .setMaxResults(newGolferPoolSize)
            .getResultList();

        Random rnd = new Random(System.currentTimeMillis());

        while (newGolfers.size() > newGolferDisplaySize) {
            newGolfers.remove(rnd.nextInt(newGolfers.size()));
        }
    }
}
```

如你所知，当Seam组件中的方法（如findNewGolfers()方法）被执行时，就会发生bijection。因此，一旦这个方法调用完成，newGolfers域的值就要被包装在一个JSF的DataModel中，并被注出到事件作用域中同名的上下文变量。之所以选择事件作用域，是因为它是宿主组件的作用域，并且这个作用域没有显式指定。

请注意，selectedGolfer属性上方@Out注解中的required属性现在被设置为false。这个声明是必要的，因为findNewGolfers()方法不会赋值给selectedGolfer，bijection原本会为此报错。当你为了不止一个目的而使用同一个组件时，经常会出现这种情况。如果你发现自己过度使用required标签，就表明这个组件正在试图做过多的事情，应该将它分成几个更小的、目标更明确的组件。

一旦findNewGolfers()方法被调用，JSF视图就会利用值表达式#{newGolfers}访问新球员的集合。渲染球员列表的UIData组件（在本例中指<rich:dataList>）会看到ListDataModel，而不是看到java.util.List：

```
<rich:panel>
  <f:facet name="header">Cool New Golfers</f:facet>
  <rich:dataList var="_golfer" value="#{newGolfers}">
    #{_golfer.name}
  </rich:dataList>
</rich:panel>
```

小贴士　你可能注意到了，我在这个代码片段中用了一个下划线（_）作为迭代变量（golfer）的前缀。我推荐这种编码风格，因为这样让人很清楚该变量是在迭代循环中，也避免了与现有的上下文变量产生冲突。

现在唯一剩下的问题是：什么时候调用findNewGolfers()方法？当主页被请求时，我们要主动执行这个方法，而不是由用户启动的动作来完成。我们再次使用了一个页面动作：

```
<page view-id="/home.xhtml" action="#{profileAction.findNewGolfers}"/>
```

现在，无论主页什么时候被请求，findNewGolfers()方法都会为视图准备newGolfers上下文变量。有了@DataModel注解，你再也不必考虑JSF的DataModel接口了；它是完全透明的。每当Seam发现底层的集合有变更时，它甚至会重新初始化该上下文变量。组件可以放心地使用属于原生Java集合类型的属性。UI组件将被注出的数据视同相应的DataModel包装类。在从DataModel中得到行选择时，这种用法便得到了回报，因为不必将组件与JSF API绑定在一起了。

1. 进行数据模型选择

应用程序的用户在见到球员列表时，会想要与列表进行交互。一个常见的用例就是“可点击列表”（clickable list）。继续我们的例子。用户点击表中某个球员的名字，应用程序就要显示出该球员的个人资料。这种机制与使用RESTful URL相反，不过这两者可以共存。

在可点击列表中，用户在与接收事件的行相关的数据上执行一个动作。这种动作为下钻（drill down），接下来会做说明。其他动作包括删除和编辑。唯一的局限性在于，这种机制一次只能应用于一个行。

你怎么知道点击了哪一行呢？Seam联合JSF一起处理这些细节。在UIData组件中使用DataModel的原因之一在于，这样JSF就可以将表中某个行触发的事件与用来支持该行的数据关联起来。Seam可以从被选中的行中获取数据，并利用两种@In式注解之一将它注入到接收动作的组件中。

有了@DataModelSelection注解，在Seam中实现可点击列表简直是不费吹灰之力。@DataModelSelection注解注入集合（之前被@DataModel注解注出的）里被选行的值，并将它赋给相应的组件属性。Seam也支持用@DataModelSelectionIndex注解获得被选行的索引。你要将表6-5中所述的其中一个注解，放在定义@DataModel注解的那个组件的个别属性中。当然，标有@DataModelSelection注解的属性，其类型必须与集合中存放的项目类型相同，而标有@DataModelSelectionIndex注解的属性则必须为数字类型。

表6-5　**@DataModelSelection**和**@DataModelSelectionIndex**注解

名称：DataModelSelection/DataModelSelectionIndex

作用：捕捉相应JSF DataModel的被选行（或者行索引）。

目标：METHOD（设值），FIELD

属　性	类　型	作　用
value	String	DataModel的上下文变量名。默认：如有，即为同一个组件中@DataModel属性的名称

Seam根据逻辑推断，将UI里被选行的值赋给标有@DataModelSelection注解的属性，或者将被选行的索引赋给标有@DataModelSelectionIndex注解的属性。在UIData组件（如<h:dataTable>）的行上触发动作，就会发生这种选择。

我们首先把名称做成可点击的，在此基础上构建新球员列表的示例。首先，强化ProfileAction组件，使它包含一个view()方法，用于从新球员列表中选择球员。这个方法最终会绑定到UI命令组件上进行选择：

```
<h:commandLink value="#{_golfer.name}" action="#{profileAction.view}"/>
```

view()方法的实现如代码清单6-2所示，为了支持这个新用例，还对类做了几处变更，这些变更已经用粗体字标注出来了。之前展示过的RESTful逻辑保持不动，以便两个用例都可以得到支持。

6

代码清单6-2　支持球员的可点击列表的组件

```
package org.open18.action;

import org.jboss.seam.ScopeType;
import org.jboss.seam.annotations.*;
import org.jboss.seam.annotations.web.RequestParameter;
import org.jboss.seam.annotations.datamodel.*;
import org.open18.ProfileNotFoundException;
import org.open18.model.Golfer;
import javax.persistence.EntityManager;
import java.util.*;

@Name("profileAction")
@Scope(ScopeType.CONVERSATION)
public class ProfileAction { implements Serializable{...}
    protected int newGolferPoolSize = 25;
    protected int newGolferDisplaySize = 5;

    @RequestParameter protected Long golferId;

    @DataModelSelection                          注入被选中的球员，
    @Out(required = false)                       保存在对话中
    protected Golfer selectedGolfer;

    @DataModel(scope = ScopeType.PAGE)           将球员保存在UI
    protected List<Golfer> newGolfers;           组件树中

    public String view() {
        assert selectedGolfer != null &&
            selectedGolfer.getId() != null;
        return "/profile.xhtml";
    }
```

```
    public void load() {
        if (selectedGolfer != null &&
            selectedGolfer.getId() != null) {
            return;
        }

        if (golferId != null && golferId > 0) {
            selectedGolfer = entityManager.find(Golfer.class, golferId);
        }

        if (selectedGolfer == null) {
            throw new ProfileNotFoundException(golferId);
        }
    }

    public void findNewGolfers() {
        newGolfers = ...;
    }
}
```

选中球员时跳过RESTful逻辑

要支持可点击列表，必须对ProfileAction组件进行重大的变更。@DataModel属性现在的作用域是页面上下文（如ScopeType.PAGE），而不是事件上下文。为了让@DataModelSelection得到被选中的行，初始的@DataModel集合在回调中必须可用。如果集合发生了变化，就可能导致选择错误的行。这是因为由事件得到的行索引在回传中不再指向集合中正确的行。如果集合完全不见了，结果就会是个“ghost click”（请见随附的框注）。后者的起因在于JSF组件树中保存该事件的部分被丢弃了，因此没有触发该事件。无论Seam多么地努力搜索，它都无法找到数据模型选择，@DataModelSelection和@DataModelSelectionIndex注解也无能为力。UIData组件（如<h:dataTable>）依赖于在后来的请求中保持不变的底层数据。要保证集合保持不变，可以将@DataModel的作用域指定为页面上下文，将它保存在UI组件树中，如本例中的做法所示。在处理UIData组件的时候，要始终记住这一点。你必须让DataModel从渲染跳到回调。在第7章中，你会学到对话为何更适合于处理这个问题，因为它们可以带着数据通过任意次数的回传，甚至带到非JSF的请求中。

Ghost Click

Seam缓解了JSF中许多绝对令人沮丧的问题，其中一个就是ghost click。当UI组件树中加入队列等待UI事件的部分被中止时，就会发生ghost click。

读到这样的解释时，你可能会问：“这是个Bug吗？”抱歉，它不是Bug。UI组件树的某些分支进行动态处理。如果树的结构是不可复制的，这种行为就可能丢失。由UIData家族中的组件控制的任何分支，都可能发生这种情形。UIData组件是唯一的，因为它们是数据驱动的。我们来考虑UIData组件被如何处理，它又如何导致树的某些部分被中止。

JSF在渲染期间遍历UI组件树。当它遇到一个UIData组件时，会迭代与该组件绑定的DataModel中的集合以渲染每一行。然后组件树被保存在会话中，或者被序列化，并与响应一起发送。虽然数据是UIData组件运作的关键部分，但是JSF只保存UIData组件本身，并不保存底层的数据。

当组件树在回传中恢复时，JSF会再次遍历UI组件树，（在其他东西中）查找事件。UIData组件触发的事件与活动行的索引关联。当JSF到达UIData组件时，它再次迭代数据模型以处理每个行，同时让事件与行索引关联起来。如果数据模型在恢复之前发生变化，事件就可能与错误的行产生关联。更糟糕的是，如果数据消失，与树的这部分关联的所有事件都会被悄悄地丢弃。这个结果就是个ghost click。

此处的结论在于，JSF希望DataModel所包装的集合在渲染和回调之间保持不变。确保集合不变最容易的方法是将它保存在UI组件树中。在Seam中，将作用域指定为页面上下文，就可以将上下文变量保存在UI组件树中。这种方法的效果相当于Tomahawk项目中的<t:saveState>标签。另一种方法，第三方的UIData组件一般情况下会提供内建的“save state”属性。最灵活的方法是将数据模型绑定到长期运行的对话上。

为了真正体会到ghost click是多么令人恼火，你必须身临其境。本章的profile示例中给了你一次机会，让你在学习环境下研究这个问题，使你不会有丢掉饭碗的危险。

最后，我们在每个球员的名字附近都添加了一个<h:commandLink>，点击这个名字的时候，ProfileAction中的view()方法就会被调用：

```
<h:form>
  <rich:panel>
    <f:facet name="header">Cool New Golfers</f:facet>
    <rich:dataList var="_golfer" value="#{newGolfers}">
      <h:commandLink value="#{_golfer.name}"
        action="#{profileAction.view}"/>
    </rich:dataList>
  </rich:panel>
</h:form>
```

当view()方法被调用时，Seam从@DataModel集合newGolfers中取得被选中的行，将它注入到相应的@DataModelSelection属性selectedGolfer中。Seam使这种关联自动化，因为这两个属性都在同一个组件中。如果组件中有不止一个@DataModel属性，为了建立这种关联，就必须在@DataModelSelection注解的value属性中指定@DataModel属性所用的上下文变量名。如若不然，就会导致运行时异常。@DataModel属性和@DataModelSelection属性必须始终在同一个组件中。

在JSF中，你必须利用刚刚提到的模式，用一个命令链接或者按钮执行数据模型选择，即发生POST表单提交。更糟糕的是，JSF利用JavaScript提交表单。如果你不在意这项工作如何完成，将页面作用域的@DataModel、@DataModelSelection与JSF命令组件结合起来倒是一个很大的成功。但是，如果需要允许用户在某个新标签或者新窗口中打开数据模型选择链接，可能就需要使这个解决方案更进一步。目前，如果用户右键点击球员的名字，试图在新标签或者新窗口中打开他的个人资料，就会加载主页，而不是加载个人资料页面。为了允许用户得到期望的结果，数据模型选择必须与URL一起传递。JSF不支持这项特性，但是Seam支持。

2. 用Seam命令组件进行数据模型选择

Seam UI组件库中的命令组件<s:link>和<s:button>支持数据模型选择，尽管它们不像JSF

的命令组件一样提交表单或者恢复JSF的UI组件树。在前几章中，你知道了也可以利用Seam的命令组件执行动作及实现导航，因此你知道它们已经相当能干了。它们还可以枚举JSF的数据模型选择特性，也就是使用两个URL参数：dataModelSelection和actionMethod，这些参数由Seam的阶段监听器处理，用来将被选中行的数据注入到@DataModelSelection或者@DataModelSelectionIndex属性中。稍后会举例说明。

Seam的命令组件标签并没有完全取代JSF的命令组件。它们不恢复JSF的UI组件树，因此页面作用域的数据不会被传播。对我们的范例而言，这意味着页面作用域的newGolfers数据模型被丢弃了。因而，为了允许用Seam命令组件进行无形的数据模型选择，数据模型必须保存在较长期的作用域中。

有两种同步作用域可以用来代替页面作用域：会话和对话。一般情况下，我建议使用对话作用域。但是由于我们还没有学到对话（我指的是长期运行的对话），因此我们目前暂时先用会话作用域。我建议你在学完第7章的对话之后，再回过头来试试这个例子。

你的第一本能可能是将@DataModel注解的作用域设置为ScopeType.SESSION。但是在这个例子中可不能这么做，因为你无法显式地将一个数据模型注出到会话作用域（只能到页面作用域）。因此，必须将ProfileAction组件放在会话作用域中，使@DataModel注解能够从组件中继承会话作用域：

```
@Name("profileAction")
@Scope(ScopeType.SESSION)
public class ProfileAction {
    @DataModel
    protected List<Golfer> newGolfers;
    ...
}
```

你可以将<h:commandLink>标签换成<s:link>来顺应这一变化：

```
<s:link value="#{_golfer.name}" action="#{profileAction.view}"/>
```

由这个组件生成的URL如下：

```
/open18/home.seam?dataModelSelection=_golfer:newGolfers[0]
  ➥&actionMethod=home.xhtml:profileAction.view
```

这个URL表示，要用newGolfers集合中的第一个项作为数据模型选择，并执行profileAction组件中的view()方法。然后用户被定向到view()返回的视图ID中。如果view()方法返回的是一个结果值，而不是返回视图ID，JSF就会引用导航规则以决定下一个视图。

为支持Seam命令组件而采取的这些额外步骤看起来似乎工作量不少，不管怎么说，你可能只是想坚持使用JSF命令组件而已。因此你可能希望有一种方法，不需使用@DataModelSelection就可以在@DataModel上下文变量中选择行。

3. 数据模型选择的其他方法

代替@DataModelSelection注解的另一种方法是，利用参数化的方法表达式（由JBoss EL支持）将当前行的上下文变量传给动作方法。为了使用这项特性，数据模型必须一直保持可用到下一个请求，像数据模型选择一样。可以选择的作用域仍然是页面、会话，或者带有长期运行对话的对话作用域。正确地设置了数据模型的作用域之后，就可以将_golfer上下文变量作为一个参数传给view()动作方法，像这样：

```
<h:commandLink value="#{_golfer.name}"
  action="#{profileAction.view(_golfer)}"/>
```

动作方法的签名需要改为接受参数：

```
public String view(Golfer golfer) {
    this.selectedGolfer = golfer;
    return "/profile.xhtml";
}
```

使用参数化的EL的好处在于，它允许你传递行数据的属性，而不是传递行数据本身。例如，可以传递球员的用户名：

```
<h:commandLink value="#{_golfer.name}"
  action="#{profileAction.view(_golfer.username)}"/>
```

举个完全不同的例子，可以利用RESTful URL来选择球员。在这个例子中，使用@DataModel只是为了进行渲染，因此它不需要一直在重定向中存活，而是用一个link参数将获取golfer所需的信息直接放在URL中：

```
<s:link value="#{_golfer.name}" view="/profile.xhtml">
  <f:param name="golferId" value="#{_golfer.id}"/>
</s:link>
```

学习了这么多种方案之后，你必须自己决定是喜欢JSF数据模型选择的方便性，还是更喜欢RESTful URL。遗憾的是，@DataModelSelection实在是创建RESTful URL的一个障碍。我的建议是，除非你非支持RESTful URL不可，否则就应该充分利用页面作用域的@DataModel、@DataModelSelection与JSF命令组件的结合为你带来的生产力方面的提升。

bijection的确非常强大，并且很方便，但是如果应用的时间点不对，它也可能妨碍工作。在6.4节中，将介绍在使用bijection时如何施加一些控制，以及Seam什么时候自动应用这项特性。

6.4 避开 bijection

bijection是Seam最强大且最引人注目的特性之一。但是物及必反。因此很有必要知道bijection什么时候应该使用，什么时候不应该使用。在本节中，我们要了解哪些方法调用不会触发bijection，还要知道当bijection妨碍了你的工作时应如何将它关闭。

6.4.1 内部方法调用

根据前面的创建，bijection被实现为一个方法拦截器。方法拦截器应用于在代理对象上进行的方法调用。当你向Seam容器请求一个组件实例时（也许是通过EL表达式或者注入），你得到的就是一个实例代理。因此，在该代理上进行的任何方法调用都将通过方法拦截器，转而触发bijection。

然而，方法拦截器看不到目标方法内部发生的事情。对拦截器而言，目标方法就像个黑匣子。在被拦截方法的内部，你在引用隐式变量this时就是在处理组件的原生态实例。方法拦截器看不到本地方法调用（如同一个类中的方法），因此，bijection不会将它们包围起来。如果你对方法拦截器的工作原理了如指掌，面对这样的情况时应该会觉得不足为奇。然而，对那些不熟悉方法拦截器的人而言，这两种情况之间的区别可能就不是那么显而易见了。

让我们回到RegisterAction组件，看一个内部方法调用的例子。我们想要证明新球员所选择的用户名是否有效。由RegisterAction上的isUsernameAvailable()方法执行检查，如果该用户名已经被使用，它就会发出一条错误消息。修改过的RegisterAction组件如精简版的代码清单6-3所示。请注意，isUsernameAvailable()方法的内部调用并不会触发bijection。

代码清单6-3　检查用户名是否有效的内部方法调用

```
package org.open18.action;
import ...;

@Name("registerAction")
public class RegisterAction {
    @In protected EntityManager entityManager;
    @In protected FacesMessages facesMessages;
    @In protected Golfer newGolfer;
    ...

    public String register() {
        ...
        String username = newGolfer.getUsername();      不触发bijection
        if (!isUsernameAvailable(username)) {
            facesMessages.addToControl("username",       为username域添加消息
                Username is already taken");
        }
        ...
    }

    public boolean isUsernameAvailable(String username) {
        return entityManager.createQuery(
            "select m from Member m where m.username = :username")
            .setParameter("username", username)
            .getResultList().size() == 0;
    }
}
```

一定要记住，当系统的其他部分请求一个组件去做某项工作时，它们之间的通信是通过代理来完成的，因此在方法调用之前和之后都会发生bijection。但是，组件调用内部的的任何方法（内部方法调用）将不会从拦截器提供的功能（如bijection）中得到好处，也不会受其之苦。

我在最后一句中选择用“得到好处”和“受其之苦”这两个词是有原因的。有时候，即使某个方法碰巧在同一个组件中，你还是需要在该方法中应用方法拦截器。还有些时候，允许方法拦截器执行是会出问题的。首先，我想解释一下如何引用当前实例的代理，就像它是来自组件外部的实例一样进行方法调用。然后，你会知道“如果一个方法在目标方法仍然在执行的时候重入（Reenter），Seam为何要跳过bijection”。

6.4.2 方法上下文探秘

我得承认，之前在说到事件作用域是Seam中最窄的作用域时，我省略了一些细节，不过请相信这都是为了你好。事实上，是因为真正最窄的作用域是方法，但它仅供内部使用。因此从技术上讲，事件作用域就是最窄的公有作用域。

如果方法作用域是内部Seam API的组成部分，那还提它做什么呢？我想用它提醒你注意它的影响力，并转到我的下一个关注点。组件中的方法调用开始之前，Seam将未被代理的组件实例绑定到方法上下文中的组件名称上。方法调用之后，这个上下文变量被清除。这么做是为了避免万一递归调用的行为无效。但是不必操心细节问题，我们来看看结果。

正如你现在所知道的，其实拦截器并没有应用到内部方法调用上。因此，你要以系统的其他部分能够看见的方式调用组件实例（如通过代理）。回想一下，在第4章中学过，可以利用Seam API查找组件实例，像这样：

```
(RegisterAction) Component.getInstance("registerAction")
```

一般来说，这个调用会为你提供组件实例及其方法拦截器随从。然而，如果这个调用是在`RegisterAction`组件内部进行的，就会返回未被代理的实例，因为在更窄的方法作用域中发现了它。因此，即使你对这个查找结果调用`isUsernameAvailable()`方法，方法拦截器也不会起作用：

```
((RegisterAction) Component.getInstance("registerAction"))
    .isUsernameAvailable(newGolfer.getUsername())
```

但你可以指定组件的上下文而获得被代理的实例：

```
(RegisterAction) Component.getInstance("registerAction", ScopeType.EVENT)
```

将这个小工具放在你的应急工具箱中非常重要，因为我相信你有时候一定需要处理代理，进而触发拦截器。

学过了方法上下文之后，是时候进入下一个主题了：重入方法调用。不论你是否相信，即使你利用我刚刚讲过的技巧来查找`RegisterAction`组件，并调用它上面的`isUsername-Available()`方法，bijection仍然不会起作用。继续往下读来寻找答案吧。

6.4.3 重入（Reentrant）方法调用

重入方法调用就像它的字面含义一样简单：组件在使用中再次进入。更具体地说，就是在实例中的方法仍然在进行的时候，代理中的方法被调用。你在6.3节见过这样的例子。在registerAction组件内部，registerAction组件的实例是通过Seam API获取的，并在它上面调用一个方法：

```
(RegisterAction) Component.getInstance("registerAction", ScopeType.EVENT)
    .isUsernameAvailable(newGolfer.getUsername())
```

如果你正在实现一个访问者或者双重派发模式，可能会见到这种情况，此处的合作者组件通过代理回过头来执行组件中的方法。那么这一切与bijection又有什么关系呢？bijection有条黄金法则如下：

任何时候都不要在组件的方法执行期间对该组件再次应用bijection。

这种观点又回到了bijection的原理上，它告诉你bijection包装了一个方法调用，该方法执行期间不做任何事情。bijection发生在Seam组件实例中的每个方法调用之前和之后，但前提是该方法调用不是重入方法调用。

在重入方法调用中跳过bijection的目的有两个：

- 减少开销；
- 保持组件实例的状态稳定一致。

关于第一点，如果已经发生过注入，就没有理由再一次应用注入。但是，也由于第二点很重要，不提第一点也罢。bijection改变了实例的状态。虽然注入可能完全是多余的，或者更糟糕的是它注入了一个与原来注入的不同的值，但这还不是最坏的影响。最翻天覆地的变化发生在bijection的最后一步：断开注入，它清除了所应用的注入。如果这时候初始的方法调用仍在执行，就会造成灾难性的影响（`NullPointerException`热潮）。因此，Seam要能够认出重入方法调用，并且不允许它触发bijection，这一点至关重要。这也解释了Seam组件中的方法调用为何必须同步。如若不然，同时调用同一个组件的两个线程就会造成刚刚提到的问题。如果不能同步调用，就不要使用bijection。

让我们举个来自Open 18的简单示例，说明什么时候会更自然地发生这种情况。在高尔夫球员可以注册之前，必须执行两个验证检查。应用程序需要确保在注册的球员所请求的用户名是可用的，并确保所输入的email地址尚未被使用，以避免重复注册。我们引入`GolferValidator`组件，这些验证可以委托给它完成。但`GolferValidator`只是个协作者。刚刚说到的验证检查由`RegisterAction`组件主持。因此，此处我们正在进行双重派发。不要拘泥于代码，我们先来看幅图。图6-9说明了当用户提交注册表单时，如何对`RegisterAction`组件进行3个方法调用，bijection则只应用于`register()`方法调用。

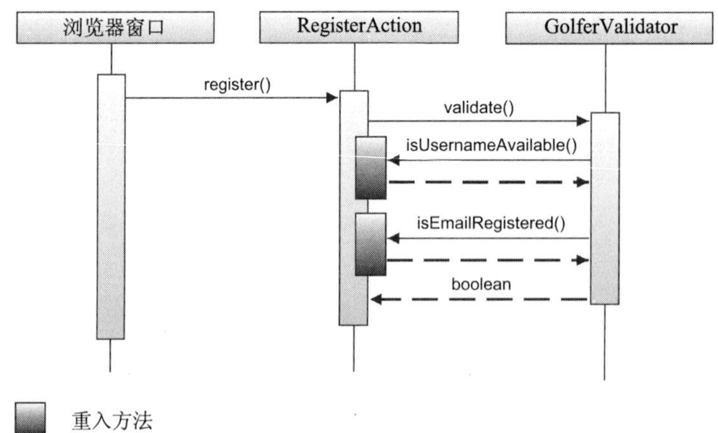

图6-9　由协作者组件`GolferValidator`在`RegisterAction`组件上进行的两个重入方法调用

将日志级别设置为TRACE，表示Seam认识重入调用：

```
intercepted: registerAction.register
intercepted: golferValidator.validate
intercepted: registerAction.isUsernameAvailable
reentrant call to component: registerAction (skipping bijection)
intercepted: registerAction.isEmailRegistered
reentrant call to component: registerAction (skipping bijection)
```

以上对重入方法调用的讨论是针对技术方面的，但即使是在组件实例的代理中调用方法，理解Seam为何放弃使用bijection也很重要。

除JPA实体类之外，bijection会应用到所有其他的Seam组件上。然而，某些孤立组件不需要bijection。在这种情况下，你可能会想要完全放弃bijection吧。你可以利用一个特殊的注解告诉Seam不要拦截某个组件中的方法调用。

6.4.4 通过关闭拦截器来关闭 bijection

由于bijection是通过方法拦截器提供的，因此可以在单个方法或者整个组件中关闭拦截器来避免bijection。在类或者方法级别上添加如表6-6所述的@BypassInterceptors注解，指示Seam不要应用拦截器。方法级注解是优化某一个代码区域的一种好办法，同时不会使整个组件丧失拦截器的优势。

6

表6-6 @BypassInterceptors注解

名称：	BypassInterceptors
作用：	如果该注解应用到方法上，它会关闭包装单个方法调用的所有拦截器。如果应用到组件上，其效果与应用到组件中的每一个方法上一样
目标：	TYPE（类），METHOD

遗憾的是，如果关闭拦截器，你就再也无法使用基于拦截器的所有其他功能了，不仅仅是bijection。这样的特性包括声明式对话控制、事务管理和事件处理，诸如此类。你要当心，关闭拦截器还会让自己陷入到更大的麻烦之中。

说明 在组件中添加@BypassInterceptors并不会关闭生命周期方法。生命周期方法就是标有@Create、@PostConstruct、@Destroy或者@PreDestroy（如第4章4.5.5节所述）的方法。

为什么要关闭拦截器呢？拦截器并非总是拖累代码的运行时执行速度，但它们的确消耗了额外的生命周期。如果你知道自己不需要拦截器提供的功能，也可以关闭拦截器。如果你正在使用Spring Bean作为Seam组件（如在线文档的第15章所述），并且Spring的拦截器已经具备了同样的功能，那么关闭Seam的拦截器就是有道理的。

在Open 18应用程序中，PasswordBean组件不需要拦截器，因为它只存放数据，并验证其内部状态，因此完全关闭拦截器也是安全的：

```
@Name("passwordBean")
@BypassInterceptors
public class PasswordBean { ... }
```

关闭拦截器有好处的另一个地方是核心对象方法，如toString()方法：

```
@BypassInterceptors
public String toString() {
    return new StringBuffer()
        .append(getClass().getName()).append("[")
        .append("password=").append(password).append(",")
        .append("confirm=").append(confirm)
        .append("]").toString();
}
```

toString()方法以及equals()和hashCode()方法都不会从拦截器所提供的功能中得到好处。就算确有好处，拦截器也会百般阻扰。例如，@In和@Out强加的必要值可能导致toString()方法失败，你调试的时候它可以模拟真实的问题。

虽然拦截器有时候热情过度，但是它们提供的功能对于将业务逻辑从查找代码中脱离出来是必不可少的。拦截器帮助简化代码并解除紧耦合的一个例子是：当组件想对其他组件发出通知时。

6.5　组件事件

动态注入有助于解除组件的紧耦合，因为它去除了显式查找依赖对象的逻辑，虽然组件之间仍然直接交互。当所有组件一起完成一个共同的目标时，这种方法十分有效，注册会员的范例就属于这种情况。然而，当必须执行正交逻辑时，抑或引发异步的操作，那么事件可能会是较好的选择。事件提供了一种让组件把消息传递给其他组件的途径。它们提供了关注点的分离，使组件更易于单独测试，甚至可以解除对API（如JSP）的严重依赖。

事件可以通过组件引发，也可以在任何与页面相关动态中产生。这些事件在Seam容器中穿梭，充当消息中间人。Seam的事件支持与JMS这样的消息服务十分类似。它有生产者，也有消费者。当某个事件引发时，它会被发送到Seam容器中。然后Seam会为该事件查找已注册的观察者，并执行已注册的方法来通知它们。

6.5.1　通过组件触发事件

利用Seam Events API（内建的Events组件）或者注解，都可以触发Seam组建内部的事件。Events API给予了最大的灵活性，但是它将代码与这个API绑定。另一方面，@RaiseEvent则允许你通过声明来控制事件的产生。

1. 利用Events API

Events API可以在触发事件时将任意数量的参数传给观察者。传递数据使得观察者有机会访问引发后却不必展现的事件的作用域中所提供的数据。

默认行为会立即通知事件的观察者。此外，也可能对事件进行调度。Seam支持同步调度和异步调度。同步调度时，可以让事件在事务完成时触发，或者只在事务成功地完成时才触发。异步调度器则允许你提供EJB 3 Timer调度或者Quartz Cron调度，具体取决于你在应用程序中使用哪种异步分发器。

举个例子。市场部要求我们收集会员注册以及会员取消注册表单时的统计数字，以便确认注册流程的有效性。市场部的需求永远在变。为了不破坏经过精心测试的注册逻辑，我们决定把这部分额外的逻辑放在观察者中。这样一来，当市场部又需求新的特性时，我们只要再启用另一个观察者即可，再次避免了破坏可运行的代码。

新球员被成功持久化之后，修改`RegisterAction`组件的`register()`方法来触发`golfer-Registered`事件：

```
public String register() {
    ...
    entityManager.persist(newGolfer);
    Events.instance().raiseEvent("golferRegistered");
    ...
    return "success";
}
```

如果我们确保由间接代码执行的逻辑在单独的事务中运行（为了不破坏用来持久化新球员的事务），就可以安排这个事件在当前事务成功完成之后触发：

```
@In private Events events;

public String register() {
    ...
    entityManager.persist(newGolfer);
    events.raiseTransactionSuccessEvent("golferRegistered");
    ...
    return "success";
}
```

你也可以将任意数量的参数传递给观察者：

```
public String register() {
    ...
    entityManager.persist(newGolfer);
    events.raiseTransactionSuccessEvent("golferRegistered", newGolfer);
    ...
    return "success";
}
```

观察者可以利用bijection控制`newGolfer`，但是事件参数更加清晰，因此也更容易让新手理解代码的运行情况——一目了然的代码总是好的。

Seam Events API的其中一大用途是开发一种准备状态消息的机制，这种机制不支持UI技术，与使用Seam的`FacesMessages`组件相反。事件中包含消息和优先级，观察者会在UI框架中注册该消息。在你快速开发这个代码区域之前，我得让你知道：Seam 2.1支持创建技术无关的状态消息。

在继续讨论观察者之前，先来看看如何通过声明触发事件。

2. 利用@RaiseEvent

`@RaiseEvent`注解（如表6-7所述）提供了从组件中引发事件的最便利途径，但是使你放弃了对于何时触发事件的控制权。当注解所在的组件方法成功完成时，`@RaiseEvent`注解就会通知观察者触发事件。

表6-7　**@RaiseEvent**注解

名称：RaiseEvent		
作用：触发组件事件，组件方法成功完成之后传递给已注册的观察者		
目标：METHOD		
属　性	**类　型**	**作　用**
value	String[]	要触发的一个或者多个事件名称。默认：方法名称

你回想一下就会知道，“成功完成”是指方法不返回值，或者方法返回非空的值且没有抛出异常。事件之所以在方法成功完成之后触发，是因为像bijection一样，它是被实现为一个拦截器。这个拦截器封装了事务拦截器，因此如果事务被配置成在方法成功完成之后完成（提交或者回滚），事件就会在事务完成之后触发——不过你仍然不具备区分提交和回滚的粒度。

接下来，我们把前一个例子改一下，将golferRegistered事件的触发声明为元数据：

```
@RaiseEvent("golferRegistered")
public String register() {
    ...
    entityManager.persist(newGolfer);
    ...
    return "success";
}
```

@RaiseEvent注解可以用来引发任意数量的事件，但是不能用它传递参数给观察者（在编写本书之时还不行）。因而，如果只是想要通知观察者发生了某件事情，用@RaiseEvent是不错。但是，如果某个信息对于理解事件至关重要，可能就要使用Events API了。

当这些事件满天飞的时候，你必须学会如何观察它们。

6.5.2　定义事件观察者

事件由已经注册为观察者的组件方法或者EL方法表达式进行观察。观察者可以利用@Observer注解进行注册，也可以在组件描述符中往EL方法表达式添加事件进行注册。我们先来探讨一下@Observer注解。

@Observer注解（如表6-8所述）可以添加到任何Seam组件的方法中。它可以根据value属性中指定的名称，观察一个或者多个事件。提供create属性也可以指定当事件引发时，如果这个观察者组件不存在，是否应该创建。这个标签相当于组件中的自动创建功能。

表6-8　**@Observer**注解

名称：Observer		
作用：注册一个按名称观察事件的组件方法。如果生产者将参数和事件一起传递，该方法就可以接受参数		
目标：METHOD		
属　性	**类　型**	**作　用**
value	String[]	要被观察的一个或者多个事件名称。默认：无
create	boolean	控制在事件引发之时如果该观察者组件不存在是否需要创建。默认：true

虽然可以捕捉同一个方法中的多个事件，但你必须记住事件是可以传递参数的，从而指定了观察者的签名。如果事件所传递参数的类型和数量不同，就不能用同一个方法观察多个事件。在这种情况下，最好将观察逻辑重构成多个方法。

让我们来观察golferRegistered事件，并为销售团队的统计数字做记录。我们不再重复构建实体和数据库的练习，只是加入一些日志语句：

```
@Name("registrationBookkeeper")
@Scope(ScopeType.APPLICATION)
public class RegistrationBookKeeper {
    @Logger private Log log;
    private int cnt = 0;

    @Observer("golferRegistered")
    synchronized public void record(Golfer golfer) {
        cnt++;
        log.info("Golfer registered - username: " + golfer.getUsername());
        log.info(cnt + " golfers have registered since the last restart");
    }
}
```

由于record()方法是个组件方法，它会触发bijection，当你构建真实的实现时，用它注入EntityManager会很有好处。你也可以利用组件描述符注册观察者。如果你无法将@Observer注解添加到类中（或许因为它无法被修改），后一种方法会比较有用，或者让非Seam的组件观察事件。为此，必须在组件描述符中添加以下声明：

```
<event type="golferRegistered">
  <action execute="#{registrationBookkeeper.record(newGolfer)}"/>
</event>
```

你可以指定为某一个事件执行任意数量的动作。请注意，在这个例子中，我们利用JBoss EL将参数传给方法表达式。当事件触发时，newGolfer上下文变量仍然在作用域中，因此为了将它传给观察者可以引用它。

下来我们要探讨另一种触发事件的方法：将它们与页面事件关联起来。

6.5.3 在页面转换中触发事件

事件可以在页面描述符中声明，允许它们与任何与页面有关的行为关联起来，例如页面渲染或者导航转换。<raise-event>元素可以被嵌入到以下任何节点中：<page>、<navigation>或者<rule>。像@RaiseEvent注解一样，利用这种方法也不能传递参数。

下面我们来实现市场部的需求，捕捉取消注册表单时的情形。为此，我们要在导航规则上触发一个事件：

```
<page view-id="/register.xhtml">
  <navigation>
    <rule if-outcome="cancel">
      <raise-event type="registrationCanceled"/>
      <redirect view-id="/home.xhtml"/>
    </rule>
  </navigation>
</page>
```

你还要确保注册页面（/register.xhtml）上的“取消”按钮也发送cancel的结果：

```
<h:commandLink value="Cancel" action="cancel" immediate="true"/>
```

用事件通知观察者“页面什么时候渲染”也很有好处。

用页面事件取代页面动作

在第3章中，你用了一个页面动作在渲染页面之前预装载数据。由于目标是为渲染事件进行观察并执行逻辑，因此触发一个事件并让组件方法来观察它，会更合适，也更加一目了然。利用这种方法来预加载设施目录页面上的设施列表：

```
<page view-id="/FacilityList.xhtml">
  <raise-event type="facilityList.preRender"/>
  ...
</page>
```

接下来，将@Observer注解应用到preloadFacilities()方法上，让它观察这个事件：

```
@Observer("facilityList.preRender")
public void preloadFacilities() {
    getResultList();
}
```

即便你还没有开始产生自己的事件，Seam容器也会引发一连串的内建事件。你会发现，与事件的第一次接触将从观察Seam的内建事件开始。

6.5.4 内建事件

事件是Seam中最丰富的部件之一。如果Seam每触发一个事件你就能得到一角钱的话，你一定会成为一位很富有的开发者。如果列出Seam所触发的每一个事件，将会占用大量的篇幅。我建议你参阅Seam参考文档中更全面的事件列表。以下只是Seam所触发的部分事件：

- Seam容器的初始化；
- 上下文变量分配（添加、删除）；
- 组件生命周期事件（创建、销毁）；
- 作用域事件（创建、销毁）；
- 验证事件；
- 事务事件（完成之前、提交、回滚）；
- 异常事件（处理、不处理）；
- 对话、页面流、业务流程和任务边界；
- JSF阶段转换（之前、之后）；
- JSF校验失败；
- 用户的偏爱变化（主题、时区、语言区域）。

在某些情况下，例如当上下文变量被修改时，所触发的事件还包含主题的名称。例如，当上下文变量newGolfers添加到页面作用域中时，所引发事件的名称为：

- org.jboss.seam.preSetVariable.newGolfers
- org.jboss.seam.postSetVariable.newGolfers

在某些情况下，主题也作为参数传给事件，例如创建组件实例的时候。当profileAction组件创建时，触发org.jboss.seam.postCreate.profileAction事件，profileAction实例作为参数传递。观察这个事件时，允许你将某个组件的后置创建逻辑完全放在不同的组件上：

```
@Name("profileActionHelper")
public class ProfileActionHelper() {
    @Observer("org.jboss.seam.postCreate.profileAction")
    public void onCreate(ProfileAction profileAction) { ... }
}
```

要求用户登录的时候，在将用户送到登录页面之前捕捉当前视图，并在验证成功之后将他们返回到被捕捉的页面，这时候如何利用事件将破坏性减到最小？这些内容将在第11章学习。你还将利用后置验证事件调整HTTP会话超时期限，作为管理内存的一种方式。

事件是分离关注点的一种方式，它使每个组件都能够专注于某一项专门的任务，却又可以利用事件观察者模式将这每一项任务结合在一起。解除组件的紧耦合关系并应用横切关注点的另一种方式是使用拦截器。6.6节要讲述EJB 3和Seam是如何处理拦截器的。

6.6 自定义的方法拦截器

如你所知，Seam充分利用方法拦截器将功能织入到组件中，这是AOP的一种应用。虽然AOP的功能十分强大，但是对许多应用程序而言，像切入点（pointcut）和通知（advice）这样的概念过于复杂，也会使开发人员望而却步。Seam和EJB 3使注册横切逻辑变得很简单，外加Seam提供的行为，真正简化了AOP。Seam甚至使横切关注点版型化，允许通过声明应用它。在本节中，你将学到Seam的拦截器支持，以及它与EJB 3拦截器之间的关系。

6.6.1 拦截器的利与弊

Seam和EJB两者都允许你在组件上注册一个或者多个拦截器，让它们拦截组件的方法调用。Seam为非Java EE环境提供了EJB特性，但Seam的拦截器支持并不只是EJB拦截器支持的简单翻版。Seam还引入了客户端拦截、无状态拦截器和版型（stereotype）。虽然只有Seam的拦截器才能应用到JavaBean组件上，但是它的拦截器却为Seam会话Bean组件中EJB 3式的拦截器进行了补充。下面我们快速看一下EJB 3拦截器，然后将它们与Seam所提供的拦截器支持进行比较。

1. EJB 3拦截器

定义EJB拦截器的唯一条件是这个类中必须要有一个方法具备以下签名：

```
@AroundInvoke
public Object methodName(InvocationContext ctx) throws Exception { ... }
```

这个方法的名称是任意的。InvocationContext提供了对“被拦截方法及组件的信息”的访问权限。在这个方法内部，可以通过以下命令来调用被拦截的方法：

```
ctx.proceed();
```

拦截器方法的全部内容大致如此。@AroundInvoke方法拦截它所运用到的组件上的所有业务方法。你可以在标有Java EE生命周期注解（如第4章4.5.5节所述）的拦截器类上定义另外的方法，以拦截组件的生命周期方法。生命周期拦截器方法使用与@AroundInvoke方法相同的签名。

在EJB组件中应用拦截器有以下3种方法。

- EJB组件就是它自身的拦截器。
- 在类级别上应用拦截器。
- 在方法级别上应用拦截器。

第一种方法可能最容易理解。@AroundInvoke方法置放在它所拦截的EJB组件上。在这种情况下，组件就会拦截自己。你通常只在为某个拦截器构建原型时才会使用这种办法，因为它几乎不提供关注点分离。

另外两种方法你可能会长期使用。在这种情况下，拦截器类是利用@Interceptors注解在组件上注册，它接受拦截器类列表。这个注解可以在类级别或者方法级别上应用。在类级别上应用时，每个业务方法都由拦截器类上的@AroundInvoke方法进行拦截，生命周期方法则由拦截器类上相应的生命周期方法进行拦截：

```
@Interceptors(RegistrationInterceptor.class)
public class RegisterActionBean implements RegisterAction { ... }
```

在方法级别上应用时，拦截器类上的@AroundInvoke方法则只应用于那个特殊的方法：

```
public class RegisterActionBean implements RegisterAction {
    @Interceptors(RegistrationInterceptor.class)
    public String register() { ... }
}
```

无论是在方法级别还是类级别上应用，拦截器都是在组件的外部，并提供很好的关注点分离。请注意，拦截器类不一定是EJB组件本身。我前面说过，EJB的拦截器十分简单。我们来看看Seam的拦截器有何不同。

2. Seam拦截器

Seam拦截器与EJB拦截器有几方面不同。首先是外观。Seam中也只是为@AroundInvoke注解和InvocationContext提供了同义词，但是他们可以在无法使用EJB的API时使用。这些同义词也可以用在Java EE环境中，因此你选择哪个都没有任何差别。可是，为了拦截生命周期方法，必须使用Java EE生命周期注解。除了外观上的不同之外，Seam拦截器类与EJB拦截器类几乎一样。

澄清了这些问题之后，我们可以看几个重要的区别。

- Seam拦截器可以是有状态或者无状态的。
- Seam拦截器可以应用在客户端或服务器端。
- Seam拦截器应用到组件中作为版型（stereotype）。

Seam拦截器可以是有状态或者无状态的，这可弥补了EJB拦截器的一大缺点，并且强调了Seam对有状态组件的承诺。如果拦截器是有状态的，它就与它所应用到的组件的生命周期息息相关。另外，Seam还注册了拦截器的一个Singleton实例。Seam的会话Bean组件是个双重代理，这使得第二个不同点成为可能。Seam代理了EJB实例，并在会话Bean中的方法调用继续之前拦截它。然后，在服务器端，EJB在继续调用业务方法之前应用它的一组拦截器。Seam之所以能够将它的拦截器应用到任何一端（客户端或者服务器端），是因为Seam将自身注册为一个EJB拦截器。

最后一个不同点解释了Seam拦截器是如何注册的。在学习版型之前，先来看看Seam是如何定制拦截器行为的。

6.6.2 定义 Seam 拦截器

前面说过，除了同义词的类型之外，Seam拦截器类的签名看起来与EJB拦截器类无异。在这种情况下，Seam把拦截器做成是有状态的，并在客户端上调用它。如果你想调整这两个属性中的任何一个，需要在拦截器类中添加@Interceptor注解。

1. 自定义拦截器

@Interceptor注解支持两个属性：stateless和type，它们控制拦截器是有无状态的还是有状态的，是在客户端还是服务器端调用。如果拦截器应用到JavaBean组件，就与type属性值无关。下面就是个无状态、客户端拦截器的例子：

```
@Interceptor(stateless = true, type = InterceptorType.CLIENT)
public class StatelessClientSideInterceptor {
    @AroundInvoke public Object aroundInvoke(InvocationContext ctx) {
        ctx.proceed();
    }
}
```

6

使用Seam拦截器的主要好处之一在于它是有状态的，因此我鼓励你使用这项特性。这使你能够在方法调用之间安全地将数据保存在拦截器中，就像它是在拦截有状态的组件一样。

选择拦截器的类型要根据你想让拦截器在哪个调用堆中执行。如果想简化EJB组件的调用，或者包装ELB容器所执行的工作，就需要用客户端拦截器。例如，在失败时可以重试对EJB组件（或者其他远程服务）的调用。另一方面，如果想让拦截器在EJB拦截器调用堆中执行（抵御EJB会话Bean中安装的其他拦截器），选择服务器端拦截器就比较合适。如果你只是往方法调用中添加行为，服务器端拦截器就足够了。

决定了如何编写拦截器之后，还需要知道它是如何应用到Seam组件上的。注意这一点很重要，因为在Seam组件中注册Seam拦截器与在EJB组件中注册EJB拦截器的方式不同。虽然Seam为@Interceptors提供了一个同义的注解，但你并不能像注册EJB拦截器一样直接将它应用到组件类上。

2. 作为版型的拦截器

@Interceptors注解是个元注解，意思是它必须添加到注解中，而不是直接添加到类中。然后在组件类中声明该注解，注解中的拦截器被送到组件中。现在我们以之前的例子为基础，先定义一个宿主RegistrationInterceptor的注解：

```
@Target(TYPE)
@Retention(RUNTIME)
@Interceptors(RegistrationInterceptor.class)
public @interface RegistrationAuditor {}
```

接下来，将这个注解添加到JavaBean的组件RegisterAction中：

```
@Name("registerAction")
@RegistrationAuditor
public class RegisterAction { ... }
```

之所以要采用这种“迂回”战术，有两个原因。首先，是为了让Seam能够隔离拦截器，让它们可以应用到客户端，而不是由服务器端的EJB容器来处理。如果直接在类中注册拦截器，EJB容器就会企图获得控制权。但是还有一个更加重要的原因，就是以设计为导向。

描述了类语义的注解称作版型（stereotype）。如果你熟悉UML，这个概念就与之大致相同。在EJB 3模型中，`@Interceptors`注解直接放在类中，它并没有告诉你多少关于“它为什么放在那”以及“拦截器的作用是什么”之类的信息。在Seam中，拦截器是添加到自定义的注解中。当这个注解被添加到组件类中时，它就描述了它所带来的行为，同时又不暴露应用该行为的机制。你可以发现在JSR 299（Web Beans）中这种模式被频繁使用。

正如“事件和拦截器”提供了一种“为顺序逻辑解除紧耦合并应用横切逻辑”的途径一样，“工厂和管理器组件”也提供了一种“为上下文变量的创建解除紧耦合”的途径。我们来探讨一下这些特殊组件如何协助借鉴Seam的控制反转法则。

6.7　工厂和管理器组件

有时候，上下文变量的作用要比初看起来的大得多。目前，你已经知道，向Seam容器请求上下文变量时，可能会产生同名组件的实例。这个实例被解析之后，你仍然必须访问它的属性或者方法来获取实际的数据。工厂和管理器组件允许你利用上下文变量来生成底层的数据，而不只是生成组件实例。请求上下文变量时，某个数据提供者会被调用（一般是Seam组件中的某个方法）且返回值绑定到上下文变量。因此，我们就说绑定到工厂或者管理器组件的上下文变量的值被计算出来了。工厂组件是`@Factory`方法的概括，管理器组件则是任何具有并且仅有一个`@Unwrap`方法的组件。

让工厂和管理器组件如此引人瞩目的因素在于，它们的行为就像普通的组件一样。例如，它们使用bijection，可以利用`@In`将它们注入到另一个组件中，它们可以在EL绑定中被引用。我们开始探讨工厂组件。

6.7.1　上下文变量`@Factory`

“工厂组件”（factory component）有点用词不当。从技术上讲，它更像一个数据提供者（一个组件方法或者EL表达式）。当请求上下文变量时，它可以将值绑定到上下文变量上。工厂组件对于延迟创建上下文变量很有好处，例如通过JSF视图，与从动作方法中注出正好相反。

1. 为何需要工厂

在深入探讨工厂之前，我想先阐述它们优于只用组件中一个JavaBean式的“取值”方法获取数据（例如新球员的列表）的好处。你必须了解EL解析器是十分坚持解析值表达式的。如果将逻辑放在取值方法中，它可能在一个请求中就被调用无数次。在JSF视图中，有许多地方需要你反复地访问某个计算值，用它执行像条件渲染这样的任务（或者检查某个集合是否为空），并且在JSF的生命周期期间，UI组件树中放置这些表达式的每个分支都要被访问多次。这成了JSF和EL运作方式中必不可少的一部分。

如果方法只是返回对象的内部状态，那么在值表达式中使用取值方法也没有什么坏处。但是，如果该方法还执行逻辑，特别是访问数据库的逻辑，就有可能引发严重的性能问题。工厂组件允许你对这个值计算一次，并将结果绑定到上下文变量上。对这个上下文变量的后续请求就使用之前计算好的值，而不是再次运行计算逻辑。这样立刻解决了刚刚提到的问题。要始终谨防将重量型逻辑放在取值方法中而不使用工厂。注重性能的用户会对你感激涕零的。

上述的解释应该会让你更急切地想学习更多有关工厂的内容了吧。我们来看看哪些类型的数据提供者可以充当工厂，然后切入正题。

2. 工厂数据提供者

如前所述，请求上下文变量时，Seam会努力在某个可用的上下文中查找。如果无法找到，并且查找是通过创建法进行的，Seam就会转而初始化一个值。我省略了如何生成这个值的一些细节。在查找匹配的组件定义来实例化某个实例时，Seam会先挑选一位“志愿者”来生成值。这位“志愿者”就是工厂。工厂可以利用以下任何一个提供者来实现：

- 标有@Factory注解的Seam组件方法；
- 在组件XML描述符中配置的EL值或者方法表达式。

之所以将这些委托称作“工厂”，是因为它们为其所代表的上下文变量“生产”值。当工厂被解析时，工厂提供者被调用，返回值绑定到指定作用域中的工厂名称上。如果工厂生成一个null值，Seam就会进入查找流程的下一步。

下面就是一个在组件描述符中定义的值表达式工厂：

```
<factory name="course" value="#{courseHome.instance}"/>
```

请求上下文变量course时，这个值表达式被解析，结果绑定到事件作用域中相应的变量名上（事件作用域是<factory>的默认作用域）。同样地，工厂的产物也可以从方法表达式中解析得到。在这里，findNewGolfers()方法填充了newGolfers上下文变量，它稍后被定义成一个基于注解的工厂：

```
<factory name="newGolfers" method="#{profileAction.findNewGolfers}"/>
```

工厂数据提供者像组件一样支持自动创建功能，甚至在lookup-only模式下请求相应的上下文变量时，也允许它被解析。与组件不同的是，工厂可以产生任何值，而不是仅限于组件实例。事实上，工厂的结果可以利用@In注入到组件的属性中：

```
@In(create = true) Course course;
```

在这个例子中，course可以是组件名称或者工厂名称。注入点不会知道其中的区别，只要有效就行。工厂支持自动创建，因此如果工厂中启用了自动创建功能，就不需要@In中的create属性。当然，组件和工厂会有一些微妙的差别，但是这种差别很小，完全可以将工厂当作就是组件。我们来看看当请求与工厂关联的上下文变量时会发生什么事情。

3. 工厂流程

工厂流程如图6-10所示。虽然这个流程看起来相当复杂，但基本上是遵循以下3种方法之一来生成上下文变量的。

- 返回一个值，然后Seam将这个值赋给上下文变量。
- 注出上下文变量。
- 在工厂方法中将值赋给上下文变量。

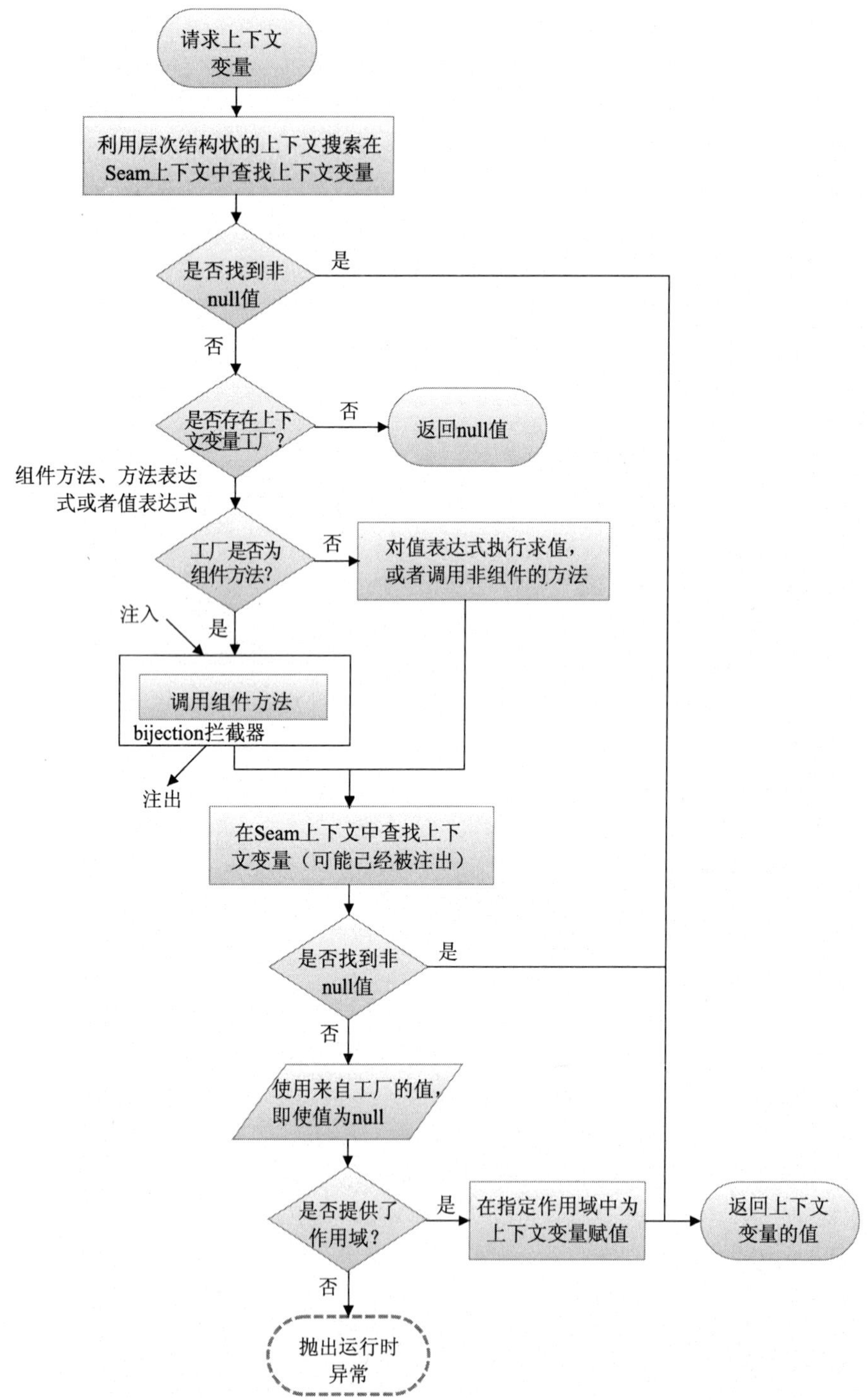

图6-10　Seam查找由工厂组件生成的上下文变量时的流程图

一开始，你可能只想让工厂方法返回值。但是你可能会发现，你希望将工厂结果缓存在某一个属性中。在这种情况下，你让工厂方法不返回值，并注出保存该结果的属性。如果你想将结果封装在一个@DataModel中，注出也很有帮助。最后一种方案凸显了这样一个事实：工厂流程确保上下文在利用前两种策略为其赋值之前仍然都为null。

哇！工厂流程中的确发生了不少事情呢。不过，千万不要被它唬住了。因为使用工厂有许多种不同的方法，所以这幅图才会有这么多步骤。最佳的策略是挑选最适合你的步骤，并坚持使用。

如果把工厂流程只归结为三句话，这三句话应该是：

- 当工厂提供者所代表的上下文变量被访问，并且找不到上下文变量或者它的值为null时，就调用工厂提供者；
- 工厂可以亲自为上下文变量赋值（显式赋值，或者通过注出），也可以返回一个要赋给上下文变量的值；
- 如果工厂提供者是个组件方法（并且该方法没有关闭bijection），工厂就会触发bijection。

如果工厂的数据提供者是个组件方法，会有一些副作用，其中一个副作用就是它会触发bijection。在方法内部访问注入的值固然方便，但是问题出在注出过程。如前所述，如果工厂方法没有返回值，Seam就会依赖于注出来填充工厂所代表的上下文变量。然而，其他属性可能也会同时被注出。因此，解析工厂的时候，其他上下文变量很可能会从天而降。

一旦你记住了工厂流程，就会发现自己时刻都在使用工厂。下面看看如何利用工厂来准备所需要的新球员列表。

4. 按需要初始化上下文变量

我在前面介绍过如何利用页面动作以JSF DataModel的形式暴露最新球员的集合。页面动作对于小的数量很有帮助。如果用于准备页面中所需的上下文变量，一旦页面开始变得相当复杂，页面动作的数量就可能暴增。更好的解决办法是允许每个变量在需要的时候才利用工厂进行初始化。

定义工厂的其中一种方法是将@Factory注解（如表6-9所述）放在组件方法之上。每当需要初始化上下文变量（在该注解的value属性中提供上下文变量名称）的时候，就会调用这个方法。

表6-9 @Factory注解

名称：Factory
作用：将方法标识为上下文变量的工厂，它在请求未被初始化的上下文变量时提供一个值
目标：METHOD

属　性	类　型	作　用
value	String	表示这个工厂方法所初始化的上下文变量的名称。默认：方法的Bean属性名称
scope	ScopeType	设定上下文变量的作用域。如果工厂方法为空，就不应该使用这个作用域。默认：从宿主组件中继承；若组件是无状态的，则使用事件作用域
autoCreate	boolean	表示这个工厂应该初始化该上下文变量，即使是在lookup-only模式下请求也一样。默认：false

我们指定findNewGolfers()方法为工厂，而不是为页面动作。代码清单6-4中findNew-

Golfers()方法上方的@Factory注解，将这个方法声明为newGolfers上下文变量的工厂。每当上下文变量为null或者不存在时，Seam就会调用这个方法。然而，由于方法的返回类型为空，Seam希望通过注出填充上下文变量。

代码清单6-4　生成新球员列表的工厂组件

```
@Name("profileAction")
public class ProfileAction {
    protected int newGolferPoolSize = 25;
    protected int newGolferDisplaySize = 5;

    @RequestParameter protected Long golferId;

    @In protected EntityManager entityManager;             ❶

    @DataModelSelection
    @Out(required = false)
    protected Golfer selectedGolfer;

    @DataModel(scope = ScopeType.PAGE)          ❷
    protected List<Golfer> newGolfers;

    public String view() {
        return "/profile.xhtml";
    }

    @Factory("newGolfers")          ❸
    public void findNewGolfers() {
        newGolfers = entityManager.createQuery(
          "select g from Golfer g order by g.dateJoined desc")      ❹
          .setMaxResults(newGolferPoolSize)
          .getResultList();

        Random rnd = new Random(System.currentTimeMillis());

        while (newGolfers.size() > newGolferDisplaySize) {        ❺
            newGolfers.remove(rnd.nextInt(newGolfers.size()));
        }
    }
}
```

在JSF视图中第一次遇到#{newGolfers}表达式时，newGolfers上下文变量是未被初始化的。Seam会转而让@Factory方法❸解析一个值。在该方法继续执行之前，注入EntityManager属性❶。然后该方法利用EntityManager在数据库中查询最新的球员❹，打乱结果，并减少到配置的显示容量❺。然后应用注出，它将newGolfers上下文变量初始化成一个JSF的DataModel❷。然后Seam将控制权还给视图渲染器，它利用刚刚形成的数据模型渲染<rich:dataList>。

以下是一些在使用工厂方法时应该注意的原则。

- 如果没有为返回值的工厂方法指定作用域，就使用宿主组件的作用域；如果宿主组件是无状态的，就使用事件作用域。
- 指定了作用域的工厂方法不允许注出同名的值作为调用结果。
- 如果工厂方法没有指定作用域，并且注出了一个值，同时工厂又返回了一个值，那么注出的值会优先于工厂方法返回的值。

组件方法的@Factory注解是在Java代码中指定工厂的唯一方法。为了使用方法绑定或者值绑定表达式，必须利用<factory>在组件描述符中声明工厂。下面是个快速提示：

```
<factory name="newGolfers" method="#{profileAction.findNewGolfers}"/>
```

但<factory>更常用于创建组件别名。

5. 工厂作为别名

作用域为无状态上下文或者被映射到EL值表达式的工厂被称作别名。你在前面见过一个别名，它解析成CourseHome组件中的getInstance()方法，此处要将它定义为无状态的：

```
<factory name="course" value="#{courseHome.instance}" scope="stateless"/>
```

由于无状态上下文在查找之后不保留值，因此每次请求该工厂名称时都要解析别名，使它成为更复杂表达式的一种快捷名称。

小贴士 我更喜欢把别名的作用域设定为一个真实的上下文，例如事件作用域，以避免不必要的冗余的查找。只要在保存别名的上下文的生命周期期间目标值不发生变化，就万无一失。

别名的另一种典型用法是为完全匹配的上下文变量名称提供一个快捷名称。所有内建的Seam组件都使用命名空间，致使它们的名称非常冗长。你可以利用别名将完全匹配的组件名称进行缩写，就像我在此处为内建的FacesMessages组件进行缩写的做法一样：

```
<factory name="facesMessages"
  value="#{org.jboss.seam.faces.facesMessages}"
  scope="stateless" auto-create="true"/>
```

但是你知道吗？大多数内建组件，就像这一个，可能已经通过它们的不完全匹配名称进行了引用，使得这个工厂成了多余的。Seam利用<import>标签，在组件描述符中导入上下文变量前缀，构建了这个别名，这些你在第5章已经学过：

```
<import>org.jboss.seam.faces</import>
```

你也可以为自己的组件声明导入。提示一下，组件描述符中定义的导入在项目中是全局应用的。如果你只想在单个Java类或者单个包的上下文中导入某个上下文变量前缀，就可以利用@Import注解（如表6-10所述）来完成。

表6-10 **@Import**注解

名称：Import

作用：导入一个上下文变量前缀，允许利用不完全匹配的组件名来引用带有该前缀的组件

目标：TYPE（类），PACKAGE

属　性	类　型	作　用
value	String[]	试过不完全匹配的名称之后，使组件名称完全匹配的上下文变量前缀列表。默认：无（必需）

我们假设GolferValidator组件的上下文变量名为org.open18.validation.golferValidator。我们可以利用@Import将它的命名空间前缀导入到RegisterAction组件中：

```
@Name("registerAction")
@Import("org.open18.validation")
public class RegisterAction {
    ...
    @In protected GolferValidator golferValidator;
    ...
}
```

我们也可以将@Import注解应用到org.open18.action包中的package-info.java文件中，将它导入到该包中的所有组件：

```
@Import("org.open18.validation")
package org.open18.action;
import org.jboss.seam.annotation.Import;
```

请注意，像在Java包系统中一样，以短名称引用某个上下文变量时，也可以在与当前组件相同的命名空间中引用该变量。如果将RegisterAction组件命名为org.open18.action.registerAction，就可以利用名称registerAction，通过另一个名称以org.open18.action为前缀的组件来引用它。

因此，你可以看出工厂是Seam中一项强大又灵活的特性。它们弥补了在任意位置——例如，深埋在JSF视图里的组件，或者某个需要执行准备工作的注入依赖——需求数据时的不足。工厂允许上下文变量为动态的，其含义远不止于你第一眼所见到的。另一种有助于使上下文变量变成动态的组件是管理器组件。

6.7.2　@Unwrap组件

@Unwrap注解就像魔术师手中的手帕一样。你明明看着手帕被放进手里，但是当手打开时，看到的却是某些完全不同的东西。这其中的奥秘就在于管理器组件。管理器组件就有一个标有@Unwrap注解的方法。当Seam容器请求管理器组件的名称时，它就会查找或创建该组件的一个实例，然后在将它返回给调用者之前“打开”，从而开始了魔术之旅。在打开阶段，@Unwrap方法被执行，方法的返回值传到请求中，代替组件本身。实际上，管理器组件是个狡猾的“小坏蛋”。@Unwrap注解如表6-11所述。

表6-11　**@Unwrap**注解

名称：Unwrap
作用：表示当组件名称被解析时，该方法的返回值用来代替组件实例本身
目标：METHOD

@Unwrap方法与@Factory方法不同，因为它是无状态的，意味着每次访问宿主组件的名称时都要调用它。因为它是无状态的，所以创建方法的返回值也不会像工厂一样绑定到上下文变量上。上下文变量会将管理器组件的实例保存起来，这是唯一有状态的部分。为了获取实际的值，必须调用@Unwrap方法。很显然，你必须留意放进@Unwrap方法的东西，因为它会被多次调用。

管理器组件比工厂组件更加强大，原因如下所示：

- 它是真实的组件（工厂只是一个伪组件）；

- ❑ 它的属性可以像其他任何组件一样进行配置；
- ❑ 它可以有生命周期方法（@Create、@Destroy）；
- ❑ 每次访问组件名称时都调用@Unwrap方法；
- ❑ 它可以保存内部状态；
- ❑ 它可以观察能够触发更新其状态的事件。

顾名思义，管理器组件很善于管理数据。当组件被访问或者利用@In注入时，数据就代替组件，但在其他方面，它的行为与其他任何组件无异。你可以把管理器组件当作是一个复杂的别名，在此由@Unwrap方法负责查找别名的值。使管理器组件如此出众的是，它可以为无法通过值绑定或者方法绑定表达式访问到的对象起个别名。Seam API中有个这样的例子，即获取JSF的FacesContext实例（FacesContext类中的一个静态方法）的管理器组件：

```
@Name("org.jboss.seam.faces.facesContext")
@Scope(ScopeType.APPLICATION)
public class FacesContext {
   @Unwrap public javax.faces.context.FacesContext getContext() {
      return javax.faces.context.FacesContext.getCurrentInstance();
   }
}
```

Seam API中的另一个例子是获取当前日期的管理器组件：

```
@Name("org.jboss.seam.framework.currentDate")
@Scope(ScopeType.STATELESS)
public class CurrentDate {
   @Unwrap public Date getCurrentDate() {
      return new java.sql.Date(System.currentTimeMillis());
   }
}
```

管理器组件提供了一种使Java常量、枚举值和其他静态方法返回值可以通过EL访问的便捷途径。管理器组件也善于加载像Hibernate的SessionFactory、Java 的邮件会话（mail session）或者JMS连接这样的资源。事实上，Seam将管理器组件用于所有这些资源。还可以为这些资源创建普通的组件，然后注册一个别名，它返回获取运行时配置的方法值，但是@Unwrap方法替你免掉了额外的步骤。如果你用过Spring的某个工厂Bean，管理器组件就与之大致相同。

我们来实践一下管理器组件吧，用它维护主页中所示的新球员列表。我们希望Open 18将获得很大的成功，因此到时候将会有许多人来点击主页。我们不希望每一次点击都导致一个数据库查询，否则就会损害性能。我们固然可以用速度更快的数据库服务器，但谨慎的做法还是尽量减轻数据库的负担，特别是因为我们在反复地问它同一个问题（谁是新球员？）。

代码清单6-5展示了一个管理器组件，它在应用程序作用域中维护新球员的缓存。每当有新球员注册时，它就会观察golferRegistered事件，并刷新缓存。

代码清单6-5　管理新球员集合的组件

```
package org.open18.action;

import org.jboss.seam.ScopeType;
```

```
import org.jboss.seam.annotations.*;
import org.open18.model.Golfer;
import javax.persistence.EntityManager;
import java.util.*;

@Name("newGolfersList")
@Scope(ScopeType.APPLICATION)
public class NewGolfersList {
    private int poolSize = 25;
    private int displaySize = 5;

    @In protected EntityManager entityManager;          ❶

    protected List<Golfer> newGolfers;

    public void setPoolSize(int poolSize) {
        this.poolSize = poolSize;
    }

    public void setDisplaySize(int displaySize) {
        this.displaySize = displaySize;
    }

    @Create       ❷
    public void onCreate() {
        fetchNewGolfers();
    }

    @Unwrap       ❸
    public List<Golfer> getNewGolfers() {
        return newGolfers;
    }

    @Observer(value = "golferRegistered", create = false)       ❹
    synchronized public void fetchNewGolfers() {
        List<Golfer> results = entityManager.createQuery(
            "select g from Golfer g order by g.dateJoined desc")
            .setMaxResults(poolSize).getResultList();

        Collections.shuffle(results);

        Random random = new Random();
        while (results.size() > displaySize) {
            results.remove(random.nextInt(results.size()));
        }

        newGolfers = results;
    }
}
```

初次创建该组件时❷和每当有新球员注册时❹都会获取golfers。管理器组件像其他任何组件一样支持bijection❶。每当访问组件名称newGolferList时，就会调用@Unwrap方法❸，并返回缓存的球员列表。

你可能注意到了，这个组件暴露了两个配置属性：poolSize和displaySize，它们分别控制从数据库中选择和显示多少位球员。要改变默认的设置，就使用下面的组件配置：

```
<component name="newGolfersList">
  <property name="poolSize">10</property>
```

```
  <property name="displaySize">3</property>
</component>
```

如果用newGolferList换下主页中的newGolfers，我们就会丧失用命令链接捕捉选择的能力。要是没有经过一番创造性的劳动，要单独使用管理器组件创建出可点击的列表是不可能的。管理器组件是为了维护数据，而不是充当动作Bean或者数据模型选择器。因此，我们仍然需要一个工厂来为ProfileAction中的newGolfers属性赋值，以保持当前的功能。我们不用在ProfileAction中查询golfers，而是可以利用newGolfersList管理器组件来取得列表。ProfileAction中的相应变更如代码清单6-6所示。

代码清单6-6　用管理器组件作为数据提供者的工厂组件

```
@Name("profileAction")
public class ProfileAction {
    ...
    @In (create = true) protected List<Golfer> newGolfersList;   <-- 利用由管理器组件维护的列表

    @DataModel(scope = ScopeType.PAGE)
    protected List<Golfer> newGolfers;
    ...

    @Factory("newGolfers")
    public void fetchNewGolfers() {
        newGolfers = newGolfersList;
    }
}
```

新球员的可点击列表像以往一样正常。唯一的变化是，现在管理器组件提供了新球员的列表，而不是直接在工厂方法中执行实体查询。这种设计最好的方面在于，现在管理器充当数据访问对象（DAO），将数据访问逻辑从业务逻辑中分离出来，并且使组件更易于单独测试。

工厂和管理器组件JIT的变量赋值。代码引用上下文变量时，就像一切已经就绪一样，工厂或者管理器（反正是它们两者中的任何一个委托）就会创建该变量，让你能够实时地使用。但更棒的是，方法能够访问注入的资源来帮助它创建变量。

6.8 小结

本章讲述了Seam将注入做成动态的，并引入了注出的概念，这是bijection的两个方面，从而为控制反转带来了急需的技术革新。现在不用提醒你也知道，每当调用Seam组件中的方法时都会发生bijection，因此不仅依赖引用保持最新，而且还可以将较窄作用域中的数据注入到保存在较广作用域里的组件中。

你掌握了如何将组件、请求参数和值表达式注入到Seam组件的Bean属性中，了解到属性值可以被提升到Seam上下文中，使它们能够被其他组件或者在JSF模板中访问到，并且知道了在展现集合数据时，Seam可以将集合包装在一个要在UIData组件中使用的JSF DataModel中。Seam还可以从这个UIData组件中捕捉选择，并在后来的回调中将它注入到组件的另一个属性中。

组件获取流程其实很复杂，远远不止于第一眼所见到的那样。上下文变量经常解析成组件实例，但是它们也可以通过工厂方法或者值表达式生成，抑或解析成管理器组件中代理方法的返回值。

为了达到控制反转的最高境界，可以让Seam容器介入组件事件通知，并触发自定义的拦截器，完全切断组件之间的联系之后，它还依然能够建立线性的逻辑流程。这样就更容易将横切关注点应用到对象上，同时又不会破坏它们作为POJO的状态。

在Seam容器中操作上下文变量的方法多种多样，但大多数仅限于使用几个常用的注解。上下文变量的注入、注出和解析对于组件和视图之间的数据交换至关重要。在第7章中，你将学到对话注解和页面流定义如何协助在请求之间传播状态。工厂组件也再次令人刮目相看，它在发布对话中扮演了重要的角色。第4章中提到的改善状态管理的承诺，在第7章中将得到兑现，因此请继续往下读，因为Seam中最激动人心的部分就要到了。

Part 3 第三部分

Seam 的状态管理

第一部分介绍了开发Seam的目的，并示范了它简化Web应用程序开发的方式。利用seam-gen可快速地把基于Seam的应用程序和灵活的开发环境结合到一起。第二部分介绍如何定义和配置组件并让它们之间实现通信，从而深入地研究了Seam的核心功能。Seam之所以与其他面向Web框架不同，是因为Seam重视状态管理。"状态管理"这个词暂时可能对你没有什么意义，但是相信你在接下来3章的学习中，会发现它在其中扮演了重要的角色。这3章的内容包括：对话、页面流、扩展的持久化上下文、应用程序事务和实体home组件。

第7章介绍了对话是一种有效地连接请求的方式。可以利用熟悉的声明式方法定义对话的范围。另外还将介绍用页面流编排对话，以及利用工作空间让用户实现多任务（multitask）。

第8章暂先不谈对话，转而开始阐述Java持久化，这是Java对象与数据库记录之间进行互相转换的ORM机制。这一章的最后，在介绍EJB 3中的扩展持久化上下文时，将回到状态管理的话题。这种构造确保持久化对象保持受控，使得升级数据库时不需要编程，有关的对象可以按需要获取，尽量不读取数据库。

由第9章可知，对话提供了扩展持久化上下文的最佳工具。这一章介绍了在Java EE中还可以使用受Seam管理的持久化上下文。持久化上下文织入大量的扩展，更重要的是，它传播的处理是透明的，从而摆脱了EJB 3复杂规则的束缚。Seam还提供了一种独特的事务处理法，也就是用事务将每个请求包装起来，为跨越多个请求的应用程序事务提供了便利。

第10章，将关于Seam的所有知识点结合在一起，并利用Seam Application Framework进行快速的开发。本章帮助你测试自己在这部分中又朝着Seam开发者的方向迈进了多少。

本部分内容

第 7 章

Seam的工作单元：对话

本章概要

- 用对话管理状态
- 控制长期对话
- 工作空间之间的转换
- 定义有状态的页面流

Seam将工作单元的范围延伸到覆盖某一个用例（Use Case，用户与应用程序之间确定的交互），帮助你创建丰富的用户体验。本章将介绍Seam的对话上下文如何宿主支持这种交互所需的工作数据。Seam的对话与传统的状态管理方法形成了对照，展示了Seam如何既卸下了处理这项工作的负担，又给Web应用程序中的多页面交互提供了一种形式化描述。对话向更高级的状态管理技巧（如有状态的页面流、嵌套对话和工作空间）开启了一扇门，这些技巧进一步丰富了用户的体验。

对话是Seam中最引以为荣的特性之一，涉及了该框架的诸多领域，并将前几章的内容与后面的内容衔接起来。事实上，seam-gen创建的CRUD应用程序是用对话来管理、添加和修改实体实例的用例的。为了在本章开始之前验证对话的实践效果，你可以在创建Open 18应用程序的过程中学习这些内容。本章从定义一个用例开始，然后探讨用例如何与有状态上下文配合来改善用户的体验。

7.1 学会辨别对话的状态

你打高尔夫球回来之后，发现你不在期间，有人一直盗用你的信用卡号码去玩乐。为了收回赔偿，你不得不忍受银行所提供的全无联系的客服流程。我相信你对这样的交流一定听着很耳熟吧。

“能为您效劳吗？”

你接过话茬，咆哮着说自己上当受骗了，并说了自己上一周的行踪，说这正是你在此投诉的原因。

“请问您的账号是多少？”

对方趁你短暂停顿时赶紧问了这句话。

在等待电话接入时，你的火气暂时被压了下去。然后客服人员通知你，你需要转到欺诈部门，那里专门处理这种事件。你压根没有机会反对，因为电话立即被转接过去了。电话那头又响起了另一个陌生的声音：

“能为您效劳吗？”

唉！一切又要从头说起。

你一开始是个被骗的受害者，现在你又成了无状态流程的受害者。有关你受害情况的重要信息没能从客服代表转到欺诈部门的代表那里。这种不幸的事情原本是可以避免的，让这两个代表在线路转接期间都参与对话，并保留你叙述的记录即可。令你遗憾的是，他们看不到全局。你一被移交到其他部门，又要答复一通电话。

这正是Web应用程序处理请求的方式，它依靠的是无状态的协议（HTTP）。结果，数据往往在页面请求之间丢失，看不到正在进行的用例。Seam则认可在对话作用域中发生的所有请求，认可对话可以跨越多个请求，认可对话是用户会话的子集，如图7-1所示。

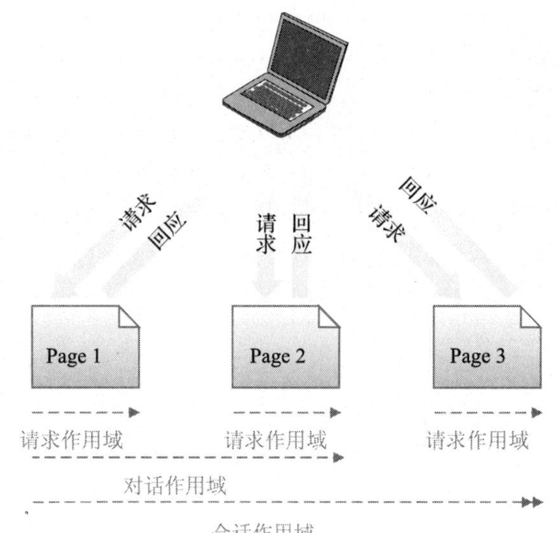

图7-1 对话作用域与各个请求紧密相连，但是比会话更细粒度

Seam使用对话，支持构建有状态的交互；这些交互消除了请求之间的隔阂。因此，直到用户达成目标这一过程中都可以追踪状态，而不仅仅满足于这一过程中极不起眼的步骤。

7.1.1 重新定义工作单元

你可以从数据库事务的角度看待工作单元。刚刚讲到的浪费打电话人时间的故事的确忠于这个定义。这个短期存在的工作单元是有问题的，因为从长时间运行的意义上讲，它不是有状态的。Seam从用户的角度看待工作单元，对它进行重新定义，这就是对话。在对话期间，可能会有数据库事务、页面请求和其他的极小的工作单元在来来往往，但是要到用户达成目标之后整个过程才算完成。在对话中，状态得到了扩展。第8章会介绍，为了符合这种时间上的规划，也可以扩展持久化上下文。

对话中页面请求之间的关联是通过使用特殊的令牌和HTTP会话分区建立的（请见7.2节）。对话的生命周期通过声明边界条件进行控制（请见7.3节）。首先，我想关注在Web应用程序中创建一个定义良好的有状态上下文有多困难，以及这项任务以往是如何处理的。目前为止，你可以说在Web应用程序中传播状态完全是一种负担。但在学完一些替代方法之后，我会转而阐述Seam的对话如何解除这种负担。

7.1.2　管理状态的压力

所有的应用程序都具有状态，包括那些被划分为无状态的应用程序（如RESTful应用程序）。有些应用程序会将状态存放在服务器端上下文中，如HTTP会话作用域或者JSF的页面作用域中。所谓的无状态应用程序只不过是将状态织入到URL中，或者将状态藏在隐藏表单域中。大多数应用程序可能会综合使用这几种策略。真正的问题在于，当用户从一个页面转换到另一个页面时，他们能从框架中获得多少管理和访问该状态的支持呢？

我知道，在过去你得非常努力地保存请求之间的状态，然后准备在业务逻辑中使用它。无论应用程序中是隐藏表单域多于可见域，还是具有与业务组件一样多的Struts `ActionForm`类，你都会有管理状态的压力。这不是说RESTful URL、隐藏表单域、请求参数或者cookie不可行，只是当它们成为达到目的的手段时，最终是从前一个请求中恢复状态，这会带来很大的工作量。Seam则努力使状态可以在代表该状态（如某个用例）生命周期的上下文中很容易地访问到。对话上下文不仅混合了用例持续期间请求之间的状态，它还通过序列化避免破坏对象的同一性，而这正是传统方法的主要问题所在。

1. 将数据传过请求

传播状态的一种方法是将它作为请求的一部分以下列任何一种形式一起发送：

- ❑ 请求参数（即隐藏表单域或者查询字符串）；
- ❑ 作为URL的一部分（如/course/view/9）；
- ❑ 浏览器cookie。

这些方案都是将某个服务器端的对象分解成小块，并将这些小块作为字符串值通过请求传递，然后在服务器上将它们重新组装成对象（如图7-2所示）。有时候，非得用RESTful URL、请求参数或者cookie不可。然而，如果你正在使用大块的数据，还非得为每个请求准备这种转换，那可就乏味透顶了。

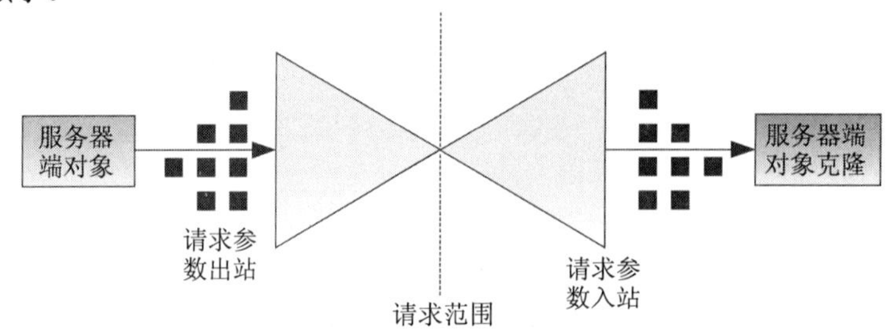

图7-2　用请求参数传递对象类似于电子传输

第3章介绍过，Seam的页面参数可以自动根据不同页面将对象与HTTP请求参数进行互相转换，从而减轻了不少压力。页面参数的不足之处在于，它们被硬连接到页面定义。由于页面可能不止用于某几种环境，因此这种配置可能导致在你不需要数据的时候它也进行传播。更糟糕的是，它会成为绊脚石。

整体而言，基于参数传播的最大缺点在于，服务器端对象在这个传播过程中会丢失它的同一性。除了请求范围之外，在服务器上构建的对象属于原始对象的克隆，抑或只是原始对象的一部分。这个克隆过程使得依赖于维持同一性的资源无法得到转移，例如持久化管理器或者受管的实体实例。为了保持对象的同一性，对象必须保存在服务器端上下文中，如JSF的UI组件树（要求用服务器端状态保存法）、HTTP会话或者你很快要学到的对话。然后只需要传递一个令牌（token）给服务器，恢复上下文及其包含的对象即可。

2. 将状态存放在JSF的UI组件树中

你在第4章学过，JSF UI组件树的根部有一个属性Map，可以用来保存在JSF回传中保留下来的数据。在众多备选方案中，Seam的页面上下文和来自MyFaces Tomahawk库的<t:saveState>组件标签这两者都允许透明地访问这个Map。尽管这些抽象层可能十分优雅，但这个Map只是隐藏表单域在JSF中的对等物，这是不争的事实。

用UI组件树作为有状态上下文也会有前面提到过的那些问题。首先，重新构建UI组件树时（发生在发出重定向或者渲染不同视图的任何回传请求期间），你必须在页面上下文中重新建立这组变量。其次，UI组件树不保证能维持对象的同一性。在客户端或者服务器端都可以实现JSF状态的保存。如果采用客户端状态保存法，恢复的对象就是原始对象的克隆，同样会有将参数传过请求所遇到的问题。如果你不控制状态保存设置，最好不要将对象的同一性放在这种不稳定的范围中。

维持对象同一性的问题经常利用HTTP会话来解决。

3. 将数据保存在HTTP会话中

HTTP会话可以用于保存任意复杂的对象，同时保持它们的同一性。这个上下文被所有恢复同一会话令牌的浏览器标签和窗口共享，一般持续几个小时或者几天。虽然这种存储机制听起来很理想，但它过于理想化了。HTTP会话的主要缺点在于它很快会变成一堆混乱的数据，要消耗大量的内存，使多窗口应用复杂化。我们来探讨一下这些问题。

HTTP会话十分适合于保存你想在由某个指定用户发出的所有请求中都得以保持的数据，例如该用户的ID。但它不适合于保存特定用例的数据。当用户从单个窗口访问应用程序时，它似乎没有什么坏处，但是当用户打开多个标签或者多个窗口时会发生什么事情呢？因为会话标识符是作为cookie保存在用户浏览器中的，并且大多数浏览器的标签和窗口（在这里即指标签）之间都共用cookie，结果就会造成多个标签共用同一个会话数据。如果应用程序不支持这种共用，就可能导致数据以多种冲突的方式操作。

说明 会话标识符也可以通过URL，这就是URL重写。使用URL重写时，包含了同一个会话标识符的链接就会恢复同一个会话，即使是在新标签中打开也一样。

7

考虑更新高尔夫球场记录的用例。假设高尔夫球场保存在HTTP会话中，同时它正在被修改。如果你在某一个浏览器标签中选择一个要修改的球场，然后在另一个标签中选择另一个要修改的球场，那么在服务器中第二次球场选择将覆盖第一次选择。假设这些变更直接应用到会话中的记录上，当你在第一个标签中点击“保存”（Save）时，你就会无意中修改第二个球场实例。如果你正在使用一个多页面的向导，情况就更复杂了，因为数据的渗透可能没那么明显。而另一个问题是，会话中的数据无法避免同时使用，因此如果两个请求试图同时访问会话数据，就会造成紊乱。

会话作用域最严重的问题在于它最不受控制。如果对象继续在会话中构建，并且应用程序没有提供任何垃圾收集器进行清除，就会发生影响应用程序性能的内存泄露，从而影响所有用户。

如果谨慎地使用会话，或者保持同步并将代码锁定，以防止冲突，那么要避免上述问题也是有可能的，但那就是你开发人员的责任了。一般来说，过度使用会话作用域是出现bug的常见根源，它所造成的不可预期的行为经常难以在测试环境中重现。

说明　cookie综合了请求参数和会话数据的问题。它们只保存字符串数据，上限容量是固定的（约4KB），并且它们无法被用例分解。其效用在于识别重复的访客，或者保存基本的用户参数选择。

虽然现有的存储方案可行，但它们并不太适合于为用例维持一个孤立的数据工作集。显然还会有更好的解决方案。出乎意料的是，这种解决方案就在HTTP会话中。不管我刚才数落了会话有多少缺点，但它并非一无是处。它只是需要被分解，并得到更好的管理。这也正是Seam的做法。对话上下文就被设计成一个超越HTTP会话的良好的抽象层。

7.2　对话上下文

对话上下文是Seam中引入的两种上下文之一，用来为业务领域提供时帧而不是Servlet生命周期（另一个是业务流程上下文）。了解了7.1节的内容，你对于对话的目的应该很清楚了。在本节中，你将学习如何维持对话。

7.2.1　从HTTP会话中划出工作空间

从HTTP会话中划出对话上下文，形成独立的受控内存段，如图7-3所示。Seam用对话上下文作为上下文变量工作集的“家”。

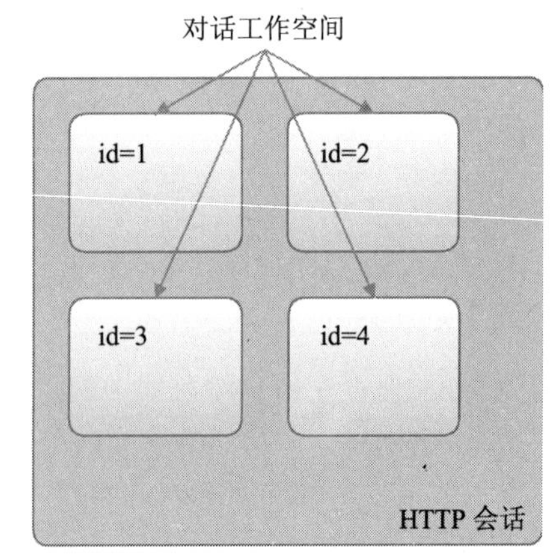

图7-3　对话工作空间是HTTP会话的孤立片段，各自都有一个唯一标识符

了解了7.1节中列举的诸多问题，现在你可能一听到用HTTP会话保存对话就会感到不寒而栗。但是，对话并不会出现会话的那些问题。首先，传统对话的生命周期大约是几分钟，而会话则可以持续大约几个小时。由于

对话有自己独特的生命周期（由Seam管理），因此就可能产生这种差别。每个对话都可以有自己的超时期限，默认值为全局的超时设置，如7.3.5节所述。此外，并发对话也保持独立，这一点与会话属性不同，并且它们只挤在一个Map中。

由于对话是保存在会话中的，因此必须满足下列两个条件。

- 对话作用域的组件必须实现`java.io.Serializable`序列化接口。
- 在web.xml中定义的会话超时必须大于所有的对话超时。

对话具有十分清晰的生命周期范围，与用例的范围一致。当用户触发一个启动某个对话的条件时，就会从HTTP会话中新划出一块受控区域，供该对话专用。同时生成一个唯一标识符，也称作**对话id**，它与会话的这个区域相关联。对话id作为请求参数、隐藏表单域或者JSF视图的根属性传到下一个请求。幸运的是，在Seam应用程序中，对话id的传播是透明处理的。对话id和会话令牌一起被发送到服务器之后，对话就可以通过会话获取，并与该请求相关联。

说明 虽然是用HTTP会话作为对话的存储机制，但是因为对话绝对受控，因此内存占用（memory footprint）非常小。它们根本没有机会停留，不会造成内存泄露。

用对话上下文保存那些需要在几个页面中保持的数据是非常理想的。它利用会话的能力保存任意复杂的对象，同时保持对象的同一性，却不会遭遇内存泄露或者并发问题。真正使对话如此独一无二的因素在于它们保持彼此隔离。

7

1. 解决多窗口并发问题

我们重新再看一下在个别浏览器标签中编辑不同高尔夫球场记录的场景。这一次，我们假设正用对话管理每一个用例。用户首先在第一个标签中选择一个高尔夫球场，这样就启动了一个新的对话，并展现一个更新表单给用户。然后用户换到第二个标签选择另一个不同的球场，再次导致创建对话并显示更新表单。现在每个标签都有自己的对话。然后用户换回到第一个标签中并点击“保存”。该标签的表单值与对话id一起被发送到服务器中。在服务器中，利用对话id从会话中获取对话上下文。从该对话中提取球场实例，对它应用表单值，最后使它与数据库同步。

虽然这两个标签都服务于相同的用例，具有相同的上下文变量，但是数据是分开的。对话不会出现泄露行为，因为它们不会像会话一样被所有的标签和窗口共享，而是可以只为单个标签保留，并通过传递对话id在每个请求中恢复。因此，发生在其中一个标签中的行为不会影响到使用了不同对话的其他标签。虽然对话防止了各用例之间不必要的数据共享，但是同一个用例中的多个请求之间共享数据则是对话中令人期待的特性。

2. 业务层缓存

对话上下文具备天然的缓存机制，很容易通过应用程序进行控制，允许根据业务逻辑放弃或者恢复被缓存的数据。你甚至可以让用户拥有根据需要强制恢复数据的控制权。对话被放弃之后，Seam很快就会清除这个状态（与HTTP会话中保存的状态不同）。

缓存数据很重要，因为它避免了不必要的数据查询。假设你缓存了数据库结果集，当数据没有变更时，你就不必再次引用数据库。你应利用这种机会，因为在应用程序的所有层当中，数据库层是最不容易扩展的。不要一遍又一遍地反复从数据库中获取同一个数据，这样会造成数据库的滥用。当应用程序无法追踪已经获取过的数据时，就会损害数据库和应用程序两者的性能。

减轻数据库的负载是ORM的主要关注点之一。一个ORM支持两级缓存。第一级缓存称作持久化上下文，它存放由某一个持久化管理器获取的所有实体的集合，这些将在第8章和第9章中介绍。如果持久化管理器的作用域设置为对话，那么ORM自然就会减轻数据库的负载。

第二级ORM缓存由持久化管理器共享，它存放以前通过任何持久化上下文加载的持久化对象。它是减少应用程序和数据库之间通信量的一种途径。它采用一种智能的算法，试图保持缓存与对数据库所做的变更同步。然而，无论这种逻辑多么好，在某一个用例的作用域内部，它还是缺乏业务级的洞察力，无法知道到底什么时候应该将数据看作是无效的。如果希望第二级缓存能够弥补应用程序在保持数据方面的不足，那就是对这一技术的误用。

让有状态的上下文充当浏览器和数据库之间的媒介，这种必要性在Web 2.0中显得尤为重要，因为Ajax请求在那里是以远远超过Web应用程序的前一种使用模式的速度被传到服务器中。利用对话上下文的请求会保存数据库命中，并且速度更快，因为它们返回的是缓存的数据。对话在Ajax中扮演了另一个重要的角色：防止请求同时访问数据。

3. 防止并发问题

Seam将访问同一个对话的并发请求序列化。这意味着在任何指定的时间内只允许一个线程访问某一个对话。在Web 2.0之前的应用程序中，这可能有助于处理两次提交的问题，但是当Ajax开始歇斯底里地发出请求时，数据因为同时访问而进入不一致状态的可能性就大大提高了。Seam让那些Ajax请求排成队列，因此你可以确保当对话作用域的数据被第一个请求修改之后，它就不会再被第二个进来的请求修改。

对话与Ajax真是珠联璧合。序列化访问与有状态行为的结合，极大地减小了在应用程序中使用Ajax的风险。有了这些机制，你就可以放心地确保性能和数据的一致性都不会受到损害。你在第12章将学到更多关于Seam与Ajax配合得多么天衣无缝的内容。

探讨完对话上下文如何解决需要用户至上的有状态上下文的问题之后，我们要试验一下，当你准备使用对话的时候，通常可以在对话中保存哪些类型的数据呢。

7.2.2 可以在对话中保存什么数据

对话提供了一种在用户“思考”期间——在响应发送到浏览器之后，但在用户激活某个链接或者提交某个表单之前的这段时间——存放数据的途径。用户在翻页时，其他信息就积聚在对话中。有4类数据要用工作集进行保存，这几类数据在本章中均会讲到。

- 非持久化的数据——如一组搜索条件或者一个记录标识符的集合。用户可以在某一个请求中建立状态，然后用它在下一个请求中获取数据。这类数据还包括配置数据（例如页面流定义）。
- 瞬时实体数据——瞬时实体实例可以作为向导的一部分进行构建和填充。一旦向导完成，就从工作集里提取实体实例并持久化。

- ❑ *受管的实体数据*——工作集提供了一种为更新域而使用的受数据库管理的实体数据的途径。实体实例被放入工作集中，然后在表单中被覆盖。当用户提交表单时，表单值被应用到保存在工作集里的实体实例（其对象同一性得到了保存），并且变更被透明地刷新到数据库中。
- ❑ *资源会话*——对话上下文提供了一种维护对企业级资源的引用的理想机制。例如，持久化上下文（JPA的`EntityManager`或者Hibernate的`Session`）可以保存在对话中，以防止实体实例过早地脱管。接下来的几章将关注对话如何从持久化管理中受益。

在本节中，你知道了我们所说的“对话”是指：在用例持续期间将数据保存在作用域中的上下文，也是一种在应用程序中启用有状态行为的方式。下一步是学习对话的生命周期，以及如何定义对话范围来控制对话。

7.3 建立对话范围

对话上下文与你目前用到的其他Seam上下文不同，因为它具有由应用程序逻辑指定的显式范围，与关联于Servlet或者JSF生命周期中的划分的隐式范围相反。对话上下文的范围是利用对话传播指令进行控制的。本节介绍了这些指令，并示范了如何用这些指令来转换对话的状态，并有效地管理它的生命周期。

7.3.1 对话的状态

一个对话实际上有两种状态：临时的和长期的。还有第3种状态：嵌套，这是长期状态的一种特征。嵌套对话将在7.4.2节阐述。现在，我准备先介绍前两种状态。

转换对话的状态就是指*对话传播*（conversation propagation）。当你利用对话传播指令设置对话的范围时，你并不是在启动或者销毁对话，而是让对话在临时状态和长期状态之间进行转换。

1. 临时对话与长期对话

大多数时候，当人们说到Seam对话时，他们都是指*长期*（long-running）对话。本章前面部分的讨论就属于长期对话。长期对话在一系列与对话id的传递有关的请求中均保持活跃。如果没有长期对话，Seam就会创建一个临时对话来服务于当前的请求。临时对话在JSF生命周期的Restore View阶段之后立即被初始化，并在Render Response阶段之后被销毁。

你可以把临时对话视同达到与Ruby on Rails中的flash hash相同的结果：将数据传过重定向。在Seam中，临时对话带着对话作用域的上下文变量通过JSF导航事件期间可能发生的重定向。这是通过将临时对话维持到重定向结束而实现的。需要澄清的是，临时对话会在Render Response阶段结束之后就被销毁，即使重定向发生在它之前也一样。临时对话最普遍的用途是保持JSF消息在redirect-after-post模式期间得以持续，假设那些消息是利用Seam内建的、对话作用域的`FacesMessages`组件注册的。

临时对话的另一个用途是充当长期对话的“种子”。长期对话就是延期终止的临时对话。这个延长的期限从遇到对话指令begin开始，到遇到对话指令end时结束。长期对话并非只是通过了重定向，它还可以通过一连串的用户交互。只有当对话再次请求已经规划好要终止的临时状态时才会出问题。在Seam中，每个请求都是对话的一部分。你只需要决定想让这个对话持续多久即可。

2. 对话传播指令

学习使用长期对话包括学习对话传播指令（如表7-1所示），以及它们如何在临时对话与长期对话之间进行转换。你可以把对话传播指令对于对话的作用视同事务传播指令对于事务的作用。

表7-1　对话传播指令列表

传播类型	描　述
begin	将临时对话提升为长期对话。如果已经有活跃的长期对话，就会抛出异常
join	将临时对话提升为长期对话。如果已经有活跃的长期对话，就不采取任何措施
end	将长期对话降为临时对话
nest	如果长期对话是活跃的，就暂时将它搁置，并往对话堆栈中添加一个新的长期对话。如果长期对话不是活跃的，就将临时对话提升为长期对话
none	放弃当前对话。保持前一个对话不动，再创建一个临时对话来服务于即将进来的请求

对话传播指令可以利用下列方式应用：

- 方法层面的注解；
- UI组件标签；
- Seam页面描述符；
- Seam对话API；
- 有状态的页面流描述符（只终止对话）。

提供这些不同的应用方式是为了适应不同的用途和设计场景，这样你就能够创建最适合于应用程序的对话范围。在7.4节，你将学习使用对话传播指令。

对话传播指令规定了对话的生命周期。图7-4展示了这个生命周期，说明了对话的状态在请求期间遇到对话传播指令时如何发生变化。

我们逐步分析一个图7-4中的流程图。请求开始时，如果在请求参数中发现该对话id就恢复一个长期对象。如果这个对话id无法被找到或者无效，Seam就会启动一个新的临时对话。在处理请求期间的任何时候，对话都可能遇到对话传播指令而改变状态。begin指令将临时对话转变为长期对话。join指令的作用与begin相同，只是它可以进入现有的长期对话中，而begin指令在这种情况下则会产生一个异常。nest指令也可以启动长期对话，但是如果已经有一个现成的长期对话，就会创建一个新的对话，暂时搁置现有的对话。end指令将长期对话送回到它的临时状态。在请求结束时，临时对话被销毁，而长期对话则隐藏在HTTP会话中，供后续的请求获取。虽然没有显示出来，但是如果正在恢复的对话无效，或者之前已经超时，用户就会收到通知，并被转到一个候补页面（如果有配置候补页面的话）。

Seam用内建组件记录对话的状态，包括它与嵌套对话以及父对话的关系。知道有这个组件的存在很重要，因为你会经常发现需要提到它。

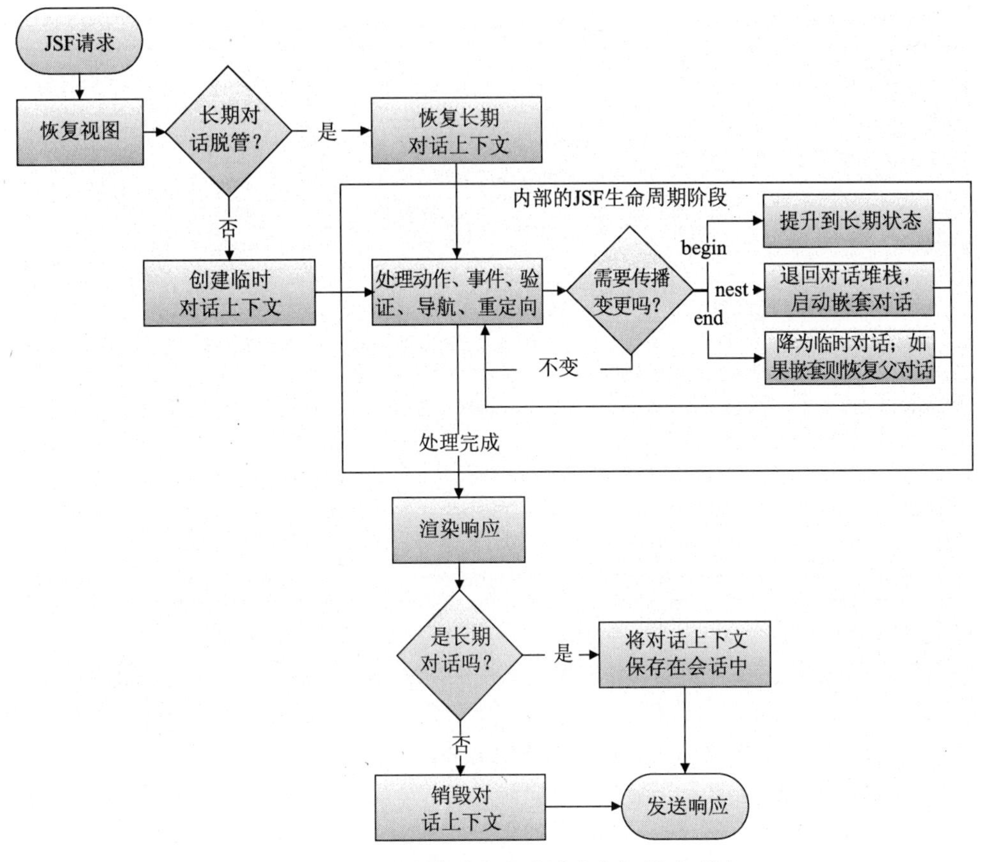

图7-4 对话传播指令如何在请求期间影响对话

3. 对话组件

Seam将对话的状态维持在内建的对话作用域组件`conversation`的实例中。这个组件以属性的形式提供了关于当前对话的丰富信息，并暴露作用于对话的方法。这些属性和方法如表7-2所示。

表7-2 内建对话组件中的属性和方法

属 性	类 型	描 述
id	String	识别这个对话的值。这个值一般是数字，不过也支持业务键标识符
parentId	String	这个嵌套对话的父对话的对话id
rootId	String	这个嵌套对话的主（顶级）对话的对话id
description	String	对话的描述性名称，用页面项的<description>节点中指定的表达式值执行求值
viewId	String	这个对话活跃时渲染的最后一个JSF视图ID
timeout	Integer	表示这个对话最后一次使用之后必须再过多久才会自动被当作垃圾回收
longRunning	boolean	这个标签表示这个对话是否为长期的
nested	boolean	这个标签表示这个对话是否为嵌套的

（续）

方　法	作　用
redirect()	返回到当前对话所知的最后一个视图ID
endAndRedirect()	终止当前的嵌套对话，并重定向到其父对话所知的最后一个视图ID
endBeforeRedirect()	终止当前对话，并将before redirect标签设置为true。不触发自动的重定向
end()	终止当前对话，并将before redirect标签设置为false。不触发自动的重定向
leave()	离开当前对话。初始化一个新的临时对话，并在请求持续期间使用
begin()	仅当尚未有活跃的长期对话时才启动一个新的长期对话。这个方法的效果相当于使用join指令
reallyBegin()	启动一个新的长期对话，不必检验是否已经存在一个长期对话。这个方法的效果相当于使用begin指令
beginNested()	启动一个从当前长期对话中分出的嵌套对话。如果没有活跃的长期对话，就会抛出异常
pop()	转换到父对话，当前对话保持不动。不触发自动的重定向
redirectToParent()	转换到父对话，当前对话保持不动，并重定向到父对话所知的最后一个视图ID
root()	转换到根级对话，当前对话保持不动。不触发自动的重定向
redirectToRoot()	转换到根级对话，当前对话保持不动，并重定向到根对话所知的最后一个视图ID

对话组件中最重要的属性是对话id，它通常利用值表达式`#{conversation.id}`取得。对话id用于在请求开始时从会话中恢复对话。你在本章中会经常看到这个表达式的使用。对话组件中的属性为决定导航或渲染标记提供一定程度的帮助。对话组件中的方法可以变更对话的状态，并且经常被用作页面动作，或者作为链接或按钮中的动作方法。

有了这个组件，现在你就可以准备学习如何定义对话范围了。你在阅读接下来几节内容的过程中，我建议你分析一下手头这些定义范围的方案，决定一种自己最喜欢的，并在大多数时候努力坚持使用这种方法。可以用很多种方式定义每个范围，这并不意味着你就应该使用每一种不同的方式，至少在没有很好的理由时不要每种方法都用。

7.3.2　启动长期对话

为了示范长期对话的使用，我们来看一个多页面向导的例子，它捕捉高尔夫球场的信息，并将它添加到Open 18目录中。输入高尔夫球场的数据可能有点强迫式的，因此用向导将表单分成简短的逻辑步骤，如图7-5所示。图7-5中的每个框都表示一个要填写的表单。用户在翻页时，来自之前页面的信息必须集中保存，以便当最后一页完成时可以访问到它，并将球场持久化到数据库中。

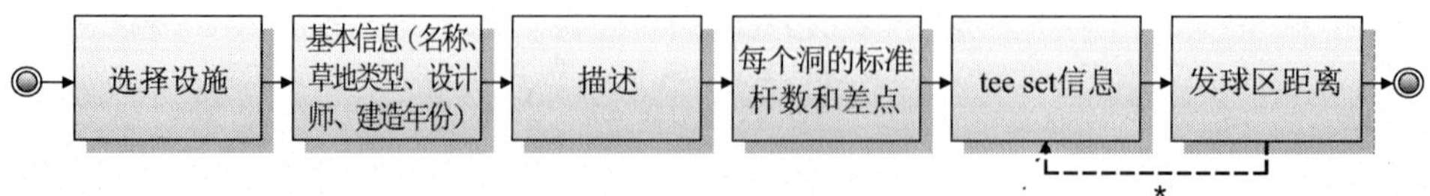

图7-5　这个向导允许用户将新的高尔夫球场输入到目录中

教科书通常教我们启动像高尔夫球场向导这样的对话时，是在产生向导的动作方法中添加@Begin注解。但是有时候你必须通过GET请求启动对话，在这种情况下，<begin-conversation>页面描述符标签或者UI组件标签将会是更好的选择。如果你更喜欢在Java代码之外保持对导航的控制，或者你需要更细粒度地控制对话范围，那么后两种方案可能对你比较有吸引力。在阅读本节之时，你要记住你只需要启动对话一次，因此这些方法是相互独立的。我们开始探讨如何使用@Begin注解。

1. 基于注解的方法

Seam包装组件的其中一种方法拦截器是ConversationInterceptor。这个拦截器在正被调用的组件方法中查找@Begin注解。如果找到，且方法成功地完成，它就会将临时对话转换成长期对话。请看下面的框注。

Seam对“成功”的定义

对于Seam中用来指定要执行哪个动作的许多注解（如@Begin和@End）而言，根据Seam对“成功”的定义，Seam将只在方法成功完成时才会执行该动作。为了让Seam认定某个方法调用成功，它必须没有抛出任何异常地返回，或者返回一个非null值，除非它是个无效的方法。

@Begin注解如表7-3所述。pageflow属性用于初始化一个有状态的页面流，这些将在7.6节中阐述。flushMode属性用于在启动对话时转换持久化上下文的刷新模式，可以用于启动第9章所述的应用程序事务。

表7-3　@Begin注解

名称：Begin

作用：指示Seam在这个方法被成功调用之后将临时对话转换成长期对话或者嵌套对话。请参阅“Seam对‘成功’的定义”

目标：METHOD

属　性	类　型	作　用
join	boolean	值为true时，允许调用这个方法，即使对话已经是长期的也一样。如果值为false，并且对话已经是长期的，就会抛出异常。如果对话是临时的，这个属性就不起作用。默认：false
nested	boolean	值为true时，如果这个对话是长期的就暂时搁置，并启动一个新的嵌套的长期对话。如果这个对话是临时的，就只要转换成长期的。这个属性与join相互独立。默认：false
pageflow	String	要用来为这个对话管理有状态导航的页面流描述符的名称。默认：无
flushMode	FlushModeType	在对话启动时，变更这个对话中受Seam管理的持久化上下文的刷新模式。默认：AUTO（自动）

我们要将@Begin注解放在addCourse()方法中，用它为球场向导启动长期对话。这个方法在球场向导启动之时调用，启动一个长期对话。它还将course属性注出到对话上下文中，使它在整个向导中都可以被访问到：

```
@Name("courseWizard")
@Scope(ScopeType.CONVERSATION)
public class CourseWizard implements Serializable {
    @In protected EntityManager entityManager;
    @RequestParameter protected Long facilityId;      注出到对话上下文
    @Out protected Course course;

    @Begin public void addCourse() {      ←— 启动长期对话
        course = new Course();
        course.setFacility(entityManager.find(Facility.class, facilityId));
    }
}
```

为了启动球场向导，用户导航到某个设施的细节页面，然后点击调用addCourse()方法的命令按钮，并传递该设施的id：

```
<s:button action="#{courseWizard.addCourse}" value="Add course...">
  <f:param name="facilityId" value="#{facilityHome.instance.id}"/>
</s:button>
```

定义下列导航规则，将用户带到向导的第一页：

```
<page view-id="/Facility.xhtml">
  <navigation from-action="#{courseWizard.addCourse}">
    <render view-id="/coursewizard/basicCourseInfo.xhtml"/>
  </navigation>
</page>
```

@Begin注解并不仅限于动作方法。你也可以将它添加到某个方法中当作页面动作，也可以将它与@Create这样的生命周期注解结合起来使用，或者将它与@Factory方法关联起来。这些方法都允许在Seam生命周期中的不同时候启动长期对话，但是指请求完成时的对话状态。

如果不用UI命令按钮激活addCourse()方法，你也可以将该方法注册为向导第一页中的某个页面动作，从而触发这个方法：

```
<page view-id="/coursewizard/basicCourseInfo.xhtml"
  action="#{courseWizard.addCourse}"/>
```

在这种情况下，当浏览器请求Servlet路径/coursewizard/basicCourseInfo.seam?facilityId=3时，就会调用addCourse()方法，并启动一个长期对话。使用页面动作的好处是，它可以从设置了书签的页面或者直接链接中启动长期对话，而不是等待JSF回传。从页面请求中启动对话可能需要额外的逻辑，这是为了防止过度创建对话，或者为了启用“对话加入”，这两者稍后都会讲到。

你还可以选择给course上下文变量定义一个工厂方法。当向导的第一页通过工厂查找course上下文变量时，就可以启动一个长期对话：

```
@Begin @Factory("course")
public void initCourse() {
    course = new Course();
    course.setFacility(entityManager.find(Facility.class, facilityId));
}
```

在工厂方法中启动对话是很合适的，因为它们不需要用户交互，也不需要在页面描述符中定义XML。生命周期方法@Create也一样。你也可以在CourseWizard组件被第一次访问时启动对话：

```
@Begin @Create
public Course initCourse() {
    course = new Course();
    course.setFacility(entityManager.find(Facility.class, facilityId));
}
```

如果你特别喜欢那些尖括号（<>），可能反倒会觉得在页面描述符中启动长期对话是最好的，我们接下来就探讨这种方法。

2. 面向页面的方法

以面向页面的方式启动长期对话的其中一种方法是，用@Begin方法作为页面动作。然而，由于在请求页面时启动长期对话是很常见的任务，因此Seam内建了两个选项。你可以在页面动作中使用方法绑定表达式#{conversation.begin}，也可以用<page>节点嵌套<begin-conversation>页面描述符标签。在页面转换期间，也可以使用<begin-conversation>标签。

首先，我们将<begin-conversation>标签应用到页面转换上。我们假设前面提到的命令按钮已经被激活，但是动作方法没有@Begin注解，而是用下列导航规则启动一个长期对话，然后将用户指引到向导的第一个页面：

```
<page view-id="/Facility.xhtml">
  <navigation from-action="#{courseWizard.addCourse}">
    <begin-conversation/>
    <redirect view-id="/coursewizard/basicCourseInfo.xhtml"/>
  </navigation>
</page>
```

如果你不想使用命令按钮，也可以在请求/coursewizard/basicCourseInfo.xhtml这个视图ID时启动长期对话。这可以通过使用内建的对话组件中的begin()方法来实现：

```
<page view-id="/coursewizard/basicCourseInfo.xhtml"
  action="#{conversation.begin}"/>
```

或者将<begin-conversation>标签直接嵌套在<page>节点中：

```
<page view-id="/coursewizard/basicCourseInfo.xhtml">
  <begin-conversation/>
</page>
```

如果细粒度的页面描述符与向导的第一个页面（/coursewizard/basicCourseInfo.page.xml）关联，你就可以不用view-id属性，因而将声明简化为：

```
<page>
  <begin-conversion/>
</page>
```

单独使用内建页面动作的唯一缺点在于，在第一个页面显示之前，你无法在组件方法中进行“准备工作”。例如，addCourse()方法初始化并注出course上下文变量。内建的页面动作仅仅适合于启动对话。

页面描述符提供了定义对话范围的诸多控制权，因为你可以区分初始请求、回传，甚至是动作方法结果。然而，你可能希望能够将长期对话的启动直接与某个链接或者按钮关联起来，以便可以使用Seam的JSF组件库中的任何标签来控制对话的范围。

3. UI组件标签方法

你还可以有第三种选择，利用Seam的某一个UI组件标签启动长期对话。你可以添加嵌入式的<s:conversationPropagation>标签，利用对话传播功能强化现有的UI命令组件，或者利用Seam的命令组件<s:link>或者<s:button>，这两者都为对话传播提供原生支持。利用<s:conversationPropagation>标签中的type属性和命令标签中的propagation属性所赋的传播值（可以是表7-1中所列的任何值），因此这些值并非仅限于启动长期对话。

Seam读取请求参数conversationPropagation，决定如何处理当前对话。这个请求参数通过URL的查询字符串或者在POST数据中传递。你不必自己添加这个参数，而是可以利用此处列举的组件标签替你添加，它将名称抽象出来，因此不是硬编码在源代码中。如果你需要使用定制的UICommand组件，或者在启动对话时提交JSF表单，你就可以在任何UI命令组件标签中添加嵌入式的<s:conversationPropagation>标签，给它对话传播的能力。我们假设设施列表页面的每一行中都包含一个链接，用来启动该设施的球场向导（此处列举了一个稍微不同的用例），将迭代变量_facility作为参数传递：

```
<h:commandButton action="#{courseWizard.addCourse(_facility)}"
  value="Add course...">
  <s:conversationPropagation type="begin"/>
</h:commandButton>
```

如果不用<s:conversationPropagation>标签作为普通JSF组件标签中的嵌套元素，你也可以利用Seam命令标签通过propagation属性来指定对话传播：

```
<s:button action="#{courseWizard.addCourse(_facility)}"
  propagation="begin" value="Add course..."/>
```

当你不需要提交表单时，用命令标签处理对话是很好的一种方法，因为它们内建了传播控件，并且自动传递对话令牌。这样更增添了用命令标签生成可设置书签URL的好处（请见第3章）。

如果你在阅读本节时试用过begin指令，可能就已经见过错误消息，报告“因为已经有一个活跃的长期对话而无法再创建长期对话”。为了解决这个问题，你需要了解“对话加入”以及如何启用它。

4. 启用对话加入

在默认情况下，Seam只在尚未有活跃的长期对话时才会启动一个长期对话。如果长期对话是从前一个请求中恢复而来，或者遇到了begin指令，它就是活跃的。无论哪种情况，只要试图在同一个请求中再次超越begin的边界值，Seam就会抛出异常。这是因为，对话加入功能在默认的情况下是关闭的。

如果用户进入某个长期对话之后可以浏览某一个定义好的对话范围，那么关闭“对话加入”功能就可能导致非法错误。例如，假设你用<begin-conversation>页面指令在请求球场向导的第一个页面时启动一个长期对话。如果用户在该页面上提交表单，并且发现验证错误，当JSF试图重新显示该页面时，就会抛出异常，因为再次遇到了<begin-conversation>元素，它这一次是出现在长期对话中。

在已经存在长期对话的情况下，用户的动作却试图再启动一个新的长期对话，这种情况还有很多。这在使用自由式导航的应用程序中也很常见，因为有许多种可能的执行路径。除非有很正当的理由不能允许对话加入，否则应该始终使用join指令，避免用户受到错误异常的困扰。实际上，“加入”行为或许应该是默认的。如果没有长期对话，join指令就相当于begin指令，不会有产生异常的风险。

如果你用基于注解的方法设置对话范围，只要将@Begin中的join属性设置为true，就可以为现有的长期对话启用加入功能：

```
@Begin(join = true)
public void addCourse() { ... }
```

如果你用面向页面的方法设置对话范围，就将join属性添加到<begin-conversation>元素中：

```
<page view-id="/Facility.xhtml">
  <navigation from-action="#{courseWizard.addCourse}">
    <begin-conversation join="true"/>
    <redirect view-id="/coursewizard/basicCourseInfo.xhtml"/>
  </navigation>
</page>
```

还可以利用if属性有条件地应用<begin-conversation>元素。下列声明通过参考对话组件来确定该对话是否是长期的，从而实现与join指令一样的效果：

```
<page view-id="/Facility.xhtml">
  <navigation from-action="#{courseWizard.addCourse}">
    <begin-conversation if="#{!conversation.longRunning}"/>
    <redirect view-id="/coursewizard/basicCourseInfo.xhtml"/>
  </navigation>
</page>
```

随着页面的成熟，对条件的支持会很有用处，它用不同的“入口”和“出口”，服务于更多不同的用例。你唯一受到的限制是EL能够告诉你多少信息。

如果你在页面动作中使用内建的对话控件#{conversation.begin}，就不必担心join标签，因为由这个表达式调用的方法已经开启了“对话加入”功能。

最后，如果你是使用UI组件标签方法，就可以将propagation的值设置为join来启用加入对话功能：

```
<s:button action="#{courseWizard.addCourse}" propagation="join"
  value="Add course...">
  <f:param name="facilityId" value="#{facilityHome.instance.id}"/>
</s:button>
```

我想这么多种方案可能会令人有点不知所措。我的本意是帮助你体会一下在设置长期对话的范围时Seam是多么地灵活。不出所料，声明某个长期对话的终止时也有这么多种选择。因为它们遵循同样的模式，学习它们的用法应该是驾轻就熟了。

提示　我决定使用最适合于面向页面应用程序的页面描述符来控制对话，而注解则最适合于单个页面和基于Ajax的应用程序。不管我的建议是什么，这些都不是硬性的规则。

只有当你能够让对话继续的时候，对长期对话展开的所有这些工作才有意义。我们接下来看看对话如何被带到下一个请求。

7.3.3　让对话继续

如果保存数据的长期对话被恢复，那么它所保存的数据将只能被后一个请求访问到。恢复对话的秘密在于，利用对话令牌将它的对话id传给下一个请求。根据请求的类型，对话令牌可以作为请求参数传递，也可以藏在JSF组件树中。无论哪种情况，当Seam在请求中发现对话令牌时，就会用这个值在会话上下文中查找现有的长期对话，并恢复它，从而避免启动新的临时对话。

如果传递对话令牌听起来比较麻烦，你也不必担心。这项任务会由任何JSF回传或者Seam的UI命令组件自动处理。因而，页面甚至不需要知道它们正在参与一个长期对话。我们终于扭转了长久以来必须手工管理隐藏表单域的局面！

接下来我们要列举两种恢复长期对话的方式。

1. 回传中的对话

面对长期对话时，Seam利用JSF的状态保存特性将对话令牌保存在页面作用域的组件中。任何后续的JSF回传都可以让Seam访问这个页面作用域的组件，进而访问对话令牌。启用这种行为不需要你对UI命令组件的定义方式做任何改变：

```
<h:commandButton value="Next"
  action="#{courseWizard.submitBasicCourseInfo}"/>
```

请注意，对话令牌并不会有任何标识。事实上，如果你查看所显示页面的源代码，也不会从中发现对话令牌。这种传递完全在后台完成。

对于JSF回传而言，将对话id传过页面作用域很方便，但是对于不能到达页面作用域的非JSF回传该怎么办？这类请求需要另一种传递对话令牌的方式。这样就把我们引到了对话id参数的话题，Seam用它从GET请求中恢复对话。

2. 从GET请求中恢复对话

Seam不可能读懂你的心思，因此除非你显式地传递一个对话令牌，告诉它要恢复哪个对话，它才会创建一个新的临时对话。我在前面说过，可以用Seam的UI命令组件控制对话。我们知道，这些组件是为了发出GET请求而不是JSF回传的，因此它们显然必须与URL中的对话id一起被发送。因而，要从GET请求中恢复对话，只能使用Seam的UI命令组件。

话又说回来，你还想允许用户在使用球场向导的任何时候都能够在他们目前所浏览页面的预览窗口中查看概述。以下链接将打开预览窗口，并让它访问球场向导所用的长期对话：

```
<s:link view="preview.xhtml" target="_blank" value="Preview"/>
```

虽然我很想叫你不必担心这种做法的有效性，但是当你到了目前这一步时，相信你也会像很多开发人员一样想知道这样做到底是否行得通（如果你不担心，则可以直接跳到7.4节）。

Seam 生命周期开始时，Seam 在 URL 参数中查找对话 id。这个参数的默认名称是 conversationId。你知道还可以从值表达式#{conversation.id}中取得当前的对话id。将这两点结合起来，你就可以手工构建出前面讲过的链接了：

```
<a href="preview.seam?conversationId=#{conversation.id}"
 target="_blank">Preview</a>
```

或者，你也可以从JSF中获得一点帮助，以构建这个链接：

```
<h:outputLink value="preview.seam" target="_blank">
  <f:param name="conversationId" value="#{conversation.id}"/>
  <h:outputText value="Preview"/>
</h:outputLink>
```

上述两个链接中有一个很严重的缺点。Seam允许自定义对话参数的名称，但是这些链接硬编码了默认名称：conversationId。对话令牌所用的名称是利用内建组件manager中的conversationIdParameter属性设置的。你可以利用下面这个组件配置覆盖对话令牌的名称：

```
<core:manager conversation-id-parameter="cid"/>
```

利用这个覆盖，任何带有硬编码了conversationId参数的链接就不再永存于长期对话中了。幸运的是，Seam提供了一个特殊的UIParameter组件标签：<s:conversationId>，可以用它将对话id参数添加到父JSF链接组件中：

```
<h:outputLink value="preview.seam" target="_blank">
  <s:conversationId/>
  <h:outputText value="Preview"/>
</h:outputLink>
```

我建议你坚持使用Seam的UI命令组件，除非你有正当的理由不这么做。话说回来，对话令牌并不是只对创建链接和按钮有帮助，它还允许你通过其他渠道恢复对话，如Ajax请求和对话的Web Services。请记住，对话令牌是保存对话的上下文变量工作集的存储锁的关键。

现在你已经构建了一个长期对话，并且知道如何在它的作用范围之内导航。假设我们将它放到某一个页面中，并从另一个页面访问它，看看如何利用这个工作集。

7

7.3.4 将对象收集到对话中

你将对象保存在对话上下文中从而将对象收集到对话中。当你看到某个组件的作用域设置为对话上下文时，或者看到某个值被注出到对话上下文中时，你可能会问自己："这到底指哪个对话呢？"

1. 查找要加入的对话

你知道，请求期间始终有活跃的对话，无论它是临时对话还是长期对话——但是二者只能居其一。一个请求一次只能服务于一个对话，即使后台中可能存在并发的对话也一样，你稍后就会见到。组件实例和被注出的上下文变量绑定到对于这个请求活跃的对话上。

可能会令你觉得有趣（甚至惊讶）的是，在你可以开始给临时对话添加对象之前，它并不需要转换成长期对话。任何添加到临时对话中的变量，在它转变成长期对话之后，这些变量仍然是该对话的一部分。对话状态只是一个指示符，它决定在Render Response阶段之后，该对话是应该保存在会话中（长期），还是应该被删除（临时）。

你要能够将这一点与你学过的组件实例化结合起来，判断当一个对话作用域的组件通过其组件名称被请求时，要创建一个实例，并添加到活跃的对话中。表7-4展示了启动球场向导时要如何填充这个对话，假设addCourse()方法标注有@Begin。

表7-4　球场向导启动时填充对话的方式

步　骤	描　述
1.用户激活JSF命令按钮	JSF生命周期被调用，#{courseWizard.addCourse}动作加入队列，并创建一个临时对话。进入Invoke Application阶段
2.动作方法被调用	CourseWizard被实例化，并绑定到对话上下文中的courseWizard上下文变量上。addCourse()方法调用开始。Course被实例化并赋给受保护的域course。addCourse()方法调用结束。Course被注出到对话上下文中，临时对话被提升为长期对话
3.启动导航规则	进入Render Response阶段，并显示球场向导的第一个页面。长期对话被保存在HTTP会话中，对话id被保存在JSF的UI组件树中

当球场向导中的初始请求结束时，对话中有两个新的上下文变量：courseWizard和course。addCourse()方法完成之后，course上下文变量作为注出结果被放入到对话作用域中。之所以使用对话作用域，是因为@Out注解中没有指定作用域，并且组件的作用域是对话。在向导持续期间，course上下文变量在对话中保留着，随着向导的进展，它也逐渐地被每一个表单提交填充。

2. 对话隔离

如果用户打开一个新的浏览器标签，并启动球场向导，并行的对话中就会发生表7-4中的流程（当然，假设所请求的URL不包含来自第一个标签的对话令牌）。第二个标签中发生的对话行为会在管理该对话的隔离会话区域中发生。这两个标签中都有球场向导时，两个对话中各自也都存在同样的两个上下文变量：courseWizard和course，但是它们不会彼此干扰——两个对话，两组变量。

小贴士　你可以利用Seam的调试页面看看每个对话中保存了哪些上下文变量。确定启用了调试模式（请见第3章），然后登录Servlet路径/debug.seam取得对话列表。点击一个对话检验一下。

请注意，宿主@Begin方法的组件不一定是对话作用域的组件。你也可以利用事件作用域的组件为球场向导启动对话，并且显式地设置注出的作用域：

```
@Name("courseWizard")
public class CourseWizard {
    ...
    @Out(scope = ScopeType.CONVERSATION)
    protected Course course;
    ...
    @Begin public void addCourse() { ... }
}
```

在本例中，方法被调用之后，只有course上下文变量被放入到对话中。@Out注解的作用域必须设置为对话，让它覆盖从组件作用域继承得来的默认的事件作用域。

你可能不想在组件方法被调用之时启动或者终止某个长期对话，而只想在允许该方法调用之前先验证是否存在这个长期对话。我们来看看如何实施这个条件。

3. 以@Conversational注解为前提

如果你想限制某个组件或者方法只能用于长期对话的作用域中，就用@Conversational注解（如表7-5所述）标注这个组件类或者方法。Seam在允许以下方法调用之前先证明这个对话是长期的：

```
@Conversational public String submitBasicCourseInfo() { ... }
```

如果试图在没有长期对话的情况下执行@Conversational方法，Seam就会引发org.jboss.seam.noConversation事件，然后抛出运行时异常NoConversationException。

表7-5 @Conversational注解

名称：	Conversational
作用：	指明这个组件或者方法是对话的，并且这（些）方法只能在长期对话的作用域中被调用
目标：	TYPE（类），METHOD

使用这个注解在大多数情况下只是表面现象，因为其内涵可能远不止于某一个对话的存在。如果你只是在试图保护代码的某个敏感区域，或许使用这个注解就比较有意义。你也可以强制在渲染某个视图的时候要存在某个长期对话。这个限制是在符合被渲染视图ID的页面节点中配置的。

```
<page conversation-required="true"
  no-conversation-view-id="/FacilityList.xhtml"> ... </page>
```

如果请求这个视图ID时没有活跃的长期对话，或者长期对话已经过期，就会再次引发org.jboss.seam.noConversation事件。然而，在这种情况下，用户会被重定向到no-conversation-view-id属性中定义的视图ID。在7.6节中，你将会知道页面流是强制某个对话存在的一种更好的方式，无论它是处在方法级别，还是在视图ID级别。

对话的好处之一在于，它们很容易被清除。由于知道要当心会话，因此让数据集中在对话中可能会令你感到不安。我们先来考虑如何从对话中提取上下文变量，进而在该用例完成时终止该对话。

4. 注销对话作用域的上下文变量

任何与对话关联的对象都存放在对话上下文中，直到该对话结束，或者该对象被显式地从对话上下文中被删除。如果对话在继续，但是有些对话作用域的上下文变量你已经不再需要了，就可以通过下列方式将它们从对话中清除：

- 将标注有@Out（required=false）的属性的值设置为null；
- 利用Seam的Context API删除上下文变量。

举个例子。在球场向导中，saveHoleData()方法将一个临时的TeeSet实例注出到teeSet上下文变量中，tee set表单用它捕捉关于这个tee set的信息。只有当该表单提交后没有出现验证错误时，才会调用saveTeeSet()方法，这个方法将TeeSet添加到保存在对话中的受管的Course实例。此时，可以给teeSet属性赋个null值，将teeSet上下文变量从对话中清除。将@Out注解中的required属性设置为false，以允许这个值为null：

```
@Out(required = false)
protected TeeSet teeSet;

public void submitHoleData() {
    teeSet = new TeeSet();
}

public void submitTeeSet() {
    course.getTeeSets().add(teeSet);
    teeSet = null;
}
```

从对话中清除上下文变量的另一种方式是通过Seam的Context API获取对话上下文，并显式地删除上下文变量：

```
Contexts.getConversationContext().remove("teeSet");
```

确保清除对话作用域上下文变量的最佳方法是终止对话。让对话保持活跃不像让对话在会话中停留那么危险，因为Seam会无一例外地清除过期的对话。但是终止对话却在结束用例时起到了重要的作用。

7.3.5 终止长期对话

你知道，对话是HTTP会话中的受控区域，因此，终止某一个对话不会破坏整个会话。对话既可以利用一个end传播指令被显式地终止，也可以在它的闲置时间超过对话的超时值时由Seam将它当作垃圾自动回收。

end传播指令的使用方法与begin指令相同。终止对话的其中一个用例是让用户取消表单或者向导。在这种情况下，你放弃对话，并将用户返回到你选择好的某一个页面，抑或利用Seam的UI命令组件来实现：

```
<s:link view="/FacilityList.xhtml" propagation="end" value="Cancel"/>
```

然而，如果你不喜欢在JSF视图中使用对话指令，也可以用pages.xml配置代替：

```
<page view-id="/coursewizard/*">
  <navigation>
    <rule if-outcome="cancel">
      <end-conversation/>
      <redirect view-id="/FacilityList.xhtml"/>
    </rule>
  </navigation>
</page>
```

下列Seam的UI命令组件与这个导航规则相配对：

```
<s:link action="cancel" value="Cancel"/>
```

如果你要用UI命令组件代替，就需要将immediate属性设置为true，以防止这此表单值被处理：

```
<h:commandLink action="cancel" value="Cancel" immediate="true"/>
```

请注意，“终止”（end）这个词具有欺骗性。其实，终止对话只是将它从长期降为临时——

它并没有完全将它销毁。只有当视图显示完之后，它才真正结束。因此，对话中出现的任何值在紧随降级之后的Render Response阶段中仍然保持可用。

如果你想在下一次渲染之前终止对话，可以在end对话指令中设置beforeRedirect标签，然后在发生降级之后发出一个重定向：

```
<page view-id="/coursewizard/*">
  <navigation>
    <rule if-outcome="cancel">
      <end-conversation before-redirect="true"/>
      <redirect view-id="/FacilityList.xhtml"/>
    </rule>
  </navigation>
</page>
```

变成了临时对话之后，它就不会持续到重定向，下一个页面视图将使用一个全新的对话。可是，使用beforeRedirect标签时要很小心，因为你会丧失在动作方法中添加的所有JSF状态消息。另一种替代方法是使用一个显示状态消息的配置页面。离开配置页面时就会使该对话终止。

假设用户在使用向导的整个过程中一路顺利，并且准备保存新球场了。这是显示@End注解用处的最佳情形。我们要将一个命令按钮放在最后一个调用save()方法的页面上：

```
<h:commandButton action="#{courseWizard.save}" value="Save"/>
```

接下来，往save()方法中添加@End注解，使该对话在方法调用完成时被降为临时对话：

```
@End public String save() {
    try {
        ...
        entityManager.persist(course);
        FacesMessages.instance().add(
            "#{course.name} has been added to the directory.");
        return "success";
    } catch (Exception e) {
        FacesMessages.instance().add("Saving the course failed.");
        return null;
    }
}
```

配置页面可以访问到course上下文变量，因为在重定向之前，这个对话不会终止。如果抛出异常，这个对话就根本不会被终止，而是重新显示前一个页面。@End注解如表7-6所述。

表7-6 @End注解

名称：End

作用：指示Seam在这个方法被成功调用之后将长期对话转换成临时状态

目标：METHOD

属 性	类 型	作 用
beforeRedirect	boolean	如果设置为true，则指示Seam在发出重定向之前终止对话。默认是让对话通过重定向，一旦响应完成就终止它。默认：false

或者，你可能想要利用页面描述符中的<end-conversation>元素而不是用@End注解来终止对话：

```
<page view-id="/coursewizard/*">
  <navigation from-action="#{courseWizard.save}">
    <rule if-outcome="success">
      <end-conversation/>
      <redirect view-id="/coursewizard/summary.xhtml"/>
    </rule>
  </navigation>
</page>
```

在本例中，对话保持到了重定向中。你可以将<end-conversation>元素中的before-Redirect属性设置为true，让对话在重定向之前终止。

对话超时

另一种没那么优雅的对话终止方式就是让它过期。对话的默认超时期限保存在内建组件manager中，它以毫秒为单位。下列组件配置覆盖了默认的10分钟超时期限，将它设置成了一个小时：

```
<core:manager conversation-timeout="3600000"/>
```

你可以设置页面描述符里<page>节点的timeout属性来自定义这个值。这样你就可以根据视图ID修改超时期限，因此，可以给用户更多时间去填写比较复杂的表单：

```
<page view-id="/coursewizard/holeData.xhtml" timeout="7200000"/>
```

你还可以选择调用内建对话组件中的setTimeout()方法，为特殊的对话赋timeout值。

如果用户离开计算机，对话最终就会超时。特定的导航也可能导致当前的长期对话被放弃，在哪个点上放弃则受到超时设置的约束。我们要举一个如何放弃对话以及为什么说这不一定是件坏事的例子。你还会看到如何搁置一个对话，就像搁置事务一样，以便允许用户在嵌套对话中完成更细粒度的工作。嵌套对话终止时会恢复父对话。

7.4　将对话搁置

目前为止我们讨论了如何启动、恢复和终止长期对话，但是当对话没有被传播到下一个请求时，它会发生什么事情呢？在这种情况下，对话只是在后台中闲置，你可以认为是放弃了对话。插入嵌套对话也可能放弃对话。我们接下来要探讨这两种情形。

7.4.1　放弃对话

当用户离开应用程序时为什么要放弃对话，这是很容易理解的。但是也可能是有意放弃对话。虽然对话提供的有状态行为很有好处，但是有时候需要将对话闲置来做些其他的事情。本节要探讨如何离开当前的长期对话，而进入一个单独的用例，无论是否有意要返回到该对话。但是请注意，一旦放弃了某个对话，如果没有及时恢复，它最终就会超时。

假设我们想让用户可以在使用球场向导的过程中再选择其他的任务，比如启动第二个向导过程。当转换到向导开始的时候，你不希望利用现有的对话去参与。你可以利用传播指令none破坏该对话的关联。现在不必操心如何回到完成了一部分的向导（稍后当你学习对话转换器时会再回来）。

如果你正在使用的是Seam的命令组件标签，那么要关闭传播，就可以利用UI命令组件中的<s:conversationPropagation>标签或者propagation属性。none指令在这两种情况下都是必需的，因为对话令牌是由这些标签自动添加的。这个指令防止添加对话令牌，从而有效地防止对话。以下链接用于从向导中启动重用同一个设施的球场向导的一个新实例：

```
<s:link action="#{courseWizard.addCourse}" propagation="none"
  value="Add course...">
  <f:param name="facilityId" value="#{course.facility.id}"/>
</s:link>
```

离开当前长期对话的另一种方式是利用对话组件中的leave()方法作为动作监听器。有了Seam的EL，就可以利用这个方法作为动作监听器，它将ActionEvent参数做成可选的。这个方法的效果与传播指令none一样：

```
<s:link action="#{courseWizard.addCourse}"
  actionListener="#{conversation.leave}"
  value="Add course...">
  <f:param name="facilityId" value="#{course.facility.id}"/>
</s:link>
```

用<h:outputLink>创建的链接不会知道当前的长期对话，因此在那些情况下要放弃对话只需停止使用嵌套的<s:conversationId>标签即可。

如果你到了用例的最后，不再需要当前的长期对话了，通常最好正确地终止这个对话，而不是放弃它。然而，如果你不准备停止，那么放弃对话也不失为一种选择。在决定放弃对话以允许用户突然改变路径之前，要先考虑如果在它里面嵌入一个新的长期对话，从而搁置当前的长期对话，这样做是否更为恰当些。

7.4.2 创建嵌套对话

嵌套对话允许你搁置长期对话，将上下文变量隔离在一个新的自包含对话的作用域中。嵌套对话维持着对其父对话的引用，甚至可以访问它的上下文变量。当嵌套对话终止时，父对话便自动被恢复。

1. 主对话的分支

嵌套对话采用与操作系统中的子流程相类似的语义。你启动嵌套对话时，实际上是将当前长期对话的状态搁置了，并用它的作用范围启动一个新的长期对话。这个分支流程如图7-6所示。你可以看到，一个父对话中可以同时存在不止一个嵌套（子）对话。当嵌套对话被终止时，父对话被会恢复。在这种情况下，Seam甚至可以将用户重定向回到发生分支的页面中，具体取决于配置。如果父对话被终止，它的所有子对话也会被终止。对话可以嵌入到任意深度，因此嵌套对话本身也可以是另一个嵌套对话的父对话。Seam维持着这大量的嵌套对话，你稍后会在本节中学到这些。

嵌套对话可以看到父对话中的上下文变量，但它无法改变这种设置。事实上，如果嵌套对话设置了一个与父对话中的同名的上下文变量，结果嵌套对话中的变量将会遮住父对话中的变量。虽然看起来上下文变量进行了再分配，但是当嵌套对话终止时，被遮住的上下文变量值就会再次显示出来。

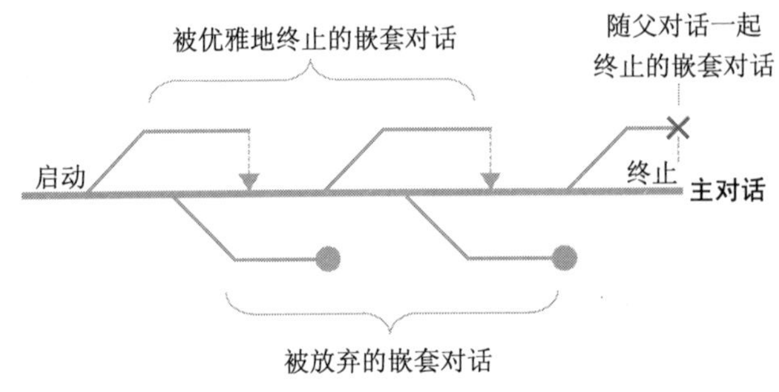

图7-6 从主要的长期对话中分支出嵌套对话

注意 虽然嵌套对话无法改变父对话中的上下文变量设置，但是绑定到那些变量的对话是可变的。

现在是时候开始分支了！我们要举一个表明嵌套对话很有用处的例子。

2. 何时使用嵌套对话

通常，你为了允许用户转去做其他事情时还能保持他们的当前位置，会使用嵌套对话。保持这个位置意味着不破坏现有的对话，或许是共享它的位置（状态）。

注意 请求某一个孤立的对话时，你应该认真考虑一下，到底是从当前对话（propagation="nest"）中分支出子对话，还是放弃当前对话（propagation="none"）并启动一个新对话更为合适。这两种做法各有千秋。

例如，用户在使用球场向导时发现关于球场设施的信息是不正确的。虽然用户认为这是一个新的错误，但是你希望用户能够暂停球场向导并更新该设施。从目前来看，“编辑设施”就加入到了现有对话中。当用户保存该设施时，对话终止。然而，你不希望球场向导的对话也终止，而是要将用户返回到球场向导，并让他们继续，仿佛他们从未离开过一样。保持用例彼此隔离却又具有关联性，这就是嵌套对话。

嵌套对话在每次遇到传播指令nested时启动，并像普通的对话一样终止。为了对设施编辑器使用嵌套对话，我们需要变更FacilityEdit.page.xml描述符，使嵌套对话在载入该页面时启动：

```
<begin-conversation nested="true"/>
```

如果此时没有长期对话，nested指令的作用就与begin指令相同。然而，你无法同时既加入又嵌入对话。如果当前对话是长期的，Seam就会启动一个嵌套对话，即使当前对话本身就是一个嵌套对话也一样。这意味着每次用户执行一个回传时，都将产生另一个嵌套对话。如果已经有嵌套对话存在，我们就在FacilityEdit.page.xml描述符里的<begin-conversation>元素中使用一个条件，阻止Seam启动嵌套对话：

```
<begin-conversation nested="true" if="#{!conversation.nested}"/>
```

现在，当用户在设施编辑器页面中点击“保存”（Save）时，嵌套对话就会被终止，同时管理球场向导的长期对话被恢复。

警告 页面流（请见7.6节）实施严格的导航路径。为了从页面流中产生嵌套对话，它必须被配置成页面流定义的一部分。启动并行任务的另一种选择是放弃页面流的对话。

然而，我们这还不算大功告成。允许用户突然改变路径的最关键部分是将他们返回到之前停下来的地方。如果导航是不可预期的，用户就会犹豫，担心分支后不容易再回到当前的页面。我们接下来就看看如何让用户在嵌套对话关闭时回到原来的位置。

3. 回到分支点

当长期对话启动时，Seam初始化一个对话堆栈，并将该对话添加到堆栈的根部。第一个项被称作根对话。每当出现一个分支时，Seam就将嵌套对话添加到堆栈中。因而，添加到堆栈中的每个项都是前一个项的子项。当利用end传播指令将嵌套对话终止时，Seam“弹出”对话堆栈，同时恢复前一个项（父对话）作为当前对话的前台。

Seam会维护对话堆栈，从而减轻了开发人员追踪用户轨迹的负担。但Seam所做的事情远不止于此。作为这个对话堆栈的一部分，Seam还记录每个对话（在此分支点）访问的最后一个视图ID。这使得它可以在嵌套对话终止时将用户重定向回到该分支点。然而，Seam不会自动执行这种路径选择，它需要你做些工作。幸运的是，Seam给予了协助。

7

为了让用户重返原来的位置，可以使用对话组件中的`endAndRedirect()`方法（如`#{conversation.endAndRedirect}`）。这个方法终止嵌套对话，并且如果知道产生嵌套对话的视图ID，就可以将用户重定向回到该页面。例如，可以用这个方法作为取消（cancel）按钮的动作，使用户返回到球场向导的当前页面中：

```
<s:button action="#{conversation.endAndRedirect}" value="Cancel"
  rendered="#{conversation.nested}"/>
```

要将这项功能与表单提交结合起来，例如Save（保存）操作，需要从动作方法内部调用`endAndRedirect()`方法。这样确保了仅当业务逻辑完成时才会发生终止和重定向。它还可以绕过导航规则。例如，你可以将以下逻辑织入到`FacilityHome`组件的`update()`方法中：

```
@In private Conversation conversation;

public String update() {
    String outcome = super.update();
    if (conversation.isNested()) {
        conversation.endAndRedirect();
    }
    return outcome;
}
```

你在开发面包屑链接导航面包屑导航（Breadcrumb Navigation）这个概念来自一个童话故事，它的作用是告诉访问者他们目前在网站中的位置以及如何返回。这项特性也很方便。例如，假设你想允许用户从球场页面中产生一个嵌套对话，以查看有关的球场。之后，这个周期继续。为了允许用户回到前一个球场（不需要使用浏览器的返回按钮），可以使用“终止并重定向”（end-and-redirect）行为。我们假设上下文变量nearbyCourses将一个球场列表保存在十分接近当前球场的位置。为了允许用户利用嵌套对话导航到这其中的某一个球场，你可以为每个相关的球场都创建一个链接：

```
<ui:repeat var="_course" value="#{nearbyCourses}">
  <s:link view="/Course.xhtml" value="#{_course.name}" propagation="nest">
    <f:param name="courseId" value="#{_course.id}"/>
  </s:link>
</ui:repeat>
```

当用户导航到一个附近的球场时，该对话被嵌入。在球场细节页面中，提供了一个链接，如果嵌套对话是活跃的，该链接就将用户返回到查看过的前一个球场：

```
<s:link action="#{conversation.endAndRedirect}"
  value="Return to previous" rendered="#{conversation.nested}"/>
```

这个嵌套对话是你见过的第一个混洗对话的范例。你会担心对话闲置可能会有泄露内存的可能性。尽管你大可放心对话在超时之后一定会被清除，但是你可能不太习惯让这些闲置的对话全都这么放着。幸运的是，Seam提供了一种途径允许用户找回丢失的对话，并返回到这些对话上，或者手工将它们终止。在7.5节中，你会发现离开长期对话并且后来又返回到该对话，这些都可以是应用程序工作原理的一个自然组成部分。

7.5　对话转换

放弃对话听起来有点不负责任，但是它却是一种强大的工具。请记住，用户是一个人，人们都喜欢多任务。大多数浏览器标签就反映了这个事实。当对话被放弃时，你不要以为它永远消失了。它只是在后台等待着被重新发现，就像浏览器的一个背景标签一样。除非被放弃的对话到了超时期限，否则都可以用一个对话转换器widget将它恢复。在同一个浏览器窗口中转换现有的长期对话称作工作空间管理（workspace management）。将它当作浏览器中的转换标签吧。在本节中，你将学到工作空间，它是如何定义的，以及如何为用户提供一种转换工作空间的途径。

7.5.1　用对话作为工作空间

对话并不只是一个上下文，它还表示用户在应用程序中的工作空间。可是，并非任何对话都可以成为工作空间。要成为工作空间，对话必须具有一个说明，你将在7.6节学习如何赋予这个说明。

如果（每个用户）只有一个工作空间，就没有太大的必要去为它赋一个说明。我们简单地称之为对话即可。“工作空间”这个词很重要，因为用户可以有多个并行的对话。由于浏览器窗口一次只能专注于一个工作空间，其余工作空间都处在后台中。

工作空间支持之所以有用，有两个原因。首先，它允许用户暂停当前的任务，而去做一些其他的事情，稍后还要返回到原来的任务。你在关于嵌套对话的小节中已经见过这样的一个范例。

你接下来要学习的是，用户不必终止嵌套对话就可以换回到初始任务上。工作空间转换支持把多任务当作应用程序的自然部分，而不是要求用户通过浏览器标签来获得这项特性。

保持对话自然

对话可以利用EL值表达式提供的自然业务键作为对话令牌，而不是用Seam生成的代理键。这种配置有几个好处。第一，由于键源自业务对象，用户在UI中进行相同的选择时，对话会自动被恢复，不需要用户使用对话转换器。这种渠道将创建的对话数量减到了最少，这是另一个好处。最后，对话令牌对于用户和应用程序都有意义。付出的代价则是无法再有在同一个业务对象上运作的并行对话了。

为球场编辑页面配置的自然对话令牌可以使用这个URL:

```
/open18/CourseEdit.seam?courseId=9
```

你觉得这并没有多大区别，是吗？但请注意，那个笨拙的cid参数没有了。在这种情况下，是用courseId参数充当对话令牌。自然对话令牌是在全局的页面描述符中定义的，并且被指定了一个名称，然后赋给使用它的视图ID所对应的<page>节点:

```
<conversation name="Course" parameter-name="courseId"
  parameter-value="#{courseHome.instance.id}"/>

<page view-id="/CourseEdit.xhtml" conversation="Course" ...</page>
```

请求带有自然对话的页面时，该页面会启动一个长期对话，Seam相应地设置URL参数。自然对话唯一的古怪之处在于，你必须利用<s:conversationName>组件标签和conversationName属性分别告诉JSF和Seam的UI命令组件关于自然对话的信息。以下是一个加入自然对话的JSF命令按钮的范例:

```
<h:commandButton action="#{courseHome.update}" value="Save" ...>
  <s:conversationName value="Course"/>
</h:commandButton>
```

应用第3章中讲过的UrlRewrite配置，可以同时获得友好的URL和有状态的行为，不必操心那个麻烦的cid参数。你可以在本书的源代码中发现一些自然对话的范例。更多信息，请参阅Seam的参考文档。

工作空间也可用于限制活跃的长期对话的数量。因为用户将不可避免地执行特定的导航，一不小心就会放弃对话。你要给用户呈现一个widget，让用户恢复放弃的工作空间，鼓励用户完成他们启动过的对话。

你知道，应用程序利用对话令牌追踪和恢复对话，它会传递对话id的值。如果你要求用户指定一个数字ID以继续对话，转换工作空间的任务就落到了用户身上。你需要给用户提供一个可以用来选择对话的工作空间组件。转换器中的选项应该由友好的描述组成，以便用户能够认识工作空间，并且有机会返回到该工作空间。

7.5.2　给对话一个说明

对话赋有说明，因而当用户在长期对话期间导航到带有说明的页面时，将它提升为工作空间。填充Seam页面描述符（无状态的导航模型）或者jPDL页面流描述符（有状态的导航模型）里<page>节点内部的<description>元素，将说明赋给页面。如果当前的视图ID与这个<page>匹配，<description>元素的值就被赋给对话。在Seam页面描述符中定义的带有说明的页面范例如下所示：

```
<pages>
  ...
  <page view-id="/CourseList.xhtml">
    <description>
      Course search results (#{courseList.resultList.size})
    </description>
  </page>
</pages>
```

在有状态导航模型中使用上述元素的范例如下：

```
<pageflow-definition name="Course Wizard">
  ...
  <page name="basicCourseInfo"
      view-id="/coursewizard/basicCourseInfo.xhtml" redirect="true">
    <description>
      Course wizard (New course
      @ #{course.facility.name}): Basic information
    </description>
    ...
  </page>
</pageflow-definition>
```

用为页面赋予说明的方式来为对话赋予说明可能让你觉得很怪异。为什么不直接将说明赋给对话呢？你想想啊，因为对话的状态会随着使用过程发生变化。如果只在创建对话之时才对它进行说明，这个说明很快就会过时，无法反映出对话的当前状态。对话由它们的最新页面访问和该页面被浏览时的系统状态构成。因此，说明必须频繁地更新。如果对话被放弃，说明中就会反映出它所知道的该对话的最新状态，让用户知道当这个工作空间被恢复时他们会被带到哪里去。

使说明更具关联性和描述性的因素在于它们可以利用EL值表达式。这可能会引起你的好奇：这些说明什么时候会被执行求值呢？页面的说明就在显示页面之前被执行求值。你可以查看第3章中的表3-2，看看这是发生在Seam生命周期中的哪个位置。

给对话一个说明，它就变成了工作空间（至少在用户的眼里是这样）。这是使它能够出现在对话转换组件中的一个前提条件。另一个前提是该对话必须开启了转换功能。接下来我们看看如何使对话处于这种状态。

允许发生转换

正因为带有说明的对话中的每个页面被请求时，对话的说明都会随之更新，因此视图ID也会被更新。当利用转换组件恢复后台对话时，这个对话就会来到前台，用户被重定向到为该对话记录的最后一个视图ID上。

然而，只有当相应的<page>节点支持转换时，才会在对话中注册视图ID，这是默认的行为。如果显式地关闭转换功能，就会使对话无法知道对这个视图ID的访问：

```
<page view-id="/FacilityList.xhtml" switch="disabled">
  <description>Facility List</description>
  ...
</page>
```

说明和视图ID可以分别赋给对话。例如，如果关闭了转换功能，而<page>有一个说明，那么对话的说明仍然会被更新。同样地，如果<page>支持转换，但是没有说明，那就只有视图ID会被恢复，对话说明则保持不变。如果用户访问的所有页面都不支持转换，就无法恢复工作空间，因为没有地方可以让转换组件将用户重定向过去。因而，对于支持转换的对话，至少必须有一个视图ID开启了转换功能。

为了开启对话转换功能，剩下的事情就是给用户提供一个可用工作空间的菜单，和一个选择一个工作空间的命令。Seam包含了许多可以实现这种控制的内建组件。

7.5.3 利用内建的对话转换器

工作空间是Web应用程序中的一个新概念。为了促进它们的使用，Seam提供了几个内建的对话转换器，让你可以毫不费力地深入到应用程序中。Seam提供了一个简单的选择菜单转换器，一个比较高级的基于表格的转换器，和一个可以为面包屑导航使用的对话堆栈。前两个组件用于转换并行的对话，后者则受限于当前对话的“血统”。我们就从选择菜单说起吧。

7

1. 基本的对话转换器

Seam的内建对话转换组件switcher是个现成的组件，旨在与UISelectOne组件（如<h:selectOneMenu>）共用。从这个对话转换器开始是很好的，因为它简单又得体。最重要的是，它有助于提升对工作空间构造的关注。用户可以看到当前哪个工作空间是活跃的，并取得其会话中其他活跃工作空间的清单，如图7-7所示。

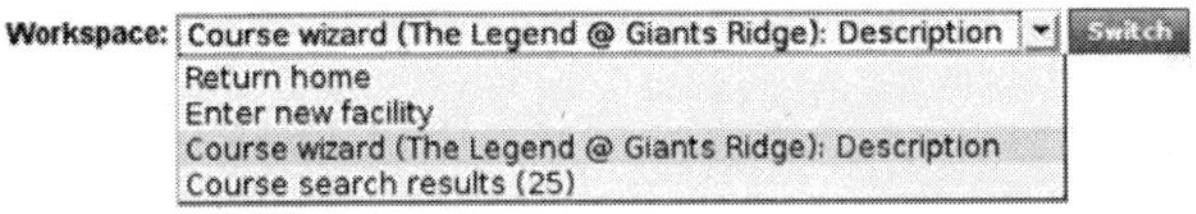

Workspace: Course wizard (The Legend @ Giants Ridge): Description [Switch]
Return home
Enter new facility
Course wizard (The Legend @ Giants Ridge): Description
Course search results (25)

图7-7 一个基本的对话转换器，包含返回主页面以及进入一个新球场的静态结果

以下是创建一个包含工作空间列表的转换器控制的标记代码：

```
<h:form id="switcher"> Workspace:
  <h:selectOneMenu value="#{switcher.conversationIdOrOutcome}">
    <f:selectItems value="#{switcher.selectItems}"/>
  </h:selectOneMenu>
  <h:commandButton action="#{switcher.select}" value="Switch"/>
</h:form>
```

#{switcher.selectItems}值表达式从支持转换的一系列长期对话（如工作空间）中准备了一组选择菜单项。这些选项的值即为对话id，标签即为对话说明。当动作#{switcher.conversationIdOrOutcome}被调用时，Seam就利用所选择选项的值查找后台的对话。然后将

用户重定向到该对话用过的最后一个视图ID上。发生转换时，当前对话被放弃。

小贴士 请注意，我使用了一个标准的UI命令组件来调用转换组件的动作方法。为了让这个组件起作用，它必须提交表单，以便捕捉UISelectOne组件中选中的值。Seam的UI命令组件不起作用，因为它们没有提交表单。

这个组件允许你将自己的选项插入到菜单中，这就是动作方法的OrOutcome部分变得息息相关的原因所在。如果选中的值不是数字，动作方法就返回被选中的值作为逻辑结果，并使JSF的标准导航规则生效。我们要添加一个将用户返回到主页面的结果，和一个添加新工具的结果：

```
<h:form id="switcher"> Workspace:
  <h:selectOneMenu value="#{switcher.conversationIdOrOutcome}">
    <f:selectItem itemLabel="Return home" itemValue="home"/>
    <f:selectItem itemLabel="Enter new facility" itemValue="addFacility"/>
    <f:selectItems value="#{switcher.selectItems}"/>
  </h:selectOneMenu>
  <h:commandButton action="#{switcher.select}" value="Switch"/>
</h:form>
```

然后，你需要定义与新结果匹配的导航规则。如果每个页面中都显示转换器，导航规则就必须是全局的（与视图ID*匹配）。与addFacility结果匹配的导航规则如下所示：

```
<page view-id="*">
  <navigation from-action="#{switcher.select}">
    <rule if-outcome="addFacility">
      <redirect view-id="/FacilityEdit.xhtml"/>
    </rule>
  </navigation>
</page>
```

这个转换器中的辅助结果无疑是十分原始的，因为它们无法传递额外的信息，也不会执行指定的动作。

警告 转换到后台对话的唯一缺点在于，前台页面中任何未被提交的表单数据都会丢失。你可以利用Ajax组件库（如Ajax4jsf）定期地将表单值与模型中的属性同步，从而避免这个问题。

你可以看出，基本的对话转换组件是很简单的。虽然它完成了任务，但还留下了一点美中不足的地方。首先，它只能显示对话说明，即使对话项有再多更有用的信息也一样。它也无法让用户终止后台的对话。内建的对话列表组件则是这两项特性都支持。

2. 更强大的对话转换器

Seam维护着所有长期对话的列表，以及关于Seam内建组件conversationEntries中每个对话的元数据。这些对话被导到会话作用域的上下文变量conversationList中，成为ConversationEntry对象的列表，这些对象的属性如表7-7所示。这个列表不包含所有默认不可显示的项。你可以利用conversationEntries组件导出定制列表。

表7-7 一个对话项中的属性

属 性	类 型	说 明
id	String	辨别这个对话的一个值。该值通常是数字，不过也支持“自然”标识符
description	String	从页面描述符里的<description>节点中指定的EL值表达式中解析到的对话描述符
current	boolean	这个标签表示这个对话项是否是当前对话
viewId	String	最后一次使用这个对话时渲染的视图ID
displayable	boolean	这个标签表示这个对话项是否是可显示的，因此它必须是活跃的，并且必须有说明
startDatetime	Date	这个对话启动时的时间戳
lastDatetime	Date	最后一次恢复这个对话时的时间戳
lastRequestTime	long	最后一次恢复这个对话时的时间戳
timeout	Integer	指定这个对话最后一次被使用之后必须过去多久才会自动被当作垃圾回收
nested	boolean	这个标签表示这个对话是否是嵌套的
ended	boolean	这个标签表示这个对话是否已经终止
removeAfterRedirect	boolean	这个标签表示这个对话要在重定向之后立即删除

你可能并不想要使用上述的所有属性，但是它们提供的信息有助于决定如何渲染一个对话列表。除了这些属性之外，每个对话项还有几个内建的动作方法，如表7-8所示。

表7-8 在被选对话中运作的对话项的方法

方 法	作 用
select()	选择对话项，使它成为当前对话，并重定向到该对话活跃时最后一次显示的视图ID。前一个对话被放弃
destroy()	选择对话项，并终止该对话。前一个对话被放弃，因此如果它依然存在，必须再次选择

为了与这些属性和动作方法相呼应，你还准备构造高级的工作空间控件。我们要利用UIData组件展现一个工作空间列表，如图7-8所示。

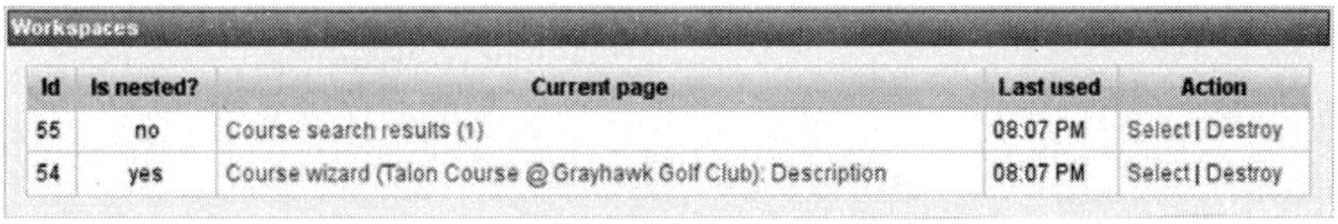

Workspaces

Id	Is nested?	Current page	Last used	Action
55	no	Course search results (1)	08:07 PM	Select | Destroy
54	yes	Course wizard (Talon Course @ Grayhawk Golf Club): Description	08:07 PM	Select | Destroy

图7-8 用户会话中的工作空间列表。用户可以转换到这其中的某一个工作空间，也可以销毁它

这个表中的对话是根据它们最后一次被使用的时间排序的，最新的对话显示在最前面。生成这个表的JSF标记如代码清单7-1所示。

代码清单7-1 基于表的对话转换组件

```
<h:form id="workspaces">
  <rich:panel><f:facet name="header">Workspaces</f:facet>
    <s:span rendered="#{empty conversationList}">No workspaces</s:span>
```

```
    <rich:dataTable value="#{conversationList}" var="_entry"
      rendered="#{not empty conversationList}">
      <h:column><f:facet name="header">Id</f:facet>
        #{_entry.id}
      </h:column>
      <h:column><f:facet name="header">Is nested?</f:facet>
        #{_entry.nested ? 'yes' : 'no'}
      </h:column>
      <h:column><f:facet name="header">Description</f:facet>
        <h:commandLink action="#{_entry.select}"
          value="#{_entry.description}"/>
      </h:column>
      <h:column><f:facet name="header">Last used</f:facet>
        <h:outputText value="#{_entry.lastDatetime}"
          rendered="#{not _entry.current}">
          <s:convertDateTime type="time" pattern="hh:mm a"/>
        </h:outputText>
        <h:outputText value="current" rendered="#{_entry.current}"/>
      </h:column>
      <h:column><f:facet name="header">Action</f:facet>
        <h:commandLink action="#{_entry.select}" value="Select"/> |
        <h:commandLink action="#{_entry.destroy}" value="Destroy"/>
      </h:column>
    </rich:dataTable>
  </rich:panel>
</h:form>
```

当某一行中的UI命令链接被激活时，就会在与该行关联的对话项中调用相应的动作方法：select()或者destroy()。JSF能够查找要调用的相应对话项，因为conversationList是个页面作用域的组件，因此它在JSF回传中是可以被访问到的（它保存在UI组件树中）。

对话项中动作方法select()的作用与7.4节中讲过的基本转换器一样。Seam发出一个到该对话中最后一次被用到的视图ID的重定向。当destroy()方法被调用时，Seam转换到被选中的对话，并终止它。前面说过，如果销毁某一个对话，它的所有子对话也会被终止。

3. 处理销毁

虽然销毁对话看起来很简单，但它带来了一些复杂的因素。对话项中的destroy()方法在终止后台对话之前先恢复它，这意味着被终止的对话仍然可以访问到（包括它的所有上下文变量），不过会再次显示当前的视图ID。为了避免这个问题，你可能希望添加一种导航规则，可以在重定向之前终止该对话，并发出一个回到当前视图ID的重定向：

```
<page view-id="*">
  <navigation from-action="#{_entry.destroy}">
    <end-conversation before-redirect="true"/>
    <redirect/>
  </navigation>
</page>
```

不过还有一个更加严重的问题。如果用户正在长期对话的上下文中工作的时候销毁后台对话，当前的长期对话就会被放弃。刚刚实现的导航规则使得情况更糟了，因为现在当前页面在没有长期对话的情况下就显示了。如果该页面需要一个长期对话（如<page>中的

conversationrequired属性为true），用户就会得到一条警告，并被重定向到候补页面。

我不是有意提出这些问题来吓你，只是为了引出下面的建议：只允许从专门显示工作空间的页面中销毁后台对话。另一种让用户销毁工作空间的方式是让他们转换到该工作空间，然后以正常的方式终止该对话，例如点击“取消”（cancel）按钮。虽然你可以开发出比对话项中的更智能的销毁方法，但是或许最好还是遵循这个建议。

小贴士 基于表的对话转换器是测试对话超时的一种好办法。在你的浏览器中打开两个标签，你用其中一个测试应用程序，用另一个显示工作空间列表。你可以在工作空间标签中销毁活跃的对话，看看对话失效时应用程序的行为。

上述的对话转换器正好展示了顶级对话和嵌套对话。也可以创建一个只追随对话堆栈组件的原始链的转换器。

4. 用面包屑追踪路径

面包屑导航补充了并行对话之间转换的不足。每个面包屑表示对话中产生嵌套对话的一个分支点。由于对话可以被嵌入到任意深度，因此面包屑链可以很长。Seam将一个层次结构的对话项列表导入到会话作用域的上下文变量conversationStack中。

你的应用程序必须支持嵌套对话模型，允许对话堆栈不止填充一个项。前面介绍过的导航相关高尔夫球场的范例就是这个组件的一个绝佳用例。上下文变量conversationStack可以用在迭代组件中，将这个链排列成分隔列表：

```
<h:form id="breadcrumbs" rendered="#{conversation.nested}">
  <s:span rendered="#{not empty conversationStack}">Trail:
    <ui:repeat value="#{conversationStack}" var="_entry">
      <h:outputText value=" > " rendered="#{_entry.nested}"/>
      <h:commandLink action="#{_entry.select}"
        value="#{_entry.description}"/>
    </ui:repeat>
  </s:span>
</h:form>
```

以下是由这个组件产生的输出范例。每个项目都是一个恢复相应嵌套对话的链接：

```
Trail: Course search results (25) > Talon Course @ GrayHawk Golf Club >
  ➥Raptor Course @ GrayHawk Golf Club
```

在对话堆栈中选择项的方式与基于表的对话转换器一样。事实上，唯一的区别在于，这个列表是由层次结构状的项组成，而不是并行对话。

现在，你见过了几个如何利用Seam内建对话转换器的范例。一旦你习惯了使用它们，就可以根据需要决定创建更复杂的或者区分上下文的转换器。前面说过，对话转换器并不是控制对话的唯一方式。内建的对话组件（其属性和方法如表7-7所述）可以用在动作方法和视图中，以便浏览与当前对话有关的对话。

工作空间和对话转换为用户提供了一种全新的、令人振奋的体验。它们可以削减用户浏览器中标签数量的增长，因为用户可以临时绕道，从来不必担心他们会“迷路”。同时，你却可以将标签的强大功能带到应用程序中。

对话还有一个重要的方面没有得到解决：导航。你或许也会认同球场向导可以从改进后的导航控件中得到好处吧。我想介绍一下Seam如何结合对话和页面流来提供有状态的导航。在下一节中，我们要将Seam的页面流支持加入到球场向导中，确保用户在填充球场数据时能够处在正确的对话堆栈中。

7.6　用页面流驱动对话

Seam中有两类导航模型：无状态的和有状态的。你到现在为止还只使用了无状态的导航模型。如果你不想限制用户的动作顺序，无状态的模型是很不错的。但是如果导航的状态在用例中有意义（如球场向导范例），用页面流驱动对话就比较合适。

在Seam中，页面流是利用一个与jBPM库的特殊整合来实现的。用业务流程管理（Business Process Management，BPM）库来控制页面流似乎有点小题大做。要知道，Seam为它的流程定义语言（jPDL）和拦截器使用了jBPM，它们共同充当构建基于流的逻辑模块的框架。在本节中，你会学到Seam如何在jBPM中使用页面流模块。你可以于在线第14章中学到如何利用jBPM驱动业务流程。

小贴士　JBossTools项目包括一个GUI页面流编辑器，它有助于形象化和维护像本节中介绍的页面流。

---

jPDL描述符为单个对话定义页面流。对话和页面流有着相同的生命周期。我们在讨论页面流时，会提到流程令牌（process token）。对话期间，流程令牌追踪用户在页面流中的位置。流程令牌始终与最新显示的页面一致。用户交互所引发的导航与流程令牌所在的相关节点相结合。

7.6.1　构建页面流

前面介绍过的球场向导现在要进行重构，使它通过页面流Course Wizard驱动，步骤如图7-5所示。页面流是在jPDL描述符courseWizard-pageflow.jpdl.xml中定义的。我不会一次就将页面流的内容全部倒给你，而是会分阶段地逐步进行分析。在本书网站的样例代码中可以找到完整的描述符。

注意　页面流描述符（*.jpdl.xml）是不可热部署的。

重点在于，必需为这个范例创建和“安装”页面流。页面流描述符必须在classpath中。（对于seam-gen项目，它应该是放在资源文件夹中。）接下来，在Seam的组件描述符中声明它：

```
<bpm:jbpm>
  <bpm:pageflow-definitions>
    <value>courseWizard-pageflow.jpdl.xml</value>
  </bpm:pageflow-definitions>
</bpm:jbpm>
```

到Seam 2.1为止，部署描述器会发现并自动注册classpath中以.jpdl结尾的文件，因此这个声明变得多余了。有了页面流描述符之后，就要准备开始填充它了。

7.6.2 了解页面流

页面流的根标签是<pageflow-definition>。页面流的名称是在这个节点的name属性中定义的。Seam为页面流描述符提供了一个XSD Schema，使你能够尽享标签自动完成与其他Seam描述符相结合的好处。以下是球场向导的页面流描述符的外部shell：

```
<pageflow-definition xmlns="http://jboss.com/products/seam/pageflow"
  xmlns:xsi="http://www.w3.org/2001/XMLSchema-instance"
  xsi:schemaLocation="
    http://jboss.com/products/seam/pageflow
    http://jboss.com/products/seam/pageflow-2.0.xsd"
  name="Course Wizard">
</pageflow-definition>
```

为了使页面流发挥作用，必须创建一个管理它的流程实例。幸运的是，Seam使这项工作变得极为轻松。

1. 启动页面流

你可以用启动对话的相同指令来启动页面流。无论你是使用@Begin注解、<begin-conver-tion>页面描述符标签，还是Seam的UI组件标签，你都是在pageflow属性中指定页面流定义。这个属性的值即为页面流的名称，这在前面定义过。当对话启动时，就会创建页面流定义的一个实例，流程令牌前进到起始节点。

这里对@Begin注解做了增扩，它在CourseWizard组件中的addCourse()方法被调用时启动Course Wizard页面流：

```
@Begin(pageflow = "Course Wizard")
public void addCourse() {
    course = new Course();
    course.setFacility(entityManager.find(Facility.class, facilityId));
}
```

追踪页面流的流程实例一被创建，它立即就会查找一个起始节点。有两种选项：<start-tate>和<start-page>。如果你是通过动作启动页面流，就选择<start-state>节点。我们选择为球场向导采用这种方法。稍后还会展示使用<start-page>节点的范例。球场向导页面流的<start-state>像下面这样定义：

```
<start-state>
  <transition to="basicCourseInfo"/>
</start-state>
```

现在我们要看看如何处理导航事件。

2. 页面导航

<transition>节点类似于页面描述符中的<rule>节点。在这种情况下，它就是与动作方法的结果值（返回值）相匹配的name属性。如果没有结果值，如addCourse()方法的情形，就会选择没有name属性的<transition>元素。

转换意味着要有一个目标。to属性指定要前进到的节点的名称。起动状态之后，有四个节点会出现在页面流定义中。这些节点如表7-9所示。

表7-9　页面流描述符中的主要节点

节点名称	作　用
page	渲染JSF视图，并声明在退出该视图时要使用的转换
decision	对一个EL表达式执行求值，并根据求值结果进行一个声明过的转换
process-state	用来产生一个子页面流
end-state	在不终止长期对话的情况下终止这个流程实例；通常用来终止子页面流

jPDL的<page>节点表示流程令牌到达时应该渲染哪个视图ID。<page>节点就是页面流流程中的“等待”状态。

说明　不要将jPDL中的<page>节点与Seam页面描述符中用到的<page>节点混淆起来。它们是不同的。

以下<page>节点片段渲染球场向导的第一个页面，它通过启动状态访问：

```
<page name="basicCourseInfo"
  view-id="/coursewizard/basicCourseInfo.xhtml" redirect="true">
  <transition name="cancel" to="cancel"/>
  <transition name="next" to="description"/>
</page>
```

请注意嵌套的<transition>元素。由于<page>是一个“等待”状态的节点，意味着只有从视图ID中调用动作时才会发生这些转换。你可以将它们看作是退出（exit）转换。我们很快会回到那些转换的话题上。

如果<page>节点中包含redirect属性，并且值为true，那么Seam就会在渲染页面之前执行一个重定向。这么做可以重置浏览器中的URL，使它能够反映出当前的页面。重定向也避免了用户点击“刷新”按钮后被提示“再次提交数据”的困扰。稍后就会讲到更多关于浏览器按钮的信息。

提示　重定向功能也可以利用嵌套的<redirect/>元素进行声明。我更喜欢redirect属性，觉得它更直观，因为它距离要应用的view-id属性很近。

现在我们暂且不谈这个页面流配置，先来看看如何以另一种方式启动页面流：从<start-page>节点开始。

3. 延迟初始化页面流

如果管理页面流的对话在Render Response阶段中（可能通过工厂）启动，就不可能在页面流启动的时候调用导航事件。因此，页面流的启动必须利用<start-page>节点进行声明。

假设我们想要将用户直接导航到第一个页面来启动球场向导。为了支持这个起点，该页面中引用的course上下文变量用@Factory方法创建，它还启动了长期的页面流：

```
@Out private Course course;
...
@Begin(pageflow = "Course Wizard")
@Factory("course")
public void initCourse() {
    course = new Course();
    course.setFacility(entityManager.find(Facility.class, facilityId));
}
```

在本例中，页面流的启动是利用<start-page>节点声明的。view-id属性的值必须与球场向导中第一个页面的视图ID相匹配：

```
<start-page name="basicCourseInfo"
  view-id="/coursewizard/basicCourseInfo.xhtml">
  <transition name="next" to="description"/>
  <transition name="cancel" to="cancel"/>
</start-page>
```

请注意，除了使用<start-page>之外，这个元素就相当于第一个例子中配置的<page>元素。现在，接着进行转换。

7.6.3 推进页面流

如前所述，页面流转换的作用就像JSF导航规则一样，根据动作方法的结果进行选择。在使用动作方法的情况下，结果可以指定为命令组件标签的action属性中的字面值，这是页面流中经常用到的方法。以下是向导的第一个页面中的按钮：

```
<s:button id="cancel" action="cancel" value="Cancel"/>
<h:commandButton id="next" action="next" value="Next"/>
```

无论哪个按钮被激活，Seam都会查找匹配的<transition>节点，并将令牌推进到名称与to属性值匹配的节点中。在本例中，目标节点命名为description和cancel：

```
<page name="description"
  view-id="/coursewizard/description.xhtml" redirect="true">
  <transition name="cancel" to="cancel"/>
  <transition name="next" to="holeData">
    <action expression="#{courseWizard.prepareHoleData}"/>
  </transition>
</page>

<page name="cancel" view-id="/CourseList.xhtml" redirect="true">
  <end-conversation before-redirect="true"/>
</page>
```

现在，这个例子开始逐渐变得有趣了。我们从cancel转换开始吧。

1. 这么快就终止吗

cancel转换前进到名为cancel的<page>节点中。在那里，我们见到了另一个熟悉的元素：<end-conversation>。这个元素在进入<page>节点时终止对话。在这种情况下，对话就在紧随其后的重定向之前被终止了。因此，提供页面流的对话就在CourseList.xhtml渲染之前被清除了。此时，流程实例实际上也被终止了（不需要<end-state>）。

向holeData的转换是唯一的，因为它在前进到目标节点之前执行了一个动作。我们来看看是怎么回事。

2. 反向控制

在页面流中使用<action>节点与JSF中传统的导航机制相反。它不是在UI命令组件中声明一个动作方法表达式，然后根据动作方法的结果选择一种导航规则，而是先出现结果，然后才调用动作方法。反向方法的好处在于，它从视图中抽象了动作方法表达式。UI命令组件只说“下一个”，页面流描述符就从那里取得。你使用哪一种方法都可以。

现在该做决定了。页面流可以参考组件的状态来决定要走哪条导航路径，从而启用条件式导航。

3. 在转换中执行逻辑

尽管高尔夫球游戏的设计是要为男选手和女选手设定不同的标准杆数和差点值，对比赛场地进行分级，但是许多球场并无此差别。因此，当用户见到表单后输入男选手的标准杆数和差点数据时，就会出现一个复选框，提示是否需要为女选手提供一组不同的数据。页面流要参考复选框的状态来决定它是否需要返回到holeData.xhtml页面以捕捉额外的数据：

```
<h:selectBooleanCheckbox rendered="#{gender == 'Men'}"
  value="#{courseWizard.ladiesDataUnique}" /> Unique data for ladies?
<h:commandButton action="Men" value="Next"
  rendered="#{gender == 'Men'}"/>
<h:commandButton action="Ladies" value="Next"
  rendered="#{gender == 'Ladies'}"/>
```

是否返回到holeData.xhtml页面由decideHoleData节点决定。<decision>节点中expression属性的值（这是一个值表达式）立即在项上解析得到，并且用它的值决定接下来要转换到哪里：

```
<page name="holeData"
  view-id="/coursewizard/holeData.xhtml" redirect="true">
  <transition name="cancel" to="cancel"/>
  <transition name="Men" to="decideHoleData">
    <action expression="#{courseWizard.submitMensHoleData}"/>
  </transition>
  <transition name="Ladies" to="teeSet">
    <action expression="#{courseWizard.submitLadiesHoleData}"/>
  </transition>
</page>

<decision name="decideHoleData"
  expression="#{courseWizard.ladiesHoleDataRequired}">
  <transition name="true" to="holeData"/>
  <transition name="false" to="teeSet"/>
</decision>
```

一旦收集到球场的所有数据，用户就到达了预览页面。向导结束前的最后两个<page>节点像下面这样定义：

```
<page name="review" view-id="/coursewizard/review.xhtml" redirect="true">
  <transition name="cancel" to="cancel"/>
  <transition name="success" to="end">
```

```
      <action expression="#{courseHome.setCourseId(course.id)}"/>
    </transition>
    <transition to="review"/>
  </page>

  <page name="end" view-id="/Course.xhtml" redirect="true">
    <end-conversation/>
  </page>
```

预览页面假设UI命令按钮中使用的是动作方法，因为要构建转换来处理该方法的结果：

```
<h:commandButton id="save" action="#{courseWizard.save}" value="Save"/>
```

我们将方法绑定表达式放在UI中，就可以利用转换动作设置球场的新建ID，使得页面流一完成就可以显示球场。

现在你已经完成了最基本的页面流！你也许觉得页面流很新鲜，不过我还要介绍两项额外的特性。我们先讲一下那两个麻烦的浏览器按钮：返回（back）和刷新（refresh）。

7.6.4 处理返回按钮

如果你听到过这个问题，那你一定听到过不下一百遍："可以关闭返回按钮么？"没有听到过这句话的人是幸运的。这是一个无状态的世界，我们必须学会在里面生存。幸运的是，Seam不是通过关闭返回按钮来解决这个"问题"，而是聪明地知道使用返回按钮时要做些什么。

1. 页面流中的返回

页面流期间，如果用户试图返回到之前的页面，并提交表单，Seam就会优雅地将他们重定向到当前页面——流程令牌所在的<page>节点。当用户点击刷新按钮并且浏览器试图重新提交表单时也一样。当然，刷新问题已经通过在转换期间执行重定向而得到解决，但是不管怎么说，知道Seam会阻止两次提交，这仍然是件好事。

将用户保持在当前页面，这是页面流的默认行为。你可以决定允许用户在页面流中返回，以修改或者预览他们的工作。如果你想要支持这种行为，就需要将它插入到页面流中。将<page>节点中的back属性设置为enabled，就可以开启返回按钮：

```
<page name="review" view-id="/coursewizard/review.xhtml"
  redirect="true" back="enabled"> ... </page>
```

这项设置让用户返回到任何将他引到这个页面的页面上，并且再次逐步地通过页面流。唯一的缺点是，一旦你开了这个头，就必须解决用户可能再次执行部分页面流的问题。

2. 木已成舟

返回按钮并非只是用来返回到当前对话，它还可以用来做更多的事情。它最麻烦的方面是，允许用户返回到一个旧的对话中，并且试图再次与它交互。幸运的是，Seam注意到了，并对这种行为不屑一顾。

假设用户之前发布过一个终止对话的事务（或者是提交一份订单）。如果用户返回到表单中，并且试图再次提交订单，Seam就会发现该对话已经终止，并发出一条警告。如果是在页面或者页面流描述符中配置no-conversation-view-id，Seam还会将用户重定向到这个候补页面。普通对话和由页面流管理的对话都会进行这种检验。

最后我们要介绍页面流。页面流有许多额外的特性，包括定义子页面流的能力、设置每个页面的超时期限、终止任务、启动业务流程，甚至插入jPDL的原生扩展点。你可以利用页面流对用户与系统的交互进行十分细致的管理。它有很多东西要配置，但是如果这正是你要找的功能，那麻烦一点还是值得的。

球场向导是定义良好的对话的典范，它具有明显的起点和终点，这之间还有合理的主次关系。对话还可以结合各种形式的交互，让用户塑造用户接口的状态的方向。7.7节会介绍这种对话的一个范例。

7.7　特定的对话

虽然有一些标准的用例最好利用页面流来建模，例如存储检验流程或者基于向导的表单，最流行的基于Web的应用程序不会试图对用户实施一种结构，而是让用户立即看到和完成每一件事情。为了支持这些非性线的交互，需要追踪和管理应用程序的状态。我们再次看看对话是如何处理这项任务的。在这个例子中使用了一个特定的对话，通过它冗长的定义良好的页面流进行识别。

7.7.1　生意开张

我想把特定对话的启动比喻成生意的开张。页面中可以提供任何widget，让用户参与该对话，提供、修改或者还原它的状态。在以前，这个行为则是独立于后台或者其他标签中的其他对话而发生的。

现实中特定对话的一个典范是航班搜索引擎。这个对话从一个捕捉最基本条件的表单开始：始发城市和目的城市以及到达日期。初次搜索会带回所有匹配的航班列表。这时候，用户就可以调整大量的额外条件，并观察结果的变化。但这还只是开始。还可能有其他的交互，包括展开关于某个航班的细节、对某个航班做上记号以便比较、查看当前旅程的航班趋势，或者变更所显示的币别。

在这种情况下，对话提供了几个好处。

- 记录UI中数据的状态：selected（被选中）、visible（可见）或者expanded（展开）。
- 充当一种近乎缓存的东西，避免数据库命中。
- 维持持久化上下文，确保实体实例保持受管。

虽然设计JSF的UI组件树是为了支持前两种情况，但是对话可以对UI组件树进行补充，它给了状态更长的生命周期。最后一点会在接下来的两章中深入探讨。

为了在实践中看到这些好处，将把来自航班搜索范例的比较特性用在高尔夫球场目录中。特定的对话将宿主一个用户做过标记的球场的集合。然后这些球场选项在比较页面中并排对比。用页面动作在/CourseList.xhtml页面被请求时启动（或者加入）一个对话：

```
<begin-conversation join="true"/>
```

接下来，在球场表的每一行中添加一个链接，用户在这个球场表中标识要用于比较的球场：

```
<s:link action="#{courseComparison.mark}" value="Mark">
  <f:param name="courseId" value="#{_course.id}"/>
</s:link>
```

虽然此处没有显示出来，但是你也可以添加一个链接，取消之前对某个球场所做的标识。管理这种比较的courseComparison组件的最小版本如代码清单7-2所示。

代码清单7-2 比较球场时所用的对话作用域的组件

```
package org.open18.action;
import ...;

@Name("courseComparison")
@Scope(ScopeType.CONVERSATION)
public class CourseComparison implements Serializable {
    @In protected EntityManager entityManager;

    @RequestParameter protected Long courseId;

    @Out("readyToCompare")
    protected boolean ready = false;

    @DataModel("comparedCourses")
    protected Set<Course> courses = new HashSet<Course>();

    public void mark() {
        Course course = entityManager.find(Course.class, courseId);
        if (course == null) return;
        courses.add(course);
        ready = courses.size() >= 2;
    }
}
```

每当标识了某个球场时，readyToCompare和comparedCourses这两个上下文变量便会被注出到对话作用域中。一旦至少标识了两个球场时，readyToCompare上下文变量便会被设置为true，并且会添加一个将用户带到比较页面的按钮：

```
<s:button value="Compare" view="/CompareCourses.xhtml"
  rendered="#{readyToCompare}"/>
```

剩下的工作就是创建球场比较页面，并显示球场。

7.7.2 展示结果

球场做完标记之后，要比较的球场就放在对话中。当用户被带到球场比较页面时，就只要迭代这个集合来显示比较结果。

```
<h:panelGrid columns="#{comparedCourses.rowCount + 1}">    <-- 为标签增加额外的列
  <rich:panel>
    <f:facet name="header"> </f:facet>
    <div>Location:</div>
    ...
  </rich:panel>
  <c:forEach items="#{comparedCourses.wrappedData}" var="_c">
    <rich:panel>
```

```
        <f:facet name="header">#{_c.name}</f:facet>
        <div>
          #{_c.facility.city}, #{_c.facility.state}     <--- 按需要加载设施
        </div>
        ...
      </rich:panel>
    </c:forEach>
  </h:panelGrid>
```

对球场设施的引用是一个延迟的关联。它之所以可以在这里加载，是因为持久化上下文的作用域是对话，因此球场实体保持受管。你会在接下来的两章中学到为持久化上下文设置作用域的重要性。

由于CompareCourses.xhtml页面要求必须有一个活跃的对话，因此你可能会想在页面描述符中实施这条限制：

```
<page view-id="/CompareCourses.xhtml" conversation-required="true"
  no-conversation-view-id="/CourseList.xhtml"/>
```

在本节中，你学习了如何利用能够将状态积聚到用户对之采取措施的特定对话，例如生成报表。这种对话在可能会有大量交互的情况下很有用处。

7.8　小结

用户在自己的记录被遗忘时会感到很沮丧，这种情况在呼叫中心和Web应用程序中时有发生。如果应用程序无法追踪状态，因而将用户“踢”回到原点，用户就会准备放弃应用程序。Seam的对话将存放在一个请求中的状态传播到下一个请求中，从而解决了这个问题。

本章介绍了对话是用来为某个用例保存上下文变量的有状态上下文。你知道了关于对话的两件重要的事情：它是HTTP会话中一个受控的隔离区段，通过它的对话id进行识别。它表示用户眼中的一个工作单元。有时候，一个工作单元只能跨越一个请求，你知道的是建模为临时对话，确保对话作用域的变量维持到视图渲染结束。为了将工作单元扩展到一系列页面，必须利用传播指令启动长期对话。本章最后提到，长期对话可以由页面流描述符管理，也可以放着以特定的方式使用。

本章花了不少篇幅来回顾在对话的3种状态（临时、长期和嵌套）之间进行转换的各种方案。这些方案包括注解、页面描述符元素、UI组件标签以及内建对话组件和对话项中的方法。正是传播指令使得对话与本书目前为止提到的其他上下文区别开来。

本章的讨论从单个对话转到了多个对话，因为一次可以同时进行多个对话，例如共享一个嵌套关系，或者作为孤立的后台对话。Seam通过使用工作空间来确认多任务，并提供了几个内建的对话转换器，允许用户恢复之前放弃的对话。

本章介绍了对话的基础知识，但这实际上只是个开始。对话的主要用途之一是管理持久化上下文。在你学习Seam对于持久化上下文所做的前期工作之前，需要先了解Java持久化，这就是第8章的重点。

第8章

了解Java持久化

本章概要

- ❑ 管理实体
- ❑ 使用事务
- ❑ 在JPA和Hibernate之间做出选择

Java持久化是基于对象的实体在Java运行时环境和关系数据库之间进行转换的机制。它无疑是Java EE平台，甚至可能是Java语言中最受欢迎的特性。它之所以如此深受喜爱，是因为持久化数据对于几乎所有企业级应用程序都是很重要的。因此，持久化是Seam的核心部分。事实上，如果没有它，你根本无法十分深入到Seam应用程序中去。可能你也注意到了，你从第2章开始一直在样例应用程序中使用Java持久化，不过只用到了JPA（Java Persistence API）。

本章是学习Java持久化的速修课程，准备让你在Seam中使用它。其中涉及的两个框架分别是JPA（Java EE中标准的持久化机制）和Hibernate（深受欢迎的开源持久化框架），Seam对这两者都提供了开箱即用的支持。鉴于这些API以及支持它们的Seam内建组件都大同小异，因此本章要建立一种持久化技术，以一种一般化的方法来处理这两种情形。本章的最后，我会将JPA和Hibernate做个对比，到时候你就会知道是值得坚持Java EE标准呢，还是最好冒点风险试试最先进的Hibernate，或者可能的话两种都用。由于目前为止你还无法在没有显式事务范围的情况下持久化数据，因此本章还介绍了事务在Java持久化机制中所起的作用。

第7章没有讨论到的重要一点是，持久化上下文在对话中所起的作用。本章将介绍持久化上下文，告诉你如何将它扩展到多个HTTP请求。在第9章，你会知道Seam如何用对话作为工具来管理扩展的持久化上下文，因此，你可以使持久化上下文的生命周期与用例的作用范围同步。

要想在一章中介绍完Java持久化的所有方面是不可能的，因此本章的重点是了解一些在Seam中使用它时必须知道的概念。此外，有一些书籍也极为详细地解释了使用JPA或者Hibernate时的事务和持久化基础知识。我强烈建议先看*Java Persistence with Hibernate*（Manning 2007）这本书以及*EJB 3 Action*（Manning 2007）和*JPA 101 Java Persistence Explained*（SourceBeat 2008）和*Spring in Action*第2版（Manning 2007）。这些书仅仅是其中的一小部分[①]。本章的最后，你就可以决定要

① 我们需要多少Hibernate书籍？（请见http://in.relation.to/Bloggers/MyStackOfHibernateBooks。）

使用哪一种持久化API，并了解Seam通过它自己的事务和持久化管理又引入了哪些新的东西。

8.1　Java 持久化原理

持久化数据，并且始终如一地安全地持久化数据，这对于企业级业务应用程序来说至关重要。但是事务和持久化是复杂的课题。从学术角度讲，这两者都具有技术挑战性，并且都很难管理和调整。加上外界存在诸多误导性的谣传，使得它们变得加倍复杂了。一旦你误入歧途，要纠正过来的代价就很高了。本节的目标是“纠正”你对Java持久化的看法，并试验一下它的架构。

8.1.1　建立期望值

开发人员不应该寄希望于往POJO上撒些魔术尘就让它们变成持久化的。我们必须理解底层的机制，并花上一定的时间去正确理解数据库的映射机制。Java持久化是为了使将对象持久化到数据库的过程变得更加容易，但是你在阅读许多开发人员的博客时得到的印象可能是期待Java持久化去完成所有的工作。这种肤浅的魔术尘一般的把戏正是使那些对Hibernate和JPA的能力怀有恐惧、不确定和怀疑（FUD）心理的人们陷入困境的罪魁祸首。

与那些博客中所说的正好相反，这些框架实际上十分善于处理和优化持久化操作。遗憾的是，开发人员从一开始就注定要失败，因为问题出在试图管理持久化资源的框架的无状态架构上，而不是因为应用程序代码写得不好或是粗心大意。例如，持久化上下文的作用域经常被设置为基于线程（或者数据库）的事务，或者更糟糕的是每个持久化操作。Hibernate中最经常提到的那个Bug（令人不安的`LazyInitializationException`异常）与这个使用场景有关。在本章和第9章，你会了解到为什么会发生这个异常，以及怎样才能不必再怕它。在这个过程中，你会发现持久化上下文代表了一个工作单元（如用例），因此直到该工作完成都应该保持打开状态。

在本章，你不仅可以学到Java持久化，还包括它背后的设计原理，以及工作原理。然后你将体验一下Seam带给Java持久化中的关键的强化功能，具体细节将在第9章介绍。我在此处引入的定义也是本书其余内容的必需部分，以后我就假设你知道如何使用持久化机制了。

幸运的是，seam-gen构建好了持久化配置，让你可以专注于学习Seam的核心概念。基本的seam-gen配置包括一个数据源连接池，一个持久化单元，一个持久化管理器和一个事务管理器。在第2章，你通过反向工程数据库模式，用seam-gen构建了一组实体类和事务组件来管理数据库。但是你不想总是让seam-gen替你代劳一切，因此你需要花时间学习如何以一种更具实践性的方式开始使用Java持久化，并且要理解它的运动部件。

8.1.2　Java 持久化的四大要素

从数据库的角度看，Java持久化与其他任何数据库客户端相比并没有什么不同。它执行读查询和写查询，仅此而已。然而，从开发者的角度看，Java持久化就远远不止于此了。事实上，创造Java持久化的全部原因（我所说的Java持久化即指对象/关系映射[ORM]）就是要从代码中去除SQL语句，并用对象操作代替它。数据库操作透明地进行，以便反映出对象状态中的变更。

可是，不要因为使用Java持久化就认为SQL是一项不好的技术，相反其目的只是减轻开发者执行SQL的负担、节省大量的时间，并使开发者构成数据库的对象化表示，使其更符合面向对象应用程序其余部分。构成这种超越SQL的抽象的Java持久化四大要素是：

- 实体（实体类）；
- 持久化单元（由持久化管理器工厂在运行时表示）；
- 持久化管理器；
- 事务。

说明 Java持久化包含了JPA和原生的Hibernate API。Hibernate与JPA十分类似，因此本节介绍的"持久化"对于这两种框架都适用。我在展示代码时，将只展示JPA类。

图8-1说明了这些要素之间的关系。持久化单元组织和管理元数据，它将实体映射到数据库中。持久化管理器工厂从持久化单元中获取映射元数据，并用这个信息创建持久化管理器。持久化管理器负责在Java运行时和数据库之间移动实体，这个过程称作实体生命周期。持久化管理器执行的操作应该始终包装在事务的作用域里面。一个事务也可以包含由两个或者多个持久化管理器作为一个独立的原子单元所执行的操作。

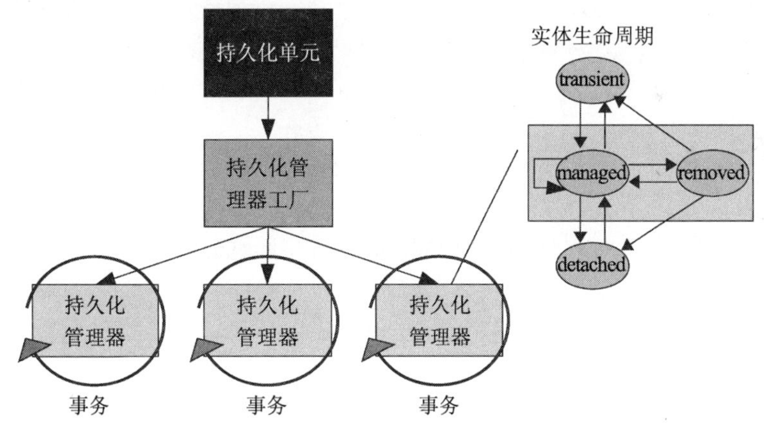

图8-1 Java持久化生态系统

Java持久化的根本目标是在实体实例和数据库之间移动数据。你在本书中已经十分广泛地用过实体。接下来我们要快速地介绍一下已经出场的要素。

8.2 实体和关系

ORM工具（如JPA或者Hibernate）中的实体是应用程序和底层数据库之间的连接点，负责在它们之间传递数据，如图8-2所示。由于它们是应用程序中如此举足轻重的一部分，因此不应该只将实体当作是一个无声的数据存放器。Seam允许你将实体类直接绑定到JSF视图上，用它捕捉表单数据，为新的瞬时实例建立原型，并在视图中延迟加载数据。这些对象超越了Seam应用程序的层。

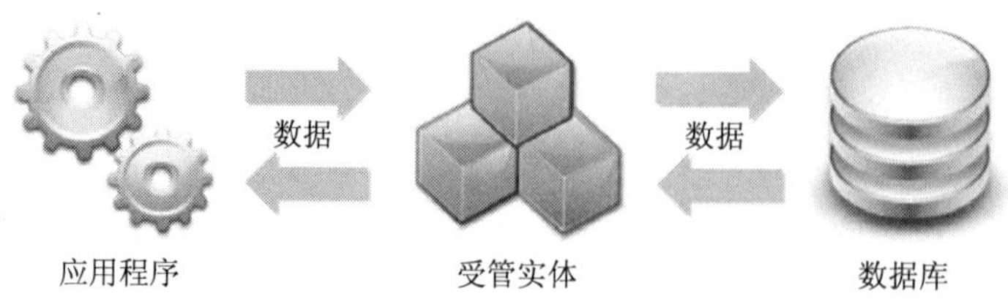

图8-2　用受管实体在应用程序和数据库之间交换数据

虽然实体充当了存放在数据库表中的数据的代表，但它们不一定要模拟数据库Schema。这个差距由映射元数据来弥补。

8.2.1　映射元数据

ORM工具让你可以根据自己的选择自由地组装实体，例如遵循领域驱动的设计，或者其他常见的面向对象的原则。然后，利用ORM工具的映射元数据使类符合数据库Schema。映射所提供的灵活性包括（但不仅限于）防止实体中的某些属性被持久化到数据库中（利用`@Transient`）、对于被映射到各个列的属性使用不同的名称（利用`@Column`）、顺着继承层次结构组织表格（利用`@Inheritance`）、将一个表细分成多个实体（利用`@SecondaryTable`），或者将数据从一个表嵌入到复合对象中（利用`@Embedded`）。当然，映射的灵活性是有限度的。如果映射条件过于苛刻，并且对象模型又很严格，你就必须问问自己，是否数据库Schema符合代表业务领域的目的，或者是否ORM是问题的正确解决方案。

拥有映射元数据的一大好处是，可以用它在运行时导出Schema，并让它自动构建数据库表、外键以及约束条件。自从在第2章中运行`seam generate`以来，对于添加到Open 18中的每个实体都采用这种方法。你或许还记得seam-gen问卷中的这两个问题吧：

- ❑ 你是否正在使用已经存在于数据库中的表？
- ❑ 你希望每次部署时都删除并重新创建import.sql中的数据库表和数据吗？

如果你对第一个问题回答“否”，并且第二个问题回答“是”，那你可以单独从现有实体中启动应用程序。你利用命令`seam generate-ui`生成用户界面，并且每当应用程序启动时Hibernate都会构建数据库。你应该明白，映射元数据既可以是自下向上开发的结果，也可以是自上向下开发的结果（请参见第2章）。

接下来，我们要探讨实体如何使管理持久化数据的任务变得更加简单，尤其是有关的数据。

8.2.2　传递性持久化

ORM中的实体有一个主要的好处：透明的关联处理。这项特性具有两方面含义。第一方面是读操作。受管实体可以根据需要加载被关联的实体（这种特性被称作“延迟加载”），做法是让它们越过活跃持久化上下文的边界（并且最好是在一个事务中）。另一方面是写操作。当实体被刷新到持久化仓库中时，任何被关联对象的修改也会得到处理，并与数据库同步。当受管实体被删除时，这种删除会级联到子实体中，具体根据映射中的属性。这个过程被称作“传递性持久化”。

实体可以为你节省许多时间，不是因为它们替你挡掉了SQL，而是因为它们替你处理了在数据库中保存有关对象所需要的大量烦琐的工作。然而，为了有效地使用ORM，你必须适当地管理持久化上下文和事务，否则就会造成混乱。

8.2.3 在持久层中引入注解

如果你已经发挥出了注解的作用，可能还会用它们来配置实体。标准的Java持久化注解（在javax.persistence.*包中）在JPA和Hibernate中都有效。除了标准的JPA注解集之外，为了支持不属于JPA规范的其他映射特性和关联类型，Hibernate还具有自己的“供应商”注解。Hibernate努力要成为JPA规范未来版本的原型，因此这些注解中有一些代表了可能在JPA中实现的注解雏形。Seam还利用Hibernate的一些其他供应商扩展，例如持久化上下文的手工刷新（将在第9章介绍）。

@Entity注解被用来将Java类声明成实体。你在本书上已经多次见过这个注解的使用，它通常伴随有@Name注解，允许类具有双重作用，既是持久化实体，又是Seam组件。代码清单8-1展示了摘自Course实体的一个片段，用它保存关于高尔夫球场的信息。这个代码清单中展示了几个关键的映射注解，它们定义了类如何映射到数据库中的表。

代码清单8-1 Java持久化实体类

```
package org.open18.model;
import ...;

@Entity
@Table(name = "COURSE")
public class Course extends Serializable {
    private Long id;
    private Facility facility;
    private String name;
    private Set<Hole> holes = new HashSet<Hole>(0);
    ...

    @Id @GeneratedValue
    @Column(name = "ID", unique = true, nullable = false)
    public Long getId() { return this.id; }
    public void setId(Long id) { this.id = id; }

    @ManyToOne(fetch = FetchType.LAZY)
    @JoinColumn(name = "FACILITY_ID", nullable = false)
    public Facility getFacility() { return facility; }
    public void setFacility(Facility facility) {
        this.facility = facility; }

    @Column(name = "NAME", nullable = false, length = 50)
    public String getName() { return this.name; }
    public void setName(String name) { this.name = name; }

    @OneToMany(cascade = CascadeType.ALL,
        fetch = FetchType.LAZY, mappedBy = "course")
    public Set<Hole> getHoles() { return this.holes; }
    public void setHoles(Set<Hole> holes) { this.holes = holes; }
    ...
}
```

8

无论你是在使用JPA还是Hibernate，都可以在XML映射文件中定义所有的实体元数据。在JPA中，所有XML映射都是在META-INF/orm.xml文件中声明的。Hibernate从每一个*.hbm.xml文件中读取XML映射。关于在各框架中使用映射描述符的细节，请参阅Hibernate的参考文档[①]或者Hibernate的EntityManager（JPA）[②]。

单独的元数据并不足以让这些类被持久化。它们必须与一个持久化单元关联起来。

8.3 持久化单元

持久化单元将实体进行分组管理，并决定它们要如何与一个数据库运行时关联起来。它还指定发生数据库操作时要使用哪种事务类型。持久化单元由3个主要部分组成。

- 实体元数据——所有带注解的类，或者需要管理的XML映射的集合，包括如何将Java类和Bean属性映射到关系数据库表中的说明。它还指明了实体之间的关系，并定义了用来遍历这些关系的全局抓取策略。
- 持久化单元描述符——指定要使用哪一个持久化提供者（不适用于原生的Hibernate）、数据库连接信息、事务类型和查找，以及供应商扩展。
- 持久化管理器工厂——表示持久化单元的整个配置的运行时对象。这个工厂被用来创建独立的持久化管理器，它们提供管理实体实例的服务。

了解受应用程序管理和受容器管理的持久化管理器之间的区别，这很重要。前者是应用程序启动持久化单元，并负责创建它自己的持久化管理器。后者只适用于JPA，它是容器加载持久化单元，并根据请求提供持久化管理器。无论你使用哪种类型的Java持久化，首先都必须构建一个持久化单元。

8.3.1 定义JCA数据源

构建持久化单元有一个前提条件：数据源。持久化的目的毕竟是与数据库交互，数据源就为这种资源提供了一个渠道。应用服务器利用JCA，允许数据库资源适配器能够与服务器连接池整合。这通常表示可以将数据库连接配置插入到JNDI中，将它作为一个连接池进行管理。数据源可以是非事务、本地事务或者XA事务类别。目前为止，你一直使用的是本地事务，但是你有机会于在线的第14章体验一下XA事务。

在JBoss AS中，是用以*-ds.xml结尾的文件安装数据源。seam-gen为每种配置构建了一个部署工件，用来开发和产品化，并将它放到项目的资源文件夹中。当这个构建运行时，这个文件就被发送到JBoss AS中。如果你使用的是不同的应用服务器（如GlassFish），也可以在管理面板中构建数据源。或者，你也可以直接在持久化单元中定义数据库连接（JDBC）配置。如果是使用JPA，这项任务就是通过特定于供应商的JDBC属性（Hibernate、TopLink Essentials和OpenJPA都支持）来完成的。

---

① 见http://www.hibernate.org/hib_docs/reference/en/html_single/。

② 见http://www.hibernate.org/hib_docs/entitymanager/reference/en/html_single/。

一旦数据源构建完毕，就可以准备配置持久化单元了。持久化单元描述符宿主Java持久化中需要的唯一的XML。

8.3.2 持久化单元描述符

持久化单元描述符将所有的实体类都集中在一个持久化单元中，让它们形成一个真正的数据库。对于JPA，持久化单元描述符是META-INF/persistence.xml，对于Hibernate则是指hibernate.cfg.xml。它们各自都有自己的XML Schema。代码清单8-2展示了Open 18目录应用程序中使用的JPA持久化单元描述符。

代码清单8-2 JPA持久化单元描述符

```
<persistence xmlns="http://java.sun.com/xml/ns/persistence"
  xmlns:xsi="http://www.w3.org/2001/XMLSchema-instance"
  xsi:schemaLocation="
    http://java.sun.com/xml/ns/persistence
    http://java.sun.com/xml/ns/persistence/persistence_1_0.xsd"
  version="1.0">
  <persistence-unit name="open18" transaction-type="JTA">        ❶ ❹
    <provider>org.hibernate.ejb.HibernatePersistence</provider>      ❷
    <jta-data-source>open18Datasource</jta-data-source>          ❸
    <properties>
      <property name="hibernate.hbm2ddl.auto" value="validate"/>
      <property name="hibernate.dialect"
        value="org.hibernate.dialect.H2Dialect"/>
      <property name="hibernate.show_sql" value="true"/>
      <property name="hibernate.transaction.manager_lookup_class"
        value=
        "org.hibernate.transaction.JBossTransactionManagerLookup"/>      ❺

    </properties>
  </persistence-unit>
</persistence>
```


代码清单8-2中的文件标出了几处重要的信息，它们告诉容器要如何运作。事实上，其中只有一个<persistence-unit>节点❶，这表示我们正连接到一个数据库。持久化单元和数据库之间有个一对一映射。因此，如果你正在使用几个不同的数据库，或者使用一个或者多个只读的主数据库副本，就需要多个持久化单元，因而得有多个<persistence-unit>节点。

持久化单元配置❶用open18的名称创建了一个持久化单元，❷表明把Hibernate作为JPA提供者，❸指明持久化管理器应该利用哪一个JNDI数据源来获取对数据库的连接，❹将持久化管理器配置为使用JTA事务，并❺指定哪一个类维持UserTransaction和TransactionManager对象的JNDI名称。TransactionManager查找只适用于受应用程序管理的持久化。你也可以在不能使用JTA或者不想使用JTA的环境中使用resource-local事务——它经常被称作实体事务。描述符中的其余属性均是Hiberante提供者特有的。

注意　持久化单元描述符的<jta-data-source>节点（也可以是<non-jta-data-source>节点）中定义的数据源就是指JNDI中的javax.sql.DataSource。seam-gen创建了使用这个配置的应用程序。或者，你也可以利用特定于供应商的持久化单元描述符配置一个JDBC连接。JNDI数据源通常是避免管理这种资源的一种更好的选择。请注意，Seam利用内置的JBoss容器提供了一个本地的JNDI注册表，将测试环境中的数据源保存在里面。

那么，为什么要对映射使用注解，而对持久化单元配置使用XML呢？这两者毕竟都表示实体类如何与数据库的列与表如何关联的元数据嘛。答案就在于ORM的本质。

Hibernate和JPA的核心原则之一是从Java代码中抽象出特定于供应商的数据库信息。实体映射一般是固定的，无论你使用哪一种数据库都一样，因此注解比较恰当。如果你真的需要，例如因为在指定的数据库中使用了不同的表命名惯例，那你也可以在XML中覆盖实体映射。这种设置使你能够利用注解进行快速的开发，同时又不会丧失XML描述符提供的配置灵活性。可是，最适合XML的是在定义SQL方言、事务管理器、连接URL和证书的时候，当你在更换数据库或者部署环境的时候，这些几乎一定会发生变化。这些属性值甚至可以标记化，以便构建可以进行扫描，然后应用相应的替换值。

JPA处理持久化单元描述符的方式与Hibernate相比有很重要的区别。JPA应用以下原则。

- 持久化单元描述符必须放在META-INF/persistence.xml中。
- 带注解的类自动会被发现，除非通过声明<exclude-unlisted-classes>元素，在描述符中另做指示。[①]
- 在Java EE环境中，如果存在META-INF/persistence.xml，这个描述符中的持久化单元就会被自动加载。[②]

你可以看到，JPA中的有些优化使它能够遵循通过异常配置（configuration-by-exception）的语义。由于你事实上无法改变持久化单元描述符的位置和名称，这可能使你对于如何定义多个持久化单元感到束手无策。与Hibernate配置不同的是，JPA在同一个描述符中支持多个持久化单元，因此你不需要单独的文件。

你在构建持久化单元的时候，Hibernate替你做的工作少一些，但是却给了你更多的控制权作为回报。如果你正在使用JPA注解，就必须在Hibernate配置文件中显式地定义每一个类。如果你需要多个持久化单元，还需要多个Hibernate配置描述符（hibernate-database1.cfg.xml，hibernate-database2.cfg.xml）。最后，Hibernate不会被自动加载到Java EE环境中。如果你不想使用原生Hibernate的专属API与配置，最好不要用Hibernate作为JPA提供者。如果你觉得有必要，也可以将JPA放在Hibernate的前面，使你能够更加容易地切换到不同的JPA提供者。

读取持久化单元描述符、解读XML映射和扫描classpath查找实体注解，这些都是十分昂贵的操作。它们应该只在应用程序启动的时候进行一次。这就是持久化管理器工厂的任务。

---

① 在TopLink Essentials中，必须将这个属性设置为false，才能开启实体类的自动侦测功能。

② 在Java AS 4.2中，仅当META-INF/persistence.xml被包在EAR里的一个EJB JAR中时才会发生。

8.3.3 持久化管理器工厂

当持久化单元由容器或者应用程序加载时，它的配置被保存在一个称作持久化管理器工厂的运行时对象中。在JPA中，持久化管理器工厂类是`EntityManagerFactory`。在Hibernate中则是`SessionFactory`类。一旦配置被加载到这个对象中，它就不能变了。对于每一个持久化单元（JPA持久化单元描述符中的一个<persistence-unit>或者Hibernate配置文件中的<session-factory>），都有一个持久化管理器工厂对象来管理它。

持久化单元由容器管理时，在Java EE环境中，可以利用`@PersistenceUnit`注解将持久化管理器工厂注入到Java EE组件的Bean属性中（JSF的Managed Bean或者EJB组件）：

```
@PersistenceUnit
private EntityManagerFactory emf;
```

在没有受容器管理的持久化时，必须利用`Persistence`类在应用程序代码中加载持久化单元。例如，在JPA中可以调用`Persistence`类中的一个静态方法来加载open18持久化单元：

```
EntityManagerFactory entityManagerFactory =
    Persistence.createEntityManagerFactory("open18");
```

“持久化管理器工厂”这个词体现了它的主要功能：创建持久化管理器。这是一个线程安全的对象，它在应用程序一启动时就加载，并在应用程序一结束时就关闭，这样设计完全是因为创建它的系统开销十分昂贵。因此，它几乎总是保存在应用程序作用域中，即Servlet API中的最长的运行作用域。

现在总结一下持久化单元的讨论。你知道，持久化单元定义了哪些实体类要由持久化API管理，并指定了所涉及的资源，例如数据库方言和事务查找机制。现在你知道了持久化单元可以通过容器或者应用程序加载。建立持久化运行时之后，我们就可以继续创建持久化管理器，它可是Java持久化的真正主力。

8.4 持久化管理器

持久化管理器是用来将实体实例移进移出数据库的API。也可以用它追踪它所管理的实体实例的状态变更，确保那些变更被传播到数据库中。在JPA中，持久化管理器类是`EntityManager`；在Hibernate中，则是`Session`类。

8.4.1 获得持久化管理器

持久化管理器是通过持久化管理器工厂创建的。与持久化管理器工厂相反，持久化管理器的创建非常廉价。事实上，在事务启动之前，它们甚至根本没有分配底层的JDBC连接。假设你想要取得对`EntityManagerFactory`的引用，就可以像下面这样用它创建一个`EntityManager`实例：

```
EntityManager entityManager =
  entityManagerFactory.createEntityManager();
```

在使用受容器管理的持久化时（可以在Java EE环境中使用），可以利用`@PersistenceCon-`

text注解将持久化管理器注入到Java EE组件的一个Bean工厂中，这样你就不必亲自创建它：

```
@PersistenceContext
private EntityManager em;
```

你还可以选择通过注入持久化管理器工厂，在容器环境中创建自己的持久化管理器，如前所述。在容器之外（例如，在Java SE环境或者JavaBean组件中），则只能通过持久化管理器工厂手工创建持久化管理器。但是这并不意味着你不能将这项工作委托给Seam去做。你会在第9章学到，Seam提供了它自己的容器管理持久化版本，使你可以利用@In注解将受Seam管理的持久化管理器注入到任何组件中。这一解决方案也允许你以同样的方式使用Hibernate。

8.4.2　持久化管理器的管理功能

持久化管理器并不只是一个数据库Mapper和查询引擎。从它的实体被加载的那一刻起，直到它们被清除，持久化管理器始终对它们进行管理。为此，持久化管理器有3个主要任务。

- 在单个用例的作用域中管理实体——实体是通过持久化管理器API进行管理的。这个API让方法根据id进行创建、删除、更新和查找，并查询实体实例。它管理着实体实例的生命周期，因为它在4种可能的状态（瞬时、持久化、脱管和删除）之间进行转换。
- 维持持久化上下文——持久化上下文是通过这个管理器加载到内存中的所有实体实例的一个内存缓存。它是优化性能和启用后写数据库操作（加入队列的SQL语句）的关键。它通常是指“一级”缓存。持久化上下文和持久化管理器这两个词经常可以互用。
- 执行自动脏检查——处在持久化上下文中的受管对象的状态在整个持久化上下文的生命周期中始终可以追踪到。当持久化管理器被刷新时，实体实例中未处理的变更就会被发送到数据库中成为一批SQL语句。对象一旦变成脱管，对它所做的变更便不再能被追踪到。

持久化管理器在比SQL更高的级别上工作。它知道从数据库进出的数据都有一种结构（实体），这种带有结构的数据具有生命周期，如图8-3所示。实体实例一开始是非受管的瞬时状态。随后它们变成受管，使它们能够与数据库同步。如果它们被删除，同步也随之删除。发生删除时，或者持久化上下文关闭时，实体实例就会变成脱管，这意味着它被持久化管理器抛弃了，对它所做的变更也不再被追踪到。

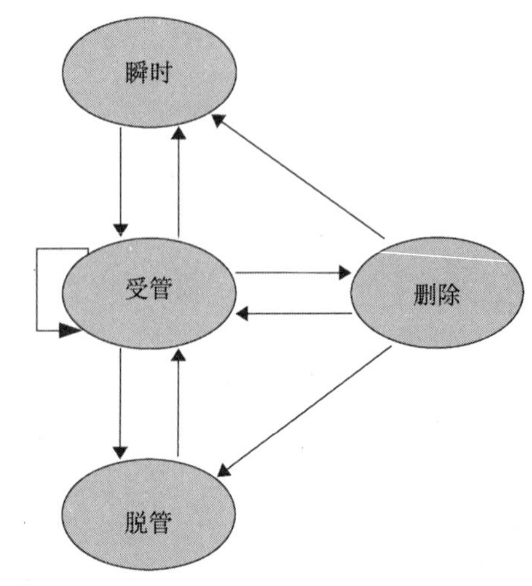

图8-3　Java持久化（ORM）框架中的实体生命周期

持久化管理器最重要的方面是它的持久化上下文。事实上，你可能会觉得持久化上下文正是使用Java持久化的价值关键所在。当持久化管理器意识到所请求的实例已经被加载到持久化上下文中时，它就会放弃对数据库的操作。更重要的是，持久化管理器根据每个实例的标识符确保了它们在持久化上下文中的唯一性，并且那些实例的对象同一性会被保存起来。因此，持久化管理器可以追踪实体实例的状态，并在每次持久化上下文被刷新时，将对它们所做的变更传播到数据库中，甚至级联到有关的实体中。只要持久化管理器保持开放，你就可以遍历延迟关联，持久化管理器就会回到数据库中加载数据，不需要你去组装一个查询。这些特性使之成为持久化管理器，而不仅仅是一个数据库访问层。但是要使用这些特性，还必须正确地设置持久化上下文的作用域。

8.4.3 设置持久化上下文的作用域

持久化管理器（持久化上下文）经常被误以为要绑定到数据库连接或者事务上。这一误导信息导致持久化管理器被错误地当成在无状态架构中达到某种目的的手段，经由Spring Framework而广为人知。结果，现在许多开发者不敢较长时间地开着持久化管理器，或者认为它根本不应该保持打开到超出事务的作用域。实际上，持久化管理器的设计初衷是要服务于用例的，不管其持续的时间长短。持久化管理器也会根据需要重新建立数据库连接，并且绝不会让连接开着，因为它在持续。

事实上，当持久化上下文的作用域设置不正确时，Java持久化就会成为一种障碍。当持久化管理器的生命周期被打断时（或许因为它与某一个事务有关联），就会导致实体实例脱管，在8.6节我会深入讨论这个问题。如果如此约束持久化上下文，就是在剥离它作为实体实例管理器的所有价值。设计持久化管理器就是为了它的生命周期能够比事务更长久，以后可以与新的事务再次关联，以便告知：在事务和数据库中断期间，实体中发生了哪些变更［这个过程就是脏检查（dirty checking）］。如果不具备这个能力，持久化管理器就被简化成了一个访问数据库的媒介。

你要做的就是把持久化管理器当作是一个有状态的对象。这意味着让它的生命周期超过请求，这是对话上下文的需要。可是，你必须确保不要将它放在一个共享的作用域中，因为持久化管理器不是线程安全的。在8.6节中，你会学到如何通过有状态会话Bean的管理，来扩展持久化上下文的作用域。在第9章，你会知道对话最适合于管理持久化上下文，这正是受Seam管理的持久化上下文的处理方式。

这里面涉及实体是如何形成的，以及如何用实体将数据在Java运行时和数据库之间进行移动。但众所周知，数据的一致性对于持久化数据极为重要。在这个关于Java持久化的速修教程的最后，将简要地讨论一下事务的目的，以及如何控制事务。

8.5 事务

事务（Transaction）与持久化操作本身几乎一样重要。如果没有事务，你就会有遇到损坏的或者不一致的数据的危险。最重要的是，每当你对数据库执行工作时，要确保明确定义了事务的作用范围，确保所有工作都在这种定义好的事务作用域中完成。

8.5.1 事务 API 的分类

数据库事务是一组执行一个原子工作单元的SQL语句。它通过特殊的数据库语句（如BEGIN、COMMIT或者ROLLBACK）进行划分。显式发出这些语句的另一种方法是利用负责处理这项工作的某一个Java事务API。你有3种选择：

- JDBC事务；
- resource-local事务；
- JTA事务。

在最基本的级别，JDBC API为这些语句提供了一个薄薄的包装。然而，当你使用ORM时，你就会想要在更高的级别上工作，使ORM能够让持久化上下文参与事务提交。resource-local事务，在JPA持久化单元描述符中用RESOURCE_LOCAL常量表示，就是通过持久化管理器API（Hibernate或者JPA）控制的事务。这是一个描述性的词语，可以解读为“数据库至上”。

在使用不止一个持久化管理器时，需要一个可以使事务更容易跨越几个资源的API。Java Transaction API（JTA）提供了一个综合的事务管理器，可以在一个事务中处理几个资源。因此，JTA事务也被称作全局事务或者系统事务。

JTA是一个标准的Java EE API，在与Java EE兼容的环境中使用时比较有利。使用受容器管理的事务的EJB组件也在后台使用JTA。resource-local事务一般用在Java SE环境或者Servlet容器中。如果能用，JTA是最佳的选择，因为它简化了获取活跃事务与发出回滚的工作。它还可以将多个资源集中到事务中，因此当你在开发到一半时如果必须添加一个新的事务资源，就不必变更现有的代码了。Seam提供了一个可以委托给所配置事务API的包装，促使使用各种事务API变得更加简单。

现在我们来看看事务提供了哪些保证。

8.5.2　原子工作单元

从应用程序的立场来看，事务就是一个原子工作单元。原子工作单元是一组你想要在数据库中执行的操作或者任务。由于你正在使用的是Java持久化，因此你是对持久化管理器而不是对数据库执行这些操作。当你到了想要提交对数据库所做的变更时，事务就能保证要么全部变更，要么都不变更。

1. 保持数据一致

大部分资料都用银行账户的场景来解释事务，我不想再重复这个例子，而是要谈高尔夫球！假设你利用开球预约系统，确保在你最喜爱的球场上安排自己的时间档期。作为用户，你要浏览该球场的可用时间，并找出一个最适合自身规划的时间点，选中它，然后提交表单。动作方法负责执行原子工作单元。以下代码展示了利用JPA在resource-local事务中执行的几项操作。虽然没有阐明正确的异常处理，但固然是一定要的：

```
entityManager.getTransaction().begin();
Course course = entityManager.find(Course.class, courseId);
TeeTime teeTime = new TeeTime(course, selectedDate);
course.reserveTeeTime(teeTime);
Golfer golfer = entityManager.find(Golfer.class, currentGolfer.getId());
golfer.addTeeTimeToSchedule(teeTime);
entityManager.flush();
entityManager.getTransaction().commit();
```

这些操作包括在COURSE_SCHEDULE表中将该时间标识为“已用”，然后在GOLFER_SCHEDULE表中添加一行，以便你不会忘记自己的职责。事务确保这两个表中的信息保持一致。它确保如果GOLFER_SCHEDULE表中的插入操作失败，COURSE_SCHEDULE表中的时间就会恢复“未用”状态，反之亦然。你当然不希望开球时间全部预定满，却根本没人打算来。你也不希望自己在预定时间出现在球场上时，却看到四人一组的球员在你的第一个开球区里闲聊。

相关信息　经常需要处理两个或者多个持久化管理器（最终是两个或者多个数据库）之间的数据交换。这种场景需要涉及与XA兼容的数据源的分布式事务。XA事务同样能够保证那几点，但是需利用基于Java的事务管理器，而不是将建立事务范围的任务委托给数据库。

前一个范例反映了借贷账户场景，也是一个典型范例。我们要考虑事务可以防止的另一种数据不一致的根源。

2. 全部成功或者全部失败

假设你正往目录中添加一个新的高尔夫球场。你花了大半个小时的时间收集这个球场的所有数据，然后填写表单，并点击“提交”保存。动作方法再次负责执行一个工作单元。它必须将主要的信息保存到球场表中，一行表示HOLE表中的每个洞，一行表示TEE_SET表中的每个tee set，最后一行表示TEE表中的每个发球区（tee set的数量是洞数量的倍数）。假设在这一过程的某个环节，有一个插入受阻，数据库就会发回一个错误。如果此时事务不是活跃的，部分球场信息就可能被传到这些表中。如果你试图再次提交表单，这些信息就会被放弃，因为数据库中已经存在顶级的记录，即使它的有关数据不完善也一样。如果应用程序足够智能，它可以处理不完善的球场数据，你就可以编辑被插入的数据以重新启动表单，不过在这种情况下编程是很复杂的，你会手忙脚乱。如果成千上万的用户同时遇到这个问题，其破坏性就会加剧。

这两种场景应该给了你必须在与持久化管理器交互的时候使用事务的理由。然而，即使你没有执行写操作，事务也仍然很重要。事实上，对于支持事务的数据库，它是不可能在没有事务的情况下执行SQL语句的。只是它的生命周期没有这个语句那么持久，其行为与自动提交模式一样。

3. 读操作也需要保护

如果没有设置显式的事务范围，数据库就会为每个操作打开和关闭事务。这种机制被称作隐式事务（implicit transaction）。当你放弃使用事务时，就等于是让数据库替你处理，它一次处理一个SQL语句。这些反复打开和关闭事务的过程造成了不必要的性能开销（即使优化过了也一样）。因此，即使你只是在读取数据，也应该在显式的事务范围之内进行。

对连续的只读操作使用事务，可以确保事务所提供的隔离性。如果数据库在渲染过程中发生变更，事务就可以确保最终不会造成新旧数据混杂显示的后果。如果使用Seam的事务管理，你每个请求至少可以得到两个事务：一个涉及动作的执行，一个涉及请求的渲染（这些你将在第9章学到）。

8.5.3　ACID 缩写

正确的数据库事务坚持ACID标准。这是原子性（Atomicity）、一致性（Consistency）、隔离性（Isolation）和持久性（Durability）四个词的首字母缩写。每一条标准对于确保数据库的完整性以及对它执行的操作都是至关重要的。然而，从业务逻辑的立场出发，操心每一条标准的细节太过低级别了。你可以将它们分成两项重要的保证，作为应用程序开发者，你希望业务逻辑坚持：

- 所有逻辑分组的操作都成功，或者未触及数据库；
- 数据没有与其他并发操作的数据混杂在一起。

虽然有些人可能会批评这是把事务过于简化了，但是有些开发者只将事务当作是使JPA和Hibernate发挥作用的某种工具，对他们来说，是很有帮助的。我也会这么做。如果你有兴趣了解ACID原则的细节，请参阅本章开头处所列出的参考资源。要深入事务和并发的主题，请查阅Martin Fowler的*Patterns of Enterprise Application Architecture*（Addison-Wesley Professional，2002）的第5章。

现在你知道了Java持久化的四大要素，以及它们如何协作在数据库和基于对象的实体之间交换数据，同时确保支持数据的完整性。虽然数据库中的操作形成了Java持久化基础，但持久化管理器所维持的状态是这个抽象增加的价值所在。这是因为你越能够避免命中数据库，你的应用程序就会变得越可伸缩（以“数据库是最不容易伸缩的层”的设想为依据）。在8.6节，你将学习Java持久化中一项鲜为人知的特性：用持久化管理器作为将受管实体实例的生命周期扩展到一系列请求的有状态上下文，从而使面向数据库的Web应用程序变得更易于伸缩，开发和使用起来也比较方便。

8.6　管理企业中的持久化

对于执行事务数据的处理，Servlet环境（超越HTTP协议的一种抽象）是一种不太理想的设置。无状态的HTTP请求之间缺乏连续性，这意味着数据库连接和持久化管理器经常反反复复。为了进一步破坏连续性，Web应用程序通常划分层次，依赖数据层去执行Java持久化操作，然后再关闭连接。持久化管理器被关闭时，它所管理的实体就变成脱管，因而不再支持延迟加载（至少它们不应该支持）和自动脏检查这两项重要的ORM特性。

你可以通过在用例持续期间全部重用同一个持久化管理器，从而逐渐形成连续性。这就是设计扩展持久化上下文的目的。在本节中，我们暂且放下Hibernate不谈，而是关注利用JPA在标准的Java EE环境中实现扩展持久化上下文，并探讨这么做有什么好处。在第9章，你将学到Seam如何利用独立于Java EE运作的JPA或者Hibernate来反映这种模式。

8.6.1　扩展持久化上下文简介

Java EE 5将JPA与有状态会话Bean结合起来（这两者都在EJB 3规范中），引入了扩展持久化上下文的概念。JPA中的持久化管理器能够管理一组实体实例，而且必须是受管的。虽然可以将持久化管理器直接放到有状态的作用域中（例如会话或者对话），从而使它在任意数量的请求中都可以被访问到，但是它会“迷路”，因为没有专门的“门卫”在有状态作用域结束时关闭它，也就没有任何线程安全、安全性或者事务性可言。所有这些都是EJB组件要处理的问题。鉴于持久化管理器是个有状态的资源，因此让有状态的EJB组件管理它是有道理的。

有状态会话Bean（SFSB）被EJB容器分配给一个客户端，在它被客户端删除之前一直保持活跃（和受管状态），有可能跨越多个基于线程（或者数据库）的事务。在Web应用程序中，这种会话Bean一般保存在HTTP会话中，允许它跨越多个请求。在第9章，你会了解到最适合于SFSB的上下文是对话，有意地将有状态会话Bean做成是对话的。

SFSB十分适合于包装持久化管理器，使它在用例期间不会受到开/关HTTP请求的干扰。唯一的问题在于EJB的默认行为是将持久化管理器与事务的作用域关联起来，该事务一般持续到事务方法调用的持续期（具体的持续期取决于事务的传播行为）。这样保证了持久化管理器只能被一个请求访问到；下一个请求时会再分配一个新的持久化管理器。结果，持久化管理器无法满足这个有状态组件或者用例的需要。持久化管理器的生命周期需要与SFSB（而不是与事务）同步——这正是扩展持久化上下文的定义。

当利用Java EE 5的@PersistenceContext注解将实体管理器注入到有状态会话Bean中时，你可以选择利用由该注解的type属性定义的事务的或者扩展的持久化上下文。默认的类型是事务作用域的持久化上下文，它将EntityManager绑定到JTA事务的作用域。另一方面，扩展的持久化上下文在SFSB的生命期间保持EntityManager处于打开状态，直到SFSB被销毁时才调用持久化管理器的close()方法。下面的例子展示了如何将扩展的持久化上下文注入到SFSB中：

```
@PersistenceContext(type = PersistenceContextType.EXTENDED)
private EntityManager em;
```

可能会有事务和请求来来往往，但是只要SFSB存在，注入的EntityManager就会保持打开状态，并管理着它加载的实体实例。我们来看看这样有什么好处，以及它如何简化面向数据库的Web开发。

8.6.2 扩展持久化上下文的好处

8

为什么要使用扩展的持久化上下文呢？原因很简单：为了防止实体脱管。实体在加载的EntityManager被关闭时变成脱管。请不要误解；脱管的实体也有用处，因为它们消除了对DTO（数据传输对象）的需要。但是，如果你想将实体返回给要更新的持久化管理器，想要用它们加载有关的对象，或者需要反复访问相同的数据库记录，通常就会想要阻止它们进入这种状态。

当持久化管理器被过早关闭时，就是它遭到滥用，数据库也一样。我使用“滥用”（abuse）这个词，是因为持久化管理器不仅没帮你节省时间，最终还会成为你的阻碍。在你全力应对持久化管理器的时候，数据库遭到过度的查询，即使ORM的主要目标之一是减少读取数据库的次数也没用。如果你坚持使用ORM，就会得到回报，它值得你去学习，然后正确地使用。以下是使用扩展持久化上下文的好处。

- 允许安全地延迟加载实体关联和未被初始化的代理。
- 消除合并，使脱管的实体实例与数据库同步。
- 确保指定的实体标识符只会存在一个对象引用。
- 结合乐观锁来支持长期的工作单元。

我要带你看一个更新高尔夫球场的用例，体验一下这些好处，并说明扩展持久化上下文如何解决使用事务作用域的持久化上下文所导致的那些问题。这个用例涉及的步骤如下所示。

(1) 将保存在数据库中的一个高尔夫球场列表展现给用户。

(2) 用户点击某个球场准备修改。

(3) 展现编辑器表单，用球场信息进行填写。

(4) 用户修改球场，并点击“保存”按钮。

(5) 修改后的球场与数据库同步。

这个例子看起来再简单不过了，但是由于前面提到过的那些在Web应用程序中使用Java持久化的困难，如果没有正确地处理持久化管理器，对这个场景进行编程可能会变得复杂起来。好在若将持久化管理器扩展到整个用例，它实际上可以替你处理这项工作。一旦你学会了正确地使用持久化上下文，就可以准备迎接比这更大的挑战。我们先来看看延迟加载些什么，以及持久化上下文的作用域设置会对它造成什么样的影响。

1. 穿过视图中的延迟关联

遗憾的是，实体关联的延迟加载已经臭名昭著。在说到延迟加载时，大多数开发者首先想到的是Hibernate的`LazyInitializationException`。造成这种后果的罪魁祸首是脱管的实体实例。

实体之间的关联被表示成一个对象网络，模拟相应的数据库表之间的关系。当你抓取某个实体时，通常只是想取得整个对象网络中的一部分，或者只想冒险加载数据库的一个重要部分。例如，如果你获取一个`Course`对象，要及时加载它的设施及所有的洞、tee set和开球区就会非常昂贵。（如果在为多个`Course`对象执行某一个查询时发生同样的及时加载，情况可就更糟了。）

及时获取的替代做法是将关联标识为延迟的。当你遍历Java对象中的关联时，就会透明地加载未被初始化的对象或者对象的集合。虽然发生这类加载时你需要多加小心，但是它既无风险，也算是个还不错的做法。请参阅下面的框注了解一下在使用Java持久化的时候如何避免典型的n+1选择的问题。

批量抓取

JPA可以被优化成在触发延迟加载时执行额外的及时抓取，以避免典型的n+1选择问题。考虑一下你在迭代延迟集合中的项时会发生什么。如果没有优化，将一个一个地从数据库中抓取每一个项。如果集合中的项数量为n个，数据库会被引用一次，然后再加载1+n次，以获取每一个子项。持久化框架可以被配置成在集合中的迭代器被访问时批量抓取子项，以减少数据库命中的次数。在Hibernate中，这种行为是利用`hibernate.default_batch_fetch_size`属性进行全局的控制。它也可以在实体级别或者关联级别进行设置。

我们看看延迟加载会有什么问题。当用户选择一个球场要进行编辑时，Seam会话Bean组件中的`editCourse()`方法被调用。这个方法利用事务作用域的持久化管理器获取`Course`实体实例：

```
@Stateful
@Name("courseAction")
public Class CourseActionBean implements CourseAction {
    @PersistenceContext private EntityManager em;
```

```
    @Out private Course course;

    @Begin public void editCourse(Long id) {
        course = em.find(Course.class, id);
    }
    ...
}
```

当editCourse()方法被调用时，会发生以下事件。

(1) 启动一个长期对话。

(2) 启动一个事务。

(3) 创建一个新的持久化管理器并绑定到事务上。

(4) 按照标识符从持久化管理器中获取Course实体实例。

(5) 提交（并终止）事务。

(6) 关闭持久化管理器。

最后一步出现了问题。如果持久化管理器在动作方法被调用之后关闭，Course实例在渲染视图的时候就是脱管的。从Course实例中读取记分数据需要穿过几个关联，包括洞集合、tee set和开球区，这些全都配置成使用延迟抓取策略。这些关联成了LazyInitializationException异常的众矢之的。在访问洞的时候可能发生一个这样的遍历：

```
<ui:repeat var="hole" value="#{course.holes}">
  <th>#{hole.number}</th>
</ui:repeat>
```

getHoles()方法调用会引发一个异常，因为无法再利用加载Course实例的EntityManager进一步与数据库进行通信。即使视图中没有遇到延迟关联，回传中也会出现同样的问题。

注意 根据我的测试，Hibernate抱怨脱管实体的延迟加载，而TopLink Essentials（另一个JPA提供者）则没有表现出这种行为，因为它根据需要提前创建了一个新的EntityManager。虽然你可以换成TopLink Essentials来避免这个异常，但这并不意味着你可以避开它。允许实体从不同的持久化管理器中加载数据，这在语义上是不正确的。持久化管理器应该确保类型和标识符都相同的实体的唯一性。如果违背了这种假定，就会造成冲突。

你可以通过以下任何一种方式适当地避免延迟加载的问题。

- ❑ 在事务活跃时触及视图中需要的所有延迟关联。
- ❑ 确保持久化管理器在请求持续期间保持打开状态。

第一种办法类似于及时抓取，因而会有同样的问题。在这种情况下，你也许可以扩充Course实体实例上的有关对象，但是这对大家来说都是很费力的事情。最后，你会遇到这种及时抓取策略将过多的对象放在内存中、将过多不必要的加载放在数据库中的情形，或者简直不可理喻。不论怎样，你都会很快因为不断地试图规避这些关联范围而感到疲惫不堪——至少我会。延迟关联是可以被遍历的，我们为什么不能遍历它们呢。

最佳解决方案是将注入的EntityManager的类型设置为EXTENDED。这样一来，持久化管理器在SFSB期间就会保持打开状态，你也可以尽量地穿过视图以及后续请求中的延迟关联。编辑器渲染成功之后，现在我们要探讨如何捕捉回传中的变更。

2. 拒绝合并

在本书中，你已经多次见到如何利用JSF将输入域绑定到对象的属性上。虽然JSF负责在提交表单的时候更新属性值，但是如果对象是个实体实例，那些变更仍然需要传播到数据库中。继续当前的范例。我们假设Course实体的实例被绑定到球场编辑器中的输入域上。考虑一下当实体实例为脱管或者受管状态时，提交表单时分别会发生什么情况。我们先假设它是脱管的（并且视图渲染期间没有发生延迟加载的异常）。

持久化管理器会追踪与它绑定的实体实例的状态。可是，持久化管理器的领域之外的变更就注意不到了。当实体实例被引入到一个新的持久化管理器时，它是被当成一个“陌生人”来对待。即使这个实体实例具有标识符，或许还有未完成的更新，新的持久化管理器也无法对此做出担保。为了让变更进入数据库，必须将脱管实例传到merge()方法中，强制那些变更进入EntityManager:

```
@PersistenceContext private EntityManager em;

@End public void save() {
    em.merge(course);
}
```

合并是很粗糙的操作，应该尽量避免。它首先将标识符与脱管实例相同的实体实例加载到当前的持久化上下文中，导致读取数据库一次。然后，脱管实例的属性值被复制到受管实例的属性中。这项操作的主要问题在于，合并操作破坏了获取脱管实例（除非使用的是对象版本）对数据库记录所做的所有变更。还有其他问题。如果标识符与脱管实例相同的实体实例已经被加载到当前的持久化上下文中，就会抛出一个对象不唯一的异常，因为违背了实体在持久化上下文中操持唯一性的约定。如果你在合并期间命中脱管实例上未被初始化的关联，你还可能遇到一个延迟加载的异常。因此，如果可能的话，一定要避免合并。

使用扩展的持久化上下文，实体实例不会变成脱管。因此，持久化管理器继续追踪对该实体所做的变更。当实体与数据库同步时，在任何事务的作用域中调用flush()方法都会获得成功。

```
@PersistenceContext(type = PersistenceContextType.EXTENDED)
private EntityManager em;

@End public void save() {
    em.flush();
}
```

如你所见，save()方法只管指示EntityManager将所有脏状态保存到数据库中。持久化管理器则通过以下两种方式尽量做到。

- 不需要你编写代码告诉EntityManager要保存变更。
- 如果没有对实体实例进行变更，就不发生数据库写操作。

最棒的是，无论在对象网络的任何深度进行变更，只要开启了级联的地方，那些变更都会被flush()刷新到数据库中。你甚至不必再考虑如何编写SQL更新语句。上述第一个好处可能很快会见效，但是第二个好处朝着为数据库减轻负载的方向前进了一步，使应用程序更易于伸缩了。读和写应该只发生在需要与数据库交换不同数据的时候，而不是应用程序应该已经在追踪的数据。这样就把我们带入了下一个话题：持久化上下文充当一级缓存。

3. 实体，我之前见过吗

当你按照标识符（@Id属性的值）从持久化管理器中获取一个实体实例时，持久化管理器首先看看该实例是否已经被加载到持久化上下文中。如果已经加载，它就会返回该实例，避免了一次数据库读取。持久化上下文可以与对话结合，保持第7章中介绍过的数据的“自然缓存”。

除了帮数据库节省了一些周期之外，持久化上下文的内存缓存还有一个好处。如果保持持久化上下文开着，它可以保证，只要你在使用它，持久化上下文中就永远不会有标识符相同的两个不同对象。简而言之，你没有必要实现自己的equals()方法（继而是hashCode()方法）来获得在Java眼里完全一样的两个相等的查找结果。

我们假设你在SFSB上定义了下面的方法：

```
public Course findCourseById(Long id) {
    return em.find(Course.class, id);
}
```

如果SFSB使用事务作用域的实体管理器，下面的断言就不会成立，而如果它使用扩展的实体管理器，则可以成立：

```
assert courseAction.findCourseById(9L) == courseAction.findCourseById(9L);
```

因而，通过使用扩展的持久化上下文，你就不必再费力地在用例期间实现对象的等同性了。相信这样可以避免许多令人头疼的问题。

4. 乐观锁

当用户在思考要对球场进行哪些变更时，整个世界并没有因此而静止不动。很可能另一名用户已经进入应用程序，并选择修改同一个球场。虽然你可以在该记录上使用一个锁子程序，但还有一种更好的方法，使得当有人“离开”某一条记录去休息时，不会给任何人带来不便。解决方法就是在保存实体实例时检查是否冲突，这被称作乐观锁（optimistic locking）。

JPA提供了@Version注解，与域中用来维护对象版本号的@Column注解配合使用。版本号只是一个整数（虽然也可能是个时间戳），每次实体被更新，就随之增加：

```
@Version
@Column(name = "obj_version", nullable = false)
public int getVersion() { return version; }
```

发生更新时，将数据库中的版本与实体实例中的版本进行核对。如果它们不同，写操作就会被放弃，并抛出一个应用程序异常，这个异常可以被捕捉，将这种情况告知用户。

这种锁被称作“乐观的”，因为如果数据库记录被外部修改了，那么它希望最好且只有放弃更新。悲观锁是一种形式的数据库锁，防止其他人在记录正被更新的时候访问它。出于性能的原因，对数据库资源保存长期的锁并不是一种好办法，当它依赖于要被释放的用户交互时尤其如此。出现冲突时，你最好使用乐观锁，并设计一个用户界面来处理冲突。

在本节中，你已经见识到了在使用事务作用域的持久化管理器时，事情会变得多么麻烦，与之形成鲜明对比的是，当你换成扩展的持久化管理器时，持久化操作又会变得多么容易。虽然有时候在事务方法之外不需要实体实例，但在这里则要肯定地说："不要使用事务作用域的持久化管理器。"

虽然SFSB似乎有望为外部的持久化上下文服务，但它有几个局限性，最显著的局限是它依赖于Java EE环境。在第9章，你会知道受Seam管理的持久化上下文可以在Java EE中模拟和改进扩展的持久化上下文。此外，受Seam管理的持久化上下文可以很容易地在Java EE和JavaBean组件之间一样共用，避开了EJB中复杂的上下文传播规则，并为Hibernate带来了一个扩展的持久化上下文解决方案。你还会学到扩展的持久化上下文如何与对话同步，使整个用例都能够访问到它。

8.7 在 JPA 或 Hibernate 中做出选择

在本章中对于JPA和Hibernate已经谈了很多，但我还未正式阐明这两者之间的关系，也未解释选择它们各自有哪些好处。Seam对这两种持久化API都提供开箱即用的支持，不过seam-gen将应用程序设置成使用JPA，隐含地使它成为Seam中的默认设置。虽然如此，对于Seam中涉及JPA的每一项特性，都还有一个Hibernate补充。在你开始开发应用程序之前，必须决定要使用哪一种API。

要在原生的Hibernate和JPA之间做出选择，需要对它们之间的相似之处有所了解。有一种普遍的误解认为Hibernate和JPA是一回事。其实不是，可是它们具有许多相似之处。本节要澄清一下Hibernate与JPA之间的关系，并让你思考哪一个API可能最适合于你的应用程序。

8.7.1 Hibernate 和 JPA 之间的关系

在开发JPA规范的时候，Hibernate是其中的一个参考，现在它可以作为JPA提供者，代替它原生的API。但是，鉴于JPA是一个规范，它聚集了其他的持久化提供者，包括Oracle TopLink Essentials（及其派生的EclipseLink）、BEA Kodo、OpenJPA（由Apache控制的开源版Kodo）以及JPOX，诸如此类。[①]虽然在理论上Seam支持所有的JPA提供者，事实上，但选择Hibernate实现（Hibernate的`EntityManager`）有许多优势，这些将在8.8节中进行概述。

JPA的许多接口都模拟Hibernate的，只是名称不同而已。虽然这两种API几乎完全重叠，如图8-4所示，但是Hibernate宣称有几项特性是JPA规范中所没有的，或者是后来才添加的。另一方面，JPA中引入的有些概念也是Hibernate中所没有的。

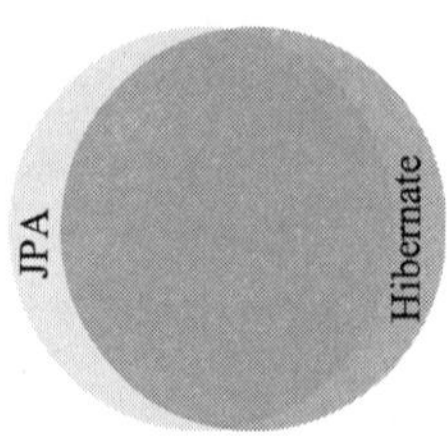

图8-4　JPA和Hibernate之间的叠合图。Hibernate可以原生地使用，也可以作为JPA提供者

① 更完整的列表请登录http://en.wikibooks.org/wiki/Java_Persistence/Persistence_Products。

了解了Hibernate和JPA之间的相似之处以后，我们来考虑一下它们之间的区别。

8.7.2 Hibernate 和 JPA 之间的区别

Hibernate远比JPA规范来得久远，它具有作为自我导向的开源项目的优势，不会受到（有时候非常缓慢的）JCP（Java Community Process）的限制。另一方面，JPA则具有利用标准Java EE环境的优势。尽管“标准”一词有很重要的意义，但你总是要利用Hibernate API来获得更多的特性。最重要的特性，也是Hibernate开发者认为JPA从一开始就应该具备的一个特性是：持久化上下文的手工刷新。这项特性允许你直到发出显式的刷新时才更新数据库，例如用例终止的时候。手工刷新对于实现应用程序事务（在Seam对话的上下文中管理时，称之为原子对话）来说至关重要。你会在第9章学到应用程序事务，以及它们与对话的关系。

相关信息 手工刷新很可能被成功地纳入到JPA规范的未来版本中。但是如果使用Seam，你就不必等到那个时候了。Seam对持久化上下文的刷新模式提供了声明式的控制。你定义作用范围，Seam为你提供Hibernate扩展。你必须通过使用Hibernate从此特性中获利。

除了手工刷新，我还想谈谈Hibernate中其他几项独一无二的特性。现成的就有Hibernate Search，这个最新的扩展利用Lucene搜索引擎支持全文搜索。还有许多Hibernate支持的关联映射都超越了JPA，例如索引集合。谁也忘不了由Gavin（Hibernate之父）创造的最令人敬佩的特性：postquery filter。Hibernate允许你以Hibernate的HQL形式作为JPQL简略表达式（例如，用“from Course”代替“select c from Course c”），从而可以少敲几下键盘，并且一般情况下还具有一个更加智能的查询解析器。如果你是个热爱前沿特性的人，那Hibernate或许是最适合你的。Hibernate的独特特性之一是它使用JPA注解的能力，这是值得肯定的。你选择一种合成方法，Seam就可以在它基础上进一步地构建。

8.7.3 Seam 的合成方法

选择JPA就意味着必须牺牲某些特性吗？如果你既想要使用JPA，又仍然想利用Hibernate提供的优势，该怎么办呢？我有好消息要告诉你。通过选择Hibernate作为JPA提供者，并使用受Seam管理的持久化（请见第9章），Seam就可以让你兼得这两者的好处。为了让JPA的`EntityManager`访问Hibernate的几个扩展，Seam在后台耍了一些聪明的花招。最棒的是，大多数时候你可以在代码中坚持使用标准的JPA接口。Seam提取了这两个框架的最佳特性，因此具有以下优点。

- 持久化上下文（应用程序事务）的手工刷新。
- postquery filter（在组件描述符中定义）。
- 特定于供应商的查询提示[1]（在组件描述符中定义）。
- 全文搜索（利用Lucene搜索引擎）。

---

① 见http://www.hibernate.org/hib_docs/entitymanager/reference/en/html_single/#d0e797。

8

- Hibernate Validator（在刷新持久化上下文的时候实施）。

Seam的理念是让你将标准放在手边，再为你额外提供一些标准还没有提供的特性。如果严格保持JPA的可移植性对你来说很重要，你可能会想要避免使用在持久化提供者中不能普遍使用的扩展。但我的建议是，不应该让使用JPA的选择阻碍应用程序。放心地利用JPA提供者的能力吧。

按接口设计会怎样

如果你是个倡导基于接口设计的人，可能会说抽象持久化框架选择的最好办法是将它隐藏在一个使用对象仓库模式的接口之后[请见Eric Evan的*Domain-Driven Design: Tackling Complexity in the Heart of Software*（Addison-Wesley，2003）]。数据访问层将绝对符合Seam的组件模型。你只要将依赖注入移到一个层中。不过，你仍然必须思考哪一个持久化框架会较快地给你一个有效的实现。接口毕竟只是接口，你仍然必须实现它。

Seam的参考文档发出了一条明显关于选择哪一个持久化框架的信息。它建议你使用JPA和Hibernate作为提供者。进行这样的搭配，使你能够坚持JPA规范，直到你认为有必要利用特定于Hibernate的特性为止。如果你觉得一直需要Hibernate才能使你的应用程序成功，也可以很容易地转而使用它。它还建议你使用受Seam管理的持久化，这你会在第9章学到。至于Java持久化的基础知识，相信你已经具备了基本知识来开始学习并理解我推荐的那些资料。现在当你的同事说JPA和Hibernate是一回事的时候，你可以纠正他们了。

8.8　小结

本章为你提供了一个快速学习使用受Seam管理的持久化和事务时需要的Java持久化基础知识的课程。它探讨了Java持久化的四大要素：实体、持久化单元、持久化管理器和事务。然后我解释了事务的和扩展的持久化上下文之间的区别，并阐明了拥有扩展持久化上下文的好处。最后，介绍了JPA与Hibernate之间的区别，并说明了为什么要选择其中一个而不选择另一个。我建议你用Hibernate而不是用原生的Hibernate API作为JPA提供者，以便你能够利用Java EE标准，同时又仍然能够访问Hibernate所提供的扩展。

在第9章，你将学到Seam如何补充Java持久化，以及它如何做到比单独的Java EE容器更好地完成管理持久化上下文的工作。你还会了解到Seam如何为EJB 3会话Bean所喜爱的普通JavaBeans提供同样的声明式事务行为。请接着往下读，看看Seam如何使创建事务的应用程序成为一种真正快乐的体验。

第9章

受Seam管理的持久化和事务

本章概要

- ❑ 正确地处理持久化上下文
- ❑ 在Seam中启动Java持久化
- ❑ 应用多层面的事务策略
- ❑ 实现应用程序事务

大多数Web框架仍然不接受持久化，它们不认为持久化对于应用程序的整体状态有多么重要。持久化管理器的真正价值在于追踪一组受管实体，并透明地将对它们所做的变更刷新到数据库中；无状态的架构会将这种价值耗费殆尽。Seam通过将Java持久化（如ORM）当作是应用程序的核心部分，设法将它恢复到极致。除了擅长管理持久化上下文，Seam还确保事务始终是活跃的，在必要的时候提交该事务，并传播事务同步事件来提升持久化操作的透明度。在第8章，你学过Java持久化的基础知识，以及如何在Java EE容器的内外部使用持久化。在本章，你将学习Seam如何与事务和持久化一起使这些服务真正变成是可管理的。

本章还会重提对话的话题，对话与持久化构成了Seam状态管理架构的核心。Seam将持久化管理器放在转换上下文中，让它避开无状态设计。当你在本章结尾处学到应用程序事务时，才会认识到这种联合的真正好处——应用程序事务是一种特殊的事务，它允许对受管实体所做的修改跨请求加入队列，直到用例终止时，这些变更才在数据库事务中被提交到数据库。

本章还准备让你使用Seam Application Framework（详细内容请见第10章），它支持基于CRUD（创建、读取、更新和删除）应用程序的快速开发，并将正确处理持久化上下文的目标具体化，这是贯穿本章的一个主题。我们就从第8章中没有谈到的这个主题开始吧。

9.1 正确管理持久化上下文

为了认识Java持久化的真正价值，必须正确地设置持久化管理器的作用域，持久化管理器是JPA的`EntityManager`或Hibernate的`Session`的统称。在第8章，你已经了解到如果将持久化管理器看作有状态组件，它就可以替你完成很多工作；否则，它就会给你造成很大的痛苦。事务作用域的持久化上下文继承了Java持久化的功能，但Seam中通常不鼓励使用。

使用扩展持久化上下文的困难在于决定要将它扩展到多久且又不会过度。如果它保持打开状态的时间不够久，实体就会过早变成脱管。如果它保持打开状态的时间过久，又会导致过度主动的缓存和内存泄露。结果表明，持久化管理器原本就要服务于用例，它要使对话上下文成为存放扩展持久化上下文的最佳位置。在9.1节中，我会解释对话作用域的持久化管理器如何解决许多开发者利用ORM所遇到问题的核心。然后介绍两种在Seam应用程序中将持久化管理器绑定到对话的方法。

9.1.1　尊重持久化管理器

在Web应用程序中使用Java持久化可能有点困难，这是事实。遗憾的是，有些开发者使它变得比原本的还要困难。我想告诉你，为了解决Hibernate的延迟加载异常而开发的所谓“模式”也有许多缺点。提出这些问题是为了强调这个异常实际上是错误用法的征兆，这是那些目光短浅的修订所无法解决的。

1. Open Session in View补救法

认识到除非Session保持开着，否则Hibernate不允许在视图中延迟加载，因此开发者创造了Open Session in View模式①，它利用一个Servlet过滤器从应用程序的外缘控制Session。它的做法是阻止数据层关闭Session，而让过滤器在请求结束的时候关闭它。（JPA也有一个类似的实现适用于此。）

这种修订方法的问题在于，过滤器与应用程序隔得太远了，它无法知道里面发生的事情。它盲目地试图决定是应该打开一个Session呢，还是需要打开几个Session。麻烦也来了，因为现在Session有两个“主人”：应用程序框架和过滤器，它们不可能总是意见一致。

过滤器会把事情弄得一团糟，但它至少允许在视图中延迟加载，对吗？的确，可是它的好处也就到此为止了。一直等到请求结束后刷新和关闭持久化上下文，应用程序在视图渲染完之后才会知道数据库写成功了还是失败了，这就是9.4.1节要解决的问题。页面一旦渲染完成，保存在有状态作用域中的所有实体实例就变成脱管。因而，延迟加载的问题只不过被延迟到回传而已，到时候你就不再享有持久化缓存或者实体自动脏检查的好处了。此外，回传期间让脱管实体在周围，可能引入NonUniqueObjectException异常。更好的解决办法是尊重持久化管理器，将它的作用域设置为对话。

2. Open Session in Conversation解决方案

你在第7章学过，对话至少能够持续到整个请求，包括重定向。你将持久化管理器与对话关联起来，就可以得到Open Session in View模式。但是，现在你不允许过滤器随意决定应该如何管理持久化管理器。如果对话是长期的，持久化管理器就会扩展到与它匹配，这就是Open Session in Conversation模式。因此，实体不会过早地脱管，这意味着你可以避免合并，而受益于自动脏检查。事实上，为了在请求之间传播实体实例，你只需要记录实体的标识符，因为可以在持久化上下文之外再次获取相同的实例。

---

① http://www.hibernate.org/43.html

将持久化管理器直接放到对话中，会造成无"人"看管的问题。谁来关闭它？它如何进入事务？我将介绍两种以依然受管的方式将持久化管理器与对话关联起来的方案。

9.1.2 管理扩展的持久化上下文

Seam有两种管理扩展持久化上下文的策略，如图9-1中的对照所示。在第8章，你了解到容器管理的持久化管理器可以在有状态会话Bean（SFSB）生命期间掌控它。将SFSB的作用域设置为对话，Seam可以间接地管理扩展的持久化上下文。或者，Seam通过创建自己的持久化管理器，并将它直接保存在对话中，完全控制扩展的持久化上下文。受Seam管理的持久化管理器的好处在于，它可以被注入到任何Seam组件中。

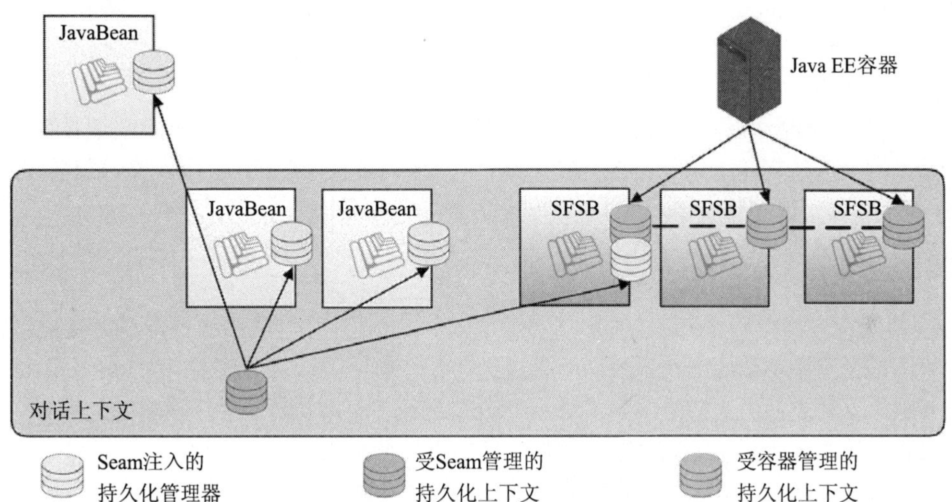

图9-1 受Seam管理的持久化上下文的独立性和受容器管理的持久化上下文与其有状态会话Bean组件耦合性的对照图

我要继续第8章提到过的话题，重申利用SFSB存放扩展的持久化上下文的内在局限性，并继续探讨Seam中更加灵活的解决方案。

1. 间接设置持久化上下文的作用域

当SFSB变成Seam组件时，Seam没有控制受容器管理的持久化管理器如何绑定到SFSB上。因而，Seam只能通过管理SFSB的生命周期来调整扩展持久化上下文的生命周期。（请记住，这对SFSB中事务作用域的持久化上下文不会有影响。）然而，这种解决方案有几个问题：

- 它只能用在EJB环境中（EJB会话Bean和JPA）；
- 在松耦合的Java EE组件中共用扩展的持久化上下文有着复杂的传播规则[①]；
- SFSB中扩展的持久化上下文无法很容易地通过JavaBean组件访问到；
- Seam无法控制SFSB中持久化上下文的刷新模式（非手工刷新）。

---

① 见http://www.hibernate.org/hib_docs/entitymanager/reference/en/html_single/#architecture-ejbpersistctxpropagation。

我不是说你无法使对话作用域的SFSB工作。它可能十分符合你的需要。但是如果这其中的任何问题妨碍了你，Seam就会采用更加灵活的解决方案。Seam可以假设管理持久化管理器的任务，这项特性就是受Seam管理的持久化上下文。Seam甚至可以进一步端对端地管理Java持久化。

2. 让Seam管理持久化上下文

受Seam管理的持久化上下文是一个在Java EE之外运作的Hibernate或者JPA的扩展持久化管理器。它是受应用程序管理的，这意味着Seam负责将它实例化。之后，你就可以像在Java EE组件中使用受容器管理的持久化上下文一样地使用它了，不过它是利用`@In`而不是`@PersistenceContext`注入的。为了让Seam控制持久化管理器的创建，你必须为它提供一个持久化单元，详细内容请见9.3节。

受Seam管理的持久化上下文的作用域被设置为对话，因此你可以利用在第7章学过的对话传播控制调整它的生命周期。受Seam管理的持久化上下文与受容器管理的持久化上下文的不同之外在于，前者是直接保存在对话中的，使它成为应用程序的一级居民，而不是绑定到单个组件的生命周期。假如存放扩展持久化上下文的SFSB被删除，那么持久化上下文也会随之删除。相反，只要对话是活跃的，无论来来往往的是什么组件，受Seam管理的持久化上下文都保持可被访问到。最好的是，你可以在Java EE和非Java EE组件中同样地使用持久化上下文，不必担心复杂（富有技巧）的传播规则。尽管EJB 3中的扩展持久化上下文是个好的开端，但是Seam则更善于处理这项工作。

Seam持久化基础架构的另一个好特性是，它对JPA和原生Hibernate的支持是类似的。当然，类和配置不同，但是整体的架构是一样的，这样在各个项目中这两种API都可以很容易在彼此之间进行转换。这种类似的支持延续到了Seam Application Framework（详细内容请见第10章），它将持久化管理器包装起来，并提供额外的内建功能支持持久化任务。

无论谁控制持久化管理器，对话都是给予持久化管理器应有尊重的关键。这确实是一种完美的结合。Seam的持久化策略远不止于为持久化管理器设置作用域。在Seam应用程序中使用时，持久化管理器得到了一些升级。如果你是使用原生的Hibernate或者Hibernate作为JPA提供者，还会得到另外一组强化功能。

9.2　强化持久化管理器的能力

当持久化管理器被注入到Seam组件中的时候，Seam代理它，并赋予它额外的功能（如Decorator模式）。本节先从标准的强化功能开始，介绍这些升级的功能，然后讲那些特定于Hibernate的部分。

9.2.1　Seam的标准强化功能

鉴于Seam和Hibernate都是受JBoss支持的框架，因此Hibernate在Seam中得到特殊的对待应该就不足为奇了。如果你已经在使用Hibernate，那是好事。但是Seam也提供了一些对于任何持久化提供者都可用的标准强化功能：

- 持久化查询中的EL符号；
- 允许在UI选择菜单中使用实体的实体转换器；
- 能越过会话钝化的受管实体同一性。

我们将只详细阐述前两条，最后一条是一项低级别的特性，你没有必要关注其细节。我们首先来阐述受到普遍喜爱的EL吧。

1. 查询中的EL

正如你此刻所期待的，Seam让你在整个Seam应用程序中使用EL。有了持久化，EL也回来了。Seam支持在JPQL或者HQL中使用EL值表达式，就像在JSF消息和日志消息中那样。无论你使用哪个持久化提供者或者API，均可如此。

值表达式提供了另外一种在查询中提供位置参数或者具名参数的方法，并在执行查询的时候求值。假设在注册过程中，你想检验一下，以确认某一个用户名还未被使用：

```
assert entityManager.createQuery(
    "select m from Member m where m.username = #{newGolfer.username}")
    .list() == 0;
```

在查询中使用EL带来了很多好处。首先，它充当创建具名查询参数并为其赋值的一种快捷方式。而且，由于表达式的值是利用查询参数（如`setParameter()`）赋予的，它完全逃逸了，防止了查询中发生SQL注入。任何可以通过EL解析的值都可以用作参数。这包括上下文变量以及工厂和管理器组件。第10章讲到Query组件的限制子句时，你会看到这种结合。最后，内联的EL语法将所有参数都移到了一个字符串中，因此有可能在字符串常量中定义查询，或者将它外形化成一个配置文件，在这里，它可以利用组件配置进行赋值。

2. 挑选实体

我相信在某些时候，你会需要在表单域中展现一个实体的列表，让用户从中选出一个或者多个。这就是JSF没有提供盒外支持的工作之一（大多数框架对此都不支持）。你得自己将实例转换成字符串表示法，然后在表单被提交的时候重新解释这些选择。你猜怎么回事？Seam将替你完成了这一切工作！唯一要注意的是，你必须使用受Seam管理的持久化上下文，并且最好是长期对话。

9

我们假设你需要为一个会员分配一个角色列表，并且准备了一个返回`Role`实体实例列表的工厂`availableRoles`。（你不能对`UISelectMany`组件使用`Set`，只能使用参数化的`List`或者数组。）你可以像下面这样为会员分配角色，也就是将UI组件标签<s:convertEntity>嵌套起来，让Seam知道要处理该对话：

```
<h:selectManyListbox size="10" value="#{member.roles}">
  <s:selectItems var="r" value="#{availableRoles}" label="#{r.name}"/>
  <s:convertEntity/>
</h:selectManyListbox>
```

就是这样了。当视图被渲染时，每个实体的id（通过它的`@Id`属性定义的）用在选项的值中。在回传中，将id传到持久化管理器，从而恢复实体实例。对于有效的选择，其对象同一性必须与集合中的实例相等。确保这个条件的最好办法是使用一个对话作用域的集合和一个长期对话。

为<s:convertEntity>处理转换的组件被命名为org.jboss.seam.ui.EntityConverter。这个组件根据标准的命名惯例（详见9.3.2节的结尾处）查找JPA持久化管理器。要覆盖转换器所使用的JPA持久化管理器，或者配置转换器去使用Hibernate持久化管理器，这都是有可能的。然而，Seam 2.0和2.1之间的配置有变化。我们先从Seam 2.0开始讲述。

在Seam 2.0中，你可以通过设置持久化管理器的entityManager属性（针对JPA）或者session属性（针对Hibernate），来建立转换器所使用的持久化管理器。以下是使用JPA时的一个覆盖范例：

```
<component name="org.jboss.seam.ui.EntityConverter">
  <property name="entityManager">#{em}</property>
</component>
```

如果你只想为单个对话转换覆盖持久化管理器，首先要在组件描述符中为转换器定义一个新的组件：

```
<component name="customEntityConverter"
  class="org.jboss.seam.ui.converter.EntityConverter">
  <property name="entityManager">#{em}</property>
</component>
```

这个组件的名称是个有效的JSF转换器id，然后你将它提供给选择组件中代替<s:convert-Entity>的JSF转换器标签：

```
<f:converter converterId="customEntityConverter"/>
```

在Seam 2.1中，引入了一个间接的层。实体转化器不是直接使用一个持久化管理器，而是使用一个实体加载器组件。此外，还在组件命名空间中引入了两个以ui为前缀的配置元素，以简化配置。JPA和Hibernate的实体加载器元素分别是<ui:jpa-entity-loader>和<ui:hibernate-entity-loader>。JPA在Seam 2.1中还是用这个同样的全局覆盖：

```
<ui:jpa-entity-loader entityManager="#{em}"/>
```

为了定义一个自定义的实体转化器，你还必须定义一个自定义的实体加载器：

```
<ui:jpa-entity-loader name="customEntityLoader" entityManager="#{em}"/>
<ui:entity-converter name="customEntityConverter"
  entity-loader="#{customEntityLoader}"/>
```

如果这整个配置让你苦恼不已，只要记住如果你坚持使用默认值，也可以不用配置。你需要的时候再考虑这些覆盖即可。

3. 拒绝Hibernate

在阐述Seam暴露的Hibernate扩展之前，我想先讨论一下Seam的JPA扩展管理器，以及使用其他的JPA提供者时它会有什么影响。Seam使用了一个内建组件persistenceProvider，它透明地采用特定于供应商的JPA扩展，如Hibernate的手工刷新，允许Seam利用持久化提供者的优势，同时尊重你使用JPA的选择。正如其JavaDoc所述："这个类中的方法就是JPA规范下一次修订时要完成的任务列表。"

这个组件唯一的麻烦在于，在Seam 2.0中，它酷爱Hibernate。如果classpath中有Hibernate的JAR，Seam会自动假设Hibernate就是JPA提供者。为了颠覆这种假设，并阻止Seam试图使用

Hibernate扩展，要将下面的配置添加到组件描述符中：

```
<component name="org.jboss.seam.persistence.persistenceProvider"
  class="org.jboss.seam.persistence.PersistenceProvider"/>
```

Seam 2.1参考持久化管理器，换成使用JPA提供者的运行时侦测，从而使得这个覆盖变成多余的。我们来看看如果它是Hibernate，要用到哪些扩展。

9.2.2　让 Hibernate 充分发挥

我在第8章中说过，Hibernate有几项很好的扩展，Seam可以很优雅地将它们暴露给应用程序，即使你在使用JPA也一样。下面就是最值得注意的几个扩展：

- Postquery Filter；
- Hibernate Search；
- 持久化上下文的手工刷新。

本节关注前两项特性，以及如何优雅地暴露Hibernate的Session。9.4节专门讨论最后一项特性，以及它与应用程序事务之间的关系。

1. 过滤查询结果

虽然你或许不会在Hibernate中用到第一项特性，但是在有需要的时候，知道Hibernate支持为指定的Session过滤查询结果，这也是好事。这项特性可用于在整个区域过滤及编辑敏感数据。最好的是，应用它可以不触及任何Java代码，而是在组件描述符中利用XML定义过滤器。只有当你在使用受Seam管理的持久化管理器时，才能使用这项特性。关于如何定义过滤器的细节，请参阅Hibernate的参考文档。

但是既然可以搜索，为何还需要过滤呢？ Hibernate Search就是这样。

2. Hibernate Search

对于比较复杂的搜索，并且为了给数据库减轻负载，可以使用Hibernate Search，这项Hibernate扩展可以对领域模型执行基于Lucene的全文搜索查询。当classpath中有Hibernate Search库时（包括hibernate-search.jar、hibernate-commonsannotations.jar和lucene-core.jar），Seam就会代理持久化管理器，利用Hibernate Search的能力将它包装起来。如果你在使用Hibernate，就是将Session包装在FullTextSession中；如果你在使用JPA，就是将EntityManager包装在FullTextEntity-Manager中。即使你在使用Java EE受容器管理的EntityManager（如@PersistenceContext）时也可以使用Hibernate Search。

为了使用Hibernate Search，你既可以在需要其特性时下落到全文变量，或者当你在使用受Seam管理的持久化上下文时，也可以只是利用相应的属性类型直接将它注入。在这里，我们是利用一个Lucene查询搜索高尔夫球场：

```
@Name("courseSearch")
public class CourseSearchAction {
    @In private FullTextEntityManager entityManager;
    @Out private List<Course> searchResults;

    public void search(String searchString) throws ParseException {
```

9

```
        org.apache.lucene.search.Query luceneQuery =
            new MultiFieldQueryParser(new String[] {"name", "description"},
            new StandardAnalyzer()).parse(searchString);
        javax.persistence.Query query = entityManager
            .createFullTextQuery(luceneQuery, Course.class);
        searchResults = (List<Course>) query.getResultList();
    }
}
```

当然，为了利用Hibernate Search查询实体，你需要将Hibernate Search注解应用到实体类中，并将索引器设置添加到持久化单元描述符中。最简单的配置由一个索引存储提供者和索引位置组成，以下是JPA的（/META-INF/persistence.xml）：

```
<properties>
   ...
   <property name="hibernate.search.default.directory_provider"
       value="org.hibernate.search.store.FSDirectoryProvider"/>
   <property name="hibernate.search.default.indexBase"
       value="/home/twoputt/indexes/open18-index"/>
</properties>
```

在这么一个小小的代码空间中是无法公正评价Hibernate Search的。此外，Seam只是处理用全文搜索持久化管理器包装原生管理器的任务。此后，就不是Seam所能控制的范围了。我建议你先阅读一本*Hibernate Search in Action*（Manning，2008），学习如何使用Hibernate的这项极为强大的特性。

虽然Seam在JPA和底层Hibernate API之间充当联络员角色的是一个我们想要的抽象和一些通常在Hibernate之外所需要的东西，但是有时候你可能还是得直接使用Hibernate的Session。幸运的是，Seam提供了一种优雅的技巧。

3. 开始讨论Hibernate

当你在使用JPA的时候，随时可以通过调用EntityManager实例中的getDelegate()方法来开始处理提供者接口。但是你必须执行一个转换，对底层的JPA提供者进行假设：

```
Session session = (Session) entityManager.getDelegate();
```

你可以在Seam中定义一个工厂来隐藏这个转换：

```
<factory name="hibernateSession" value="#{entityManager.delegate}"
  auto-create="true"/>
```

然后利用@In注解将这个工厂的值注入到组件中：

```
@In private Session hibernateSession;
```

你可能需要Hibernate Session的一个原因是，检验持久化上下文中是否有被修改过的实体：

```
boolean dirty = hibernateSession.isDirty();
```

希望这些升级有助于促进你使用受Seam管理的持久化组件。在9.3节，你将学习在Seam中构建持久化单元和持久化管理器。介绍完JPA配置之后再介绍Hibernate配置。如果你只对其中的某一种框架感兴趣，那么就可以略过其余的内容。

9.3　在 Seam 中构建持久化单元

在第8章，你学过如何为JPA（META-INF/persistence.xml）和Hibernate（hibernate.cfg.xml）准备一个持久化单元描述符。在本节中，你就会利用它分别加载JPA和Hibernate。尽管Java EE容器可以自己找到JPA持久化单元描述符，但是Seam还需要一些查找持久化单元的指示。Seam的持久化管理能够启动持久化单元，但这不是必需的。你也可以配置Seam来使用由Java EE容器管理的持久化单元运行时，它只适用于JPA，或者如你于在线第15章所见，Seam也可以获取一个由Spring容器管理的持久化单元运行时。

我会先介绍加载和管理JPA或者Hibernate持久化单元的Seam内建组件，然后说明它们的配置。

9.3.1　Seam 的持久化管理器工厂

Seam提供了管理器组件来启动JPA和Hibernate持久化单元。我将这些包装持久化单元的运行时配置对象的组件称作受Seam管理的持久化单元。表9-1展示了每个受Seam管理的持久化单元和它所管理的持久化管理器工厂之间的对应关系。

表9-1　受Seam管理的持久化单元

持久化框架	Seam组件 org.jboss.seam.persistence.*	它所管理的持久化配置
JPA	EntityManagerFactory	javax.persistence.EntityManagerFactory
Hibernate	HibernateSessionFactory	org.hibernate.SessionFactory

Manager设计模式允许Seam将底层持久化管理器工厂的生命周期与应用程序作用域的Seam组件关联起来。表9-1中所示的每个组件都有一个@Create方法（启动持久化管理器工厂）和一个@Destroy方法（关闭持久化管理器工厂）。根据@Startup注解的指示，这些组件在应用程序启动的时候初始化。

由于受Seam管理的持久化单元是管理器组件，它们解析成它们所管理的值，即持久化管理器工厂。因此，当受Seam管理的持久化单元被注入到Seam组件的属性中时，属性的类型必须为持久化管理器工厂。假设JPA持久化单元组件的名称为entityManagerFactory，它像下面这样注入：

```
@In private EntityManagerFactory entityManagerFactory;
```

对于Hibernate，如果组件的名称为sessionFactory，应该像这样注入：

```
@In private SessionFactory sessionFactory;
```

受Seam管理的持久化单元组件实际上只是组件模板，因此它们都没有@Name注解。为了将它们实现为Seam组件，你必须在组件描述符中声明它们，然后才会加载持久化管理器工厂。

像所有内建的Seam组件一样，Seam提供了一个组件命名空间，减轻了XML配置的负担。Seam的持久化组件被归入http://jboss.com/products/seam/persistence，它在本节中的别名均为persistence。有了命名空间声明之后，看看这个组件在JPA和Hibernate中是如何配置的。

9

1. 启动JPA的**EntityManagerFactory**

受Seam管理的持久化单元的组件定义必须包括一个名称，和一个对持久化单元的引用。我们假设你在META-INF/persistence.xml中定义了一个名为open18的JPA持久化单元：

```
<persistence-unit name="open18" transaction-type="JTA">
  ...
</persistence-unit>
```

为此，你在组件描述符中进行以下声明：

```
<persistence:entity-manager-factory name="entityManagerFactory"
  persistence-unit-name="open18"/>
```

如果组件定义中没有包含persistence-unit-name属性，就用组件名称作为持久化单元的名称，在这个例子中即指entityManagerFactory。

这就是EntityManagerFactory。在内部，Seam利用持久化单元的名称创建EntityManagerFactory：

```
EntityManagerFactory entityManagerFactory =
    Persistence.createEntityManagerFactory("open18");
```

为了让Seam延迟到需要的时候才加载持久化单元，或许是为了更快完成部署，你可以关闭这个组件的启动行为：

```
<persistence:entity-manager-factory name="entityManagerFactory"
  persistence-unit-name="open18" startup="false"/>
```

JPA可以对持久化单元接受特定于供应商的属性。这些属性一般是在持久化单元描述符里的<properties>元素中定义。在Seam中，你也可以选择在管理器组件本身中定义这些属性：

```
<persistence:entity-manager-factory name="entityManagerFactory"
  persistence-unit-name="open18">
  <persistence:persistence-unit-properties>
    <key>hibernate.show_sql</key><value>true</value>
  </persistence:persistence-unit-properties>
</persistence:entity-manager-factory>
```

利用Seam的组件配置特性提供这些属性，使你拥有了为特定环境对它们进行调整的灵活性，做法是用一个替代令牌或者值表达式作为属性值。更多详情请见第5章。

加载Hibernate配置的组件则更复杂一些。

2. 启动Hibernate的SessionFactory

Hibernate的配置方式与JPA几乎一样，只是不提供持久化单元名称，而是指明Hibernate配置在classpath中所处的位置。如果配置文件根据Hibernate的惯例命名，你甚至不需要指定文件的位置。当它加载的时候，Hibernate会自动地在classpath的根部查找hibernate.cfg.xml（以及hibernate.properties），除非另有指示。在这种默认情况下，组件定义是这样指定的：

```
<persistence:hibernate-session-factory name="sessionFactory"/>
```

在内部，Seam像这样加载Hibernate的SessionFactory：

```
SessionFactory sessionFactory =
    new AnnotationConfiguration().configure().buildSessionFactory();
```

如果配置文件的名称不遵循Hibernate惯例，或许因为你加载了第二个Hibernate持久化单元，那么你就必须指定Hibernate配置文件的位置：

```
<persistence:hibernate-session-factory name="teetimeSessionFactory"
  cfg-resource-name="hibernate-teetime.cfg.xml"/>
```

在这种情况下，内部完成的加载变成：

```
SessionFactory sessionFactory =
    new AnnotationConfiguration().configure(cfgResourceName)
    .buildSessionFactory();
```

有了Hibernate，你也可以选择完全在组件描述符中配置持久化单元，利用组件配置属性指定Hibernate配置属性[①]：

```
<persistence:hibernate-session-factory name="sessionFactory">
  <persistence:cfg-properties>
    <key>hibernate.connection.driver_class</key>
    <value>org.h2.Driver</property>
    <key>hibernate.connection.username</key>
    <value>open18</value>
    <key>hibernate.connection.password</key>
    <value>tiger</value>
    <key>hibernate.connection.url</key>
    <value>jdbc:h2:/home/twoputt/databases/open18-db/h2</value>
  </persistence:cfg-properties>
</persistence:hibernate-session-factory>
```

你必须决定要在Hibernate持久化单元描述符中，还是在Seam组件描述符中定义Hibernate配置属性。如果有cfg-resource-name属性，就忽略<cfg-properties>元素。

Hibernate持久化单元组件提供了丰富的配置属性，用来提供映射工件的位置。属性则利用<mapping-classes>、<mapping-files>、<mapping-jars>、<mapping-packages>和<mapping-resources>元素定义。关于如何使用这些设置的详情请参阅Hibernate的文档。

Seam的组件只是加载持久化单元的其中一种选择。在9.3.3节，你将学习如何使用保存在JNDI中的持久化管理器工厂，这是一种并不完全以Seam为中心的方法。现在我们要继续用受Seam管理的持久化单元作为创建受Seam管理的持久化上下文的来源。

9

9.3.2 受 Seam 管理的持久化上下文

注册了持久化管理器工厂之后，就可以用它创建你自己的受应用程序管理的持久化管理器了。但是既然Seam可以替你分忧，那为什么还非得亲自管理这个资源呢？再强调一次，Seam还是用一个管理器组件处理这项工作。然而，在这种情况下，持久化管理器是在从Seam容器中获取受Seam管理的持久化上下文时进行分配的，而不是像持久化管理器工厂一样在应用程序启动时通过初始化得到。

受Seam管理的持久化上下文创建之后，它被保存在活跃的对话上下文中——无论该对话是临时的还是长期的。然后，底层持久化管理器的生命周期被绑定到对话的生命周期上。当对话终

① Hibernate可用属性的完整列表，请参阅Hibernate的参考文档。

止时，Seam调用持久化管理器上的close()方法以关闭持久化上下文。表9-2展示了Seam为每个持久化框架创建的持久化管理器。

表9-2 受Seam管理的持久化上下文

持久化框架	Seam组件 org.jboss.seam.persistence.*	它所创建的持久化管理器
JPA	ManagedPersistenceContext	javax.persistence.EntityManager
Hibernate	Managed Hibernate Session	org.hibernate.Session

一旦定义了受Seam管理的持久化上下文（很快就会讲到），就可以利用@In注解将它注入到另一个Seam组件的属性中。目标属性的类型必须与持久化管理器的相同。假设JPA组件的名称为entityManager，它像这样注入：

```
@In private EntityManager entityManager;
```

请记住，这种注入可以在应用程序中的任何层发生，而不是像你在本书的许多范例中见到的那样，只能在JSF动作Bean组件中发生。

在Hibernate中，受应用程序管理的持久化上下文是你唯一的选择，假设组件名为hibernate-Session，注入像这样进行：

```
@In private Session hibernateSession;
```

如果注入受Seam管理的持久化上下文时JTA事务是活跃的，持久化管理器就被集中到该事务中。此外，如果你是在使用Hibernate，无论是作为JPA还是原生API的提供者，Hibernate过滤器都是在组件中定义，它们此刻被应用到持久化管理器上。

像受Seam管理的持久化单元一样，受Seam管理的持久化上下文也是组件模板。为了使应用程序可以访问到它们，它们必须利用组件描述符来激活。我们来看看它们是如何定义的。

定义受管的持久化上下文

当你声明受Seam管理的持久化上下文时，必须提供一个名称和一个对持久化管理器工厂的引用。如果你已经配置了一个加载JPA持久化单元的受Seam管理的持久化单元entityManager-Factory，要将它的一个引用作为值表达式注入到受Seam管理的持久化上下文中：

```
<persistence:managed-persistence-context name="entityManager"
  entity-manager-factory="#{entityManagerFactory}" auto-create="true"/>
```

同样地，如果你已经配置了一个加载Hibernate持久化单元的受Seam管理的持久化单元sessionFactory，也要注入相应的值表达式：

```
<persistence:managed-hibernate-session name="hibernateSession"
  hibernate-session-factory="#{sessionFactory}" auto-create="true"/>
```

在前两个声明中，auto-create属性设置为true。在默认情况下，受Seam管理的持久化上下文组件被定义为关闭自动创建特性。打开这项特性之后，你就可以利用@In注解注入这些组件，而不必提供create属性。

小贴士 如果你为JPA持久化管理器赋名entityManager，为Hibernate持久化管理器赋名session（或者从Seam 2.1开始是hibernateSession），就可以让自己少打许多字。Seam利用这些名称在它的几个模块中查找受Seam管理的持久化上下文，除非指定一个覆盖的名称。

到目前为止，你已经为JPA和Hibernate都建立了受Seam管理的持久化上下文，同时让Seam处理整个过程。尽管有时候这是最方便的方法，但是Seam不会随时待命。幸运的是，Seam可以依赖于JNDI，它用一个持久化单元在那等待，加载就绪。

9.3.3 通过 JNDI 共用持久化管理器工厂

如果可以通过JNDI访问到，Seam的JPA持久化管理器组件就能够获得由Java EE容器加载的JPA持久化单元的引用。Seam也可以获取保存在JNDI中的Hibernate SessionFactory，用在它的Hibernate持久化管理器组件中。我们要探讨如何使这些资源可以在JNDI中访问到，以及如何让Seam使用它们，从原生的Java EE整合开始说起吧。

1. 持久化单元引用

如果已经有一个JPA持久化单元，再加载一个就没有什么用处了，在标准的Java EE环境中就是如此。但是，Java EE容器默认不暴露EntityManagerFactory，因此它不会发布到JNDI。对于使用Java EE组件中的@PersistenceContext注解来说，这是没有必要的。但是现在，你得允许Seam从Java EE容器中获取持久化管理器工厂。这需要一个额外的步骤，将它声明为一个资源引用。

持久化单元引用可以利用<persistence-unit-ref>元素在描述符web.xml中定义，也可以在Java EE组件里的@PersistenceUnit注解中定义。我在这里只说明基于XML的配置。这个引用将命名空间java:comp/env中的JNDI名称与持久化单元名称关联起来，如下所示：

```
<persistence-unit-ref>
  <persistence-unit-ref-name>open18/emf</persistence-unit-ref-name>
  <persistence-unit-name>open18</persistence-unit-name>
</persistence-unit-ref>
```

为了让这个引用可以使用，持久化单元描述符和实体必须在WAR的classpath中，或者打包成一个持久化文档[①]（PAR），并放在EAR的lib目录下。当PAR处在EAR的lib目录中时，它的持久化单元对于WAR和EJB JAR是可见的。如果持久化单元是包在EJB JAR中，它就是私有的，因此它对于Web上下文或者Seam是不可见的（JBoss AS是个例外）。

这个持久化单元的EntityManagerFactory引用是通过在InitialContext中查找完全匹配的JNDI名称java:comp/env/open18/emf而获得的。当然，你不必亲自执行这个查找，因为Seam可以在持久化管理器的配置中接受一个JNDI名称，替代entity-manager-factory属性：

```
<persistence:managed-persistence-context name="entityManager"
  persistence-unit-jndi-name="java:comp/env/open18/emf"
  auto-create="true"/>
```

① 持久化文档的详情请登录这个博客：http://in.relation.to/Bloggers/Partition Your Application。

这整个设置均假设你是在一个与Java EE 5兼容的环境下工作，JBoss AS 4.2则不是如此。直到推出JBoss AS 5.0，绑定到JNDI的方式以及JNDI命名惯例都是不同的。

2. 在JBoss AS中处理JNDI

JBoss AS 4.2没有实现整个Java EE 5规范，它在持久化文档的领域方面能力不足。它不支持使用前面说过的持久化单元引用。你只能将一个特殊的JNDI Hibernate属性添加到持久化单元配置中，指示Hibernate在运行时将EntityManagerFactory绑定到JNDI上：

```
<persistence-unit name="open18" transaction-type="JTA">
  ...
  <properties>
    <property
      name="jboss.entity.manager.factory.jndi.name" value="open18/emf"/>
  </properties>
</persistence-unit>
```

但是，这种技巧只有在用Hibernate作为持久化提供者时才有效。它还依赖于Hibernate能够在运行时写到JNDI中，这是所有环境都不支持的（请见随附的框注）。还要注意，这个JNDI名称不是放在java:comp/env命名空间[①]中，而是放在全局的JNDI命名空间中，因此EntityManager-Factory的引用是通过一字不差地查找JNDI名称而获得的：

```
<persistence:managed-persistence-context name="entityManager"
  persistence-unit-jndi-name="open18/emf" auto-create="true"/>
```

遗憾的是，JBoss AS的情况更加令人讨厌。只有当持久化单元被打包成EAR里面的一个EJB JAR，并且声明成EAR的application.xml描述符中的一个EJB模块时，JBoss AS 4.2才加载持久化单元。如果你的配置不同，就需要让Seam在它可以被绑定到JNDI之前启动持久化单元。如果你将应用程序部署到Servlet容器（如Tomcat或者Jetty）时也是如此。利用同样的运行时方法将Hibernate的SessionFactory绑定到JNDI上。

> **写到JNDI注册表中并不容易**
>
> JNDI命名空间，以及关于哪些命名空间可以在运行时被修改的规则，在各应用服务器中大相径庭。例如，JBoss AS支持命名空间java:/，这个命名空间在任何其他服务器上均不可用。GlassFish不允许应用程序修改java:comp/env命名空间。Tomcat完全关闭在运行时写到JNDI注册表的功能。请记住，只有当应用服务器不支持持久化单元引用时，或者你想要将Hibernate SessionFactory绑定到JNDI时，才有必要写到JNDI注册表。

3. 让Hibernate会话进入JNDI

Hibernate至少有一个理由需要JNDI技巧，因为它不响应标准。配置Hibernate绑定到JNDI的方式如此微妙，因此它经常被忽视。你只要将name属性添加到Hibernate配置中的<session-factory>节点上，并用这个值作为要与之绑定的全局的JNDI名称：

---

① 在大多数Java EE应用服务器上，java:comp/env命名空间都不能在运行时被修改。

```
<hibernate-configuration>
  <session-factory name="open18/SessionFactory">...</session-factory>
</hibernate-configuration>
```

由于绑定到JNDI的机制与用Hibernate作为JPA提供者时一样，因此查找也遵循同样的规则。也就是，为Hibernate将JNDI名称一字不落地传给受Seam管理的持久化上下文组件：

```
<persistence:managed-hibernate-session name="hibernateSession"
  session-factory-jndi-name="open18/SessionFactory" auto-create="true"/>
```

由于Java EE容器不会选择Hibernate配置，因此你必须利用Seam（或者其他）加载持久化上下文。从这个观点来看，JNDI在这个场景中真是没有带来多大的好处。

在JNDI中依赖持久化上下文的缺点在于，你要等到第一次试图获取它的时候才会知道它是否可用。这样就给了你一个未雨绸缪的机会，让你可以在应用程序启动的时候对配置进行验证。

9.3.4 在启动时验证持久化上下文

为了解决依赖JNDI查找的不确定性，可以注册一个应用程序作用域的`@Startup`组件，如代码清单9-1所示，执行一个完整性检查，验证某一个受管的持久化上下文是否创建成功。

代码清单9-1 在启动时验证持久化配置

```
package org.open18.persistence;
import ...;

@Name("persistenceContextValidator")
@Scope(ScopeType.APPLICATION)
@Startup
public class PersistenceContextValidator {
    private ValueExpression<EntityManager> entityManager;

    @Create
    public void onStartup() {
        if (entityManager != null) {
            try {
                EntityManager em =
                    entityManager.getValue();          <-- 触发JNDI查找
                entityManager.setValue(null);          <-- 关闭临时的实体管理器
            } catch (Exception e) {
                throw new RuntimeException("The persistence context "
                    + entityManager.getExpressionString()
                    + " is not properly configured.", e);
            }
        }
    }

    public void setEntityManager(          <-- 接受未执行求值的EL表达式
        ValueExpression<EntityManager> entityManager) {
        this.entityManager = entityManager;
    }
}
```

受Seam管理的持久化上下文的引用是作为一个值表达式提供的：

```
<component name="persistenceContextValidator">
  <property name="entityManager">#{entityManager}</property>
</component>
```

对话上下文在容器初始化期间是活跃的，允许在这个时候创建对话作用域的EntityManager。

这样就给了你许多在Seam中设置Java持久化的选择。Seam只是尽力协助事务，这就是9.4节的主题。

9.4　Seam的事务支持

Seam的事务支持使得持久化操作变得健壮，使得事务API变得更容易使用。以下3项服务包含了Seam的事务支持（均是可选的）：

- 全局事务；
- 事务抽象层；
- 应用程序事务。

Seam意识到事务不仅在业务层有用，而且在整个请求中都有用，这样事务便具有真正意义上的全局性。Seam引入了一个围绕着JTA接口构建的事务抽象层，从而不仅提供了这项服务，而且使事务API变得更容易使用。Seam的事务API使得在不同事务平台中转换只需进行配置即可。最后，Seam与受Seam管理的持久化上下文及Hibernate一起，为应用程序事务提供了方便。本节展示了这些服务如何支持你创建健壮的面向数据库的应用程序。

9.4.1　全局事务

JSF生命周期使Seam可以通过使用阶段监听器对请求进行细粒度的控制。Seam利用这种可见性管理持久化上下文、操作事务范围、捕捉异常和发出事务回滚。在Seam生命周期期间，Seam应用了它全局事务策略的两个关键方面：

- 将每个请求包装在两个（或者三个）截然不同的事务中；
- 关闭持久化上下文在视图渲染期间的刷新。

为了保护持久化操作（无论它们什么时候发生），Seam都给每个请求使用两个全局事务（如果触发页面动作，就用三个）。第一个事务在Restore View阶段之前或者Apply Request Values阶段之前启动，这取决于正在使用的是JTA还是resource-local事务。如果使用了页面动作，则用另一个不同的事务将它包装起来。这前几个事务都允许通过Invoke Application阶段执行的事务操作（如事件监听器、动作监听器、页面动作和动作方法）在前进到渲染之前完成它们的工作。这样一来，在渲染的异常就不会导致已经成功完成的业务逻辑在事后被回滚。如果业务逻辑失败，可以利用事务回滚接着导航到一个错误视图来进行处理。

最后一个事务确保在Render Response阶段中发生的数据库读取——延迟加载及其他按需抓取操作的结果——保持隔离，以避免事务隔离级别中定义的过渡时期变更。如果Hibernate是持久化提供者，Seam还会关闭受Seam管理的持久化上下文在Render Response阶段期间的刷新，有效地使事务变成是只读的。这种措施确保视图不会不小心导致数据库被修改。图9-2给每个独特的生命周期区域划上阴影来说明这些事务范围。

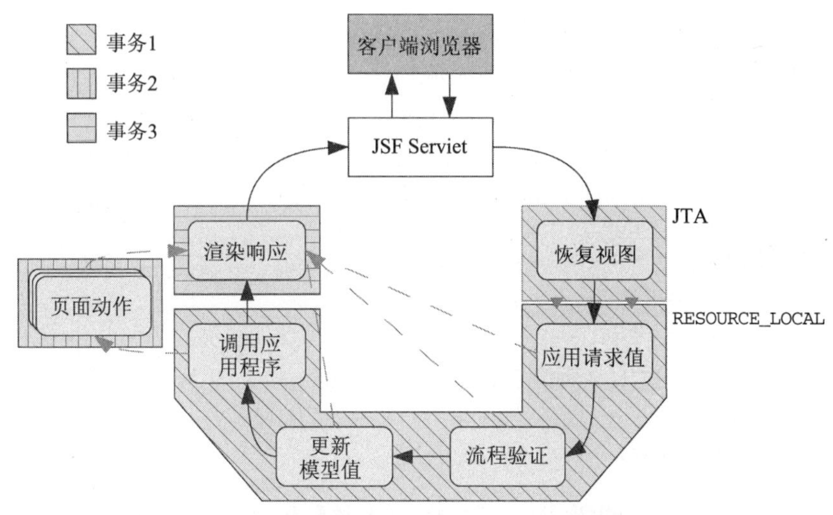

图9-2 通过Seam的事务管理包住了Seam生命周期各阶段的事务范围。RESOURCE_LOCAL事务被延迟到对话启动的时候

Seam用来启动全局事务的事务管理器是由事务组件决定的，你在9.5节中将学习这要如何配置。是否使用Seam的全局事务是可选的。你可以随意地在服务层方法的范围中（或者每当你定义了这些方法的时候）使用事务。为了关闭Seam的全局事务，要在组件描述符中设置下列配置：

```
<core:init transaction-management-enabled="false"/>
```

警告，取消受Seam管理的事务会使视图在没有事务的情况下渲染。我们来看看这种选择的后果。

隔离延迟加载

你需要事务使用延迟载吗？不需要。如果你需要通过未初始化集合的范围或者代理（延迟抓取策略），也可以扩展持久化上下文来实现延迟加载。但是即使使用对话作用域的持久化管理器，你也仍然要面对没有定义显式事务范围的问题，延迟加载操作以自动提交的模式执行，为每一个查询打开和关闭事务。这样不仅十分昂贵，而且缺乏隔离保证。每个延迟加载操作都可以执行不止一个查询，你也可以在指定视图中命中不止一个延迟关联。有些查询可能要花很长的时间运行。无论中间发生多少次外部事务提交，你都希望自己的读取能够返回数据，仿佛所有查询都是即时执行的一样。因而，使用显式事务是一种好办法，即便对于只读操作也一样。全局的事务一定是显式事务。

事务是竞争激烈的另一个赛马场。Java EE容器提供了JTA，这是Java EE中的标准事务管理器，持久化框架提供了resource-local事务，Spring则有自己的事务管理平台。你应该使用哪一种解决方案呢？Seam将这种决策简化成了一个配置细节。

9.4.2 Seam 的事务抽象层

Seam在自己的抽象层中将刚刚提到的事务实现全部标准化。但关键在于，Seam扩展了JTA

的UserTransaction接口，它在标准的Java EE事务API之外形成这种抽象。这个接口的调用委托给底层的事务管理器。因此你不必提交到另一个事务平台，就可以利用Seam的事务管理。Seam还织入了许多简便的方法，这样通用应用程序代码管理事务的工作将变得更加轻松。当Seam无法控制事务时——如EJB组件中受容器管理的事务——Seam仍然通过执行一组较少的操作来参与，并监听EJB容器引发的事务同步事件。

说明　受容器管理的事务不能通过应用程序控制，因此不接受begin()、commit()和rollback()。但可以接受setRollbackOnly()。

表9-3展示了Seam抽象层支持的事务管理器。这个表中XML元素所用的命名空间别名tx解析成http://jboss.com/products/seam/transaction。你的任务是将Seam与一个事务管理器连接起来，这样它就可以在必要的时候创建事务。

表9-3　Seam的抽象层支持的事务管理器

Seam事务管理器 **org.jboss.seam.transaction.***	如何安装	原生的事务管理器
UTtransaction	非EJB环境中的默认设置	受应用程序管理的JTA UserTransaction
EntityTransaction	<tx:entity-transaction>	JPA EntityTransaction
HibernateTransaction	<tx:hibernate-transaction>	Hibernate Transaction
CMTTransaction	EJB环境中的默认设置	受容器管理的JTA通过EJBContext对象可以访问到UserTransaction
NoTransaction	<tx:no-transaction> 或者在无法使用JTA的时候	在无法使用事务管理器的时候使用

Seam的事务管理器是互相排斥的。Seam在非EJB环境中使用从JNDI注册表中获取到的受应用程序管理的JTA。如果你宁可让Seam使用resource-local事务（或许因为无法使用JTA），就配置与你正在使用的持久化API一致的那一个。为了通过JPA使用resource-local事务管理器，定义下列组件配置：

```
<tx:entity-transaction entity-manager="#{em}"/>
```

你像下面这样通过Hibernate激活resource-local事务管理器：

```
<tx:hibernate-transaction session="#{hibernateSession}"/>
```

只有当持久化管理器的名称与Seam的标准命名惯例不符时，才需要为各个受Seam管理的持久化上下文指定持久化管理器。如果组件依赖于受容器管理的事务（在EJB环境中），Seam就会与EJBContext中的UserTransaction一起捕捉事务同步事件。由于Seam不控制受容器管理的事务，因此有必要注册Seam，让它能够得到事务范围的通知：

```
<tx:ejb-transaction/>
```

这个配置激活了一个实现SessionSynchronization接口的有状态会话Bean，让它捕捉来自EJB容器的事务事件。这个SFSB被打包在jboss-seam.jar中，jboss-seam.jar则必须被打包在EAR中。

Seam利用自己的内部事件机制，从这个SFSB将下面这两个事件传给其他的Seam组件，对于受Seam控制的事务，Seam也会引发同样的事件：

- org.jboss.seam.beforeTransactionCompletion；
- org.jboss.seam.afterTransactionCompletion（在提交或者回滚时引发）。

第二个事件将boolean参数传给观察者，指明该事务是否成功（如提交还是回滚）。警告：Seam的全局事务与CMT的混合很复杂，因为事务本身不共用。

如果关闭Seam的事务管理器（如<tx:no-transaction>），也必须关闭Seam的全局事务。否则，当Seam试图查找事务时就会抛出异常。

在Seam应用程序中使用分布式事务

使用JTA事务的主要原因之一是为了利用分布式的事务。尽管Seam用全局事务将每个请求都包装起来了，但是只有JTA实现可以支持分布式事务。在这种情况下，只要底层的数据源被配置成一个XA资源，你就可以使用多个持久化管理器，得到两阶段的提交。在线第14章说明了如何在样例应用程序中设置XA数据源。

在使用EJB组件时，你也可以选择利用标准的Java EE机制，或者@TransactionAttribute注解或ejb-jar.xml描述符来声明事务范围。Seam提供了@Transactional注解，将这种声明式的方法带到了JavaBean组件中。9.5节关注在非EJB组件中使用受Seam管理的事务。

9.4.3 控制受 Seam 管理的事务

在业务逻辑中控制的事务被称作受Bean管理的事务（BMT）。虽然BMT提供了更细粒度的控制，它们的使用则混合了事务管理和业务逻辑。与持久化一样，Seam志愿负责事务的管理，在这个等式中扮演了“Bean”的角色，价值定位与受容器管理的事务（CMT）一样。这种方法的最大好处是，JavaBean和EJB组件可以共用相同的策略。如果有必要，你依然可以使用Seam事务API（如Transactional组件）来获得更细粒度的事务控制。

Seam提供了@Transactional注解来控制受Seam管理的事务围绕方法调用的传播。@Transactional注解（如表9-4所述）与Java EE的@TransactionAttribute注解同义。Seam的注解支持一组传播类型，与Java EE API中的那些相对应。Seam用内建的方法拦截器包装包含@Transactional注解的组件，它拦截这个注解，并相应地启动事务。但是请注意，使用Seam的全局事务时，@Transactional注解在JSF请求期间是不相干的。

表9-4 **@Transactional**注解

名称：Transactional

作用：指定应该用于某个方法调用的事务传播

目标：TYPE（类），METHOD

属　性	类　型	作　用
value	TransactionPropagationType	表示事务应该围绕着方法调用做何处理。默认：REQUIRED

@Transactional注解可以在类级别或者方法级别上应用。当它在类级别上应用时，会被所有方法继承，除非方法用自己的@Transactional注解覆盖了这个设置。允许的传播值如表9-5所示。请注意，Seam不支持搁置或者嵌套事务。

表9-5　@Transactional注解支持的事务传播类型

传播类型	作　用
REQUIRED	表示执行该方法需要一个事务。如果事务不是活跃的，Seam将启动一个新的事务。这是默认类型
SUPPORTS	表示允许该方法在有活跃事务时执行，但是如果事务不是活跃的，它就不会启动事务
MANDATORY	表示执行该方法需要一个活跃的事务。如果事务还不是活跃的，就会抛出运行时异常
NEVER	表示这个方法被调用时事务不应该是活跃的。如果事务是活跃的，就会抛出运行时异常

假设你想要将一个事务应用到某一个Seam组件的所有公有方法。为此，你在类级别上定义了@Transactional注解：

```
@Name("courseAction")
@Transactional
public class CourseAction {
    @In private EntityManager entityManger;
    public void addCourse(Course course) {
        entityManager.persist(course);
    }
}
```

现在假设你想要将工作委托给另一个组件上的方法。为了确保辅助方法只在有现成事务的时候才执行，你得将传播类型声明为mandatory，利用一个方法级别的注解覆盖在这里进行声明：

```
@Name("courseAuditManager")
@Transactional
public class CourseAuditManager {
    @In private EntityManager entityManager;
    @Transactional(TransactionPropagationType.MANDATORY)
    public void storeAuditInfo(Course course) {
        entityManager.persist(new CourseAudit(course));
    }
}
```

在启动事务的任何方法调用结束时，事务被提交。可是，使用Seam的全局事务时，事务已经是活跃的，因此事务是在阶段的范围内提交，如图9-1所示。但是，如果方法调用被异常中断，会发生什么事情呢？答案是：会发生回滚。

出错时回滚

Seam为事务的方法调用模拟EJB容器所用的那种回滚行为。事实上，在使用Seam会话Bean组件时，Seam介入，甚至在某些情况下，它会在异常到达EJB容器之前发出回滚。回滚的规则如下所述。

- 如果抛出系统异常就回滚。系统异常是没有用@ApplicationException标注的RuntimeException。

- 如果抛出开启了回滚的应用程序异常就回滚。应用程序异常是通过@Application-Exception注解定义的，它表示抛出该异常时是否应该发出一个回滚。
- 如果抛出开启了回滚的应用程序异常或者受检异常，就不要回滚。

Seam可以通过Java EE API及其在Seam中的同义词来处理@ApplicationException，如6.3节所述。如果在应用程序逻辑之外出现异常，Seam的异常处理机制就会捕捉到，如果事务还是活跃的，就在该事务上发出一个回滚。异常中的回滚特性只是让你控制发生回滚的时间，并且允许你更优雅地处理它。每当事务失败时，Seam也会从消息键org.jboss.seam.TransactionFailed中将一个JSF警告消息添加到响应中。

目前展示的事务方法都是原子的数据库事务。现在我们要看看另一种类型的事务：应用程序事务，它更像是一种设计模式，而不是一种服务。

9.4.4 应用程序事务

应用程序事务（也称作原子对话、乐观事务或者长期的应用程序事务）是Seam的Java持久化支持的颠峰。它需要从Seam的几个不同方面进行协调，但是在基于Web的应用程序中确保数据一致性是关键，这是不容质疑的。

1. 应用程序事务的目的

持久化上下文是通过在持久化管理器中调用flush()方法进行刷新的。此时，利用一系列数据修改语言（Data Modification Language，DML）语句（如INSERT、UPDATE和DELETE）对受管实体（脏实体）所做的修改被传播到数据库中，这种策略被称作后写（write-behind）。如果是在数据库事务的作用域中运作，DML语句什么时候执行都没有关系，因为它们是这个事务的一部分，如果有任何东西导致事务失败（如它们是原子的），它就可以回滚。

然而，扩展的持久化上下文可以跨越多个请求，从而跨越多个数据库事务。在不同事务中发生的刷新不是同一个原子工作单元的一部分。因此，让数据库回滚到它在对话开始之前所处的状态是不可能的。一种权宜之计是使用修正事务［如“撤销”（undo）］，但是这么做既费力又容易出错，而且还没有解决这些过渡时期的提交允许数据（从用例的角度出发，仅指部分完成的数据）进入数据库的问题，因而实际上破坏了对话。过早地发送对数据库所做的修改类似于你在往在线购物车中添加物品时就从你的信用卡中扣款一样，更糟糕的是，系统的其他部分会显示出提交上来的不完整数据，这正是有意要避免的隔离事务。

你希望能够做到的是将所有DML语句都集中在一个用例中，使它们能够作为一个原子的工作单元统一被应用或者回滚。我保证这不是在建议你使用长期的数据库锁。在用户“思考”期间保持数据库锁会给系统引入一个巨大的瓶颈问题。技巧就是使用应用程序事务，它利用持久化上下文作为数据库的媒介。

你已经知道对话作用域的持久化上下文可以让整个用例的变更都加入队列，你可以当它是创建DML语句的指示。在应用程序事务中，持久化上下文延迟到用例的最后一步才刷新，并且是在数据库事务中执行。由于整个用例的DML语句是一起应用的，因此对话（如用例）是原子的。应用程序事务依赖于乐观锁（第8章中介绍过）来确保：仅当从用例启动以来，映射到持久化上

9

下文中受管实体的数据库记录都没有从外部被修改过，这些语句才会执行。

我们考虑如何根据JPA规范以及Hibernate提供的替代解决方案来实现应用程序事务。这种分歧是一场激烈辩论的产物。Hibernate中有助于应用程序事务（手工刷新）的扩展被挤出了该规范，因为当时有些决策者不理解它。希望本节的内容可以使你成为被启发者之一。

2. 规范中的瑕疵

持久化上下文的刷新行为是利用在持久化管理器中设置的刷新模式进行控制的。JPA规范只定义了两种刷新模式：AUTO和COMMIT。在AUTO刷新模式中，只在持久化管理器认为有必要的时候才发生刷新。COMMIT刷新模式则指示持久化管理器等到事务提交时才刷新。

规范指出，如果你想要执行一个应用程序事务，应该将刷新模式设置为COMMIT，直到你准备执行刷新之前，一直在显式事务之外运作。在用例结束时，调用一个事务方法，它导致这些变更在事务提交的时候被刷新到数据库中。

如果采用这种方法，意味着完全避免了在过渡时期使用事务，这是一种非常不好的设计。你又要再一次小心翼翼地应对自己的应用程序了（回想一下延迟初始化异常吧）。而且你正在自动提交模式下运作，你知道，它不会为一系列的数据库操作提供隔离。最后，它完全不用Seam的全局事务策略了，它给每个请求至少使用两个事务。为此，Hibernate将MANUAL刷新模式作为一个扩展添加到了JPA规范中。

3. Hibernate的MANUAL刷新模式

Hibernate的MANUAL刷新模式确保持久化上下文只在对持久化管理器API上的`flush()`方法进行调用时才会被刷新（受Bean管理的刷新）。这种模式给了你根据自己的意愿让持久化上下文进出事务的弹性，不会有过早刷新的危险。

警告　如果实体标识符是在插入期间生成的（如自动递增的列），那么即便使用手工刷新，刷新也是在`persist()`方法调用之后发生。这是必要的，因为持久化上下文中每个受管的实体都必须有一个标识符。为了避免刷新，你需要为id生成策略设置顺序（不是同一性）。

使用Hibernate的MANUAL刷新模式扩展的应用程序事务是在对话范围中控制的。幸运的是，Seam可以透明地管理刷新模式扩展。如果将`@Begin`注解中的`flushMode`属性（或者页面描述符标签`<begin-conversation>`中的`flush-mode`属性）设置为MANUAL，Seam就会在对话启动时将持久化管理器转换成手工刷新：

```
@Begin(flushMode = FlushModeType.MANUAL)
public void beginApplicationTransaction () { ... }
```

从Seam 2.1开始，可以在组件描述符中全局地设置默认的刷新模式：

```
<core:manager default-flush-mode="MANUAL" .../>
```

如果你想在应用程序中使用应用程序事务（并且不想使用避免事务方法的权宜之计），就必须利用受Seam管理的持久化上下文和原生的Hibernate API或者Hibernate作为JPA提供者。任何其他的JPA 1.0提供者都不支持MANUAL刷新模式。我们来看一个使用应用程序事务的完整范例。

4. 应用程序事务的实践

应用程序事务的两个颇具吸引力的用例是基于向导的表单和编辑预览页面。在这两个用例中，用户都有机会在数据被提交前先验证它的正确性。我们先来实践第一个用例。

我们要在第7章的高尔夫球场向导范例的基础上进行构建，如代码清单9-2所示，CourseWizardAction组件支持添加新球场，以及更新现有的球场，分别由动作监听器方法addCourse()和editCourse()启动。请注意，这些方法在启动长期对话的时候转换成MANUAL刷新模式。这样就打开了一个Seam式的应用程序事务。过渡时期的方法调用不会将Course实体的变更刷新到数据库中，而是让所有变更都延迟，并在save()方法被调用的时候在一个原子提交中发送。（但是请注意，如果实体的标识符是在插入时产生的，persist()方法会迫使进行一次刷新。）

代码清单9-2　支持应用程序事务的组件

```
package org.open18.action;
import ...;

@Name("courseWizardAction")
@Scope(ScopeType.CONVERSATION)
@Transactional
public class CourseWizardAction implements Serializable {
    @In private EntityManager entityManager;
    @RequestParameter private Long facilityId;
    @Out private Course course;

    @Begin(flushMode = FlushModeType.MANUAL)          <-- 启动应用程序事务
    public void addCourse() {
        course = new Course();
        course.setFacility(
            entityManager.find(Facility.class, facilityId));
        entityManager.persist(course);                 <-- 不将变更刷新到数据库
    }

    @Begin(flushMode = FlushModeType.MANUAL)          <-- 启动应用程序事务
    public void editCourse(Long id) {
        course = entityManager.find(Course.class, id);
    }

    public String submitBasicInfo() {                 <-- 不将变更刷新到数据库
        return "next";
    }
    ...
    @End public String save() {
        entityManager.flush();                        <-- 将变更刷新到数据库
        return "success";
    }
}
```

重要的是，你不必被迫回避事务方法来实现应用程序事务。MANUAL刷新模式指示持久化上下文在它听到你的命令之前不要采取措施，确保对话不会被过早地刷新破坏。在过渡期间，你可以随意地使用事务，可以是为了隔离正常的读取，或者是出于任何其他目的。

应用程序事务说明了持久化上下文的足智多谋，它被当作用例的一级居民对待，但是没有成为事务的奴隶。关于应用程序事务的更多详情，请参阅*Java Persistence with Hibernate*（Manning，2007）一书第11章的内容。

9.5　小结

本章介绍了受Seam管理的持久化和事务，它们代替了Java EE中受容器管理的持久化和事务。我希望你能够从中得出这样的结论：在Seam中使用Java持久化是非常有必要的。你看到了持久化上下文经常如何被胡乱地操作，如果将持久化管理器放在对话中，Seam就可以让这些问题迎刃而解，让你认识到Java持久化的价值。事实上，Seam使得你不正确地持久化都很难。

除了正确地设置持久化管理器的作用域，你知道Seam还对它进行了一些很好的升级。我们试验了一般化的强化功能，以及特定于Hibernate的强化功能。要让Seam控制持久化上下文，你必须在运行时给它一个持久化单元。你学过了如何配置Seam，让它自己启动JPA或者Hibernate持久化单元，或者抓取一个已经通过JNDI加载的持久化单元。你还见到了如何为各种持久化API定义受Seam管理的持久化上下文。

然后我介绍了Seam的事务支持。你见到全局事务将事务提供的保证扩展到了整个请求，见到Seam的事务抽象层使事务API变得更加容易使用，并且见到应用程序事务是在有状态应用程序中确保数据一致性的关键——这是Hibernate的MANUAL刷新模式扩展所强化的功能。

现在你可以准备利用Seam的Application Framework快速地构建CRUD应用程序，同时获得一些利用受Seam管理的持久化上下文和事务的经验。

第 10 章

快速开发Seam应用程序

本章概要

- ❑ Seam Application Framework
- ❑ 为实体构建CRUD页面
- ❑ 对查询结果集进行分页和排序
- ❑ 为查询指定限制条件

如果你回想一下刚开始学习打高尔夫球的时候（或许你现在仍然在学），你可能立刻会为当时那种必须聚精会神地应对每一个细节的情景而感到心有余悸。首先，你必须判断击球的距离，并选择正确的球杆。这个“决策”即便对于最佳的高尔夫球员来说也是个棘手的决定。一旦确定了目标并准备挥杆时，你还得摆好姿势，控制好握杆的力度，对准球杆端面，保持低头，肩膀保持水平，眼睛盯着球。这一切显得如此呆板，即使挥杆再漂亮也会觉得不自在。

终于有一天，你打球时再也不需要思考每一个细枝末节了，而只管尽情挥杆。你是怎么学会的？这很难解释，一切仿佛水到渠成，就像走路或者骑自行车一样。当你望向球道时，考虑到前方障碍物的影响，就会知道要把球打出多远，以及要使用哪一支球杆。你不再根据一些既定的距离图来“设计”决策，挥杆时也不再觉得别扭。

本章是你到目前为止学过的所有Seam知识点中的高潮部分，也是你让自己从菜鸟变成大虾的好机会。你将结合组件、组件实例、对话、页面参数、页面动作、导航规则、受管持久化以及事务，在Open 18应用程序中实现几项新的特性。学完本章，你会觉得用Seam进行开发是理所当然的事，你不仅能够构造自定义的应用程序，还能有新的心得体会。用Seam提高生产力的关键在于学习Seam Application Framework中的组件模板，并且知道如何运用它们。这些模板能够帮助你处理那些反复且琐碎的工作，使Seam的服务变得唾手可得，从而使你能够进行快速的开发。你会发现使用这些类时，既可以在Java中扩展它们，也可以在组件描述符中配置它们，或者二者兼而有之。我们首先探讨这个框架提供了哪些特性。

10.1 框架中的框架

现在你很清楚Seam是一个定位于Java EE的应用框架。它提供了一个容器，用来管理组件，并利用那些组件将一个企业Java应用程序的各个层关联起来。在Seam的基础代码中有许多类，这些类组成了Seam Application Framework。这个“框架中的框架”是一个专门的组件模板集，这些组件模板可以很容易地满足普通Web应用程序的编程需求。这类工作包括：在实体实例中执行创建、读取、更新和删除（CRUD）操作，查询数据，以及开发JSF的页面控制器等。你可能会怀疑这些类是否值得如此关注，但是我保证这是高瞻远瞩的做法。

说明 Seam参考文档中将类的这种分组称作Seam Application Framework。这个名称有可能造成混淆，因为它好像是它本身所在的、但是范围更广的Seam框架名称。因此，每当我说到这些类以及它们所提供的功能时，就会使用适当的名词Seam Application Framework来称呼它，以便与参考文档保持一致。我把它定义为类的框架，能够快速构建在实体上执行CRUD和查询操作的页面控制器。

到第2章结束时，你就已经有了一个可以给老板留下深刻印象的CRUD应用程序。此后，你又对这个应用程序进行了诸多改进，进一步证明了你在Seam中的投入已有回报。（希望这足以说服你的老板，让他为你的同事们购买本书。）问题在于，由Seam Application Framework提供技术支持的那些原始CRUD页面的大部分内部运作情况仍然很神秘。你已经知道如何利用对话和扩展持久化上下文来正确地管理“视图—编辑—保存”的顺序。现在你将了解到这个框架是如何为该用例提供便利的。你还会知道它可以生成使用户能够始终获悉的状态消息。

你会看到该框架如何协助创建一个页面，用来列出从数据库获取到的特定类型的实体。但它不是立刻加载所有的记录，因为这项操作很可能代价极大。相反，它提供了将列表截成多个页面的支持。管理查询的组件对分页和排序命令做出响应，并帮助你开发一个搜索过滤器，使用户能够削减结果集的数量。

在本章，你将看到在第2章中所创建页面的行为和设计，以将一个用于表示高尔夫球赛一个轮次的新实体Round纳入到应用程序中。这一次，你要彻底地从头构建这项功能，然后进一步将它延伸。这个练习可以帮助你熟悉Seam Application Framework，教你如何在它的基础上进行构建。顺理成章地，我们可以发现该框架的基础就是持久化。

10.1.1　持久化API的包装

基于数据库的应用程序的生死都系于它们读和写关系数据库表的能力上。前2章已经介绍了在Seam应用程序中管理持久化实体是多么容易，这很大部分要归功于JPA和Hibernate透明地将对象映射到关系数据库表、以及通过使用持久化管理器来回移动它们的能力。这些对象关系映射（ORM）框架无需那些遍布在数据访问层（更糟糕的是直接在视图）对象里的冗长JDBC/SQL代码。

尽管使用ORM工具比直接使用JDBC更加方便，但你仍然必须完成重复的工作。一般认为，ORM操作需要包装在数据访问对象（DAO）中，以消除样板代码，并删除项目中的重复代码。有许多DAO框架是通过生成代码或者提供模板类，将数据操作和异常与业务逻辑隔离开来，以完成这类繁琐的工作的。以下就是这类框架的部分例子。

- AppFuse：http://www.appfuse.org。

- Crank：http://code.google.com/p/krank。
- EL4J：http://el4j.sourceforge.net。
- OpenXava：http://www.openxava.org。

这类DAO框架能够处理下列工作。

- 创建或者获得对持久化管理器的引用。
- 利用参数化的模板类管理CRUD操作和事务。
- 利用泛型或者生成代码来减少转换。
- 提供一种通过声明来定义查询的设施，并帮助管理结果集。

在Seam应用程序中使用数据访问层是理所当然的事。事实上，对于大型的项目，我更倾向于鼓励这种设计。但是Seam打破了必须将持久化管理器包装在DAO里的神话。Seam建议持久化管理器即为DAO。但持久化管理器毕竟不是页面控制器，因此Seam组件应运而生。它与持久化管理器协同工作，执行数据访问操作。这样的设计不仅简化了层，还引入了一个有状态组件。可是数据访问层在我们的心中已是如此根深蒂固，因此似乎无法就这么放弃它，我们便努力地让自己相信它能使我们免于技术改动，从而证明它存在的意义（对服务层也是如此）。

虽然Seam可以管理持久化上下文，并且使它很容易在组件间共享，这些你在第9章已经学过，但是Seam的开发者意识到你仍然需要编写页面控制器。Seam Application Framework是一般DAO框架的一种变体，只不过它让持久化管理器和页面控制器作为一个工作单元进行工作，而不是另外引入一个栈层。此外，Seam Application Framework中的类很清楚正在传递的实体的状态（把它做成是有状态的），而不是盲目地将操作传给持久化管理器。这个框架中包括两类持久化控制器，你会在10.2节中学到：一种是管理单个实体的，另一种是管理一个结果集的。这些控制器完成下列工作：

- 充当JSF的表单Bean和动作Bean（页面控制器）；
- 创建原型实例，或者被持久化，或者用作查询的一部分；
- 帮助管理实体实例的状态或者查询结果集；
- 按需获取实体实例或者查询结果集；
- 监测参数，以决定什么时候需要刷新受管数据；
- 利用Java 5泛型提供类型安全检查，并使得在实体实例或者查询结果集中执行的操作不需要进行转换；
- 围绕持久化操作来定义事务性作用域；
- 准备状态消息，并在包装该操作的事务提交成功时引发事件。

因而，组成Seam Application Framework的类不会盲目地包装持久化API，而是通过处理许多管理持久化实体所需的附加关注点，使面向数据库的应用程序得到迅速开发。接下来我们看一下有哪些类可用，以及它们是如何与持久化管理器交互的。

10.1.2　持久化控制器

Seam Application Framework是类的层次集，全部从基类`Controller`中扩展而来。`Controller`

包含的便利方法，用于访问Seam上下文和组件实例、与Servlet API和JSF生命周期交互、记录日志消息、注册JSF消息以及引发事件。这个层次中的类广泛使用Java 5泛型来提供强类型。

这些类将用作JavaBean组件。如果你想扩展其中某一个类来创建EJB组件，就需要为这个类定义一个接口，因为这些组件并不提供接口。即便那样，这个类层次中的主要派生类PersistenceController依然被设计为要与受Seam管理的持久化管理器共用。尤其是，它为持久化管理器提供了（Java 5式的）普通访问，作为类定义的一部分，如下所示：

```
public abstract class PersistenceController<T> extends Controller { ... }
```

在这个声明中，泛型参数T是持久化管理器的占位符。PersistenceController的延伸是类的3个分支，它们促进了与持久化管理器的交互。每个分支均有一个JPA实现和一个Hibernate实现。JPA是用EntityManager代替T，Hibernate则用Session代替T。Seam Application Framework中的控制器类如表10-1所示。在这每一个类中，泛型参数E都是实体类的一个占位符。[①]

表10-1　Seam Application Framework中父类的3个分支

类型/作用	JPA	Hibernate
Home<T，E> 管理单个实体实例，并支持CRUD操作	EntityHome<E>	HibernateEntityHome<E>
Query<T，E> 管理一个JPQL/HQL查询结果集。支持限制、排序和分页	EntityQuery<E>	HibernateEntityQuery<E>
PersistenceController 开发JSF页面控制器的父类。具有用来与持久化管理器、Seam以及JSF交互的便利方法	EntityController	HibernateEntityController

这个类层次的JPA实现如图10-1所示。

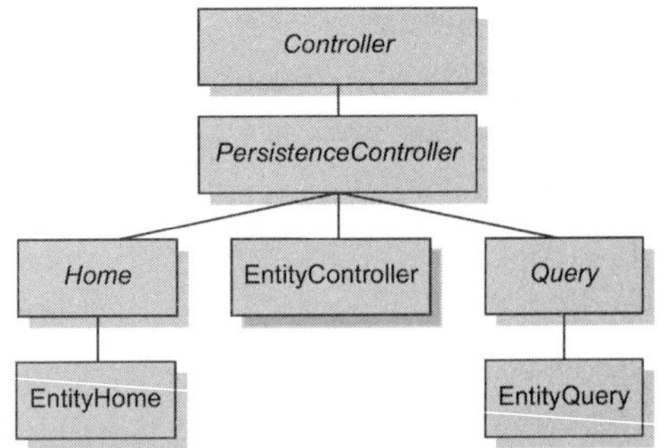

图10-1　针对JPA的Seam Application Framework层次结构图。Hibernate同样也有一个层次结构图

那么，将持久化管理器包装起来究竟有什么好处呢？事实上有两个好处：事务作用范围和泛型。虽然持久化管理器可以控制或者参与事务，但它无法指定事务作用范围。另一方面，持久化管理器中的方法用@Transactional进行注解，以保证持久化操作被置于显式的事务中。在第9章中，你知道了Seam是利用围绕JSF请求的全局事务，因此这只是该环境之外的一个关注点。泛型允许这些类形式上适合于一个持久化管理器实现和一个实体类。我们来探讨一下泛型的好处。

泛型法

毫无疑问，为了简化Java EE编程模型，Seam纳入了在Java 5中引入的语言扩展。你已经看到，

① 根据http://java.sun.com/docs/books/tutorial/java/generics/gentypes.html，T是Type的俗称，E是Element的俗称，不过在这里，你也可以把它当作是Entity的俗称。

Seam广泛利用注解作为提供声明式行为的一种方式。Seam在Seam Application Framework中始终使用泛型，它是在采用Java 5的基础上构建的。泛型有助于削减转换[①]，因而从代码中消除了许多不必要的混乱。例如，你可以利用参数化的类型，得到Round实体的EntityHome：

```
EntityHome<Round> roundHome = new EntityHome<Round>();
```

然后，你不需要转换就可以将该实体的一个新实例初始化：

```
Course newRound = roundHome.newInstance();
```

只有在Java中扩展框架类时才会用到泛型支持。你也可以选择完全在XML中声明框架组件。在这种情况下，泛型参数就不起作用了，因为实例只利用动态类型[或者“隐藏类型”(duck-typed)]的EL进行引用。我们来看看它们各自适用于什么场合。

10.1.3　两种用途

Seam Application Framework中的类本身并不是组件，这意味着它们不支持@Name注解。它们是组件模板，类似于在第9章讲过的受Seam管理的持久化类。你已经知道，让模板类成为Seam组件的一种方式是在组件描述符中声明并配置它，像此处的roundHome组件一样，你在本章的稍后也会看到：

```
<framework:entity-home name="roundHome"
  entity-class="org.open18.model.Round"/>
```

这个组件声明被归入内建的组件命名空间http://jboss.com/products/seam/framework，本章全部以framework作为前缀。像持久化框架类一样，应用框架类被设计成完全通过配置进行控制。基于XML的方法十分灵活，主要归功于Seam组件模型和无处不在的EL。如果以这种方式定义，组件完全可以配置一个实体实例以绑定到JSF表单输入上，并处理表单的动作。所有必要的功能都集中在Home类上。

如果该框架类中没有提供你所需要的某一项特性，这种只凭配置的方法是不够的。幸运的是，这些类被设计成可扩展的。你可以在Java或者Groovy中扩展它们，来构建自定义组件。这种方法给了你最大的灵活性，因为类扩展非常有用。此外，你还可以在父类中实现泛型参数，以得到类型安全检查。下面是在Java中定义的roundHome组件：

```
@Name("roundHome")
public class RoundHome extends EntityHome<Round> { ... }
```

你不要以为非得预先决定要使用Java还是XML。其实从应用程序的其余部分来看，最终的结果是一样的：Seam组件。你可以随意地在应用程序中混用这两种类型，甚至在同一个组件中混用。事实上，最灵活的方法是在XML中定义属性，在子类中定义方法，同时引用组件描述符中的子类。这种灵活性是Seam中统一组件模型的根本。现在你就可以很自如地利用Home组件来实现CRUD页面，以管理Round实体的实例。

① 关于泛型的详细讨论以及它们如何避免转换的信息，请参阅下列网页中关于泛型的技术文章：http://java.sun.com/developer/technicalArticles/J2SE/generics/。

10.2　采用 Home 组件的有状态 CRUD

受管持久化有过与良好的面向对象设计不一致的记录。EJB 2率先使用分布式对象。结果，开发者们迅速转而使用数据传输对象（DTO）将聚合的数据传递出去，这是一种减少网络流量的方式。当时这些领域对象毫无反应。但是，当“轻量级”DAO框架取代了EJB 2之后，领域对象的智能性仍未恢复，因为它采用了同样有缺陷的架构。将领域对象当作存放数据的桶，不用给它们真正的行为，这是一种被称作Anemic Domain Model的反模式。[①]一切都失去了平衡时，变化也就在所难免了。

10.2.1　弥补 Anemic Domain Model 的不足

如图10-2所示，当钟摆试图偏离Anemic Domain Model时，当今的有些框架，如Ruby on Rails，提倡利用Action Record设计模式作为使领域对象主动参与面向对象设计的一种方式。在Active Record模式中，领域对象被直接映射到数据库记录中，就像使用ORM时一样。但是，允许领域对象在数据库中保存或者向其获取它本身，把这种关系又向前推进了一步。因而，除了封装数据之外，它还封装数据访问逻辑。

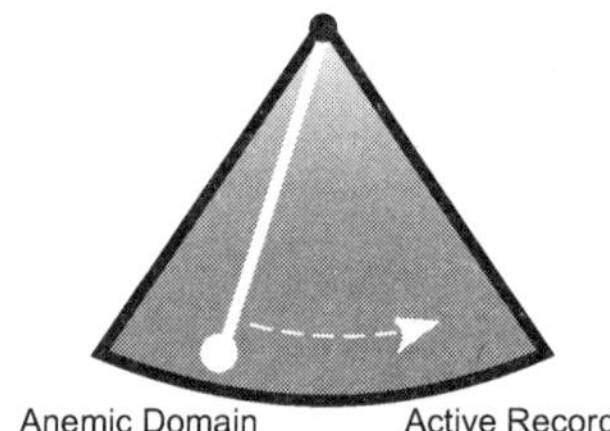

图10-2　倾向于往领域模型对象中添加更多行为的一种行业趋势。Anemic Domain Model只存放状态，而Active Record模式则封装状态并执行数据访问逻辑

Seam本身作为一个进步的框架，它也支持Active Record模式吗？当然不。首先，因为Active Record模式在J2EE中曾经尝试过，却以惨败收场。EJB 2时代的实体Bean（不要与EJB 3中的JPA实体类混为一谈）形成了Active Record模式，因为它们使数据访问逻辑内在化。这种交互在受Bean管理的持久化实体Bean中尤其明显，它们直接在生命周期方法中嵌入SQL语句。就像Active Record模式中的领域对象一样，EJB 2实体Bean也可以创建、更新、加载和删除它们所映射到的数据库记录。

实体Bean失败的一大因素在于领域对象和持久化框架之间的紧耦合，没有关注点的分离。简单地说，实体Bean不是POJO。事实上，利用POJO很难实现Active Record模式。可是我们现在都认同POJO是一个良好设计的标志。它们容易测试，并且易于重用。Seam不支持Active Record模式的主要原因正是因为它具有一个基于POJO的更好的解决方案，在过于被动的Anemic Domain Model和过于主动的Active Record模式之间建立了一种很好的平衡关系。

10.2.2　领域对象中引入 Home

实体类就是POJO。出于刚刚提到过的原因，这项特性的确很好，但它也有局限性，因为它们无法设置事务作用范围，也无法管理它们自己的持久化状态（1指POJO，0指主动领域模型）。

---

① 最早是Martin Fowler在他的bliki中提出Anemic Domain Model的概念：http://martinfowler.com/bliki/AnemicDomain-Model.html。

但是经验告诉我们，无论如何实体类也不应该处理这项工作，因为这不是一个很好的关注点分离。理想情况下，我们想要一种解决方案，它要既能提供胜任的领域模型，同时又不会在领域对象和持久化框架之间引入紧耦合。

1. 引入Home组件

Seam通过引入Home组件（简称Home）来解决这个问题。Home管理实体实例，即将它缓存起来，并与持久化管理器协调在它上面进行的CRUD操作，这一切对于实体实例完全是透明的。每个Home都由`Home`类表示，它是`PersistenceController`的延伸，或者是`Home`的子类。我在本章中提到的框架类（如Home）均为抽象类，它们实际上就是组件模板。他们对于持久化框架也是透明的。Seam提供了两个Home实现，一个是JPA实现——`EntityHome`，一个是Hibernate实现——`HibernateEntityHome`。`EntityHome`的类图如图10-3所示。本节介绍如何使用Home组件，重点关注JPA实现。

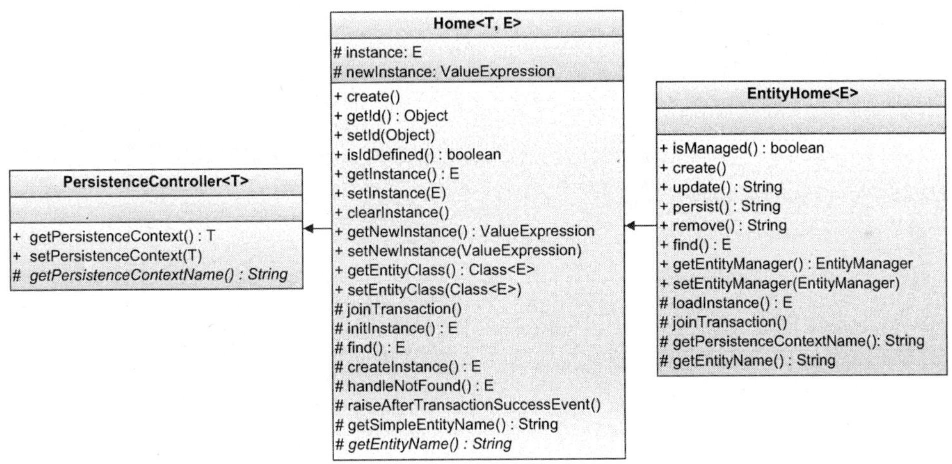

图10-3 `EntityHome`的类图，图中不包含几项补充操作

Home是存放实体实例的地方，由此得名。（特此声明，以免你对这个名字感到好奇。）你可以利用下面的类推法给这个词更多的含义。实体类就像一个家庭，该类的实例就是这个家庭中的一员。如图10-4所示，Home就是你要去寻找某一个家庭成员的地方。唯一的限制是要在任何指定的时间，一个Home只接纳一个家庭成员。（整个家只有你自己！这样不好吗？）实体实例也称作Home的上下文。

图10-4 Home管理实体实例，与持久化管理器协商着获取它

你为`Home`中的`setId()`方法提供一个标识符值，来实现利用`Home`管理现有的记录。标识符

值表示一个独特的实体实例，它通过实体类中的@Id属性映射到数据库表中。Home中的getInstance()方法利用这个标识符查找该实体，即调用持久化管理器中的find()方法。图10-5展示了这个查找过程。

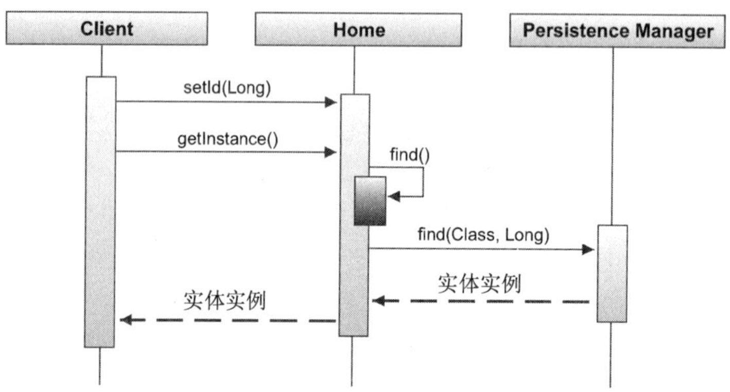

图10-5　展示了Home对象如何解析实体实例的顺序图

如果为Home赋予一个不同的标识符，随之进行的Instance()调用就会重新进行一次查找，以获取与该标识符关联的实体实例。如果getInstance()被调用的时候没有赋予一个标识符，就会调用createInstance()方法，在内部产生一个新的实体实例。另一个方法inManaged()报告所保存的这个实体实例是暂时的还是持久化的。改变Home管理的实体实例的3项操作如表10-2所示。

表10-2　Home中用来设置受管实例的方法

方　法	描　述
setId()	赋予一个id。提供给持久化管理器以获取实例
setInstance()	手工建立实例，按照id机制避开查找
clearInstance()	强制清除id和实例

在这个设计中，Home充当领域模型对象的主要接口，现在它是类的一个聚合，而不像Active Record一样是单个"主动的"类。

2. 领域模型的联合

Home封装实体实例和持久化管理器，为它们之间的通信提供便利，却又没让它们知道彼此，如图10-6所示。在外界看来，这个领域对象只是一个单元，允许领域模型"主动"，却又不会用数据访问逻辑来干扰实体类。

这个设计与Mediator Design模式最为接近。用"四人帮"的话说（"四人帮"是名著*Design Patterns: Elements of Reusable Object-Oriented Software*一书四位作者的绰号）：

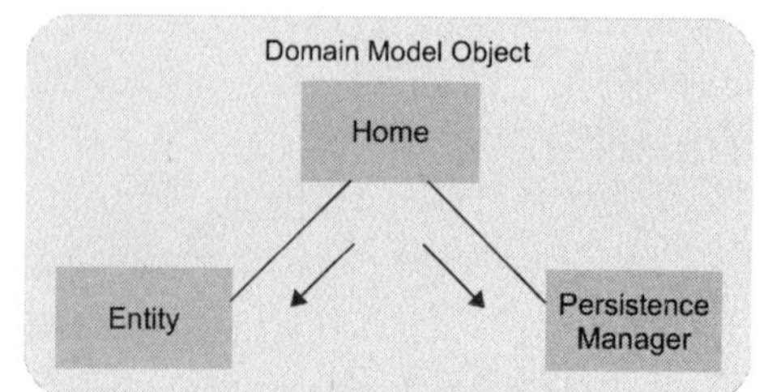

图10-6　Home充当领域对象的facade，它将操作委托给实体实例和持久化管理器，并为它们之间的通信提供便利

mediator充当中介者，它阻止一个组中的多个对象显式地相互引用。

Home利用持久化管理器操作它所管理的实体实例的持久化状态，看着它完成整个生命周期，如第8章中的图8-3所示。为了协调这些状态转换，Home将这项工作委托给持久化管理器，实现了众所周知的CRUD操作。正是这种封装和委托使Home模式成了一种很好的面向对象设计。Home类中的这些facade方法如表10-3所示。

表10-3 Home中专门用来与持久化管理器交互的方法

方法	描述
getInstance()	获取由这个Home对象管理的实例
isManaged()	报告该实例是处于瞬时还是持久化状态
persist()	将瞬时实例保存到数据库中
update()	将持久化实例与数据库同步
remove()	从数据库中删除实例，使它变成瞬时实例

Mediator模式之所以可以使用这些方法并能够使Home与实体实例本身不相同，正是因为Home既是事务性的，又是有状态的。

3. 控制事务和状态

Home类围绕着持久化管理器中的方法提供了事务性作用范围，它是利用Seam的@Transactional注解进行声明的。下面是摘自EntityHome中的persist()方法：

```
@Transactional
public String persist() {
    getEntityManager().persist(getInstance());
    getEntityManager().flush();
    ...
    return "persisted";
}
```

可以看到，在这个方法中，Home充当着实体实例和持久化管理器之间的中介。但是Home的工作远远超出了事务的作用范围。在默认情况下，Home的实例的作用域被设置为对话上下文，允许它在整个用例中保持该实体实例。当与扩展持久化上下文结合时，就不必在每一个页面转换中获取实体实例了，当需要将变更传送到数据库中时，也不必将它合并，因为持久化管理器可以负责追踪实体实例中的变化。这样就不得不提更新操作了。

假设你利用Home获取了一个实体实例，并在Web页面的一个表单中将它覆盖了。你要将该表单的动作绑定到Home中的update()方法上，并在该表单被提交的时候将那些变更传到数据库中。下面是摘自EntityHome中的update()方法：

```
@Transactional
public String update() {
    joinTransaction();
    getEntityManager().flush();
    ...
    return "updated";
}
```

可以看到，update()方法在持久化管理器中完成的两项操作都没有发出显式的更新。它确保持久化管理器参与到了活动事务中，这仅适用于Seam被配置成使用JTA事务的时候，然后刷新持久化上下文，使变更与数据库同步。当事务提交时，这些变更就变成是永久的。

说明　即便实体实例不是保存在长时间运行的对话中，update()方法也不需要执行合并操作。这是因为实体实例是在Update Model Values阶段中于表单值被应用到它之前从数据库中抓取的。因而，该实例在update()方法被调用的时候一定是受管的。在Update Model Values阶段期间进行的任何变更都会被发现，并且它们会与数据库同步。

实体实例这种透明的管理是有状态行为的精华，无疑比Active Record模式给予你的更加“主动”。比起使用数据传输对象的EJB 2实体Bean，它当然是一种更加良好的面向对象设计。在Home类中的方法边缘建立事务性作用范围之后，就可以给实体类提供行为，即使它需要一个事务。然而，需要与持久化管理器直接交互的逻辑最好放在Home对象自身之中。

关于Home组件的实质性讨论就到这里。现在我们要用它为Open 18应用程序中的一轮高尔夫球赛开发一个数据录入页面。我们赋予它任务，看看它是否能达到其设计目标。

10.2.3　Home的应用

当你从容不迫地通过高尔夫球场上的18个洞之后（给场务人员留下了不少工作），就会想要记录自己这一轮的得分，看看是否有所进步。最终，这个数据可以用来计算出一个高尔夫球差点值。沿用seam-gen项目中采用的相同设计，我们将逻辑放在一起来管理这个数据。我们需要创建这个实体类，即用来管理它的一个Home对象，以及用来渲染视图和编辑页面的JSF模板。模拟seam-gen所用的结构，编辑页面看起来应该如图10-7所示。视图页面与之的差别仅仅在于数据是只读显示的。

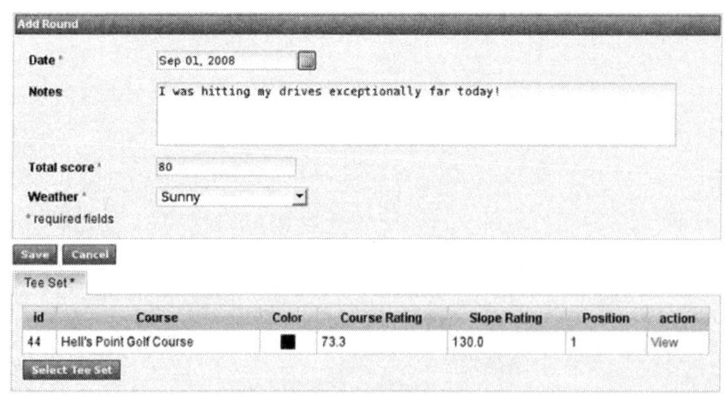

图10-7　这个表单用来添加一个新的轮次，也是本节教程的最终成果

每一个轮次是用实体类Round表示，如代码清单10-1所示，它为持久化数据的ROUND表建立了O/R映射。请注意，如果实体类要保存在有状态的上下文（如对话）中，或者要通过远程接口

传递，它就必须实现Serializable接口。

代码清单10-1 实体类Round

```
package org.open18.model;
import ...;

@Entity
@Table(name = "round")
public class Round implements Serializable {
    private Long id;
    private Integer version;
    private Date date;
    private String notes;
    private Golfer golfer;
    private TeeSet teeSet;
    private Integer totalScore;
    private Weather weather;

    @Id @GeneratedValue
    public Long getId() { return id; }
    public void setId(Long id) { this.id = id; }

    @Version                                                    允许使用乐观锁
    public Integer getVersion() { return version; }
    private void setVersion(Integer version) { this.version = version; }

    @Temporal(TemporalType.DATE)                                告诉JPA如何处理日期
    public Date getDate() { return date; }
    public void setDate(Date date) { this.date = date; }

    @Lob                                                        让数据库准备接受大型的字符串
    public String getNotes() { return notes; }
    public void setNotes(String notes) { this.notes = notes; }

    @ManyToOne(fetch = FetchType.LAZY)
    @JoinColumn(name = "GOLFER_ID", nullable = false)
    @NotNull
    public Golfer getGolfer() { return golfer; }
    public void setGolfer(Golfer golfer) { this.golfer = golfer; }

    @ManyToOne(fetch = FetchType.LAZY)
    @JoinColumn(name = "TEE_SET_ID", nullable = false)
    @NotNull
    public TeeSet getTeeSet() { return teeSet; }
    public void setTeeSet(TeeSet teeSet) { this.teeSet = teeSet; }

    @Column(name = "total_score")
    public Integer getTotalScore() { return totalScore; }
    public void setTotalScore(Integer score) { this.totalScore = score; }

    @Enumerated(EnumType.STRING)
    public Weather getWeather() { return weather; }
    public void setWeather(Weather weather) { this.weather = weather; }
}
```


请注意Golfer和TeeSet的@ManyToOne映射。在这个注解中声明的抓取类型是全局抓取策略，它在这种情况下是延迟抓取。你稍后会学到如何为了单个JPQL/HQL查询而临时将抓取策略改为即时抓取，以便优化数据的获取。不过你知道，由于Seam恰当地设置了持久化上下文的作用域，通过视图中的延迟关联是十分安全的。

每一个轮次与一个tee set（高尔夫球场中每一个洞开始的区域）关联。（tee set不是一个集合，而是表示每个洞中开球区的位置和颜色的单个实体。）每一个轮次和一个高尔夫球场之间的关系是通过tee set关系间接地表示的。每一个轮次也与一位球员关联，我们假设他正是进入新的一轮时正在使用该应用程序的那位球员。你会看到Home如何被用来建立这两个关系的。我们先来看看管理Round实体的Home对象的声明。

1. 声明Home

Home实现类一般情况下是十分少见的。这个实现类的作用是为Home类型实现泛型参数，并产生一个Seam组件。它还可以提供模板类所没有包含的自定义子程序。以下类定义展示了Home最起码的实现子类：

```
package org.open18.action;
import org.jboss.seam.annotations.Name;
import org.jboss.seam.framework.EntityHome;
import org.open18.model.Round;

@Name("roundHome")
public class RoundHome extends EntityHome<Round> {}
```

不论你是否相信，这个声明能够为Round实体实现CRUD！所有必要的逻辑都得以继承。实体类Round在extends子句中作为泛型参数传递，使EntityHome类清楚它正在管理的实体的类型。@Name注解使它成为一个Seam组件。由于没有声明作用域，因此默认为对话上下文，这是从超类中继承得到的。

通过扩展EntityHome，我们隐式地选择JPA作为持久化框架来管理Round实体。EntityHome为Home<T, E>中的泛型参数T提供EntityManager：

```
public class EntityHome<E> extends Home<EntityManager, E> { ... }
```

如果你本来是使用Hibernate的，就要改为扩展HibernateEntityHome类来定义RoundHome组件：

```
@Name("roundHome")
public class RoundHome extends HibernateEntityHome<Round> { ... }
```

Home超类的Hibernate实现具有与JPA实现完全相同的方法，因此在这两者之间进行转换对应用程序的影响很小。

2. 获取持久化管理器

像Seam Application Framework中所有的持久化控制器一样，持久化管理器是通过getPersistenceContext()方法获取的。在JPA实现中，这个方法查找一个受Seam管理的持久化上下文：entityManager，在Hibernate实现中，则是查找session（或者从Seam 2.1起是hibernateSession）。如果你不能遵守这个命名约定，有下列3种方法可以定制。

- 覆盖getPersistenceContextName()方法，并提供一个可以替代的组件名称供Seam使用：

```
public String getPersistenceContextName() { return "em"; }
```

- 覆盖getPersistenceContext()方法，并显式地查找持久化管理器：

```
public EntityManager getPersistenceContext() {
    return (EntityManager) Component.getInstance("em");
}
```

- 利用组件配置与持久化管理器连接：

```
<framework:entity-home ... entity-manager="#{em}"/>
```

如果你正在使用JPA，也可以覆盖getEntityManager()方法；如果是在使用Hibernate，则覆盖getSession()。这些方法都是各类层次中getPersistenceContext()方法的代理。

3. 采用XML法

如10.1.3节中所述，你也可以选择利用XML在组件描述符中定义Home组件。由于在这种情况下不能使用泛型，因此必须显式指定实体类：

```
<framework:entity-home name="roundHome"
  entity-class="org.open18.model.Round"/>
```

Hibernate中对等的XML元素为<framework:hibernate-entity-home>。使用XML对于简单的情况有效，但是你很快会发现，在Java（或者Groovy）中扩展Home类来创建更智能的领域模型则更有价值。作为另一种选择，你也可以利用XML配置一个属于Home的子类的Java组件。

4. 将Home绑定到表单上

Home组件在JSF表单中扮演着双重角色。它暴露实体实例，其属性直接被绑定到表单中的输入上。它还对表单动作做出响应。这种直接的绑定消除了"中间人"，因此你可以直接步入正题。RoundEdit.xhtml模板中所用的JSF表单如代码清单10-2所示。我们会在本节剩下的篇幅中对这个表单进行分析。请注意，<s:decorate>标签简化了每一个域的标记，如第3章所述。天气选择菜单可能的枚举常量是通过一个名为weatherCategories的工厂获取的，此处没有将它展示出来。

代码清单10-2 高尔夫球赛轮次的编辑表单

```
<h:form id="roundForm">
  <rich:panel>
    <f:facet name="header">
      #{roundHome.managed ? 'Edit' : 'Add'} Round
    </f:facet>
    <s:decorate id="dateField" template="layout/edit.xhtml">
      <ui:define name="label">Date:</ui:define>
      <rich:calendar id="date" datePattern="MM/dd/yyyy"
        value="#{round.date}"/>
    </s:decorate>
    <s:decorate id="notesField" template="layout/edit.xhtml">
      <ui:define name="label">Notes:</ui:define>
      <h:inputTextarea id="notes" cols="80" rows="3"
        value="#{round.notes}"/>
    </s:decorate>
    <s:decorate id="totalScoreField" template="layout/edit.xhtml">
      <ui:define name="label">Total score:</ui:define>
      <h:inputText id="totalScore" value="#{round.totalScore}"/>
    </s:decorate>
```

```
      <s:decorate id="weatherField" template="layout/edit.xhtml">
        <ui:define name="label">Weather:</ui:define>
        <h:selectOneMenu id="weather" value="#{round.weather}">
          <s:selectItems var="_weather" value="#{weatherCategories}"
          label="#{_weather.label}" noSelectionLabel="-- Select --"/>
          <s:convertEnum/>
        </h:selectOneMenu>
      </s:decorate>
      <div style="clear: both;">
        <span class="required">*</span> required fields
      </div>
    </rich:panel>
    <div class="actionButtons">
      <h:commandButton id="save" value="Save"
        action="#{roundHome.persist}"
        rendered="#{!roundHome.managed}" disabled="#{!roundHome.wired}"/>
      <h:commandButton id="update" value="Update"
        action="#{roundHome.update}"
        rendered="#{roundHome.managed}"/>
      <h:commandButton id="delete" value="Delete"
        action="#{roundHome.remove}"
        rendered="#{roundHome.managed}"/>
      <s:button id="discard" value="Discard changes" propagation="end"
        view="/Round.xhtml"
        rendered="#{roundHome.managed}"/>
      <s:button id="cancel" value="Cancel" propagation="end"
        view="/#{empty roundFrom ? 'RoundList' : roundFrom}.xhtml"
        rendered="#{!roundHome.managed}"/>
    </div>
  </h:form>
```

输入元素通过值表达式根`#{roundHome.instance}`绑定到由RoundHome管理的Round的实例上。由于`#{roundHome.instance}`在这个模板中使用得十分频繁，因此有必要为它创建一个别名。工厂可以利用方法中的`@Factory`注解在Java中定义，也可以作为组件描述符中的`<factory>`元素进行定义。我们是在XML中定义它：

```
<factory name="round" value="#{roundHome.instance}"/>
```

现在你可以利用表达式根`#{round}`替换整个模板中的`#{roundHome.instance}`。这样不仅提高了编码效率，还隐藏了Home模式的实现细节，看上去好像你是在使用实体本身一样！选择别名时，要确保该名称尚未被使用，或者不会与现有组件的名称相冲突。否则，当你得不到预期的对象时，可能会感到意外。

代码清单10-2中的表单引出的两个问题是了解Home对象工作原理不可或缺的组成部分：

- ❑ `#{roundHome.instance}`引用的实例什么时候被初始化？
- ❑ `#{roundHome.managed}`有什么作用？

我们依次来回答这两个问题吧。

5. 从原型中初始化实例

当RoundHome组件的名称第一次在RoundEdit.xhtml页面中被引用时，该组件就被实例化。大多数是引用`getInstance()`方法，它是Home中最常用的方法。它充当底层的实体实例，无论它是瞬时的（尚未被保存），还是持久化的。

如前所述，当getInstance()方法第一次被调用时，它要么利用持久化管理器中的find()方法查找现有的实体实例，要么创建一个新的瞬时（transient）实例，具体要看Home中是否已经建立了一个标识符，这个决定由isIdDefined()方法调用来完成。由于我们还没有任何轮次可以管理，那就先专注于创建一个新的实例吧。

Home的作用之一是从原型中创建实体实例。虽然这是它的默认功能，但它的作用远远不止于实例化实体类。当需要创建新的实例时，getInstance()方法就委托给createInstance()方法。Home通过两种方法找出要实例化哪个实体类。如果Home是通过类扩展定义的，并且实体类是作为参数化的类型传递，Home就利用反射来确定该类型。在这种情况下，createInstance()方法命令该实体类创建一个它自己的实例：

```
protected E createInstance() {
    ...
    return getEntityClass().newInstance();
}
```

你可以覆盖createInstance()方法，以提供一个更加复杂的原型。由于轮次必须与当前的高尔夫球员相关联，这个方法就提供了一个绝佳的机会来建立这种关系。

我们假设当前的用户就是一位高尔夫球员，相应的Golfer实例就保存在上下文变量currentGolfer中。这个变量的初始化是将在第11章实现的验证子程序的一部分。为了用seam-gen准备的存根验证对付过去，可以利用以下基于XML的配置：

```
<framework:entity-query name="currentGolferQuery"
  ejbql="select g from Golfer g where g.username = #{identity.username}"/>
<factory name="currentGolfer" scope="conversation" auto-create="true"
  value="#{identity.loggedIn ? currentGolferQuery.singleResult : null}" />
```

利用@In将currentGolfer注入到RoundHome中，并传给被覆盖createInstance()方法中的Round实例。此处所示的注入点被标识为可选，以便允许Home在没有球员通过验证的情况下也能使用：

```
@In(required = false)
Golfer currentGolfer;

@Override
protected Round createInstance() {
    Round round = super.createInstance();
    round.setGolfer(currentGolfer);
    round.setDate(new java.sql.Date(System.currentTimeMillis()));
    return round;
}
```

如果你正在使用基于XML的方法，就要改为将一个原型实例作为值表达式提供给<framework:entity-home>（或者<framework:hibernate-entity-home>）的new-instance属性。为了支持在XML中声明Home组件，我们创建了一个名为roundPrototype的原型，并把已通过验证的球员实例和内建的当前日期组件传给它，然后在XML定义中将它赋给RoundHome组件的new-instance属性：

```
<component name="roundPrototype" class="org.open18.model.Round"
  scope="event">
  <property name="golfer">#{currentGolfer}</property>
  <property name="date">#{currentDate}</property>
</component>

<framework:entity-home name="roundHome" class="org.open18.action.RoundHome"
  new-instance="#{roundPrototype}"/>
```

你也可以利用XML定义配置在Java中定义的Home组件的newInstance属性。请注意，值表达式#{roundPrototype}赋给newInstance属性时并没有被解析。这是因为newInstance属性为ValueExpression类型。这个表达式是在createInstance()方法中解析的，而不是调用getEntityClass().newInstance()。

6. 状态如何

Home对象持有的实体实例可以处于持久化状态，也可以是瞬时状态。持久化管理器中的contains()方法被用来检查实体实例的状态。EntityHome中的isManaged()方法执行这项检查，如下所示：

```
@Transactional
public boolean isManaged() {
    return getEntityManager().contains(getInstance());
}
```

HibernateEntityHome中有一个对等的方法。回头看看代码清单10-2，你会注意到，根据这个方法所返回的状态，会引用不同的按钮。只有当该实例目前不是由持久化上下文管理时，编辑器才允许用户持久化这个轮次。反之，只有当该实例是由持久化上下文管理时，用户才能删除或者更新它。这个UI限制不会阻止你输入重复的记录。你仍然需要实现这个逻辑，即让表单知道，是正在用它创建还是更新某一条记录。

我们来关注一下保存新轮次的用例。当用户点击Save（保存）按钮时，动作方法#{roundHome.persist}被激活，并且创建操作（CRUD中的C）被委托给EntityManager的persist()方法。然而，我们直到某一个tee set的关联得到满足时才可以保存某个轮次的实例。我们来举一些有助于用户进行这种选择的策略吧。

7. tee set中的传递

球员所打的tee set的细节页面是开始添加新轮次的一个合理的位置，这个页面由TeeSet.xhtml模板渲染。在该页面的底部，可以添加一个让用户输入新轮次的按钮。这个按钮将利用teeSetId请求参数传递tee set的标识符。万一用户决定取消，返回页面也是利用roundFrom请求参数来保持。这个按钮定义如下：

```
<s:button value="Add round" view="/RoundEdit.xhtml">
  <f:param name="teeSetId" value="#{teeSetHome.instance.id}"/>
  <f:param name="roundFrom" value="TeeSet"/>
</s:button>
```

通过seam-gen在第2章中命名并创建的teeSetHome（TeeSetHome组件），以RoundHome管理Round实例的方式管理TeeSet实例。假设这个tee set有一个标识符10，这个按钮创建的URL如下：

```
http://localhost:8080/open18/RoundEdit.seam?teeSetId=10&roundFrom=TeeSet
```

在RoundEdit.xhtml页面中，可以再一次利用teeSetId参数的值，通过TeeSetHome来获取这个tee set实例。tee set的标识符是利用一个在RoundEdit.page.xml页面描述符（与RoundEdit.xhtml相邻）中定义的页面参数在TeeSetHome中建立的。另一个页面参数将请求参数roundFrom的值复制到页面作用域的变量roundFrom中：

```
<page>
  <param name="teeSetId" value="#{teeSetHome.teeSetId}"/>
  <param name="roundFrom"/>
</page>
```

TeeSetHome中的setTeeSetId()和getTeeSetId()方法委托给超类中的setId()和getId()方法，同时转换成标识符的类型：Long。

下一步是将TeeSetHome管理的TeeSet实例传到Round实例中。这个逻辑是在RoundHome中的wire()方法中处理的。TeeSetHome组件必须被注入到RoundHome中，我们才能访问这个受管的tee set：

```
@In(create = true)
private TeeSetHome teeSetHome;

public void wire() {
    TeeSet teeSet = teeSetHome.getDefinedInstance();
    if (teeSet != null) {
        getInstance().setTeeSet(teeSet);
    }
}
```

TeeSetHome中的getDefinedInstance()方法是一个自定义的方法，如果isIdDefined()方法中确定了这个id，它就会想方设法地从持久化管理器中获取一个TeeSet实例。

最后一步是从在RoundEdit.page.xml中定义的页面动作中调用wire()方法，因此这种关联是在渲染该编辑器之前建立的：

```
<page>
  <param name="teeSetId" value="#{teeSetHome.teeSetId}"/>
  <param name="roundFrom"/>
  <action execute="#{roundHome.wire}"/>
</page>
```

10

为了防止用户在尚未选择一个tee set的情况下点击Save（保存）按钮，可以给RoundHome添加一个便利方法isWired()，用来切换Sava按钮的disable属性：

```
public boolean isWired() {
    if (getInstance().getTeeSet() == null) {
        return false;
    }
    return true;
}
```

代码清单10-3中的页面片段在编辑器表单下方渲染了与轮次关联的tee set。关于tee set的信息是从Round中的teeSet属性中读取的。

代码清单10-3　展示与轮次关联的tee set的面板

```
<rich:tabPanel>
  <rich:tab label="Tee Set">
    <div class="association">
      <h:outputText value="Tee set not selected"
        rendered="#{round.teeSet == null}"/>
      <rich:dataTable var="_teeSet" value="#{round.teeSet}"
        rendered="#{round.teeSet != null}">
        <h:column>
          <f:facet name="header">Course</f:facet>
          #{_teeSet.course.name}
        </h:column>
        <h:column>
          <f:facet name="header">Color</f:facet>
          <div title="#{_teeSet.color}" class="colorSwatch"
            style="background-color: #{_teeSet.color}"/>
        </h:column>
        ...
        <h:column>
          <f:facet name="header">Position</f:facet>
          #{_teeSet.position}
        </h:column>
      </rich:dataTable>
    </div>
  </ricn:tab>
</rich:tabPanel>
```

万事俱备，可以持久化一个新的轮次了！虽然有许多东西需要解释，但是主要的工作可以归结为创建一个Home实现类、一个页面参数、一个页面动作和一个JSF模板。其余的工作由JSF和Home组件共同处理。JSF将表单值绑定到Round实体实例的属性上，Home组件委托持久化管理器保存记录。

既然轮次已经保存在表中（假设你斗胆点击了Sava按钮），我们就可以进行CRUD这个首字母缩写中的其他字母了。让我们创建一个页面用来显示刚刚输入的轮次，探讨一下CRUD中的R。

8. 提取一个轮次

代码清单10-4中所示的模板Round.xhtml负责处理显示轮次细节的工作。RoundEdit.xhtml也一样，只是它是用只读的输出代替输入域。

代码清单10-4　渲染轮次细节的面板

```
<rich:panel><f:facet name="header">Round</f:facet>
  <s:decorate id="date" template="layout/display.xhtml">
    <ui:define name="label">Date:</ui:define>
    <h:outputText value="#{round.date}">
      <s:convertDateTime type="date"/>          <-- 根据区域格式化日期
    </h:outputText>
  </s:decorate>
  <s:decorate id="golfer" template="layout/display.xhtml">
    <ui:define name="label">Golfer:</ui:define>
    #{round.golfer.name}
```

```
    </s:decorate>
    <s:decorate id="totalScore" template="layout/display.xhtml">
      <ui:define name="label">Total score:</ui:define>
      #{round.totalScore}
    </s:decorate>
    <s:decorate id="weather" template="layout/display.xhtml">
      <ui:define name="label">Weather:</ui:define>
      #{round.weather}
    </s:decorate>
    <s:decorate id="notes" template="layout/display.xhtml">
      <ui:define name="label">Notes:</ui:define>
      #{round.notes}
    </s:decorate>
  </rich:panel>
```

为了渲染现有轮次的数据，getInstance()方法需要返回数据库中的记录。因此轮次的标识符必须在getInstance()方法被调用之前赋给RoundHome组件。这种赋值十分适合页面参数。但Home的id属性为java.lang.Object类型，它没有为JSF提供足够的信息，无法将进来的参数转换成标识符的类型：java.lang.Long。我们可以创建一个类型的“getter”方法，它将转换过的值传给setId()。但更好的解决方案是利用页面参数的转换器特性。在页面参数中为描述符Round.page.xml中的roundId注册一个javax.faces.Long转换器，以命令JSF将基于字符串的请求参数转换成java.lang.Long：

```
<param name="roundId" value="#{roundHome.id}"
  converterId="javax.faces.Long"/>
```

以上就是需要做的一切了！当请求Round.xhtml模板时，根据请求参数值从数据库中加载相应的实体实例即可。

利用页面参数为Home赋予标识符请求参数的另一种方法是，利用@RequestParameter注解直接将参数注入到组件中。对于RoundHome，创建一个setRoundId()方法来接收注入的请求参数，然后在超类上设置标识符。JSF将这个值转换成方法参数的类型：

```
@RequestParameter
public void setRoundId(Long id) {
    super.setId(id);
}
```

选择使用@RequestParameter注解还是基于XML的页面参数，这要取决于你。不过请记住，除了注入请求参数值之外，页面参数还将值注回查询字符串。下面我们来看看页面参数的存在与否对Edit按钮有何影响：

```
<div class="actionButtons">
  <s:button id="edit" view="/RoundEdit.xhtml" value="Edit"/>
</div>
```

请注意，按钮组件中并没有嵌入参数。因为有了页面参数，roundId被自动添加到生成的URL中，使你不必显式地利用<f:param>将它纳入。在考虑构建URL的方式时，要记住页面参数是从对应于目标视图ID的页面描述符（在这个例子中是指RoundEdit.xhtml）中读取的。页面参数是从描述符RoundEdit.page.xml中读取的。因此，此处还必须添加页面参数roundId。

```
<page>
  <param name="roundId" value="#{roundHome.id}"/>
  <param name="roundFrom"/>
  <param name="teeSetId" value="#{teeSetHome.teeSetId}"/>
  <action execute="#{roundHome.wire}"/>
</page>
```

在继续讲解下文之前，还要考虑最后一件事情。还记得吗，getInstance()方法是利用持久化管理器的finder方法获取实体实例的：

```
getEntityManager().find(getEntityClass(), getId());
```

这个默认查找过于单纯，因为它让所有的延迟关联都未被初始化。虽然对话作用域的持久化上下文使我们不必再担心加载延迟关联的问题，但是当你知道将要遍历视图中的关联或者集合时，即时抓取数据仍然是一种好办法。即时抓取对于防止n+1选择问题极为重要。

小贴士　使用Hibernate时，可以通过观察日志输出，或者从SessionFactory中的getStatistics()方法的返回值中生成报表，来发现n+1选择问题。这两项特性分别要求在Hibernate中开启hibernate.show_sql和hibernate.generate_statistics属性。

在轮次细节页面中，我们知道需要渲染tee set、球场和球员，因此我们也可以在finder查询中将这些关联初始化。这可以利用JPQL操作符join fetch，临时将抓取策略从“延迟”提升为“即时”来完成。覆盖EntityHome中的loadInstance()方法可以自定义加载行为：

```
protected Round loadInstance() {
    return (Round) getEntityManager.createQuery(
        "select r from Round r " +
        "join fetch r.golfer g " +
        "join fetch r.teeSet ts " +
        "join fetch ts.course c " +
        "where r.id = :id")
        .setParameter("id", getId())
        .getSingleResult();
}
```

关于操作符join fetch的更多信息请参阅JPA参考文档。loadInstance()方法也可以用于在加载完该实例之后对它进行后置处理。例如，如果将XML保存在其中一个列中，并且需要将该数据反解码为Java结构，你就可以利用借此机会实现这种逻辑。

解决了细节页面之后，编辑现有的实体就开始变得很有趣了。这样就将我们带到了CRUD中的U和D的话题，我们在10.3节中就要进行探讨。

10.2.4　离开 Home 的风险

Home只有在它的生命周期之内才能保持状态。为了延长Home的生命周期（它的默认作用域为对话），需要激活一个长时间运行的对话。以此来确保当用户在修改这个轮次的时候，RoundHome组件、实体实例和持久化管理器都能保持处在作用域之中，即便离开编辑页面去寻找tee set时也一样。

1. 换成长时间运行的对话

你在第7章学过，有许多种方式可以用来启动长时间运行的对话。由于我们已经让描述符RoundEdit.page.xml设置了实体实例，因此也可以让它启动长时间运行的对话，使它处于忙碌状态：

```
<page>
  <begin-conversation join="true"/>
  <param name="roundId" value="#{roundHome.id}"/>
  <param name="roundFrom"/>
  <param name="teeSetId" value="#{teeSetHome.teeSetId}"/>
  <action execute="#{roundHome.wire}"/>
</page>
```

根据轮次编辑器与应用程序的关联方式，可以确定嵌入对话更为合适。有了长时间运行的对话，从编辑器第一次被渲染到用户成功提交表单期间，被编辑的Round实例一直由Home和持久化上下文管理。你可以认为Round实例是受管的（它处于持久化的实体状态），因为Home中调用动作方法update()和remove()的按钮显示在表单的下方。

但是使实体保持受管，并非仅仅显示适当的控件即可。你在前两章学过，利用扩展持久化上下文可以带来重要的好处。第一，在用例期间，一条记录只需要请求数据库一次，因为应用程序会记住从数据库中加载过哪些记录。其次，仅当实体实例发生变化时才会执行更新语句。如果实体实例没有变动，就没有必要生成数据库操作。

2. 去寻找tee set

激活了长时间运行的对话之后，用户不会一直在编辑页面上。用户可以自由地徜徉于整个应用程序，只要返回的时候恢复对话令牌即可。对于轮次编辑器，这样就能够使用户遍历tee set列表页面、搜索并选择一个新的tee set，并将它与该轮次关联起来。当用户想要改变被编辑轮次的tee set，或者当用户开始创建一个新的轮次却没有提供tee set标识符时，上述步骤是必不可少的。

我们在编辑器的底部添加了一个按钮，它会将用户带到tee set列表页面，用户可以在这里选择一个与该轮次关联的tee set：

```
<s:button value="Select Tee Set" view="/TeeSetList.xhtml">
  <f:param name="from" value="RoundEdit"/>
</s:button>
```

tee set列表页面利用from参数了解在选中一个tee set之后要将用户送到哪里去（你还可以将这个信息保存在对话上下文中）。默认的行为是展示该tee set的页面细节，但我们在这个例子中不需要这样。回顾一下，<s:button>组件会自动传递对话令牌，从而保存长时间运行的对话。

在tee set列表页面中，每一行都有一个Select链接，它利用当前行中tee set的标识符值往URL中添加请求参数teeSetId。当前行的tee set被绑定到迭代变量teeSet上。Select链接定义如下：

```
<s:link view="/#{empty from ? 'TeeSet' : from}.xhtml"
  value="#{empty from ? 'View' : 'Select'}">
  <f:param name="teeSetId" value="#{teeSet.id}"/>
</s:link>
```

<s:link>组件仍然负责传递对话令牌。RoundHome在对话中仍然是主动的，并等待用户的返回，当用户点击其中一个Select链接时就会发生这种情况。请求RoundEdit.xhtml页面时，teeSetId被赋给TeeSetHome组件，wire()方法利用TeeSetHome获取选中的TeeSet实例，并将

它赋给Round。这些步骤与前面我们在创建新的轮次时讲过的完全相同。唯一的区别是，现在tee set是通过wire()方法被设置到由持久化上下文管理的Round的实例中（因而是在数据库中）。

导航到tee set列表页面的好处是，用户可以利用搜索表单来查找tee set。但是这个页面流出现了一个问题。如果用户对表单中的输入值做了任何改动，当用户离开去选择tee set时，那些变更就会丢失。这是因为<s:button>组件发出了一个GET请求，要导航到下一个页面，并且没有提交该表单，这一点我在本书中多次提到过。要保存未处理的变更，有以下两种选择。

- 在导航之前提交表单。
- 利用Ajax定期将表单值传到模型中。

第一种办法要求你用一个UI命令组件替换<s:button>：

```
<h:commandButton value="Select Tee Set" action="selectTeeSet"/>
```

利用UI命令按钮时，必须利用页面描述符RoundEdit.page.xml中的导航规则将from参数添加到URL中：

```
<navigation from-action="selectTeeSet">
  <redirect view-id="/TeeSetList.xhtml">
    <param name="from" value="RoundEdit"/>
  </redirect>
</navigation>
```

第二种办法要求你利用一个启用了Ajax的JSF组件类库，如Ajax4jsf或者ICEfaces，你会在第12章中了解到关于此的更多信息。下面是一个例子，它利用Ajax4jsf中的<a:support>组件，在某一个域失去焦点时，使该域中的变更与服务器中的组件同步：

```
<s:decorate id="scoreField" template="layout/edit.xhtml">
  <ui:define name="label">Total score:</ui:define>
  <h:inputText id="score" value="#{round.totalScore}">
    <a:support event="onblur" reRender="scoreField" ajaxSingle="true"/>
  </h:inputText>
</s:decorate>
```

提前将变更传到受管实体中（发生在Update Model Values阶段中），会有一个负面的作用。在用户编辑完记录之前，这些变更被刷新到数据库中。为了避免这种情况，需要换成手工刷新。

3. 抑制变更

回顾一下前两章讲过的内容：当事务被关闭时，或者在此之前，持久化管理器就会刷新持久化上下文。为了直到用户显式地请求时才将这些变更刷新到数据库中，需要启用持久化上下文的手工刷新。你可以让Seam来处理这种转换，即在页面描述符（如RoundEdit.page.xml）里的<begin-conversation>元素中或者@Begin注解中声明一种刷新模式。请记住，为了使用手工刷新，你必须是正在原生地使用Hibernate，或者用它作为JPA提供者：

```
<begin-conversation join="true" flush-mode="manual"/>
```

有了这个配置之后，数据库事务就可以来来往往，但是实体实例的变更会一直等到持久化管理器中的flush()方法被调用时才会刷新到数据库中。这些变更是在用户点击Save、Update或者Delete按钮的时候完成的，表明应用程序事务结束。幸运的是，你不必操心调用flush()的事情。

Home中的persist()、update()和remove()方法会负责刷新持久化上下文。

4. 选择适当的tee set

如果你查看一下选择tee set的导航子程序，可能会觉得还不如让用户通过编辑表单中的选择菜单来选择tee set。那种办法当然也不无道理。问题是如何利用JSF的表单输入为类型为实体类的属性赋值呢？在第9章学过利用<s:convertEntity>标签注册的Seam实体转换器，如果用它作为选择菜单中的选项，它会负责在实体实例和它们的标识符值之间进行转换。请记住，这个过程依赖于受Seam管理的持久化上下文。以下是定义一个在轮次编辑器中选择tee set的表单输入的方法：

```
<h:selectOneMenu value="#{round.teeSet}">
  <s:selectItems var="_teeSet" value="#{teeSets}"
    label="#{_teeSet.course.name} - #{_teeSet.color}"/>
  <s:convertEntity/>
</h:selectOneMenu>
```

请求作用域的上下文变量teeSets提供了tee set的集合，你在10.4节中会知道，这是利用Query组件很容易就能创建的东西。请注意，再也不必在wire()方法中传递tee set了。填好轮次编辑器中的表单域之后，我们来看看用户的退出策略。

5. 恢复变更

在使用扩展持久化上下文时，有一点要注意。如果用户对实体实例做了变更，但是没有接着进行保存、更新或者删除操作，在对话持续期间，这些变更就会被保留在（脏）实例中，除非对数据库进行刷新。如果这个脏实例的标识符与某一个结果相匹配，它也会被用于在同一个对话中获取到的结果集中。

举个例子。用户点击Cancel（取消）按钮，并被导航规则重定向到页面细节中，但是导航规则并没有在重定向之前结束对话（或许是为了避免丢失JSF消息）。现在，相关的数据有可能不会与数据库中的记录发生冲突，因此这样不会危害数据的完整性，但是它会误导用户。在这种情况下，你所要做的就是想把受管实体恢复到它原本的样子。还有一些其他的用例也会使你想要“重置”未处理的变更。

幸运的是，持久化管理器包含了一个处理这项工作的方法。refresh()方法使数据库与实体实例同步，覆盖自从数据库中获取到该实例以来可能对它所做的任何变更。（包含瞬时实体实例的任何集合都必须先被清除。）这个方法正好与persist()相反。首先，我们需要给RoundHome添加一个委托给refresh()，并清除选中tee set的方法：

```
@Transactional
public String revert() {
    getEntityManager().refresh(getInstance());
    teeSetHome.clearInstance();
    return "reverted";
}
```

接下来，这个方法被添加到轮次编辑器底部的Cancel（取消）按钮上：

```
<s:button id="revert" value="Discard changes"
  action="#{roundHome.revert}" rendered="#{roundHome.managed}"/>
```

最后，我们需要一个导航规则：

```
<navigation from-action="#{roundHome.revert}">
  <end-conversation/>
  <redirect view-id="/Round.xhtml"/>
</navigation>
```

当用户点击Discard Changes按钮时，所有变更都被清除，轮次细节页面中所示的数据反映出数据库中保存的当前值。让用户具备在所有CRUD表单中进行这种清除的能力，这是一种好办法。另一种办法，让用户始终可以选择放弃对话。

6. 删除实例

虽然CRUD中的D看起来很像Discard（丢弃）的缩写，但它并不代表丢弃变更。你知道，这里的D是表示Delete（删除）。幸运的是，实现删除操作并不需要你去做任何事情。用户已经可以点击我们在代码清单10-2中添加到表单中的Delete（删除）按钮。这个按钮激活了Home中的`remove()`方法，它委托持久化管理器中的`remove()`方法从数据库中删除该实例，同时让`Round`的实例回到瞬时实体状态。唯一需要你做的工作是随后将用户导航到某个地方，例如前一个页面或者轮次的列表：

```
<navigation from-action="#{roundHome.remove}">
  <end-conversation/>
  <redirect view-id="#{roundFrom != '/Round.xhtml' ?
    roundFrom : '/RoundList.xhtml'}"/>
</navigation>
```

它将我们带到了下一项任务，即填写其他的导航规则，以便确保每一个CRUD操作完成之后，都将用户返回到适当的页面。

7. 尾声

剩下的所有工作就是添加其余的导航规则、保护页面的安全以及处理异常。持久化和更新操作的导航规则遵循相同于删除操作的导航规则所用的模式。持久化操作的导航规则如下所示：

```
<navigation from-action="#{roundHome.persist}">
   <end-conversation/>
   <redirect view-id="#{roundFrom != null ?
     roundFrom : '/Round.xhtml'}"/>
</navigation>
```

长时间运行的对话在每一个CRUD操作执行完之后通过<end-conversation>元素终止，因为这些方法定义了用例的作用范围。对话虽然终止了，但是由CRUD方法加入队列的状态消息仍然会被传到下一个页面，因为我们没有在重定向之前终止该对话。你会在10.3.1节中学到如何配置Home组件生成的消息。

我们需要在<page>节点中添加login-required限制，确保用户在创建或者编辑某一个轮次之前是通过了验证的。在第11章，你会学到如何创建更具限制性的安全规则。

```
<page login-required="true">
  ...
</page>
```

如果无法在数据库中找到现有的实体，Home组件就会触发`org.jboss.seam.framework.`

EntityNotFoundException异常，导致显示异常类中的@HttpError注解所声明的404错误页面。如果抛出持久化异常，你可以通过两种方式处理异常。或者覆盖Home中的CRUD方法并实现一个try/catch块，或者在全局的页面描述符中注册一个异常处理器，将用户定向到一个错误页面，代码如下所示：

```
<exception class="javax.persistence.OptimisticLockException">
  <redirect view-id="/error.xhtml">
    <end-conversation/>
    <message>The record was modified by another user.</message>
  </redirect>
</exception>
<exception class="javax.persistence.PersistenceException">
  <redirect view-id="/error.xhtml">
    <message>The operation failed. Please try again.</message>
  </redirect>
</exception>
```

现在你已经看到了Home组件的主要方面，以及如何用它实现一个CRUD场景。虽然Java代码不多，但你还是必须编写代码让它能够工作起来（tee set的传递和恢复逻辑）。如果你是个热衷于“在XML编程”的人（你很清楚自己是不是这类人），当你听到在不使用Java的情况下也能使用Home的时候，一定会欣喜若狂。为了进行示范，接下来我们要添加一项新的特性，能让高尔夫球员能够为球场添加评论。

10.2.5 CRUD XML

Home组件是在XML中“编写而成”的，即在组件描述符中声明和配置它。你主要利用EL与它的实例进行交互。如果你真想将实例注入到另一个组件中，接收属性的类型就必须为用实体类参数化的EntityHome（或者HibernateEntityHome），因为没有特定于应用程序的子类：

```
private EntityHome<RoundHome> roundHome;
```

不难想象，完全在XML中定义组件最适合相对简单的用例。在这种情况下，你只不过是Home的操纵者。你可以通过不同的方式引用对象，但是选择有限。幸运的是，EL和组件描述符给了我们足够的灵活性，使我们能够为Home管理的实体实例建立关系。这种传递是这样完成的：利用组件配置为实体创建一个原型，再将该原型传给Home中的newInstance属性。下一个例子就是采用这种方法。

你将通过球场细节页面提供一个表单，让用户对球场发表评论。球场细节页面是在第2章中通过seam-gen创建的。我们在本节中所要做的只是定义实体类CourseComment，创建一个Home组件来管理它，并在球场细节页面的底部添加一个可以输入评论的新表单。我们假设评论者就是当前的高尔夫球员。

我们就从实体类CourseComment开始吧，如代码清单10-5所示。

代码清单10-5 代表关于某个球场的评论的实体类

```
package org.open18.model;
import ...;
```

```
@Entity
@Table(name = "course_comment")
public class CourseComment implements Serializable {
    private Long id;
    private Integer version;
    private Date datePosted;
    private String text;
    private Course course;
    private Golfer golfer;

    @Id @GeneratedValue
    public Long getId() { return id; }
    public void setId(Long id) { this.id = id; }

    @Version
    public Integer getVersion() { return version; }
    private void setVersion(Integer version) { this.version = version; }

    @Temporal(TemporalType.TIMESTAMP)
    public Date getDatePosted() { return datePosted; }
    public void setDatePosted(Date date) { this.datePosted = date; }

    @Lob
    public String getText() { return text; }
    public void setText(String text) { this.text = text; }

    @ManyToOne(fetch = FetchType.LAZY) @NotNull
    @JoinColumn(name = "COURSE_ID", nullable = false)
    public Course getCourse() { return course; }
    public void setCourse(Course course) { this.course = course; }

    @ManyToOne(fetch = FetchType.LAZY) @NotNull
    @JoinColumn(name = "GOLFER_ID", nullable = false)
    public Golfer getGolfer() { return golfer; }
    public void setGolfer(Golfer golfer) { this.golfer = golfer; }
}
```

接下来，我们配置一个初始化CourseComment的瞬时实例的原型，将原型的值表达式注入到管理这个实体的Home组件中，最后为getInstance()方法定义一个别名：

```
<component name="courseCommentPrototype"
  class="org.open18.model.CourseComment">
  <property name="datePosted">#{currentDatetime}</property>
  <property name="course">#{courseHome.instance}</property>
  <property name="golfer">#{currentGolfer}</property>
</component>

<framework:entity-home name="courseCommentHome"
  entity-class="org.open18.model.CourseComment"
  new-instance="#{courseCommentPrototype}"/>

<factory name="courseComment" value="#{courseCommentHome.instance}"/>
```

表达式#{currentDatetime}引用Seam Application Framework提供的内建组件，它解析成与SQL兼容的时间戳，表示解析后的时间。Seam也有内建的组件currentDate和currentTime，分别解析成与SQL兼容的当前日期和时间。

为了创建评论只需要定义这个表单。仅当用户登录之后才会显示这个表单，因此有人要为该评论负责。

```
<h:form id="commentForm" rendered="#{currentGolfer != null}">
  <rich:panel><f:facet name="header">Leave a comment</f:facet>
    <s:decorate id="textField" template="layout/edit.xhtml">
      <ui:define name="label">Comment:</ui:define>
      <h:inputTextarea id="text" value="#{courseComment.text}" required="true"/>
    </s:decorate>
    <div class="actionButtons">
      <h:commandButton id="save" value="Post"
        action="#{courseCommentHome.persist}"/>
    </div>
  </rich:panel>
</h:form>
```

大功告成！有了节省下来的这些时间，你就可以替老板将应用程序弄得更美观一些了。当然，并非所有的表单都这么简单，但这正是能够在组件级别或者应用程序级别将XML配置与Java混用的原因。像这么简单的表单，你完全可以快速地炮制出组件描述符，并且马上完成任务。如果情况比较复杂，你可以利用Java API来解决。如果需要复杂的编码，可能最好利用Groovy！

在发生过的所有CRUD中，我们忽略了一个非常重要的细节。我们希望数据被持久化到数据库中，但是不想让用户知道是怎么进行的。我们来看看如何在提交之后让用户知悉。

10.3 提供反馈

沟通很重要，因此Home组件支持两种提供反馈的方式：第一种是显示给用户一条成功消息；第二种是用一组内部事件来通知其他组件事务的完成。本节将探讨这两种通信机制。

10.3.1 自定义状态消息

Home组件在任何CRUD操作成功完成之后都准备一个通用的信息级的状态消息。在编写本书之时，所产生的消息是特定于JSF的，不过未来，Seam Application Framework中的控制器类将产生与所用的UI框架对应的状态消息。你只需要在接下来的页面中显示消息：

```
<h:messages globalOnly="true"/>
```

10

但是谁会想要通用的消息呢？我相信你也想给用户许多好的信息，让他们非常清楚发生了什么事情。我们自定义第2章中通过seam-gen生成的`CourseHome`组件，让它为用户提供个性化的消息，而不是Seam所提供的那种千篇一律的消息。

你知道，Seam在消息处理方面非常灵活，自从能够在消息模板中利用EL符号来引用上下文数据之后尤其如此。利用内建的`FacesMessages`组件将消息添加到响应中。访问这个组件的一种方式是调用任何`Controller`组件中的`getFacesMessages()`方法。`FacesMessages`组件允许你：

- 在消息模板中通过EL符号来利用上下文变量；
- 为了i18n支持，从受Seam管理的resource bundle中加载消息模板；
- 配置一个备用的消息字符串，用于当resource bundle中找不到某一个键的情景。

有两种方式可以覆盖Home组件所用的消息模板。你可以直接在组件中定义它们，也可以将它们放在resource bundle中。代码清单10-6展示了CourseHome组件，它在create()方法中建立了自定义的消息模板。像从被覆盖的方法中继承而来的@Create注解一样，组件被实例化之后，这个方法立即被调用。所有消息模板都使用值表达式#{course}，它由这个组件中的@Factory方法处理。

代码清单10-6　配置成使用自定义消息的CourseHome组件

```
package org.open18.action;
import ...;

@Name("courseHome")
public class CourseHome extends EntityHome<Course> {
    @Override                                           从超类中继承@Create
    public void create() {
        setCreatedMessage("You've successfully added #{course.name}. " +
            "Thanks for contributing!");
        setUpdatedMessage("Thanks for updating #{course.name}. " +
            "Your careful eye is appreciated!");
        setDeletedMessage("#{course.name} has been removed. " +
            "We never liked it anyway.");
    }

    @Override
    @Factory(value = "course", scope = ScopeType.EVENT)
    public Course getInstance() {
        return super.getInstance();
    }
}
```

你也可以选择利用组件配置来设置这些消息：

```
<framework:entity-home name="courseHome"
  class="org.open18.action.CourseHome"
created-message="You've successfully added #{course.name}.
➥Thanks for contributing!"
updated-message="Thanks for updating #{course.name}.
➥Your careful eye is appreciated!"
deleted-message="&#8205;#{course.name} has been removed.
➥We never liked it anyway."/>
```

说明　请注意，deleted-message属性的开头处使用了‍。当以字符序列#{开头的字符串赋给属性时，Seam会对它们执行求值。这个XHTML实体引用，是一个0宽度的空格，它偏移第一个字符，允许延迟到产生状态消息时才执行求值。

直接在组件上配置消息模板的局限性在于，虽然模板有多个动态的部分，但是只支持一种语言。我们来看看如何定义可以根据用户的区域来选择的消息模板。

10.3.2　创建与 i18n 兼容的消息

为了对成功消息启用国际化的（i18n）支持，要在Seam的resource bundle中定义这些消息。回头参阅第5章5.5.2节，看看如何配置Seam的resource bundle。幸运的是，你不必在Home组件和资源包之间建立一个连接，因为逻辑是内建在Home类中的，来使用这个bundle中的消息。

在参考自己的消息属性中定义的消息之前，Home会先查找与受管实体类相关联的message bundle键。它是这样合成消息键的：将实体类的简单名（如类对象中的getSimpleName()所返回的）与正在执行的操作合并，中间用下划线（_）隔开即可，如图10-8所示。

图10-8 Home为CRUD操作合成message bundle键的方式

以下是之前配置过的CourseHome组件的英语版message bundle键，现在messages_en.properties中定义如下：

```
Course_created=You've successfully added #{course.name}.
  ➥Thanks for contributing!
Course_updated=Thanks for updating #{course.name}.
  ➥Your careful eye is appreciated!
Course_deleted=#{course.name} has been removed.
  ➥We never liked it anyway.
```

如果无法在Seam的resource bundle中找到这个消息键，Home组件就会转而利用该组件中配置的消息模板，如果没有设置那些消息模板，就使用内建的消息。在第13章13.6.1节中，你会学到如何选择默认的语言，以及如何创建允许用户根据他们的会话变更语言的UI控制。除了使用户知悉之外，Seam还利用它的事件设施，将CRUD操作成功的消息通知给其他组件。

10.3.3 事务成功事件

当CRUD操作成功完成时，事务也就成功完成了。Home组件利用raiseAfterTransactionSuccessEvent()方法，规划了两个事件要在事务被提交的时候被触发。第一个是通用的事件，表明事务完成，复制Seam事务基础架构所引发的org.jboss.seam.afterTransactionCompletion事件。第二个事件定制为持久化状态正被修改的实体类的简单名。遗憾的是，这两个事件都没有告诉你执行了哪一项操作。如果这是RoundHome组件，这两个事件应该是：

- ❑ org.jboss.seam.afterTransactionSuccess
- ❑ org.jboss.seam.afterTransactionSuccess.Round

10

第二个事件可以用来刷新现在可以持有对被修改实体的无效引用的结果集。假设结果集由roundList组件（将在10.4节中介绍）管理，你就可以利用组件描述符将它的刷新方法绑定到事务成功事件上：

```
<event type="org.jboss.seam.afterTransactionSuccess.Round">
  <action execute="#{roundList.refresh}"/>
  <action execute="#{roundList.getResultList}"/>
</event>
```

这些事件的独特之处在于它们不是立即触发，而是在事务完成之后才触发。如果你正在使用Seam的全局事务，就会在Invoke Application阶段结束时发生提交。这种规划是利用事务同步注册这些事件来处理的，这是一个允许事务执行回滚代码的接口。你在第11章学过，Seam允许在使用resource-local事务时使用事务同步。

在本节中，你知道了Home类不仅仅是个通用的CRUD接口。它可以是个有状态的组件和主动领域模型对象，包装实体实例、管理它的状态，并围绕着在它上面执行的CRUD操作提供声明式的事务作用范围。它还可以协调其他的Home组件，建立与其他实体实例的关联。更棒的是，它还为用户准备了成功的消息，并触发事务完成事件，在事务完成时通知其他组件。

虽然Home组件只管理一个实体实例，但接下来我们看到的组件模板则管理JPQL或者HQL查询的结果集。你甚至可以创建有状态的列表，像创建有状态的领域对象一样。

10.4　用 Query 组件进行更智能的查询

当你在应用程序中引入查询时，立即就会面临做出如何管理结果集的决定。确定执行查询的正确时间可能比较困难。如果你每次需要展现结果时就执行查询，会把撤消查询的压力转给数据库。还有一种极端的情况，如果你将结果保持得太久，就会导致给用户提供可能使他们困惑的无效信息，或者更糟糕的情况是使他们做出错误的决定。因此，你还是需要一种策略。

幸运的是，Seam Application Framework提供了一个帮助你管理查询结果的类，恰当地命名为Query。你很快会发现，Query组件管理上下文查询，因此查询可以随着其参数（映射到上下文变量）的改变而动态地改变。像Home组件模板一样，Query类也有JPA实现和Hibernate实现，分别为EntityQuery和HibernateEntityQuery。EntityQuery组件的类图如图10-9所示。本节介绍如何使用Query组件，重点关注JPA实现。

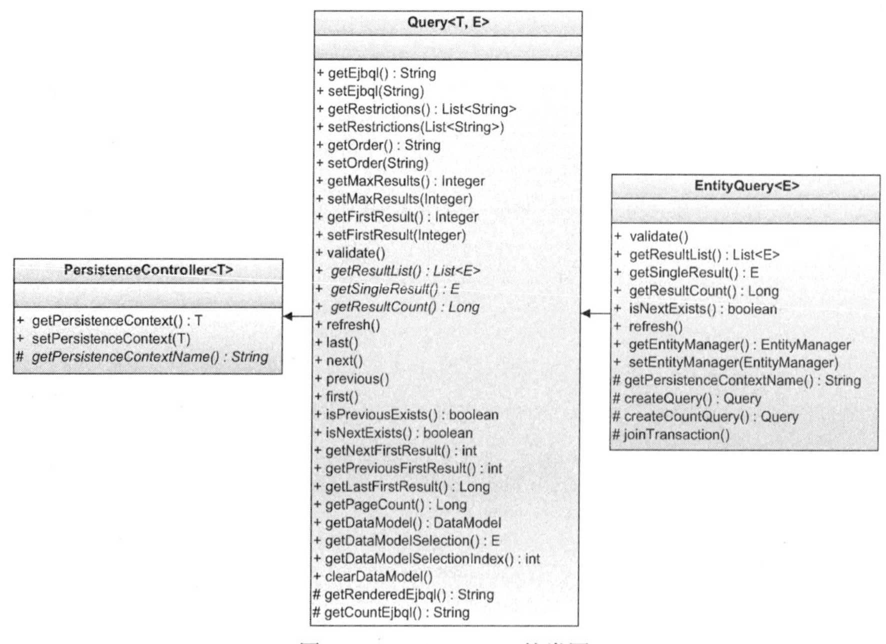

图10-9　EntityQuery的类图

像Home组件一样，使用Query组件时，也可以扩展Query类，直接在组件描述符中配置它，或者结合这两种方式。Query是一个十分灵活的组件模板，因此通常不需要编写自定义的Java代码。我们就在10.3节的例子上进行构建，创建一个列出数据库中保存的所有Round实例的页面。我们用一个Query组件来管理这个结果集。

10.4.1 创建结果集列表

要使用Query组件，至少必须为它提供一个用JPQL（使用JPA时）或者HSQL（使用原生的Hibernate时）编写的实体查询，并将这个查询赋给组件的ejbql属性（无论属性的名称是什么，它都不是特定于JPA的）。

用来管理轮次列表的Query组件的声明如下：

```
<framework:entity-query name="roundList" ejbql="select r from Round r"/>
```

ejbql属性存放查询的静态部分。这个片段包括select子句、连接操作符和静态的条件。上下文的限制是在后一个部分中添加的。我们不提取所有的轮次，而是利用Query类的maxResults属性设置上限为15，最后将它绑定到UI控制上：

```
<framework:entity-query name="roundList" ejbql="select r from Round r"
  max-results="15"/>
```

准备和执行查询完全由Query类处理，它将运行查询的工作委托给持久化管理器。这个查询支持3项操作：你可以查询结果集列表、单个结果或者结果计数。如果你预计只有一个结果，却找到了不止一个结果，就会抛出NonUniqueResultException异常。Query类还包含一个便利方法，用来将结果集包装在JSF的DataModel中。获取结果集数据的方法如表10-4所示。

表10-4 Query中执行JPQL/HQL查询的方法

方 法	描 述
getResultList()	如果不能使用本地结果集就执行该查询。保存结果集是为了避免多余的查询。返回该结果集作为一个java.util.List
getSingleResult()	如果不能使用本地结果值就执行该查询。保存结果值是为了避免多余的抓取。返回该结果作为一个对象
getResultCount()	如果不能使用结果计数就执行该查询的对等计数。保存该计数是为了避免多余的抓取。返回行计数作为一个java.lang.Long。如果查询很复杂，可能需要定制
getDataModel()	将getResultList()的返回值包装在相应的javax.faces.DataModel类型中，并将它保存到再次执行这个查询的时候。返回被包装的值

表10-4中列出的查询方法，将结果缓存在类的私有属性中，从而避免了多余的数据库查询。直到组件认为结果的状态为“脏”时，才会再次执行该查询。满足以下任何一个条件即为“脏”。

- 查询限制参数发生了变化。
- 排列顺序发生了变化。
- 最大结果值发生了变化。
- 第一个结果偏移量发生了变化。
- 通过调用Query中的refresh()方法手工清除结果。

保持查询结果对于JSF模板中所用的组件尤其重要，因为JSF组件树的编码和解码过程都会导致表10-4中的方法被执行多次。确保只在需要的时候才执行查询可以减轻数据库的负担。

Query的实例默认的作用域为事件上下文。如果你将它的作用域改为对话上下文，结果的缓存就能够跨越多个请求：

```
<framework:entity-query name="roundList" scope="conversation"
  ejbql="select r from Round r" max-results="15"/>
```

缓存结果的确会有导致数据无效的风险，但是幸亏前面讲过的对Query类的脏检查，它确保只在适当的时候才执行查询。事件也可以用来刷新查询，如前所述。

现在，roundList组件可以用来显示数据表中Round实例的集合了。RoundList.xhtml的相关部分，即渲染这些结果的JSF模板，如代码清单10-7所示。

代码清单10-7　展示抓取轮次列表的查询结果的表

```
<rich:panel><f:facet name="header">Round search results</f:facet>
  <h:outputText value="No rounds were found"
    rendered="#{empty roundList.resultList}"/>
  <rich:dataTable var="_round" value="#{roundList.resultList}"
    rendered="#{not empty roundList.resultList}">
    <h:column>
      <f:facet name="header">Golfer</f:facet>
      #{_round.golfer.name}
    </h:column>
    <h:column>
      <f:facet name="header">Date</f:facet>
      <h:outputText value="#{_round.date}">
        <s:convertDateTime type="date"/>
      </h:outputText>
    </h:column>
    <h:column>
      <f:facet name="header">Course</f:facet>
      #{_round.teeSet.course.name}
    </h:column>
    <h:column>
      <f:facet name="header">Tee set (color)</f:facet>
      <div title="#{_round.teeSet.color}" class="colorSwatch"
        style="background-color: #{_round.teeSet.color};"/>
    </h:column>
    ...
    <h:column>
      <f:facet name="header">action</f:facet>
      <s:link id="round" view="/Round.xhtml" value="View">
        <f:param name="roundId" value="#{_round.id}"/>
      </s:link>
    </h:column>
  </rich:dataTable>
</rich:panel>
```

请注意，在代码清单10-7中，Round实体中的延迟关联是如何被偶然遍历的。优化初始查询来防止视图中的过度查询，这仍然是个好主意。第一个优化是调优持久化管理器，预计为延迟抓取，并且是批量抓取数据。在Hibernate中，这种行为是通过在持久化单元配置中设置默认的批量抓取数量进行配置的：

```
<property name="hibernate.default_batch_fetch_size" value="16"/>
```

用这个批数量尝试一下，同时监测Hibernate记录的SQL语句，看看它对查询的执行数量有怎样的影响。你可以采用的另一种方法是将查询改为即时抓取关联。如果关联映射被标识为`FetchType.LAZY`，可以利用`join fetch`子句临时将它提升为即时抓取。下列查询在一个聚合查询中抓取了轮次列表页面所需的所有信息：

```
select r from Round r
  join fetch r.golfer
  join fetch r.teeSet ts
  join fetch ts.course
```

我建议始终在映射中使用延迟关联，并在查询级别启用即时抓取。关于减少延迟加载查询的其他方法，请参阅持久化提供者的参考文档。为了帮助DBA（数据库管理员）找到SQL语句的出处，可以利用一个查询提示给查询添加一条注解：

```
<framework:entity-query ...>
  <framework:hints>
    <key>org.hibernate.comment</key>
    <value>Query for rounds used on RoundList.xhtml</value>
  </framework:hints>
</framework:entity-query>
```

`hints`属性接受持久化提供者支持的任何提示。我们看看还能对查询进行哪些操作。

10.4.2　对结果集分页

现在的RoundList.xhtml页面有一个严重的缺点。如果结果个数越过15，就无法看到第一页以外的内容。UI需要为用户提供一种方式，用来给查询的其他区域分页。`Query`类已经为分页内建了支持，这应该没有什么好奇怪的。Query分页由这个组件中的`firstResult`和`maxResults`属性控制，它们将底层的JPQL/HQL改为加载该结果集的相应区域。每当这些属性中任何一个发生变化时，结果集就会被刷新。表10-5列出了`Query`类中的方法，它们协助创建UI控制来操作这两个属性的值。

10

表10-5　Query中提供分页信息的方法

方　法	描　述
`isNextExists()`	表示在当前页面之处是否还有更多的结果
`isPreviousExists()`	表示在当前页面之前是否有结果
`getNextFirstResult()`	返回下一个页面中第一个结果的偏移量
`getPreviousFirstResult()`	返回前一个页面中第一个结果的偏移量
`getLastFirstResult()`	返回最后一个页面中第一个结果的偏移量
`getPageCount()`	利用最大的结果设置作为页面数量，返回结果集中的页面数

Query类中的逻辑不必使用第二个查询就能够提取分页偏移量信息。虽然大多数方法都是根据当前的偏移值进行的简单计算，但isNextExists()是个特例。Query类抓取的记录始终比页面数量（如maxResults值）多一个，从而避免再使用一个查询。如果结果集中出现额外的记录，Query类就知道还有另一个页面。然后它将结果集截短为设置好的页面数，删除了这个“试探”记录。getPageCount()方法就需要额外执行一个查询，但是只有当页面数量为非空时才行，因为它需要知道数据库中的记录总数。

有了分页信息之后，仍然要记录请求之间的分页偏移量。如果你不是在列表页面中使用长时间运行的对话，就必须将偏移量作为请求参数传递。将页面参数与在查询字符串中包含偏移量的链接结合起来，便可完成这个策略。首先在描述符RoundList.page.xml中声明一个页面参数：

```
<page>
  <param name="firstResult" value="#{roundList.firstResult}"/>
</page>
```

接下来，添加可以让用户在页面之间进行导航的链接。以下链接将用户带到了结果集的下一个页面（如果有的话）：

```
<s:link id="next" value="Next Page" rendered="#{roundList.nextExists}">
  <f:param name="firstResult" value="#{roundList.nextFirstResult}"/>
</s:link>
```

在第2章里通过seam-gen生成的列表页面中可以看到这种方法的范例。页面参数非常重要，因为它们创建了RESTful URL。然而，当用户必须离开该页面时，这些页面参数就会遭到破坏，因为它们被丢弃了。保持偏移量状态的另一种方法是使用长时间运行的对话。

将长时间运行的对话与对话作用域的Query组件结合使用的好处是，用户可以随意地徜徉于应用程序之中，不会找不到当前在结果集中的位置。如果用户设法放弃该对话，也可以利用对话转换器将它恢复，这表明结果集正是处于用户离开它时的状态。

你必须做出判断：生成RESTful URL和维持查询状态，这两者之间哪一个对你更重要。虽然这两者也有可能同时实现，但是比较麻烦。在本章剩下的篇幅中，我们将在长时间运行的对话环境中进行，以示范这种有状态的方法。

创建有状态Query组件的第一步是在渲染轮次列表页面时启动一个长时间运行的对话，这是在描述符Round.List.page.xml中定义的。页面中还给出了一个描述，允许用户利用对话转换器返回到这个对话：

```
<page>
  <description>
    Round List: #{roundList.resultList.size} of #{roundList.resultCount}
  </description>
  <begin-conversation join="true"/>
</page>
```

由于roundList是维持在长时间运行的对话中的，因此不再需要显式设置分页偏移量了，而是可以利用Query类中内建的分页方法，如表10-6所示。这些动作在内部设置firstResult属性，并在被调用的时候重置缓存的结果集。

表10-6 Query中为结果集分页的方法

方　法	描　述
next()	使第一个结果值前进到下一页的偏移量
previous()	使第一个结果值恢复到前一页的偏移量
last()	使第一个结果值前进到最后一页的偏移量
first()	使第一个结果值恢复到第一页的偏移量，它始终为0

然后只需要添加执行分页动作方法的命令链接。根据JSF规范的要求，这些链接必须内嵌在JSF表单中。在链接之间是一个改变页面数量的选择菜单。选择菜单中使用了一个值变更监听器，当页面数量发生变动时，它能重置分页偏移量：

```
<div id="tableControl">
  <h:form id="pagination">
    <h:commandLink id="first" action="#{roundList.first}"
      value="First Page" rendered="#{roundList.previousExists}"/>
    <h:commandLink id="previous" action="#{roundList.previous}"
      value="Previous Page" rendered="#{roundList.previousExists}"/>
    <h:selectOneMenu id="pageSize" value="#{roundList.maxResults}"
      valueChangeListener="#{roundList.first}"
      onchange="this.form.submit();">
      <f:selectItem itemValue="25"/>
      <f:selectItem itemValue="50"/>
    </h:selectOneMenu>
    <h:commandLink id="next" action="#{roundList.next}"
      value="Next Page" rendered="#{roundList.nextExists}"/>
    <h:commandLink id="last" action="#{roundList.last}"
      value="Last Page" rendered="#{roundList.nextExists}"/>
  </h:form>
</div>
```

既然用户能够访问数据库中所有的轮次，并且这个列表在回传中保持不变，现在就是实现多行删除的绝佳机会了。

10.4.3 同时删除多个记录

现在让我们暂时稍微离题一小会儿，来实现一个在本章的前面不可能实现的CRUD特性。同时对多个记录执行任何操作一般都是通过列表页面来完成。幸运的是，这个过程很简单。首先，在Round类中添加一个transient boolean属性，表明是否选中了这条记录：

```
private boolean selected;

@Transient public boolean isSelected() { return this.selected; }
public void setSelected(boolean selected) { this.selected = selected; }
```

接下来，给列表新增一个列，用一个复选框来选择记录：

```
<h:column>
  <f:facet name="header"> </f:facet>
  <h:selectBooleanCheckbox value="#{_round.selected}"/>
</h:column>
```

然后，在列表下方添加一个按钮，当它被点击的时候会调用delete()方法：

```
<h:commandButton action="#{multiRoundAction.delete}"
  value="Delete selected"/>
```

最后，实现新增的MultiRoundAction组件中的delete()方法。为了增加趣味性，我们要在Groovy中实现该组件，并将该文件命名为MultiRoundAction.groovy。

```
@Name("multiRoundAction")
class MultiRoundAction {
    @In private def entityManager
    @In private def roundList
    void delete() {
        roundList.resultList.findAll { r -> r.selected }
            .each { r -> entityManager.remove r }
        roundList.refresh()
        "/RoundList.xhtml"
    }
}
```

属性中不需要类型，因为Seam使用了基于名称的注入。我们给了用户通过点击列标题进行排序的能力，再回过头来管理查询。

10.4.4　对结果集排序

Query类内建了对结果集排序的支持。排列顺序保存在order属性中，它保存着排序列和排序方向，被添加到受管的JPQL/HQL查询中。每当order属性发生改变时，缓存的结果集就变成无效，并再次执行查询。请记住，Query类会剥离order属性来查看SQL注入。Seam 2.1将order属性分解成orderColumn和orderDirection，从而增强了SQL注入的弹性，这也是我大力提倡的做法。

我们先为order属性赋值来建立默认的排序：

```
<framework:entity-query name="roundList" scope="conversation"
  ejbql="select r from Round r
    join fetch r.golfer g
    join fetch r.teeSet ts
    join fetch ts.course c"
  max-results="15" order="r.date desc"/>
```

这个查询的结果集将按照轮次的日期递减排序。Round中的date属性在这个查询中的全称是r.date，以便与该查询中任何其他实体中同样名为date的属性区别开来。在属性名称的前面加上在select子句中定义的别名作为前缀，这种习惯永远是好的。在这个查询中，Round的别名为r，Golfer的别名为g，TeeSet的别名为ts，Course的别名为c。在本章剩下的篇幅中将全部使用这些别名。为了对高尔夫球员的名字进行排序，你得将order属性设置为g.lastName asc, g.firstName asc。

你的任务依然是为用户提供一个UI控制，这一次是赋予Query组件的order属性。像标准的实践一样，我们给每个列标题都做了一个排序链接。在我们这个范例中，链接会在UI命令组件的动作中利用一个参数化的方法表达式将sort子句传给Query类的setOrder()方法。下面是球场名称列中列标题里的链接：

```
<s:link value="Course Name"
  styleClass="#{roundList.order == 'c.name asc' ? 'asc' :
    (roundList.order == 'c.name desc' ? 'desc' : '')}"
  action="#{roundList.setOrder(roundList.order eq
    'c.name asc' ? 'c.name desc' : 'c.name asc')}"/>
```

这个组件标签执行了两部分逻辑。在动作方法的参数中进行了一项检查，它确定是要反向排序，还是应用默认的排序方式，具体视当前被排序的列而定。styleClass属性中也进行了类似的检查，以确定这个列是否进行了排序，如果是，就确定排序的方向。渲染排序指示符的工作交给两个CSS类来完成，如：

```
th a.asc {
   background-image: url(../img/sort_asc.gif);
   background-repeat: no_repreat;
   background-position: right;
   padding-right: 15px;
   }
th a.desc {
   background-image: url(../img/sort_desc.gif);
   background-repeat: no_repreat;
   background-position: right;
   padding-right: 15px;
   }
```

由于每一列都必须重复这段标记代码，如果将它转换成一个Facelets合成模板[①]，一定会大受欢迎，这你在第3章中学过。

我们将这部分逻辑放到layout/sort.xhtml模板中，将这个链接的复杂性封装起来：

```
<ui:composition ...>
  <h:commandLink value="#{name}" action="#{query.setOrder(param.order)}"
    styleClass="#{query.order == property.concat(' asc') ? 'asc' :
    (query.order == property.concat(' desc') ? 'desc' : '')}">
    <f:param name="order" value="#{query.order ==
      property.concat(' asc') ? property.concat(' desc') :
      property.concat(' asc')}"/>
  </h:commandLink>
</ui:composition>
```

现在只在一个地方定义了排序链接的逻辑。但是，为了适应Facelets，还必须做一些变动：现在我们使用的是标准的UI命令链接，大量使用了参数化的EL。但是这一切现在对你来说都是看不见的。你只需要填入模板参数。下面依然是球场名称列的排序链接：

```
<s:decorate template="layout/sort.xhtml">
  <ui:param name="query" value="#{roundList}"/>
  <ui:param name="name" value="Course"/>
  <ui:param name="property" value="c.name"/>
</s:decorate>
```

① 关于如何定义和使用Facelets合成模板的更多信息，请参阅https://facelets.dev.java.net/nonav/docs/dev/docbook.html中的Facelets参考文档。

它实现了排序！Query类负责将order子句应用给JPQL/HSQL查询。如果你需要像多列排序或者列重新排序这样的特性，建议你使用JSF组件库中的高级表组件代替。

查询分页和排序还仅仅触及Query组件众多功能的表面，它最强大的特性是条件限制。我们将通过实现一个允许用户搜索轮次的表单来探讨这项特性。

10.4.5　对结果集添加限制

翻阅几百条结果一定会让用户感到精疲力竭。为了使用户有更好的体验，需要给他们一种通过输入条件来减少结果集的途径，让用户帮助自己找到想要的数据。搜索是长久以来令开发者生畏的工作之一，因为它几乎总是意味着要构建动态的查询。如果你维护过利用自定义的SQL构建器来实现搜索页面的代码，一定能体会到那有多么痛苦。这正是为何要不辞辛苦地为Query组件建立智能的限制机制的原因之所在。

1. 将限制做成内建的查询构建器

限制作为一个条件集赋给Query组件，每个限制只有一个内嵌的值表达式。在运行时，利用操作符AND将限制与JPQL/HQL查询的where子句放在一起。因而，每个限制都对结果集有限定作用。下面是一个按照高尔夫球员的姓进行搜索的限制范例：

```
g.lastName = #{roundExample.golfer.lastName}
```

我们很快就会讲到上下文变量roundExample。重要的是要知道，这个条件是源自EL值表达式的。每个限制里面必须只内嵌一个值表达式。这个值表达式相当于查询参数，但是有一个关键的强化作用。如果这个表达式解析成null或者一个空的字符串值，查询时就会忽略这个限制。这就是Seam能够利用限制来表示动态查询的方式。

除了能够在查询中引用上下文变量这个明显的好处，使用EL也让Seam有可能将这些值作为查询参数进行准备，使它们能够正确地逃逸。因此，你的应用程序不会受到SQL注入的攻击。整体上而言，限制设施的好处在于构建查询只需通过配置即可，不需要另一个手工打造的解决方案。

这些限制作为一个字符串集保存在Query的restrictions属性中。你可以在Java中对该集合进行初始化，或者利用组件配置赋值。本节剩下的篇幅将探讨应用限制的各种方法。

2. 按示例查询

限制是使JPQL/HQL查询变成上下文的一种方式。上下文（在这种情况下也称作状态）是指用户在搜索表单中输入的标准。为了在查询中得到表单的标准值，它们需要被绑定到组件实例的属性上。按示例查询（Query by Example，QBE）模式十分适合解决这个问题。在QBE中，你将一个标准对象传给查询引擎，并告诉它“找到像这样的结果”。你传给查询引擎的对象就是结果集中的对象的部分表述。由于列表页面中的结果是一个实体类的实例（在这个例子中是指Round），那么示例对象就必须是Round的实例。

我们为名为roundExample的Round创建一个新的组件角色，作为轮次搜索的示例标准。它的作用域为对话，这是实体类的默认作用域，因此当用户对结果集进行分页或者排序，或者当用户离开列表页面时，都不会丢失这个标准。

对于轮次列表页面，Query组件中的限制子句中将引用这个标准对象中的属性。然而，只在

Round实体的属性中进行搜索这是有限的，因此我们需要构建一个层次状的示例对象，可以纳入前一节介绍过的join查询。我们将创建几个额外的组件角色，并利用组件配置将它们的实例装配在一起：

```
<component name="teeSetExample" class="org.open18.model.TeeSet"/>
<component name="golferExample" class="org.open18.model.Golfer"/>
<component name="roundExample" class="org.open18.model.Round">
  <property name="golfer">#{golferExample}</property>
  <property name="teeSet">#{teeSetExample}</property>
</component>
```

准备好了示例对象，我们就用它构建限制子句。我们逐渐地允许用户对球员的名字及其所打的tee set的颜色进行不区分大小写字母的通配符搜索：

```
<framework:entity-query name="roundList" ...>
  <framework:restrictions>
    <value>
      lower(g.firstName) like
        concat(lower(#{roundExample.golfer.firstName}),'%')
    </value>
    <value>
      lower(g.lastName) like
        concat(lower(#{roundExample.golfer.lastName}),'%')
    </value>
    <value>
      lower(ts.color) like
        concat(lower(#{roundExample.teeSet.color}),'%')
    </value>
  </framework:restrictions>
</framework:entity-query>
```

这些限制包含JPQL/HQL查询的where子句。限制中的实体属性必须完全符合它们所属的实体别名。例如，在第一个限制中，g.firstName中的前缀g就是Golfer实体的别名。定义限制时，JPQL的所有功能均掌握在你的手中。因此你可以使用内建的JPQL/HQL函数（不是SQL函数，如concat()和lower()）来定制条件，如前所述。遗憾的是，你不能在同一个限制中应用两个不同的值表达式。在这种情况下，你可能需要重新考虑这个问题，或者看看你是否已经超越了限制设施的本意，抑或升级到Hibernate Search。

限制只是这个等式的其中一半，另一半是搜索表单。示例对象的属性被绑定到搜索表单的输入上，以捕捉来自用户的标准值：


```
<h:form id="roundSearch">
  <rich:panel><f:facet name="header">Round search parameters</f:facet>
      <s:decorate id="firstNameField" template="layout/display.xhtml">
        <ui:define name="label">First name:</ui:define>
        <h:inputText id="firstName"
          value="#{roundExample.golfer.firstName}"/>
      </s:decorate>
      <s:decorate id="lastNameField" template="layout/display.xhtml">
        <ui:define name="label">Last name:</ui:define>
        <h:inputText id="lastName"
          value="#{roundExample.golfer.lastName}"/>
```

```
        </s:decorate>
        <s:decorate id="colorField" template="layout/display.xhtml">
          <ui:define name="label">Tee set color:</ui:define>
          <h:inputText id="color" value="#{roundExample.teeSet.color}"/>
        </s:decorate>
    </rich:panel>
    <div class="actionButtons">
      <h:commandButton id="search" value="Search"
        actionListener="#{roundList.first}"/>
    </div>
</h:form>
```

请注意UI命令组件的动作监听器中用来提交表单的方法表达式#{roundList.first}。这个动作监听器确保在执行搜索之前重置分页偏移量。虽然Query类在发现限制中有变更时清除了结果集，但它没有重置分页偏移量。让偏移量返回到第一页很重要，因为如果搜索标准要减少结果集的数量，它可以确保分页偏移量不会超出最后一个结果。如果超出，将不显示任何结果，即便结果可能已经被查询返回。为了避免让用户面临这种令人困惑的情形，我们要介绍一下重置分页的细微不便。

由于限制是利用操作符AND进行连接的，如果用户为姓、名和tee set颜色填入了值，记录就必须符合结果集中包含的所有这些条件。Query没有为操作符OR内建支持，不过你可以在范例代码中寻找内幕的技巧，以获得一些支持。

截止目前，我们还只在限制子句中使用了基于字符串的属性。除了基本类型之外，JPQL和HQL还支持复杂类型。我们从日期开始说起。

3. 你会表示日历吗

像其他任何基本类型一样，直接在JPQL/HQL查询中（继而在限制子句中）使用解析成java.util.Date对象的值表达式是有可能的。允许用户在日期范围内过滤轮次就可以证明这一点。然而，Round实体类无法表示日期范围。我们已经超出了基础的QBE用例。因此我们要引入一个新的标准对象RoundCriteria，它可以接受实体所无法捕获的属性值：

```
@Name("roundCriteria")
@Scope(ScopeType.CONVERSATION)
public class RoundCriteria implements Serializable {...}
    private Date beforeDate;
    private Date afterDate;

    public Date getBeforeDate() { return this.beforeDate; }
    public void setBeforeDate(Date date) { this.beforeDate = date; }

    public Date getAfterDate() { return this.afterDate; }
    public void setAfterDate(Date date) { this.afterDate = date; }
}
```

接下来，在roundList组件定义中添加限制：

```
<value>r.date &gt;= #{roundCriteria.afterDate}</value>
<value>r.date &lt;= #{roundCriteria.beforeDate}</value>
```

如果其中任何一个日期过滤器解析成null，日期范围的那一端就是开放式的。请注意，你在组件描述符中定义限制时，大于号和小于号都必须逃逸。最后，在搜索表单中添加日期输入域：

```
<s:decorate id="afterDateField" template="layout/display.xhtml">
  <ui:define name="label">From:</ui:define>
  <rich:calendar id="afterDate" datePattern="MM/dd/yyyy"
    value="#{roundCriteria.afterDate}"/>
</s:decorate>
<s:decorate id="beforeDateField" template="layout/display.xhtml">
  <ui:define name="label">To:</ui:define>
  <rich:calendar id="beforeDate" datePattern="MM/dd/yyyy"
    value="#{roundCriteria.beforeDate}"/>
</s:decorate>
```

日期过滤器范例充分体现了将非基本UI输入组件的值添加到查询中是多么地方便，可以说是毫不费力。它替你处理转换和格式化，一切正常。接下来，你会发现对于集合也同样如此。

4. 这其中任何一个都可行

像SQL一样，JPQL/HQL查询也支持操作符IN，用它查找列值与参数值集合中的任何一个匹配的那些行。这项特性经常与"选择列表"结合，在那些列表中为用户呈现可以从中选择搜索值的一组选项。在简单类型（如字符串和数字）集合中搜索是非常简单的。使JPQL/HQL继而使限制子句如此强大的是，这个集合中的值可以是实体实例，而不只是基本类型值。

在下一个范例中，用户会看到一个球场列表，可以用它按照所选的球场来过滤轮次。你知道，结合<s:convertEntity>转换器标签，就可以在UI选择菜单的选项中使用实体实例。截止目前，我们一直是用这种技巧将一个实体实例与另一个装配起来的。现在，我们要更进一步，即把<s:convertEntity>和<h:selectManyListbox>结合起来，把一个被选中实体实例的集合赋给与输入绑定的集合。然后该集合将被用在roundList组件的限制子句中。为了支持这些搜索标准，我们给RoundCriteria添加了一个新的属性java.util.List，用来捕捉被选中Course实体实例的集合：

```
private List<Course> courses;

public List<Course> getCourses() { return this.courses; }
public void setCourses(List<Course> courses) { this.courses = courses; }
```

请注意，JSF只能处理一个绑定到数组属性的多值选择或者扩展java.util.List的参数化集合属性。例如，你不能绑定到java.util.Set属性。

接下来，我们在操作符IN中添加一个使用courses属性的限制：

```
<value>c IN(#{not empty roundCriteria.courses ?
  roundCriteria.courses : null})</value>
```

10

说明　必须对空集合进行显式的检查，否则会产生空的IN()子句，导致一个SQL错误。

你也许想知道JPA是如何设法将整个实体实例塞入SQL查询的。实际上它并没有那样做。当实体在JPQL/HQL查询中进行比较时，是重写这个查询来比较记录的标识符值。

有两个步骤依旧：我们需要准备一个让用户可以从中选择的球场集合，并渲染一个选择列表。我们先来定义一个抓取球场的Query组件。为结果集定义一个别名，并设置它的作用域为对话，以防止不必要的抓取（不过在这里也可以用请求作用域）：

```
<framework:entity-query name="coursesQuery"
  ejbql="select c from Course c join fetch c.facility f"
order="f.state asc, c.name asc">
```

现在可以利用上下文变量courses来支持<h:selectManyListbox>组件了。下面是渲染球场选择列表的表单片段：

```
<s:decorate id="coursesField" template="layout/display.xhtml">
  <ui:define name="label">Courses:<ui:define>
  <h:selectManyListbox id="courses" value="#{roundCriteria.courses}">
    <s:selectItems var="_course" value="#{courses}"
      label="#{_course.facility.state} - #{_course.name}"/>
    <s:convertEntity/>
  </h:selectManyListbox>
</s:decorate>
```

Seam对于转换枚举常量也有类似的支持，它通过将<s:convertEnum>标签嵌入任何表单输入而被激活。你可以将它与文本域一起使用，在这种情况下，用户必须输入枚举常量，或者与选择菜单一起使用。此时，选择项需要映射到枚举常量的集合中。

因而截止目前，你已经见过了通过使用值表达式将属性值绑定到查询参数的限制。如果该属性值为non-null或者非空，就会启用该限制。你可能想要在值表达式中使用boolean属性代替，来创建一个交换限制。

5. 交换限制

为了将动态的参数值纳入到限制子句中，要利用三重操作符将决策性的逻辑放在值表达式中。在这种情况下，标准值是作为控制器而不是参数值。这样就给Query组件中限制子句的黑白视图增加了色调。

举个例子，我们要在该标准表单中添加一个复选框，允许用户在所有轮次和只有该用户所打的那些轮次之间进行切换。首先，在RoundCriteria类中添加一个boolean属性，以捕捉虚标记：

```
private boolean self = false;

public boolean isSelf () { return this.self; }
public void setSelf (boolean self) { this.self = self; }
```

其次，添加一个检查self属性值的限制，如果这个值为true，就返回上下文变量currentGolfer；如果这个值为false，或者因为用户没有通过验证而使currentGolfer为null，就会忽略这个限制：

```
<value>g = #{roundCriteria.self ? currentGolfer : null}</value>
```

搜索标准在表单中看起来是一个复选框：

```
<s:decorate id="selfField" template="layout/display.xhtml"
  rendered="#{currentGolfer != null}">
  <ui:define name="label">My rounds:</ui:define>
  <h:selectBooleanCheckbox id="self" value="#{roundCriteria.self}"/>
</s:decorate>
```

看到这个范例，现在你应该能体会到EL为你增添了多么强大的功能，它使限制变成是上下文的，并且通过使用条件来控制是否使用该限制。

当你完成了这一切时，假设你还没有进行任何定制，那么轮次搜索页面看起来应该如图10-10

所示。

在我们结束对查询限制的讨论之前，我想最后再强调一种场景。

6. 只要告诉我数字

本节的重点一直放在显示结果集上。但是如果你想要充分利用这项很好的限制功能，最后却只得到一个数字时，将会怎样？猜猜答案是什么？实际上压根没什么好说明的。你只要将JPQL/HQL改为抓取单个结果，然后用getSingleResult()方法代替Query类中的getResultList()即可。假设用户是想得到所有轮次的平均得分。你只要定义一个新的Query组件，指定一个聚合查询，然后在页面中找个地方来放置该结果即可：

```
<framework:entity-query name="averageScore" scope="conversation"
  ejbql="select avg(r.totalScore) from Round r join r.golfer g">
  <framework:restrictions>
    <value>g = #{roundCriteria.self ? currentGolfer : null}</value>
  </framework:restrictions>
</framework:entity-query>
```

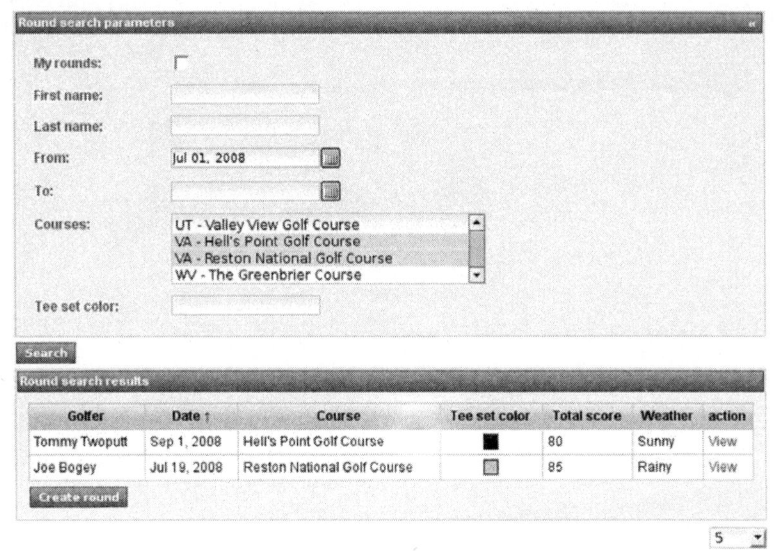

图10-10 Query组件支持的轮次搜索页面

Query组件之所以方便，是因为它允许你在页面上获得信息，而不必为了样板结果集逻辑和不必要的层费尽心思。它对于特殊的请求尤其有帮助。将Query的实例保存在长期的作用域中，再结合它知道何时执行查询的智能性，可以确保数据库最低限度的负载，从而获得良好的性能。我给你留个练习，即列出在某一个球场中得分最高的前几个轮次，并在各细节页面中列出球员。

10.5 小结

本章将你在本书中学过的关于Seam的知识点都集中在一起了。你利用Seam Application Framework中的组件模板类创建用来管理和列出高尔夫球赛轮次的页面。编辑器和细节页面由

Home组件提供技术支持，允许当前的球员创建、读取、更新和删除轮次。编辑器页面利用长时间运行的对话建立tee set关联，并利用应用程序事务来防止过早地变更数据库。列表页面由Query组件提供技术支持，允许用户对数据库中的轮次进行分页、排序和过滤。要实现这些功能一般情况下是比较费时的，但是有了Seam Application Framework组件模板，你很快就有事半功倍的感觉。

Seam Application Framework是Seam中如何创建主动领域模型的典型。尤其是，Home组件将一个实体实例和持久化管理器包装在一个有机单元中，使得实体看起来好像能够从数据库中读和写自身一样。Query组件将行为注入到JPQL/HQL查询和结果集中。从设计的角度看，Active Record模式和EJB 2中呈现出来的受托对象和持久化框架之间的紧耦合是可以避免的。你不一定是要使用Seam Application Framework中的模板类，而是可能想通过学习它们做个参考，来决定是否打算实现你自己的解决方案。

此时此刻，你利用Seam开始每一天的工作应该觉得十分舒适了。不过，还有一个关键部分你没有了解到，我在本章中也曾多次提及：用户的正确验证。在第11章，你最终要填写通过seam-gen安装的存根验证组件，并学习如何在组件和页面级别中锁定应用程序。

Part 4 第四部分

深入业务需求

Seam绝不只是一个Web应用程序框架，它提供的支持涵盖了所有业务需求，你在学习本书这部分的过程中可以体会到这一点。

第11章将说明可以多么迅速地将安全织入到Seam应用程序中去。只用POJO中的一个方法，就可以进行认证和基于角色的授权。利用注解和EL来定义限制。随着内容的进一步深入，你将在Drools规则引擎中完成一个速修课程，并用它创建细粒度的上下文限制。最后，你将学习如何利用CAPTCHA（一种近乎毫不费力的集成）抵御讨厌的垃圾邮件和机器人程序（Bots，一种自动化的蠕虫或者木马）。

尽管安全很重要，可它往往是个枯燥无味的话题。不过大家都喜欢Ajax！第12章将着重介绍Seam应用程序中的两种Ajax风格。首先学习启用了Ajax的UI组件，它们尊重JSF生命周期，并使你避免了一般情况下采用Ajax时所带来的JavaScript和CSS方面的难题。假如你喜欢底层的控制，JavaScript Remoting库就可以让你跨出JSF生命周期，通过JavaScript与服务器端组件进行直接交互。后一种方法为GWT这类前端打开了方便之门。

如果把本书比喻成一场盛宴，那么第13章绝对是餐后甜点了。这一章将教你如何让应用程序更加符合潮流。它首先介绍如何利用JSF输入绑定来接受文件上载。然后你会看到Facelets模板的多功能性，例如创建和提供PDF文档、组成和发送带有附件的E-mail消息，以及生成RSS。最后，你将学习利用主题和i18n来定制应用程序。

这就是本书即将结束而在线章节即将延续的地方。第14章使你能轻而易举地进入Seam的业务流程集成，并说明业务流程只是一个多用户的对话，它利用与单用户对话相同的声明式方法进行控制。第15章揭示了Seam是如何利用Spring容器的。Spring集成至关重要，因为它使得Spring能够利用Seam对持久化上下文的正确管理。

最后这部分的潜在主题是：无论你使用哪一种集成，Seam的编程模型都保持一致，因此使得这些技术更易于使用。

本部分内容

第11章 保护Seam应用程序安全

本章概要

- 开发一个验证子程序
- 实施基于角色的授权
- 用Drools编写许可规则
- 给表单添加CAPTCHA问讯

打完一轮高尔夫球下来休息的时候，我无意间看到了一条Microsoft Visual Studio 2005的杂志广告，这正好是一个对待安全问题的反面例子。这条广告并排展示了一个软件开发场景的两个画面，画面中有两个开发者正在讨论一个Web应用程序，画面中出现了两个开发者，一个在产品前面，另一个在后面。这位开发者的随身用具和白板上的待办事项反映了该项目的状态，前一个场景混乱不堪，压力重重的样子。但是通过这种对比揭示了后一个场景中一项关键的疏忽。待办事项中赫然写着："请测试代码的安全性！"被划掉的项目有个性化特性、UI的一致性核查、易用性及面包屑。尽管这个应用程序遭到了黑客攻击，但它至少看起来还比较美观。

本章虽然被安排在本书的最后部分，但这并不意味着你就得等到最后一刻才去实现或者测试安全。一种普遍的误解认为，可以在准备移交给QA（甚至是生产）部门时，再把安全加到应用程序中去，好像这件事就是稍加润色那么简单。一个复杂的应用程序是不可能在事后变得安全起来的。安全应该从一开始就存在，并且要织入到应用程序中从视图到数据库的每一个层。这就是安全为何是Seam中不可或缺的一部分的原因所在。

Seam使你不必在细节上花费很多时间就可以保护应用程序安全。在本章中，你将学习如何实现验证子程序，以及如何在所有层中避免应用程序的各个区域遭到未经授权的访问。Seam安全模型的基础是一个确保快速起步的基于角色的系统。很显然，有些应用程序需要更细粒度的方法。为了满足这类需要，Seam在此基础之上进行构建，即利用Drools规则引擎来支持上下文的基于规则的许可。通过规则系统开创的可能性是无穷的。Seam 2.1引入了一个id及许可管理模块，这使管理安全变得更加容易。Seam安全模型中最好的部分在于你丝毫不必动用XML，这为那些已经使用了其他Java安全框架的人们带来了一缕清新的空气。

俗话说：眼见为实。因此，我想先明确一些基本的安全术语之后，接着介绍一种最快速保护应用程序安全的方法，以及如何表示用户的id。随着本章内容的深入，安全问题会变得越来越复杂。

11.1 启动验证

你认为安全为何经常被放在设计流程和开发流程的最后呢？我认为，就是因为像JAAS（Java Authentication and Authorization Service）和Spring Security（即Acegi）这类安全框架实现起来太难了。前者太含糊了，且过于基本，后者又使你深陷于XML的困境中而难以自拔。

安全层的目的是阻止黑客、非授权用户和恶意的客户端点访问应用程序的敏感区域，同时又不会吓得开发者没勇气去实现它。鉴于它的重要性，安全应该是易于配置和使用的，并且它应该被集成到应用程序框架的核心，而不是分化成一个扩展。这两点在Seam中都得到了实现。更重要的是，实现这种易用性并没有影响到Seam安全模型根据安全需求进行伸缩的能力。我首先介绍验证，这是安全的基础，并说明如何通过3个简单的步骤将它添加到Seam应用程序中去。

11.1.1 给用户一个 id

验证只是“登录”的另一种常见的说法。在如今的在线领域中，几乎在我们执行每一个动作之前，都要先执行这个即将实现的登录子程序。但这不只是让你翻遍案头上的文件堆，去找到几个能让你通过登录问讯的潦草字符就行了。验证是为匿名的用户提供一张脸，如图11-1所示。

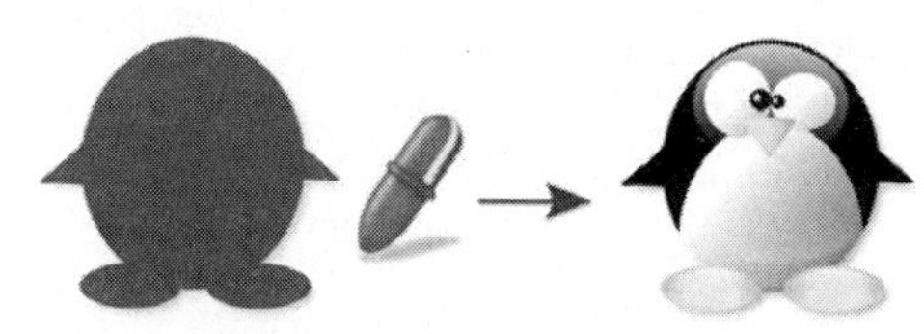

图11-1 通过验证（注册），用户向应用程序展示他（或她）的id

1. 让我看看你的脸

图11-1中的转变象征着用户建立了一个id。验证期间，Seam通过JAAS API装配了一个`Subject`的实例，并将它与用户的会话关联起来，使服务器利用它来识别用户，直到该会话过期或者该用户显式登出。

`Subject`实例是用户的一种数字表示。它包含一个主体（principal）集，用来填写用户的面部特征。主体实现JAAS API中的`Principal`接口。主体集有可能是一个无限集，但是Seam限定它只能有两个。第一个主体存放被验证用户的用户名，称作用户主体（user principal）。第二个主体称作角色组（roles group），它实现`Group`接口，并存放一个角色集。每个角色也都是一个`Principal`，不过与用户主体和角色组都不同，它被恰当地称作角色主体（role principal）。

但是了解有关`Subject`结构的细节实际上并不是件麻烦事，因为Seam提供了一个简单的抽象层，你可以用它在验证期间建立用户主体，并在执行授权检查时访问那些主体。

2. JAAS中的选择

Seam使用了JAAS，但只选择它其中的某些部分。当你看到“JAAS”这4个字符时不要觉得束手无策，因为总的来说，Seam的JAAS集成对你而言是完全透明的。在后台，Seam依赖JAAS处理验证的传递，它委托某一个组件给予批准，还用到了上面讲过的API的id部分。你唯一接触JAAS是利用Servlet安全进行断言用户角色的时候（如`isUserInRole()`）。Seam忽略JAAS的许可和方针，而是提供它自己的多方面授权策略。我们讲完验证之后再讲授权，每次讲其中一个“A”验证和授权首字母都是A。

11

3. 查找用户账号

为了实现验证，需要决定把应用程序的用户账号保存在什么地方。Seam把这项任务完全交给你了。如果你想让Seam帮忙决定，在Seam 2.1中可以选择让id管理器参考数据库或者LDAP找到账号，不过它要求你得遵循一个标准却灵活的模型。

在Open 18中，账号通过Member实体被映射到数据库中的一个表，并利用EntityManager获取。第4章中介绍的Member实体带有一个可以保存会员的用户名和进行散列处理后的密码的域，但它没有存放会员角色的域。虽然不是绝对必要，但是你可能想要在验证期间给用户分配角色，这些角色是从数据库中提取的。首先，需要一个Role实体：

```
@Entity
@Table(name = "ROLE", uniqueConstraints =
  @UniqueConstraint(columnNames = "name"))
public class Role implements Serializable {
    private Long id;
    private String name;

    @Id @GeneratedValue
    public Long getId() { return id; }
    public void setId(Long id) { this.id = id; }

    public String getName() { return name; }
    public void setName(String name) { this.name = name; }
}
```

接下来，给Member实体添加一个Role集合，通过一个连接表关联起来：

```
private Set<Role> roles = new HashSet<Role>();

@ManyToMany(fetch = FetchType.LAZY)
@JoinTable(name = "MEMBER_ROLE",
  joinColumns = @JoinColumn(name = "member_id"),
  inverseJoinColumns = @JoinColumn(name = "role_id"))
public Set<Role> getRoles() { return this.roles; }
public void setRoles(Set<Role> roles) { this.roles = roles; }
```

虽然验证的角色是可选的，但它们在实现授权的时候却是必要的。从某种意义上说，验证是安全的二进制部分：用户要么通过验证，要么没有通过验证。只有建立用户id之后，我们才能开始讨论授权。我们来看看如何用3个步骤将0变成1。

11.1.2　用 3 个步骤实现验证

在Seam中建立验证的3个步骤如下：

(1) 通过配置验证方法来打开验证；

(2) 在验证方法中检验用户的证书；

(3) 创建一个JSF登录表单。

这些步骤完成时，应用程序就会支持基于表单的验证。稍后你会知道，在Seam 2.1中，还可以让Seam的id管理器替你处理第2步。如果你不想为登录表单费劲，也可以插入Seam对HTTP验证的支持，在这种情况下，证书是由浏览器进行协商的。现在我们暂且不谈这些可以替代的方法，先继续此处既定的步骤。

1. 步骤0：零前提条件

第一步其实不是个步骤，而只是一个事实。在Seam中，要实现验证或者基于角色的安全，根本不需要任何额外的库。只有扩展到Seam基于规则的安全（请见11.4节）时，才会需要额外的依赖。

事实上，利用seam-gen工具创建的项目已经配置好了验证子程序，它只差一个关键的细节。默认的配置接受任何用户和密码。为了（稍微）提高安全性，防止有人冒名顶替，用户的登录证书需要根据已注册会员的数据库进行验证。

2. 步骤1：打开验证

在Seam中说“启用验证”有点用词不当。安全是在默认情况下就启用的，除非你有意将它关闭（或许是在进行测试）。但是，用户无法直接对自己进行验证。为了实现验证，首先需要告诉Seam哪个方法处理验证逻辑（如验证代理）。这个验证方法是由某一个组件提供的，它必须满足以下三个条件：

- 它必须不带参数；
- 它必须返回一个boolean，表示这些证书是否可以进行验证；
- 它必须可以通过EL进行访问（这在Seam中不成问题）。

验证方法的名称可以是任意的，它可以在任何类中，并且这个类不必实现任何特殊的安全接口。Seam将验证方法插入到JAAS中，却将JAAS的复杂性隐藏在`SeamLoginModule`中。JAAS在内部调用这个验证方法，如果该方法返回`true`，它就在安全`subject`中添加相应的主体。这个验证子程序是通过Seam的`identity`组件激活的，它使你不必与底层的庞然大物进行交互。

内建的`Identity`组件名为`identity`，它保持对验证方法的引用，作为方法绑定表达式。`Identity`在组件命名空间`http://jboss.com/products/seam/security`中，是在前缀为`identity`的组件描述符中声明的，验证方法可以利用组件配置赋给`identity`组件：

```
<security:identity
  authenticate-method="#{authenticationManager.authenticate}"/>
```

在这里，验证方法是通过`authenticationManager`组件提供的。下一步就是实现这个方法。

3. 步骤2：编写验证方法

前面说过，验证方法可以处在任何类之中。在本例中，我们使用了一个JavaBean组件。下面是一个很初级，但却是有效的方法实现：

```
@Name("authenticationManager")
public class AuthenticationManager {
    public boolean authenticate() {
        return true;
    }
}
```

严格来说，我们需要证书进行验证。如果`authenticate()`方法不带任何参数，证书从何而来？identity组件（其作用域为会话上下文，并在用户的会话启动时被实例化）的作用之一是获取正被问讯的证书。证书保存在这个组件的username和password属性中，一般通过一个JSF表单进行填充。因而，通过获取对identity组件的引用就获得了证书。

说明　如果验证子程序需要额外的证书，可以扩展Seam的安全基础架构来获取它们。在Seam 2.0中，是扩展Identity类，并利用组件名org.jboss.seam.security.identity为它注册。在Seam 2.1中，是扩展Credentials类，并利用组件名org.jboss.seam.security.credentials为它注册。credentials组件是在Seam 2.1中引入的，用来存放证书。尽管依然可以利用identity组件访问这些证书，但credentials组件还是首选的访问方式。

为了将证书放进验证方法，只需利用@In将identity（在Seam 2.1中是指credentials）注入到验证组件中：

```
@Name("authenticationManager")
public class AuthenticationManager {
    @Logger private Log log;
    @In private Identity identity;

    public boolean authenticate() {
        log.info("username: #0, password: #1",
            identity.getUsername(), identity.getPassword());
        identity.addRole("member");
        return true;
    }
}
```

正如你此处所见，identity组件在验证方法中的角色是双重的。它负责传递登录证书，又被用来保存一个角色集。在这个实现中，我们给所有用户都指定了会员这个角色。JAAS在提交登录子程序期间将这些角色传给安全subject。我们来看看它是如何进行的。

当验证方法被调用时，Subject实例中还没有建立用户主体和角色组（因为用户还没有通过验证）。这种初始化在验证方法返回true之后，发生在JAAS登录模块内部。在此过渡期间，identity组件的提供临时的角色存储（用addRoles()方法添加），这些存储需要传递给用户的组身份。在后验证子程序期间，Seam将角色名称转变成角色主体，并将它们添加到Subject实例的角色组中。

说明　Seam没有强加一个角色命名约定，因此可以随意使用你自己的命名方法。

验证子程序生成了一个标准的Java安全主体，说明Servlet安全生效了。你可以利用HttpServletRequest#isUserInRole()方法查看用户是否被授予了一个角色，它使得与依赖这个方法的类库进行透明整合成为可能。为了实现这一切，只需要编写几行代码（甚至算上XML）。当你增加验证逻辑时，这些代码的数量也会增长。

Open 18的验证逻辑如代码清单11-1所示。利用identity组件中的用户名，通过EntityManager在数据库中查找匹配的Member实体。如果找到实例，就将密码的散列与数据库中被散列处理过的密码进行比较，从而对密码进行验证。如果这两个校验都成功，就添加这些角色，该方法返回

true，并将控制权返回给JAAS以建立安全主体。如果其中任何一个校验失败，返回值false会将用户送回到登录页面，并且出现一条失败消息。稍后我们会试验一下失败场景的细节。

代码清单11-1 插入到Seam的JAAS登录模块的验证组件

```
package org.open18.action;
import org.jboss.seam.security.Identity;
import ...;

@Name("authenticationManager")
public class AuthenticationManager {
    @In private EntityManager entityManager;
    @In private Identity identity;
    @In private PasswordManager passwordManager;
    @Out(required = false) Golfer currentGolfer;

    @Transactional public boolean authenticate() {
        try {
            Member member = (Member) entityManager.createQuery(
                "select m from Member m where m.username = :username")
                .setParameter("username", identity.getUsername())
                .getSingleResult();

            if (!validatePassword(identity.getPassword(), member)) {
                return false;
            }

            identity.addRole("member");
            if (member.getRoles() != null) {
                for (Role role : member.getRoles()) {
                    identity.addRole(role.getName());
                }
            }

            if (member instanceof Golfer) {
                currentGolfer = (Golfer) member;
                identity.addRole("golfer");
            }
            return true;
        } catch (NoResultException e) {
            return false;
        }
    }
    public boolean validatePassword(String password, Member m) {
        return passwordManager.hash(password).equals(m.getPasswordHash());
    }
}
```

如果这个成员是个高尔夫球员，为了方便起见，会将currentGolfer注出。为了确保它在会话期间保留，我们在Golfer类中为它定义了一个角色：

```
@ Name ("golfer")
@Role(name = "currentGolfer", scope = ScopeType.SESSION)
...
public class Golfer implements Serializable{...}
```

剩下的事情就是为该用户创建一个表单，供其输入证书并尝试登录。

11

4. 步骤3：创建登录表单

你会激动地发现，为了实现基于表单的登录，Servlet规范中曾经定义的请求参数j_username和j_password以及servlet路径/j_security_check，它们在Seam中终于功成身退了。而且，对于像你一样为了很好地利用JSF而不得不定制传递方法来获取JAAS登录模块的人们，如果知道可以在登录页面中使用原生的JSF表单，一定会欣喜若狂的。这个登录表单浓缩成了两个值绑定表达式：#{identity.username}和#{identity.password}［它们获取用户的登录证书（在Seam 2.1中将为此使用credentials组件］和一个方法绑定表达式：#{identity.login}（调用启动验证子程序的内建动作方法）。下面是一个基础的登录表单范例：

```
<h:form id="login">
  <h:panelGrid columns="2">
    <h:outputLabel for="username">Username</h:outputLabel>
    <h:inputText id="username" value="#{identity.username}"/>
    <h:outputLabel for="password">Password</h:outputLabel>
    <h:inputSecret id="password" value="#{identity.password}"/>
  </h:panelGrid>
  <div class="actionButtons">
    <h:commandButton value="Login" action="#{identity.login}"/>
  </div>
</h:form>
```

每次试图进行验证时，都会在login()方法返回之前清除密码。如果登录失败，这个方法则返回null，导致重新显示登录页面。如果登录成功，这个方法就返回值loggedIn，你可以将它插入到一个导航规则中，以便将用户重定向到除该登录页面之外的某个地方：

```
<navigation from-action="#{identity.login}">
  <rule if-outcome="loggedIn">
    <redirect view-id="/home.xhtml"/>
  </rule>
</navigation>
```

这个规则适用于用户直接请求登录页面的时候。在11.2.2节中，你会学到，当用户的初始请求被一个登录请求打断时，要如何配置Seam将最初的请求恢复。

就是这样了！你终于可以撒手不管底层的JAAS细节了，Seam会将它们隐藏起来，最少化需要你来做的工作。事实上，为了执行验证，甚至可以不需要JSF表单。我们假设你想要自动验证用户，这种验证可能发生在注册之后，也可能是对远程方法调用做出的回应。你只要在identity上注册证书，并调用login()方法：

```
@In private Identity identity;

public String register() {
    ...
    identity.setUsername(newGolfer.getUsername());
    identity.setPassword(passwordBean.getPassword());
    identity.login();
    return "success";
}
```

当需求变得越来越复杂时，不必害怕，你可以摆脱Seam的安全模型。在本章中，你会知道

Seam给了你需要的所有功能，同时又不失简单性和可伸缩性。

5. 补充：登出

既然验证用户如此轻而易举，你或许会觉得登出也应该如此。你说对了！就像将方法绑定表达式#{identity.login}添加到UI命令组件进行登录一样，登出则是利用方法绑定表达式#{identity.logout}。为了创建登录/登出控制，你可以利用值表达式#{identity.loggedIn}检验用户是否通过了验证，如果通过了，就可以通过显示用户名证书将页面个性化，该证书是由会话作用域的identity组件保持的：

```
<h:outputText value="You are signed in as: #{identity.username}"
  rendered="#{identity.loggedIn}"/>
<s:link view="/login.xhtml" value="Login"
  rendered="#{not identity.loggedIn}"/>
<s:link view="/home.xhtml" action="#{identity.logout}" value="Logout"
  rendered="#{identity.loggedIn}"/>
```

在这个验证过程真正成功地完成之前，我们需要了解验证失败时会发生什么情况。如前所述，用户会被返回到登录页面，并看到一条失败消息。结果表明，不管怎样都会产生一条消息。围绕着验证还有很多事件，我们来探讨其中一些。

6. 验证消息和事件

当Seam呈现验证的控制时，它没有隐藏应用程序的其他部分。这种透明度是通过使用事件来实现的。表11-1列出了最为相关的事件。表中列出的第一个事件表明该用户正被定向到登录页面进行验证，这个过程我们会在11.2.2节中讨论。

表11-1 与验证有关的事件列表

事件名称	何时引发
org.jboss.seam.security.notLoggedIn	当未经验证的用户遇到限制时
org.jboss.seam.security.preAuthenticate	在委托JAAS登录模块之前
org.jboss.seam.security.postAuthenticate	在验证过程结束，安全subject完全被初始化之时
org.jboss.seam.security.loginFailed	在identity组件中的login()方法返回以及验证失败之前
org.jboss.seam.security.loginSuccessful	在identity组件中的login()方法返回以及验证成功之前
org.jboss.seam.security.loggedOut	在identity组件中的logout()方法返回之前，且会话无效之后
org.jboss.seam.security.initCredentials	当getUsername()方法为了某个指定会话在证书组件中第一次被调用的时候（只适用于Seam 2.1）
org.jboss.seam.security.quietLogin	在检验某个限制以便给观察者自动登录用户的机会之前（只适用于Seam 2.1）

除了引发事件，每当用户被定向到登录页面，或者用户试图进行验证时，Seam还会在响应中添加一个全局的FacesMessage。Seam根据多语言的最佳实践，从Seam resource bundle中的消息键解析验证消息。表11-2列出了每个事件的消息键及其重要级别。Seam resource bundle的内容请参见5.5.2节。利用以下组件标签渲染验证消息：

```
<h:messages globalOnly="true"/>
```

为了让用户看到登录成功的消息，这个标签必须包含在用户登录之后要到达的任何页面中。在11.2.2节中，你会学到如何将用户重定向回到被拦截的请求，扩展了这个目标页面池。如果你不想使用其中的某一条消息，只需要给这个消息键赋一个空值。

表11-2　Seam在验证事件之后所用的消息键

消 息 键	FacesMessage重要级别	何时使用
org.jboss.seam.loginFailed	SEVERITY_INFO	验证失败时
org.jboss.seam.loginSuccessful	SEVERITY_INFO	验证成功时
org.jboss.seam.NotLoggedIn[a]	SEVERITY_WARN	请求验证时

a org.jboss.seam.NotLoggedIn键中的“N”是有意大写的。

随着用户相应地受到或褒或贬，验证子程序完成了。回过头看看你所做的工作，最复杂的部分是实现验证方法，它包括查找账号、验证密码以及添加角色。当然，你自己的应用程序中的验证逻辑可以不同。但是，如果你只是利用JPA从数据库或者从LDAP中获取账号，可以让Seam的id管理器（在Seam 2.1中引入的）替你处理这项工作。虽然有JPA和LDAP这两种提供者，但这里只介绍JPA提供者。在编写本书之时，这项特性还在积极的开发当中，因此我在此不想涉及过多。但是11.2节的内容应该足以让你起步了。

11.1.3　概览 Seam 的 id 管理

本书2.1节中介绍的Seam新的id管理模块，将Seam的声明式服务延伸到了验证。该模块包含了许多注解和胶合代码，它们共同验证用户并配置用户的角色。你只需要将注解放在它们所属的地方，并进行一些组件配置即可。完成之后，验证方法便成为了历史。

第一步是创建表示用户及角色的实体。在Open 18中，这些实体分别为Member和Role。下一步是利用以下注解识别保存用户账号信息的域。

- @UserPrincipal——识别user类中保存用户名的域。
- @UserPassword——识别user类中保存密码的域。对纯文本的和经散列处理过的密码都支持。散列算法在hash属性中指定。经散列处理过的密码必须使用64位编码。
- @UserRoles——识别user类中保存角色的集合域。该集合必须映射到具有标注了@RoleName的域的类。
- @RoleName——识别role类中保存角色名称的域。

还有一些追踪用户其他方面信息的其他注解此处没有列出来。以下展示了运用了id管理注解的精简版Member和Role：

```
@Entity
public class Member implements Serializable {
    @UserPrincipal
    public String getUsername() { return this.username; }
    @UserPassword(hash = "SHA")
    public String getPasswordHash() { return this.passwordHash; }
    @UserRoles @ManyToMany
    public Set<Role> getRoles() { return this.roles; }
```

```
    ...
}
@Entity
public class Role implements Serializable {
    @RoleName
    public String getName() { return this.name; }
    ...
}
```

接下来，需要在组件描述符中配置一个id仓库，指明哪些类表示用户和角色。不再需要identity中的验证方法了：

```
<security:identity/>
<security:jpa-identity-store
  user-class="org.open18.model.Member" role-class="org.open18.model.Role"/>
```

id管理器默认使用JPA的id仓库（如果有的话）。JPA的id仓库假设受Seam管理的持久上下文名为entityManager。如果不是这个名称，必须利用EL将它赋给entityManager属性。

在这种情况下，利用identity组件验证用户没有什么不同。在后台，SeamLoginModule委托id管理器验证证书。如果你在验证期间需要执行自定义的逻辑，可以利用表11-1中所列的某一个方法观察后验证事件。

尽管你在验证期间从不与id管理器直接交互，但可以用它的API管理账号。它支持用户和角色的所有CRUD功能，并且具有额外的方法用于执行像这样的任务：改变用户的密码，启用某个账号，以及准予或废除角色。为了对id管理器进行补充，Seam 2.1提供了许可管理器来维护持久化的用户许可，详情请见11.4节。关于这两者的实践效果，请参阅Seam发行版中的SeamSpace示例。

既然你知道如何实现基于表单的验证，现在就来探讨另一种利用浏览器的能力与服务器协商证书的方法。

11.1.4 更"基础的"验证

截止目前你所见过的还不够基础吗？嗯，我理解。有时候，你只想让应用程序避开公众的眼睛，却不用对用户界面进行任何变更。要实现这一点，HTTP Basic或者HTTP Digest（RFC 2617）验证可能就足以满足你的需要了。猜猜怎么样？Seam已经将它纳入其中了，但是它没有让你完全脱开干系。你仍然需要一如既往地实现和配置验证方法，只是不再需要登录页面（并且不必担心稍后会提出的导航问题）。

如第3章所述，Seam过滤器使用了一个委托模型，将每个请求都包装在一个Seam配置的过滤器链中，每个过滤器都利用@Filter注解进行声明。Seam的其中一个内建过滤器（AuthenticationFilter）处理HTTP验证。然而，这个过滤器不是默认安装的（如@Install(false)）。为了使用它，必须确保在组件描述符中激活它。Seam的内建过滤器处在组件命名空间http://jboss.com/products/seam/web中，用web作前缀。激活AuthenticationFilter时，通过auth-type属性的控制，指定你想使用Basic验证还是Digest（摘要）验证方式。我们从Basic验证开始：

```
<web:authentication-filter url-pattern="*.seam" auth-type="basic"/>
```

现在，任何与url-pattern属性值匹配的URL都受到Basic验证的保护。如果只保护JSF请求，url-pattern属性应该与为web.xml中的JSF Servlet配置的模式匹配。如果没有url-pattern属性，过滤器就会应用到Seam主过滤器捕获的所有请求。验证期间，Seam调用了你在11.1.2节的步骤1和2中配置的验证方法。

如果你对Basic验证感到满意，你的任务就完成了。但是，HTTP Basic验证极为脆弱，因为它的密码只是利用著名的64位编码稍微进行模糊之后与每个请求一起发送的（如没有进行加密或者经散列处理），这使它很容易被网络嗅探器截获。Digest验证则是一种更好的选择，在这种验证方式下，浏览器会在将证书发送到服务器之前先将它们进行散列处理。

利用消息摘要协商证书

Digest验证比Basic验证更安全，但是要获得这种安全需要进行一些额外的配置。首先将<web:authentication-filter>元素上的auth-type属性值改为digest。然后再添加两个属性：key和realm。key属性的值可以是任何字符串，其作用是降低所产生摘要的可预测性（如盐）。realm属性值被用在捕捉用户证书的提示中。典型的提示与此类似：

```
Enter username and password for "Open 18" at http://localhost:8080
```

realm就是引号中的文字，在本例中是指应用程序的标题。你可以利用EL符号从message bundle中提取realm，使它变成对i18n友好。这些配置变更的结果如下所示：

```
<web:authentication-filter url-pattern="*.seam" auth-type="digest"
  key="g0!f15f#n" realm="#{messages['application.title']}"startup="true"/>
```

Seam提供了基类DigestAuthentication来处理摘要计算和验证。因而，下一步是变更验证组件，以扩展DigestAuthentication，并将验证摘要的工作委托给通过继承得来的validatePassword()方法。代码清单11-2展示了一个简单化的范例。遗憾的是，为了使用Digest验证，必须将密码保存在未进行散列处理的数据库中。这种变更是必需的，因为验证子程序必须从原始密码中产生一个摘要，将它与客户发送的摘要进行比较。

代码清单11-2　HTTP Digest验证所用的验证组件

```
package org.open18.action;
import org.jboss.seam.security.digest.DigestAuthenticator;
import ...;
@Name("authenticationManager")
public class AuthenticationManager extends DigestAuthenticator {
    @In private EntityManager entityManager;
    @In private Identity identity;

    @Transactional public boolean authenticate() {
        try {
            Member member = (Member) entityManager.createQuery(
                "select m from Member m where m.username = :username")
                .setParameter("username", identity.getUsername())
                .getSingleResult();
            return super.validatePassword(member.getPassword());
        } catch (NoResultException e) {
```

```
            return false;
        }
    }
}
```

见过了基于表单的验证和HTTP验证这两种配置之后，你可能也会觉得在Seam中实现基于表单的方法要比它对等的HTTP验证更困难。事实上已经努力消除了它们之间的差距，但是HTTP验证的下列3个局限性还是促使它成了一种不太受欢迎的选择。

- 登录提示看起来不像应用程序的一部分。
- 出现登录提示时没有给用户其他的选择。
- 没有标准的方法让用户登出。

在这3点之中，缺乏标准的登出机制是它最明显的不足。这是W3C在“User Agent Authentication Forms”（用户代理验证表单）规范中公认的事实：

> HTTP验证还存在这样的问题：缺乏可供服务器使用的机制，让浏览器“登出”；也就是说，没有让服务器丢弃了为用户保存的证书的机制。

然而，在HTTP验证中，证书是由浏览器随每个请求一起发送的，因此，提供一个登出按钮，让用户发出什么时候停止发送证书的信号，这实际上是浏览器的职责。遗憾的是，主流浏览器都不会原生地支持这项特性。有一个黑客开发者发现，发送一个401响应会导致某些浏览器清除为该领域缓存的验证。但是这种技巧不可靠。

考虑到所有这些复杂的因素，我强烈建议使用基于表单的验证。基于表单验证的唯一问题在于，你必须操心导航问题（除非利用Ajax来完成验证）。在11.2节，你会学到如何实现基本的页面安全，以及登录页面的导航如何与它产生关联。

11.2 保护页面安全

Web应用程序中最常见的安全形式是页面级安全。即使我们稍后保护组件安全时，也仍然需要涉及Web层，以便在用户被拒绝访问某个资源时，将用户定向到登录页面或者错误页面。在本节中，你会了解到为何通常如此难以在JSF中实施页面级安全以及Seam为此提供的解决方案。然后探讨Seam的几项页面级安全特性，以及如何利用它们保护页面安全，并且安全地为它们服务。

11.2.1 JSF 安全的挑战

在JSF中处理安全的最大挑战在于没有挑战。JSF的设计中完全没有安全的概念。据推测，它是决定把安全作为另一个层的关注点，例如EJB容器或者Servlet过滤器。这种立场使得在JSF应用程序中实现安全的工作变成了一种真正的痛苦，再次为Seam的介入及提供解决方案敞开了大门。Seam既有页面级也有组件级的安全。事实上，你甚至可以认为，安全是Seam对Java EE最重要且最引人瞩目的强化。

1. Servlet过滤器为何不可行

乍看之下，Servlet过滤器似乎十分适合于实现页面级安全。它可以捕捉进来的请求，并决定是让请求通过，还是将用户转到另一个页面。这种方法的主要局限性在于它在过高的级别上运作了，因此无法追踪在JSF生命周期内部发生的情况。虽然高级视图对于某些应用程序可能工作得很出色，但对其他应用程序则还需要更多的信息。

初次请求某个URL时，JSF中的默认行为是为相应的视图ID渲染该模板（此时忽略页面动作）。因此，建立安全过滤器，根据某条规则限制对某个URL的访问。该限制的效果有如预期。我们假设该页面有一个JSF表单，它带有一个调用某个动作方法的UI命令组件。当用户点击该按钮时，会利用回传请求同一个URL，并对同一个限制执行求值。调用动作方法之后，JSF调用一个导航事件，它可能导致渲染一个不同的视图ID。安全框架对于这种变换完全不知情，因此无法验证是否应该允许该用户访问目标页面。图11-2示范了发生导航时如何让安全过滤器避开这个循环。

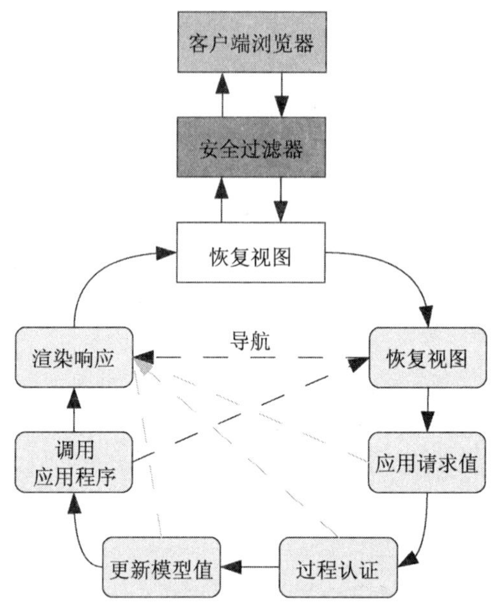

图11-2　安全过滤器不知道在JSF生命周期内部发生的导航事件

如果你利用JSP作为视图处理器，导航就由Servlet请求分发器利用一个内部转发进行处理。如果用几个内部转发将过滤器包装起来，也可以让过滤器介入其中，这些内部转发在描述符web.xml中配置如下：

```
<filter-mapping>
  <filter-name>Third-party security filter</filter-name>
  <url-pattern>/*</url-pattern>
  <dispatcher>REQUEST</dispatcher>
  <dispatcher>FORWARD</dispatcher>
</filter-mapping>
```

然而，这种映射只适用于使用了Servlet请求分发器的视图处理器。例如，Facelets用它自己的机制选择要渲染的下一个视图。因此，如果你的应用程序使用了Facelets，安全过滤器就会再次被隐藏起来。

2. 上下文的安全包装器

第三方安全过滤器的另一种局限在于，它不是JSF应用程序的一部分，因而无法洞察应用程序的上下文。关于无状态导航模型，我们在第3章谈过这个问题。这里存在同样的局限性。你能根据URL确定是否应该允许用户访问某一个页面吗？他们从哪来，要到哪去，以及他们当前的会话状态是什么？为了做出明智的决定，这些问题你都需要知道答案。你能得到所有这些信息的唯一方法是，除非将安全框架集成到JSF中去。而这正是Seam的做法。

与安全过滤器不一样，Seam不是在每个请求之前和之后运作，　而是在JSF生命周期中两个面向页面的阶段（Restore View和Render Response）之前和之后应用页面级的安全。因此，Seam

可以将这些限制直接应用到视图ID上（与URL相反）。当对某个资源的访问被拒绝时，Seam可以将用户转到一个错误页面，但这是在给用户验证机会之后，我们接下来就探讨这个过程。

11.2.2 请求验证

如果未经验证的用户试图访问某个受保护的资源，Seam会将该用户重定向到登录页面，给用户一个展示他（她）的id的机会。一旦用户通过验证，就进行授权求值，以确定该用户是否可以访问这个受保护的资源。这说明了一旦你完成本节的练习之后应用程序会如何工作。为了让这些生效，首先必须告诉Seam：请求登录时，要将未经验证的用户转到哪里去。

1. 挑选登录页面

用户启动验证子程序的一种方法是直接导航到登录页面。虽然有些用户可能乐意于导航到这个页面，但大多数时候你必须给他们一些推动力。在Seam中，可以通过要求未经验证的用户在访问某个页面之前先登录，从而保护这个页面（如视图ID）的安全，这是一项我想称之为“二进制授权”的安全特性。它如同在整个应用程序中挂起了“仅限会员”的标志。将login-required属性添加到相应页面描述符中的<page>节点，来声明这个前提条件：

```
<page login-required="true"/>
```

当这个页面被请求时，只有Seam不知道要将未经验证的用户转到哪里去，因为你没有指定一个登录页面。如果没有设置登录页面，Seam就会抛出一个NotLoggedInException。我们很快就会讲到这个异常。现在，只要配置一个登录页面就可以避免抛出异常。宿主登录表单的视图ID是利用login-view-id属性在全局页面描述符的根节点中指定的：

```
<pages login-view-id="/login.xhtml"/>
```

有些应用程序要求用户在做任何其他事情之前都要先进行验证，在这种情况下，登录页面就是主页面。为了适应这种场景，可以在<page>节点中使用与所有视图ID都匹配的login-required属性，为应用程序设置验证必要条件（不过我不建议这么做）：

```
<pages login-view-id="/login.xhtml">
  <page view-id="*" login-required="true"/>
</pages>
```

要服务于未经验证的用户，至少有一个页面你一定需要：登录页面，这是在<pages>节点中的login-view-id属性中声明的。Seam了解登录页面的功能，并且自动地将它从受限制页面中排除。为了确保用户始终有一条登录途径，指定登录页面非常重要。

即使能够访问登录页面，我也不建议利用通配符声明在整个网站适用的登录条件，因为它会破坏通过JSF Servlet所发送资源（如JavaScript或者CSS）的传递。只限制需要什么会比较好，例如将视图分成目录组，按需保护它们的安全（如/admin/*）。

2. 请出示一些身份标识

如果不要求用户在登录页面启动，应用程序也可以利用延迟验证作为一种更受新用户欢迎的方法，它还可以避免因为太快抛出令人畏惧的登录页面而吓到他们。在这个模型中，在遇到受保护的资源之前，用户可以匿名访问应用程序。一旦遇到受保护的资源，用户会被安全地转到登录页面，并在被准予继续下一步之前需要出示一些身份标识。这说明了原生JAAS登录子程序的工作方式。另一方面，Seam既支持预先验证，也支持延迟验证。

你已经知道了如何配置Seam以保护一个页面不会受到未经验证用户的访问，在这种情况下，Seam将用户重定向到登录页面。然而，要限制访问资源还有其他方法，这些你在接下来的两个主要小节中会学到。如果未经验证的用户遇到以下任何一种情形，Seam都会抛出NotLoggedInException异常，作为要求用户登录的一种方式。

- 请求一个带有限制的视图ID。
- 调用一个带有限制的方法。
- 请求一个需要登录的视图ID（并且没有设置登录视图ID）。

经验表明，抛出异常当然不会产生登录页面——也就是说，除非你处理这个异常。延迟验证依赖于使用Seam的异常处理设施（请参见第3章），来将用户送到相应的视图ID。下列异常处理器捕捉NotLoggedInException异常，并模拟Seam在保护需要登录的页面时的行为：

```
<exception class="org.jboss.seam.security.NotLoggedInException">
  <redirect view-id="/login.xhtml">
    <message
      severity="warn">#{messages['org.jboss.seam.NotLoggedIn']}</message>
  </redirect>
</exception>
```

现在，每当未经验证的用户遇到受限资源时，该用户都会被安全地转到登录页面。为了要求用户进行验证，你可以在自己的代码中引发NotLoggedInException异常。

警告　当Facelets在开发模式下运行时，它会拦截在Render Response阶段中抛出的异常。在这种情况下，Seam基于异常的路由机制就不起作用了。

这类重定向中唯一的危险在于，它有可能迷失用户在应用程序中的位置。每当你设计一个使用了延迟验证的应用程序时，都会想要通过要求用户进行验证而将可能造成的破坏减至最小。确保最低限度破坏的最明显方法之一是，在验证成功之后，将用户送回到最初请求的页面。

3. 保持最低限度的中断

为了让用户回到最初请求的页面，你必须在用户被定向到登录页面之前捕捉当前的URL。验证成功之后，你需要获取保存下来的URL，并将用户返回到这个URL。鉴于Seam管理验证时期，你可能会想知道你是怎样步入其中，并改变动作过程的。关键是观察验证事件。

Seam有一个内建组件：redirect，它能够捕捉当前的视图（以及请求参数）并返回到该视图。你只需要将这个组件与用户被定向到登录页面之时所引发的事件以及验证成功之时所引发的事件关联起来即可。你可以在组件描述符中注册redirect组件来观察这些事件：

```
<event type="org.jboss.seam.security.notLoggedIn">
  <action execute="#{redirect.captureCurrentView}"/>
</event>
<event type="org.jboss.seam.security.postAuthenticate">
  <action execute="#{redirect.returnToCapturedView}"/>
</event>
```

你也许会自问："用户在进行验证时，redirect组件是如何设法保存被捕捉的视图ID的？"这个鲜为人知的秘密就是：redirect是个对话作用域的组件，当captureCurrentView()方法被调用时，如果尚未有活跃的对话，它就会启动一个长时间运行的对话。如果这个对话是由redirect组件启动的，当returnToCapturedView()方法被调用时，该对话就被终止。因而，捕捉到的视图被保存在包装了登录过程的长时间运行对话中。验证事件的另一种重要用处，请见以下随附的框注。

抑制内存消耗

Seam提出的最大胆主张之一是，帮助消除HTTP会话过度消耗内存的问题。然而，这种说法没有考虑到过多的会话（无论多小的会话）会导致内存泄露的这一事实。如果你的站点接收大量匿名的网络流量，那么当访问者扬长而去之后，你就得为这每一次的访问买单。幸运的是，利用事件有一种优雅的解决方案。首先将默认的会话超时期限设置得非常短。这个值在描述符web.xml中（以分钟为单位）进行配置：

```
<session-config>
  <session-timeout>10</session-timeout>
</session-config>
```

然后，准予通过验证的用户在观察后登录事件的动作或者方法中有一个更加舒适的超时期。要改变这个超时期限，得显式地给活跃的HTTP会话对象赋一个新的值（以秒为单位），以下展示的是在事件动作中：

```
<factory name="currentSession" scope="stateless"
  value="#{facesContext.externalContext.request.session}"/>
<event type="org.jboss.seam.security.loginSuccessful">
  <action execute="#{currentSession.setMaxInactiveInterval(3600)}"/>
</event>
```

要永远限制匿名用户过度消耗系统资源。毕竟，他们甚至可能根本不是合法的访客。

为登录页面减少麻烦的另一种方法是在该用户的后续访问中记住他。验证是一件烦琐的事情，因此你想使它变得尽可能地愉快。

4. 用"Remember Me"认出正规会员

如果你每天早上在上班的路上都去同一家咖啡馆，不久，吧台的小伙子就会开始记住你了。真正很熟的只要说声"嗨"，抑或还能叫出你的名字，然后就开始帮你准备你喜爱的咖啡了。你也可以使用一项称作"Remember Me"的特性，记住你应用程序的用户。

Remember Me是个复选框，它在登录表单中经常还配有用户名域和密码域。虽然开发者将它放在那里的本意是为了帮助用户，但它也经常造成困扰。我承认它有时也让我感到困惑。造成这种困惑的原因是，应用程序用了以下这两种截然不同的方式来解释这个复选框。

- Username only（仅限用户名）——用前一次访问的值填充该用户名域。
- Auto-login（自动登录）——用前一次用过的证书自动对该用户进行验证。

这两种实现都是通过将持久化cookie保存在用户的浏览器中来运作的。（持久化cookie是指当浏览器关闭时不会被删除的cookie。）这个cookie在后验证子程序期间被赋了一个值，当该用户下一次被送到登录页面时就读取该值。在username only模式下，用户名保存在cookie中，并且每当显示登录页面时，就用它来填充用户名域。在auto-login模式下，验证令牌保存在cookie中，被用来悄悄地登录该用户，从而完全避开登录页面。

Seam 2.0提供了开箱即用的username only实现。只要将identity组件中的rememberMe属性设置为true就可以启用它，如下所示：

```
<security:identity
  authenticate-method="#{authenticationManager.authenticate}"
  remember-me="true"/>
```

在默认情况下，设置Remember Me cookie连续一年不活跃即为过期。你可以在内建的facesSecurityEvents组件中以秒为单位赋一个覆盖值：

```
<security:faces-security-events cookie-max-age="604800"/>
```

Seam 2.1提供了这两种Remember ME实现，这样你实现自己的解决方案就变得十分容易。“Remember ME”开关被移到了rememberMe组件中。这个组件有一个mode属性，控制着要使用哪一种实现。它的可能值为usernameOnly和autoLogin，其中默认值为usernameOnly。以下是前面展示过的Seam 2.1版的同一个配置：

```
<security:rememberMe enabled="true" cookie-max-age="604800"/>
```

要实现你自己的解决方案，你得观察后验证事件和org.jboss.seam.security.quietLogin事件。后一个事件就在用户被送到登录页面之前引发。如果观察这个事件的方法建立了安全主体，该用户就不会被送到登录（因而不会被中断）。

使用auto-login的风险

虽然auto-login对于用户来说很方便，但是使用了持久化cookie的auto-login是很危险的。应用程序中任何跨站脚本（XSS）漏洞都有可能被攻击者利用，将用户的验证令牌发送到应用程序之外。然后攻击者就可以利用这个令牌以该用户的身份通过验证。auto-login更大的危险是跨站请求伪造（XSRF）。在这种情况下，攻击者知道用户总是会登录的，并且可以让用户请求一个在网站上执行动作的URL，从而“远程控制”该用户的会话。应用程序对这两种骗局都毫不知情。

浏览器供应商认识到了通过应用程序启动登录的风险以及利用它们的各种动机，因此他们引入了一项特性称作“Remember Passwords”（记住密码）。在这种情况下，浏览器负责记住指定网站的用户名和密码证书，并自动为该用户填写登录表单。这种方法几乎和auto-login一样方便，但它本质上更加安全，因为浏览器的密钥串对于XSS或者XSRF攻击者是不可访问的，本地用户也无法读取它。

从整体上而言，auto-login是一种不好的实践，应该坚决避免使用它。Username only的Remember Me实现则不会造成这种危险。

一旦创建了cookie，不管是哪种实现，用户最新输入的用户名始终都可以通过identity组件（在Seam 2.1中是指credentials组件）中的username属性访问到。由于登录表单中的username域被绑定到了这个属性（如#{identity.username}）上，这正解释了这个域是如何自动填充的。你也许会问，这对用户有什么帮助，因为不管怎样，大多数浏览器都可以填充证书呀。要体会到其中的好处，可以说必须从登录页面之外来考虑问题。知道最后一次输入的用户名，使你从数据库中去除了不安全的信息，例如用户的偏好。如果用户试图执行一个安全动作，你可以让他们在这个时候登录。

无论使用哪一种实现，我都建议你选择一种与之对应的标签。如果你在使用username only，就做一个“Remember my username”（记住我的用户名标签）的标签；如果你在使用auto-login，就做一个“Don’t make me log in again”（别让我再登录一次）的标签。这样应该能够消除困扰。

还有一种安全尺度要考虑到。除了保护页面不受未经验证用户的访问，你可能还想保护通信渠道的安全，以防止请求被网络嗅探器发现。在产品应用程序中，你几乎始终都想安全地服务登录页面，或许对其他页面也一样。Seam可以确保根据不同的页面或者在整个应用程序中进行适当的转换。

11.2.3 安全地服务页面

当高级官员和五角大楼进行绝密通话时，在普通的电话线上进行是行不通的。官员要请求获得一条“安全的线路”。这在Web应用程序中就是指HTTPS请求。HTTPS协议利用SSL（Secure Sockets Layer）对在服务器之间来往的通信进行加密。

在开发中，很容易忘记SSL安全。开发者在本机上测试时，往往使用HTTP协议，因为通常只在产品环境中才配置SSL（希望本节能鼓励你努力改变这种局面）。然而，就像高级官员不想冒使用不安全的电话线路而泄露信息的风险一样，你也不想让应用程序的用户在不安全的Web传输中暴露他们的敏感数据。如果不能通过HTTPS协议成功地捕捉用户的证书，就会使他们很容易受到嗅探器的攻击，危害到应用程序的安全。

1. 获得安全的线路

在某些基础架构中，整个应用程序都是由HTTPS提供服务的，该协议由Web服务器处理。如果是这样，你就可以放心地略过本节的内容。然而，如果你的应用程序使用了混合的环境，并且是由应用程序来决定什么时候在安全和不安全请求之间进行转换，那你就需要注意这部分内容了。

前缀URL［决定了该请求是安全（https）还是不安全（http）］被称作scheme（方案）。scheme是在页面级配置的，即在页面描述符的<page>节点中指定scheme属性。它的可接受值为http和https。你可以像下面这样配置Seam，通过HTTPS为登录页面提供服务：

```
<page view-id="/login.xhtml" scheme="https"/>
```

现在，每当需要验证时，Seam就会将用户送到对于登录页面安全的安全URL。如果用户直接利用HTTP协议请求登录页面，Seam就会发出一个重定向到HTTPS的对等URL。你可以如法炮制地配置其他的页面。请注意，Seam的UI命令组件和页面描述符的重定向规则也知道scheme设置，并且会相应地为目标视图ID构建URL。

2. 找到正确的端口

如果没有为某一个视图ID指定一个scheme，Seam就会使用来自前一个请求的scheme。因此，如果你将登录页面标识为会得到安全的服务，其他页面就不会有scheme集，用户在登录过登录页面之后，就变成永远使用HTTPS了。如果你的应用程序不全面要求SSL，出于性能方面的考虑，最好恢复用HTTP来为低风险的页面提供服务。由于请求错误的scheme时，Seam会发出一个重定向到为某个页面定义的scheme，因此有可能利用这个设置换回到不安全的线路。利用下列配置定义所有无scheme的页面都通过HTTP提供服务：

```
<page view-id="*" scheme="http"/>
```

你可能会对"Seam如何知道怎么修改这个URL"感到不解。答案这很简单，就在默认配置中。从不安全到安全，Seam只要将URL的开头由http改为https即可，反之亦然。只要服务器使用标准的scheme-to-port映射（HTTP使用端口80，HTTPS使用端口443），以上做法都有效。如果使用不同的端口，那你就需要让Seam知道端口号。首先，给组件描述符添加一个以navigation为前缀的组件命名空间：`http://jboss.com/products/seam/navigation`。接下来，配置内建组件`pages`来设置端口：

```
<navigation:pages http-port="8080" https-port="8443"/>
```

最后一招，如果应用程序中的数据特别敏感，你可能会考虑在scheme发生变更时让HTTP会话失效。这项特性由前面构建好的Web命名空间中的内建组件`session`控制。你像下面这样配置这个组件，使会话在scheme发生变更时变成无效：

```
<web:session invalidate-on-scheme-change="true"/>
```

请记住，如果你在一次scheme变更中销毁了该会话，你也就终止了该用户的任何对话或者会话作用域的数据。设计这种设置是要用在安全要求十分严厉，并且可以接受状态丢失的情形。

你已经见到了如何实现验证，如何通过要求未经验证的用户登录来避免他们访问受保护的页面，以及如何通过安全的渠道发送数据。但是关于如何保护应用程序的安全，还有更多的内容要学。接下来，你将学习根据用户id的角色实施限制，来决定用户可以进入到应用程序的哪些地方，以及用户可以执行哪些动作。根据角色资格限制访问权限被称作基于角色的授权。

11.3　基于角色的授权

验证和授权很容易互相混淆。验证是指建立用户的id。授权（Authorization，指第二个A）是指检验该用户是否被准予访问某个受限资源，或者执行某个受限动作。这种限制是有事实依据的。在11.2节中，你使用了二进制授权，它将会员与普通的访客分开。在这种情况下，这个事实就是"用户通过了验证"。如果该事实可以查证，用户就准予访问。然而，一旦用户通过了验证，你就需要检验更多的事实了（否则谁都可以当管理员）。

回顾一下：其中一个用户主体是一个角色集。因此，你可以先建立"将具有角色的用户与不具有角色的用户分开"的事实，这被称作基于角色的授权。在这种情况下，这个事实就是"用户具有角色X"。如果这个事实依然可以查证，就允许该用户访问。例如，为了进入应用程序的管理区，你可以要求用户是管理员角色的一员。在11.4节中，你还会学到基于规则的授权，它由任意复杂的细粒度的上下文事实组成。基于规则的授权可以用在单靠角色太过粗糙的情况。

在本节中，你会学到如何表达一条限制，并将它添加到页面、组件或者方法中。Seam利用注解，采用了一种声明式的安全法，它还十分依赖于EL，这也是全书乃至整个框架中永恒的主题。本节的重点在于基于角色的授权，不过此处出现的基础架构也适用于基于规则的授权。

11.3.1 表达限制

在Seam中，是用EL值表达式检验一位用户是否被授予某一个角色，以此作为一种通用的检验方法，这对你来说应该不足为奇了吧。不过，你可能感到不解的是如何利用EL符号来实现这种检验。这是因为，要检验该用户具有某个角色，你必须将角色名称作为参数传递。在标准的EL符号中，值表达式只能访问上下文变量的JavaBean属性。但是你在第4章学过，Seam采纳了JBoss EL，它允许你通过参数来调用方法。妙！因此你可以在Seam中寻求执行安全检查的组件，并利用参数化的值表达式调用它。噢，不过Seam已经有了另一个基于EL函数的解决方案。我们就从那开始吧。

1. Seam的EL安全函数

统一的EL，通过JSP 2.1规范引入Java EE，并且作为Seam的EL支持基础，，提供了一个能够将EL函数名称与Java类中的静态方法关联起来的函数映射器。Seam注册了两个与安全有关的EL函数：`s:hasRole`和`s:hasPermission`。函数`s:hasRole`用来执行基于角色的检查，函数`s:hasPermission`则利用Drools规则引擎执行基于规则的检查，如图11-3所示。前缀s是一个硬编码的命名空间，避免与其他的EL函数产生命名冲突。EL函数的语法与JSP函数的语法类似，但是它不依赖于JSP。启用它们时你甚至什么事也不用做——Seam替你完成了。事实上，这些函数可以用在Seam中接受EL的任何地方。然而，它们只委托给`identity`组件中同名的方法，因此你可能会考虑只利用参数化的EL直接调用这个组件，以保持与你其他的基础代码一致。

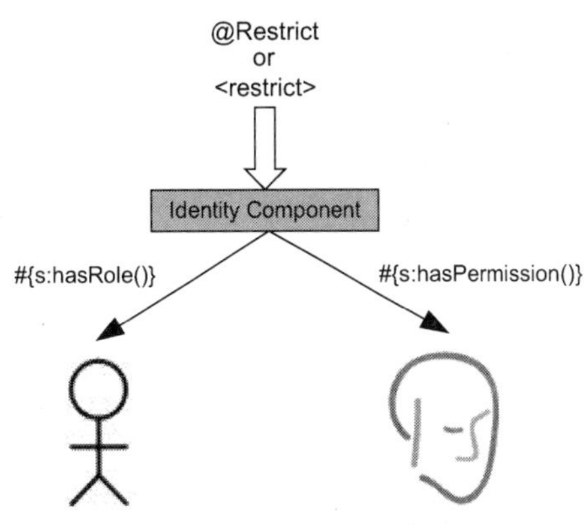

图11-3 Seam支持两种授权模型。基于角色的授权将角色名称与用户的角色主体进行比较。基于规则的授权将决策权委托给Drools

你会在11.4节学习如何使用基于规则的安全。现在，我们先关注基于角色的检查，即图11-3中左边的路径。通过安全API处理这两个函数的机制是一致的。

说明 在Seam 2.0中，如果你试图利用`s:hasPermission`执行授权检查，并且classpath中没有Drools类库可用，该检查就会返回false。即使classpath中有Drools，假如缺少相应的规则，也不会给该用户授予许可。Seam 2.1将许可解析器做成是可插拔的，从而释放了与Drools的紧耦合。

函数s:hasRole映射到此处定义的静态方法。这个方法利用identity组件验证这个通过了验证的用户是否是指定角色的一员：

```
public static boolean hasRole(String name) {
    return Identity.instance().hasRole(name);
}
```

函数s:hasPermission也有一个类似的映射。鉴于这项工作被委托给了identity组件，因此你只能直接调用它的hasRole()方法：

```
#{identity.hasRole('admin')}
```

但是为了提高编码效率，可以用函数s:hasRole代替：

```
#{s:hasRole('admin')}
```

在内部，这两个表达式都调用identity组件中的hasRole()方法，该方法返回一个boolean，表明所提供的角色是否出现在用户的组id中。你可以使用其中的任何一个表单，但是在另一方面，第一选择具有与其他基础代码保持一致的好处。

说明 s:hasRole中的分隔符是一个冒号（:），而不是圆点（.），表示这是一个函数调用。

函数s:hasRole可以在同一个表达式中多次使用，也可以与其他EL逻辑结合使用。这个表达式检验两个角色，以证明该管理员是个高尔夫球员：

```
#{s:hasRole('admin') and s:hasRole('golfer')}
```

与Seam中其他的安全检查不同，函数s:hasRole没有抛出异常、引发事件或者试图在验证失败的时候重定向用户。因此，最好根据授予该用户的角色，来渲染UI元素或者控制导航。

2. 基于角色的决策

使用函数s:hasRole的一种方式是将它与被渲染的UI组件属性关联起来，作为隐藏未经验证的用户不应该看到的页面元素的一种方式：

```
<s:link view="/admin/GolferList.xhtml" value="Administer Golfers"
  rendered="#{s:hasRole('admin')}"/>
```

也可以用它编写敏感数据，用它作为三重操作中的条件：

```
<h:outputText value="#{s:hasRole('admin') ? golfer.emailAddress : 'XXX'}"/>
```

你还可以用它根据角色转发用户，这是一种上下文导航形式：

```
<navigation from-action="home">
  <rule if="#{s:hasRole('admin')}">
    <redirect view-id="/admin/home.xhtml"/>
  </rule>
  <rule if="#{not s:hasRole('admin')}">
    <redirect view-id="/home.xhtml"/>
  </rule>
</navigation>
```

你也可以选择将这个导航逻辑移到动作方法中，注入identity组件并直接调用它：

```
@In Identity identity;

public String action() {
    if (identity.hasRole('admin')) return "/admin/home.xhtml";
    else return "/home.xhtml";
}
```

以上应该会引发你做这样的思考：如何使用与安全有关的函数，以及它们在identity组件中的对等体。但是到目前为止，我们还只确定用户是否具有某一个角色。为了进入实质性的验证部分，你需要将这个检查放在某一个地方，让Seam可以用它实施限制，并在不符合标准时采取相应的措施。为此，Seam提供了声明性的限制。

11.3.2 声明基于角色的限制

限制声明就像在应用程序中的各个地方安置保安一样。用户要从那里经过，就必须进行验证，并且必须满足限制。如果用户被拒绝访问，要么他被送到登录页面，要么抛出异常。

Seam提供了两个限制标签：一个用来保护JSF视图的安全，一个用来保护组件的安全。它们俩都能够执行基于角色的授权检查以及基于规则的授权检查。虽然本节重点关注基于角色的安全，但你还是要记住，这些标签是为任何类型的限制而设计的。

1. 保护JSF视图安全

将指向受限页面的链接隐藏起来，可以避免用户进入错误的路径，但是我们要保护页面的安全并不仅仅隐藏链接就够了。你在前面学过，可以要求用户在访问页面之前先登录。为了让验证过的用户获得页面级安全，你得在页面描述符中的<page>节点添加<restrict>元素。在恢复（JSF回传）之前，以及渲染<page>节点中定义的（初始请求和回传）（多个）视图ID之前，Seam在<restrict>元素中实施了授权标准。如果限制失败，会引发事件且抛出异常。表11-3列出了当限制失败时，根据用户是否通过验证而使用的事件和异常。

表11-3 验证限制失败时Seam所引发的事件和异常

是否通过验证	引发的事件	org.jboss.seam.security.*引发的异常
否	org.jboss.seam.security.notLoggedIn	NotLoggedInException
是	org.jboss.seam.security.notAuthorized	AuthorizationException

可以利用与前面类似的配置处理AuthorizationException异常，将用户转到一个错误页面。下列异常配置捕捉授权错误，并将用户转到一个安全错误页面：

```
<exception class="org.jboss.seam.security.AuthorizationException">
  <redirect view-id="/securityError.xhtml">
    <message
      severity="warn">You've been denied access to the resource.</message>
  </redirect>
</exception>
```

为了示范<restrict>标签的用法，我们继续进行保护Open 18应用程序管理区的范例。为了让非管理人员远离/admin/文件夹中的页面，你像下面这样声明了一个<restrict>标签：

```
<page view-id="/admin/*">
  <restrict>#{s:hasRole('admin')}</restrict>
</page>
```

请注意，<restrict>标签体包含了一个EL表达式。这个EL表达式必须返回一个boolean值，但是它可以任意复杂，如同11.2节所述的那样。如果<restrict>标签体是空的，Seam就会根据11.4.4节中讲述的约定，执行一个基于规则的许可检查。基于规则的检查具有能够区分恢复阶段和渲染阶段的好处。一条规则可以检查一个角色，因此你可以使用一条规则作为获取两种风格安全的途径。无论怎样，要让Seam在页面级应用授权，无论是基于角色还是基于规则，你都必须使用<restrict>标签。

至此，保护页面安全还只完成了整个任务的一半。假如用户由于某种原因找到了通过页面级限制或者通过其他一些渠道（如Web service）访问该组件的方式，你就要确保类和方法也都锁定了。Seam允许对所有Seam组件使用声明式限制。

2. 保护组件安全

在类或者方法级添加@Restrict注解，从而保护组件的安全。限制是在注解的值中使用EL字符串进行表达的，它可以接受函数s:hasRole和s:hasPermission，或者只是利用#{identity.tloggedIn}检验用户是否通过了验证。如果省略这个值，Seam会再次根据11.4.4节中所述的约定执行一次基于规则的检查。如果检查失败，会抛出与<restrict>标签一样的事件和异常。

我们假设有一个动作方法在授权pro身份给高尔夫球员的管理区域中被调用。@Restrict注解可以强制只有具备admin角色的用户才能调用这个方法：

```
@Restrict("#{s:hasRole('admin')}")
public void grantProStatus() { ... }
```

不得不为某一个类的每一个方法指定这个限制，这可能有点麻烦，因此，你可以选择在类级别指定这个限制来保护该组件：

```
@Name("golferAdminAction")
@Restrict("#{s:hasRole('admin')}")
public class GolferAdminAction {
    public void grantProStatus() { ... }
    public void anotherAdminAction() { ... }
}
```

任何没有@Restrict注解的方法都将从类级别注解中继承这个条件。你可以将@Restrict注解应用到个别方法来覆盖类级别限制。恢复匿名访问的一种方式是利用总是返回true的EL表达式：

```
@Restrict("#{true}")
public void safeToExecute() { ... }
```

表11-4概括了@Restrict注解的相关信息。

表11-4　@Restrict注解

名称： Restrict

作用： 用来定义一个安全限制，在可以调用某个组件中的一个方法或者所有方法之前实施它

目标： TYPE（类），METHOD

属　性	类　型	作　用
value	String（EL）	对一个EL值表达式执行求值，以确定该用户是否具有执行该方法的权限。EL函数s:hasRole和s:hasPermission通常用来构建限制。如果表达式求值结果为false，Seam就会将一个匿名用户定向到登录页面；若用户通过了验证，则抛出验证异常。默认：基于规则的自动许可检查

除了用在Seam组件中，@Restrict注解还可以用在实体类中，并在持久化事件（稍后会讲到）之前实施。

3. 断言授权

当Seam实施一个限制时，它不只是表示赞成或不赞成这么简单。如前所述，如果检查失败，Seam会采取措施。我们刚刚讲过的声明式限制委托给identity组件中的checkRestriction()方法。例如：

```
Identity.instance().checkRestriction("#{s:hasRole('admin')}");
```

这是identity组件中不是仅仅检查，还断言某个条件的方法之一，断言在这里的意思是如果检查失败就采取措施。断言的另外两个方法是checkRole()和checkPermission()，它们分别是函数hasRole()和hasPermission()的补充。你可以在Java中像下面这样断言该用户具有某一个角色：

```
Identity.instance().checkRole("admin");
```

决定检查还是断言，要视条件失败时是否准备将控制权交回给Seam而定。例如，你可能只想有机会记录用户未被授权的限制。在这种情况下，你会只想检查而不是断言：

```
if (!Identity.instance().hasRole("admin")) {
    AuthorizationViolation violation =
        new AuthorizationViolation(Golfer.class, currentGolfer.getId());
    entityManager.persist(violation);
    throw new AuthorizationException(
        "You must have the admin role to perform this action. " +
        "This incident has been reported.");
}
```

即使你不控制授权，也可以在观察org.jboss.seam.security.notAuthorized事件的方法中记录一个失败的限制。缺点是你迷失了引发它的上下文。

4. 线程之首

在方法中定义限制之后，你可能会有一种情况需要用到这种方法，即使该用户不具有相应的权限也一样。此处的目标不是限制用户，而是保护组件的安全，使它只能在一组既定的环境（如某个用例）下被另一个组件调用。

解决这个问题的一种方法是使用上下文的安全规则（详情请见11.4节）。但是当你只有基于角色的安全时，可以利用提升的特权执行一个方法。Seam通过RunAsOperation类支持这项特性。对于了解Unix的人来说，它相当于sudo命令。你实例化这个类，并覆盖execute()方法，这就是你放置想要运行的特权代码的地方，然后将该实例传给要执行的Identity.runAs()。你可以设置一个新的Subject、Principal或者一组角色，以设置“当前”用户的id。如果你没有指定一个subject或者角色，那么代码就会像该用户没有通过验证一样地执行。在Seam 2.1中，你可以设置代码作为一项系统操作运行，它避开了所有的限制。以下范例为这项操作授予了管理员的角色：

```
new RunAsOperation() {
    public String[] getRoles() {
        return new String[] { "admin" };
```

```
    }
    public void execute() {
        facilityAction.setOwner(golfer);
    }
}
```

如本节所示，基于角色的授权在Seam中实现起来很简单，但它也是十分粗糙的。对于保护网站的整个区域（如管理区域），它是很棒，但它很难满足多用户应用程序的所有安全需求。这些需求需要根据上下文角色进行更复杂的授权。

11.4　利用 Drools 进行基于规则的授权

本节讲述图11-3中右边路径所做的授权决策。按照这条路径，将许可提供给规则，以决定是否准予访问。许可由一个目标以及要在该目标中执行的动作组成。从某种意义上讲，许可就像访问控制列表（ACL）。与基于角色的授权不同，Seam不是只检验用户的id就决定是否准予访问，而是不论多复杂的逻辑都要“紧扣上下文”，并得出定论。在本节中，你将学习如何定义许可，以及如何利用Drools规则实现逻辑来支持它。首先我们看看基于规则的授权与基于角色的授权之间的区别。

11.4.1　规则与角色

警匪片是动作电影中一个常见的主题。对于匪徒来说，摆脱保安永远不在话下。通常只要当头一棒就足以越过这道障碍。阻挡入侵者的办法，是在存放他们要找的东西的房间四周布上严密的激光网络。要想越过这个障碍网，需要打破物理定律。

基于角色的授权相当于不堪一击的保安所提供的那种防御，它过于单纯并且可以被预见到，被人一眼就看穿了。它机械地巡逻着，只注意那些众所周知的薄弱的地方，却完全不知道潜藏的危机。虽然这道防线有它的用处，但它无法满足复杂的安全需求。另一方面，基于规则的授权则提供了更加严密的安全。它非常清楚要保护什么，并且在某些条件下可以自我激活，它也被称作上下文安全。

考虑只有创建该记录的用户才能修改它的安全需求。在这种情况下，基于角色的授权是不够的，因为限制所能做的就是确保当前用户具备修改记录的许可（如编辑角色）。如果系统存放有不同客户的记录，并且基于角色的授权准予了这个用户访问，该用户就可能被允许修改属于其他客户所有的记录。角色限制无法根据用户和记录之间的关系做出决定，因为它看不到上下文。

很自然地，想到的第一件事就是制作自定义逻辑，在准予访问之前证明记录的所有者为当前用户。虽然你也许没有意识到，但是这么做实际上就是在实现基于规则的授权（只是不太美观）。这种自定义法的问题在于，限制不再是声明式的，它们被硬编码到业务逻辑中。你想要能够像指定角色条件一样地分配基于规则的限制。Seam基于规则的授权正是允许你这么做。

11.4.2　配置 Drools

在Seam中，基于规则的授权检查是由Drools处理的。Drools是一个支持声明式编程的规则引擎。为了让用户能够访问某个资源，你定义了一组必须匹配的规则。这些规则考虑到了限制逻辑和业务逻辑的分离。更重要的是，不影响业务逻辑就可以修改限制。如果设置得当，它们甚至可以在运行时动态地互换。

说明 Drools这个名称源自“dynamic rules”（动态规则）一词。规则是动态的，因为它们是在运行时进行编译和解释的。

Seam基于规则的授权被视为是它安全模型中的高级安全模式。这是因为它需要一些额外的类库和配置。它还需要知道如何利用Drools规则语言编写规则。不需要任何附件或者特殊的知识就可以实现基本的安全模式，这是Seam安全模型的重要特征。不管怎样，基于规则授权的威力都值得我们为之付出额外的努力。

Seam中的许可管理

Seam授权机制的设计在Seam 2.1中得到了相当程度的改进。虽然保留了本节中讲到的基于规则的授权，但它不是实现许可的唯一方式。现在的许可检查委托给了一个解析器链，其中一个是一个新的持久化许可解析器，它负责从数据库中读取许可，另一个则支持基于规则的许可。你也可以实现和注册自己的解析器。

将许可保存在数据库中十分方便，因为通过用户界面就可以很容易地准予和撤销它们。为了帮助管理这些许可，Seam提供了一个许可管理器，对前面介绍过的id管理器进行了补充。利用实体类中的注解将许可映射到数据库，使Seam能够对它们进行搜索。本章的重点是规则，但是作为编写规则的另一种替代方式，我们也会随时探讨持久化许可。

许可管理器和id管理器都要求你拥有在这其中任何一种API中调用方法的权限。

好的方面是，如果你是用seam-gen准备项目，那么要利用Drools建立基于规则的安全时，就不必做任何其他的工作了。一切已经就绪！如果你想自己动手，首先需要取得必要的类库：drools-core.jar、droolscompiler.jar、core.jar（Eclipse JDT）、antlr-runtime.jar、janino.jar和mvel14.jar。第二步是激活那组安全规则。现在还不必操心实际的规则，一旦配置就绪，我们就会进入规则的话题。

安全规则是利用内建的`RulesBase`组件（名为`rulesBase`）注册的，作为一个或者多个规则文件指定。规则一般是在classpath根部的security.drl文件中定义。首先，将Drools的组件命名空间`http://jboss.com/products/seam/drools`添加到组建描述符中，以`drools`为前缀。然后声明`securityRules`组件：

```
<security:rule-base name="securityRules" rule-files="/security.drl"/>
```

`identity`组件假设安全的`RuleBase`被命名为`securityRules`，因此最好使用这个名称。

现在你可以开始添加规则了！不过，还有一个问题。怎样编写规则呢？是时候学习一个Drools的速修课程了。我保证它会比表面上看起来的要简单得多，你会乐意花时间去学习它的，因为它非常强大。

11.4.3　用 Drools 创建规则

我不知道你怎么想，但我本人很喜欢速修课程。当你能够一口气学完它的全部内容时，谁还会愿意花一整个学期去学习它呢？好的方面是，规则的概念很简单，因此或许你用喝一杯咖啡的时间就能学会怎样编写规则了。现在你还犹豫什么？

1. 创建规则的动机

让我们在头脑中以最终目标开始。这样，我们就会知道什么时候就已经学到了足够多的内容，可以停止了。我在前面暗指这样的事实：EL函数`s:hasPermission`是`s:hasRole`的补充，它能够执行基于规则的许可检查。在页面描述符标签`<restrict>`和`@Restrict`注解中，你都可以用`s:hasPermission`代替`s:hasRole`，但这不仅仅是只改变函数名称。函数`s:hasPermission`参考安全规则，以确定是否应该准予正在执行的线程在指定的目标上执行该动作。

函数`s:hasPermission`带有三个参数。第一个是一个资源名称，第二个是一个动作，第三个是一个插入到工作内存中的上下文变量。（如果你直接调用`identity`中的`hasPermission()`方法，可以传递任意数量的额外参数，它们也都被添加到工作内存中。）这些值定义了需要进行验证的许可。该许可被送到规则引擎中，它寻找准予用户访问的匹配规则。如果没有找到，Seam就会假设当前用户不具备访问权限，并采取相应的措施。

我们来考虑一个示例场景，可以用来理解规则的作用。高尔夫设施的私有者尤其在意能够访问到的关于其设施的信息。因此，他们要求只有管理员能够修改私人的设施（如乡村俱乐部）。我们要做的第一件事是，利用`@Restrict`注解将这个限制放在`FacilityHome`的更新方法上：

```
@Restrict(
    "#{s:hasPermission('facilityHome', 'update', facilityHome.instance}")
public String update() {
    return super.update();
}
```

这个限制在图11-4中得到了试验。这个许可检查试图确定`Facility`的实例是否能够被当前用户修改。

图11-4　传到基于规则的授权检查的一组条件

`s:hasPermission`接受这些条件。决策由规则引擎处理。它将我们带到了规则引擎以及它们如何处理条件来实现决策的话题。

2. Drools 101

Drools是一个推导引擎。它根据事实来匹配条件。在查找匹配的条件时，激活规则，采取措施。这类规则处理被称作正向推导（forward-chaining）。检查事实，并得出结论。你可以把它当作是一个美化了的`if-then`语句。关键的区别在于，规则不是连续执行的。规则处理的顺序是利用Rete算法[①]进行优化的。这正是使得对它们的求值如此高效的关键所在。一般来说，不依赖于以任何特殊顺序启动的规则，尝试和编写规则时不必操心特殊的"流程"，这些都是好办法。（但是不要担心会有许多规则，因为它们的创建开销很便宜。）

事实就是在工作内存中看到的对象。你可以把工作内存看作与持久化上下文类似。它将数据存放在一个运行时缓存中。你可以在它所保持的对象上查询（匹配条件）和执行操作（执行动作）。工作内存也被称作会话。

像EJB组件一样，Drools也支持有状态和无状态的会话。有状态会话会在规则的多个调用中得以保持，而无状态会话则在启动完规则之后就被丢弃了。当每条规则的所有组合都测试完时，调用就终止了。

Seam使用有状态会话，并用安全主体填充它，它们是主要主体以及与当前用户关联的角色集。由于主要主体和代表角色的主体都是同一个类（`Principal`）的实例，Seam为了区分它们，就将这些角色作为一个`Role`对象插入到工作内存中。Seam还将对象插入到特定于许可检查的工作内存中，稍后当该检查完成时，它就清除。

截止目前，你知道有一个保存对象的工作内存，知道规则是按照某种优化过的顺序启动的，以便与工作内存中的事实匹配，并且知道规则的目的是执行动作，从而得出结论。下一步是理解规则的剖析。

3. 创建许可检查规则

规则由两部分组成：前提和结论。前提被称作左端（left-hand side， LHS），结论被称作右端（right-hand side，RHS）。为了支持这两端，Drools使用一种定制语法来定义规则，称作DRL（Drools Rule Language）。它的语法令人想起了Java。事实上，结论中的代码就是Java。前提使用了一种重在匹配的速记法，不过第一次见到它的时候，可能会让人有些被搞糊涂了。

每条规则都必须指定一个唯一的名称（针对指定的会话）。你选择的名称是任意的，在代码中的任何地方都没有引用过。我们开始创建一条规则，即赋给它一个名称：

```
rule ModifyPrivateFacility
...
```

接下来，我们需要定义一个前提。`when`语句中的每一行都包含一个条件。为了启动规则，所有条件的求值结果都必须为true。对于这条规则，我们想要确保：如果这个高尔夫设施是私有的，当前用户就具有`admin`角色。然而，我们不想让这条规则在任何过去的时间启动。我们只想在限制`#{s:hasPermission('facilityHome', 'update', facilityHome.instance)}`被参考时启动它。我们怎么知道哪个限制检查启动了这些规则呢？Seam创建了`PermissionCheck`类的一个实例，并在执行规则之前将它保存在工作内存中。`PermissionCheck`带有前两个参数，分别对应`s:hasPermission`目标和动作。它还保持一个确定是否应该准予许可的标记，一开始为false。规则的作用是确定是否应该准予许可。`s:hasPermission`的最后一个参数：上下文变量，直接被插入到工作内存中。继续逐步构建我们的规则，现在可以添加下面的条件子句：

11

① Rete算法是Charles L. Forgy博士发明的。详情请见http://en.wikipedia.org/wiki/Rete_algorithm。

```
rule ModifyPrivateFacility
when
  $perm: PermissionCheck(name == "facilityHome", action in ("update",
  ➥"remove"), granted == false)
  Role(name == "admin")
  Facility(type == "PRIVATE")
...
```

你不必感到迷惑，我会帮助你搞清楚这些语法的含义。回顾一下：规则要与工作内存中的事实匹配。前一个代码片段中的类名称正被用来在工作内存中查找那些类型的对象。看起来像是构造器的东西，实际上是针对会话中的所有对象运行操作符instanceof的速记法。括号之间使用的参数是另一个速记法，用来将属性值与期望值进行核对。操作符左边的名称是Bean属性的名称。属性值正与操作符右边的测试值进行比较。与Java不同的是，用操作符==进行比较时，只要两个对象的`equals()`和`hashCode()`方法返回相同的值，它们就是相等的。与`Role(name == "admin")`对等的Java语法如下：

```
objectInWorkingMemory instanceof Role &&
  "admin".equals(((Role) objectInWorkingMemory).getName())
```

对工作内存中的每个对象执行这个检查。我相信你也会觉得规则DRL语法比较简单。你或许会想，第一个条件开头处的前缀`$perm:`究竟是什么意思呢。每当你看到后面带有冒号（:）的名称时，就可以知道这是一个声明。声明的作用是创建一个别名。别名的名称可以是任何有效的Java变量名。美元符号（$）不是特定于Drools的——它是一个合法的字符。别名的名称用$开头是一种惯例，有助于区分别名和Bean属性名称。

别名建立了一个反向引用（back reference），是为了将它用在后续的条件中，或者用在规则的动作中。对于`PermissionCheck`，必须创建一个别名，以便当规则的条件为true时，可以在它上面调用`grant()`方法。因此，我们得出了这条规则：

```
...
then
  $perm.grant();
end
```

你可以将你想要的任何Java代码都放进结论（它在运行时进行编译）。在这里，只限于准予许可。我们的任务还没有完成。每当修改工作内存中的对象时，规则执行就会停止，并且所有的规则再次启动。为了防止规则被不止一次地执行求值，可以添加操作符no-loop。操作符no-loop（如以下黑体部分所示）放在规则的选项区中：

```
rule ModifyPrivateFacility
  no-loop
when
...
```

由于在规则准予许可之前所有用户均无权访问，因此只有具备`admin`角色的用户才能够修改私有的设施。但是，此时任何人都不得修改非私有的设施。现在该添加一些上下文了！

4. 上下文规则

虽然私有设施的所有者要求我们只能允许管理员修改私有设施，但是我们不想将设施的所有者拒绝于他们自己的设施之外，并且想准予任何会员修改非私有的设施。因此，一方面，规则必须知道工作内存中缺少对象，另一方面，它必须能够将工作内存中的对象与通过验证的用户关联起来。这两种情况下的规则如代码清单11-3所示。

代码清单11-3 允许用户在某些条件下修改某一种设施的规则

```
rule ModifyNonPrivateFacility
  no-loop
when
  $perm: PermissionCheck(name == "facilityHome", action in ("update",
    "remove"), granted == false)
  Role(name == "member")                    ❶
  not Facility(type == "PRIVATE")           ❷
then
  $perm.grant();
end

rule OperateOnOwnFacility
  no-loop
when
  $perm: PermissionCheck(name == "facilityHome", granted == false)      ❸
  Role(name == "member")
  Principal($username: name)               ❹
  Facility($golfer: owner)                  ❺
  Golfer(username == $username) from $golfer       ❻
then
  $perm.grant();          ❼
end
```

在这两条新规则中有许多东西需要说明。ModifyNonPrivateFacility规则与ModifyPrivateFacility规则几乎一模一样，只是它的角色被降级为会员❶，并且取消了对私有设施类型的检查❷。

第二条规则更加值得关注。PermissionCheck看不到action属性❸，因此这个条件应用到了从facilityHome组件触发的任何许可。Principal和Facility之间的关系值得关注。Principal条件只检查Principal在工作内存中的存在。如果存在，它的name属性值就被设置别名为$username❹。Facility条件验证Facility实例在工作内存中的存在，并创建了引用设施所有者的别名$golfer❺。在最后一个语句中，利用一个嵌入式条件，将别名$username与所有者的用户名进行比较❻。如果这些检查全都通过，就会假定当前用户就是该设施的所有者❼。

现在我们只需要让规则进行编译。DRL文件就像Java的源文件一样，因为它们可以有一个包声明和导入类。

警告 务必导入规则定义所引用的任何类。否则，规则就不会编译，因此就不会启动（并且UI中不会显示任何错误）。你可以利用Eclipse的Drools插件或者编写单元测试进行即时验证。这个步骤可以防止因语法错误而导致的安全漏洞。

本节中这个范例完整的DRL文件如代码清单11-4所示。

代码清单11-4　保护对Facility实体的访问权限的安全规则定义

```
package org.open18.permissions;

import java.security.Principal;
import org.jboss.seam.security.PermissionCheck;
import org.jboss.seam.security.Role;
import org.open18.model.Facility;
import org.open18.model.Golfer;

rule ModifyPrivateFacility
  no-loop
when
  $perm: PermissionCheck(name == "facilityHome", action in ("update",
  ➥"remove"), granted == false)
  Role(name == "admin")
  Facility(type == "PRIVATE")
then
  $perm.grant();
end

rule ModifyNonPrivateFacility
  no-loop
when
  $perm: PermissionCheck(name == "facilityHome", action in ("update",
  ➥"remove"), granted == false)
  Role(name == "member")
  not Facility(type == "PRIVATE")
then
  $perm.grant();
end

rule OperateOnOwnFacility
  no-loop
when
  $perm: PermissionCheck(name == "facilityHome", granted == false)
  Role(name == "member")
  Principal($username: name)
  Facility($golfer: owner)
  Golfer(username == $username) from $golfer
then
  $perm.grant();
end
```

如果你的规则文件变得过于庞大，可以将它分成多个文件。你可以在<drools:rule-base>组件声明中注册额外的文件。

在Seam中使用基于规则的授权很简单，因为你不必亲自管理RuleBase或者工作内存。你只要编写规则文件，将它插入到securityRules组件，安全网就建立起来了。更多安全规则的范例，请参阅Seam发行版本中的SeamSpace范例。

有了刚刚学到的编写和理解规则的能力，我们再回头看看限制子句，并学习如何削减某些工作。

11.4.4 自动侦测上下文

Seam基于规则的安全之所以如此强大，原因之一在于通过使用拦截器，Seam能够自动地在许可检查的地方侦测上下文。稍早，你利用一个对s:hasRole或者s:hasPermission的显式调用定义了限制。但是，这些手工的工作使得使用声明式安全的好处消失殆尽。Seam允许你以无参的形式使用这两个声明，并创建一个隐式的s:hasPermission检查，对它执行求值。

在使用<restrict>标签或者@Restrict注解却不带值时，就会创建一个默认的许可。许可的格式始终是name:action。使用@Restrict注解时，name部分是指组件的名称，action部分是方法的名称。在处理基于页面的安全时，name是指视图ID，action是指面向页面的JSF生命周期阶段——要么渲染，要么恢复。这些映射如表11-5所示。

表11-5 下列映射定义了解释基于规则限制的方法

根　源	应 用 到	name部分	action部分
<restrict>	JSF视图ID	视图ID	JSF生命周期阶段（恢复或渲染）
@Restrict	方法	组件名称	方法名称

使用无参式限制声明的缺点在于，它们不允许你将上下文变量放到工作内存中。正如你在范例规则中所见，要决定是否让用户执行该动作，知道Facility的哪个实例处在作用域中这很重要。但是不要气馁。有一种方法可以传递这个信息。为此，需要使用实体限制。

1. 保护实体安全

当你想要限制CRUD操作时，可以一般化限制，以保护正被持久化的实体的安全。Seam利用实体生命周期注解，在操作的地方应用基于规则的安全。如果在类级别添加@Restrict注解，就会对每个CRUD实施该限制。如果想保护个别操作的安全，可以将它与某个实体生命周期注解结合使用。

s:hasPermission的第一个参数始终是实体类的元件名称，前提是已经有这个名称，或者是完全匹配的类名称。动作的名称与在执行的CRUD操作相对应。被Seam用作s:hasPermission调用的第二个参数的动作名称被映射到表11-6中的实体生命周期注解。

表11-6 实体生命周期事件和许可动作之间的映射

实体生命周期注解	动　作	何时应用
@PostLoad	读取	从数据库加载实体实例之后
@PrePersist	插入	将瞬时实例持久化到数据库之前
@PreUpdate	更新	脏实例被刷新到数据库之前
@PreRemove	删除	从数据库中删除受管实例之前

11

最后一个参数始终是作为CRUD操作主题的当前实体实例。因此，当规则被启动时，工作内存中就会有实体实例。

我们假设只想允许用户更新或者删除他们自己的轮次（rounds）。第一步，保护Round实体类的更新和删除操作的安全：

```
@Entity
@Table(name = "ROUND")
@Name("round")
public class Round implements Serializable {
    ...

    @PreUpdate @PreRemove
    @Restrict
    public void restrict() {}
}
```

应用`@PreUpdate`、`@PreRemove`和`@Restrict`注解的方法名称是任意的。它只是一种达到目的的手段。下一步是将规则放在security.drl文件中适当的位置：

```
import org.open18.model.Round;
rule ModifyOwnRound
    no-loop
when
    $check: PermissionCheck(name == "round", action in ("update",
  ➥"delete"), granted == false)
    Role(name == "member")
    Principal($username: name)
    Round($golfer: golfer)
    Golfer(username == $username) from $golfer
then
    $check.grant();
end
```

实施限制就是这么回事了！只差最后一项配置：安全框架必须进入实体的生命周期。

2. 注册安全监听器

像Seam提供的许多其他横切特性一样，实体级安全是利用生命周期监听器应用的。然而，Seam对于实体没有像对其容器中其他组件的那种控制权。持久化管理器是实体的主人。为了允许Seam接近JPA实体的生命周期事件，必须利用下列描述符META-INF/orm.xml在持久化单元中注册Seam的实体安全监听器：

```
<entity-mappings xmlns="http://java.sun.com/xml/ns/persistence/orm"
  xmlns:xsi="http://www.w3.org/2001/XMLSchema-instance"
  xsi:schemaLocation="
    http://java.sun.com/xml/ns/persistence/orm
    http://java.sun.com/xml/ns/persistence/orm_1_0.xsd"
  version="1.0">
  <persistence-unit-metadata>
    <persistence-unit-defaults>
      <entity-listeners>
        <entity-listener
          class="org.jboss.seam.security.EntitySecurityListener"/>
      </entity-listeners>
    </persistence-unit-defaults>
  </persistence-unit-metadata>
</entity-mappings>
```

如果你在原生地使用Hibernate，就不必用到文本编辑器。Seam自动地在Hibernate的`SessionFactory`中注册了一个对等的监听器。

现在，你可以将基于角色或者基于规则的限制添加到页面（视图ID）、组件方法和实体操作中了。你的应用程序被锁定了。哦，是吗？那些对外公开的页面怎么办？它们应该也会受到一定的关注，但是主要不是来自人，而是来自那些怀有恶意的计算机。在本章的最后一节中，你将学习如何防止那些对外公开的页面被滥用。

11.5 人机分离

我们在说到安全的时候，大多是关注如何让入侵者远离应用程序。但是公用的资源也可能被滥用。不怀好意者可能编写一个bot（机器人程序），利用你站点上公开的注册表单来注册随机用户，用虚假记录填写数据库，这样很有可能导致拒绝真正用户的服务。你如何告诉计算机区分人类以阻止bots呢？这就是CAPTCHA的作用。

11.5.1 CAPTCHA 概览

CAPTCHA①是Completely Automated Public Turing Test to Tell Computers and Humans Apart，（全自动区分计算机和人类的图灵测试）的缩写。这是一个问讯响应系统，它努力确定在客户端上操作的用户是人还是计算机。有许多种方式可以进行这个测试，但是整体的想法如下：应用程序发出一个问讯，一般显示为一张图片。然后要求用户完成这个问讯，并将回复发回到服务器。只有当回复正确时，才会提交表单中保留的数据。虽然这个问讯让人来完成只需要具备基本的理解能力，但是即使最复杂的计算机算法也答不出来。因此，输入正确回复的用户就被假定为人。

如果你以前从来没有实现过CAPTCHA，你的第一反应可能会说："算了吧。这好像很难。图像生成？不会吧！"正相反，用Seam实现CAPTCHA轻而易举，不用它才是真正的错误呢。

11.5.2 在表单中添加一个 CAPTCHA 问讯

Seam利用一张Java 2D图片呈现基本的算法问题，从而实现CAPTCHA。完整的交互由Seam管理，因此你只需要将它添加到表单中即可，不需要做其他任何事情。图片是利用SeamResource-Servlet提供服务的，因此要确保安装了它。关于如何安装它的信息，请参阅第3章3.1.3节。

让我们回到第4章的登录表单范例，防止它被滥用。要利用CAPTCHA保护表单，你所需要做的就是在/seam/resource/captcha中渲染动态产生的CAPTCHA图像，并给用户提供一个文本域（绑定到#{captcha.response}属性），用来输入响应。剩下的就看Seam的了。下面是一个CAPTCHA域的范例：

```
<s:decorate id="verifyCaptchaField" template="layout/edit.xhtml">
   <ui:define name="label">Security check</ui:define>
   <h:graphicImage value="/seam/resource/captcha"/>
   <h:inputText value="#{captcha.response}" required="true"/>
</s:decorate>
```

Seam的内建组件captcha处理问讯的后勤事务。响应的验证由Hibernate Validator注解

① CAPTCHA是卡耐基-梅隆大学（Carnegie Mellon University）的商标。

11

@CaptchaResponse实施，它是在这个组件的response属性中定义的。当响应不正确时，@CaptchaResponse验证器使用下列消息：

```
input characters did not match
```

信不信由你，就是这样了！没有XML配置文件，没有自定组件，也没有自定义的Servlet。你只不过是将captcha组件整合到JSF表单中去。如果你想定制这个问讯，就创建一个集成自org.jboss.seam.captcha.Captcha的自定义组件captcha。Seam仍然可以承担代理问讯的责任。详情请参阅Seam的参考文档。

当今，CAPTCHA安全有助于防止恶意的用户，但是整体而言，和坏人的斗争是永恒的。不过在编写本书之时，CAPTCHA仍然十分有效，因此值得将它添加到你所有对外公开的表单中——它为你提供了必要的保护，防止虚假数据和拒绝服务攻击。

11.6　小结

安全API越容易使用，你就更有可能使用它——这就是Seam的立场。安全对于一个应用程序的成功至关重要，而在Seam中实现安全却很容易。只用单个限制来满足整个应用程序的安全需要，这是不会有好处的。你应该将安全放在视图、组件以及实体中。这样一来，当第一道防线被摧毁时，第二道防线就可以拿起武器，继续执行守护的职责。

我在这一章里频频用到了“easy”（容易）一词，但我每次这么说时都是有根据的。你一开始给应用程序添加验证时就仅仅用了POJO中的一个方法，它验证identity组件提供的证书。Seam和JAAS共同处理建立用户id的底层细节。你知道了identity组件可以接受传给用户id的角色。这样就给了你两种形式的授权：二进制的和基于角色的，它们在锁定应用程序方面起到了很大的作用。由于基于角色授权的不足在于实施上下文限制方面，这样就促使你使用通过Drools实现的基于规则授权。我在Drools中提供了一个速修课程，然后介绍如何创建规则，以便根据Seam放进工作内存的事实来进行许可决策。最后，你知道了通过CAPTCHA保护对外公开表单的安全与保护内部表单安全一样重要，并且只用一个步骤就在Seam中实现了一个CAPTCHA问讯。

有了安全保障，就可以放心地进行Ajax和JavaScript远程通信了，这两者都是Web 2.0运动中激动人心的部分，并且受益于以安全为前提的做法。在第12章，你会看到“easy”主题延伸到了Ajax，给你的应用程序带来了丰富的升级，不必大费周折，就可以将这种现代的Web交互方法和应用程序关联起来。

第12章

Ajax和JavaScript远程处理

本章概要

- ❑ Ajax和JSF的结合
- ❑ 即时校验表单输入
- ❑ 从JavaScript调用组件
- ❑ 用Seam作为GWT服务

当应用程序被移植到Web环境中时，经常会忽略某些东西，如用户体验。即使非技术性的用户也知道，执行每一个动作之后都需要等待页面加载，这正是因缺乏连续性而困扰许多Web应用程序的证明。Ajax给Web带来了一种RIA（丰富的交互应用程序）用户体验。

第11章介绍过，由于有Seam，那些关键任务和有时令人生畏的保护应用程序安全的工作得到了极大的简化。你只要填写一些表格，就能让应用程序具备基本的安全性能，然后再用上下文安全规则对它进行微调。你在本章会看到，Seam如何利用多层面的Ajax支持，使你只要敲一些字符就能转换应用程序。这些特性特别有前景，因为事实证明，转到Ajax的成本投入往往比许多产品经理最初预计得更多。其中一个原因是，跨浏览器的JavaScript是需要格外小心的，它的问题很可能阻碍开发进度。另一个原因是JavaScript代码很快会变成像意大利面一样，使它难以理解，甚至难以测试。

在本章中，你会发现基于Ajax的JSF组件类库和Seam的JavaScript远程处理API提供了一种全新的Ajax法，即在应用程序和底层`XMLHttpRequest`对象之间进行隔离，显著降低了让Ajax通过这道门的风险。本章介绍基于Ajax的JSF组件类库：Ajax4jsf和ICEfaces，它们能响应用户交互，从而异步执行JSF声明周期，并更新不中断用户活动的部分页面。而且，这种通信对于开发者是透明的，他不必用到任何JavaScript代码。ICEfaces不用等待用户的下一步举动，因为它有一种机制，可以对应用程序状态中的变更做出响应，将表现状态的变更刷新到浏览器中。JavaScript远程处理轻轻地敲开了通向JavaScript之门，不过仍然要设法隐藏与服务器的交互，即允许通过JavaScript函数调用来执行服务器端组件。Seam的远程处理还可以让其他前端如GWT访问Seam的组件模型。

虽然在本书的这最后一部分中，简单性仍然是潜在的主题，但本章的关键字是透明度（transparency）。你在本书中从头到尾学习JSF生命周期、Seam组件以及EL时所投入的精力，即将得到回报，这些有助于你快速地将应用程序变成富应用。首先，我们来看如何将Ajax透明地织入JSF组件模型，以及它能进行哪些类型的交互。

12.1 结合 JSF 使用 Ajax

JSF比Ajax早出现了将近一年。这样的事件出现顺序有些遗憾，因为作为以server-centric模型为基础的事件驱动框架，Ajax原本应该完全符合JSF的设计。虽然JSF规范中没有包含Ajax（直到JSF 1.2也依然没有），但是创新者认识到Ajax极可能填补JSF前景中的空白，所以他们明智且高效地将它纳入到JSF中。本节讨论结合JSF使用Ajax的各种正确和错误的方法，添加将Ajax引入JSF的两个主要的组件库，以及Seam在基于Ajax的JSF请求中所扮演的角色。

12.1.1 采用 server-centric 应用程序模型

JSF使用一个服务器端模型来处理客户端事件。然后服务器用一个更新过的视图做出响应。不过，JSF中将事件从UI传播到服务器的标准机制是使用一般的表单提交，接着进行整页刷新。这样会导致一个破坏性的、高成本的事件通知，与Ajax的目标及富Web相去甚远。

喜欢Ajax的JSF开发者（我本人就是其中一个）最初试图走出JSF组件模型，想在他们的JSF应用程序中使用Ajax。用户交互可以通过自定义的JavaScript和被操作显示页面中的HTML进行捕捉，因此不需要JSF方面的知识。为了从Ajax请求中调用JSF生命周期，必须伪造表单数据，使JSF误认为用户已经启动了事件。当响应到达时，所显示的HTML会再一次被操作，同样不需要JSF方面的知识。

在JSF中使用特殊的Ajax时会遇到的麻烦是，所显示的页面与服务器端UI组件模型不同步。下一个真正的JSF回传被彻底搞混了，经常会导致无法预期的行为。此时受挫的开发者往往指责JSF过于苛刻。其实，真正的问题在于开发者没有真正领会JSF的server-centric应用程序模型，以及它所带来的好处。

JSF的本意是让你主要在Java中开发企业应用程序，利用相当数量的声明标记将Java组件与用户接口组件关联起来（这种关联称作绑定）。另一方面，Ajax则会吸引你去对手工编写的动态HTML（DHTML）和JavaScript的底层稍加关注。

先撇开编程模型不说，设计JSF主要是为了管理UI。当它不让了解情况时，就会产生阻抗不匹配（impedance mismatch）。结合JSF使用Ajax的正确方法是让JSF负责Ajax通信，从而采用JSF的server-centric模型。这种方法将JSF的价值延伸到了基于Java的富应用程序的开发，同时又不需要在这个过程中引入JavaScript的复杂因素。Ajax4jsf和ICEfaces这两者都纳入了Ajax，因此它支持JSF模型。

12.1.2 Ajax4jsf 和 ICEfaces 向 JSF 开启了通信渠道

Ajax的主要思路是允许浏览器和服务器之间的通信在后台进行，而不打扰用户。在JSF应用程序中，在被渲染页面和服务器端UI组件树之间保持一个开放的通信渠道也一样重要。这是因为，只要一发出Ajax请求，被渲染页面就会有变成无效的危险。它要尽快保持与服务器端UI组件树同步，以防止其完整性遭到破坏。

虽然照这么说来，JSF和Ajax结合的前景似乎不太被看好，但是Ajax4jsf和ICEfaces各自提供了一个轻量化的Ajax桥接，它能保持通信线路开放着。更好的是，它对开发者最为透明。虽然ICEfaces的第一次发布（2005年8月）比Ajax4jsf（2006年3月）早了6个月，但我还是准备先讨论Ajax4jsf，因为它使你能够逐步地将Ajax引入到JSF中去。

1. 基于Ajax的JSF带有Ajax4jsf支持

将Ajax引入JSF的挑战在于，标准的UI组件和许多第三方UI组件都对Ajax一无所知。RichFaces的创始人Alexander Smirnov并没有强制你换到一个基于Ajax的UI组件集，而是发明了一种将Ajax透明地织入JSF的方法，现在这种方法被称作Ajax4jsf。事实上，由于他发明的这种机制是如此透明，因此可以被用到任何“启用Ajax”的JSF页面，而UI组件却压根不需要知道他们正在参与一个Ajax请求。这个类库使得JSF不再对Ajax一无所知，从而使它成为最令人看好的使用Ajax的途径之一。

Ajax4jsf还是RichFaces——到底哪一个

RichFaces是一个可视化的JSF组件集，基于Ajax4jsf的概念和API。Ajax4jsf曾经是个独立的工程，但它现在移植到了RichFaces中。Ajax4jsf标签特别适合于将Ajax功能添加到非Ajax组件中，例如标准的JSF调色板。RichFaces组件天生就支持Ajax4jsf交互。RichFaces对Ajax的支持以及它吸引人的外观和体验都归功于其中的“rich”（富）。

虽然Ajax4jsf组件类库包括了一个广泛的UI组件标签集，但用得最多的标签还是<a:support>（经常被写成<a4j:support>）。它被用来将用户启动的JavaScript事件绑定到通过Ajax调用的服务器端动作，以及用来指定从Ajax响应中获得渲染的页面区域，这些都体现了Ajax4jsf的本质。

2. 更新补丁

Ajax4jsf流程如图12-1所示。当Ajax4jsf发出请求时，JSF生命周期就被调用，像标准的JSF请求一样。但是，由于是通过Ajax发生的请求，因此页面没有改变，至少没有立即改变。为了确保被渲染的页面不会变成无效，Ajax4jsf让你能通过声明来控制要同步UI的哪些区域。在渲染页面被送回到Ajax引擎之前，Ajax4jsf提取了相应的标记，并且只将一组“补丁”（如XHTML片段）返回给浏览器。Ajax引擎切除了UI中有漏洞的区域，并打上了补丁。由于这些区域的状态保持与服务器端的UI组件树一致，因此在那些区域中触发的任何与JSF有关的动作，其行为均在预料之中。

我们把这个流程放到高尔夫球场搜索页面中来举个例子。现在，当用户点击“Search”（搜索）按钮来过滤结果时，它会导致一次整页刷新。如果只替换结果表，即我们想要渲染的页面区域，那么速度会比较快，破坏性也比较小。首先，我们需要给结果面板赋一个id，给它一个“句柄”：

```
<rich:panel id="searchResultsPanel">
  <f:facet name="header">Course search results</f:facet>
  <rich:dataTable var="course" value="#{courseList.resultList}" ...
</rich:panel>
```

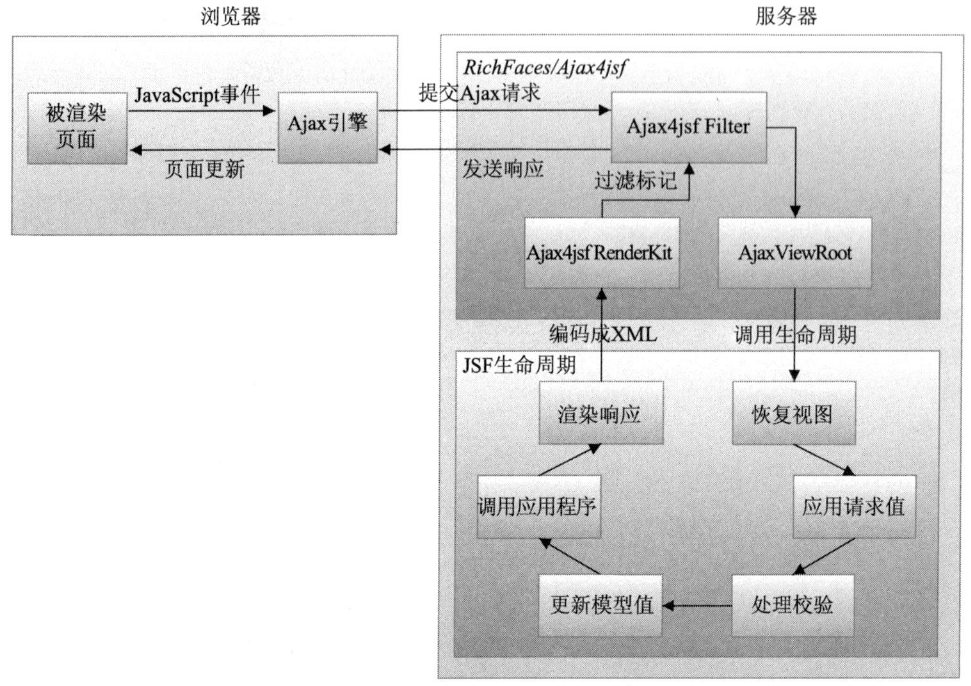

图12-1　Ajax4jsf请求处理。Ajax4jsf过滤JSF响应，并且接收部分响应的Ajax引擎将这些变更刷新到了渲染页面中

接下来，将<a:support>标签嵌入到搜索表单的输入域中，将这个域引发的一个JavaScript事件与JSF生命周期的调用关联起来。为了确保尽快运行搜索，但是又不能在用户还没输完就开始，因此我们选择绑定到输入域的`onblur`事件（当它失去焦点时）。我们还在`reRender`属性中声明一个组件id，告诉Ajax4jsf要渲染页面的哪个区域：

```
<h:input value="#{courseList.course.name}">
  <a:support event="onblur" reRender="searchResultsPanel"/>
</h:input>
```

当用户按下Tab键或者点击鼠标离开输入域时，就会发出一个Ajax请求，同时调用JSF生命周期，就像用户点击了Search搜索一样。但是在这种情况下，Ajax4jsf会对响应进行过滤，只有结果面板会被发回。然后，页面被逐步更新，并显示出新的搜索结果。

在没有显式动作的情况下也能执行搜索，因为当搜索标准发生变更时，Query组件会自动发现。但是有一种情况，需要调用显式的动作才能执行搜索。Ajax4jsf让你分别利用`action`和`actionListener`属性在<a:support>标签上指定动作和动作监听器。这样就将<a:support>标签变成了UI命令组件，它不是通过点击而是通过一个JavaScript事件触发的：

```
<a:support event="onblur" reRender="searchResultsPanel"
  action="#{hypotheticalSearchAction.search}"/>
```

如果我们要在搜索表单的每一个输入域中继续启用Ajax，那么唯一的问题将是不得不每次都指定`reRender`属性。幸运的是，Ajax4jsf支持一种使该组件树的某些分支支持“自体移植”的方法。用<a:outputPanel ajaxRendered="true">标签包装页面的某个区域，让Ajax4jsf在Ajax请求每次经过Ajax引擎时就自动渲染该区域。我们来将它应用到搜索结果面板上：

```
<a:outputPanel ajaxRendered="true" layout="none">
  <rich:panel>
    <f:facet name="header">Course search results</f:facet>
    <rich:dataTable var="course" value="#{courseList.resultList}"...
  </rich:panel>
</a:outputPanel>
```

有了自体移植输出面板，<a:support>标签就不再需要指定reRender属性了。如果你正在页面中进行其他Ajax操作，可以将页面的某个部分包装在<a:regin>中，使触发自动重新渲染的Ajax行为局部化。在本例中，你应该包装搜索表单和结果面板。

虽然看起来似乎要做大量的工作才能将变更并入到UI中，但是为此得到的好处却远远超过了这些付出。它确保页面的完整性得到保持，使得Ajax对于开发者是透明的，并且由于响应只包含必要的更新，而不是整个HTML文档，因此JSF的行为如同一个高效的事件驱动框架，用户的活动也不会被页面刷新所打断。

Ajax4jsf让你不必编写JavaScript或者替换现有组件就可以采用Ajax，但它仍然要求你完成一定程度的工作来配置Ajax交互。这是好事还是坏事，要视你想完成的事情而定。Ajax4jsf的局限性之一是，即使标记没有变更，被标识的页面区域也会被同步。那些没有指定的区域很容易过期。从大体上说，目前你还缺少智能的UI同步，而这正是ICEfaces的主要关注点。

3. ICEfaces智能的UI同步

ICEfaces是针对JavaServer Faces的Ajax扩展，它将Ajax看作是一个框架问题，而不是一个开发者问题。使用了ICEfaces的基于Ajax的JSF应用程序与非Ajax的JSF应用程序有着本质上的区别。关键就在ICEfaces渲染流程。它不是将每个视图渲染成一个直接发送到浏览器的流，而是渲染成服务器中的一个文件对象模型（Document Object Model，DOM），这是UI组件树的另一个进展。对DOM的变更在每一次调用JSF生命周期之后就会被发现，并且只有相应的标记会被送到浏览器。与Ajax4jsf一样，在浏览器中常驻的Ajax桥负责将这些更新并入到页面中，如图12-2所示。

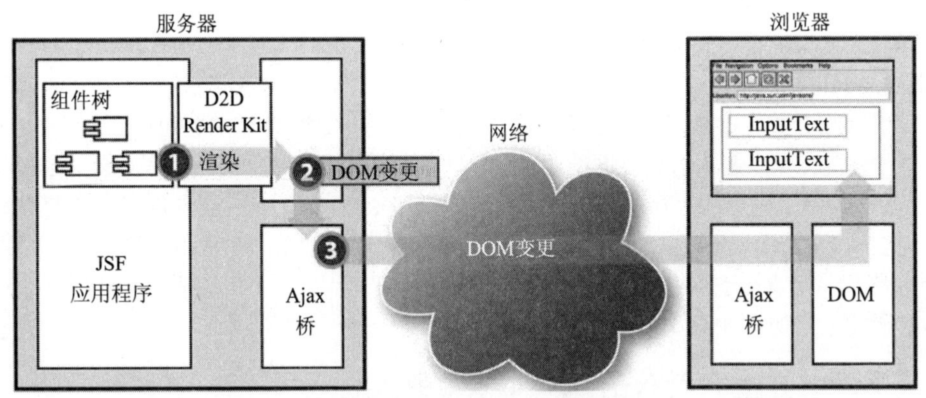

图12-2 图中展示了UI组件树中的变更是如何通过ICEfaces Ajax桥，再并入到浏览器的渲染页面中的。图中的序号表示事件的顺序

ICEfaces法（也称作Direct-to-DOM [D2D] 渲染）有两个关键的好处。首先，它体现了网络的有效利用，这使它特别适合于移动应用程序。其次，开发者不需要在某个事件被触发时决定要渲染页面的哪些区域——这是框架在运行时决定的事情。事实上，如果要给页面上的UI组件启用Ajax，开发者根本不需要做任何事情。Ajax已经深入其中，因此每一个交互都要透过一个Ajax请求。

小贴士　如果长时间运行的对话不是活跃的，对话id在Ajax请求期间就会发生变化。由于Seam会自动将对话id添加到Seam的UI命令组件中，因此这样会使ICEfaces误以为页面的那些区域发生了变化，造成比所需要的多得多的Ajax响应。为了修正这个问题，你要么得确保这个对话id不会显示在HTML标记中的任何地方，要么得在长时间运行对话的上下文中进行。

我们再来看一下球场搜索范例，这一次是利用ICEfaces对它进行增扩。由于不需要声明想要同步页面的哪些区域，我们就只关注搜索表单。下面是其中一个输入域以及提交按钮：

```
<h:inputText value="#{courseList.course.name}"/>
<h:commandButton value="Search"/>
```

有意思，这里并没有特殊的Ajax标签呀。前面说过，ICEfaces将Ajax交互透明地添加到了页面中。它这是用支持D2D机制的渲染器代替标准的JSF组件渲染器来实现的。为了正确地更新页面，只要放弃使用JSF导航事件即可，因为本例确保没有在UI命令按钮中指定动作。这样就出现了一个关键的问题。虽然请求是通过Ajax发出的，但仍然尊重JSF导航规则。对于Ajax4jsf也一样。

ICEfaces范例中有一个关键的地方可以改进。目前，只在Search按钮被激活时才发生Ajax请求，而在Ajax4jsf范例中，则是在输入域失去焦点时发生搜索。这个行为在ICEfaces中是利用一项称作“部分提交”的特性来完成的。虽然利用内建的JavaScript函数可以触发部分提交，但是本着透明的原则，我们还是利用ICEfaces输入组件标签将这个JavaScript隐藏在声明标记之下了。这个标签还带来了给组件设置样式的好处。

```
<ice:inputText value="#{courseList.course.name}" partialSubmit="true"/>
```

`partialSubmit`属性激活的行为与Ajax4jsf中的<a:support event="onblur">标签相同。关于“部分提交”的更多详情请见12.2节。

Ajax4jsf和ICEfaces并不仅仅涉及Ajax。它们还让你实现与服务器状态同步的逐步页面更新。你不再需要围绕着整页刷新模型来设计页面了，而是可以考虑细粒度的页面操作，以便在应用程序中实现丰富的效果。并入渲染页面的更新补丁，其行为显得它们似乎（从第一次渲染该页面的时候起）就一直在那里一样。除了逐步页面更新，RichFaces和ICEfaces还提供了组件的样式、rich widget、拖拉、可视化效果，以及许许多多使你的应用程序变得与典型Web应用程序不同的特性。

此时最大的问题在于，Seam在这些Ajax事务中起到了什么作用？这才是精华所在。Seam一直在尽其所能把一切做到最好。

12.1.3　Seam 在基于 Ajax 的 JSF 请求中的作用

虽然Ajax请求允许页面持续地与Seam交互，但是Seam要做的事情并没有什么不同。JSF生命周期仍然被调用，因此Seam对待每个请求就像对待任何其他回传一样。不过，这不是说Seam就没有什么东西可增加了。正相反，你会发现Seam将自身的有状态设计很好地应用到了基于Ajax的JSF环境中。下面是Seam增加价值的几个方面。

- 保持服务器端状态——Seam可以将一个Ajax请求的状态与下一个的连接起来，这避免了连续访问服务器资源产生的负面影响。页面作用域和长时间运行的对话在这里都工作得很好。Seam甚至可以为完全通过Ajax实现的应用程序事务提供便利。
- 提供注出的上下文变量——在Ajax请求期间调用的任何动作都可以触发bijection。被重新渲染的视图区域可以使用注出的上下文变量。
- 预演JSF生命周期——Ajax4jsf可以让JSF完成生命周期，却不必通过执行动作或者导航来证明该表单数据是否可以接受。Seam与Hibernate Validator的整合在这里最值得关注。
- 通知应用程序状态中的变更——Seam的事件/观察者模型和它的异步分发器，以及它与JMS的整合，提供了为组件通知应用程序状态变更的多种途径。如果与ICEfaces的Ajax Push结合，当前出现的变更还可以被发送到浏览器中，不必等待用户的交互。

除了最后一点（详情请见12.3节），上述所列的项目与全书的重点保持一致。现在唯一的差别在于，一切几乎都是实时发生，浏览器不用浪费时间去重新加载页面。你要知道Ajax请求出现得越频繁，同一个对话中的多个请求就越有可能同时到达服务器。关于对话争夺所有权的话题请见随附的框注。

并发的Ajax请求争夺对话的所有权

Seam将对于对话的访问序列化，它要求请求要获得一个锁才能恢复长时间运行的对话。在Seam中使用Ajax4jsf时经常会遇到的问题是争夺对话锁，并有错误消息报告“对话终止，超时或者正在处理另一个请求”。当请求同一个对话的多个Ajax请求同时到达服务器时就可能发生这个问题。如果请求必须等待的时间超过并发请求的超时期限，Seam就会放弃该请求。

为此，一种解决方案是确保序列化Ajax4jsf请求，这样它们就永远不用争夺对话。利用RichFaces和Ajax4jsf组件标签中的`eventsQueue`属性将有关请求放到一个指定的序列中：

```
<a:support event="onblur" eventsQueue="nameOfSequence" .../>
```

关于eventsQueue的信息，请见RichFaces参考文档①。

Ajax和非Ajax请求争夺同一个对话的问题依然存在。为了尽可能减少因争夺对话锁而发生超时的几率，可以延长超时期限。超时期限值（以毫秒为单位）是通过配置组件描述符中的内建组件`manager`而设置的：

```
<core:manager concurrent-request-timeout="5000" .../>
```

你应该结束掉那些并发的对同一对话之请求，因为让线程在服务器中等待会影响性能。

使用ICEfaces的时候不会遇到争夺对话锁的问题，因为ICEfaces框架自动把来自同一个页面的请求进行同步，以确保服务器端DOM不被破坏。

12

① 见http://www.jboss.org/file-access/default/members/jbossrichfaces/freezone/docs/devguide/en/html/index.html。

在Seam中使用RichFaces/Ajax4jsf不需要任何配置。只要classpath中有RichFaces文件（JAR格式），并且在描述符web.xml中注册了SeamFilter，Seam就会自动激活Ajax4jsf过滤器。Seam不会自动配置ICEfaces，因为它需要的不只是一个过滤器。相关的说明请参阅seam-gen的ICEfaces版输出或者ICEfaces参考文档。

我会带你了解更多的范例，说明如何利用Ajax4jsf和ICEfaces提供的抽象来增强用户体验。首先，利用部分提交探讨一个即时的表单校验，然后看看ICEfaces如何将应用程序状态中的变更送到客户端，而不必等待用户来执行动作。

12.2 部分提交表单

JSF中最常用的特性之一是客户端表单校验。尽管对于性能和近乎实时执行客户端校验必定有好处，但是如果让这些校验改为在服务器中进行也会有同样的好处。即使这个校验在UI中通过了，也仍然有必要在服务器中再次进行校验，因为JavaScript校验不可靠（JavaScript的执行是自动的）。此外，为了达成某个决策，校验经常需要访问服务器端资源。因此，客户端校验不会有太大的价值。开发者真正想要的是即时或者“现场”校验。这并不意味着它一定要严格地在客户端发生。

12.2.1 即时校验

Ajax4jsf和ICEfaces这两者都利用“部分提交”的特性提供即时表单校验。你曾见到通过ICEfaces用该特性从JavaScript事件触发基于Ajax的表单提交的方式。你可能没有意识到的是，该特性还促成了智能的表单处理，导致只有部分表单被校验。Ajax4jsf将这两个关注点分离了，即当“用户启动”事件触发Ajax表单提交时，你可以控制要被验证的输入，是全体输入都被验证还是单个输入被验证。

在深入了解如何构建现场校验的细节之前，我想先简单地讨论一下server-centric校验（主要根据Hibernate Validator限制）是如何集中校验关注点，减少重复工作，并确保这些校验在整个应用程序中保持一致的。请见以下范例。

1. 利用Hibernate Validator进行端到端的限制

利用部分提交表单，可以即时地实施Hibernate Validator限制，以及在某一个域中注册的其他JSF校验器，不必重复编写客户端校验器。从此处延伸以及应用业务校验都十分容易。最后，所有校验工作都在同一个地方同一个时间点完成。

提示一下，Hibernate Validator注解是在模型对象的属性上定义限制的。你最早是在第2章中见过这些注解，即正当seam-gen从数据库域的限制中转译它们，并添加到实体类的属性中的时候。它为你提供了大量可直接应用的限制。例如，Member实体的`emailAddress`属性上的`@Email`注解确保了E-mail地址的语法是有效的：

```
@Column(name = "email_address", nullable = false)
@Email @NotNull
public String getEmailAddress() {
    return emailAddress;
}
```

你还可以编写自己的限制，做法是定义自定义的注解、实现Hibernate的 Validator接口，并在自定义注解的@ValidatorClass元注解中声明这个实现。关于内建限制列表以及如何编写自定义限制的信息，请参阅Hibernate Validator参考文档①。

在第3章，你知道了可以利用Seam的模型校验器标签（输入组件中的<s:validate>或者围绕着一组输入组件的<s:validateAll>），将Hibernate Validator限制一直延伸到视图。更深入一步，作为对用户启动事件做出的响应，还可以利用Ajax4jsf或者ICEfaces中的部分提交特性实施限制。我们先来看看使用ICEfaces的方法。

2. 利用ICEfaces智能地处理表单

ICEfaces中的部分提交，更准确地说应该是智能处理表单和部分校验，而不是顾名思义的不完整表单发布。在解释它的工作方式之前，先考虑一个尚待解决的问题。

如果用户还在使用的时候你提交一个表单，用户很可能尚未获得一些必要的域。当JSF生命周期的Process Validations阶段运行的时候，一般会将这些必要的域标记为无效，该页面就会布满验证错误。因此，应用程序对于用户的进度显得有些不耐烦。ICEfaces则在部分提交期间临时将必要域标记为可选的，从而绕过了这个问题。这样就使校验流程能够专注于用户已经填写的域，为此用户会很欢迎校验反馈。

如前所述，部分提交是利用ICEfaces输入组件启用的。从那里我们知道了，如果要让Hibernate Validator限制在该域失去焦点时得到实施，只需要在输入中注册Seam的模型校验器即可：

```
<ice:inputText id="emailAddress" value="#{newGolfer.emailAddress}"
  required="true" partialSubmit="true">
  <s:validate/>
</ice:inputText>
```

如果你正在使用seam-gen应用程序，可以用所提供的合成模板装饰输入组件，来避免使用模型校验器标签：

```
<s:decorate id="emailField" template="layout/edit.xhtml">
  <ui:define name="label">Email address</ui:define>
  <ice:inputText id="emailAddress" value="#{newGolfer.emailAddress}"
    required="true" partialSubmit="true"/>
</s:decorate>
```

以上就是它的全部内容。接下来我们要用Ajax4jsf尝试一下。

3. 用Ajax4jsf选择一个域

Ajax4jsf定义部分提交的方式与它的名称再相称不过了。你打开<a:support>上的ajaxSingle属性，改变默认情况下提交整个表单的形式，从而让Ajax4jsf处理单个域。这样就再次防止了过于积极地校验表单域。然而，不像ICEfaces那样临时将域标记为可选，Ajax4jsf则是假装该表单只有一个域，即触发事件的那个域。好处是不管其他域处于何种状态，用户都只看到该域的校验错误。缺点是如果你需要进行域间校验，就不能使用这项特性。

为了利用Hibernate Validator限制结合Ajax4jsf添加对E-mail地址的即时校验，要将<a:support>和<s:validate>两者都嵌入到输入组件中：

① 见http://www.hibernate.org/hib_docs/validator/reference/en/html/validator-defineconstraints.html。

12

```
<h:inputText id="emailAddress" value="#{newGolfer.emailAddress}"
  required="true">
  <a:support id="emailAddressCheck" event="onblur" reRender="emailAddress"
    ajaxSingle="true" bypassUpdates="true"/>
  <s:validate/>
</h:inputText>
```

你可以一如既往地利用seam-gen项目中包含的组件模板来分隔标记代码，并合并校验错误消息。图12-3展示了注册表单中的一个E-mail地址校验错误。

图12-3　利用部分提交在UI中执行即时校验

请注意，在这个范例中，我悄悄地用了另一个新属性：bypassUpdates。这个属性告诉Ajax4jsf，JSF生命周期中的Process Validations阶段一完成，就要立即中断JSF生命周期。这么做的目的是让校验更快地完成，并且防止部分提交表单改变该模型。如果编辑器中加载了一个受管实体，并且没有正在使用手工刷新，更新模型就会导致在请求结束的时候更新数据库。如果你想更新模型(或许是为了让用户能够切换对话，却又不会丢失输入的值)，可以忽略bypassUpdates。

除了在去往服务器的途中应用对话和模型校验，还可以在动作或者事件监听器方法中织入一些精通业务的校验。

12.2.2　精通业务的校验

Hibernate Validator注解主要专注于限制。为了执行由业务规则或者上下文状态驱动的校验，需要用到一个动作组件，它更适合于处理这些“精通业务”的校验。

你将再次使用部分提交表单，不过这一次需要注册一个执行自定义校验逻辑的方法（或者将工作委托给另一个组件）。要将一个方法与输入关联起来，有多种选择。我最喜欢的方法是监听组件的值变更事件。接下来要举例说明Open 18注册表单中的哪个地方需要精通业务的校验。

选择一个唯一的用户名可能经常是个难题，在流行网站上尤其如此。因此，我们不仅要校验用户名在句法上是否正确，还要校验它是否已经被别人占用。第一步是在RegisterAction组件上定义一个值变更监听器方法，用它执行检查，并在该名称已被占用时向用户发出警告。你在编写监听值变更事件的方法时，重要的是要知道所提交的值在组件中是处于瞬时状态，并且尚未被传到绑定到输入上的属性。通过调用（作为参数传给该方法的）ValueChangeEvent对象中的getNewValue()方法，可以访问所提交的值。此后，就可以检验重复的用户名了：

```
public void verifyUsernameAvailable(ValueChangeEvent e) {
    String username = (String) e.getNewValue();
    if (!isUsernameAvailable(username)) {
        facesMessages.addToControl(e.getComponent().getId(),
            "Sorry, username already taken");
    }
```

```
}
public boolean isUsernameAvailable(String username) {
    return entityManager.createQuery(
        "select m from Member m where m.username = ?1")
        .setParameter(1, username).getResultList().size() == 0;
    }
}
```

下一步是注册这个方法，作为用户名域中的一个值变更监听器：

```
<h:inputText value="#{newGolfer.username}"
  valueChangeListener="#{registerAction.verifyUsernameAvailable}"...>
```

现在让我们把焦点从给用户找茬转变成向用户伸出援手。

12.2.3 协助用户填写表单

由于Ajax4jsf和ICEfaces能够重新渲染页面的区域，因此可以给表单输入赋值，也可以改变表单的组成（如添加、删除或者修改元素）。当这些表现出的变更传到浏览器时，这些变化都变成是可见的。我们来举个简单的例子。

美国的每一个邮政编码都与一个州和城市对应。当用户输入邮政编码时，如果我们自动地填写州和城市，就可以为用户节省时间。为此，要在邮政编码域上注册一个值变更监听器。每当该域的值发生变化时（这个值被视作有效），就引发值变更事件，并调用监听器。在监听器内部，利用邮政编码查找与其相对应的州和城市，查到的值就被赋给州和城市输入组件中相应的值。

在实现这个逻辑之前，需要决定如何从事件监听器方法中取得州和城市输入组件的一个“句柄”。查找UI组件时，将它的键传到其他任何UI组件中的findComponent()方法即可。Seam提供了一个具有相同作用的Map，名为uiComponent，不过它是从UI树的根部开始搜索。这样就把我们引到了作为查找值的键。

JSF将每个组件都用一个客户id（client id）为名保存在组件树中，这个id是个完整的组件路径。将组件的ID与属于NamingContainer的每个祖先ID合并，中间用冒号隔开，即可构成该路径。例如，city组件的客户id为facility:cityField:city，这里的facility是表单ID，cityField是域修饰符的ID，city是输入的ID。要从UI组件树的根部开始搜索，就在该路径的最前面添加一个冒号。

利用组件标签中的binding属性，将UI组件绑定到Seam组件的一个属性上，也可以获得对该组件的引用。就像也可以将输入值绑定到一个属性一样，只有在这种情况下，才是在绑定UI组件本身。

言归正传。出于示范的目的，这个值变更方法使用了一个封装的响应，但你也可以轻松地引用数据库、Web 服务或者服务层来获得真实的值。以下代码还展示了两种查找UI组件的方法：

12

```
@In Map<String, UIComponent> uiComponent;
public void updateCityAndState(ValueChangeEvent e) {
    String zipCode = (String) e.getNewValue();
    UIComponent city = e.getComponent()
        .findComponent(":facility:cityField:city");
```

```
        UIComponent state = uiComponent.get("facility:stateField:state");
        if ("20724".equals(zipCode)) {
            ((EditableValueHolder) city).setSubmittedValue("Laurel");
            ((EditableValueHolder) state).setSubmittedValue("MD");
        }
    }
```

最后一步是注册这个方法，以监听zip域中的值变更事件。以下所示的是Ajax4jsf版本，它标识那些域要重新渲染，这在使用ICEfaces时是不必要的：

```
<h:inputText id="zip" size="5" value="#{facilityHome.instance.zip}"
  valueChangeListener="#{facilityHome.updateCityAndState}">
  <a:support event="onblur" bypassUpdates="true" ajaxSingle="true"
    reRender="zipField,cityField,stateField"/>
</h:inputText>
```

本节主要关注Ajax4jsf和ICEfaces两者都支持的特性，着重说明这两个框架所采用的稍微不同的方法。在12.3节，我们要看看Ajax Push，这是ICEfaces率先提供的一项特性，它允许通过服务器启动异步的表现状态更新。

12.3　ICEfaces 的 Ajax Push

ICEfaces另一项独特的特性就是它的Ajax Push（也称为“Comet”）功能。Ajax中的“A”表示异步（asynchronous），ICEfaces是真正的异步。它不仅响应用户事件而在后台更新页面，而且还可以随时通过服务器更新页面，这完全与用户事件无关。它有一个用处是发送用户通知（例如，到了他或她的开球时间时通知用户），但真正有趣的是利用Ajax Push实现多用户之间的协作。

将Push特性添加到ICEfaces应用程序中是很简单的：首先，将模型更新为当前的状态；然后，通知关注当前状态的那些用户。更新模型是JSF应用程序的一项基本功能；我们如何更新用户呢？让我们到一个范例中寻找答案吧。

你在第10章开发过一个模块，它允许高尔夫球员输入他们在某一轮中的得分。球员去发布轮次的推动因素之一是获取在排行榜中的排名（如每个tee set中的最高得分）。为了示范的简单性，我们假设这个排行榜是在应用程序作用域组件中进行内存管理的，如代码清单12-1所示。每当球员输入一个轮次时，就会引发一个`roundEntered`事件，它会传播`Round`实例。排行榜管理器观察到这个事件，并尝试对该轮次进行排名。这正是Ajax Push的作用。如果该轮次获得排名，就会调用`SessionRenderer.render()`方法，即指示ICEfaces立即重新渲染与相应的排行榜分组关联的页面。这些页面变更由ICEfaces进行计算，并传到用户的浏览器上。

代码清单12-1　管理并渲染排行榜的组件

```
package org.open18.action;
import ...;
import org.icefaces.x.core.push.SessionRenderer;

@Name("leaderboardManager")
@Scope(ScopeType.APPLICATION)
public class LeaderboardManager {
    private Map<Long, List<Round>> topRoundsByTeeSet =
```

```
        new ConcurrentHashMap<Long, List<Round>>();

    public List<Round> getTopRoundsForTeeSet(Long id) {
        return Collections.unmodifiableMap(topRoundsByTeeSet.get(id));
    }

    @Observer("roundEntered")                              ← 观察新轮次的插入
    public synchronized void checkRank(Round rnd) {
        Long teeSetId = rnd.getTeeSet().getId();
        String leaderboard = "leaderboard-" + teeSetId;
        if (!topRoundsByTeeSet.containsKey(teeSetId)) {
            topRoundsByTeeSet.put(teeSetId, new ArrayList<Round>());
        }
        List<Round> topRounds = topRoundsByTeeSet.get(teeSetId);
        for (int i = 0, len = topRounds.size(); i < len; i++) {
            if (rnd.getTotalScore() <= topRounds.get(i).getTotalScore()) {
                topRounds.set(i, rnd);
                SessionRenderer.render(leaderboard);       ← 强制刷新排行榜
                return;
            }
        }
        if (topRounds.size() < 10) {
            topRounds.add(rnd);
            SessionRenderer.render(leaderboard);           ← 强制刷新排行榜
        }
    }
}
```

那么，用户怎么变成排行榜分组中的一员呢？首先，用户会看到一个tee set的选择菜单。选择完之后，用户点击一个UI命令按钮，它将tee set选择绑定到动作组件的`teeSet`属性，并调用该组件上的`followLeaderboard()`方法：

```
public void followLeaderboard() {
    SessionRenderer.addCurrentSession("leaderboard-" + teeSet.getId());
}
```

一旦用户成为排行榜分组中的一员，无论用户当前正在浏览哪一个页面，一旦这个分组被渲染，它就会立即被更新。例如，如果对一个新的轮次进行排名时，用户正在浏览一个tee set的排行榜，这个得分就会立即出现在列表中。

我们只用`SessionRenderer`中的两个方法，就将应用程序变成了一个新的通信工具，让用户可以实时地与他们喜爱的球员保持联系。开发方法也很自然：用Seam构建一个传统的JSF应用程序，包含ICEfaces文件（JAR格式），将它转变成Ajax应用程序；然后对特定的应用程序事件做出响应，调用服务器端渲染，从而把它变成一个多用户的应用程序。

可以对基于Ajax的JSF组件调色板做的事情实际上是无穷的。遗憾的是，本章不可能无穷无尽地讲解下去，因此这个故事到这里就该结束了。为了更好地学习这些类库，建议你参阅关于本主题的专用资源。RichFaces的开发者之一Max Katz，在他的著作*Using RichFaces*（Apress，2008）中详尽地阐述了RichFaces。关于ICEfaces的更多信息，请参阅icefaces.org①或者*Ajax in Practice*

12

① ICEfaces的开发者指南请登录：http://www.icefaces.org/main/resources/documentation.iface。

（Manning，2007），出自ICEfaces项目的Ted Goddard。你也许会将Ajax4jsf和ICEfaces或者任何基于Ajax的组件集混合起来使用，但是我不建议这么做。每次操作渲染页面时，Ajax引擎之间就会互相冲突。希望这种局面在JSF 2.0中能够得到改善，它将为JSF组件定义标准的Ajax机制。纳入其他非Ajax的组件集倒没有太多的限制。

用JSF声明Ajax固然不错，但你可能会寻求一种在Seam中不用JSF就能完成Ajax的途径，比如利用一种像Dojo或者jQuery的高级JavaScript类库。Seam的开发者意识到，要是能通过JavaScript与Seam组件直接交互一定很有用处，因此他们引入了JavaScript远程处理模块。

12.4　JavaScript 与 Seam 的远程处理

对于在服务器和浏览器间建立信道的技术而言，JavaScript远程处理和基于Ajax的JSF请求是相同的。可以用JavaScript调用服务器端对象的方法，就好似这个方法在浏览器上一般。Seam的JavaScript远程处理类库是受到DWR（Direct Web Remoting）工程[①]的启发，但是专门为了访问Seam组件而设计的。与服务器端对象的交互是利用Ajax请求来完成的，但是这些请求都封装在动态生成的JavaScript代理对象中，因此你永远不用与XMLHttpRequest对象直接交互。

在JavaScript远程处理中，客户端（浏览器）和服务器（Seam容器）融合成了一个整体，在本地和远程操作之间建立起连贯性。远程处理请求期间，客户端和服务器端之间的通信类似于传统通过Java RMI或者SOAP进行的远程过程调用（RPC），只是JavaScript远程处理更加轻量化，对于开发者也最透明。

以下是十分适合JavaScript远程处理任务的部分例子。

- 为与被渲染页面关系不大的用户交互提供便利。
- 持久化无可视化形式的实体。
- 启动或结束在事务进程中的任务。
- 发送一个E-mail，作为对用户触发事件的响应。
- 将一个用户界面错误或者统计传给服务器进行记录。
- 追踪或者轮询服务器中驻留的值。

本节概览JavaScript远程处理方法，解释如何展示Seam组件作为端点，并提供了一些使用这类浏览器端/服务器端通信的范例。

12.4.1　透明的 Ajax

在本书中，我示范了Seam组件模型在管理状态和提供访问各种范围广泛的技术的权限方面的能力。将Seam的远程处理类库纳入到应用程序中，就可以使JavaScript利用服务器端模型，并享有它的好处。像组件中的`@Name`注解使得该组件能够访问JSF和EL一样，组件方法中的`@WebRemote`注解也使该方法能够访问JavaScript，同时毫不费力地将JavaScript代码有效地绑定到服务器端组件。

① 见http://getahead.org/dwr。

1. 通过存根进行通信

为了让这种透明度成为可能，Seam动态生成了表示服务器端组件的JavaScript类[①]。这些类被称作存根（stub）。对于JavaScript而言，存根对象就是远程处理对象。

存根负责完成服务器端组件实例上的方法执行。当方法在存根上被调用时，就会准备一个Ajax请求，并通过线路传到服务器。该请求与要执行的方法通信，并带有需要传到远程处理方法的参数。如果该方法有个返回值，这个值就会被编码到Ajax请求的响应中。当该请求通过线路返回时，远程处理框架会接收到，如果有返回值的话，它会将返回值转变成一个JavaScript对象。这个过程如图12-4所示。

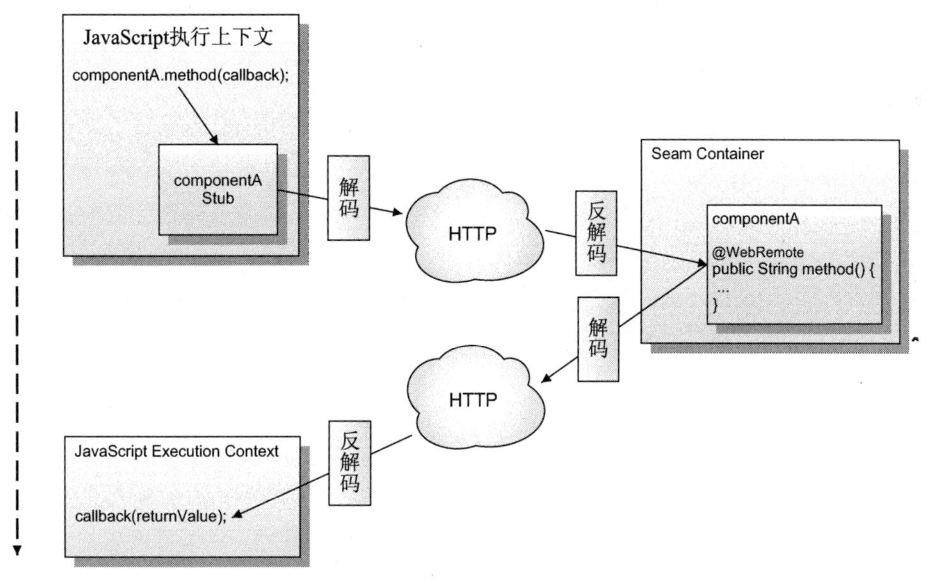

图12-4　存根上的方法调用转变成服务器端组件上的方法调用

归根结底，JavaScript远程处理使得浏览器能够讲服务器的语言了。虽然似乎是用本地方言（JavaScript）进行的，实际上是服务器在执行代码，并且是存根对象数据在来回地进行解码和反解码。

2. 通过回避JSF削减开销

JavaScript远程处理取消了中间人，让JavaScript在访问Seam组件时，没有恢复JSF组件树以及冒险通过JSF生命周期的开销。其结果是使请求变得更小。它还使浏览器能够直接访问被调用方法的返回值，这在JSF中可没那么容易。

Seam远程处理请求的目标是`SeamResourceServlet`，而不是JSF的Servlet，因此有效地避开了JSF生命周期。当然，你永远不会与这个Servlet直接交互，因为与Servlet的协商是由存根来处理

① JavaScript类是个误解，因为从技术上讲，JavaScript是一种基于原型的语言。然而，如果你把这种原型构造当成实际的类，也是可以的。

的。当该方法被调用时，它完全可以访问组件和上下文变量。不过，JSF组件树没有呈现出来。因此在远程处理请求期间，是无法访问页面作用域组件或者UI组件的。

我们来看看如何让Seam生成存根，如何利用它们执行远程处理方法调用，以及如何在JavaScript代码中捕捉返回值。

12.4.2　让浏览器访问 Seam 组件

RPC和SOAP这类东西之所以让开发者觉得扫兴，是因为它们很麻烦。Seam远程处理如果也很难构建，那它肯定也会落得同样的下场。令人欣喜的是它的构建并不难。事实上，应该说是容易得令人吃惊。使服务器端组件能够访问JavaScript代码只需要两个步骤：

- ❑ 通过远程处理声明该组件中的一个或者多个方法为可访问；
- ❑ 将JavaScript远程处理框架和存根对象导入到浏览器中。

第一步是必要的。Seam允许远程访问所有组件中的方法，但是要注意一个安全因素。因此，方法的远程处理是关闭的，除非免除这条限制。如果这么说使你感到不安，觉得远程处理只是添加了一种访问方法的途径，但是更不安全，那你可以利用在第11章中学过的限制，对未经授权的用户锁定这些方法，而不管它们如何被调用。

第二步是构建JavaScript存根和其他辅助类型的东西。幸运的是，Seam使这一步变成了玩笑一样地轻松。我们来看看这两步分别是如何完成的。

1. 声明远程处理方法

利用`@WebRemote`注解（如表12-1所示）声明一些要在远程处理请求中被调用的方法。根据你暴露的方法是EJB组件中的还是JavaBean中的，放置`@WebRemote`注解的位置会有所不同。为了提供访问EJB组件中方法的权限，将`@WebRemote`注解添加到用`@Local`注解的本地接口的方法声明中。不支持远程处理EJB接口。为了提供对JavaBean的访问权限，只要将该注解添加到JavaBean类中的方法即可。

表12-1　**`@WebRemote`注解**

名称：WebRemote

作用：声明允许通过JavaScript远程处理类库调用的方法。Seam为这个组件生成的JavaScript存根对象将包含这个方法

目标：METHOD

属　性	类　型	作　用
exclude	String[]	点表示法路径的列表，表示该返回对象的哪些属性应该被过滤掉。只适用于有返回值的时候。默认：无

远程处理方法并没有什么特别的。它可以接受任意数量任意类型的参数，可以有返回值。类型转换大多如预期般地得到处理。主要的区别在于处理方法调用的方式。如果方法返回一个值，会被浏览器异步地接收到。`@WebRemote`注解可以使用点表示法声明返回对象上的某些属性，这些属性会在对象-返回浏览器之前被过滤掉（使之无效）。一旦返回对象被转到JavaScript上下文中，就可以利用你在Java中所用的同样方法访问它，包括Map、集合和像`java.util.Date`这样的内建Java类型。在这里透明度是关键。

说明 如果将一个@WebRemote方法添加到可热部署的类中，为了捕捉变更，必需重启应用程序。存根生成器缓存可用的方法，它不关心可热部署的行为。

举个例子。Open 18社区的会员可以通过自问自答的形式使那些鲜为人知的高尔夫球技巧变得引人瞩目。如代码清单12-2所示，Trivia组件管理着一组高尔夫球冷门问题，它们在组件被实例化的时候被获取。它有两个远程处理调用：一个是从列表中提取问题，一个是校验答复。

代码清单12-2 JavaScript中能够远程处理的JavaBean组件

```
package org.open18.action;
import ...;
import org.jboss.seam.annotations.remoting.WebRemote;

@Name("trivia")
@Scope(ScopeType.SESSION)
public class Trivia implements Serializable {
    @In private EntityManager entityManager;
    private List<TriviaQuestion> questions;

    @Create public void init() {
        questions = entityManager.createQuery(
            "select q from TriviaQuestion q").getResultList();
    }

    @WebRemote                                              <-- 使JavaScript能够访问该方法
    public boolean answerQuestion(Long id, String response) {
        TriviaQuestion questionInstance = findQuestion(id);
        if (questionInstance == null){
            return false;
        }
        return questionInstance.getAnswer().equals(response);
    }

    @WebRemote(exclude = "answer")        <-- 对被返回的对象应用过滤
    public TriviaQuestion drawQuestion() {
        if (questions.size() == 0) {
            return null;
        }
        return questions.get(new Random().nextInt(questions.size()));
    }

    public TriviaQuestion findQuestion(Long id) {
        return entityManager.find(TriviaQuestion.class, id);
    }
}
```

每个冷门问题都用TriviaQuestion类的一个实例表示，这是一个简单的JPA实体类，带有3个属性：id、question和answer。这正是值得关注的地方。当冷门问题被发送到浏览器中时，你只想发送问题和id，并不想发送答案。否则，那些懂技术的会员就可以利用Firebug[①]来检验Ajax

12

① 用于Web开发的Firefox插件，Firebug可以登录http://www.getfirebug.com获取。

请求以盗取答案。这个过滤是通过在@WebRemote注解中的exclude属性中声明answer来实现的。你还可以利用exclude属性使大型的文本或者返回对象中的二进制域（使答复变得不必要地庞大）变成无效。你可以利用点表示法访问嵌入式属性，就像使用EL一样。利用[type].property还可以从类型中排除某一个属性，无论这个属性处在层次结构中的什么位置。在这个表达式中，type可以是组件名，也可以是非组件的全类名。

一旦服务器端组件准备就绪，就需要将它加工成JavaScript。

2. 导入组件存根

在导入JavaScript远程处理框架时，Seam不会自动地为带有@WebRemote注解的每个Seam组件生成存根，而是由你指示Seam去准备一组你需要在某个指定页面上访问的固定的组件存根。

你可以利用<s:remote>组件标签导入远程处理框架和组件存根。这个标签生成许多HTML的<script>标签，它们向SeamResourceServlet请求远程处理框架和存根。这个标签的include属性接受一个需要导入的组件列表（以逗号分隔）。为了导入名为trivia和componentA的组件，要将下列声明添加到JSF视图中：

```
<s:remote include="trivia,componentA"/>
```

这个声明产生了下列HTML标记，如果不是在使用JSF，这些是需要你手工声明的：

```
<script type="text/javascript"
  src="seam/resource/remoting/resource/remote.js"></script>
<script type="text/javascript"
  src="seam/resource/remoting/interface.js?trivia&componentA"></script>
```

第一个<script>标签导入远程处理框架，这是一个静态的JavaScript文件。远程处理框架总共有许多JavaScript对象，如Seam.Component和Seam.Remoting，它们都被用来访问和创建存根的实例。第二个<script>标签导入Seam生成的可执行存根，以及被@WebRemote方法用作任何Java类型的参数或者返回值的类型存根。Seam创建了这些额外的存根，用它们从XML有效载荷中解码和反解码参数和返回值。它有3种存根类别。

3. 3种存根类别

并非所有的存根都创建成一样的。有些存根负责与服务器通信，有些存根作为与服务器通信的有效载荷。一个存根不可以身兼两职。在不可执行的存根和本地存根之间还有进一步的区别，具体要看这个Java类是否是一个Seam组件而定。这3种存根类别分别是：

- 可执行存根；
- 本地组件存根；
- 本地类型存根。

远程处理接口生成器在准备存根时，它会根据服务器端组件的特征决定要创建哪一种存根。可执行存根是为任何具有@WebRemote方法的组件创建的。回顾一下EJB会话Bean组件，@WebRemote注解必须应用到本地接口的方法中。据JavaScript所知，可执行存根所代表的服务器端组件只会有标注了@WebRemote的方法，不会有其他方法。JavaScript也无法区分它是属于哪一类Seam组件。本地存根的详情请见12.4.4节。现在，我们先看看如何掌控可执行存根以便调用它。

12.4.3 调用服务器端组件

JavaScript对象Seam.Component是小型客户端版本的Seam容器。在第4章中讲过的组件和组件实例之间的关系在这里仍然适用。但是，在JavaScript远程处理环境中，这个实例是指存根的一个实例，而不是来自服务器的实例。你通过调用存根中同名的方法，表明你想要执行组件实例中的一个方法。只有当该请求被传到服务器中之后，才会从Seam容器中获取到真正的实例并调用它。

1. 掌控可执行存根

用组件名称作为参数，通过Seam.Component.getInstance()方法获取到存根的一个实例。例如，执行以下代码，可以为该组件获得该存根的一个实例：

```
var trivia = Seam.Component.getInstance("trivia");
```

说明 newInstance()方法也会返回可执行存根的一个实例，只是这个方法是用来新建本地存根实例的。getInstance()方法返回一个单例的JavaScript对象，这对于可执行存根而言已经足够了。

下一步是调用可执行存根上的一个方法，并捕捉返回值。你唯一要解决的问题是Ajax调用是异步的。

2. 异步地执行远程处理方法

执行可执行存根上的方法，就像执行该组件服务器端实例上的方法一样——当然不是完全相同。这其中有两个重要的区别。你已经知道，存根只包含标有@WebRemote的方法。Trivia组件的存根只有drawQuestion()和answerQuestion()方法，没有findQuestion()方法。另一个区别是，存根中的方法不会返回值，至少不会马上返回。我们来看看这到底是为什么。

对服务器端组件进行的每一个方法调用都是异步完成的，因此它不会阻塞。毕竟，冻结浏览器会破坏Ajax的初衷。不过，这也意味着远程处理方法调用的结果不能立即被正在执行的线程访问到。因此，存根中的方法没有值可以返回，即使相应的服务器端方法有值也不行。执行远程通信存根中的方法时，它等于在说："我稍后再和你谈。你能否提供一个电话号码让我能够联系上你呢？"你提供的这个号码就是一个JavaScript"回调"函数。

回调函数是异步API中的一个标准构造。当Ajax请求的响应回到浏览器时，由远程处理框架执行这个回调函数。如果服务器端组件中的方法具有一个非空的返回值，这个值就被传到回调函数中作为它的唯一参数。如果服务器端组件中的方法具有空的返回类型，回调函数就没有参数。（实际上，最后一个参数始终是Seam远程处理上下文，详情请见12.5.2节。）

我们先从问卷开始吧。在页面上添加一个链接，鼓励会员们用一个冷门问题来考考自己：

```
<a href="javascript: void(0);" onclick="askQuestion();">Quiz me!</a>
```

JavaScript的askQuestion()函数从Trivia组件中捕捉问题：

```
function askQuestion() {
    var trivia = Seam.Component.getInstance("trivia");
    trivia.drawQuestion(poseQuestion);
}
```

如你所见，drawQuestion()方法调用仅仅是给这个过程起了个头。接着用JavaScript的poseQuestion()函数在TriviaQuestion实例出现的时候捕捉它，并向用户提出这个问题：

```
function poseQuestion(triviaQuestion) {
    if (triviaQuestion == null) {
        alert("Sorry, there are no trivia questions.");
    }
    else if (triviaQuestion.getAnswer() != undefined) {
        alert("This quiz has been compromised!");
    }
    else {
        var response = window.prompt(triviaQuestion.question);
        if (response) {
            var trivia = Seam.Component.getInstance("trivia");
            trivia.answerQuestion(
                triviaQuestion.getId(), response, reportResult);
        }
    }
}
```

收到TriviaQuestion实例之后，我们要校验answer属性是否有效，它是作为一个被排除的属性在@WebRemote注解中声明的。如果没有排除这个属性，该问卷的正确性就会成问题。如果一切顺利，这个会员就会看到一个利用JavaScript的prompt方法弹出的问题了，如图12-5所示。

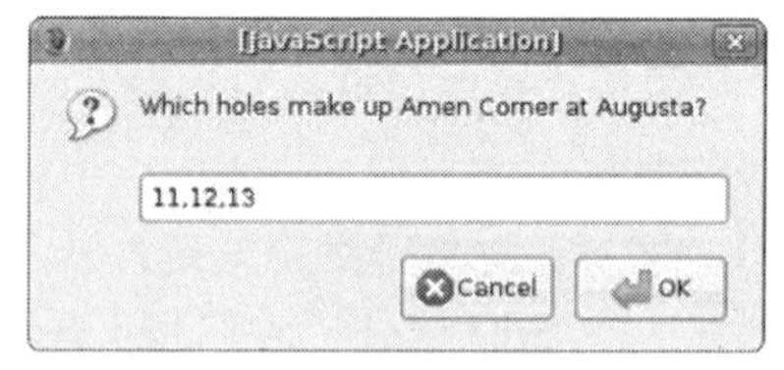

图12-5　这是一个冷门问题，会员在里面输入回复

一旦会员做出了回复，就启动另一个方法调用，这一次是校验这个回复是否正确。在answerQuestion()方法调用中，回调函数被移到第三个槽中。回调函数始终是那个n+1参数，这里的n是指远程处理方法中的参数数量。JavaScript的回调函数reportResult()负责给出结论（尽管十分粗略）：

```
function reportResult(result) {
    alert(result ? "Correct!" : "Sorry, wrong answer. Keep studying!");
}
```

与在Java中执行调用相比，利用JavaScript远程处理调用唯一重要的架构性变更是，你不得不改为考虑到异步通信中的每一次交互。这对于开发者和用户而言，都还需要适应。我们来看看它给用户造成了什么样的影响。

3. 什么状态

浏览器使用了一个微调控制项（spinner），一般出现在窗口的右上角，在加载页面的时候通知用户。然而，基于Ajax的应用程序“破坏”了这种反馈机制，因为浏览器是在没有正式请求某一个页面的情况下与服务器进行交互的。为了恢复反馈，Ajax框架一般是在异步请求的过程中在页面中渲染一个微调控制项。Seam也沿用了这种模式。

Seam的JavaScript远程处理类库在远程处理调用期间，在页面的右上角渲染了一个正在加载的消息。这个消息是在Seam.Remoting.loadingMessage属性中定义的。你可以像下面这样覆盖它：

```
Seam.Remoting.loadingMessage = "Request in progress";
```

如果你因为不想打扰用户而使用Ajax，也可以关闭这条消息，做法是用空函数覆盖开关这条消息的方法：

```
Seam.Remoting.displayLoadingMessage = function() {};
Seam.Remoting.hideLoadingMessage = function() {};
```

如果不关闭这个反馈机制，也可以利用这两个函数来定制它。

作为开发者，你可能想要追踪远程处理调用。Seam远程处理包含了一个调试窗口，它显示出Ajax请求的状态。你可以调用`Seam.Remoting.setDebut(true)`来为指定的页面开启窗口，或者为组件描述符中的所有页面激活窗口。首先，导入组件命名空间`http://jboss.com/products/seam/remoting`，以remoting作为前缀。然后，在内建的remoting组件中启用调试模式：

```
<remoting:remoting debug="true"/>
```

每当发出Ajax请求时都会出现调试窗口，你可以追踪它的进度。尽管有了这个调试窗口，但我还是强烈建议你用Firebug代替它。

让我们回到远程处理的话题。你知道，EL符号在每个Seam模块中都扮演一个重要的角色。如果没有它，任何模块都是不完整的。JavaScript远程处理也不例外。

4. 从客户端对EL执行求值

JavaScript远程处理可以通过EL来使用Seam容器，无论它是要访问值（值表达式）还是执行方法（方法表达式）。利用`Seam.Remoting.eval()`函数执行EL表达式，可以让你不需要`@WebRemote`方法就可以执行远程处理操作的途径。请记住，解析得到的值会被异步地发送到一个回调函数中。

用`eval()`方法（不要与JavaScript的`eval()`函数混为一谈）抓取保存在Seam容器中的对象是最理想的。这一点与可执行存根不同，它会让组件来执行工作并返回结果。

使用`eval()`方法时，你唯一要留意的事情是，这个值表达式是否解析成了一个自定义类型的对象，你需要利用`<s:remote>`标签显式地导入这种类型。在使用可执行存根时则不会出现这个问题。因为Seam自动生成了必要的类型存根。由于EL可以解析任何类型，因此Seam很难知道要准备哪些类型存根。如果你只用EL解析基本类型值或者内建类型（字符串、日期、集合），就不需要任何额外的导入了。

去　除　EL

如果你想从JSF页面中使用Seam远程处理函数eval()，必须去除EL符号。JSF视图处理器率先通过模板，并解析它发现的所有值表达式。你必须去除EL来延迟求值。

你或者用领头的反斜线符号（\）逃逸井字号（#），编写一个视图处理器所不认识的表达式：

```
"\#{contextVariable}"
```

或者用字符串串接组装成这个表达式：

```
"#" + "{contextVariable}"
```

我个人比较喜欢反斜线法。

再举个例子，尝试一下通过远程处理使用EL的感觉。在Java世界里，我们十分在意语言支持，但是一到了JavaScript，我们似乎全然忘记了这个崇高的目标。能从JavaScript对EL执行求值，这开创了取消message bundle Map的可能性，因此可以通过JavaScript引用它。在这种情况下，我们不想执行方法，而只想获取到这个Map：

```
var messages = null;
Seam.Remoting.eval("\#{messages}", function(value) {
    messages = value;
});
```

请记住，这个调用是异步的，因此在消息到达之前，还有一段很短的时间，但是也可以执行得快一些，使你不必担心失误问题。

能够访问特定于区域的message bundle时，我们就可以在回调函数`reportResult()`中用会员所选择的语言来称赞或者责备他们了：

```
alert(result ? messages.get("response.correct") :
  messages.get("response.incorrect"));
```

如你所见，对EL执行求值是使UI中不需要引用数据的一种好办法。接下来，你将学习如何以另一种方式提供数据，即创建本地存根的实例，并通过可执行存根中的方法将它们发送到服务器中。

12.4.4　本地存根

本地存根是JavaBean类的JavaScript版本。它有着与其服务器端的对等物相同的属性。本地存根中的属性是利用JavaBean式的访问方法或者直接的域访问来处理的，如下所示：

```
triviaQuestion.setAnswer("The Masters");
triviaQuestion.answer = "The Masters";
"The Masters" == triviaQuestion.getAnswer();
```

本地存根和可执行存根之间的根本区别在于，当本地存根中的方法被调用时，它不会触发远程处理的执行（一个Ajax请求）。

1. 本地存根的分类

本地存根有两类：组件和类型。当没有标注`@WebRemote`方法的Seam组件通过远程处理方法被导入时，它就变成了一个本地组件存根。（在组件描述符中声明Seam组件还不够，还必须利用`@Name`对它进行声明。）所有其他的类均变成本地类型存根。

本地组件存根的实例化，是通过将其组件名称传到远程处理框架中的JavaScript方法`Seam.Component.newInstance()`来实现的。而本地类型存根的实例化，则是通过将其全类名传到`Seam.Remoting.createType()`方法来实现的：

```
var favorite = Seam.Component.newInstance("newFavorite");
var golfer = Seam.Remoting.createType("org.open18.model.Golfer");
```

这两个本地存根除了实例化方式不同，其他都是一样的。与类型存根相比，组件存根的好处在于，组件存根是按照它的组件名称进行处理的，该名称一般会比类名称更短，并且不会使全类名与客户端（JavaScript）产生紧耦合。

本地存根是要用作数据结构的，它作为参数传给可执行存根中的一个方法，或者被映射到该方法的返回值。当本地存根的实例到达服务器时，它就变成了真正的Java对象。创建基本类型和字符串时不需要本地存根，因为JavaScript和Java之间对于简单类型有隐含的映射关系。

可是，这些对象为什么需要传到服务器中呢？这么说吧：使用JavaScript远程处理的主要原因就是要让服务器来执行JavaScript所无法完成的工作。例如，将一个对象持久化到数据库中去。本地存根是这项操作的完美补充。客户端可以从本地存根得到一个瞬时实体实例，然后将它发送到服务器中进行持久化。

2. 从JavaScript持久化实体

我们来举个例子，看看怎样通过远程处理将一个瞬时实体实例持久化。在本例中，我们引入了一个名为Favorite的实体类，用它捕捉用户已经在他或她的喜爱列表中选中的项目。这个实体的关键部分如下：

```
@Entity
@Table(name = "FAVORITE")
@Name("newFavorite")
public class Favorite implements Serializable {
    private Long id;
    private Long entityId;
    private String entityName;
    private Golfer golfer;
    // getters and setters hidden
}
```

由于该实体类标注有@Name，它就变成了一个本地组件存根，并且可以通过其组件名称newFavorite进行引用。如代码清单12-3所示，FavoritesAction组件负责持久化Favorite实体的实例。它还具有一个检验重复登录的方法。

代码清单12-3　与Favorite实体合作的远程处理组件

```
package org.open18.action;
import ...;

@Name("favoritesAction")
@Transactional                        <-- 声明这些方法为事务性的
public class FavoritesAction {
    @In private EntityManager entityManager;
    @WebRemote
    public Favorite addFavorite(Favorite favorite) {
        try {
            entityManager.persist(favorite);
            return favorite;
        } catch (Exception e) {       <-- 为了得到干净的响应而捕捉异常
            return null;
        }
    }

    @WebRemote
    public boolean isFavorite(Long entityId, String entityName) {
        try {
```

```
            entityManager.createQuery("select f from Favorite f " +
                "where f.entityId = :id and f.entityName = :name")
                .setParameter("id", entityId)
                .setParameter("name", entityName)
                .getSingleResult();
            return true;
        } catch (Exception e) {
            return false;
        }
    }
}
```

请注意这个类中的@Transactional注解。由于远程处理请求是在JSF生命周期之外进行的，它们没有被包装在Seam的全局事务中。因此，@WebRemote方法必须声明事务作用域。

如果在执行@WebRemote方法期间抛出异常，将不会返回任何结果。因此，捕捉所有异常，并优雅地处理这些异常，这很重要。为了暴露异常的状态，可以将它返回或保存起来，然后在后续的远程处理调用中访问它。

下一步是创建一个JavaScript函数，它调用该方法，将当前实体添加到高尔夫球员的喜爱列表中，如代码清单12-4所示。你可以将这个JavaScript函数放在任何细目页面中（因为实体类型不知道这个设计）。

代码清单12-4　用这个远程处理逻辑添加一个实体作为喜爱的项目

```
function addToFavorites(entityId, entityName, golferId) {
    var favoritesAction =
        Seam.Component.getInstance("favoritesAction");          ❶
    favoritesAction.isFavorite(
        entityId, entityName, function(exists) {          ❷
        if (exists) {
            alert("This " + entityName + " is already a favorite");
        }
        else {
            var favorite = Seam.Component.newInstance("newFavorite");          ❸
            favorite.setEntityId(entityId);
            favorite.setEntityName(entityName);
            var golfer =
                Seam.Remoting.createType("org.open18.model.Golfer");          ❹
            golfer.setId(golferId);
            favorite.setGolfer(golfer);
            favoritesAction.addFavorite(favorite, notify);          ❺
        }
    });
}

function notify(favoriteInstance) {
    if (favoriteInstance == null) {
        alert(messages.get("favorite.addFailed"));
    }
    var message = messages.get("favorite.addSucceeded");
    message = message.replace("{0}", favoriteInstance.getEntityName());
    message = message.replace("{1}", favoriteInstance.getId());
```

```
    alert(message);
}
```

addToFavorites()方法用这个信息创建并持久化Favorite的一个实例。第一步是为FavoritesAction掌控存根❶。我们没有直接进行调用，而是先调用isFavorite()方法，校验该favorite是否存在。这是为服务器处理一个竞争条件。像所有远程处理方法一样，isFavorite()方法也是异步运行的，因此为了继续该操作，必须进入一个回调方法❷。

如果这个favorite尚不存在，就将其组件名称传给newInstance()，来构造Favorite的一个实例❸。Golfer实体不是Seam组件，因此，必需利用createType()创建一个瞬时实例❹。这里正是值得关注的地方。为了满足从Favorite到Golfer的外键关系，要给Golfer的瞬时实例赋一个标识符。持久化管理器知道如何链接数据库中的记录。一旦Favorite的瞬时实例构建成功，它就会被发送到服务器❺进行持久化。

剩下的工作就是给实体细目页面添加一个调用JavaScript方法的链接：

```
<a href="javascript: void(0);" onclick=
  "addToFavorites(#{facilityHome.id}, 'Facility', #{currentGolfer.id});">
  Add to favorites</a>
```

当页面被渲染时，链接定义中的EL值表达式得到解释，分别解析成当前高尔夫球员和当前设施的数字标识符。

这个范例利用持久化管理器履行职责，作为对用户触发事件的响应。如果你回顾一下第7章，或许还记得： Ajax请求的发生频率要比传统的页面请求高得多，因此利用对话来避免从重要资源（如数据库）中进行不必要的加载，这是一种好办法。我们来探讨一下如何让JavaScript远程处理请求访问长时间运行对话中的有状态组件。

12.5 对话的远程处理调用

有两种方式可以让JavaScript远程处理请求参与对话。它们可以加入与当前页面关联的对话，或者去建立它们自己的独立对话，但对于渲染页面是透明的。我们来举两个通过JavaScript远程处理使用对话的例子。

12.5.1 加入正在进行的对话

远程处理请求保持着一个特殊的上下文，用来存放“活跃”的对话id。你可以利用JavaScript方法Seam.Remoting.getContext()访问这个上下文。这个上下文有两个方法：getConversationId()和setConversationId()。一旦对话id在这个上下文中建立，它就会一直保持到被显式改变为止。

如果渲染页面时某一个长时间运行的对话是活跃的，远程处理上下文就可以加入这个对话。其技巧就是利用一个EL值表达式来解析当前的对话id，并将它作为参数传给setConversationId()方法：

```
Seam.Remoting.getContext()setConversationId(#{conversation.id});
```

12

当页面被渲染的时候，这个表达式得到解析，得到一个数字的对话id。这个调用应该放在窗口的onload处理器中。一旦建立对话id，远程处理请求就能够“看到”正在进行的长时间运行对话中的所有对象（与渲染页面有关的对象）。你可以利用`Seam.Component.getInstance()`或者`Seam.Remoting.eval()`获得对这些对象的引用。例如，如果获取一个数据列表并保存在对话中，远程处理请求就可以与服务器通信，让它交出该数据集，而不是再一次向数据库获取。你还可以调用对话作用域组件中的方法，并操作存放在该对话中的数据状态。Seam为Web Service调用中的对话提供了并行支持。

远程处理请求在它们自己的对话上下文中也可以工作。我们来看一下这和参与页面的对话有什么区别。

12.5.2　启动对话

远程处理方法调用可以启动一个新的长时间运行对话，然后在后续调用中参与该对话。到了要离开的时候，另一个远程处理方法会终止该对话。在不适用页面流概念的地方，这种对话型的Ajax最适合单页面的应用程序。它甚至可以让多个对话同时进行。你可以在发出调用之前，通过改变远程处理上下文中活跃的对话id来切换它们。

让我们回到冷门的范例，并把它做成一个有连贯性的问卷。我们还可以让用户选择分类，他们有三次机会来回答每一个问题。会员首先会看到一个主题列表。一旦选定主题，就可以进行问答，继而启动一个长时间运行的对话。每当答对一个问题，或者用户三次都答错时，就会被移出这个池。当会员答完最后一个问题时，他们就可以看到自己的得分，并且对话终止。我们坚持用伪代码，因为方法实现对于理解这个概念并不重要。以下代码展示了带有方法存根的对话组件：

```
@Name("trivia")
@Scope(ScopeType.CONVERSATION)
public class Trivia implements Serializable {
    @In private EntityManager entityManager;
    private Double score;
    private List<TriviaQuestion> questions;

    @WebRemote
    public List<String> getCategories() { ... }

    @Begin @WebRemote
    public boolean selectQuiz(String category) { ... }

    @WebRemote(exclude = "answer")
    public TriviaQuestion drawNextQuestion() { ... }

    @WebRemote
    public boolean answerQuestion(Long id, String response) { ... }

    public TriviaQuestion findQuestion(Long id) { ... }

    @End @WebRemote
    public Double endQuiz() { ... }
}
```

一切就从`getCategories()`方法调用开始：

```
Seam.Component.getInstance("trivia").getCategories(showCategories);
```

这个调用发生在长时间运行对话之外。当这个响应从服务器返回时，它包含了临时对话的对话id。下一个远程处理调用是针对selectQuiz()方法的，它将这个对话id与请求一起发送出去：

```
Seam.Component.getInstance("trivia").selectQuiz(category, startQuiz);
```

selectQuiz()方法在数据库中查询与该类别相关的问题，并将它们隐藏在该组件的questions属性中。当响应从selectQuiz()调用返回时，它包含了因为执行这个方法而启动的长时间运行对话的对话id。然而，它不会覆盖远程处理上下文中的对话id，因为已经建立了一个。有两种方法可以强制更新对话id。

- 在执行存根中的方法之前清除对话id。
- 用从服务器中返回的值显式地覆盖对话id。

通常最好采用上述第二种方法。如前所述，回调函数接受用远程处理上下文作为最后一个参数。这个上下文包含了由服务器赋予的对话id。通过在回调函数中接受这个参数，可以将对话id传到页面的远程处理上下文中：

```
function startQuiz(ready, context) {
    Seam.Remoting.getContext()
    .setConversationId(context.getConversationId());
    askQuestion();
}
```

现在远程处理上下文正在参与长时间运行的对话。不停地发问、回答，直到答完所有问题。问完所有问题时，endQuiz()方法会被调用，以终止对话，并报告该会员的得分：

```
Seam.Component.getInstance("trivia").endQuiz(reportScore);
```

setConversationId()方法也可以用来切换并行的对话。在某些方面，JavaScript远程处理比一般的JSF导航更会处理对话，因为你可以细粒度地控制活跃的对话。

在结束本章之前，我还想提及最后一种对话形式。这种对话和浏览器与服务器之间的批量通信有关。

12.5.3 成批发送请求

Ajax很啰嗦，虽然可能只是些小请求，但这些请求会浪费服务器不少资源。研究表明，影响服务器负载的最关键因素不是请求的大小，而是请求的数量①。因此，如有可能，要尽量将请求保存起来，然后将它们一次发送出去。这样一来，你会看到因为减少了服务器负载和网络通信量，使性能得到显著的提升。想知道自己是否具有这种用例的一种好办法是，利用Firebug追踪发出的Ajax请求。如果他们很快地连续发生，那么将它们打包处理将会受益匪浅。

为了开始让请求排成队列（可执行存根方法调用和EL执行求值）就调用Seam.Remoting.startBatch()方法。你仍然像往常一样使用回调函数，只是在该响应执行那些函数之前会有一个比较久的延迟。当你准备发出未处理的请求时，就调用Seam.Remoting. executeBatch()。

① 关于*Best Practices for Speeding Up Your Web Site*一文，请登录http://developer.yahoo.com/performance/rules.html。

这些请求发出时是按照它们加入队列的顺序进行的。你大可放心，回调函数也是以这个顺序执行。如果你在打开队列之后决定放弃未处理的请求，只需调用`Seam.Remoting.cancelBatch()`，并退出批量模式即可。取消批量特性对于让用户放弃UI中未处理的变更很有帮助。

让Ajax请求参与对话，使得Ajax请求原本可能给服务器造成的负载减到了最小。相反，远程处理请求还为对话服务应用程序的方式增加了新的内容，使你能够给单页面的应用程序使用Seam的对话模型。如果可以选择单页面的应用程序，你甚至会考虑切换到GWT。

12.6 响应 GWT 远程调用

随着你越来越倾向于单页面的应用程序，可能会面临JSF不再适用的局面。如果遇到这种情况，或许你最好转向专门为了使用远程处理调用而设计的UI框架。GWT（Google Web Toolkit）就属于这样的类库之一。从JSF转向GWT，并不意味着你必须放弃Seam了。GWT是用来创建用户界面的，因此它可以将工作委托给后台的事务组件。Seam远程处理可以建立这种桥接。

本节关注Seam与GWT的整合，而不是介绍GWT的基础知识。如果你喜欢GWT，并且有兴趣深入了解这一主题，建议你找一本*GWT in Action*（Manning，2007）看看。一旦你习惯了GWT，或者有兴趣了解这种整合方式，那么请接着往下读。

12.6.1 GWT 整合简介

GWT是一个基于Ajax的框架，它允许你纯粹在Java中开发Web应用程序，而不必编写HTML或者JavaScript。它的价值绝不亚于基于Ajax的JSF类库，但它用Java构造代替了声明式的UI。这个工具箱将Java代码编译成JavaScript，因此你不必经历编写JavaScript的痛苦，并且可以确信JavaScript会以尽可能最有效的方式被传到浏览器中。

GWT的远程处理过程调用（RPC）机制被设计成允许GWT客户端应用程序通过Ajax访问服务器端的业务组件。在GWT教程中，它会教你利用Java的Servlet来处理请求。然而，在本节中，我会教你如何将这某一个RPC调用钩入Seam组件中的`@WebRemote`方法。我们要重构Trivia组件，使它可以作为GWT的远程处理服务，让GWT能够访问数据库中的冷门问题。Seam的GWT整合用到了Seam远程处理，因此，使用这个整合时，要确保安装了Seam的资源Servlet。

12.6.2 准备远程处理服务

为了让Seam组件能够访问GWT，首先必须将它转变成一个GWT服务。这一步包括实现GWT的RemotingService接口。最终你会有3个Java类。首先，定义一个同步的接口，声明Seam组件的公用方法。现在的Trivia是一个接口：

```
public interface Trivia extends RemotingService {
   public TriviaQuestion drawQuestion();
   public void answerQuestion(Long id, String response);
}
```

一个GWT服务中的所有返回值和参数都必须是基本类型或者是可序列化的。因此必须通过GWT利用`IsSerializable`接口将`TriviaQuestion`类声明为是可序列化的：

```
public class TriviaQuestion implements IsSerializable {...}
```

说明 虽然GWT 1.4及以上版本都支持java.io.Serializable接口，但在编写本书之时，Seam的GWT整合仍然不支持。而且，为了使一个集合变成是可序列化的，需要利用特殊的JavaDoc注解@gwt.typeArgs指定它所包含的类型。详情请参阅GWT参考文档。

GWT对远程处理服务进行异步调用。但是如前所述，异步的方法不会有返回值，而是在进行异步调用时，将状态码和返回值转到回调对象中。Trivia接口不符合这样的调用，因此必须定义一个可以通过GWT应用程序调用的异步版服务接口。你在开发这个异步接口时，必须遵循以下约定：

- 它必须处在与同步接口相同的Java包中；
- 它的名称必须是在同步接口名称的基础上再加上后缀Async；
- 它必须具有与同步接口相同的方法，只是其返回值必须为void，并且每个方法都必须接受AsyncCallback作为最后一个参数。

以下是满足这些条件的trivia服务的异步接口：

```
public interface TriviaAsync implements RemotingService {
    public void drawQuestion(AsyncCallback callback);
    public void answerQuestion(Long id, String response,
        AsyncCallback callback);
}
```

虽然你有一对GWT服务的接口，但只需要给同步接口提供一个实现。异步接口会在运行时由GWT实现，其方法调用则委托给同步接口的实现。AsyncCallback是一个定义了两个方法的接口，这两个方法是：onSuccess()和onFailure()。第一个方法接受同步方法的返回值，第二个方法接受报告失败特性的Throwable对象。

为了履行约定，前一个范例中的Trivia类必须重命名为TriviaImpl，它现在实现同步接口。此外，组件的名称也必须符合这个接口的全称。这个组件的作用域设置为会话，因为在编写本书之时，GWT整合还不支持对话：

```
@Name("org.open18.action.Trivia")
@Scope(ScopeType.SESSION)
public class TriviaImpl implements Trivia, Serializable { ... }
```

如果需要访问对话，就将对话id作为参数传给@WebRemote方法。在这个方法内部，利用内建组件manager中的switchConversation()方法手工恢复对话。转换（或者恢复）到该对话之后，就可以利用Seam的API（如Component.getInstance()）获取对话作用域的组件了。

实现了服务接口Trivia，现在你就有了一个忠实的GWT服务了。我们来看看如何从GWT调用它。

12

12.6.3 通过 Seam 远程处理 GWT 服务调用

在GWT客户端应用程序查找完GWT服务，就将服务入口指向一个先由Seam的资源Servlet处理后由Seam远程处理类库处理的URL。查找trivia服务是在GWT应用程序类中的

getTriviaService()方法中处理的，如下所示：

```
private TriviaAsync getTriviaService() {
    String endpointURL = GWT.getModuleBaseURL() + "seam/resource/gwt";
    TriviaAsync service = (TriviaAsync) GWT.create(Trivia.class);
    ((ServiceDefTarget) service).setServiceEntryPoint(endpointURL);
}
```

请注意，这个查找转向了异步接口，它让你提供一个回调来处理从服务器返回的响应。为了在本机模式下调试GWT应用程序时使用Seam整合，要像往常一样启动宿主Seam应用程序的应用服务器，然后在Java的GWT客户端代码中硬编码这个绝对的URL。你可以使用GWT.isScript()（它在部署模式下返回true，在主机模式下返回false）从而使代码变成是可移植的。

让我们在GWT应用程序中使用呈现冷门问讯的端点。由于本节的重点不是创建完整的GWT应用程序，因此这里只展示了一个小小的代码片段。发送用户响应以便进行校验的方法被绑定到一个名为Guess的按钮上：

```
final Button guess = new Button("Guess");
guess.addClickListener(new ClickListener() {
    public void onClick(Widget w) {
        getTriviaService().answerQuestion(question.getId(),
            answerInput.getText(), new AsyncCallback() {
            public void onFailure(Throwable t) {
                Window.alert("The call didn't go through");
            }
            public void onSuccess(Object data) {
                boolean result = ((Boolean) data).booleanValue();
                Window.alert(result ? "Correct!", "Wrong, try again.");
            }
        });
    }
});
```

这个范例说明了用Seam组件作为GWT的RPC服务相对比较简单。最妙的是可以用Seam的威力而不是用沉闷的Servlet来支持GWT。Seam远程处理非常强大，因为它不仅允许你从JavaScript调用服务器端的方法，而且还作为与其他胖客户端框架整合的基础。本节介绍的是GWT，但是Seam也可以与Laszlo、Flex及Java FX进行类似的整合。为了帮助这种整合，Exadel已经开发了一个称作Famingo的克隆seam-gen[①]，它利用Maven 5生成用Flex或者Java FX作为Seam前端的项目，还研究了Granite Data Services' GraniteDS[②]——将Flex与Seam桥接起来的另一种框架。

12.7　小结

在本章中，你学习了如何在不涉及XMLHttpRequest对象的情况下使用两类Ajax。你首先用Ajax4jsf和ICEfaces执行尊重JSF生命周期的Ajax请求，并重新渲染部分页面，做法是移植到JSF组件树中更新过的分支上。ICEfaces能够聪明地计算出UI组件树中需要重新渲染的部位，Ajax4jsf

① 见http://exadel.com/web/portal/flamingo。

② 见http://graniteds.org。

则依赖于声明式的提示。请记住，Ajax4jsf还能在不是用Ajax设计的组件之间创建Ajax交互。

虽然基于Ajax的JSF组件十分强大，但你有时候还是需要一些其他的东西。作为替代，你还学习了如何避开JSF生命周期，并让JavaScript调用服务器端组件，仿佛它们就在浏览器中一样。唯一的挑战在于你必须基于异步返回值来考虑问题。你知道了Seam远程处理允许JavaScript使用EL符号的语言，并利用对话，Seam的两项极为重要的特性对于单页面的应用程序特别有用。最后，你用Seam远程处理将GWT连接到作为GWT RPC服务的Seam组件上。

本章介绍的这两类Ajax各自都有它们自己的用途。基于Ajax的JSF组件类库在你想要修改JSF掌控下的页面区域时至关重要，例如表单或者数据表，同时还能与页面的服务器视图保持同步。JavaScript远程处理是针对那些不涉及UI组件的轻量化调用的。这两种风格都使你从逐步更新页面的角度来思考问题，而不是整页刷新。

在第13章，你将摈弃普通的HTML和JavaScript，开始探讨文件加载、动态图片生成、PDF的创建、多部分E-mail以及主题。学完第13章，你会发现自己创建的应用程序变得更加立体了，这就是下一章中等待着你的主题之一。

第 13 章

文件、丰富渲染和电子邮件支持

本章概要

- ❑ 处理文件加载
- ❑ 创建PDF文件和图表
- ❑ 发送带附件的电子邮件
- ❑ 用resource bundles定制UI

许多人第一次打高尔夫球时都会有这样的疑问：为什么有人要用这种令人抓狂的游戏来折磨自己呢？最后得出结论：那些打高尔夫球的人简直就是受虐狂。但是，如果你曾经将球从开球区打入洞里，或者顺利扫清过大片的水障碍区，或者有过漂亮的挥杆，那你就会明白：一旦掌握了其中的诀窍，打高尔夫是其乐无穷的。应用程序框架也是如此。一开始有很多东西要学，可能还会令人不知所措。慢慢地，情况就会开始好转了。你从中新学到的本事会使这种体验变得趣味盎然，并促使你去做一些以前从未经历过的事情。

你在第12章见过Seam和JSF组件类库如何消除了使用Ajax所带来的痛苦，并使Ajax变得比以往任何时候都更容易使用。那还仅仅是体现Seam的特性是如何使开发者和用户均受益的一个例子。在本章，你将学习如何在Seam中更有趣、更愉快地工作，包括处理文件加载、创建PDF文件、渲染动态的图像数据和图表、发送带附件的电子邮件，以及给应用程序添加主题。它们代表了那些经常被划入财政预算和时间限制的特性。有了Seam，你会发现完成这些工作简直不费吹灰之力，因为在学习本书时，你已多次做过相似的练习，只需稍加改动。

本章要介绍的几个范例会用到原始文件和图像数据，因此你首先要学习如何接受文件加载，以及如何回过头来用它们为浏览器服务。

13.1 加载文件并渲染动态图像

有多少次了，你一听到要在应用程序中“处理图片加载并让它在页面中显示出来”的需求就感到害怕？不是因为这是一个不可能完成的任务，而是因为它不像处理普通的表单数据那么简单。事实上，在Java中接受文件加载是出了名的困难。有了Seam，它就变得再容易不过了。在本节中，你将学会如何将一个加载表单元素绑定到Seam组件来接受图像，并将图像持久化到数据库中。然后，你会用Seam强化过的图形组件将原始数据变回动态渲染的图像。

13.1.1 接受文件加载

实际上，Seam为了使你不必在Java中进行文件加载而付出辛勤劳动，它神奇地把这项工作简化成一个简单的EL值绑定表达式。你再也不用操心任何缓冲、流读取或者多部分作用域的问题。这一切，都由MultipartFilter和MultipartRequest（它们把进来的Servlet请求包装起来）替你进行透明的处理。如果你已经配置了SeamFilter，那么在启动Seam的文件加载支持时，就不需要做任何其他的工作了。

1. Seam的文件加载UI组件

Seam提供了一个UI输入组件：<s:fileUpload>，用它接收来自JSF表单的文件加载。文件数据通过引用Seam组件中的byte[]或者InputStream属性的EL值绑定进行传递。加载组件还可以捕捉文件的内容类型、文件名以及文件大小，并将这些信息与文件数据一起应用到Seam组件上。

为了示范文件加载，我们要增加注册表单，让会员可以加载轮廓图像或者头像。要捕捉图像数据和内容类型，必须分别将两个属性添加到Golfer实体中，它们是：image和imageContentType。Golfer实体类中的有关部分如下所示：

```
@Entity
@PrimaryKeyJoinColumn(name = "MEMBER_ID")
@Table(name = "GOLFER")
public class Golfer extends Member {
    ...
    private byte[] image;
    private String imageContentType;

    @Column(name = "image_data")
    @Lob @Basic(fetch = FetchType.LAZY)
    public byte[] getImage() { return image; }
    public void setImage(byte[] image) { this.image = image; }

    @Column(name = "image_content_type")
    public String getImageContentType() { return imageContentType; }
    public void setImageContentType(String imageContentType) {
        this.imageContentType = imageContentType;
    }
}
```

我决定把文件数据当作byte[]类型。延迟抓取策略使该数据一直延迟到请求图像数据时才进行加载，从而稍微减少内存印迹（memory footprint）。

最后一步是将加载域添加到注册表单中，并将它传给Golfer实体中的image和imageContentType属性。你还需要将<h:form>组件标签中的enctype属性设置为multipart/form-data[①]。这个设置告诉浏览器要利用多部分的数据流发送表单数据。如果没有进行此调整，将会使浏览器无法发送文件数据。进行过上述变更的注册表单摘录如下：

```
<h:form id="registerActionForm" enctype="multipart/form-data">
  ...
  <s:decorate id="imageField" template="layout/edit.xhtml">
```

① 关于这个设置的信息请登录：http://www.w3.org/TR/html4/interact/forms.html#h-17.13.4.2。

```
    <ui:define name="label">Profile image / avatar</ui:define>
    <s:fileUpload id="image"
      accept="image/png,image/gif,image/jpeg"
      data="#{newGolfer.image}"
      contentType="#{newGolfer.imageContentType}"/>
  </s:decorate>
  ...
</h:form>
```

接受加载的图像并将它保存数据库中，并不需要对RegisterAction类进行任何变动。图像数据绑定至名为newGolfer的实体实例，并自动地与这个实体中的其他域一起持久化至数据库中。如果你对加载的图像感到满意，那任务就到此结束了。不过，你很可能会想对用户加载的哪些内容加以限制。

2. 控制加载的内容

用<s:fileUpload>中的accept属性指定一个可以加载的标准MIME（Multipurpose Internet Mail Extensions）类型的列表（以逗号隔开）。注册表单中的加载域将可接受的文件类型限制为Seam能够动态渲染的图形格式，并允许使用通配符。你可以接受所有的图像MIME类型，例如，使用image/*模式。不过，即使这个限制使用得当，也仍然应该对动作方法中的文件类型进行校验。

Seam在内建组件multipartFilter中暴露了两个全局的设置来控制文件加载。maxUploadSize属性使你能够控制所加载文件的最大容量（以字节为单位）。默认配置中没有进行限制。你可以用createTempFiles属性控制是让Seam用临时文件保存所加载的文件数据呢，还是将文件数据保存在内存中（默认）。这两个属性都可以利用组件配置做如下调整：

```
<web:multipart-filter max-request-size="5242880" create-temp-files="true"/>
```

虽然maxUploadSize属性限制了所加载轮廓图像的文件大小，但它没有限制图像的尺寸。一旦轮廓图像加载完毕，最好对它进行伸缩，使其在渲染的时候不会占用太多的页面空间。

3. 处理加载好的图像

在持久化newGolfer实例之前，可以在动作方法中重新设定已加载图像的尺寸。jboss-seam-ui.jar文件自带的org.jboss.seam.ui.graphicImage.Image类，很容易让你重新设定图像尺寸和图像伸缩。代码清单13-1展示了添加到动作方法register()中用来操作已加载图像的代码。这些代码还只是一个开始。如果将它用在应用程序中，你可能还想通过去除在这里所见到的硬编码值，使它更容易配置。

代码清单13-1　重新设定轮廓图像的尺寸

```
if (newGolfer.getImage() != null) {
    try {
        Image image = new Image();
        image.setInput(newGolfer.getImage());     <-- 读取图像数据
        if (image.getBufferedImage() == null) {
            throw new IOException("The profile image data is empty.");
        }
```

```
        if (!image.getContentType().getMimeType()            <-- 校验MIME类型
            .matches("image/(png|gif|jpeg)")) {
            facesMessages.addToControl("image",
                "Invalid image type: " + image.getContentType());
        }
        if (image.getHeight() > 64 || image.getWidth() > 64) {
            if (image.getHeight() > image.getWidth()) {
                image.scaleToHeight(64);
            }
            else {
                image.scaleToWidth(64);
            }                                                 恢复被重新设定
            newGolfer.setImage(image.getImage());            <-- 过尺寸的图片
        }
    } catch (IOException e) {
        log.error("An error occurred reading the profile image", e);
        facesMessages.addToControl("image", FacesMessage.SEVERITY_ERROR,
            "An error occurred reading the profile image.");
        newGolfer.setImage(null);
        newGolfer.setImageContentType(null);
        return null;
    }
}
```

一旦允许原始文件数据进入数据库，就需要对它进行渲染。这样做到底有什么好处呢？Seam通过以下任何一种方式，除了渲染从classpath中读取到的静态文件以及输入流，还可以渲染原始文件数据：

- 作为Web页面中的一张图片；
- 作为PDF文件中的一张图片；
- 传到浏览器中进行下载；
- 作为电子邮件中的内嵌图片或者作为电子邮件的附件。

我们先来探讨如何利用Seam强化过的图形UI组件来渲染Web页面中的原始图像数据。随着本章内容的深入，你会学到使用上述原始文件数据的其他方式。之所以将这些额外的方法放在最前面，是因为它们只不过是图形UI组件的一些变体而已。

13.1.2 从原始数据渲染图像

Seam的UI组件集中包含了一个强化图形组件，它能够在动态生成的图像上运行。Seam的图形组件<s:graphicImage>是标准JSF图形组件<h:graphicImage>的一个扩展。除了标准组件支持的那些特性，Seam的图形组件还支持渲染原始图像数据，以及执行图像变形。

1. 用Seam的强化图形UI组件渲染动态图像

标准的<h:graphicImage>标签只接受字符串值或者解析成字符串值的EL值表达式。这个值用来从Web应用程序上下文中提供静态图形资源（如/img/golfer.png）。<s:graphicImage>标签支持从EL值表达式解析到的更广泛的Java类型。表13-1列出了<s:graphicImage>可以从中读取图像数据的受支持动态Java类型，以及组件可以处理的图像MIME类型。

表13-1　**<s:graphicImage>**支持的Java类型和MIME类型

受支持的Java类型	受支持的MIME类型
String（任何classpath资源）	image/png
byte[]	image/jpeg (或者image/jpg)
java.io.File	image/gif
java.io.InputStream	
java.net.URL	

像<h:graphicImage>组件一样，<s:graphicImage>也生成一个标准的HTML <img>元素。不同的是，Seam为该图像生成的是随机文件名，用在<img>标签的src属性中，并由SeamResourceServlet提供服务。如果你不要随机生成的文件名，可以在fileName属性中指定固定文件名。文件名中不需要有图像的扩展名，因为Seam会自动根据图像类型添加扩展名。

在表13-1列出的受支持Java类型中，你应该认识byte[]吧，我们曾用这个属性类型来保存高尔夫球员的轮廓图像。让我们用<s:graphicImage>组件标签将注册过程中加载的轮廓图像显示在该球员的个人资料页面中。图像数据是在value属性中指定的。如果该球员没有轮廓图像就使用备用图像。用球员的用户名作为图像的文件名，来生成保持稳定的URL，从而使浏览器能够缓存该图像。最后，为浏览器提供那些无法渲染图像的其他文本：

```
<s:graphicImage value="#{selectedGolfer.image ne null ?
    selectedGolfer.image : '/img/golfer.png'}"
  fileName="#{selectedGolfer.username}"
  alt="[profile image]"/>
```

在本例中，我们显示了从数据库中获取的图像数据。然而，你也可以用Seam组件创建一张使用Java 2D的图片。可以在Seam组件中准备好这张图片，然后转换化表13-1中任何一种可接受的Java类型，再绑定到<s:graphicImage>标签上。尝试Java 2D之前，你可以先利用Seam提供的基本图像转换功能。

2. 图像转换

鉴于<s:graphicImage>组件是将图像数据加载到内存中，因此在渲染图像之前可以先对它进行转换。将表13-2列出的三个转换组件标签中的其中一个嵌入<s:graphicImage>，可以对使用Java 2D的图像进行转换。每个组件标签接受一个或者多个控制如何应用转换的参数。这些转换与13.1节中介绍的Seam API中Image类所提供的如出一辙。

表13-2　可以与**<s:graphicImage>**共用的转换组件

组件标签	作　用	参　数
<s:transformImageSize>	将图像的尺寸重新调整为特定的高度、宽度，或者两者都调。如果只在一个方向上伸缩，可以固定高和宽的比例	Width Height maintainRatio factor
<s:transformImageType>	将图像转换成PNG或者JPEG格式	contentType
<s:transformImageBlur>	对图像执行一次“模糊”操作	radius

高尔夫球员的轮廓图像在刚加载时，已经缩小到了一定的尺寸。但是有时候需要对它做进一

步的伸缩。例如，为预览图像或者为球员在网站上发布的评论创建个性化缩略图，如下所示：

```
<s:graphicImage value="#{_review.reviewer.image ne null ?
    _review.reviewer.image ? '/img/golfer.png'}"
  fileName="#{_review.reviewer.username}-36-thumbnail"
  alt="[thumbnail of profile image]">
  <s:transformImageSize width="36" maintainRatio="true"/>
</s:graphicImage>
```

通过实现org.jboss.seam.ui.graphicImage.ImageTransform接口，你可以轻松地创建自己的转换组件。这个接口有一个applyTransform()方法，它接受你在13.1节使用的Seam API中的Image类型。为了使JSF可以访问到你的组件，必须大动干戈地构建一个JSF组件。如果你准备这么做，可以先查看一下Seam UI模块中的源代码，以及参阅一本JSF方面的好参考书，例如*JavaServer Faces in Action*（Manning, 2004）或者*Pro JSF andAjax*（Apress, 2006）。为了节省时间，你可以利用Ajax4jsf的CDK（Component Development Kit）。

在13.4节中将介绍如何通过Seam发送电子邮件，那时会有机会再次用到<s:graphicImage>标签。同样也有一个图形组件可以将动态的图像嵌入到PDF文件中。说到PDF，我们现在暂且不谈HTML，先探讨一下如何动态地创建PDF文件。

13.2 用 iText 生成 PDF

你可能会问："应用程序框架如何才能帮我创建PDF文件呢？"归根结底，其他的框架大多是做一个半心半意的整合尝试，即只帮你将PDF提供给浏览器，但是把创建PDF的工作留给你来完成。现在有了Seam，这个问题的答案就变成多种多样的了。

你看，Seam远不只是充当浏览器和PDF渲染器之间的牵线人。在Seam中， PDF的创建和提供都像其他任何JSF视图一样进行处理。Seam提供了许多生成PDF内容的UI组件标签。当模板在做处理时，视图处理器会给浏览器提供一个PDF文件［这个文件通过开源的（LGPL/MPL）iText Java-PDF类库生成］，而不是提供HTML文件。

PDF组件标签是从Facelets API中的标签处理器延伸而来的，因此你必须通过这种方式利用Facelets生成PDF文件。要在应用程序中启用PDF支持，需要在应用程序的classpath中添加两个文件：itex.jar和jboss-seam-pdf.jar（这两个文件都可以在seam-gen生成的项目的lib文件夹中找到）。然后，你就可以开始在Facelets模板中使用PDF组件标签了。

13.2.1 用 UI 组件对 PDF 进行排版

渲染PDF文件的Facelets模板用<p:document>作为根标签。除了那些新的根标签和PDF标签随附的调色板，它的开发方式与其他Facelets模板相比没有什么不同。你可以利用Facelets和Seam合成标签（如<ui:composition>、<s:decorate>）、非渲染的JSF组件标签（如<h:panelGroup>、<s:fragment>），以及生成HTML的JSF组件标签，来构建JSF UI组件树。由于PDF像其他任何JSF视图一样是通过JSF渲染的，因此也可以通过Seam面向页面的控制（页面动作、页面参数及页面限制）提前加载该请求。这是一种非常强大的组合。请注意，在这个过程中我一直没有提及Java。

因为在这个场景中，我们想要避免用Java来重用Facelets方面的知识以创建动态视图。完成这项工作根本不需要动用Java API。

PDF组件标签大多是利用iText提供的功能进行一一映射。通过Seam渲染的iText PDF文件包含段落、图像、标题、页脚、章、节、表格、列表、条形码，甚至是Swing组件。你可以定制大多数元素的字体大小、前景色和背景色。虽然存在一些局限性，但是除了特别复杂的需求之外，PDF组件标签应该足以应付了。

我并不准备逐条讲解PDF组件调色板中的每一个标签，而是想提供一个综合的范例，将许多标签都用起来。这种方法将给你一个真实环境体验这些PDF标签，并可查阅参考文档中对每个标签的详细说明。记分卡是包含holes（洞）和tee set的栅格，用来记录你在每个洞击打的次数。记分卡渲染起来相当复杂，结果却十分赏心悦目。因此，这会是一次有益的体验。

1. 构建记分卡

为了显示某一个球场的所有得分，必须用到高尔夫球场模型中的所有实体：`Facility`、`Course`、`Hole`、`TeeSet`和`Tee`。这些实体之间的关联配置成延迟加载。但你要知道，如果使用延迟加载并没有什么效用，最好还是避免使用。例如，渲染记分卡会导致大量的延迟关联交叉，继而导致大量的查询。为了进行优化，我们要使用一个页面动作，即时抓取单个查询中的所有必要数据，然后使Facelets模板可以使用该数据。如代码清单13-2所示，`Scorecard`组件是在`load()`方法中处理这个预加载逻辑的。在这个方法中执行的JPQL中有大量`join fetch`子句，表示即时抓取那些关联。

`Scorecard`组件还提供了一些渲染记分卡时需要的工具方法。实现细节在此并不重要，因此我隐藏了方法体（你可以在本书的源代码中看到它们）。我们用术语out和in表示一场高尔夫球的两个半场。out是指前九个洞，从俱乐部会所开始。in是指后九个洞，回到会所。`getTeesOut()`和`getTeesIn()`方法是利用参数化的值表达式从Facelets模板进行调用的。

代码清单13-2　即时抓取记分卡数据的组件

```
@Name("scorecard")
public class Scorecard extends EntityController {
    private static final String JPQL =
        "select distinct c from Course c " +
        "join fetch c.facility join fetch c.holes " +
        "join fetch c.teeSets ts join fetch ts.tees " +
        "where c.id = #{scorecard.courseId}";

    @RequestParameter private Long courseId;

    @Out private Course course;

    public void load() {
        course = (Course) createQuery(JPQL).getSingleResult();
    }

    public List<TeeSet> getTeeSets() { ... };
    public List<TeeSet> getMensTeeSets() { ... };
    public List<TeeSet> getLadiesTeeSets() { ... };
    public list<Teeset> getMensAnd UnisexTee Sets(){...}
```

```
public List<Integer> getHoleNumbersOut() { ... };
public List<Integer> getHoleNumbersIn() { ... };
public List<Hole> getHolesOut() { ... };
public List<Hole> getHolesIn() { ... };
public List<Tee> getTeesOut(TeeSet teeSet) { ... };
public List<Tee> getTeesIn(TeeSet teeSet) { ... };
```

记分卡很复杂，生成记分卡所需要的Facelets模板也很复杂。我们分两个阶段讲解。在第一个阶段中，我们先来讲解简单的PDF报表。

2. 简单的PDF报表

如代码清单13-3所示，第一步是创建Facelets模板exportCourseInfo.xhtml。这个模板渲染关于球场和设施标识的基础信息。请注意，这个模板的根是<p:document>，并且该模板声明了以下命名空间，它导入PDF的UI组件标签：

```
p:xmlns="http://jboss.com/products/seam/pdf"
```

接下来，我们将一个页面动作连接到这个视图ID来预加载记分卡数据，它是在描述符exportCourseInfo.page.xml中定义的：

```
<page action="#{scorecard.load}"/>
```

页面动作并不是渲染PDF的前提条件，但它与这个场景有关。

代码清单13-3 渲染文本、图像和列表的简单PDF模板

```
<p:document xmlns="http://www.w3.org/1999/xhtml"          ❶
  xmlns:p="http://jboss.com/products/seam/pdf"
  xmlns:ui="http://java.sun.com/jsf/facelets"
  xmlns:s="http://jboss.com/products/seam/taglib"
  title="#{course.name}"
  creator="Open 18"
  pageSize="LETTER"          ❷
  type="#{not empty param.type ? param.type : 'pdf'}">          ❸
  <p:image value="#{course.facility.logo}"          ❹
    rendered="#{course.facility.logo != null}">
    <s:transformImageSize height="96" maintainRatio="true"/>
  </p:image>
  <p:font size="18">
    <p:paragraph>#{course.name}</p:paragraph>
  </p:font>
  <p:font size="8" color="darkgray">          ❺
    <p:paragraph>Designed by #{course.designer}</p:paragraph>
    <p:paragraph spacingAfter="4">
      <p:font style="bold">#{course.numHoles}</p:font> HOLES #{' - '}
    <p:font style="bold">PAR</p:font> #{course.totalMensPar}
    </p:paragraph>
    <p:list listSymbol="-">          ❻
      <ui:repeat var="ts" value="#{scorecard.teeSets}">          ❼
        <p:listItem>#{ts.name} (#{ts.totalDistance} yds)</p:listItem>
      </ui:repeat>
    </p:list>
  </p:font>
</p:document>
```

从代码清单13-3可以看出，创建一个PDF文件并不难。<p:document>标签❶通知视图处理器要初始化一个新的iText PDF文件。如果单独使用这个标签，会生成一个空文件，并将它传到浏览器中。<p:document>标签中有大量可选的属性，可以用来调整PDF文件的属性，例如title、subject、author、keywords和creator。你还可以改变页面的方向和大小。默认的页面大小是A4，但这里已经改成了LETTER❷。

iText文件被优化成默认只渲染为PDF，但也可以生成RTF或者HTML。你可以利用type属性设置输出格式❸，它接受3个值：pdf、rtf和html。在这里，输出格式由请求参数type（如有的话）控制。

注意　除了表格、图像和内联的HTML，RTF和HTML输出格式支持与PDF一样的特性。如果模板中出现这其中的任何特性，渲染文件时都可以忽略。

现在来看文件的内容。这个模板包含一张图片❹、三个段落❺和一个带项目符号的列表❻。<p:image>标签的作用与<s:graphicImage>标签一样。它可以读取表13-1中所列Java类型的图像，并且可以进行图像转换。这里是将<p:image>标签和<s:transformImageSize>共用，将图像的高度缩小到96像素，但是这个标签还内建了伸缩功能。<p:font>标签会将字体设置应用给所有的派生标签，直到遇到另一个改变那些设置的<p:font>标签为止。所有的内嵌文本都必须包在<p:paragraph>标签中，否则会产生一些异常现象（<p:header>、<p:footer>和<p:listItem>异常）。你还可以在几个段落文字之间使用<p:font>标签，来改变一个单词或者一个短语的字体特征。

注意　有时候，字体设置不会被嵌入的<p:font>标签所继承。例如，如果你用<p:font>包围<p:list>，然后用<p:font>定制<p:listItem>的内容，外层标签的字体设置（如字体大小）就不会被继承，这迫使你必须再次在内嵌标签中应用它们。希望将来这一点可以得到解决。

也可以用Facelets的迭代组件标签❼动态地生成组件树的分支。在本例中，我们迭代球场中的tee set，并以列表项目的形式显示出各组中每个tee set名称和总距离（以码为单位）。最终的结果如图13-1所示。

你可以看到，创建一张PDF格式的报表并不比创建Web页面难，不过这样还不算大功告成。你要构建的大多数报表可能都需要某种表格式的数据。Seam为创建PDF表格提供了一组组件标签，这样创建这种表格不会比用JSF面板栅格组件渲染HTML表格难。我们要通过渲染一个完整的球场记分卡（显示tee set及各tee set中每个洞的距离），试用一下这些PDF表格标签。

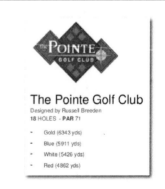

图13-1　显示了基本的球场和tee set信息的PDF文件

13.2.2 处理表格和单元格

在Seam中是用<p:table>和<p:cell>组件标签创建PDF表格的。<p:table>标签的工作方式与标准JSF组件调色板中的<h:panelGrid>标签一样，只是子组件必须用一个<p:cell>标签包围起来。你要利用columns属性明确地表述该表格中有多少列。一旦<p:cell>标签的数量达到指定的列数量时，就开始一个新的行。<p:cell>标签的内容可以是另一个表，这样就出现了内嵌表格。一个单元格可以利用<p:cell>中的colspan属性做成跨越多个列。但是，一个单元格的跨度不能超过一个行（rowspan）。

小贴士 作为PDF表格的另一种选择，也可以使用HTML表格。你还可以使用其他的HTML元素，包括生成HTML的JSF组件标签。要将HTML添加到PDF中，得将它嵌入到<p:html>元素中。请记住，HTML会在内部被转换化iText对象，因此你只能使用iText可以生成的元素。还可以用<p:swing>渲染Swing组件，用<p:barcode>创建条形码。<p:barcode>标签也可以用在HTML页面中。

为了示范表格组件标签的应用效果，我们用它协助渲染高尔夫球场的记分卡。这个用例的复杂程度足以展现出这个表格标签的许多高级功能，不需要再将其功能逐项列出了。不过，在此之前，我要先简单地说明一下这次练习的目标。

这个记分卡包含一个逻辑上被划分成两半的表格。卡片的左边是关于前九个洞的信息（Out），右边是关于球场后九个洞的信息（In）。第一行显示洞的数量。接下来是每个tee set的行。这些tee set的行包含了与每个洞序号对应的距离值。最后，有一行显示每个洞的标准杆。生成这个标记代码的模板（exportScorecard.xhtml）如代码清单13-4所示。

代码清单13-4 渲染球场记分卡的PDF模板

```
<p:document xmlns="http://www.w3.org/1999/xhtml"
  xmlns:ui="http://java.sun.com/jsf/facelets"
  xmlns:f="http://java.sun.com/jsf/core"
  xmlns:p="http://jboss.com/products/seam/pdf"
  title="#{course.name} Scorecard"
  orientation="landscape">          ❶
  <page action="#{scorecard.load}" />
  <p:font size="8">
    <p:table columns="22" widthPercentage="100" headerRows="1"        ❷
      widths="3 1 1 1 1 1 1 1 1 1 1 1 1 1 1 1 1 1 1 1 1 1">
      <f:facet name="defaultCell">        ❸
        <p:cell padding="5" noWrap="true"
          horizontalAlignment="center" verticalAlignment="middle"/>
      </f:facet>
      <p:font size="8" color="white" style="bold">        ❹
        <p:cell horizontalAlignment="left" grayFill=".25">        ❺
          <p:paragraph>Hole</p:paragraph>
        </p:cell>
        <ui:repeat var="_holeNum" value="#{scorecard.holeNumbersOut}">        ❻
          <p:cell grayFill=".25">
```

```
          <p:paragraph>#{_holeNum}</p:paragraph>
        </p:cell>
      </ui:repeat>
      <p:cell grayFill=".25"><p:paragraph>Out</p:paragraph></p:cell>
      <ui:repeat var="_holeNum" value="#{scorecard.holeNumbersIn}">
        <p:cell grayFill=".25">
          <p:paragraph>#{_holeNum}</p:paragraph>
        </p:cell>
      </ui:repeat>
      <p:cell grayFill=".25"><p:paragraph>In</p:paragraph></p:cell>
      <p:cell grayFill=".25"><p:paragraph>Total</p:paragraph></p:cell>
    </p:font>
    <ui:repeat var="_ts" value="#{scorecard.mensAndUnisexTeeSets}">
      <p:font size="8">
        <p:cell horizontalAlignment="left"
          backgroundColor="#{_ts.color}">      ❼
          <p:paragraph>#{_ts.name}</p:paragraph>
        </p:cell>
        <ui:repeat var="_tee" value="#{scorecard.getTeesOut(_ts)}">
          <p:cell backgroundColor="#{_ts.color}">
            <p:paragraph>#{_tee.distance}</p:paragraph>
          </p:cell>
        </ui:repeat>
        <p:cell backgroundColor="#{_ts.color}">
          <p:paragraph>#{_ts.distanceOut}</p:paragraph>
        </p:cell>
        <ui:repeat var="_tee" value="#{scorecard.getTeesIn(_ts)}">
          <p:cell backgroundColor="#{_ts.color}">
            <p:paragraph>#{_tee.distance}</p:paragraph>
          </p:cell>
        </ui:repeat>
        <p:cell backgroundColor="#{_ts.color}">
          <p:paragraph>#{_ts.distanceIn}</p:paragraph>
        </p:cell>
        <p:cell backgroundColor="#{_ts.color}">
          <p:paragraph>#{_ts.totalDistance}</p:paragraph>
        </p:cell>
      </p:font>
    </ui:repeat>
    <p:font size="8" style="bold">
      <p:cell horizontalAlignment="left" grayFill=".9">
        <p:paragraph>Par</p:paragraph>
      </p:cell>
      <ui:repeat var="_hole" value="#{scorecard.holesOut}">
        <p:cell grayFill=".9">
          <p:paragraph>#{_hole.mensPar}</p:paragraph>
        </p:cell>
      </ui:repeat>
      <p:cell grayFill=".9">
        <p:paragraph>#{course.mensParOut}</p:paragraph>
      </p:cell>
      <ui:repeat var="_hole" value="#{scorecard.holesIn}">
        <p:cell grayFill=".9">
          <p:paragraph>#{_hole.mensPar}</p:paragraph>
```

```
        </p:cell>
      </ui:repeat>
      <p:cell grayFill=".9">
        <p:paragraph>#{course.mensParIn}</p:paragraph>
      </p:cell>
      <p:cell grayFill=".9">
        <p:paragraph>#{course.totalMensPar}</p:paragraph>
      </p:cell>
    </p:font>
  </p:table>
</p:font>
</p:document>
```

文件的默认布局是portrait（人物），但是这个文件的布局设置为landscape（风景）❶，给记分卡让出了位置。如果表格的宽度大于文件的宽度，各单元格中的文字就会被强制换行。如果必须换行，而<p:cell>中的noWrap属性为false，那么这个单元格中的文字就会超出单元格的边线，这很不美观。

表格是利用<p:table>标签声明的。这个记分卡表格有22个列，并配置成跨越页面的宽度❷。第一行作为标题，用headerRows属性定义。如果页边界将表格分成两半，这个行会重复。widths属性表示单元格的宽度比率。在本例中，第一列的宽度是该表中其他列的三倍。如果没有指定widths属性，单元格的宽度就会均等。如果不使用widths属性，我们原本也可以使用24列，然后在第一行的第一个<p:cell>标签中添加colspan="3"，来实现同样的效果。

表格的内容是通过在列和行上重复<p:cell>而创建的，显式❺或间接地使用一个迭代组件❻。为了有助于定义单元格，<p:table>标签还提供了一个在defaultCell facet❸中声明的单元格原型，来支持"Don't Repeat Yourself"（DRY）语义。你可以将想要应用到每个<p:cell>的所有属性都放进这个原型单元格中。当然，你也可以根据需要在<p:cell>标签中覆盖这些属性。在这里，我们建立了默认的填充量、换行行为和对齐方式。你还可以用一个<p:font>标签将整个表或者一系列单元格包围起来，把字体设置应用到派生的单元格中。

说明　<p:cell>必须用一个<p:paragraph>标签作为它的第一个也是唯一的元素。虽然文字不用包装在<p:paragraph>中，它仍然会显示，但是不会应用字体设置。

记分卡的最终结果如图13-2所示。

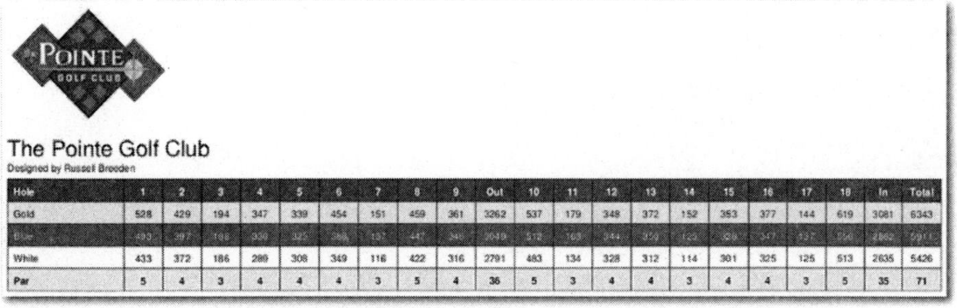

Hole	1	2	3	4	5	6	7	8	9	Out	10	11	12	13	14	15	16	17	18	In	Total
Gold	528	429	194	347	339	454	151	459	361	3262	537	179	348	372	152	353	377	144	619	3081	6343
Blue	493	397	[illegible]	[illegible]	[illegible]	[illegible]	[illegible]	[illegible]	[illegible]	[illegible]	[illegible]	[illegible]	[illegible]	[illegible]	[illegible]	[illegible]	[illegible]	[illegible]	[illegible]	[illegible]	[illegible]
White	433	372	186	289	308	349	116	422	316	2791	483	134	328	312	114	301	325	125	513	2635	5426
Par	5	4	3	4	4	4	3	5	4	36	5	3	4	4	3	4	4	3	5	35	71

图13-2　展示高尔夫球场记分卡的PDF文件

这张记分卡随意地使用彩色和灰色作为背景色。如果想用灰色作为单元格的背景色，要将<p:cell>❺上的`grayFill`属性设置成0和1之间的一个值（值越小颜色越深）。你还可以给文字、单元格背景、表格、节以及图像的边框线设置颜色。这个记分卡范例对标题行文字❹和大多数的单元格背景❼使用了彩色。要使一个文件看起来有吸引力，颜色很重要。因此，我们再进一步看看可以接受哪些类型的颜色值。

13.2.3　添加颜色

iText库利用AWT Color对象给PDF文件或者图表上色，这些稍后会讲到。在Facelets模板中工作，需要一个转译层。幸运的是，Seam提供了一个。在Seam中，你可以从几个可使用的颜色代码集中进行选择，以便在组件标签属性中指定颜色值。然后这个值被转译成一个`Color`对象，并传到iText API中。你可能输入的值类型如表13-3所示。如果你输入的是无效的颜色值，渲染文件的时候就会抛出异常的信息。

表13-3　PDF或者图表组件中可能使用的颜色值

类　型	标 识 符	范　例
`java.awt.Color`常量	小写的常量名称	红、绿、蓝
十六进制数字	用#、0x或者0X开头	#FF0000、0x00FF00、0X0000FF
八进制数字	用0开头	077600000, 0177400, 0377
`UIColor`	JSF客户标识符	<p:color id="maroon" color="#8B0000"/>

AWT颜色常量名称是最方便的方法，如果可以用基本色，那用这种方法就够了。如果你研究过CSS（层叠样式表），对十六进制的颜色码已经很熟悉了，那你也可以选择用它们代替。如果你会用八进制数字，那你一定会喜出望外——它还能支持八进制。

在本节中，你已经见过Seam的PDF组件调色板提供的许多特性了。如果你知道在Seam 2.1中，创建Microsoft Excel文件，也很快会受到同样的支持，一定会兴奋不已吧。虽然本书没有谈到Excel标签，但你已经具备了如何使用它们的知识。

基于模板的方法有一些局限性，但是请记住，如果你觉得已经掌握了使用这些标签的方法，也可以改为直接使用iText API。这样你一定会欣喜地发现，除了组件标签，Seam的PDF模块还包含了一个API，它可以将PDF文件提供给浏览器。首先，我们看看如何定制文件存储Servlet，用来处理遗漏的文件，并且提供友好的文件扩展名，然后深入探讨如何用它为你自己的文件服务。

13.2.4　优雅的失败和友好的文件扩展名

Seam通过JSF的阶段监听器`DocumentStorePhaseListener`提供PDF文件。文件在Facelets模板中创建完成后，用一个唯一的id保存在内建组件`documentStore`中。Seam重定向到一个以/seam-doc开头的Servlet路径，同时在请求参数`docId`中传递id。阶段监听器捕捉与这个路径匹配的请求，从请求参数中读取id，并将带有这个id的文件传到浏览器中。下面是一个文件的Servlet路径范例：

```
/seam-doc.seam?docId=10&cid=3
```

请注意这个URL中的对话令牌。documentStore组件的作用域设置为对话。因此，文件在创建它们的对话生命周期之内会一直存在。如果一个长时间运行的对话不是活跃的，这个文件就会持续到得到逻辑请求为止（如临时对话）。如果用户对PDF文件的URL制作了书签，当他试图再次获取该文件时就很可能遇到错误，因为这个URL是无效的，这个文件不复存在了。为了让用户知道这个请求为什么没有执行，可以配置一个定制的错误页面。首先，以pdf为前缀，将组件命名空间http://jboss.com/products/seam/pdf添加到组件描述符中。然后像下面这样配置documentStore组件：

```
<pdf:document-store error-page="/missingDoc.seam"/>
```

还可以将这个内建组件配置成从使用JSF阶段监听器改为使用Servlet来提供PDF文件。使用Servlet的好处是，用户不会看到含糊的/seam-doc.seam?docId=4，而是会看到一个以.pdf文件扩展名结尾的友好路径。完成这种修改要分两个步骤。首先，往描述符web.xml中添加org.jboss.seam.pdf.DocumentStoreServlet，用它捕捉以.pdf或.rtf结尾的Servlet路径：

```
<servlet>
  <servlet-name>Document Store Servlet</servlet-name>
  <servlet-class>org.jboss.seam.pdf.DocumentStoreServlet</servlet-class>
</servlet>
<servlet-mapping>
  <servlet-name>Document Store Servlet</servlet-name>
  <url-pattern>*.pdf</url-pattern>
</servlet-mapping>
<servlet-mapping>
  <servlet-name>Document Store Servlet</servlet-name>
  <url-pattern>*.rtf</url-pattern>
</servlet-mapping>
```

然后，让文件存储组件知道这个Servlet是可用的，在组件配置中添加use-extensions属性就可以使用：

```
<pdf:document-store use-extensions="true" error-page="/missingDoc.seam"/>
```

有了扩展名，Seam就会从视图ID中去除默认的后缀，用这个文件的扩展名代替它，从而得到文件URL。然后向这个新路径发出一个重定向。以下是这个记分卡的Servlet路径范例：

```
exportScorecard.pdf?docId=10&cid=3
```

路径中的文件名与Seam完全无关，唯一有关的部分是docId请求参数。不过，友好的URL与终端用户息息相关，因为文件id不会携带任何语义值。为此，我强烈推荐你使用文件扩展特性。

虽然文件存储组件被设计成提供用<p:document>标签生成的文件，但你也可以用它提供你自己的二进制文件（如PDF、Word、Excel），方式为通过数据库提供，或者用一个文件构建器API（如iText或者Apache POI）生成。另一方面，如果你喜欢用Seam的PDF支持来创建使用Facelets模板的文件，就可以跳过13.3节的内容。

13.2.5 提供动态文件

我之前说过会让你看到提供二进制文件的其他方式。其中一种方式就是创建定制的Servlet。

Seam通过允许用任何扩展AbstractResource的Seam组件作为Servlet，使得这一切简单化了。覆盖getResourcePath()方法（附加到/seam/resource中），以表示由你的Servlet来处理这个URL。然后覆盖getResource()方法来提供资源。但你要准备文件还是有很大的压力，幸好还有一种更容易的方法。

除了用基于模板的方法创建PDF文件，Seam还支持管理文件下载，这件事如果由你自己来完成是很有难度的，特别是在JSF应用程序中。内建组件documentStore处理准备和提供文件给浏览器的琐碎工作。你只要将documentStore注入到组件中，用它以一个唯一的id将文件数据保存起来，然后将用户重定向到一个由DocumentStorePhaseListener（或者DocumentStore-Servlet）处理的URL。后面的事全部由Seam处理。代码清单13-5展示了使用原始PDF数据的这一过程。请注意，Seam不会默认导入上下文变量前缀org.jboss.seam.pdf。因此，为了使用不完全匹配的组件名documentStore，必须将它导入才行。

代码清单13-5　为浏览器提供动态文件的组件

```
package org.jboss.seam.report;
import ...;

@Name("reportGenerator")
@Import("org.jboss.seam.pdf")
public class ReportGenerator() {
    @In private Manager manager;
    @In(create = true) private DocumentStore documentStore;
    @In private FacesContext facesContext;

    public void generate() {
        byte[] binaryData = ...;
        DocumentData data = new DocumentData("report",          <-- 将二进制数据包装成Seam文件
            new DocumentData.DocumentType("pdf", "application/pdf"),
            binaryData);
        String docId = documentStore.newId();
        documentStore.saveData(docId, data);          <-- 用唯一的id保存文件
        String documentUrl =
            documentStore.preferredUrlForContent(          <-- 构建URL来提供文件
                data.getBaseName(),
                data.getDocumentType().getExtension(),
                docId);
        redirect(documentUrl);
    }

    protected void redirect(String url) {
        try {
            facesContext.getExternalContext().redirect(
                manager.encodeConversationId(url));          <-- 往URL中添加对话令牌
        }
        catch (IOException ioe) { throw new RedirectException(ioe); }
    }
}
```

你可以看到，Seam提供了一种将二进制文件提供给浏览器的方便途径，绝不亚于其他框架提供的方法。不过，你基本不会使用这种方法，因为在Java中创建文件绝对还需要其他的帮助。

相反，你会利用Seam基于模板的方法，它比其他框架提供的方法要好得多。

现在，你已经学过了如何渲染动态图像和PDF文件。接下来是图表——另一种动态图像。在HTML页面和PDF文件中都可以渲染图表。别太兴奋了——学完13.3节，你还将学习毫不费力地在电子邮件中包含图像、PDF和图表呢。

13.3　用 JFreeChart 轻松绘制图表

想不到吧，在Seam中生成图表只不过是另一种Facelets模板——不过这一次，它只是模板的一个片段。学习使用Seam的绘图模块只不过是学习如何使用与图表有关的UI组件标签而已。

图表提供了一种可视化的数据集表示法。在技术术语中，它意味着生成动态图形。Seam的绘图模块基于开源的（GNU-General Public License或称GPL）JFreeChart图表库。JFreeChart提供了广泛的图表类型，可以用几种图像格式渲染它们。在编写本书时，Seam只提供了一部分JFreeChart功能，但是基本思想是最终要将绝大多数图表类型纳入到Seam基于Facelets的基础架构中。Seam目前支持柱状图、饼状图、线图，这些都以JPEG格式渲染。

为了在应用程序中启用绘图支持，要将jfreechart.jar和jcommon.jar添加到应用程序的classpath中。然后，只要将UI组件标签钩入数据即可。Seam的绘图支持包含在Seam的PDF模块中，并且组件标签共用相同的UI组件集。不过，这并不意味着只能在PDF文件中使用图表，它们也可以在HTML页面中渲染！

13.3.1　图表基础知识

要给Facelets模板添加图表，首先要利用与PDF组件标签相同的命名空间在该模板的根元素中注册UI组件库：

```
xmlns:p="http://jboss.com/products/seam/pdf"
```

Seam支持的图表以及相应的组件标签如下所示。

- 柱状图——<p:barchart>。
- 饼状图——<p:piechart>。
- 线图——<p:linechart>。

每个图表中都包含几个常用的配置元素，包括标题、图例、方向、宽度、高度，以及各种各样的颜料、笔划、栅格线以及边框线的显示选项。如果你喜欢很酷的图形，那么你最喜欢的显示选项可能是3D，它会使图表更具视觉深度。撇开外观不说，每个图表中最重要的方面当然是数据。

一个图表包含一个或多个数据集（用<p:series>标签表示），在每个系列中嵌有一个或者多个数据点（用<p:data>标签表示）。这些标签可以在显示数据的情况下，将一个标签映射到另一个标签，或者你也可以将它们中的任何一个嵌入到重复的组件中（如<ui:repeat>），以便渲染动态的数据集合。

图表最引人注目的特性在于它们十分醒目，否则表格式的数据也同样可行。因此要添加颜色。

每个组件标签中都有一些属性，让你可以为图表的各个区域指定颜色。这些属性全都以Paint结尾。JFreeChart库还用AWT的Color对象定义颜色。因此，Seam为图表提供了与PDF文件一样的颜色值转译功能，可能的颜色值请参阅表13-3。

现在，我来讲解每一种图表类型，并示范如何使用<p:series>和<p:data>标签，以及几种外观配置。所介绍的范例均与第10章添加到应用程序中的高尔夫球轮次有关。我们从柱状图开始讲起。

13.3.2　柱状图

柱状图可以看作是一系列的桶。每个桶都按比例填充到所表示的值。柱状图的作用是比较一个或者多个值。不同桶的完整集合称作一个系列。一张图表中可能会有不止一个系列，每个系列都表示某种数据变化。例如，如果这些桶是表示高尔夫球专卖店的销售量，就要有一些桶来表示高尔夫球、球衣和球鞋。系列可以表示一天的销售量。

在Seam的绘图组件调色板中，每个桶都用一个<p:data>标签表示。这个标签中的key属性表示桶的名称（销售的项目），value指定它要填充多少（销售了多少量）。<p:data>标签在系列中分成组，作为<p:series>标签的子标签。<p:series>标签中的key属性是指数据的变化（销售日期）。<p:series>标签是图表标签的子标签，在本例中是指<p:barchart>。

从Open 18应用程序中举个例子，看看某一轮次的平均得分（平均击打次数）和标准杆（对指定洞预计的击打次数）。我们将相同标准杆的所有洞集中在一起，看看这位球员的平均得分。图表的标题叫"Average Score vs. Par"（平均分和标准杆）。在本例中，桶是指标准杆值，桶要填充到平均分的高度。这个图表非常基础的一种版本如下所示：

```
<p:barchart title="Average Score vs. Par" rangeAxisLabel="Avg Score">
  <p:series key="#{round.date}">
    <p:data key="Par 3" value="#{roundHome.getAverageScore(3)}"/>
    <p:data key="Par 4" value="#{roundHome.getAverageScore(4)}"/>
    <p:data key="Par 5" value="#{roundHome.getAverageScore(5)}"/>
  </p:series>
</p:barchart>
```

图表的默认尺寸是400×300像素，这个大小可以用width和height属性覆盖。现在不用去想如何计算平均分，因为它与柱状图的工作原理息息相关。这个图表有一个系列，用打该轮次的日期命名。你必须始终提供至少一个系列。如果只有一个系列，名称就无所谓了，可以关闭图例将它隐藏起来。如果有不止一个系列，就要利用图例根据其颜色识别每个系列。

我们来添加另一个系列，用该球员迄今为止打过所有轮次的平均分与这个轮次的得分进行比较。在本例中有两个系列，因此需要用图例将它们各自区分开来。

```
<p:barchart title="Average Score vs. Par" rangeAxisLabel="Avg Score"
  legend="true" is3D="true" plotForegroundAlpha=".9">
  <p:series key="#{round.date}" seriesPaint="series1">
    <p:data key="Par 3" value="#{roundHome.getAverageScore(3)}"/>
    <p:data key="Par 4" value="#{roundHome.getAverageScore(4)}"/>
    <p:data key="Par 5" value="#{roundHome.getAverageScore(5)}"/>
  </p:series>
```

```
  <p:series key="#{round.golfer.username}'s rounds" seriesPaint="series2">
    <p:data key="Par 3" value="#{golferRounds.getAverageScore(3)}"/>
    <p:data key="Par 4" value="#{golferRounds.getAverageScore(4)}"/>
    <p:data key="Par 5" value="#{golferRounds.getAverageScore(5)}"/>
  </p:series>
  <p:color id="series1" color="#FFBF4F"/>
  <p:color id="series2" color="#A6C78E"/>
</p:barchart>
```

Average Score vs. Par（平均分与标准杆）图表的渲染结果如图13-3所示。

现在，这个图表中有两个系列，一个图例和一些光斑，后者是通过3D、alpha透明度以及定制的柱状颜色来提供的。虽然在这些范例中没有表现出来，但实际上我往往利用下列选项作为清除应用到图表上的默认画布（边框线和背景）的一个起点：

```
borderVisible="false"
borderBackgroundPaint="white"
plotOutlinePaint="white"
legendOutlinePaint="white"
```

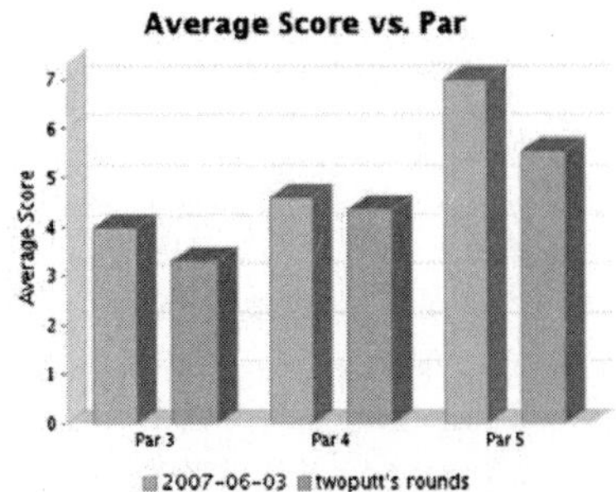

图13-3 用Seam的绘图组件标签生成带有两个系列的柱状图

（legendOutlinePaint只适用于柱状图和线图。）

还有许多其他属性也可以用来定制图表的外观。此刻，你有很多事情要做。事实上，熟悉了柱状图之后，我们就可以很容易地学习接下来的两种图表类型了，因为它们大同小异。下面先说说线图。

13.3.3 线图

线图与柱状图类似，只是其系列中的点是连在一起的，而不是从底部开始填充。如果你曾经处理过经济类主题的电子数据表，那么不敢说上百个，至少也创建过一个线图吧。幸运的是，在Seam中创建线图并不比在电子数据表中创建线图难。

用线图来表示趋势最理想不过了。在Open 18应用程序中，往往用趋势来展示一个球员从一个轮次到下一个轮次的过程，例如击球入洞的平均杆数和标准杆数。首先，需要获取高尔夫球员的轮次。假设上下文变量selectedGolfer在当前页面中是可用的，我们就可以在Query组件抓取球员轮次的限制子句（在组件描述符中定义）中使用它：

```
<framework:entity-query name="golferRounds"
  ejbql="select r from Round r join fetch r.scores" order="r.date asc">
  <framework:restrictions>
    <value>r.golfer = #{selectedGolfer}</value>
  </framework:restrictions>
</framework:entity-query>
```

每个轮次的统计数字表示成图表中的一个系列（一条线）。各个数据点是根据打这个轮次的日期取自每个轮次，并随着时间的推移逐步绘制而成。为了绘制每个轮次的点，我们用一个迭代组件循环某一位球员的轮次，并从每一个Round实例中读取数据点：

13

```
<p:linechart title="Game Analysis" domainAxisLabel="Date of round"
  legend="true">
  <p:series key="Putting average">
    <ui:repeat var="_round" value="#{golferRounds.resultList}">
      <p:data key="#{_round.date}" value="#{_round.averagePutts}"/>
    </ui:repeat>
  </p:series>
  <p:series key="Strokes over par">
    <ui:repeat var="_round" value="#{golferRounds.resultList}">
      <p:data key="#{_round.date}" value="#{_round.strokesOverPar}"/>
    </ui:repeat>
  </p:series>
</p:linechart>
```

Game Analysis（比赛分析）图表的渲染结果如图13-4所示。在本例中，图表的标签与柱状图中的内容是相反的。范围轴并未标出，因为值的作用会因系列而异，这使得图例变得非常重要。如果你绘制的是表示同一种数据的系列，那么标出范围轴是有意义的。标识领域轴是表示这些数据代表该轮次的比赛日期。随着日期范围发生变化，图表会自动做相应的伸缩。虽然自动伸缩有时候很好用，但有时候还是需要固定范围。遗憾的是，组件标签没有提供定制默认行为的途径。

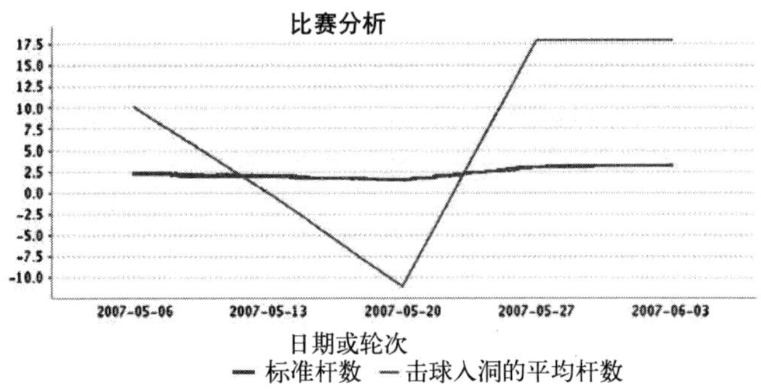

图13-4　用Seam的绘图组件标签生成两个系列的线图

最后就是所有图表类型中最简单也是最常用的饼状图了。

13.3.4　饼状图

无论你将饼状图分成多少份，加起来都是100%。每一块都表示该项目在整体中所占的比例。每一块都配上一种不同的颜色，并用一个标签进行标识。你要多少块就可以有多少块，只是超过一定的数量时，就会很难区分了——因为这张图表已经变得无法辨认了。

按设计的本意，饼状图只表示一个数据系列。因此，你只需要使用<p:data>标签。（如果有<p:series>标签，则将它忽略。）每个<p:data>标签表示饼状图中的一块。每一块的值被视作权重，而不是百分比。百分比是自动分配到每一块上的，用这一块的值除以所有块的总值进行计算（不可能超过100%）。

在Open 18应用程序中，我们为用户提供了一个饼状图，帮助他们分析其击球入洞的情况。

饼状图中的每一块表示用户击球入洞的次数，块的大小则表示这种击球次数的多少。值表达式#{roundHome.puttFrequencies}返回PuttFrequency对象的一个集合。PuttFrequency类有两个属性：numPutts和count，它们分别作为数据点的键和值。因为用户可以不限次数地击球入洞，因此可能有些数不会用到，我们用一个迭代组件来渲染数据点：

```
<p:piechart title="Putt Analysis" legend="false"
  circular="true" is3D="true" plotForegroundAlpha="0.9">
  <ui:repeat var="_freq"
    value="#{roundHome.puttFrequencies}">
    <p:data key="#{_freq.numPutts} putt" value="#{_freq.count}"/>
  </ui:repeat>
</p:piechart>
```

击球入洞分析图表的渲染结果如图13-5所示。由于饼状图给每一块都使用了标签，不需要图例，因此将它关闭。

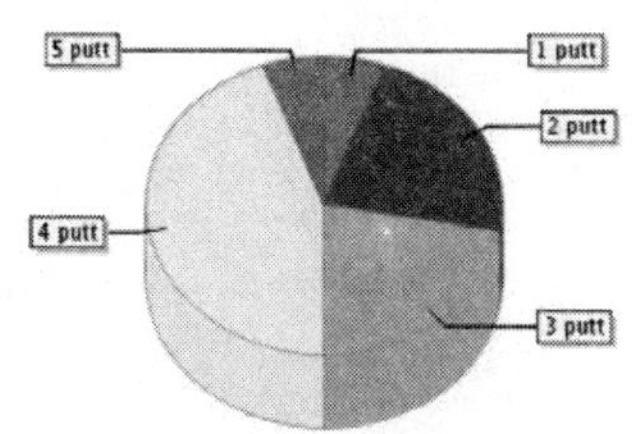

图13-5 用Seam图表组件标签生成的饼状图

你已经见过了几个只用JSF组件标签就可以创建动态图形和文件的范例。利用第12章讲过的基于Ajax的部分页面渲染，可以使图形变得更加动态。然后你可以在其页面的某个部位操作设置，看着图像（如图表）即时地更新。这就是用JSF组件标签创建图形的主要好处之一。

现在为止，本章的内容都是为了满足浏览器的需要，要么加载文件、渲染图形，要么提供文件给浏览器进行下载。猜猜还有什么——你还可以按照这种逻辑生成和发送电子邮件。事实上，你甚至可以将动态图形和文件作为附件与电子邮件一起发送。你现在已经可以这么做了，只不过还需要补充一点其他知识。

13.4 用 Seam 的方式构建电子邮件

为了在Seam中发送电子邮件，可以像创建PDF文件一样，使用Facelets模板。它与任何其他的JSF视图没有两样，只是一旦对这个模板进行了处理，视图处理器就会用JavaMail Session发送电子邮件，而不是给浏览器提供HTML响应。为了支持这项特性，还有另外一组UI组件标签用来构建电子邮件。这些标签是从Facelets API的标签处理器扩展而来的，因此必须用Facelets以这种方式发送电子邮件。让我们来试试。

13.4.1 发出第一条消息

电子邮件模板与其PDF模板相比稍有不同——它不发送任何响应到浏览器，而是将根电子邮件组件标签<m:message>作为一个工具标签，因为它执行了一个动作。虽然它的确渲染了其子标签，但其结果去被缓冲到了电子邮件消息中。

在渲染过程中遇到起始标签时，会实例化一个新的电子邮件消息对象：MimeMessage。嵌在<m:message>中的标签为MimeMessage对象专用。当遇到终止标签时，该对象会被传到JavaMail

的Transport对象中，由它负责将消息发送给收件人。

也可以将<m:message>标签嵌入任何Facelets模板中，这样会导致在渲染该页面时发出一条电子邮件消息。不过，实际上你一般会单独创建一个模板，专门用来构成电子邮件，然后在需要发送消息时从Java中调用该模板。稍后我们再回来讨论这个问题。

现在先举个例子来示范构成和发送电子邮件的过程是如何进行的。新球员注册后，我们想要给他们发一封电子邮件，表示欢迎他们来到这个社区，并鼓励他们参与。代码清单13-6展示了一封纯文本的电子邮件，包含了欢迎消息和新球员的校验信息。

代码清单13-6　纯文本的电子邮件消息模板

```
<m:message xmlns="http://www.w3.org/1999/xhtml"        ❶
  xmlns:m="http://jboss.com/products/seam/mail"
  importance="normal">
  <m:header name="X-Composed-By" value="JBoss Seam"/>        ❷
  <m:from name="Open 18" address="members@open18.org"/>        ❸
  <m:replyTo address="noreply@open18.org"/>
  <m:to name="#{newGolfer.name}">#{newGolfer.emailAddress}</m:to>        ❹
  <m:subject>Open 18 - Registration Information</m:subject>        ❺
  <m:body type="plain">#{newGolfer.name},        ❻

Welcome to the Open 18 community!

Thank you for registering. On behalf of the other members, I would
like to say that we look forward to your participation in the Open
18 community.

Below is your account information. Please keep it for your records.

Username: #{newGolfer.username}
Password: #{passwordBean.password}

Your password has been encrypted in our database...

Open 18
...a place for golfers
Member Services</m:body>
</m:message>
```

<m:message>标签❶表示是这个组件树片段负责生成和发送电子邮件消息。<m:message>标签支持用importance、precedence和requestReadReceipt属性配置多个标准的电子邮件标题。其他标题可以利用<m:header>标签添加❷。所有的电子邮件消息都必须指定一个发件人❸、一个收件人❹、一个标题❺和一个正文❻。可以分别用任意数量的<m:cc>或者<m:bcc>标签将CC和Bcc收件人添加到消息中。

消息的正文假设为HTML，除非用<m:body>中的type属性指定为纯文本。你可以同时发送HTML和纯文本的正文，因此电子邮件的客户可以像范例所示的那样，选择要显示哪种格式。HTML部分直接放在<m:body>标签中，其他部分（假设为纯文本）放在名为alternative的facet中。

```
<m:body>
  <html>
    <body>
```

```
      <p>#{newGolfer.name},</p>
      <p><b>Welcome to the <span style="color: green;">Open 18</strong>
community!</b></p>
      ...
    </body>
  </html>
  <f:facet name="alternative">#{newGolfer.name},
Welcome to the Open 18 community!
    ...
  </f:facet>
</m:body>
```

HTML版的欢迎邮件如图13-6所示。你稍后会看到如何插入内嵌图片。

Tommy Twoputt,

Welcome to the Open 18 community!

Thank you for registering. On behalf of the other members, I would like to say that we look forward to your participation in the Open 18 community.

Below is your account information. Please keep it for your records.

Username twoputt

Password ilovegolf

Your password has been encrypted in our database and we cannot retrieve it for you after this point. If you should lose this email and forget your password, you can reset the password on your account from the login screen.

Open 18
...a place for golfers
Member Services

图13-6　Seam的mail组件创建的一封HTML类型的电子邮件，带有一张内嵌图片

电子邮件模板看起来是够简单的，不过我们还没有说明什么时候激活这个模板，以及它如何获得对上下文变量newGolfer和passwordBean的访问能力。这正是对电子邮件的支持问题上，Seam的与众不同之处。

1. 让电子邮件通过

如果你以前过用JSP，可能一想到要在视图模板中嵌入电子邮件逻辑就感到不寒而栗。我们现在就是这样。这不是说用模板起草一封电子邮件本身有什么不好，而是因为如果你没有艰苦繁重的付出，是不可能让应用程序代码按需渲染出JSF模板的。可是，有了Facelets模板就可以做到这一点了。“发送”电子邮件的方式就是：渲染。

渲染是由Seam的Renderer组件renderer处理的，一般是从动作方法中调用。这个模板可以访问调用渲染器之时处在作用域中的任何上下文变量。此处所示的RegistrationMailer组件，可以被注入到RegisterAction组件中，并且从register()方法中调用。newGolfer和passwordBean组件仍然处在作用域中，因此可以从电子邮件模板中访问它们。render()方法不返回任何东西，因为所渲染的内容被转到了电子邮件传输中。

```
package org.open18.action.mail;
import ...;
import org.jboss.seam.faces.Renderer;

@Name("registrationMailer")
public class RegistrationMailer {...}
    @In private Renderer renderer;

    public void sendWelcomeEmail() {
        renderer.render("/email/welcome.xhtml");
    }
}
```

你也许会担心：如果用户提交注册表单时，邮件服务器正在休息，用户的浏览器岂不是要一

直要等到邮件服务器恢复工作才行？为了避免这种情况，你可以让邮件异步发送。在Seam中创建异步方法是如此地轻而易举，会使你觉得简直有点不敢相信。本书并不讨论异步的任务，但我想让你简单地了解一下它们是如何开始的。你只要将@Asynchronous注解添加到方法中：

```
@Asynchronous void sendWelcomeEmail() { ... }
```

就这样而已，不需要再构建其他的东西了。默认情况下，Seam是用Java 5的并发类库在背景线程中执行这个方法。唯一的告诫就是，在Seam 2.0中，不能在模板中使用JSF组件标签（而是要用邮件标签），因为渲染是在模拟的JSF环境中发生的。这项特性在Seam 2.1中也可以使用。

如果连接不上邮件服务器，或者消息发送失败，render()方法就会抛出一个包装在javax.faces.FacesException中的javax.mail.MessagingException异常。但是请注意，绝对没有在发送消息的代码中引用JavaMail API（或者电子邮件辅助类库）。这使得电子邮件变得易于测试，不具侵入性。

2. 测试邮件消息

由于引起电子邮件渲染的生命周期与一般的JSF页面相同，因此你可以用SeamTest测试电子邮件。事实上，SeamTest甚至还包含便利方法getRenderedMailMessage()，它解析作为参数传递的电子邮件模板，并返回最终的MimeMessage对象。你可以用这个对象检验消息的标题和结构。请记住，在Seam 2.0中，SeamTest的局限性与异步发送电子邮件的相同：不渲染JSF组件。因此，你无法完全测试所显示的电子邮件输出。

为了避免花费大量的时间去给自己发送消息，以此检验其内容是否合格，我建议你将消息的正文做成一个独立的Facelets合成模板。然后将它放在一般的JSF页面中，并在浏览器中检验其结果。你甚至可以使用像Selenium①这样的工具来检验输出结果。如果你对它产生的结果满意，只要将它包含在电子邮件模板的<m:body>标签中即可。或许你仍然要进行手工测试，但这一诀窍至少让你事半功倍。

使用Seam的电子邮件整合的好处在于，你甚至不必考虑发送电子邮件的机制。Seam就像是你的行政助理。你只要说“把这封电子邮件发送出去”，它就会照办。你有了空余的时间后，就会想要更进一步，例如添加附件、使用内嵌图片，以及使用已经掌握的所有Facelets合成技巧。

13.4.2　在消息中附加其他因素

像与不懂技术的客户开需求会议一样，怎么也解释不清技术的复杂性。你现在就面临这样的局面：客户请求一些从逻辑上来说非常简单的工作，然而，出于各种各样的原因，实现起来却十分费时费力。因此，你的回答是“不行”或者“那样成本会很高”。电子邮件附件就是其中一个例子。从理论上讲，这应该是很简单的。你看，这是文件，这是电子邮件地址，将它们放在一起不就行了？但是这里面有许多微妙的复杂因素，绝不是那么简单。

1. 静态的附件

你在“接受文件加载”一节中见过Seam是如何消除复杂性的。Seam对电子邮件附件的处理

---

① Selenium是一个基于浏览器的测试工具，可以在此下载到：http://selenium.openqa.org。

也同样如此。用Seam的电子邮件支持将一个静态文件添加到电子邮件中，就像将两个组件整合到一起那么简单。假设销售部想在欢迎邮件中添加一个宣传单，概述Open 18的功能。实现这个只需将<m:attachment>标签放在<m:body>标签之上即可：

```
<m:attachment value="/open18-flyer.pdf" contentType="application/pdf"
  fileName="About Open 18.pdf"/>
<m:body>Dear #{newGolfer.name}, ...
```

<m:attachment>标签的结构与稍早讲过的<s:graphicImage>标签几乎一模一样。事实上，value属性接受表13-1中所列的所有Java类型。<m:attachment>唯一的问题在于，你必须指定内容的类型，并将文件扩展名添加到另一个文件名上。

2. 动态的附件和嵌入式图片

我们将通过发送球员的轮廓图像来示范如何从原始文件数据（如byte[]）中创建附件。首先，给Golfer添加一个便利方法来获取图像扩展名：

```
@Transient
public String getImageExtension() {
    return Image.Type.getTypeByMimeType(imageContentType).getExtension();
}
```

接下来，引用附件值中的图像数据，并指定内容的类型：

```
<m:attachment value="#{newGolfer.image}"
  contentType="#{newGolfer.imageContentType}"
  fileName="#{newGolfer.username}#{newGolfer.imageExtension}"
  rendered="#{newGolfer.image != null}"/>
```

如果不是发送球员自己的轮廓图像，而是发送最近注册的其他球员的轮廓图像，又该怎么做呢？你可以调用在第6章中准备好的上下文变量newGolfers，并利用Facelets迭代组件对它进行迭代：

```
<ui:repeat var="_golfer" value="#{newGolferslist}">
  <m:attachment value="#{_golfer.image}"
    contentType="#{_golfer.imageContentType}"
    fileName="#{_golfer.username}#{_golfer.imageExtension}"
    rendered="#{_golfer.image != null and _golfer != newGolfer}"/>
</ui:repeat>
```

对于大多数的电子邮件阅读器，添加图像作为附件还不足以使它自动渲染。即使渲染了，也会与所有其他附件一样集中在邮件的底部。让图像显示在消息的正文中就会比较好。要实现这一点，首先要将附件的部署设置为内嵌，并指定存放内嵌附件信息的状态变量：

```
<m:attachment value="#{newGolfer.image}"
  contentType="#{newGolfer.imageContentType}"
  fileName="#{newGolfer.username}#{newGolfer.imageExtension}"
  disposition="inline" status="profileImageAttachment"/>
```

然后，利用一个特殊的URL主题，将<img>标签嵌入到引用内嵌附件的消息正文中。这个URL包含主题cid:，后面是附件的内容id，这是从附件的状态变量中读取到的：

```
<p><img src="cid:#{profileImageAttachment.contentId}"/></p>
```

13

你甚至可以在消息正文中使用<m:attachment>，这样就可以循环渲染图像。唯一的条件是，你要在试图访问它的状态变量之前声明附件：

```
<ui:repeat var="_golfer" value="#{newGolfers}">
  <m:attachment value="#{_golfer.image}"
    contentType="#{_golfer.imageContentType}"
    fileName="#{_golfer.username}#{_golfer.imageExtension}"
    rendered="#{_golfer.image ne null and _golfer ne newGolfer}"
    disposition="inline" status="profileImageAttachment"/>
  <p><img src="cid:#{profileImageAttachment.contentId}"/></p>
</ui:repeat>
```

如果你觉得这些内嵌部署太麻烦，或者觉得它会使电子邮件消息的空间变得过于庞大，那么也可以选择以链接资源（或者像样式表这类东西）的形式提供图像，像在Web页面中一样。假设你想在消息中包含一个Open 18的标识。首先，将它添加到正文中的某个地方：

```
<h:graphicImage value="/img/logo.png"/>
```

此时此刻，邮件的客户还不知道如何根据这个相对路径来查找这张图片，因此你必须提供一些线索。用电子邮件消息组件标签中的urlBase属性设置链接资源的绝对基地址（base URL）：

```
<m:message ... urlBase="http://open18.org">...</m:message>
```

将urlBase的值用在应用程序上下文路径（如/open 18）之前。在本例中，标识图像的URL是http://open18.org/open18/img/logo.png。你可以采用我在本例中的做法，即用EL符号计算基地址，而不是对它进行硬编码。

3. 使用合成的附件

但是且慢！除了附件之外还有其他东西呢。你可以给<m:attachment>标签提供一个正文。在这个正文中可以使用纯文本、HTML，甚至是PDF文件。由于这些都是Facelets模板，因此你可以轻而易举地将另一个模板的内容插入到这个位置。我们要让用户能够给朋友发送某个球场的记分卡。这个记分卡是在attachment标签中渲染的，然后再添加到电子邮件中：

```
<m:message xmlns="http://www.w3.org/1999/xhtml"
  xmlns:m="http://jboss.com/products/seam/mail"
  xmlns:ui="http://java.sun.com/jsf/facelets">
  <m:from name="Open 18 Notifications" address="notification@open18.org"/>
  <m:replyTo address="#{currentGolfer.emailAddress}"/>
  <m:to>#{recipient.emailAddress}</m:to>
  <m:subject>#{currentGolfer.name} sent you a scorecard</m:subject>
  <m:attachment fileName="scorecard.pdf" contentType="application/pdf">
    <ui:include src="/exportScorecard.xhtml"/>
  </m:attachment>
  <m:body type="plain">While browsing the Open 18 course directory,
I came across a golf course that I thought might interest you.

#{course.name}

The scorecard for this course is attached to this message.

Cheers,

#{currentGolfer.name}</m:body>
</m:message>
```

这个Facelets模板简单地示范了如何用Facelets合成构造一条消息。用recipient组件从JSF表单中捕捉目标电子邮件地址。Notifications组件的sendScorecard()方法预加载了记分卡数据，然后渲染电子邮件模板。此时，渲染记分卡PDF，并添加到消息中。用户会被告知这封邮件已经发出。在Seam 2.0中，这个方法不能是异步的，因为电子邮件模板使用了非电子邮件的JSF组件标签。

```
@Name("notifications")
public class Notifications {
    @In private Recipient recipient;
    @In private Renderer renderer;
    @In private FacesMessages facesMessages;
    @In(create = true) private Scorecard scorecard;

    public void sendScorecard() {
        scorecard.load();
        renderer.render("/email/scorecard-notification.xhtml");
        facesMessages.add(
          "The scorecard has been sent to #{recipient.firstName}.");
    }
}
```

一个Facelets模板调用下一个模板的连锁反应是一个十分强大的概念。表13-4列出了常见的其他电子邮件任务，以及实现它们的方法。

表13-4 常见电子邮件合成任务的解决方案

目　标	实现方法
条件逻辑	通过组件标签中的rendered属性来使用一个组件或者一系列组件
电子邮件模板	设计一个在<m:message>区域中使用<ui:insert>占位符的合成模板。从一个内容模板中调用这个模板，并用<ui:define>和<ui:param>填充占位符
发送多条消息	将<m:message>标签嵌入到一个迭代组件中（如<ui:repeat>）
发送给多个收件人	将<m:to>、<m:cc>或者<m:bcc>标签嵌入到一个迭代组件中
定制一条消息的语文或者主题	用resource bundle Map：messages或者theme，将当前区域或者主题的消息键插入到消息中。用<m:message>标签中的charset属性设置字符集

我多么希望能对你说：使用Seam发送电子邮件时，你压根无需插手。可是很遗憾，配置电子邮件传输的工作是不得已而为之的。但可以肯定的是，Seam已经尽可能地使这项工作变得很简单了。

13.4.3 在 Seam 中构建 JavaMail

为一个工程构建电子邮件往往是可怕的工作，你一旦遇到过这事，便会对它避之唯恐不及。即使如此，通常还是有人会将构建电子邮件的事丢给你来做，也好，这样你就可以积累一些经验了。在本节中，我会清楚地告诉你，配置一个电子邮件会话需要做哪些事情。

首先，在应用程序的classpath中需要有Seam的mail模块jboss-seam-mail.jar，以及JavaMail API和实现。mail.jar和activation.jar类库满足后一个条件，这两者都在seam-gen项目的lib目录中。但是猜猜怎么回事？如果你正在部署到与Java EE兼容的应用服务器中，那么根本就不需要这些，因为它们已经有了。另一方面，如果你正在部署到一个Servlet容器，应用程序中则需要有这些类库，或者要将它们放在Servlet容器的classpath中。我们来看看如何在Seam中使用JavaMail。

1. 让JavaMail接通传输

Seam提供了一个内建组件mailSession，它初始化并提供了对JavaMail会话的访问能力（javax.mail.Session）。但是构建好mail会话还只是完成了一半的工作。mail会话只是应用程序和MTA（邮件传输代理）之间的中间人。虽然mail会话会与MTA协商通过SMTP协议发送电子邮件，但最后实际上是MTA发出消息。因此，为了配置mail会话，必须访问SMTP服务器。

一般而言，SMTP服务器是由你的ISP（Internet Service Provider）或者自己公司提供的。在Seam中，要将JavaMail会话连接到SMTP服务器上，有两种选择：直接在Seam组件描述符中配置连接信息，或者将Seam指向绑定到JNDI的JavaMail会话。Seam还提供了一个嵌入式邮件服务器，称作Meldware，它可以部署到JBoss应用服务器，这在开发中特别有用。利用另一组内建Seam组件，可以在应用程序中控制Meldware。在Seam的参考文档中可以找到配置Meldware的步进式教程。此处的重点在于如何使用外部提供的SMTP服务器，因为配置Seam来使用它是很简单的，并且它可以毫不费力地将邮件发送出去。

用外部提供的SMTP服务器节省时间

为了避免在邮件传输上浪费时间，最好利用网站上可以找到的那些免费SMTP邮件服务器，例如Gmail，这也是本节所用的范例。Google允许消息在通过适当的校验之后经由SMTP/TLS发送出去[①]。首先，你必须在Gmail账户中启用POP或者IMAP访问，才能使用Gmail的SMTP服务器，然后配置Seam使用它。

2. 配置受Seam管理的JavaMail会话

虽然你从不直接与mail会话组件交互，但是为了发送上述消息模板中渲染的消息，还是必须对它进行配置。就像许多其他的Seam集成（如持久化）一样，mail会话组件也是在组件描述符中配置的。首先，将组件命名空间http://jboss.com/products/seam/mail（通常以mail作为前缀）添加到组件描述符中。接下来，给mailSession组件提供连接信息。以下是使用Gmail的SMTP/TLS服务器时的配置范例。

```
<mail:mail-session host="smtp.gmail.com" port="587"
  username="example@gmail.com" password="secret"/>
```

当然，你还需要给账户输入正确的用户名和密码值。这些消息源自账户的电子邮件地址。如果消息无法发送出去，就启用debug属性来诊断问题。请注意，Gmail要求tls属性必须为true，这是默认值。将连接信息直接放在组件描述符中不太安全，也无法给不同的环境定制值。因此，我建议使用替代令牌（replacement token），这在第5章中写过。不过，更好的方法则是使用外部配置的JavaMail会话。

3. 配置Seam通过JNDI使用JavaMail会话

mail会话组件可以使用保存在JNDI中的JavaMail会话。在本节中，我将示范如何在JBoss应用服务器中配置邮件服务，来将JavaMail会话绑定到JNDI上，并介绍如何配置mail会话组件来使用

① 关于Gmail的配置说明请见：http://mail.google.com/support/bin/answer.py?answer=78799。

它。如果你正在使用其他的应用服务器，则可以用服务器的管理控制台配置JavaMail会话。关于GlassFish，请见随附的框注中关于SMTP验证的说明。

SMTP验证和GlassFish JavaMail会话

SMTP验证是一种在发出邮件消息之前发生的自动登录。如果你的ISP使用SMTP验证，提供给Seam mail组件的JavaMail会话就必须配置成使用已经设置好适当证书的SMTP验证器。遗憾的是，不可能为通过GlassFish配置的JavaMail会话设置SMTP验证证书。另一方面，JBoss应用服务器则适应这种配置。

为了在JBoss应用服务器中注册JavaMail会话，要在服务器的热部署目录中打开mail-service.xml描述符，并用代码清单13-7替换其内容。

代码清单13-7 JBoss应用服务器的邮件服务配置

```
<?xml version="1.0" encoding="UTF-8"?>
<server>
  <mbean code="org.jboss.mail.MailService" name="jboss:service=Mail">
    <attribute name="JNDIName">java:/Mail</attribute>
    <attribute name="User">example@gmail.com</attribute>
    <attribute name="Password">secret</attribute>
    <attribute name="Configuration">
      <configuration>
        <property name="mail.transport.protocol" value="smtp"/>
        <property name="mail.smtp.host" value="smtp.gmail.com"/>
        <property name="mail.smtp.port" value="587"/>
        <property name="mail.smtp.auth" value="true"/>
        <property name="mail.smtp.starttls.enable" value="true"/>
      </configuration>
    </attribute>
    <depends>jboss:service=Naming</depends>
  </mbean>
</server>
```

接下来，给Seam的mail组件提供在这个服务中注册的JNDI名称：

```
<mail:mail-session session-jndi-name="java:/Mail"/>
```

重启应用程序，应该就能用Gmail发送邮件了。如果需要使用不同的SMTP服务器，只要在邮件服务器配置中填写相应的值即可。

本例中的JNDI名称使用了JBoss应用服务器专用的命名空间：`java:/`。JavaMail会话标准的JNDI子上下文是`java:comp/env/mail`。如果你在与Java EE兼容的服务器（如GlassFish）中配置了一个名为`mail/Session`的JavaMail会话，就要将值`java:comp/env/mail/Session`提供给Seam的mail组件。你还必须在web.xml中声明类型为`javax.mail.Session`的JNDI资源引用。

现在，你已经具备了各种可以随时利用的多部分电子邮件功能，可以用ISP的SMTP服务器发送邮件了。只是记得要明智地使用这项功能，否则就成了滥发垃圾邮件的莽汉！

虽然电子邮件可能不会很快消失，但它也几乎走到尽头了。现在的人们喜欢用动态消息阅读器 13

（newsfeed reader）来了解新闻。这样一来，当你不想要这些新闻时，只需要退订即可。（而且还真的能退掉！）在Seam中创建动态消息只不过是另一个Facelets模板，但这样听起来显得有点平淡无奇。

13.4.4　发布动态消息

还有什么比用XML生成XML更好的办法呢？别担心，我不是指恐怖的XSLT伪语言，而是指Facelets。Seam让我们用Facelets模板发布动态消息（如RSS或者ATOM），再一次使这项工作变得十分简单。我会介绍它是如何以速致胜的。

动态消息是利用XML传递的，每一种类型都有它自己的方案。在本节中，我们使用的是ATOM收取点（feed）。通过Facelets模板提供XML的唯一技巧是正确地设置内容类型标题。默认情况下，Facelets会假设你是在生成HTML（text/html）。但是为了让收取点阅读器（feed reader）消化收取点，标题的类型必须为XML。对于ATOM收取点，其类型则为application/xml+atom。在<f:view>标签中设置内容类型时，可以将它放在文件中的任何位置。至于文件的其余部分，只要使用特定于收取点类型的XML标签即可。Facelets不会在意它生成什么样的标记代码。

我们来发布球员们最新输入的高尔夫球轮次，这个列表由上下文变量`latestRounds`提供。从这个列表中，我们创建了名为latestRounds.xhtml的收取点模板，如代码清单13-8所示。

代码清单13-8　报告最新轮次得分的atom收取点

```
<?xml version="1.0" encoding="UTF-8"?>
<feed xmlns="http://purl.org/atom/ns#" version="0.3" xml:lang="en"
  xmlns:ui="http://java.sun.com/jsf/facelets"
  xmlns:f="http://java.sun.com/jsf/core"
  xmlns:h="http://java.sun.com/jsf/html"
  xmlns:s="http://jboss.com/products/seam/taglib">
  <f:view contentType="application/atom+xml">
  <title>Open 18: Latest Rounds</title>
  <link rel="alternate" type="text/html"
    href="http://localhost:8080/open18"/>
  <tagline>A place for golfers</tagline>
  <updated><h:outputText value="#{latestRounds[0].date}">
      <s:convertDateTime pattern="yyyy-MM-dd'T'HH:mm:ss'Z'"/>
    </h:outputText></updated>
  <ui:repeat var="_round" value="#{latestRounds}">
  <entry>
    <title>#{_round.golfer.name} @ #{_round.teeSet.course.name}</title>
    <link rel="alternate" type="text/html"
      href="http://localhost:8080/open18/Round.seam?roundId=#{_round.id}"/>
    <id>http://localhost:8080/open18/Round.seam?roundId=#{_round.id}</id>
    <summary type="text/plain">#{_round.totalScore}</summary>
    <published><h:outputText value="#{_round.date}">
        <s:convertDateTime pattern="yyyy-MM-dd'T'HH:mm:ss'Z'"/>
      </h:outputText></published>
    <updated><h:outputText value="#{_round.date}">
        <s:convertDateTime pattern="yyyy-MM-dd'T'HH:mm:ss'Z'"/>
      </h:outputText></updated>
  </entry>
  </ui:repeat>
```

```
  </f:view>
</feed>
```

尽管有各种各样基于Java的动态消息创建器，但是没有什么比用其本国语言撰写新闻更好的了，何况JSF的UI组件还提供了一些强化功能，可以对该数据进行迭代和格式化。用户要追踪最新输入的得分，只需在浏览器中请求路径/latestRounds.seam即可。

在本章中，你已经给应用程序添加了许多功能。但是最强的是那些允许用户根据需要来定制UI的应用程序。Seam提供了一种使用户能够控制其会话的国际化、时区和主题设置的方式，这种方式是默认启动的。

13.5 用 resource bundle 定制 UI

Seam利用resource bundle以一致的方法提供UI的定制。如第5章5.5.2节所述，Seam将i18n的message bundle集中在一个统一的Map（名为messages）中。当应用程序逻辑需要渲染消息时，它会提供一个消息键，而不是将消息字符串直接嵌入到代码中。然后，Seam在运行时从resource bundle中获取实际的消息，同时注意用户的参数选择，看它为区域、时区，还是主题。Seam单独组装了一个Map（名为theme），来支持用类似配置准备的活跃主题（本节稍后会讲到）。

虽然在第5章练习过如何准备message bundle并用在组件和页面中的细节，但你不知道的是Seam如何决定使用哪个区域、时区和主题，以及如何让用户控制这些选择。本节要介绍Seam提供的三种选择器组件，它们通过UI进行控制，并详细介绍什么是主题（theme），以及它们与resource bundle之间的关系。我们先来介绍如何让Seam使用正确的语言。

13.5.1 让 Seam 使用正确的语言

在Java中，地域语言被称作区域（locale）。区域选择长期以来一直是浏览器与Java Servlet API之间通信的一个标准部分，在JSF中也同样得到很好的支持。它们之间的协商过程如下：浏览器发出一个名为Accept-Language的标题，作为请求的一部分，并逐条列出用户能够理解的各种语言，在此基础上，按其偏爱程度排列。然后，服务器相应设置首选的区域，如果Accept-Language标题为空或者省略，就会使用服务器的默认区域。

当然，如果应用程序不支持，用户的首选区域设置就起不到作用。因此，JSF进一步将用户的首选语言与应用程序声称支持的一系列区域进行对比，并选择最可能匹配的区域。如果没有匹配区域，就选择服务器的默认区域。虽然Seam将i18n resource bundle集中在应用程序中，但它还是依赖JSF来处理用户区域的协商。

用<locale-config>元素在JSF配置文件/WEB-INF/faces-config.xml中声明受支持的区域，并覆盖服务器的默认区域：

```
<faces-config>
  <application>
    <locale-config>
      <default-locale>en</default-locale>
      <supported-locale>en</supported-locale>
      <supported-locale>fr</supported-locale>
```

13

```
    </locale-config>
  </application>
</faces-config>
```

当然，如果你指明支持某一个区域，就要确保有一个本地的resource bundle来支持它。否则，用户就会看到这个消息键。为了避免显示消息键，可以在基本的bundle文件中设置备用的消息（这个bundle文件名后面紧接着是扩展名.properties）。

它包括标准的语言协商。Seam还提供了内建的支持，使用户能够从应用程序内部选择有效的区域（与改变浏览器设置相反）。这项特性对于用户无法修改浏览器设置的因特网终端特别有用。在这种情况下，Accept-Language标题不会反映出用户真正偏爱的语言。

1. 让用户选择区域

Seam通过快速组成一个UI选择器来控制与用户会话关联的区域，使一切简单化。用户的区域保存在内建组件localeSelector中，每当Seam需要查找消息键时就会参考它。这个组件也有动作方法可以调用以改变区域。

一般使用localeSelector组件的方法是将它的localeString属性绑定到UISelectOne组件，并在选项中提供一系列区域键。用户可以选择某一个选项来改变这个属性的值，继而改变有效区域。为了应用这种变更，要将表单的动作绑定到组件的select()方法：

```
<h:form id="settings">
  <span>Language: </span>
  <h:selectOneMenu value="#{localeSelector.localeString}">
    <f:selectItem itemValue="en" itemLabel="English"/>
    <f:selectItem itemValue="fr" itemLabel="Francais"/>
  </h:selectOneMenu>
  <h:commandLink action="#{localeSelector.select}" value="[ Select ]"/>
</h:form>
```

如果让JavaScript在每选中一个新选项时提交表单，就可以取消UI命令链接。用值变更监听器将这个选项应用到服务器上：

```
<h:form id="settings">
  <span>Language: </span>
  <h:selectOneMenu value="#{localeSelector.localeString}"
    valueChangeListener="#{localeSelector.select}" onchange="submit()">
    <f:selectItem itemValue="en" itemLabel="English"/>
    <f:selectItem itemValue="fr" itemLabel="Francais"/>
  </h:selectOneMenu>
</h:form>
```

如你所见，我不得不通过手工在选择菜单中输入语言选项。但是我们已经在JSF配置中提供过一次受支持的区域。所幸Seam可以参考JSF上下文，并准备一个现成的SelectItem对象列表，用来存放要用在UISelectOne组件选项中的区域字符串和标签：

```
<f:selectItems value="#{localeSelector.supportedLocales}"/>
```

除了使用选择菜单，还可以迭代这个列表来创建选择区域的链接，同时将区域字符串传给参数化的动作方法：

```
<ui:repeat var="_locale" value="#{localeSelector.supportedLocales}">
  h:commandLink value="#{_locale.label}"
  action="#{localeSelector.selectLanguage(_locale.value)}"/>
</ui:repeat>
```

Seam的默认行为是在用户的会话持续期间始终保存选中的区域。为了使这种选择的持续性得更长久，可以将它持久化成一个cookie。

2. 让区域选择更持久

你可以配置Seam在浏览器cookie中将区域设置持久化。首先，把前缀为i18n的组件命名空间http://jboss.com/products/seam/international添加到组件描述符中。接下来，用cookie配置组件localeSelector来保存区域：

```
<i18n:locale-selector cookie-enabled="true"/>
```

cookie的默认寿命是一年，这个可以在cookie-max-age属性中进行修改。也可以像使用JSF配置文件一样，用这个组件设置默认区域，但是不能用它指定受支持的区域。

如果想使区域设置永久，可以在用户参数表中将它持久化到数据库中。然后在验证子程序中用localeSelector将该设置传到用户的会话中：

```
@In LocaleSelector localeSelector;

localeSelector.setLocaleString(userPreferences.getLocale());
localeSelector.select();
```

当用户改变该区域时，Seam就会引发org.jboss.seam.localeSelected事件。你可以观察这个事件，来将选项持久化回到数据库中：

```
@Observer("org.jboss.seam.localeSelected")
@Transactional
public void localeChanged(String localeString) { ... }
```

经常被遗忘，却又和语言一样重要的是——时区。

3. 管理时区

对于用timeZoneSelector选择时区，Seam提供了类似的支持。以下是一个变换时区的UI组件，它能够反映出区域转换器的结构：

```
<span>Time zone: </span>
<h:selectOneMenu value="#{timeZoneSelector.timeZoneId}"
  valueChangeListener="#{timeZoneSelector.select}" onchange="submit()">
  <f:selectItem itemValue="GMT-08:00" itemLabel="Pacific Time"/>
  <f:selectItem itemValue="GMT-07:00" itemLabel="Mountain Time"/>
  <f:selectItem itemValue="GMT-06:00" itemLabel="Central Time"/>
  <f:selectItem itemValue="GMT-05:00" itemLabel="Eastern Time"/>
</h:selectOneMenu>
```

你可以从上下文变量timeZone中访问Java运行时支持的一系列时区，它们可以用来构建时区转换器的选项：

```
<s:selectItems var="_timeZoneId" value="#{timeZone.getAvailableIDs()}"
  label="#{timeZone.getTimeZone(_timeZoneId).displayName}"/>
```

遗憾的是，结果与预计的相去甚远。最好的办法是从数据库中获取可用的时区。未来会在Seam中提供这个列表。

时区选择器也支持在cookie中持久化时区选项，并具有和localeSelector组件一样的两个属性名称：

```
<i18n:time-zone-selector cookie-enabled="true"/>
```

当时区发生变化时，Seam会引发事件org.jboss.seam.timeZoneSelected，并将时区id作为参数传递。因此，我在前面建议“将用户偏爱的区域选项保存在数据库中”同样适用于时区。

4. 时区修护

关于如何使用或不使用时区之类的问题，Seam又弥补了JSF中的又一项不足。JSF规范称：使用<f:convertDateTime>转换器时，日期和时间值均应该假设为UTC（coordinated universal time，协调世界时），除非在标签中显式指定一个时区。我知道至少两个QA人员会坚决否认这是一种可以接受的行为。覆盖Seam默认值的一种方法是引用上下文变量timeZone：

```
<f:convertDateTime timeZone="#{timeZone}"/>
```

但是除了每次使用转换器时都指定这个覆盖值之外，还可以通过使用Seam UI调色板中的<s:convertDateTime>转换器来少打一些字，因为它会自动采用用户偏爱的时区选项。

JSF在处理Seam修护的时区时还有另一个问题。JSF不支持设置默认时区，而是用服务器的时区代替。默认值可以像下面这样利用timeZoneSelector定制：

```
<i18n:time-zone-selector time-zone-id="America/New_York"/>
```

时区是需要你从数据库到前端都同步的东西之一，因此我建议你多花点时间思考并测试它们。

虽然对于开发者和用户来说，Seam的确提高了区域和时区的易用性，但你之前或许已经就用过这些特性。Seam对resource bundle创新的地方在于主题的区域——经常被称作皮肤（skin）。

13.5.2 主题

主题又给message bundle增加了一个维度，如图13-7所示。正如区域允许你在同包名的特定于区域的变量中进行转换一样，主题也允许你在具有相同键值对的不同包名称之间进行转换。最后，用消息键作为替代令牌（replacement token）的想法还是一样。最棒的部分是每个主题都支持多种语言，实现了国际化。

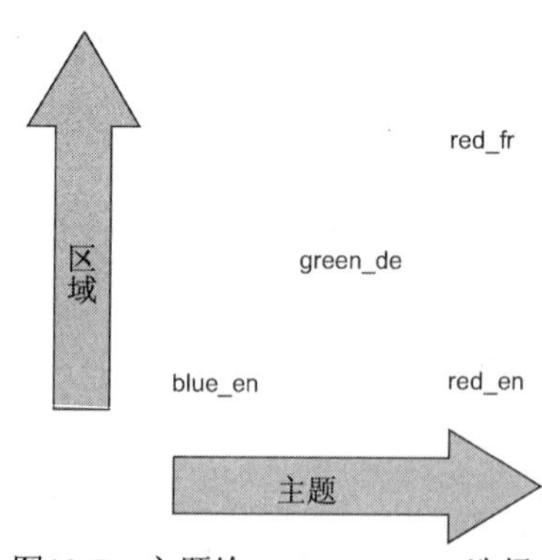

图13-7　主题给resource bundle选择额外添加了一个维度

对于你想要支持的每一个主题，都必须创建一个与该主题同名的resource bundle。例如，创建一个主题为blue，你得创建文件blue.properties，并将它放在应用程序的classpath中（message bundle文件旁边）。然后在组件描述符中配置内建组件themeSelector，告诉Seam关于这些主题的信息。

```
<theme:theme-selector cookie-enabled="true" theme="blue">
  <theme:available-themes>
    <value>red</value>
    <value>green</value>
    <value>blue</value>
  </theme:available-themes>
</theme:theme-selector>
```

这里定义了三个主题，其中blue为默认值。你可以允许用户使用相同于区域和时区选项所用的方法来转换主题：

```
<span>Theme: </span>
<h:selectOneMenu value="#{themeSelector.theme}"
  valueChangeListener="#{themeSelector.select}"
  onchange="submit()">
  <f:selectItems value="#{themeSelector.themes}"/>
</h:selectOneMenu>
```

如果没有额外的配置，每个主题的包名称应该如选择菜单中的选项标签所示。如果你想给主题起个独特的名字，必须在主题名称以org.jboss.seam.theme为前缀的Seam message bundle（如messages.properties）中添加消息键：

```
org.jboss.seam.theme.blue=Sky
org.jboss.seam.theme.green=Eco
org.jboss.seam.theme.red=Ruby
```

既然有了主题，那么要如何使用它呢？其实和任何其他的message bundle没有什么两样。但不是使用一个名为messages的Map，而是使用名为theme的Map。你可以利用以下三个消息键将样式表、标识和主模板添加到主题中：

```
stylesheet=#{request.contextPath}/stylesheet/sunnyday.css
logo=noclouds.png
template=layout/outside.xhtml
```

你可以引用Facelets主模板中的前两个键：

```
<link href="#{theme['stylesheet']}" rel="stylesheet" type="text/css"/>
<h:graphicImage value="#{theme['logo']}" alt="Logo"/>
```

然后利用最后一个键为指定页面选择主模板：

```
<ui:composition xmlns="http://www.w3.org/1999/xhtml" ...
  template="#{theme['template']}">
  ...
</ui:composition>
```

如果要将PDF文件中所用的颜色和图表放入主题中，首先要定义<p:color>标签（这些标签各有一个语义上的名称），并绑定到主题的键上：

```
<p:color name="series1" value="#{theme['series1Color']}"/>
```

然后给主题的键赋值，将语义名称与颜色关联起来：

```
series1Color=#FF0000
```

如果你想要跳过创建主题消息键的步骤，只要在值表达式中直接引用主题名称即可：

```
<h:graphicImage value="#{themeSelector.theme}.png" alt="Logo"/>
```

主题可以用来控制接受EL值表达式的任何东西。关于如何将主题与RichFaces皮肤关联起来的信息，请参阅样例代码。我相信你一定会想到其他更富有创意的方法来使用这些特殊的resource bundle。

13

13.6 小结

我曾经承诺要让你在本章的学习中得到乐趣，希望我没有食言。总结一下本章学过的内容，现在你可以：处理文件加载、渲染动态图像、生成PDF、创建图表、构建带附件的电子邮件、发布新闻收取点，以及用resource bundle定制UI。这些特性可以让你的应用程序锦上添花。

易操作和易使用一直是本章不变的主题。软件开发无易事，但也不是无谓的艰难。本章讲到的许多功能领域过去一直是Java开发者心中巨大的缺憾，特别是文件加载和多部分的电子邮件消息。Seam的UI组件标签使得这些问题迎刃而解。

Seam可以通过两种方式来实现这一壮举。首先，Seam扩展EL值绑定的概念，使它除了传输字符串还传输二进制数据。另一种方式是，Seam将原始文件数据渲染成Web页面、PDF文件中的动态图形，或者渲染成电子邮件中的附件。另一个关键是Facelets模板。Facelets很强大，因为它是一种独立的渲染技术，却能利用JSF组件的所有功能。使用这个工具的一种方法是在动作方法中渲染一个Facelets模板，来发送电子邮件。另一种方法是提供一个Facelets模板，它为浏览器生成PDF，并允许用户下载结果。还有一种方法则是发布动态消息。如果直接将Facelets模板提供给浏览器，你甚至还可以利用Seam面向页面的控制。关键是无论生成哪种格式，都同样给了你EL和Seam组件都支持的基于XHTML的方法。

这是本书的尾声，却不是你学习Seam的尾声。还有许多在线章节可以拓宽你在Seam方面的知识面。在线第14章会带你进入业务流程的领域，并说明它们如何遵循与对话相同的声明式方法。第15章详细说明了如何利用Seam的IoC（Inversion of Control）桥接将Seam与Spring整合起来。对于那些即使放弃Spring也不肯使用其他框架的人们，一定会对那一章感兴趣的。

在你合上本书之前，我想说：希望Seam和本书能够像改变我的人生一样地改变你的人生。感谢阅读本书，并祝你的下一个应用程序顺利！

附录 A

Seam的准备工作

本附录探讨用Seam开发时需要哪些类库和工具。Seam只包含A.2.1节中所列的那些JAR文件。一旦将这些类库添加到应用程序的classpath中，它们就打开了通向整合和一致编程模型的大门。要启动Seam，可以利用seam-gen（请见第2章）创建一个新的工程，并采用Seam发行包中的范例应用程序；或者在现有的工程中添加Seam类库，做法是从Seam发行包中找到JAR文件，或者将Seam模块注册成Maven 2或者Ivy依赖。

鉴于Seam经常被称作“整合框架”，你也许以为它会依赖各种各样的外部类库吧。虽然这是事实，不过也没有什么好担心的。Seam发行包和Seam提供的Maven 2配置都包含了可兼容的类库，可以与指定的Seam版本共用。因此，Seam在API和发行级别上都不愧于“整合框架”的称号。

在进入正题之前，要先查看一下使用Seam和seam-gen工具的前提条件，这绝不只是将Seam发行包解压到硬盘上那么简单。

A.1 准备工作

第2章建议以seam-gen作为启动Seam的第一步。因此，本节介绍的前提条件是针对用seam-gen创建并部署本书配套的基于数据库的应用程序。我们来看看要实践第2章中的教程需要用到哪些软件：

- 来自Sun、IBM、BEA、Apple或者RedHat（IcedTea）的Java SE（JDK）（5.0或更高版本）；
- JBoss Application Server（4.2或更高版本）；
- JBoss Seam（2.0或更高版本）；
- 一个数据库和JDBC驱动程序（本书源代码使用的是H2数据库）；
- （数据库schema和种子数据需要）本书的源代码。

虽然通过上述软件就可以使用seam-gen工具了，但你会发现下列这些可选的附属软件也很有用：

- Apache Ant（1.7.0或更高版本）；
- 其他应用服务器（GlassFish Application Server V2或更高版本）。

我将依次讲解每一个前提条件。每当你看到/home/twoputt时，就用你的软件开发目录的路径代替它。本附录所指目录下的文件夹与本书的源代码一致，并有更进一步的说明。不要对JBoss

应用服务器的条件过于激动，它只不过正好是seam-gen直接支持的应用服务器而已。任何Java EE应用服务器都可以代替它。Java 5是必要的，如果你还在使用Java 1.4或者更低的版本，希望这个条件不会使你放弃Seam。我就从需要Java 5的原因说起吧。

A.1.1　与 Java 5 的兼容性

开发Seam应用程序程序需要与Java 5兼容的JDK（Java SE Development Kit），并且应用程序必须在与Java 5兼容的JVM（Java虚拟机）下运行。强烈建议将应用程序部署到与Java EE 5兼容的应用服务器中。如果你想利用Seam的EJB 3整合，这个建议就成了它的必要条件。

对Java SE 5和Java EE 5的依赖很好地解释了Seam的大部分成功，并且为你提供了便利。Seam不像其他一些框架那样，小心翼翼地规避Java 5发行版本中提供的强化功能，而是利用注解和泛型来消除不必要的XML配置和不美观的转换。Seam向这个需要改进的行业发出了信息。使用与Java 5兼容的语言所提升的生产力十分巨大，因此简直刻不容缓。虽然也可以用Retrotranslator[①]这样的工具将Seam应用程序移植到J2SE 1.4 JVM中，但是仍然没有消除用Java 5兼容的JDK进行开发的条件，也没有让你进一步使用EJB 3。

如果你尚未使用JDK 5（或者更好的版本），将需要从你选择的供应商那里下载它。我建议使用Sun的JDK 6，因为根据我的直觉，这是用于开发的最快的JVM。一旦下载了Java发行版本，需要将java二进制添加到环境变量PATH中。设置环境变量JAVA_HOME指向解压后的Java发行包，这也是一种好习惯，因为有些工具依赖于它。下面是设置这些变量的shell命令（适用于Linux和Mac OS X）：

```
export JAVA_HOME=/home/twoputt/opt/jdk1.6.0_03
export PATH=$JAVA_HOME/bin:$PATH
```

如果你正在使用的是Debian/Ubuntu Linux，那就更容易了。只要输入`sudo apt-get install sun-java6-jdk`，就会从多方的apt贮藏库中下载Sun的Java发行版本并替你配置好。这个渠道之所以可行，是因为Java终于在可发布许可下发布[②]。其他的Linux发行版本也提供了类似的包。Mac OS X 10.5（Leopard）是通过Java 5发布的，它在默认的PATH中就已经可用。如果是在Windows操作平台上，我强烈建议使用Cygwin或者Linux的VMWare image。

下一站是JBoss labs，你要在那里选择JBoss Application Server（JBoss AS）。之后，我会介绍另外两种可以替代的服务器：GlassFish和Tomcat。

A.1.2　Java EE 5 应用服务器

设计Seam是为了使标准的Java EE 5服务更易于使用，而不是重新发明它们。在全书中，我始终强调为什么部署到Java EE 5应用服务器中是件“好事”。你可能会以为如果不那样做的话，Tomcat、没有EJB 3的JBoss AS和集成测试都将是不可能的。事实并非如此，只不过Seam应用程

① Retrotranslator（http://retrotranslator.sourceforge.net/）是一个Java字节码转换器，它可以把用JDK 5.0编译过的Java类变成可以在JVM 1.4上运行的类。

② 关于Debian/Ubuntu中完整Java栈发行的公告信息，请登录：http://www.linuxplanet.com/linuxplanet/newss/6380/1/。

序更自然地适应Java EE 5环境而已。你大可放心，Embedded JBoss运行时可以被添加到非Java EE环境的classpath中，用Java EE 5的功能来“强化”它。还可以配置Seam应用程序在Java SE环境中运行，而不依赖任何Java EE 5特性。例如，可以用本地资源事务和应用程序管理的持久化管理器代替。但是为了快速起见，你会发现使用JBoss AS是最方便的选择。

1. JBoss Application Server

你可以在JBoss Application Server（AS）在JBoss labs的工程页面（http://labs.jboss.org/jbossas）中下载它。你会被转到SourceForge.net网站，然后可以在那里下载压缩文件。建议与Seam 2.0.x共用的JBoss AS版本为4.2.2.GA①。下载完之后，将该文档解压到你home目录的opt文件夹中。解压文档的位置是指第2章中提到的占位符${jboss.home}。第2章还介绍过如何启动JBoss应用服务器。你还记得吗？必须用与Java 5兼容的JVM运行应用服务器。如果你计划从另一台计算机访问这个服务器，需要在`run`命令中添加参数`-b 0.0.0.0`。这等于让服务器接受来自所有IP地址的连接。默认是只允许本地连接。

JBoss AS的4.2.x系列是Java EE 5的部分实现，它支持EJB 3，同时允许你利用所有的Seam特性。JBoss AS 5完成的时候，我鼓励你通过它来获得所有Java EE 5特性。使用Java EE 5环境的好处会在本节剩下的篇幅中讲到。

不喜欢JBoss

我猜你们中有一些人会抱怨为何非得下载JBoss AS。你是担心供应商锁定，还是为了花100多MB的空间去下载它而感到心痛呢？你大可放开手脚去下载。虽然JBoss AS不是使用Seam的必要条件。但是，有了它会使得Seam的起步变得容易很多，因为JBoss AS是用seam-gen创建的项目的目标应用服务器。请记住，坚持使用默认值可以减少很多工作和麻烦。

2. 其他可替代的应用服务器

如果你正在开发一个现成的应用程序，那么在其他应用服务器上测试它的可移植性是很重要的。此时，包含Seam应用程序在不同应用服务器之间的互用性，会使Seam开发团队所做的和登录Seam参考文档的工作量加倍。虽然从理论上说，Seam可以在任何Java EE应用服务器上运行，但官方测试的平台是JBoss AS 4.2、IBM WebSphere 6.1、WebLogic 10、GlassFish 2、Oracle OC4J 11g和Tomcat 5及Tomcat 6。我将把GlassFish和Tomcat做个比较，帮助你正确地选择把Seam应用程序部署到哪里去。

3. GlassFish

我所偏爱的应用服务器之一是GlassFish②，它是一种由Sun公司赞助、且与Java EE 5兼容的开

---

① 乍看之下，JBoss所用的版本号可能显得有点混乱，有许多是以“GA”结尾的。这个缩写表示General Availability，意思是一般性能，这是最终发布版本的另一种说法。当某个产品之前的备用发行版本中所有重大的bug都被解决了之后，这个产品就会被标上“GA”。

② 你可以从GlassFish Community网站下载到GlassFish：https://glassfish.dev.java.net/。请在页面右侧查找直接的下载链接。建议使用GlassFish V2或者更高的版本。

源服务器。它百分之百通过了Java EE 5的TCK（Technology Compatibility Kit）测试，这一点与JBoss 4.2不同。它还展示了一个迷人、直观的管理控制台，让用户使用起来十分方便。

在上一段中我着重强调了“兼容”一词。兼容性有什么好处呢？它是使意外降到最低的原则。如果每种应用服务器都有自己的一套指导方针，那么你将应用程序从一种服务器迁移到另一种服务器时，就需要在最理想的情况下重新配置。如果某种服务器提供的服务行为异常或者不一致，这种变更的幅度可能会更大，也许需要你修改代码。为进行这种变更所做的任何工作都不会给应用程序带来任何价值，从经济利益的角度出发，这纯粹是一项开销，自然是你想要避免的。这样就把我们带到了Tomcat的话题，它与兼容性相去甚远。

4. Tomcat

曾几何时，整个行业都对Tomcat推崇备至，同时对J2EE应用服务器的印象不是很好。之所以如此，是因为J2EE应用服务器价格昂贵、速度缓慢，并且体积庞大，还导致供应商垄断。Tomcat代表着草根运动，它让开发者感到更加自由。如今，Tomcat成了最广泛使用的“应用服务器”[①]。

Tomcat的主要问题在于，它不是一个能与Java EE兼容的应用服务器，而是一个Servlet容器。虽然它在J2EE服务器变得日益庞大且昂贵时节省开销是对的，但是现在时代不同了。Java EE 5应用服务器已经解决了其遗留的问题，现在变得又快速又便宜（例如，GlassFish就是开源的，瞬间就可启动）。此外，应用服务器还符合许多成功的、进步的规范，提供了直接支持事务应用程序所需的所有服务。我个人认为，Java EE应用服务器提供了比Tomcat这样的Servlet容器更好的开发体验。

你可能还会觉得Tomcat现在成了供应商垄断的罪魁祸首。它需要应用程序屈服于它，让它在这种非标准的环境下工作，但是从理论上来讲，其他的应用服务器全都可以毫不费力地共享应用程序。因此，将使用了EJB 3或者JTA的应用程序部署到Tomcat中的首选方案是，让Tomcat表现得像Java EE 5应用服务器一样，而不是强制应用程序符合Tomcat的期待。在这种情况下，Seam 2.0依赖于直接在Tomcat容器中配置Embedded JBoss（从“将Embedded EJB 3运行时包在应用程序中”变换而来，那是Seam 1.2所用的策略）。你可以在Seam的参考文档中找到在Tomcat中配置Embedded JBoss的说明。

当然，也可以将Seam应用程序部署到vanilla Tomcat中。但是，你必须变更应用程序，使它不依赖容器提供的服务（如JCA和JTA），或者利用Tomcat专有的配置描述符注册这些服务。这两种方法都没有用到EJB 3。你是否开始明白我为什么会说Servlet容器比与Java EE兼容的应用服务器更专制、更麻烦了呢？我建议你要对于自己为什么考虑用Tomcat而三思。

A.1.3　没有（JavaServer）Faces

你知道，Seam是用JavaServer Faces（JSF）作为首选的用户界面（UI）框架。因此，你可能会想JSF为什么没有从属于Seam呢？这还是因为Seam应用程序是要部署到与Java EE 5兼容的应用服务器中去的，而且因为JSF 1.2是Java EE 5的一部分，因此它里面已经有JSF了。如果你不是

---

① 见http://www.infoq.com/news/2007/12/tomcat-favorite-container。

在使用标准的Java EE 5环境，就需要下载JSF，并用应用程序包装它。你应该获取一个与JSF 1.2兼容的实现，这是Seam的JSF支持所需要的。

Seam的开发者建议使用JSF的Sun实现（Mojarra），而不建议用Apache MyFaces。这是因为Sun的实现成功地跟上了最新JSF规范的要求，还因为它是一个开源的工程。现在，JBoss AS和GlassFish还都在它们各自的应用服务器中提供了Sun实现。除此之外，我相信它们之间的竞争绝不会就此善罢干休。

准备好了部署环境，最后要取得Seam和范例源代码，这样才能实践第2章的教程。

A.2 下载 Seam 发行包

你可以从JBoss labs的Seam工程页面（http://labs.jboss.org/jbossseam）中下载最新版的Seam 2.0发行包。有最新版本可用时请放心更新，但是要知道本书的源代码是针对Seam 2.0.3.GA开发的。将Seam发行包文档解压到home目录的opt文件夹中。在本书中，解压文档的位置均是指Seam的发行目录。

为什么Seam发行包如此庞大

你也许认为Seam发行包没必要这么庞大（越过100MB），并为此得出结论：Seam太臃肿了。事实上，Seam的JAR文件总计不超过2MB。发行包庞大对于开发者有好处，因为它包含了所有的源代码、seam-gen、参考文档、必要的JAR文件，以及30个以上的范例。你随时可以从JBoss Maven 2贮藏库[①]中取得必要的artifact。

A.2.1 Seam 的模块

Seam 2.0中包含了7个JAR文件，每个文件代表一个Seam模块。表A-1列出了每个模块的artifact ID及其作用。在Seam发行包的lib文件夹中artifact ID后面加上.jar，即可得到JAR文件的名称。

表A-1 Seam的模块及其作用

artifact ID	作　用
jboss-seam	提供Seam容器、Seam注解、双向注入、扩展的JSF生命周期、CRUD框架、安全、jBPM集成、Drools集成、Web Service、页面流、异步支持、对话、扩展的EL、受控事务和持久化，以及集成测试框架
jboss-seam-remoting	利用Ajax请求支持调用Seam组件，并允许JavaScript监听JMS队列和主题上的消息
jboss-seam-ui	包含Seam的JSF组件、文件加载功能、图形生成、Facelet集成，以及对话控制
jboss-seam-debug	激活热部署类加载器，并提供一个Seam调试页面和面向开发者的错误页面
jboss-seam-ioc	提供与Spring及其他IoC容器的整合
jboss-seam-pdf	支持用Facelet模板生成PDF文件，并具有提供二进制文件的文件存储机制
jboss-seam-mail	提供email集成，并支持从Facelet模板创建email

① 见http://repository.jboss.org/maven2。

请注意，classpath中有Sema的调试模块时，会激活组件的热部署和Seam的开发页面。我建议在部署到产品中时，将这个模块从classpath中移除。

A.2.2 诸多文件和范例

除了本书之外（对不起，我有点偏心），使用Seam的最佳资源就是Seam的参考文档了，它有500多页的篇幅。我们总是希望文档能够更好一些，但我的感觉是Seam的开发者在给Seam建立文档方面已经做得很棒了，尤其在应用服务器互用性方面。事实上，我曾在本书中的多处告诉过你要去参阅参考文档，这是因为对于有些主题，参考文档始终提供了最新的信息。

在Seam工程页面中可以找到HTML和PDF这两种格式的参考文档。为了确保你随时能取得需要的资源，请始终将Seam参考文档的PDF版和本书的电子版放在手边。如果你已经用尽这些资源，却还在寻找更多的信息，那么请参阅本书的链接收取点：http://del.icio.us/seaminaction。

Seam参考文档中包含了许多范例应用程序。虽然本书有自己的范例应用程序，但是Seam发行包中的范例有助于你进一步了解Seam的用法。它们还在许多不同的部署环境中进行试验。要部署范例，必须利用jboss.home或者tomcat.home属性，指定目标应用服务器在Seam发行包根部build.properties文件中的位置。我鼓励你尽早弄懂那些范例应用程序，因为当你在本书中阅读Seam特性时，它们会给你提供一些相关范围的。

A.2.3 在杂乱中寻找seam-gen

seam-gen工具很容易在Seam发行包杂乱的根文件夹中迷失。这个工具包含两个部分：seam-gen脚本和模板文件夹。除非你计划定制seam-gen，否则你一定会喜欢seam-gen脚本。在Unix（或者Cygwin）中，这个脚本被命名为seam，在Windows中则命名为seam.bat。

要使用seam-gen，必须导航到Seam发行包的根目录。在Unix上运行seam-gen脚本之前，必须先使它变成是可执行的。为此，得执行`chmod 755 seam`（或者`chmod +x seam`）。当在Unix中运行Seam脚本时，始终要在shell命令前加上一个点和一个正斜线，如`./seam`。这样才能让shell知道该脚本是在当前目录中。在Windows上运行脚本，只需输入`seam`。接着是脚本名称，然后输入seam-gen命令执行即可。

现在你已经可以开始使用seam-gen了。A.3节将再介绍几种对于运行本书中的范例应用程序很有用的资源。

A.3 seam-gen和Open 18范例应用程序

本书使用的范例应用程序名为Open 18。它是一个高尔夫球目录和社区网站。它首先是一个seam-gen的CRUD应用程序，本书自始至终都在对它进行定制。此外，本书还提供了另外几个应用程序。

A.3.1 源代码

本书的源代码可以从Google Code工程的SVN贮藏库中下载或者查阅到：http://code.

google.com/p/seaminaction。源代码是按照发展进程来组织的，因此，利用前一章的结果，可以在本书中的任何地方找到这个应用程序。不过，你还应该做到不用源代码就能找到。你可以在工程页面中找到关于源代码的结构以及如何构建阶段性工程的更多信息。你还可以找到关于如何修改seam-gen工程，使它能被部署到GlassFish的说明。

第2章通过对一个H2数据库进行反向工程，带你创建了初始的应用程序，要继续该教程，还需要继续进行构建。下载包中提供了如何构建数据库的说明。请注意，本书的所有范例应用程序都是用H2数据库进行持久化存储。

A.3.2 H2 数据库

seam-gen工具擅长构建面向数据库的应用程序。因此，在第2章，你是从构建H2数据库开始的。H2是一个完全用Java编写的SQL数据库。由于H2工程网站上所述的诸多原因，它的速度要比其他低端的数据库快得多。H2是HSQLDB（HSQL Database Engine）的继承者，它们均是Thomas Mueller开发出来的。

这个范例应用程序利用H2数据库的内嵌模式，允许直接从文件系统启动数据库。使用内嵌模式的一个主要局限性在于，数据库文件一次只能被一台JVM访问。为了避免锁定错误，你可能会考虑使用客户端-服务器模式，它允许几个进程通过TCP/IP（或者在安全性方面甚于TCP/IP的SSL/TLS）与它连接。另一种克服锁定问题的办法是将`FILE_LOCK=no`添加到JDBC URL中，关闭H2的文件锁定功能。请注意，如果关闭锁定功能，那么万一从不止一个客户端执行写操作，数据库就有遭到破坏的危险。关于客户端-服务器模式和H2数据库的更多完整信息，请登录H2工程网站：http://h2database.com。

源代码中包含了H2的JAR文件。你也可以从H2工程网站下载到。第2章的教程是假设它被放在home目录的lib文件夹中。seam-gen就是从那里得到它，并将它安装到JBoss AS领域中。

A.3.3 Apache Ant 带动了 seam-gen

如第2章所述，seam-gen的动力是Apache Ant。虽然你不需要用Ant来运行seam-gen，但是需要Ant来执行工程中由seam-gen生成的构建。

你可以从Apache Ant工程网站（http://ant.apache.org）下载到Ant。建议使用1.7.0版本。将Ant发行包解压到home目录的opt文件夹中。你还需要将二进制ant添加到环境变量PATH中：

```
export PATH=/home/twoputt/opt/apache-ant-1.7.0/bin:$PATH
```

如果你正在使用的是Debian/Ubuntu Linux，那么还是只需输入`sudo apt-get install ant`，就可以让Ant自动替你安装和配置。Ant 1.7发行版中带有Mac OS X 10.5（Leopard），默认的PATH中就已经有了。

A.3.4 随意选用 RichFaces 或 ICEfaces

seam-gen工具让你可以选择用RichFaces还是ICEfaces来构建用户界面。这两种类库（在第12章中已经深入探讨过）都是JSF的扩展，它们均具有基于Ajax的相互作用、优雅的外观和体验，以及丰富的UI组件。使用它们中的任何一个，都可以消除许多原本必须作为应用程序的一部分进行开发和维护的定制CSS、图形和JavaScript。这种抽象和责任的转移就是JSF组件的全部价值所在。

那么，它们各自如何配置呢？有好消息。如果使用seam-gen创建工程，那么在运行`seam setup`时，只需对“你想用ICEfaces代替RichFaces吗？”这个问题回答“想”或“不想”即可。然后就可以使用相应的JAR文件和配置。如果你使用的是ICEfaces，还可以选择提供一个本地目录进行覆盖。

A.4 管理seam-gen工程中的类库

seam-gen工程的结构和构建都是相当折衷的。一方面，这样很合理，因为它为开发期间最高效的转换进行了优化。另一方面，它是一个非典型的构建，需要稍微解释如何管理这些类库。

在seam-gen工程中，类库被保存在工程根目录的lib文件夹中。这个文件夹中的所有类库都包含在编译classpath中。选择哪些类库与部署文档一起打包，这是由WAR工程根目录下的deployed-jars.list文件（在EAR工程中则分成deployed-jars-war.list和deployed-jars-ear.list文件）控制的。这个文件中的每个项（每一行一个）与lib文件夹中要被打包的JAR文件的名称相对应。你可以用星号（*）表示通配符匹配。

为了往工程中添加一个新的JAR文件，要先将它添加到lib文件夹中。要将它打包，则要将它添加到被部署的JAR文件中。这样IDE依然处在底层。你需要将IDE指向JAR文件，并让它将JAR添加到classpath中。在Eclipse中，右键点击Project Navigator中的JAR文件，并选择Build Path > Add to Build Path。在NetBeans中，则选择Project Properties，并将这个类库添加到Java Source Classpath面板中的每一个classpath中（NetBeans对于src/model、src/action和src/test是有区分的）。

如果觉得这种配置不够吸引人，还可以将Seam添加到标准的Maven 2工程中。

A.5 添加Seam作为Maven 2依赖

如果你只想知道使用Seam最少需要的那些知识，或者要将Seam添加到一个现有的构建中，那么从JBoss Maven 2贮藏库中提取artifacts是最好的办法。但是使用Maven 2 artifacts并不意味着必须用Maven 2作为构建工具。其他工具（如Ant）也可以利用Maven 2贮藏库中的artifacts。你可以利用Maven 2 Ant task或者Ivy，将Ant指向Maven 2贮藏库。本节通过说明如何将Seam的artifact添加到Maven 2构建中，介绍了JBoss Maven 2贮藏库中的Seam artifact。

Maven 2依赖遵循这样的约定：groupId:artifactId:version。Seam artifact归类于`org.jboss.seam`这个组ID。artifact ID如表A-1所示。如果你想始终采用推荐版的Seam类库，可以像下面这样声明，Seam的根artifact作为工程的pom.xml的parent：

```
<parent>
  <groupId>org.jboss.seam</groupId>
  <artifactId>root</artifactId>
  <version>2.0.3.GA</version>
</parent>
```

使用Seam的root Maven 2 POM，避免了声明JBoss贮藏库、任何版本的Seam的artifact，及其各自在pom.xml中的transitive依赖。唯一必须指定的版本是<parent>片段中的那个，以表示你要使用Seam的哪个版本（按需调整版本）。一旦配置了parent POM，就可以像下面这样将Seam模块添加到<dependencies>节点中：

```
<dependency>
  <groupId>org.jboss.seam</groupId>
  <artifactId>jboss-seam</artifactId>
</dependency>
```

你不用指定版本也可以添加父依赖管理中声明的其他artifact。例如，如果想要添加Drools类库（标识为可选依赖），就使用下列声明：

```
<dependency>
  <groupId>org.drools</groupId>
  <artifactId>drools-core</artifactId>
</dependency>
<dependency>
 <groupId>org.drools</groupId>
  <artifactId>drools-compiler</artifactId>
</dependency>
```

由于Seam是设计成要在Java EE 5环境下工作的，因此由Java EE 5兼容的应用服务器提供的任何artifact均被标上provided。这些artifact包括Servlet API、JSF和统一EL。如果你需要在文档中包含这些，可以将它们声明成编译时依赖。此处包含了JSF：

```
<dependency>
  <groupId>javax.faces</groupId>
  <artifactId>jsf-api</artifactId>
  <scope>compile</scope>
</dependency>
<dependency>
  <groupId>javax.faces</groupId>
  <artifactId>jsf-impl</artifactId>
  <scope>compile</scope>
</dependency>
```

像典型的Maven 2构建一样，你可能需要马上花时间配置所有这些依赖（不过root POM帮了大忙）。请参阅前面提到过的本书链接收取点中所列的关于Maven 2与Seam共用的资源。如果你想了解每个Seam模块或者集成需要哪些类库，请参阅Seam参考文档的最后一章。

参 考 文 献

Allen, Dan. 2007. "Seamless JSF, part 1: an application framework tailor-made for JSF." http://www-128.ibm.com/developerworks/java/library/j-seam1/.
2007. "Seamless JSF, part 2: conversations with Seam." http://www-128.ibm.com/developerworks/java/library/j-seam2/.
2007. "Seamless JSF, part 3: Ajax for JSF." http://www-128.ibm.com/developerworks/java/library/j-seam3/.

Bauer, Christian, and Gavin King. 2006. *Java Persistence with Hibernate*. Greenwich, CT: Manning Publications.

Bergsten, Hans. 2003. *JavaServer Faces*, 3rd ed. Sebastopol, CA: O'Reilly.

DeMichiel, Linda, and Michael Keith. 2006. JSR 220: Enterprise JavaBeans, Version 3.0. http://jcp.org/en/jsr/detail?id=220.

Evans, Eric. 2003. *Domain-Driven Design: Tackling Complexity in the Heart of Software*. Boston: AddisonWesley Professional.

Gamma, Erich, Richard Helm, Ralph Johnson, and John Vlissides. 1994. *Design Patterns: Elements of Reusable Object-Oriented Software*. Boston: Addison-Wesley Professional.

Hightower, Richard. 2005. "JSF for nonbelievers: the JSF application lifecycle." http://www.ibm.com/developerworks/library/j-jsf2/.

Hoeller, Juergen. 2005. "Implementing transaction suspension in Spring." http://www.oracle.com/technology/pub/articles/dev2arch/2005/07/spring_transactions.html.

ICEsoft Technologies Inc. 2008. ICEfaces Developer's Guide. http://www.icefaces.org/docs/v1_7_1/htmlguide/devguide/DevelopersGuideTOC.html.

Jacobi, Janos, and John R. Fallows. 2006. *Pro JSF and Ajax: Building Rich Internet Components*. New York: Apress.

JBoss.org. 2008. "Drools documentation." http://downloads.jboss.com/drools/docs/4.0.7.19894.GA/html_single/index.html.
2008. "jBPM jPDL User Guide." http://docs.jboss.com/jbpm/v3.2/userguide/html_single/.
2008. "Seam—contextual components: a framework for Enterprise Java." http://docs.jboss.com/seam/latest/reference/en-US/html_single/.

Katz, Max. 2007. "Happy birthday, Ajax4jsf! A progress report." *Java Developer's Journal* 12:9. http://java.sys-con.com/read/430975.htm.

Lubke, Ryan. 2006. "Web tier to go with Java EE 5: a look at resource injection." http://java.sun.com/developer/technicalArticles/J2EE/injection/.

Richards, Norman. 2006. "Seam: the next step in the evolution of web applications." *Java Developer's Journal* 11 (2): 24–30. http://java.sys-con.com/read/issue/730.htm.

Srivastava, Rahul. "XML schema: understanding namespaces." http://www.oracle.com/technology/pub/articles/srivastava_namespaces.html.

Walls, Craig, with Ryan Breidenbach. 2007. *Spring in Action*, 2nd ed. Greenwich, CT: Manning Publications.

译 者 简 介

崔 毅

2007年毕业于北京航空航天大学计算机学院，获硕士学位，主要研究方向Web服务、信息交换中间件。目前生活在新加坡，就职于JustCommodity公司，任高级系统分析师，先后负责公司主打产品的架构设计和核心代码的开发，酷爱组件技术。

博客：http://blogjava.net/crazycy/ 或 http://cuiyi.javaeye.com/

杨春花

北京聚众开源科技有限公司市场助理，负责社区活动的组织与沟通。满江红开放技术研究组织核心翻译与审校人员。曾经参与“满江红开放技术研究组织”的 “Seam 2.0 Reference”中文翻译与审校工作，并参与“Spring中文论坛组织”与“满江红开放技术研究组织”一起发起的“Spring 2.5 Reference”中文翻译与审校工作。参与翻译的书籍有《Hibernate实战（第2版）》、《Spring 2企业应用开发》、《Effective Java中文版（第2版）》、《Spring攻略》等。

博客：http://blog.csdn.net/Java2Class/ 网站：http://www.Java2Class.net

俞黎敏（ID：YuLimin。网名：阿敏总司令）

2008年7月1日加入IBM（中国）广州分公司，担任软件部高级信息工程师、技术顾问，主要负责IBM WebSphere系列产品的技术支持工作，专注于产品新特性、系统性能调优、疑难问题诊断与解决。开源爱好者，曾经参与Spring中文论坛组织“Spring 2.0 Reference”中文翻译的一审与二审工作，“满江红开放技术研究组织”的“Seam 1.2.1 Reference”中文翻译工作，并组织和完成“Seam 2.0 Reference”中文翻译工作。利用业余时间担任CSDN、CJSDN、Dev2Dev、Matrix、JavaWorldTW、Spring中文、WebSphereChina.net等Java论坛版主，在各大技术社区推动开源和敏捷开发做出了积极的贡献。参与审校与翻译的书籍有《Ajax设计模式》、《CSS实战手册》、《Hibernate实战（第2版）》、《Java脚本编程》、《Effective Java中文版（第2版）》、《Spring攻略》、《CSS实战手册（第2版）》等。

博客：http://blog.csdn.net/YuLimin/ 或者 http://YuLimin.JavaEye.com

译 后 记

在2007年9月，“满江红开放技术研究组织”开始着手进行“Seam 2.0 Reference”中文翻译工作。而我有幸当上了这个翻译项目的旗手，负责翻译工作的人员招募、任务安排、进度跟踪、文档发布以及宣传工作。

“你得知道，我想的比做的更多。如果你要做一个开源项目，必须设想好它的道路，它才会成功。”Gavin King这么说过。那时候他已经在新天地luna酒吧灌下大杯的法国葡萄酒，还要装作若无其事。不得不承认这个家伙相当聪明且自负。他做出的决定是经过深思熟虑的。

B/S程序和C/S不同，Request/Response模型让程序冗长得像裹脚布。你同时要处理多种数据失配：服务器端的RDBMS和浏览器展示出来的HTML之间，需要Servlet的渲染，数据经历了RDBMS Row、ResultSet,、若有若无的DTO和浏览器Form数据这几个步骤，让数据变得支离破碎。实际上所有的Java框架的核心都是解决不同层面的这些破碎。Hibernate解决的是DTO和ResultSet之间的破碎。和大多数初学者认为的Hibernate是一种面向对象的ResultSet包装器的字面理解不同，Hibernate的目的是对RDBMS数据的便于进行缓存的细粒度切割，“面向对象”只是工具而非目的，缓存才是一切的本质，它让Hibernate真正成为了具有强大战斗力的武器而非可笑的对象封装器。

解决了这一失配后，Gavin King把目光放到了HTML Form和服务器对象之间的失配上。这一次的目的是简化，尽可能的简化，因为对Web编程而言，最大的瓶颈是开发效率，因此Seam的目的就是最大限度地简化复杂性。这一次的战线要比Hibernate的长得多，因而也让人更能看清楚Seam的好处：它提升JSF的实力，让快速开发效果丰富的Web应用程序成为可能。从双向注入到Annotation，目的都是为了尽量减少服务器端的代码量，而RichFaces和JSF编辑器，则是为了让Seam的产出变得效果丰富。

但显然，HTML Form的表现力和可能的复杂性远远超过ORM中对象的关系的种类，因此，任何针对HTML的组件封装都必须以其高品质才能让用户感到信服。作为整合开发工具，Seam的道路还很长，对Grid等复杂组件的支持尚不够，让2.0仍然无法达到Delphi在Windows开发界的深远影响力。换句话说，JSF的未来在于其是否能成功制造出组件产业链。这样的话，一方面真正减轻了开发者的工作量，提高了效率，另一方面让组件开发者能把经精力集中在开发高质量的组件上。在制造产业链这一目标上，JSF是领跑者，而JSF框架中，Seam是领跑者。

因此，你应该花些时间来看看Seam。但是，你需要至少具有Java开发经验，用过Java的Servlet API，并且部署到了应用服务器或者Servlet容器中。至少了解JSF和ORM技术，还应该了解方法拦截器及其工作原理，如果对书中的EJB 3集成或者Spring集成部分感兴趣，事先还需要具备这些技术的经验。建议最好从Seam的参考文档或者入门书学起。当你想要更加细致地了解Seam，而那些资料已经满足不了你的需求时，再来阅读本书。

本书旨在使你更深入、更专业地掌握Seam框架。当阅读本书时，你会遇到许多需要动手进行验证的实例，可以利用本书附带的示例程序进行练习与实践。下载地址为：http://www.manning.com/dallen/。

正如在翻译过程中发现原著的错误一样，虽然我们在翻译过程中竭力以求信、达、雅，但限于自身水平，必定仍会有诸多不足，还望各位读者不吝指正。大家可以通过访问我的博客http://YuLimin.JavaEye.com/或者发送电子邮件到YuLimin@163.com进行互动。

关于术语的翻译，采用“满江红开放技术研究组织”“Seam 2.0 Reference”中文翻译术语表，可以到http://wiki.redsaga.com/confluence/pages/viewpage.action?pageId=1751讨论。

感谢冒号课堂郑晖（http://blog.zhenghui.org/），他对我在翻译中碰到的问题进行了深入讨论，并对本书翻译时所采用的术语进行了认真的磋商。感谢“满江红开放技术研究组织”的翻译同仁们在术语表讨论中提出许多中肯的建议，感谢满江红开源组织的曹晓钢提供的一些翻译注意事项和热情的帮助，感谢图灵公司的编辑。

本书由我组织翻译，杨春花负责翻译第3章～第6章，崔毅负责翻译第7章～第10章，李扬负责第14章和第15章，我负责翻译前言、第1章、第2章、第11章～第13章、附录并对全书所有章节进行全面审校，而且第14章和第15章将采用网上发布的形式与读者见面，大家可以在图灵公司网站（www.turingbook.com）和我的博客上下载这两章文章。参与翻译与审校的还有：蒋凌锋、魏伟、叶荣生、凌家亮、黄健、万国辉、宋可信、李宗波等，在此再次深表感谢。

本书章节安排合理，内容承上启下，但是需要边看书边动手做实验，才能理解与领会Seam框架所带来的技术理念。快乐分享，实践出真知！最后，祝大家能够像我一样在阅读中享受本书带来的乐趣！

俞黎敏
2010年5月于广州

站在巨人的肩上

手机号码：________（此为会员编号）

姓　　名：________　性别：□男 □女　出生年月：____年__月

通信地址：________

邮政编码：________

电子邮件：________

您购买的图书是：22464 / 《Seam实战》（89.00元）

您获得的会员积分是：8.9 分

欢迎参加“**有奖DEBUG**”活动。提交本书勘误，每确认一处即可获赠积分5分。详情见图灵网站。

请沿虚线剪下此页，寄回图灵公司，即可成为图灵读者俱乐部的一员（复印无效）。**积分累计，可获赠书**（赠书清单见图灵网站）。

邮政编码：100107

通信地址：北京市朝阳区北苑路 13 号院 1 号楼 C603

北京图灵文化发展有限公司　图灵读者俱乐部

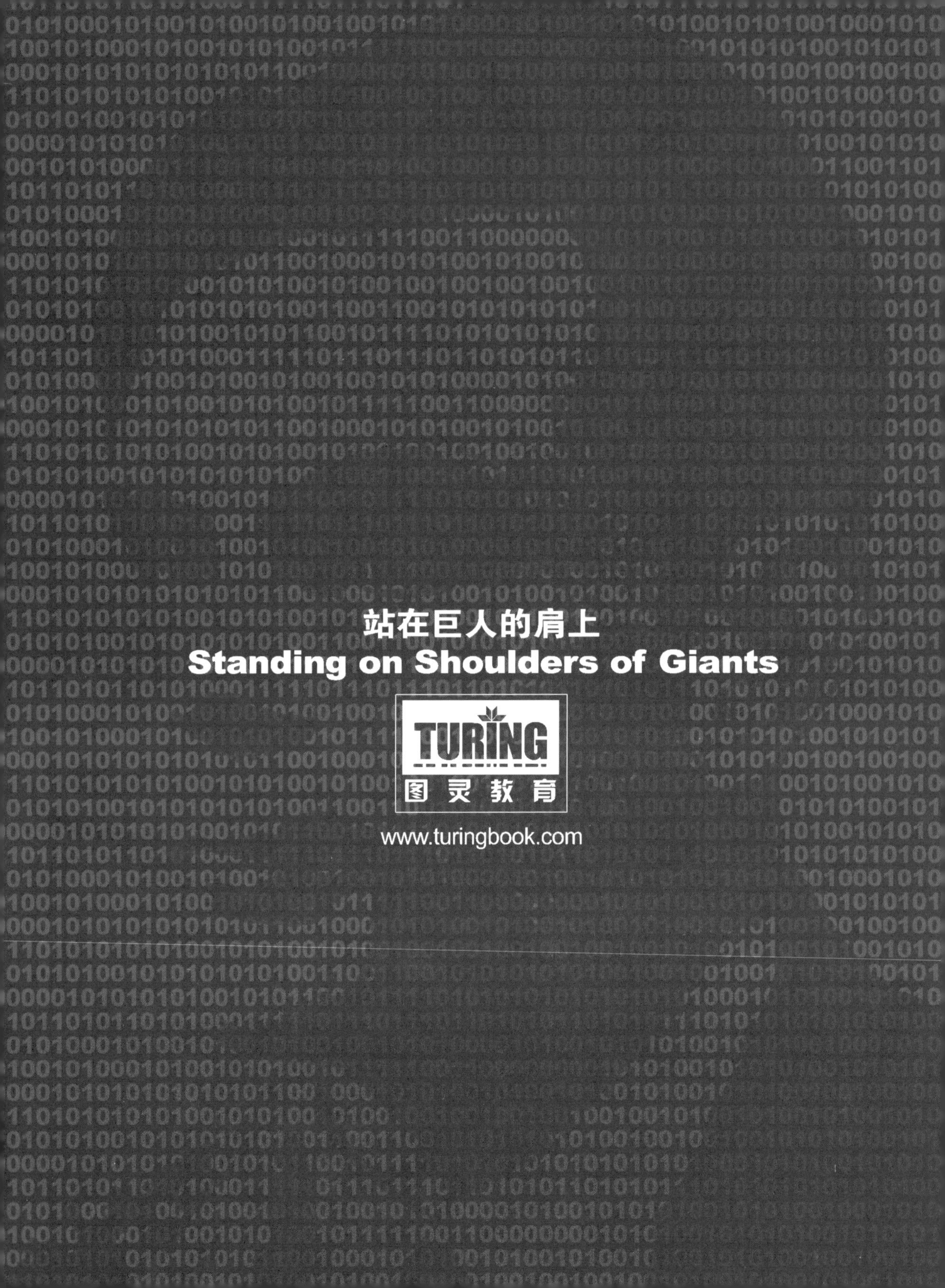
站在巨人的肩上
Standing on Shoulders of Giants
TURING
图灵教育
www.turingbook.com